中文版 Photoshop CC 图像处理与设计

主　编　胡国锋
副主编　徐　亮　焦　晶

電子工業出版社
Publishing House of Electronics Industry
北京·BEIJING

内 容 简 介

本书从 Photoshop CC 的基本操作入手，结合大量的可操作性实例，全面而深入地阐述了 Photoshop CC 的基本操作与制图技巧。全书分为两篇，上篇为基础知识篇，完整地介绍了 Photoshop CC 的各项功能及应用方法，使读者掌握 Photoshop 制图的理论知识和操作技能；下篇为实战应用篇，该篇根据 Photoshop 的主要应用领域列举了大量实用案例，使读者的 Photoshop 应用水平在实际运用中得到质的飞跃。

本书结构清晰，内容浅显易懂，实战针对性强，案例实用精彩，案例讲解与内容结合紧密，具有很强的学习性和实用性。随书赠送的光盘包含了本书中所有案例的素材源文件，同时还包含所有案例的视频教学，读者可以书盘结合轻松学习。

本书适合广大 Photoshop 初学者，以及有志于从事平面设计、包装设计、插画设计、网页制作、影视广告设计、三维动画设计等工作的人员使用，同时也适合高等院校相关专业的学生和各类培训班的学员参考阅读。

图书在版编目（CIP）数据

中文版 Photoshop CC 图像处理与设计 / 胡国锋主编. —北京：电子工业出版社，2016.6

ISBN 978-7-121-28991-0

Ⅰ. ①中… Ⅱ. ①胡… Ⅲ. ①图象处理软件 Ⅳ.①TP391.41

中国版本图书馆 CIP 数据核字（2016）第 125938 号

策划编辑：祁玉芹

责任编辑：张瑞喜

印　　刷：中国电影出版社印刷厂

装　　订：中国电影出版社印刷厂

出版发行：电子工业出版社

北京市海淀区万寿路 173 信箱　邮编　100036

开　　本：787×1092　1/16　印张：26.5　字数：678 千字

版　　次：2016 年 6 月第 1 版

印　　次：2016 年 6 月第 1 次印刷

定　　价：59.80 元（含光盘 1 张）

凡所购买电子工业出版社图书有缺损问题，请向购买书店调换。若书店售缺，请与本社发行部联系，联系及邮购电话：（010）88254888。

质量投诉请发邮件至 zlts@phei.com.cn，盗版侵权举报请发邮件至 dbqq@phei.com.cn。

服务热线：（010）88258888。

前言

PREFACE

Photoshop 简称“PS”，是由 Adobe 公司开发和发行的图像处理软件，主要处理以像素所构成的数字图像。多数人对于 Photoshop 的了解仅限于“一个很好的图像编辑软件”，并不知道它的诸多应用方面。实际上，Photoshop 的应用领域很广泛，在图像、图形、文字、视频、出版等各方面都有涉及。Photoshop CC 是当前的最新版本，它是集图像扫描、编辑修改、图像制作、广告创意、图像输入与输出于一体的图形图像处理软件，深受广大平面设计人员和电脑美术爱好者的喜爱。

《中文版 Photoshop CC 图像处理与设计》从 Photoshop CC 的基本操作入手，结合大量的可操作性实例，全面而深入地阐述了 Photoshop CC 的基本操作与制图技巧。全书分为两篇，上篇为基础知识篇，完整地介绍了 Photoshop CC 的各项功能及应用方法，使读者掌握 Photoshop 制图的理论知识和操作技能；下篇为实战应用篇，该篇根据 Photoshop 的主要应用领域列举了大量实用案例，使读者的 Photoshop 应用水平在实际运用中得到质的飞跃。

本书具体章节内容如下：

第 1 章　熟悉 Photoshop 的工作环境

第 2 章　Photoshop CC 的基础操作

第 3 章　创建与编辑选区

第 4 章　绘图与照片修饰

第 5 章　颜色与色调调整

第 6 章　图层应用技术

第 7 章　文字工具

第 8 章　滤镜的使用

第 9 章　矢量工具与路径编辑

第 10 章　通道与蒙版的应用

第 11 章　动作与批处理

第 12 章　打印与输出图像

第 13 章　数码照片修饰与处理

第 14 章　制作特效字

第 15 章　平面广告设计

第 16 章　图像合成与创意

第 17 章　VI 设计

本书结构清晰，内容浅显易懂，实战针对性强，案例实用精彩，案例讲解与内容结合紧密，具有很强的学习性和实用性。随书赠送的光盘包含了本书中所有案例的素材源文件，同时还包含案例的视频教学，读者可以书盘结合轻松学习。

本书适合广大 Photoshop 初学者，以及有志于从事平面设计、包装设计、插画设计、网页制作、影视广告设计、三维动画设计等工作的人员使用，同时也适合高等院校相关专业的学生和各类培训班的学员参考阅读。

本书由多年从事平面设计相关工作的专业人员朱敬、胡国锋、徐亮、焦晶、杨伏龙、张欣、张陆忠、罗黄斌、乔婧丽、曾繁宇、刘文敏、宗和长、余婕、张亚兰、陈正荣、娄方敏、徐友新、叶飞、许丰华、汪明主持编写，他们拥有非常丰富的实践及教育经验，并已编写和出版过多本相关书籍。书中如有疏漏和不足之处，恳请广大读者和专家不吝赐教，我们将认真听取您的宝贵意见。

作 者

2016.3

目录

CONTENTS

上 篇 基础知识篇

下 篇 实战应用篇

上　篇

基础知识篇

第 1 章

熟悉 Photoshop 的工作环境

本章导读

Photoshop 是 Adobe 公司开发的一款集设计、图像处理和图像输出等众多功能于一体的图像处理软件，目前的最新版本为 Photoshop CC。Photoshop 被广泛应用于平面设计的各个领域，深受用户青睐。在学习使用 Photoshop CC 处理图像之前，我们先来熟悉一下它的操作界面和工作环境。

知识要点

- Photoshop 的应用领域
- 熟悉 Photoshop CC 的操作界面
- 设置工作区
- 使用辅助工具
- 数字图像基础

案例展示

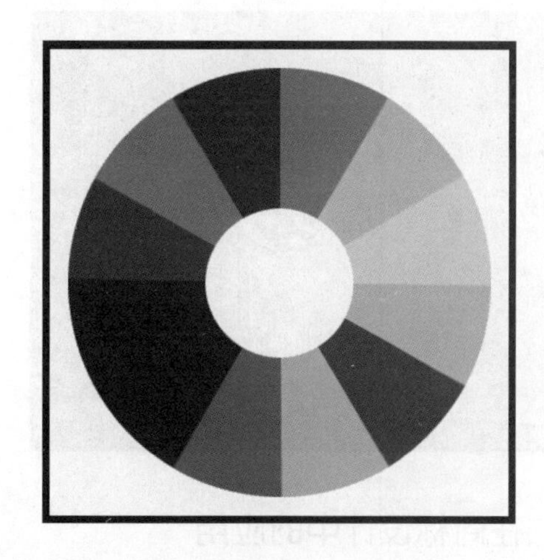

1.1 知识讲解——Photoshop 的应用领域

Photoshop 是一款优秀的图像编辑软件，广泛应用于各行业中，深受用户喜爱。不论是平面设计、3D 动画、数码艺术、网页制作、矢量绘图，还是多媒体制作、桌面排版、CG 绘画，Photoshop 都发挥着不可替代的重要作用。

1.1.1 在广告设计中的应用

广告设计是 Photoshop 应用最广泛的领域，通过它不仅可以设计制作一般的户外广告、促销传单、POP 海报、杂志广告、公益广告等，还可以设计制作手册式的宣传广告，如化妆品宣传手册、汽车 DM 宣传手册等。

1.1.2 在文字设计中的应用

在平面设计中，文字是一个重要要素，也是产生平面设计的重要原因。文字构成标题和主要的叙述内容，它是最直接的表现设计意图的对象。如何采用适当的字体、字号、颜色和排列方式是文字设计的主要内容。

1.1.3 在商标设计中的应用

商标设计也是平面设计的一个重要领域。商标是企业或商品的标志，代表其精神和内涵，表现形式需简练而明确。

1.1.4　在包装设计中的应用

包装设计是产品或商品的外观或装饰，集中体现了企业的视觉形象。通过 Photoshop 设计包装版面、结构及有关内容，可以使设计出的包装具有营销效果，从而达到提升销售量的目的。

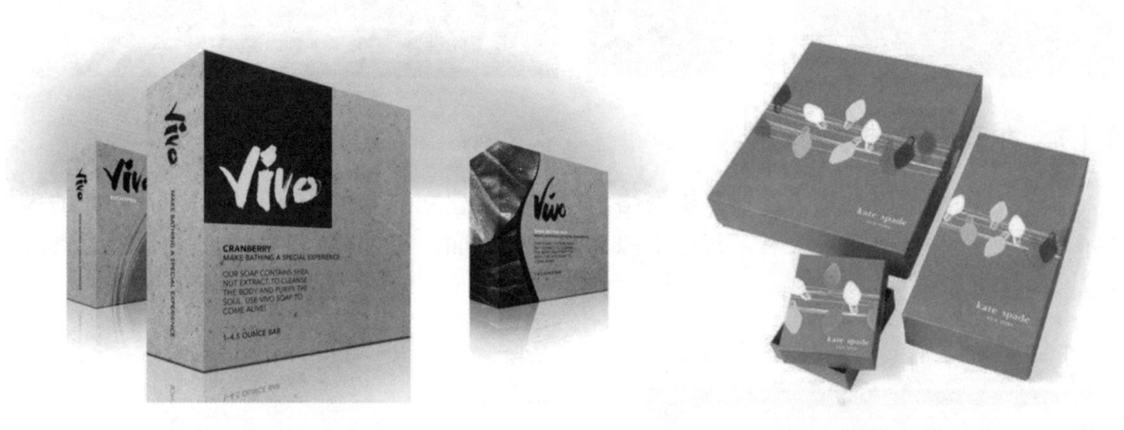

1.1.5　在插画设计中的应用

利用 Photoshop 可以在计算机上模拟画笔手绘艺术，不但能绘制出逼真的传统绘画效果，还能制作出画笔无法实现的特殊效果。其应用领域包括网络、广告、CD 封面甚至 T 恤，插画已经成为新文化群体表达文化意识形态的利器。

1.1.6　在数码摄影后期处理中的应用

作为最强大的图像处理软件，Photoshop 可以完成从照片的扫描与输入，到校色、图像修正和分色输出等一系列专业化的工作，不论是色彩与色调的调整，照片的校正、修复与润饰，还是图像创造性的合成，在 Photoshop 中都可以找到最佳的解决方法。

1.1.7　在网页设计中的应用

网页是使用多媒体技术在计算机网络与用户之间建立的一组具有展示和交互功能的虚拟界面。从平面设计的角度来看，每个虚拟界面都是版面，可以利用平面设计的理念对其进行设计。

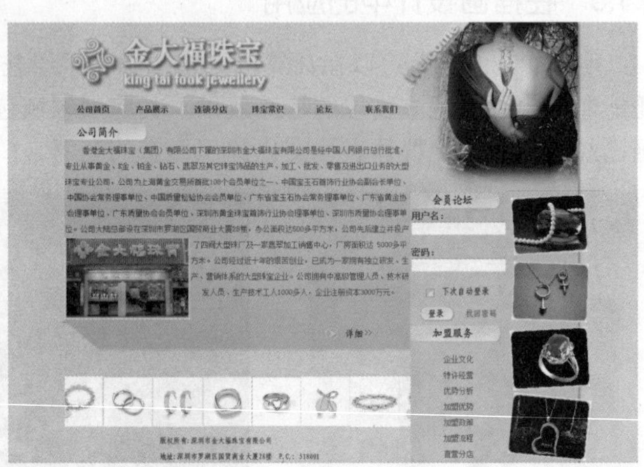

1.1.8　在效果图后期制作中的应用

制作建筑效果图时，渲染出的图盘通常都要在 Photoshop 中做后期处理。例如，人物、车辆、植物、天空、景观和各种装饰品都可以在 Photoshop 中添加，这样不仅节省渲染时间，也增强了画面的美感。

1.2　知识讲解——熟悉 Photoshop CC 的操作界面

Adobe 对 Photoshop CC 的工作界面进行了改进，不但使用了全新的界面颜色，常用面板的访问、工作区的切换也更加方便。下面我们来详细了解 Photoshop CC 的工作界面和使用方法。

1.2.1　了解工作界面组件

启动 Photoshop CC 程序后，就可以看到它的工作界面了。Photoshop CC 的工作界面结构在以前版本的基础上没有太大的变化，保持了各常用组件，包括菜单栏、属性栏、工具箱、图像窗口和面板等。下面我们将详细介绍工作界面中各个部件的功能。

- 菜单栏：菜单栏包括“文件”、“编辑”、“图像”、“图层”和“文字”等 11 个菜单项，包含了 Photoshop CC 中几乎所有的命令，用户可通过选择菜单项下的命令来完成各种操作和设置。
- 属性栏：在工具箱中选择一种工具后，属性栏中将显示当前工具的相应属性和参数，用户可在其中进行更改和设置。
- 工具箱：包含各种常用工具，如选区工具、移动工具、画笔工具、裁剪工具等。部分工具按钮的右下角带有一个黑色的小三角形标记，表示这是一个工具组，其下包含多个子工具。
- 选项卡：打开多个图像时，图像窗口中只能显示一个图像，单击选项卡可以在不同的图像之间切换。
- 工作面板：Photoshop 中的面板是指将一些特定的功能集中在一起，成为一个独立的模块，从而便于用户操作。Photoshop CC 中制定了许多面板，如图层面板、路径面板、通道面板等，用户可通过“窗口”菜单命令来显示或隐藏这些面板。
- 图像窗口：图像窗口是图像浏览和编辑的工作空间，大部分的绘图操作都是在图像窗口中完成的。
- 状态栏：可以显示文档大小、文档尺寸和缩放比例等信息，单击其中的白色三角形按钮，在弹出的菜单中可以选择需要显示的其他信息。

1.2.2 图像窗口的相关操作

我们在 Photoshop 中打开一个图像时，便会创建一个图像窗口。如果打开了多个图像，则各个图像窗口会以选项卡的形式显示。通过单击选项卡名称，即可在不同的图像窗口之间切换。如果图像太多选项卡不能显示所有文件，可以单击它右侧的双箭头图标，在打开的菜单中选择需要的图像。单击选项卡中的×按钮，可以关闭该图像窗口。

大师点拨

按下“Ctrl+Shift+Tab”组合键可以向后切换窗口，按下“Ctrl+Tab”组合键可以向前切换窗口。

向下拖动某个选项卡可以将该图像窗口从选项卡中拖出，它便成为一个独立的浮动窗口。拖动浮动窗口标题栏可以任意移动窗口，拖动浮动窗口的一个边角，可以调整窗口的大小。

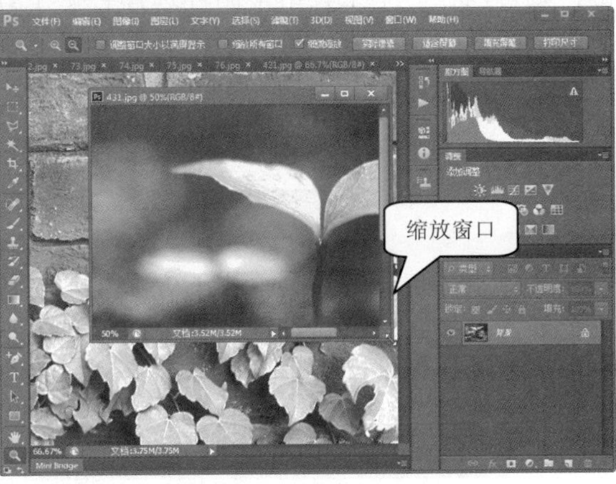

单击图像窗口标题栏中的“最小化”按钮，可以将图像窗口最小化到任务栏，最小化窗口后可以通过单击任务栏中的窗口名称还原窗口。若要将图像窗口还原到选项卡栏，只需拖动窗口标题栏到选项卡中，当出现蓝色横线时放开鼠标即可。

1.2.3　使用工具箱

工具箱位于界面左侧，包含了用于选择图像、绘制图像、修饰图像和页面元素等工具按钮。单击工具箱顶端的▶▶按钮，可以将工具栏转换为双栏排列。单击某个工具按钮即可使用该工具，按钮右下角标有三角形标志的表示这是一个工具组，其下包含多个子工具。在这样的工具上按住鼠标左键不放，片刻后即可显示隐藏的工具组，将光标移动到需要的工具上，然后释放鼠标左键即可选择该工具。

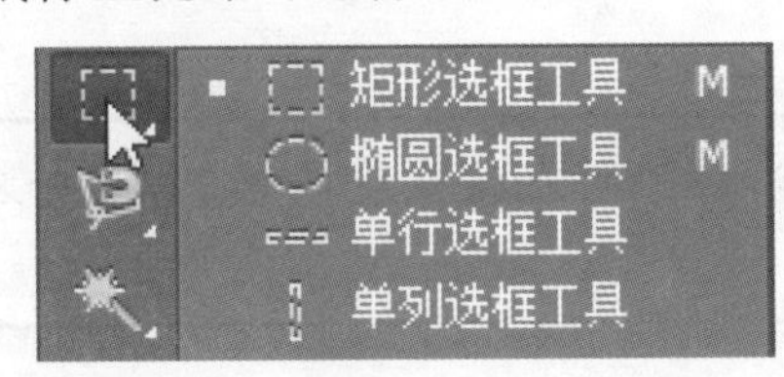

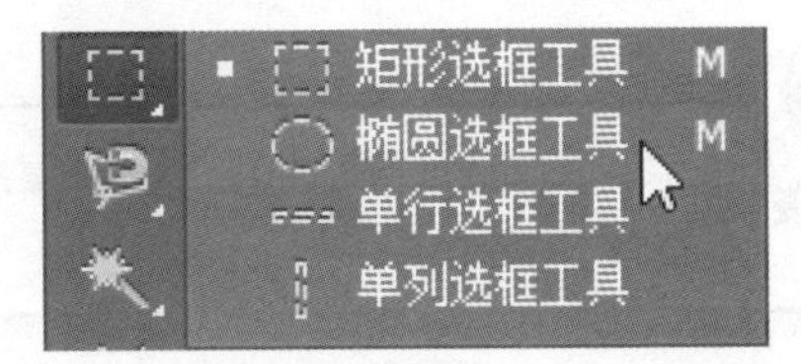

将鼠标指向某个工具按钮，片刻后将显示该工具的名称和快捷键，使用快捷键可以快速选择需要的工具。例如按下“C”键可以选择“裁剪工具”。使用“Shift+工具快捷键”组合键，则可以在一个工具组中循环选择各个工具，例如连续按下“Shift+L”键，可以在“套索工具”、“多边形套索工具”和“磁性套索工具”之间切换。

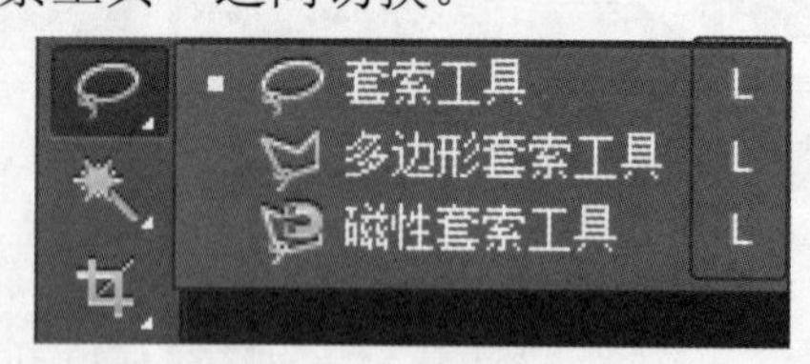

选择某个工具后，菜单栏下方会显示与该工具对应的属性栏。属性栏中提供了与该工具相关的选项设置，这些设置项会根据工具的不同而有所区别，例如选择“画笔工具”后，其对应的属性栏如下图所示。

在属性栏中单击左侧工具图标旁的下拉按钮，可以打开预设工具面板，预设工具面板中提供了多种该工具的预设属性，例如打开画笔工具的预设面板，选择其中的“喷枪柔边圆 50% 流量”选项，可以绘制出下图所示的效果。

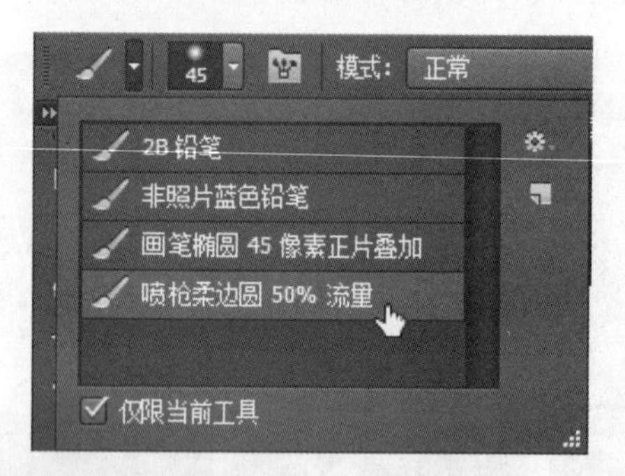

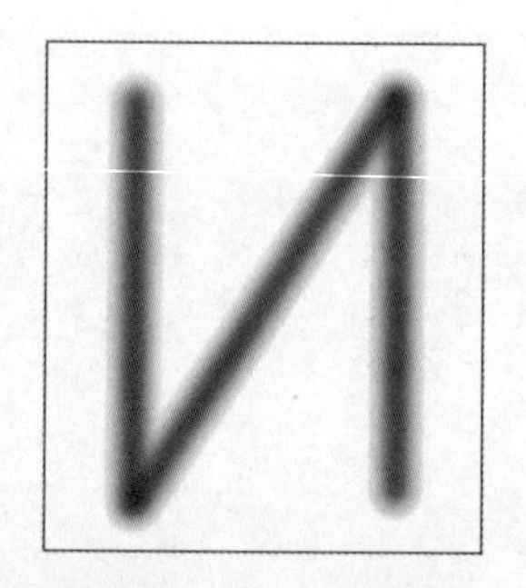

除了使用程序默认提供的预设工具外，用户还可以自定义预设工具。在属性栏中设置好工具的相关选项后，单击预设工具面板中的“创建新的工具预设”按钮，然后在弹出的对话框中为该工具命名即可。

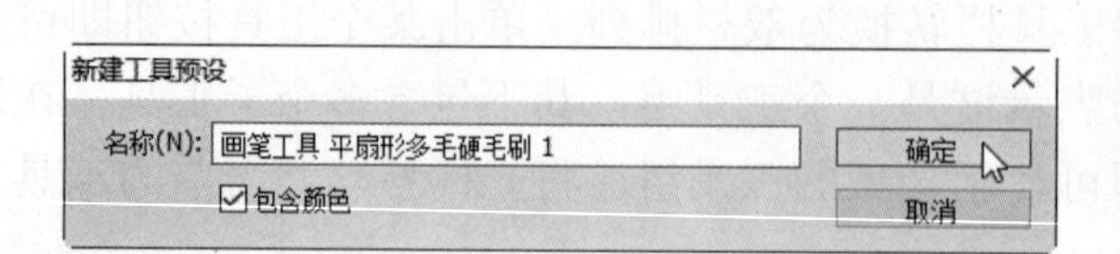

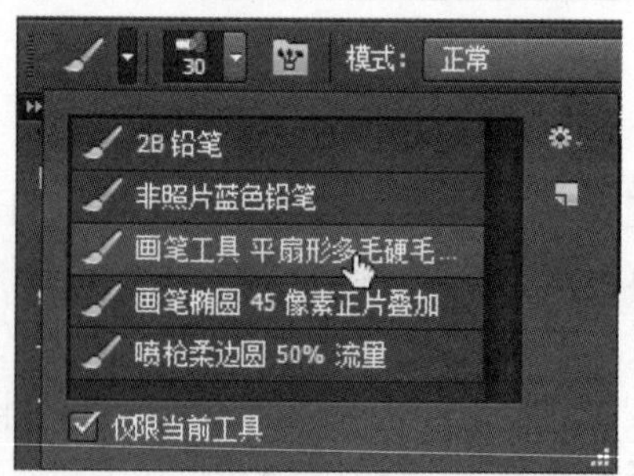

大师点拨

在某个预设工具上单击鼠标右键，在弹出的快捷菜单中可以重命名或删除该预设工具。

1.2.4 使用工作面板

工作面板默认位于界面右侧，由各种不同功能的面板组成，可以完成各种工作任务。Photoshop 中包含了 20 多个面板，在“窗口”菜单中可以选择需要的面板将其打开。Photoshop CC 的工作面板默认为两列排列，一列为完全显示区，另一列为隐藏按钮区。单击按钮区中的面板按钮，可以打开对应的面板。要重新隐藏面板，可单击面板右上角的双箭头按钮▶▶。

每个工作面板以选项卡的形式显示，功能相关的工作面板被放置在一个面板中，用户可通过单击面板名称来切换面板。

拖动面板选项卡可以将其从固定面板中拖出，成为浮动面板。浮动面板可以根据用户需要放置在界面的任意位置，用户只需拖动面板选项卡栏即可移动面板。

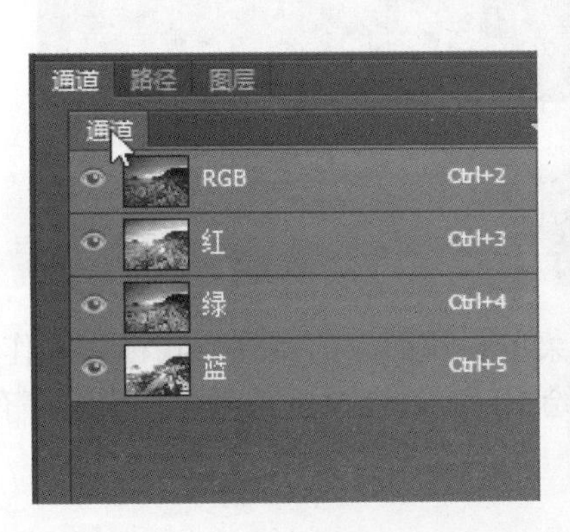

如果要将浮动面板还原到固定面板中，只需拖动面板选项卡到面板组或隐藏按钮区中，待显示蓝色框线时释放鼠标即可。

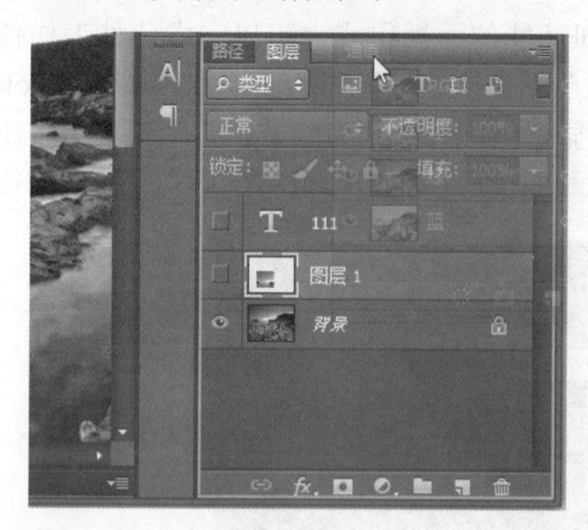

大师心得

我们可以根据自己的习惯将面板放在方便使用的位置，或关闭一些不需要的面板，然后将面板的位置保存为一个自定义的工作区，详细操作将在本章后面进行介绍。

单击面板右上角的图标，可以打开该面板的快捷菜单，该菜单中显示了与该面板相关的功能命令。单击“关闭”命令可以关闭该面板，单击“关闭选项卡组”命令则可以关闭该面板组。对于浮动面板，则可以单击面板右上角的按钮将其关闭。此外，拖动面板边界，还可以调整面板的大小。

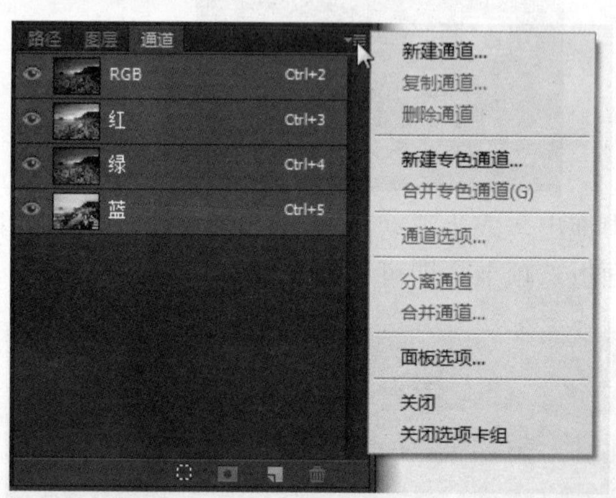

1.3 知识讲解——设置工作区

在 Photoshop 的工作界面中，文档窗口、工具箱、菜单栏和面板的排列方式称为工作区。Photoshop 提供了适合不同任务的预设工作区，例如在绘图时，就会显示与颜色、画笔等有关的面板。我们也可以根据自己的需要来自定义工作区。

1.3.1　使用预设工作区

单击“窗口”→“工作区”菜单命令，在打开的子菜单中可以看到“基本功能”、“新增功能”、“3D”、“动感”、“绘画”等在内的预设工作区，选择其中一个命令即可切换到对应的工作界面。例如单击“摄影”命令，可以显示“直方图”、“调整”和“通道”等相关的工作面板。

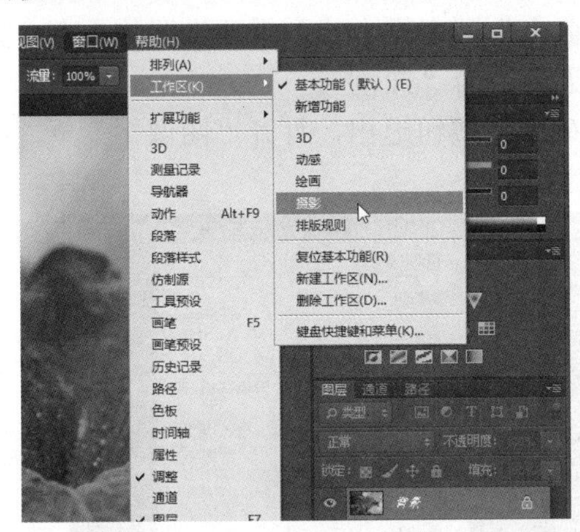

其中，“基本功能”是最基本的、没有进行特别设计的默认工作区，通常在用户的工作界面比较杂乱时可以通过该命令来恢复默认状态。若选择“新增功能”命令，则各菜单命令中新增功能会显示为彩色。而“3D”、“动感”、“绘画”、“摄影”等是 Photoshop 专为简化某些任务而设计的预设工作区。

1.3.2　创建自定义工作区

除了使用预设的工作区之外，我们也可以按自己的习惯和需要设计工作界面，然后将其保存为预设工作区，以方便调用，具体方法如下。

STEP 01：**单击菜单命令**。根据需要调整工作界面，打开常用的工作面板，关闭不需要的面板，然后单击“窗口”→“工作区”→“新建工作区”菜单命令。

STEP 02：**设置工作区名称**。弹出“新建工作区”对话框，在“名称”框中输入工作区名称，然后单击“存储”按钮。

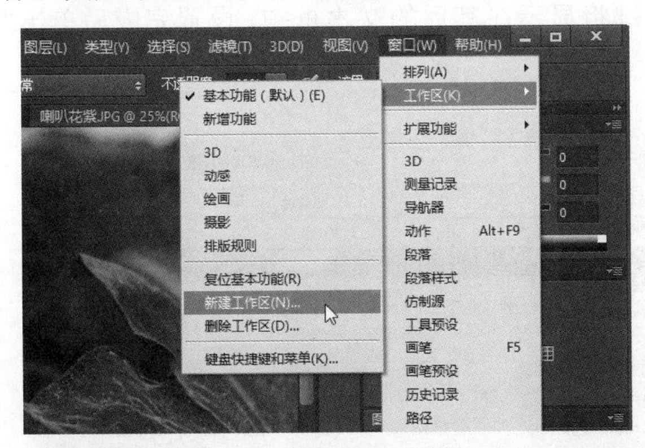

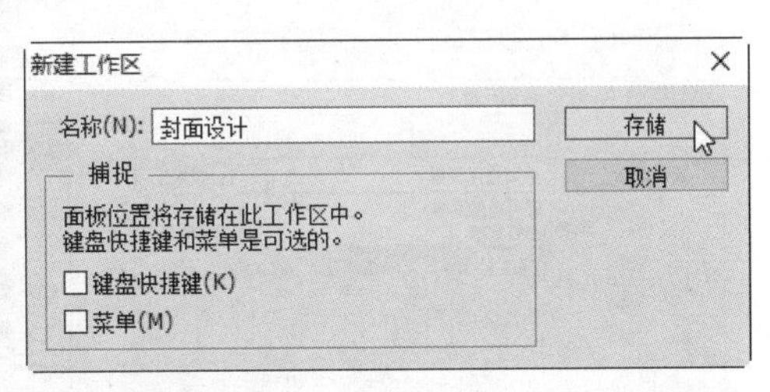

STEP 03：**载入工作区**。创建了工作区之后，若要使用该工作区，只需打开“窗口”→“工作区”子菜单，在其中选择我们创建的工作区名称即可。

1.3.3 自定义彩色菜单命令

我们如果经常要用到某些菜单命令，不妨将其定义为彩色，以便需要时可以快速找到它们，具体设置方法如下。

STEP 01：单击菜单命令。单击“编辑”→“菜单”命令，打开“键盘快捷键和菜单”对话框。

STEP 02：设置命令颜色。在“应用程序菜单命令”列表框中找到需要设置的命令，如“图像”→“图像大小”命令，然后将其颜色由“无”改为“红色”。

STEP 03：查看设置效果。设置完毕后单击“确定”按钮退出，打开“图像”菜单，可以看到“图像”命令变成了红色。

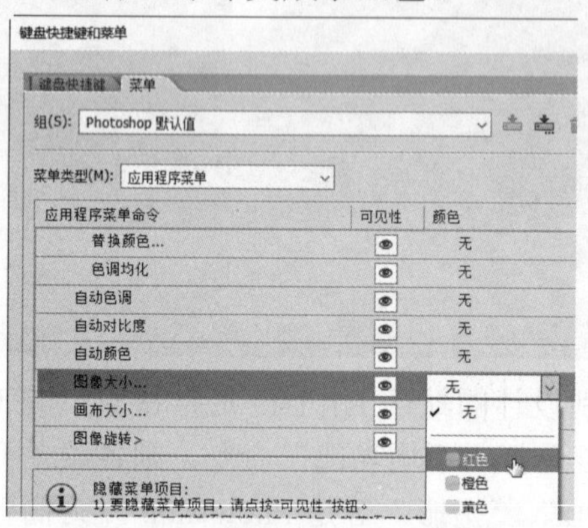

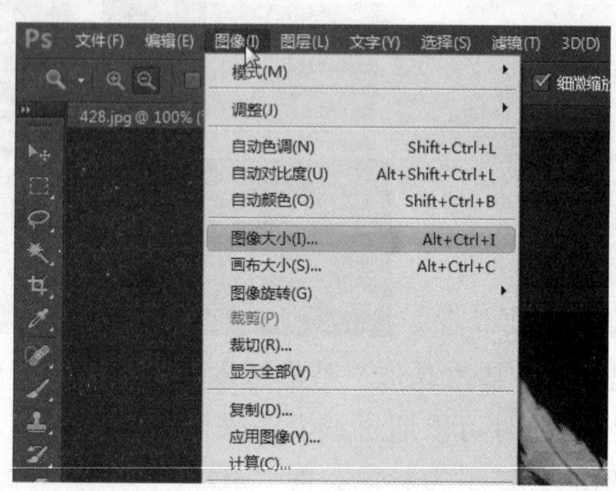

1.3.4 自定义工具快捷键

对于工具箱中的工具和菜单栏中的常用命令，Photoshop 都定义有对应的快捷键，用户可以修改这些快捷键，也可以为没有定义快捷键的工具或命令定义新的快捷键。

STEP 01：单击菜单命令。单击“编辑”→“菜单”命令，打开“键盘快捷键和菜单”对话框。

STEP 02：选择设置对象。在“快捷键用于”下拉列表中选择设置对象，这里选择“工具”选项，即为工具箱中的工具设置快捷键。

STEP 03：定义快捷键。在“工具面板命令”列表框中选中需要设置的工具，如“矩形选框工具”，然后按下新的快捷键，新的快捷键将显示在其后的文本框中，设置完成后单击“确定”按钮即可。

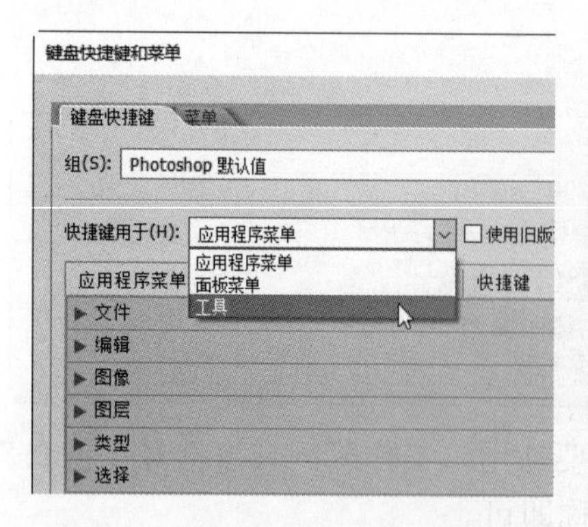

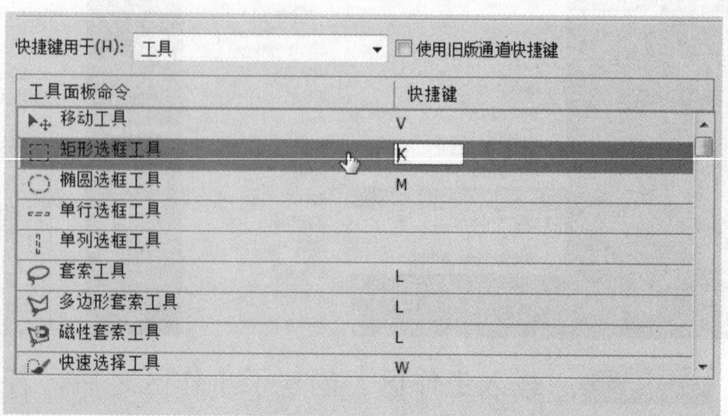

1.4　知识讲解——使用辅助工具

Photoshop 中提供了一些辅助工具，如标尺、参考线和网格等，它们虽然不能用来编辑图像，但却可以帮助我们更好地完成选择、定位或编辑图像的操作。下面我们就来详细了解这些辅助工具的使用方法。

1.4.1　使用标尺

标志可以帮助用户精确定位光标的位置，单击菜单栏中的“视图”→“标尺”命令，或者按下“Ctrl+R”组合键，即可在图像窗口中显示标尺。此时移动光标，标尺内的标记会显示光标的精确位置。

1．设置标尺原点

默认情况下，标尺的原点（0,0）位于窗口的左上角的灰色方块处，修改原点的位置，可以从图像上的特定点开始进行测量。将光标放在原点上，按下鼠标左键并向右下方拖动，画面中会显示出十字线，将它拖放到需要的位置，该处便成为原点的新位置。若要恢复原点位置，只需双击原点即可。

2．设置标尺单位

默认情况下，标尺是以“厘米”为单位的，在菜单栏中单击“编辑”→“首选项”→“单位与标尺”命令，或者直接在标尺上双击鼠标左键，在弹出的“首选项”对话框中即可对标尺的单位进行设置。

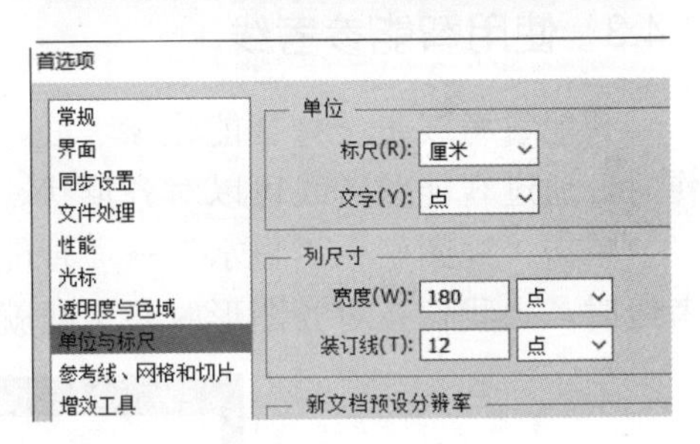

1.4.2　使用参考线

参考线用于准确对齐或放置对象，用户可以根据工作的需要，在图像窗口中创建多条参考线。此外，用户可以对添加的参考线进行移动、锁定和清除等操作。

1．添加参考线

单击菜单栏中的“视图”→“新建参考线”命令，弹出“新建参考线”对话框。在对话框中选择参考线的取向，并设置参考线的位置后，单击“确定”按钮即可。

2．移动参考线

单击工具箱中的“移动工具”按钮，然后将鼠标指针移动到参考线上，当光标呈或显示时，按住鼠标左键进行拖动，即可移动参考线。

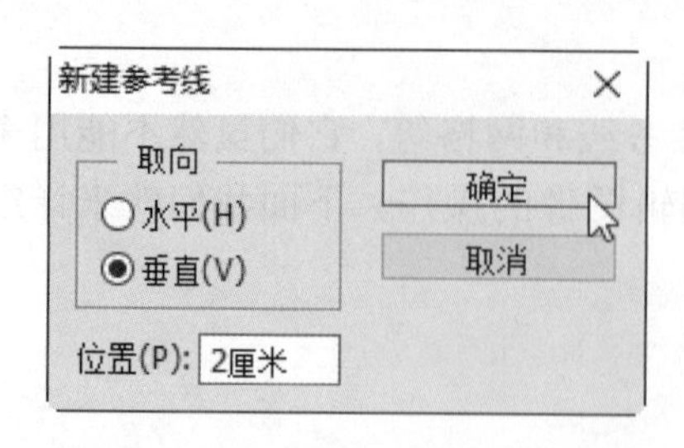

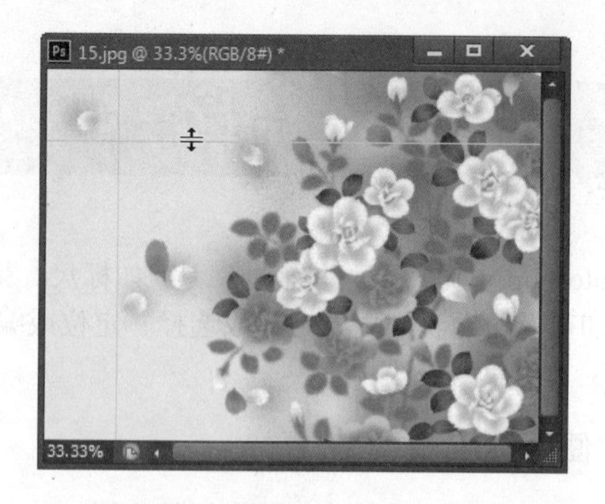

3. 相关设置

- 锁定参考线。在图像窗口中定位好参考线后，单击菜单栏中的“视图”→“锁定参考线”命令，即可将所有的参考线锁定。锁定参考线可以防止用户在操作时，不小心移动了参考线的位置。
- 显示和隐藏参考线。在处理图像的过程中，常常需要在显示和隐藏参考线之间进行切换。单击菜单栏中的“视图”→“显示”→“参考线”命令，当子菜单中的“参考线”命令显示勾选标记时，则显示参考线；否则隐藏参考线。
- 清除参考线。单击菜单栏中的“视图”→“清除参考线”命令，即可一次性清除图像窗口中的所有参考线。如果要删除其中一条参考线，只需使用“移动工具”将参考线拖出图像窗口即可。

1.4.3 使用智能参考线

智能参考线是一种智能化参考线，它仅在需要时出现。我们使用移动工具进行移动操作时，通过智能参考线可以对齐形状、切片和选区。

单击“视图”→“显示”→“智能参考线”菜单命令即可启动智能参考线。开启智能参考线时，当我们在对齐图形时参考线就会自动出现。

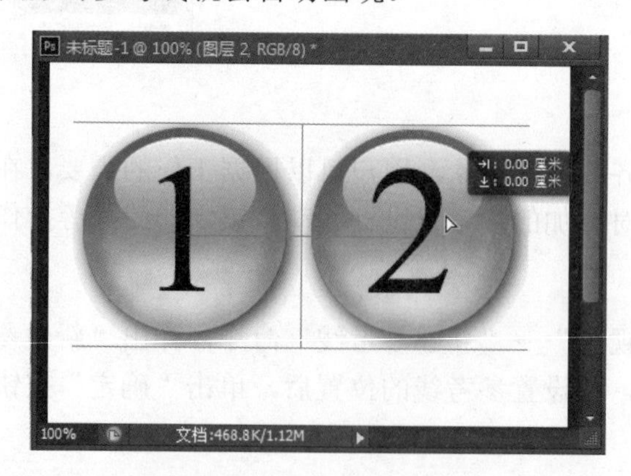

1.4.4 使用网格

网格也是常用的辅助工具之一，网格的作用和参考线相似，都是用于帮助用户精确地对齐和放置对象。单击菜单栏中的“视图”→“显示”→“网格”命令，即可在图像窗口中按系统默认设置显示网格。再次单击该命令，即可隐藏显示的网格。

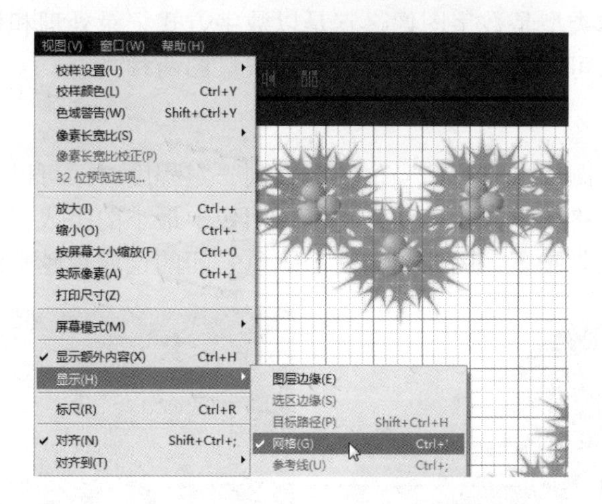

在 Photoshop CC 中，要使绘制的直线、斜线或不规则曲线都位于网格线或某一个子网格的对角线上，并在移动选区、路径或路径中的节点时，系统会自动捕捉其周围最近的一个网点并与之对齐，可通过单击菜单栏中的“视图”→“对齐到”→“网格”命令来实现。

1.4.5　使用对齐功能

对齐功能有助于精确地放置选区、裁剪选框、切片形状和路径。如果要启用对齐功能，需要首先执行“视图”→“对齐”命令，使该命令处于勾选状态，然后在“视图”→“对齐到”下拉菜单中选择一个对齐方式即可，带有“√”的命令表示启用了该对齐功能。

- 参考线：可以使对象与参考线对齐。
- 网格：可以使对象与网格对齐，网格被隐藏时不能使用该选项。
- 图层：可以使对象与图层中的内容对齐。
- 切片：可以使对象与切片边界对齐，切片被隐藏时不能使用该选项。
- 文档边界：可以使对象与切片边界对齐。切片被隐藏时不能使用该选项。
- 全部：选择所有“对齐到”选项。
- 无：取消所有“对齐到”选项。

1.5　知识讲解——数字图像基础

在学习使用 Photoshop CC 处理图像之前，应先了解一些图像处理中的相关概念，包括位图和矢量图的概念，以及像素和分辨率的关系等，以便为学习图像处理打下基础。

1.5.1 位图与矢量图

计算机图像的基本类型是数字图像，它是以数字方式记录处理和保存的图像文件。根据图像生成方式的不同，可以将图像划分为位图和矢量图两种类型。

1．位图

位图也被称为像素图或点阵图，当位图放大到一定程度时，可以看到位图是由一个个小方格组成的，这些小方格就是像素。像素是位图图像中最小的组成元素，位图的大小和质量由像素的多少决定，像素越多，图像越清晰，颜色之间的过渡也越平滑。

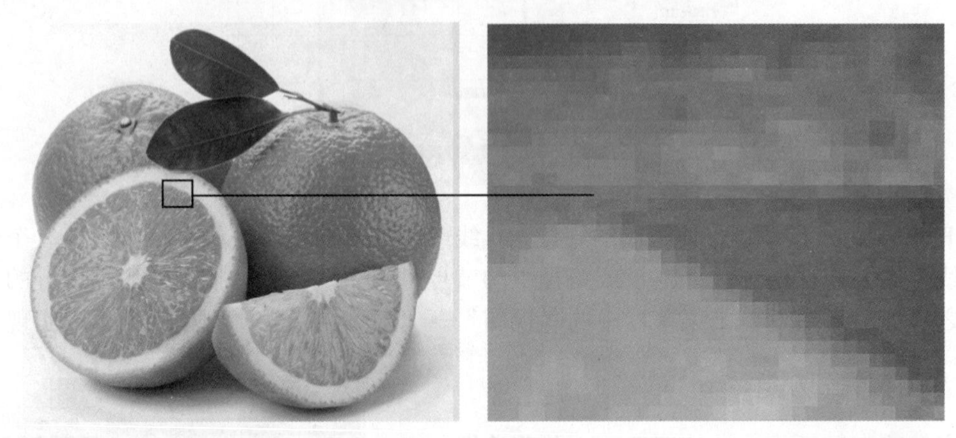

我们使用数码相机拍摄的照片、扫描仪扫描的图片以及在计算机屏幕上抓取的图像等都属于位图。位图的特点是可以表现色彩的变化和颜色的细微过渡，产生逼真的效果，并且很容易在不同的软件之间交换使用。但在保存时，需要记录每一个像素的位置和颜色值，因此占用的存储空间也较大。

另外，由于受到分辨率的制约，位图包含固定数量的像素，在对其放大时，无法生成新的像素，只能将原有的像素变大以填充多出的空间，产生的结果往往会使清晰的图像变得模糊。下面是将一张原本清晰的图像放大后的局部效果，可以看到，图像已经变得模糊了。

2．矢量图

矢量图用一系列计算机指令来描述和记录图像，它由点、线、面等元素组成，记录的是对象的几何形状、线条粗细和色彩属性等。矢量图的主要优点是不受分辨率影响，任何比例的缩放都不会改变其清晰度和光滑度。矢量图的这一特点非常适合制作图标、Logo 等需要经常缩放，或者按照不同打印尺寸输出的文件内容。

矢量图占用的存储空间要比位图小很多。但它不能创建过于复杂的图形，也无法像照片等位图那样表现丰富的颜色变化和细腻的色调过渡。

大师点拨　Photoshop 是典型的位图软件，但它也包含矢量功能（如文字、钢笔等）。典型的矢量软件有 CorelDRAW、Illustrator、FreeHand 和 AutoCAD 等。

1.5.2　像素与分辨率的关系

像素是组成位图图像最基本的元素，每一个像素都有自己的位置，并记载着图像的颜色和信息，一个图像包含的像素越多，颜色信息就越丰富，图像效果也会越好，但文件也会随之增大。

分辨率是指单位长度内包含的像素点的数量，它的单位通常为像素/英寸（ppi），如 72 ppi 表示每英寸包含 72 个像素点，300 ppi 表示每英寸包含 300 个像素点，分辨率决定了位图细节的精细程度。通常情况下，分辨率越高，包含的像素就越多，图像就越清晰。下图为相同打印尺寸但不同分辨率的两个图像，可以看到，低分辨率的图像有些模糊，高分辨率的图像就非常清晰。

像素和分辨率是两个密不可分的重要概念，它们的组合方式决定了图像的数据量。例如，同样是 1 英寸×1 英寸的两个图像，分辨率为 72 ppi 的图像包含 5184 个像素点（宽度 72 像

素×高度 72 像素=5184），而分辨率为 300 ppi 的图像则包含 90000 个像素点。在打印时，高分辨率的图像要比低分辨率的图像包含更多的像素。因此，像素点越小，像素的密度越大，可以重现更多细节和更细微的颜色过渡效果。

虽然分辨率越高，图像的质量越好，但也会增加占用的存储空间，只有根据图像的用途设置合适的分辨率才能取得最佳的使用效果。这里介绍一个比较通用的分辨率设定规范，如果图像用于屏幕显示或者网络应用，可以将分辨率设置为 72 ppi，这样可以减小文件的大小，提高传输和下载速度；如果图像用于喷墨打印机打印，可以将分辨率设置为 100～150 ppi；如果用于印刷，则应设置为 300 ppi 以上。

1.6 同步训练——实战应用

实例 1：制作个性化信纸

	原始素材文件：光盘\素材文件\第 1 章\花朵.jpg
	最终结果文件：光盘\结果文件\第 1 章\信纸.psd
	同步教学文件：光盘\多媒体教学文件\第 1 章\

制作分析

本例难易度：★★☆☆☆

制作关键：

首先用渐变工具绘制信纸底纹效果，然后载入花朵图案，将花朵图案自由变换后分别放置于信纸的左上角和右下角，并设置右下角图案的透明度，最后将信纸边框中的图像删除即可。

技能与知识要点：

- 使用矩形工具和魔棒工具创建选区
- 使用渐变工具填充选区
- 移动和复制图像
- 自由变换图像
- 设置图层透明度

具体步骤

STEP 01：**新建文档**。在菜单栏中单击“文件”→“新建”命令，在弹出的“新建”对话框中设置“名称”为“信纸”，“宽度”和“高度”分别为 700 像素和 1000 像素，“分辨率”为 98 像素/英寸，然后单击“确定”按钮。

STEP 02：**绘制矩形选区**。单击工具箱中的“矩形选框工具”按钮，在图像窗口中创建选区，然后按下“Ctrl+J”组合键创建新图层。

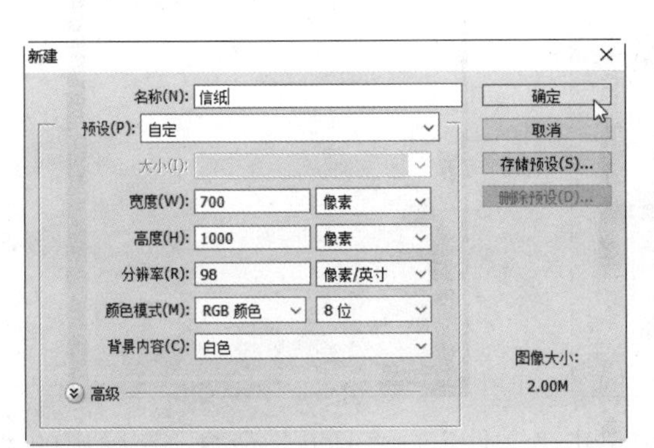

STEP 03：**设置绘图颜色**。单击工具箱中的“前景色”色块，在弹出的“拾色器”对话框中设置颜色“R：198、G：50、B：147”，然后单击“确定”按钮，使用同样的方法将背景色设置为“R：140、G：143、B：197”。

STEP 04：设置渐变工具。单击工具箱中的“渐变工具”按钮，在其属性栏中单击“颜色条”图标，在弹出的“渐变编辑器”对话框中单击“前景色到背景色渐变”图标。

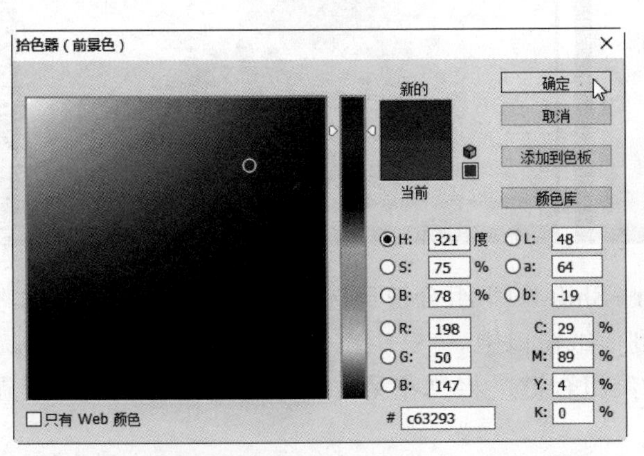

STEP 05：**设置渐变工具**。在“渐变条”中将鼠标指针移动到左侧的“色标”旁，当指针变成形状时，单击添加一个色标，然后在“色标”选项区域单击“颜色块”，设置其色标的颜色为“R：221、G：210、B：232”。

STEP 06：**设置渐变工具**。利用前面同样的方法，再添加一个色标，设置颜色为白色，依次选择两个添加的“色标”，按住鼠标左键不放并拖动到适当的位置，然后单击“确定”按钮。

STEP 07：**绘制渐变**。将鼠标指针移动到选区内，按住鼠标左键不放并从上向下拖动绘制渐变形状。

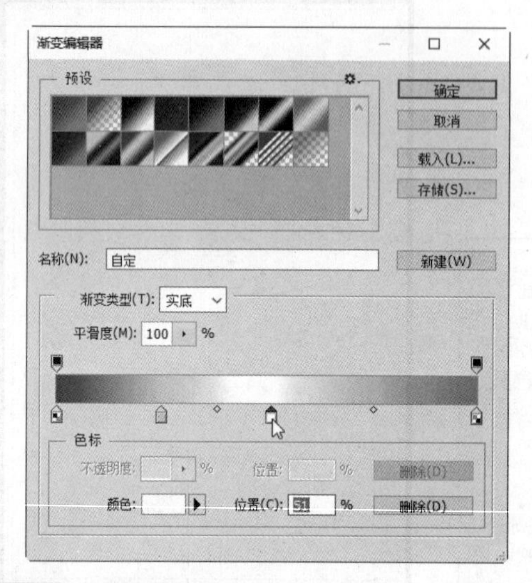

STEP 08：**打开素材文件**。在菜单栏中单击“文件”→“打开”命令，在弹出的“打开”对话框中单击并打开“花朵.jpg”素材图片。

STEP 09：**创建选区**。单击工具箱中的“魔棒工具”按钮，单击图像中的白色区域，在素材图片中创建选区。

STEP 10：**拖动素材文件**。按下“Ctr+ Shift l+I”组合键反选，然后单击工具箱中的“移动工具”按钮，将选区内的图案拖动到信纸窗口中。

STEP 11：**变换图像**。按下“Ctrl+T”组合键，将“花朵”图像适当缩小并顺时针旋转 90º。

STEP 12：**创建选区**。按下“Enter”键确认变换，然后使用“移动工具”按钮将“花朵”图像移动到左上角，接着按住“Alt”键不放拖动并复制一个图像放置于右下角。

STEP 13：**调整图层透明度**。在右侧的图层面板中选中“图层 2 拷贝”图层，然后将其不透明度设置为“50%”。

STEP 14：**选择图层**。在图层面板中单击“图层 1”图层，选中“图层 1”。

STEP 15：**创建选区**。单击工具箱中的“魔棒工具”按钮，单击信纸边框的白色区域，使其选中信纸边框部分。

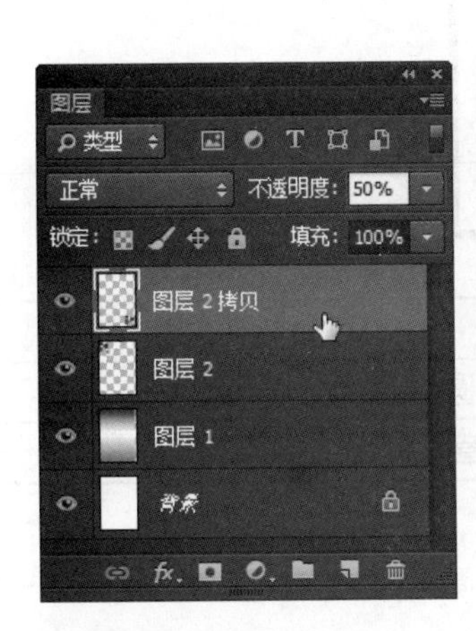

STEP 16：**删除图像**。在图层面板中分别选中“图层 2”和“图层 2 副本”图层并按下“Delete”键，将信纸以外的图像删除。

STEP 17：**创建文字**。按下“Ctrl+D”组合键取消选取，单击工具箱中的“文字工具”按钮，然后在图像窗口中输入一些修饰文字，最终效果如下图所示。

STEP 18：**保存图像**。单击“文件”→“存储”菜单命令，弹出“另存为”对话框，设置图像保存位置和文件名，选择图像格式为“JPEG”，然后单击“保存”按钮即可。

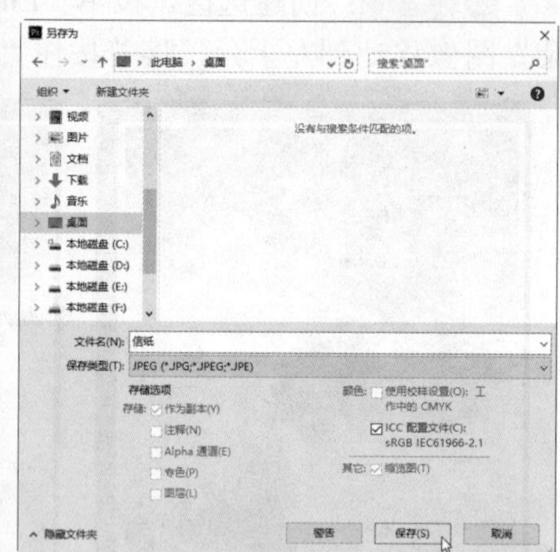

实例 2：制作彩色圆环

案例效果

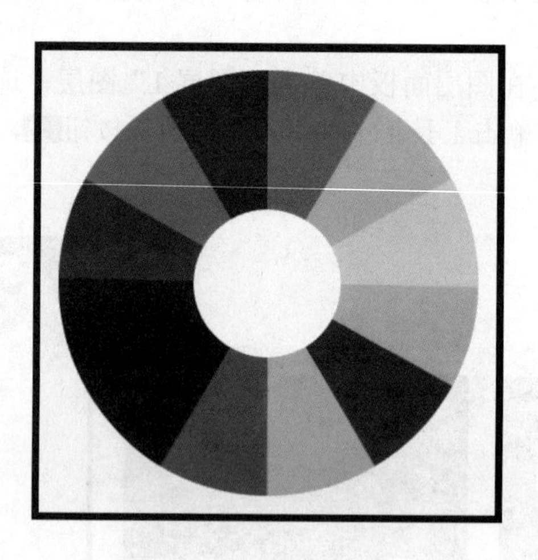

	原始素材文件：光盘\素材文件\第 1 章\无
	最终结果文件：光盘\结果文件\第 1 章\彩色圆环.psd
	同步教学文件：光盘\多媒体教学文件\第 1 章\

制作分析

本例难易度：★★☆☆☆

制作关键：

首先打开网格显示，使用矩形选框工具创建矩形选区，并将其保存为新图层，使用油漆桶工具填充，接着将矩形色块复制 12 份并填充不同颜色。使用“极坐标”滤镜，最后使用椭圆选框工具创建选区并填充即可。

技能与知识要点：

- 使用网格
- 使用矩形和椭圆选框工具
- 复制图层
- 使用油漆桶
- 使用“极坐标”滤镜

具体步骤

STEP 01：**新建图像**。单击“文件”→“新建”菜单命令，弹出“新建”对话框，设置“宽度”和“高度”均为 425 像素，“分辨率”为 72 像素/英寸，然后单击“确定”按钮。

STEP 02：**显示网格**。单击“视图”→“显示”→“网格”菜单命令，显示网格。

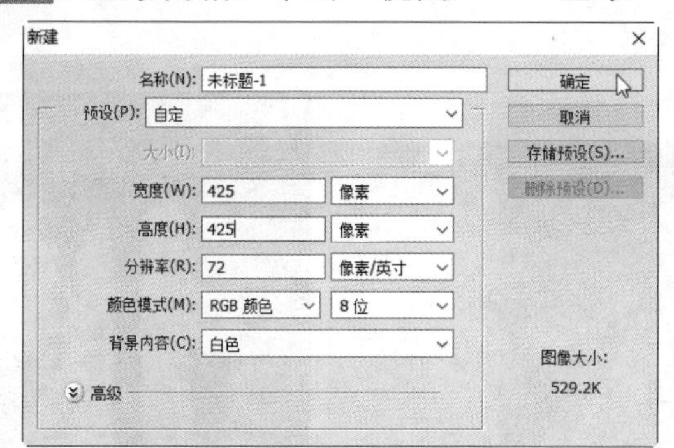

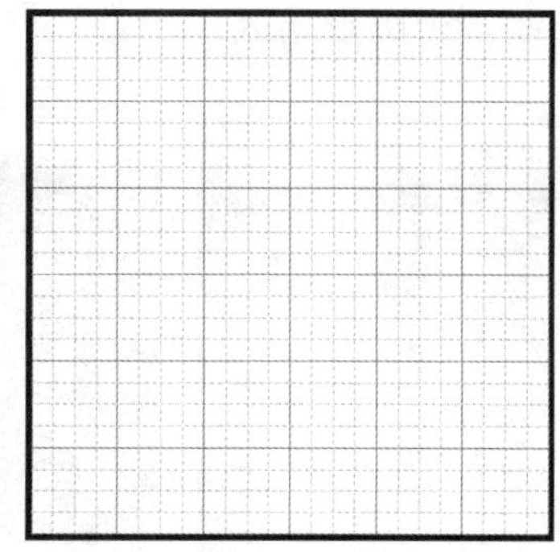

STEP 03：**绘制矩形选框**。选择矩形选框工具，在图像中按下鼠标左键并拖动，绘制一个占据两列网格的矩形选框，然后按下“Ctrl+J”组合键，将选区创建为新图层。

STEP 04：**设置前景色**。在工具箱中单击“设置前景色”按钮，在弹出的“拾色器”对话框中选择红色，然后单击“确定”按钮。

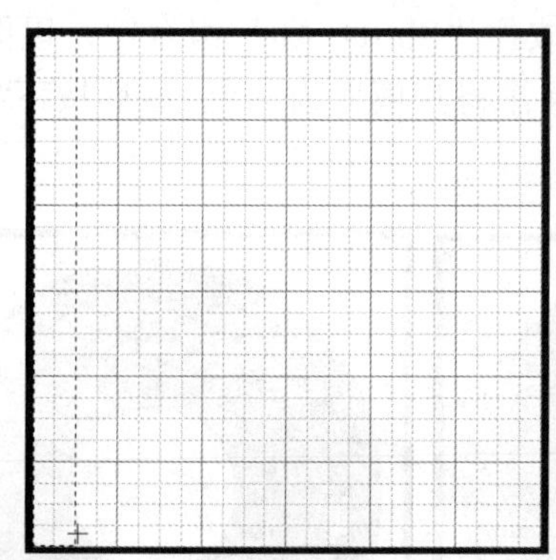

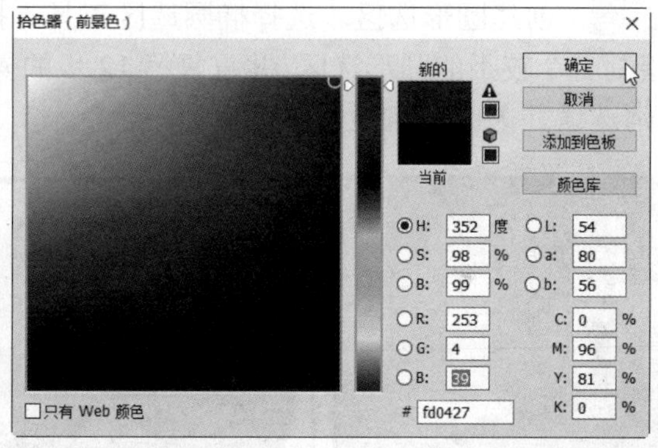

STEP 05：**填充选区**。选择油漆桶工具，单击之前创建的矩形图层进行填充。

STEP 06：**复制图层**。选择移动工具，按住“Alt”键不放，拖动红色色块，复制一个图层，放置于相邻的两列网格中。然后选择另一种前景色，使用油漆桶工具进行填充。

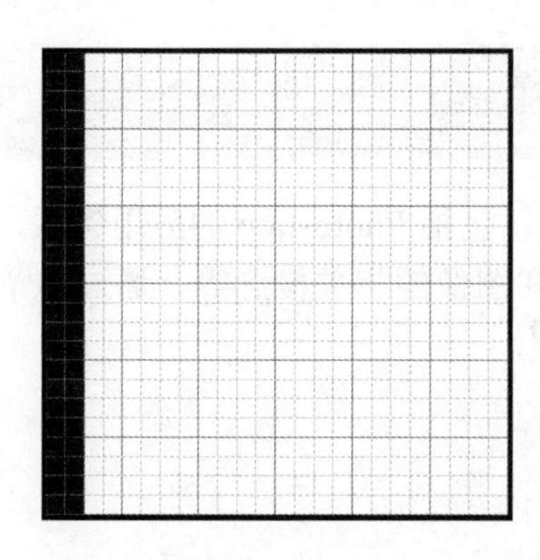

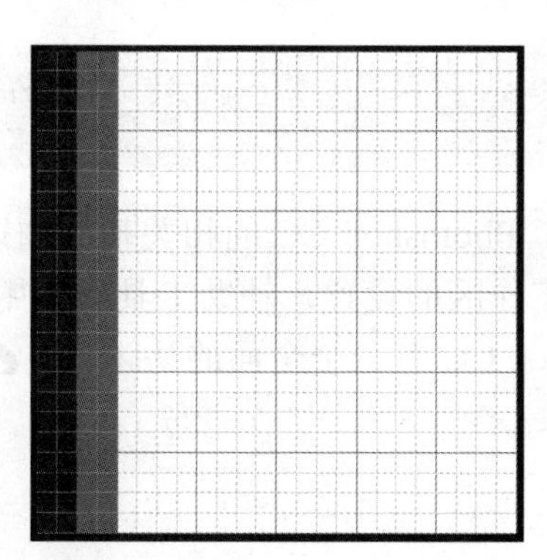

STEP 07：**继续复制图层**。重复第 6 步操作，将图像分割为 12 等份并填充不同的颜色。

STEP 08：**合并图层**。单击“图层”→“合并可见图层”菜单命令，合并所有图层。

STEP 09：**使用滤镜**。单击“滤镜”→“扭曲”→“极坐标”菜单命令，在弹出的“极坐标”对话框中选择“平面坐标到极坐标”单选项，然后单击“确定”按钮。

STEP 10：**创建圆形选区**。选择椭圆选区工具，按住“Shift+ Alt”组合键，以图形中心为起点，绘制一个圆形选区。

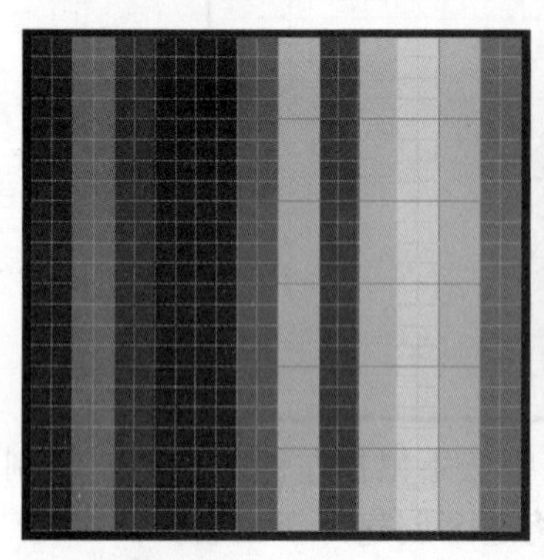

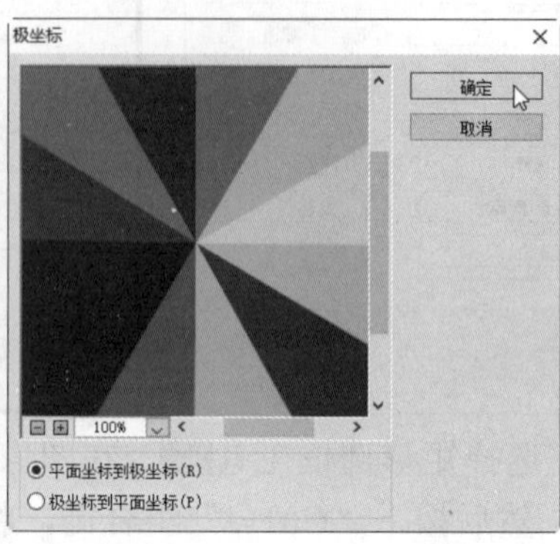

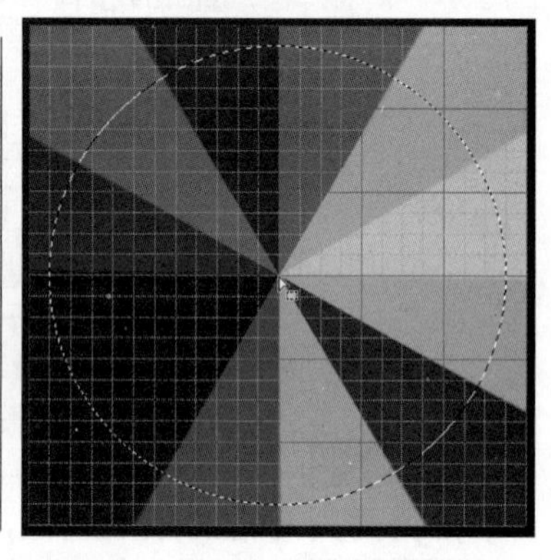

STEP 11：**选择反向**。单击“选择”→“反向”菜单命令，将选区反向。

STEP 12：**填充图像**。设置前景色为白色，按下“Alt+Delete”组合键填充选区。

STEP 13：**创建圆形选区**。选择椭圆选区工具，按住“Shift+ Alt”组合键，以图形中心为起点，绘制一个较小的圆形选区，并重复第 12 步的操作将其填充为白色。最后按下“Ctrl+D”组合键取消选区并关闭网格显示即可。

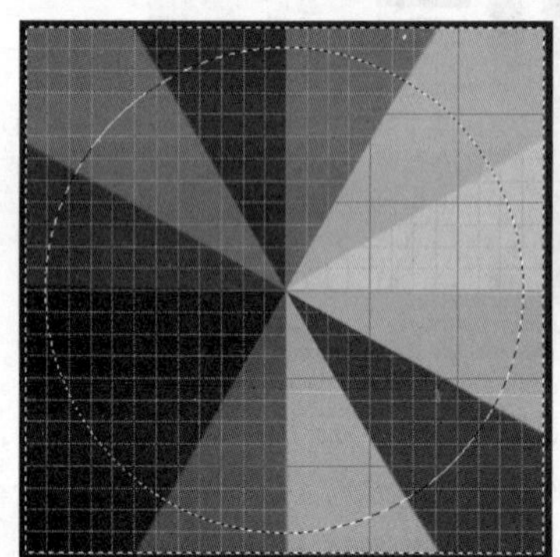

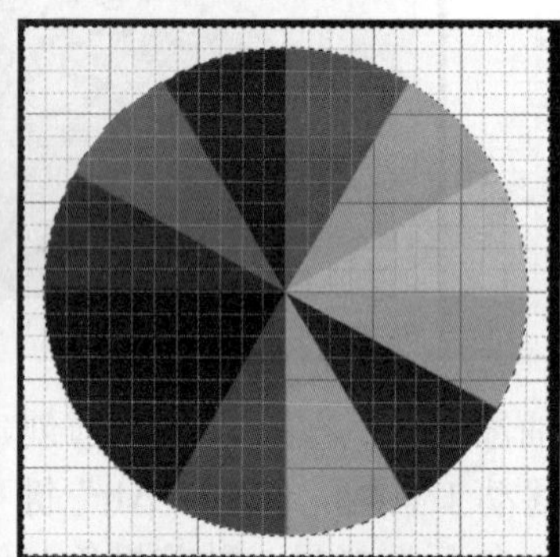

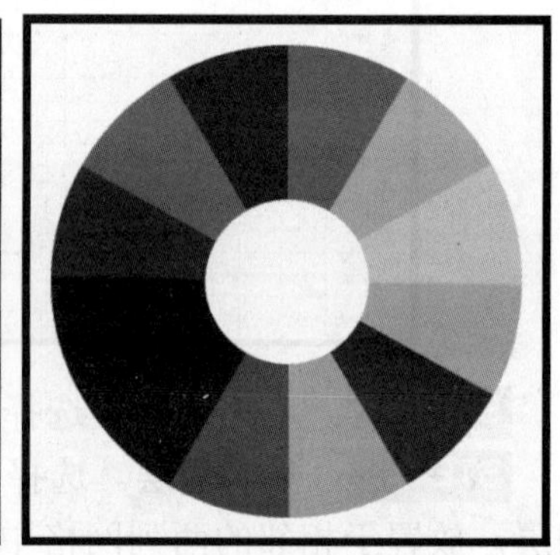

本章小结

本章学习了 Photoshop CC 的相关基础知识，包括 Photoshop 的应用领域，Photoshop CC 的操作界面，工作区的设置，辅助工具的使用和图像的相关概念等。通过本章的学习，用户可以对 Photoshop CC 有一个全面的认识。

第 2 章 Photoshop CC 的基础操作

本章导读

学会 Photoshop CC 的基本操作是进行图像处理的前提。基本操作包括文件的基本操作、图像的视图操作、修改像素尺寸和画布大小、裁剪图像、图像的变换与变形操作等。掌握 Photoshop CC 的基本操作有助于今后进一步学习该软件的使用。

知识要点

- 文件的基本操作
- 图像的视图操作
- 修改像素尺寸和画布大小
- 裁剪图像
- 图像的变换与变形操作
- 内容识别比例
- 复制与粘贴
- 撤销/返回/恢复文件
- 使用历史记录面板还原操作

案例展示

2.1 知识讲解——文件的基本操作

Photoshop CC 图像文件的操作包括新建、打开、置入、导入、保存、导出和关闭等，掌握这些操作方法是使用 Photoshop CC 处理图像的前提。

2.1.1 新建图像文件

新建图像文件是指创建一个自定义尺寸、分辨率和颜色模式的图像窗口，在该图像窗口中可以进行图像的绘制、编辑和保存等操作。执行“文件”→“新建”命令，或按下“Ctrl+N”组合键，在弹出的“新建”对话框中根据需要设置各项参数，设置完成后单击“确定”按钮，即可创建一个空白文件。

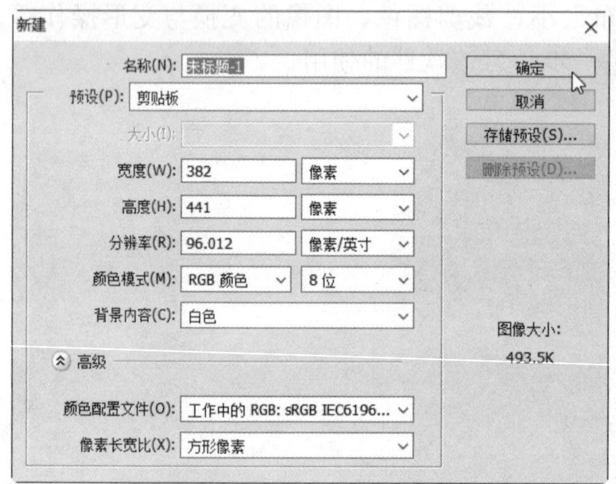

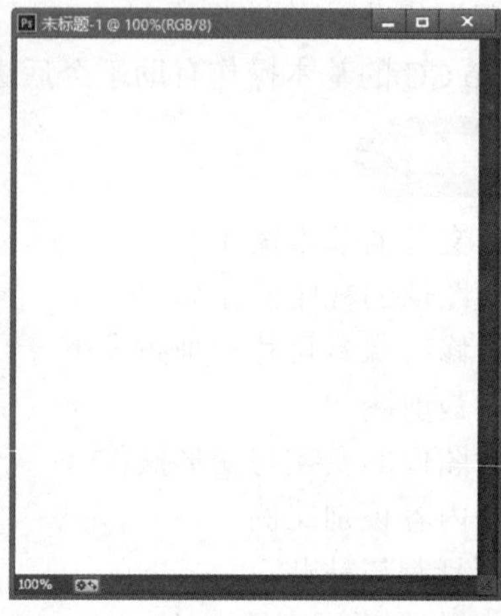

“新建”对话框中各项的含义如下：

- “预设”下拉列表框：使用系统已设参数新建图像文件。
- “宽度”和“高度”文本框：用于输入图像文件的尺寸，在各文本框右侧的下拉列表框中可以选择单位。
- “分辨率”文本框：用于输入图像文件的分辨率，分辨率越高，图像品质越好，在其右侧的下拉列表框中可选择单位。

大师心得

分辨率使用的单位应与宽度、高度使用的单位相对应。在实际工作中，印刷物的分辨率一般建议设置为 300 像素/英寸及以上。

- “颜色模式”下拉列表框：在该下拉列表框中可以选择图像文件的色彩模式，一般使用 RGB 或 CMYK 色彩模式。在其右侧的下拉列表框中可选择位深度，这里通常保持默认设置“8 位”。
- “背景内容”下拉列表框：用于选择图像的背景颜色。其中“白色”选项表示设置背景色为白色；“背景色”选项表示使用工具箱中的背景色作为图像背景色；“透明”选项表示设置图像背景为无色。

- “高级”栏：单击按钮展开“高级”栏，在其中可设置图像文件的颜色配置文件和像素长宽比，一般保持默认设置。
- “存储预设”按钮：用于将当前对话框中设置的参数保存到“预设”下拉列表框中，方便下次使用。

2.1.2　打开图像文件

在 Photoshop CC 中打开图像文件的方法有多种，包括打开图像文件、打开最近使用的图像文件，以规定格式打开图像文件等，下面就对打开文件的方法进行详细的讲解。

1. 打开图像文件

使用 Photoshop CC，可以打开它所支持的一个或多个图像文件。执行“文件”→“打开”命令，或按下“Ctrl+O”组合键，在弹出的“打开”对话框中选择需要打开的文件，然后单击“打开”按钮即可。

2. 打开最近使用的图像文件

使用 Photoshop CC 的“最近打开的文件”功能，可以快速打开最近处理过的图像文件。执行“文件”→“最近打开文件”命令，在展开的子菜单中记录了最近被编辑过的图像文件名称，单击其中的任意一个文件名称，即可打开对应的图像文件。

3. 以规定的格式打开图像文件

在 Photoshop CC 中，如果用户要以规定的格式打开图像文件，只需执行“文件”→“打开为”命令，在弹出的“打开”对话框中选择需要打开的图像文件，并在“打开为”下拉列表中指定要转换的文件格式，然后单击“打开”按钮即可。

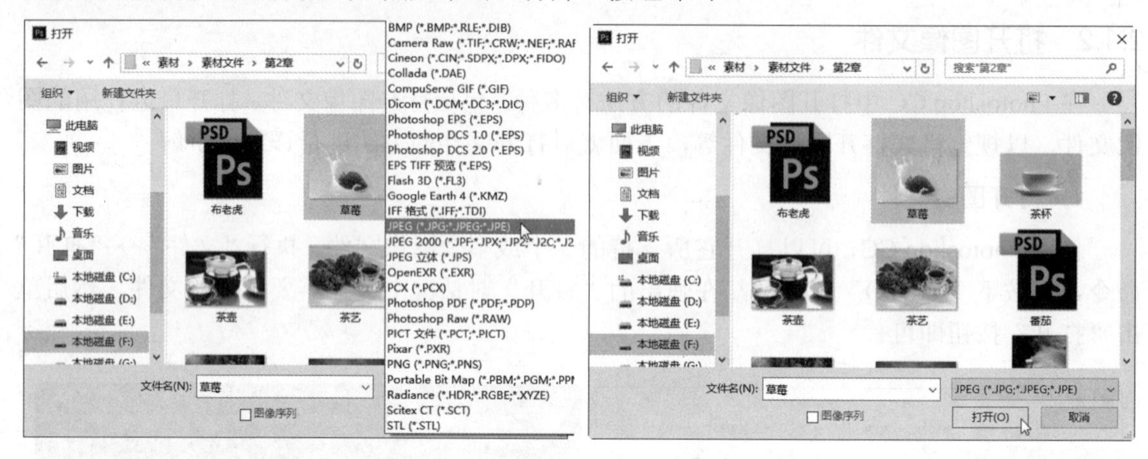

2.1.3 置入图像文件

在打开或新建一个图像文件后，可以通过 Photoshop CC 的“置入”功能将位图或 PDF、EPS、AI 等矢量文件作为智能对象置入图像文件中。

下面在新建的空白图像文件中置入 PDF 文件，具体步骤如下：

	原始素材文件：光盘\素材文件\第 2 章\蝴蝶与花.pdf
	最终结果文件：光盘\结果文件\第 2 章\蝴蝶与花.jpg
	同步教学文件：光盘\多媒体教学文件\第 2 章\

STEP 01：**执行置入命令**。新建一个空白图像文件，执行“文件”→“置入”命令，如下图所示。

STEP 02：**选择 PDF 文件**。弹出“置入”对话框，选择需要置入的 PDF 文件，单击“置入”按钮，如下图所示。

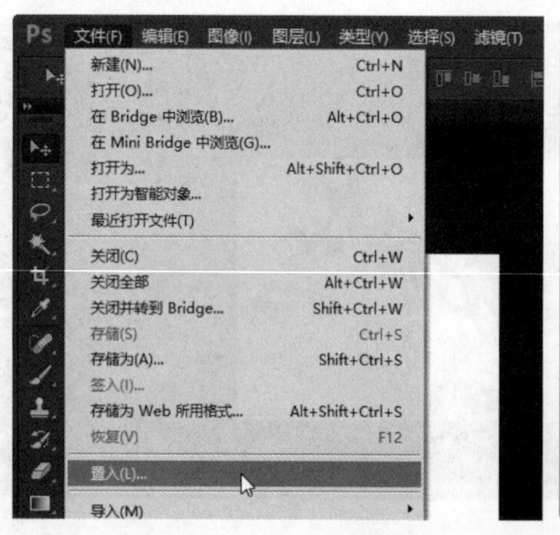

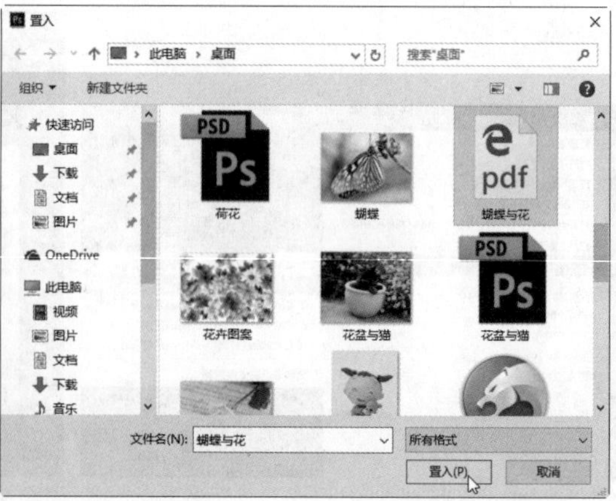

STEP 03：置入设置。弹出“置入 PDF”对话框，根据需要设置参数，设置完成后单击“确定”按钮，见左下图。

STEP 04：确认置入 PDF 文件。返回工作界面，可以看到 PDF 文件作为智能对象置入到文档中，按下“Enter”键确认即可，见右下图。

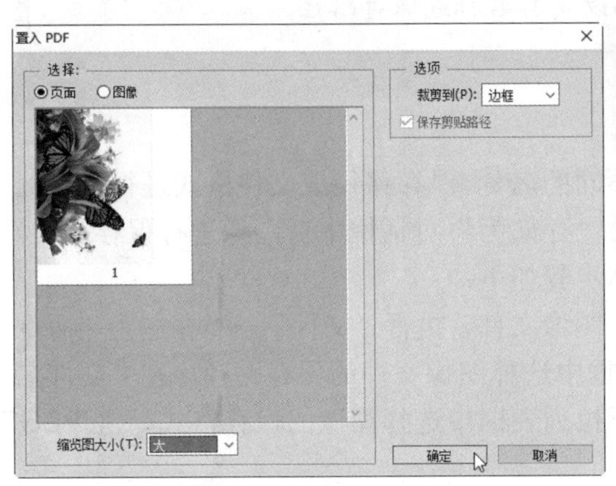

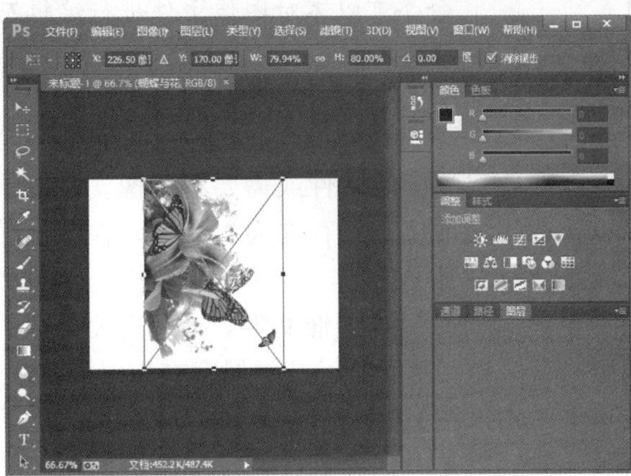

“置入 PDF”对话框中各项的含义如下：

- “选择”栏：选择从 PDF 文档置入页面或图像。
- “裁剪到”下拉列表框：用于设置置入的 PDF 文档的裁剪范围。
- “缩览图大小”下拉列表框：用于设置缩览图显示大小。

2.1.4　导入图像文件

在打开或新建一个图像文件后，可以通过 Photoshop CC 的“导入”功能编辑视频帧，或者导入数码相机和扫描仪中的图像。执行“文件”→“导入”命令，在展开的子菜单中根据需要进行选择即可。

例如计算机配置了扫描仪并安装了相应的软件，启动 Photoshop CC，执行“文件”→“导入”命令，在“导入”子菜单中单击扫描仪名称，可以使用相应软件扫描图像并将图像文件保存为 BMP、TIFF、PICT 等格式，然后在 Photoshop 中打开。

此外，对于使用“Windows 图像采集”（WIA）来支持图像导入的数码相机，将相机连接到计算机后，启动 Photoshop CC，执行“文件”→“导入”→“WIA 支持”命令，可以将该相机中的照片导入到 Photoshop 中。

2.1.5　保存图像文件

在编辑和处理图像文件的过程中，为了避免因为停电或计算机死机等意外情况而丢失工作进度，造成不必要的损失，应该及时进行保存。

1. 直接存储图像文件

使用 Photoshop CC 对已有的图像文件进行编辑后，如果不需要改变该图像文件的名称、保存路径和文件格式等，可以执行“文件”→“存储”命令，或者按下“Ctrl+S”组合键直接对其进行保存。

大师点拨

只有对打开的图像进行编辑或处理后才会激活“文件”→“存储”命令。但在打开任意图像文件后都将激活“文件”→“存储为”命令，因为使用该命令可以不对图像文件进行编辑而改变其名称或保存路径。

2．另存图像文件

保存新建的图像文件或需要将图像文件以不同的名称、保存路径或文件格式进行保存时，可以执行“文件”→“存储为”命令，在弹出的“存储为”对话框中对图像进行保存。

下面对打开的图像文件进行另存操作，具体步骤如下：

STEP 01：**另存图像文件**。打开需要另存的图像文件，执行“文件”→“存储为”命令，弹出“存储为”对话框，在“保存在”下拉列表框中选择图像文件的保存路径，在“文件名”文本框中输入图像文件的新名称，在“格式”下拉列表框中选择图像的保存格式如“JPEG”选项，然后单击“保存”按钮，如下图所示。

STEP 02：**设置图像文件品质**。弹出“JPEG 选项”对话框，在“品质”下拉列表框中选择“最佳”选项，单击“确定”按钮即可，如下图所示。

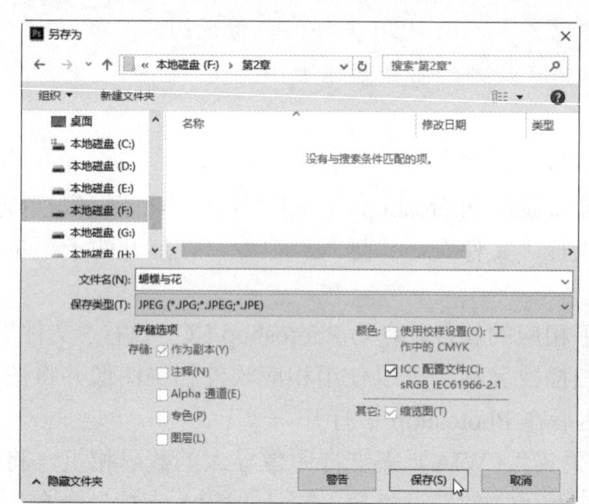

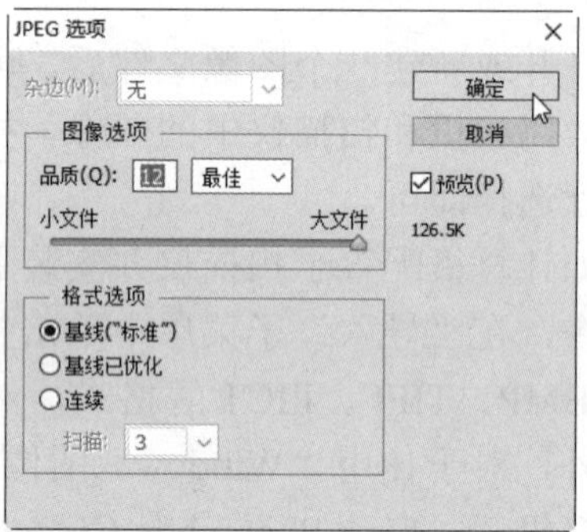

大师心得

只有在“格式”下拉列表框中选择“Photoshop EPS (*.EPS)”和“Photoshop PDF (*.PDF、*.PDP)”选项才可以激活“颜色”栏中的“使用校样设置”和“ICC 配置文件”复选框，以选择是否保存打印用的校样设置和嵌入在文档中的 ICC 配置文件。

3．正确选择文件保存格式

图像数据的存储方式、压缩方法，以及支持哪些 Photoshop 功能、与哪些应用程序兼容都是由文件格式决定的。在保存图像文件时，应根据实际需要选择正确的文件保存格式。常用的文件保存格式如下：

- PDS 格式：是 Photoshop 默认的文件格式，可以保留文档中所有图层、蒙版、通道、路径、图层样式等，便于随时进行修改；该格式支持所有 Photoshop 功能，并兼容其他 Adobe 应用程序如 Illustrator、Premiere、InDesign 等。
- PSB 格式：是 Photoshop 的大型文档格式，支持最高达到 300000 像素的超大图像文件；该格式同样支持所有 Photoshop 功能，但只能在 Photoshop 中打开。
- BMP 格式：是用于 Windows 操作系统的图像文件格式，主要用于保存位图文件；该格式支持 RGB、位图、灰度和索引模式，可以处理 24 位颜色的图像，但不支持 Alpha 通道。
- GIF 格式：用于在网络上传输图像，支持 Photoshop 透明背景和动画；在压缩 GIF 格式文件时，采用 LZW 无损压缩方式效果更佳。
- DICOM 格式：是医学数字成像和通信格式，主要用于传输和存储医学图像，如 CT 扫描图像等；该格式文件包含图像数据和标头，用于存储病人和医学图像的相关信息。
- EPS 格式：是为 PostScript 打印机上输出图像的文件格式，可以同时包含矢量图像和位图图像，支持 RGB、CMYK、位图、双色调、灰度图、索引和 Lab 模式，但不支持 Alpha 通道；绝大部分图形、图表和页面排版程序都支持该格式。
- JPEG 格式：由联合图像专家组开发，采用有损压缩方式，具有较好的压缩效果，但压缩品质数值设置较大时，会损失掉图像的某些细节；该格式支持 RGB、CMYK 和灰度模式，但不支持 Alpha 通道。
- PCX 格式：采用 RLE 无损压缩方式，支持 24 位、256 色图像，常用于保存索引和线画稿模式的图像；该格式支持 RGB、索引、位图和灰度模式，并支持一个颜色通道。
- PDF 格式：即便携文档格式，是一种通用文件格式，支持矢量数据和位图数据，具有电子文档搜索和导航功能，是 Adobe Illustrator 和 Adobe Acrobat 的主要格式；该格式支持 RGB、CMYK、Lab、索引、位图和灰度模式，但不支持 Alpha 通道。
- Raw 格式：Photoshop Raw（.raw）用于在应用程序与计算机平台之间传递图像；该格式支持具有 Alpha 通道的 CMYK、RGB 和灰度模式，以及无 Alpha 通道的多通道、Lab、索引和双色调模式。
- Pixar 格式：专为高端图形应用程序（例如用于渲染三维图像和动画的应用程序）设计的文件格式；该格式支持具有单个 Alpha 通道的 RGB 和灰度图像。
- PNG 格式：用于无损压缩和在 Web 上显示图像，是 GIF 格式的无专利替代产品；该格式支持 244 位图像并产生无锯齿状的背景透明度，但一些早期的浏览器不支持该格式。
- Scitex 格式：是“连续色调”（CT）格式，用于 Scitex 计算机上的高端图像处理。该格式支持 RGB、CMYK 和灰度图像，不支持 Alpha 通道。
- TGA 格式：专用于使用 Truevision 视频版的系统；该格式支持一个单独 Alpha 通道的 32 位 RGB 文件，以及无 Alpha 通道的索引模式、灰度模式、16 位或 24 位的 RGB 文件。

- TIFF 格式：是一种通用文件格式，所有绘画、图像编辑和排版程序都支持该格式，同时绝大部分的桌面扫描仪都可以产生TIFF图像；该格式支持具有Alpha通道的 TGB、CMYK、Lab、索引颜色和灰度图像，以及无 Alpha 通道的位图模式图像；在Photoshop程序中，可以在TIFF文件中存储图层，但在其他应用程序中打开该文件，则只能看到拼合图像。
- PBM 格式：即便携位图文件格式，该格式支持单色位图（1位/像素），可以用于无损数据传输，许多应用程序都支持该格式，例如可以在简单的文本编辑器中创建或编辑此类文件。

大师心得

在实际工作中，使用 Photoshop 编辑图像之后，一般以 PSD 格式保存文件，因为该格式可以保留文档的图层、蒙版、通道等内容，便于日后修改，同时，矢量软件 Illustrator 和排版软件 InDesign 也支持 PSD 文件。而 JPEG 格式是绝大多数数码相机默认的格式，在需要将照片或图像文件通过 E-mail 传送或打印输出时，应以 JPEG 格式保存文件。

2.1.6 导出图像文件

通过 Photoshop 的“导出”功能可以将图像导出到视频设备或者 Illustrator 中。执行“文件”→“导入”命令，在展开的子菜单中根据需要进行选择即可。

例如执行“文件”→“导入”→“Zoomify”命令，可以将图像发布到 Web 上，用户可以缩放或平移图像进行查看。同时，在导出时 Photoshop 将为图像创建 HTML 和 JPEG 文件，方便用户将其上传到 Web 服务器。

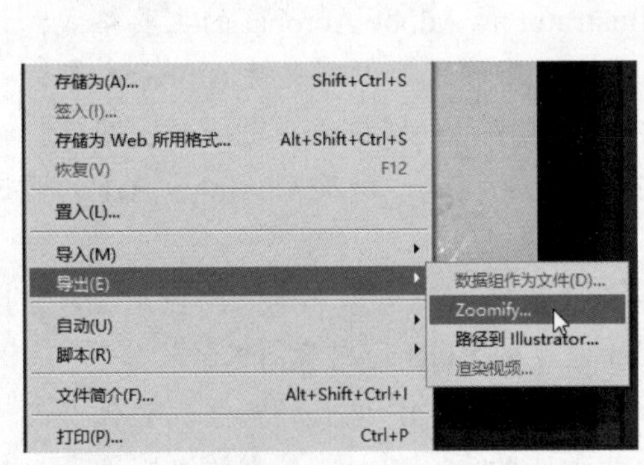

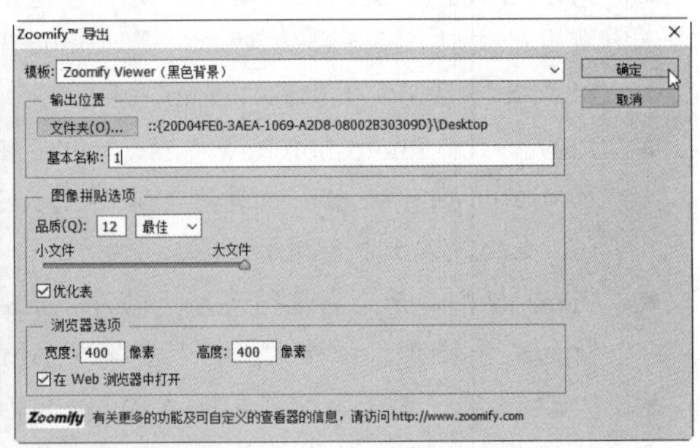

2.1.7 关闭图像文件

当不再需要使用某个图像文件时可以将其关闭，其操作方法主要有以下几种：

方法一： 执行“文件”→“关闭”命令关闭当前图像文件。

方法二： 执行“文件”→“全部关闭”命令关闭打开的所有图像文件。

方法三： 按下“Ctrl+W”或“Ctrl+F4”组合键关闭当前图像文件。

方法四： 单击图像窗口右上角的“关闭”按钮 ×，关闭相应图像文件。

2.2 知识讲解——图像的视图操作

图像窗口是显示图像的场所，在 Photoshop CC 中打开图像文件时，系统会根据图像文件的大小自动调整显示的比例。用户也可以根据需要，修改图像窗口中的显示效果。

2.2.1 在不同的屏幕模式下工作

在 Photoshop CC 中可以使用不同的屏幕模式来查看制作的图像效果。单击工具箱中的“更改屏幕模式”按钮，或者执行“视图”→“屏幕模式”命令，在展开的子菜单中选择相应的选项即可。

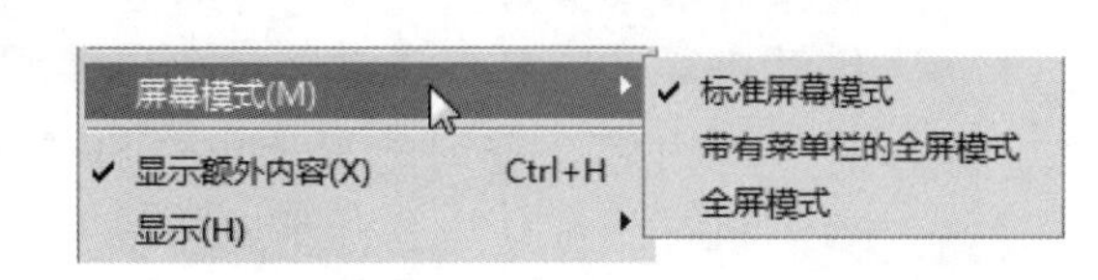

- 标准屏幕模式：默认的屏幕模式，可以显示标题栏、菜单栏、工具箱、滚动条和其他屏幕元素。
- 带有菜单栏的全屏模式：显示有菜单栏、工具箱等，无标题栏和滚动条，图像缩放比例默认为 50%的全屏窗口。
- 全屏模式：显示有黑色背景，无标题栏、菜单栏和滚动条的全屏窗口。

按下“F”键可以在各屏幕模式之间切换；按下“Tab”键可以隐藏/显示工具箱、面板和工具选项栏等；按下“Shift+Tab”组合键可以隐藏/显示面板。

2.2.2 在多个窗口中查看图像

在 Photoshop CC 中，图像文件都是以各自独立的图像窗口来显示的，打开多个图像文件时会打开多个图像窗口；为了防止打开的过多窗口使工作界面看起来混乱，可通过排列图像窗口操作对其进行管理。

在菜单栏中单击“窗口”→“排列”命令，在展开的子菜单中可以根据需要快速设置文档排列方式，如“双联水平”、“三联垂直”和“三联水平”等。

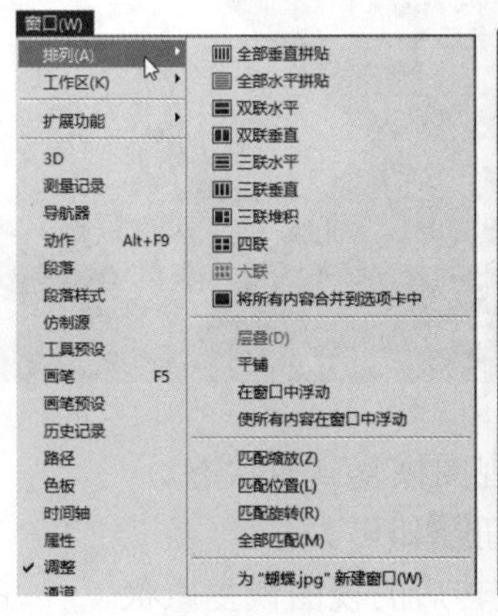

- 层叠：打开多个图像文件后，执行“窗口”→“排列”→“层叠”命令，图像文件将按打开的先后顺序，从工作界面左上角到右下角以堆叠方式排列图像窗口。
- 平铺：执行“窗口”→“排列”→“平铺”命令，图像文件将以靠边的方式排列窗口。关闭某一个图像窗口时，打开的窗口将自动调整大小以填充可用空间。
- 在窗口中浮动：打开多个图像文件后，执行“窗口”→“排列”→“在窗口中浮动”命令，图像文件将可以自由浮动（根据需要拖动标题栏移动窗口）。
- 使所有内容在窗口中浮动：打开多个图像文件后，执行“窗口”→“排列”→“是所有内容在窗口中浮动”命令，使所有文档窗口都浮动。
- 将所有内容合并到选项卡中：打开多个图像文件，并使一个或多个文档窗口浮动后，执行“窗口”→“排列”→“将所有内容合并到选项卡中”命令，将全屏显示一个图像，其他图像最小化到选项卡中。
- 匹配缩放：打开多个同样的图像文件，执行“窗口”→“排列”→“匹配缩放”命令，将使所有窗口都匹配到与当前窗口相同的缩放比例。
- 匹配位置：打开多个同样的图像文件，执行“窗口”→“排列”→“匹配位置”命令，将使所有窗口中图像的显示位置都匹配到与当前窗口中图像的显示位置相同。
- 匹配旋转：打开多个同样的图像文件，旋转某一窗口中的画布后，执行“窗口”→“排列”→“匹配旋转”命令，将使所有窗口中画布的旋转角度都匹配到与当前窗口中画布的旋转角度相同。
- 全部匹配：打开多个同样的图像文件后，执行“窗口”→“排列”→“全部匹配”命令，将使所有窗口中的缩放比例、图像显示位置、画布旋转角度与当前窗口中的相匹配。
- 为“……(文件名)”新建窗口：打开图像文件后，执行“窗口”→“排列”→“为‘……(文件名)’新建窗口”命令，可以为当前文档新建一个窗口。

2.2.3 用旋转视图工具旋转画布

利用 Photoshop CC 的旋转视图功能，可以对当前的图像窗口进行任意的旋转。旋转视图工具是在不破坏图像的情况下使用的，主要用来帮助用户更好地编辑图像。

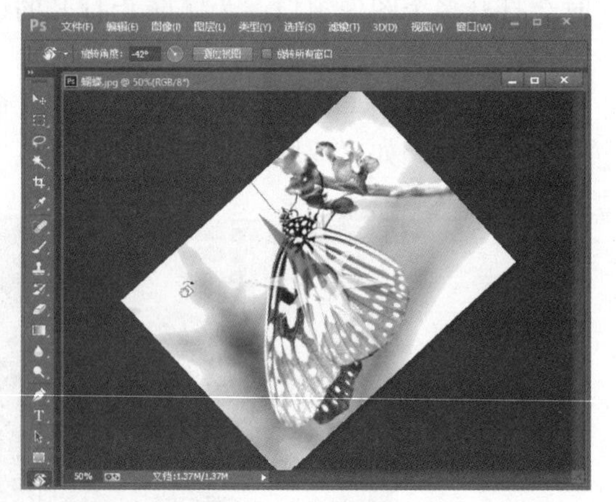

具体操作方法为：单击工具箱中的“旋转视图工具”按钮，将鼠标光标移动到图像窗口中，然后按住鼠标左键进行顺时针或逆时针的旋转即可。

将旋转后的视图恢复到原状的方法有三种，方法如下：

方法一：单击“旋转视图工具”对应属性栏中的“复位视图”按钮 复位视图，即可将旋转后的视图恢复到原状态。

方法二：双击工具箱中的“旋转视图工具”按钮即可。

方法三：按下“Esc”快捷键，也可以快速将旋转后的视图恢复原状。

2.2.4　用缩放工具调整窗口比例

在编辑图像文件的过程中，使用缩放工具可以更好地查看图像的效果，以便进行更为精确的编辑。

1．放大显示图像

当图像文件太小，或者需要对图像进行局部编辑或查看时，可以将图像放大显示，方法如下：

方法一：单击工具箱中的“缩放工具”按钮，将鼠标光标移动到图像窗口中，当光标呈显示时单击鼠标左键，图像将以单击处为中心放大一倍显示。

方法二：在图像窗口状态栏的“显示比例”数值框中输入需要放大显示图像的比例数值后，按下“Enter”键即可。

2．缩小显示图像

图像编辑完成后，如果需要预览图像整体效果，可以缩小显示图像，方法如下：

方法一：单击工具箱中的“缩放工具”按钮，按住“Alt”键并将鼠标光标移动到图像窗口中，当光标呈显示时单击鼠标左键，图像将以单击处为中心缩小一倍显示。

方法二：在图像窗口状态栏的“显示比例”数值框中输入缩小显示的比例数值后，按下“Enter”键即可。

知识链接——窗口缩放命令的讲解

执行“视图”→“放大”命令，或按下“Ctrl++”组合键，可放大窗口的显示比例。执行“视图”→“缩小”命令，或按下“Ctrl--”组合键，可缩小窗口的显示比例。执行“视图”→“按屏幕大小缩放”命令，或按下“Ctrl+0”组合键，可以自动调整图像的显示比例，使其完整显示在窗口中。执行“视图”→“实际像素”命令，或按下“Ctrl+1”组合键，可以使图像按照实际的像素，以100%的比例显示。执行“视图”→“打印尺寸”命令，可以使图像按照实际的打印尺寸显示。

2.2.5 用抓手工具移动画面

在 Photoshop CC 中，用户可以使用工具箱中的“抓手工具”来移动画布，以改变图像在窗口中的显示位置。单击工具箱中的“抓手工具”按钮，将光标移动到图像窗口中，此时光标呈显示，按住鼠标左键拖动至适当的位置后释放鼠标左键即可。

2.2.6 用导航器面板查看图像

执行“窗口”→“导航器”命令，即可打开“导航器”面板。在“导航器”面板中可以实现缩放窗口、移动画面等操作。

- 缩放窗口：在“导航器”面板中，向左拖动面板底部的缩放滑块，或者单击其左侧的“缩小”按钮，即可缩小图像；向右拖动面板底部的缩放滑块，或者单击其右侧的“放大”按钮，即可放大图像。
- 移动画面：将鼠标光标移动至“导航器”面板中，光标呈显示时按住鼠标左键进行拖动，也可以实现视图的平移。

2.3 知识讲解——修改像素和画布大小

在处理图像文件的过程中，经常需要对图像文件进行调整，例如修改像素尺寸、修改画布大小、旋转画布等。

2.3.1　修改图像的尺寸

修改图像的尺寸包括调整图像的像素大小、文档大小和分辨率。执行“图像”→“图像大小”命令，在弹出的“图像大小”对话框中即可对图像文件的大小进行调整。

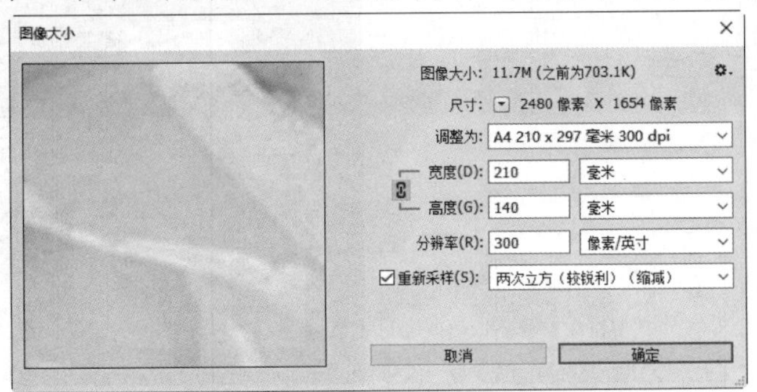

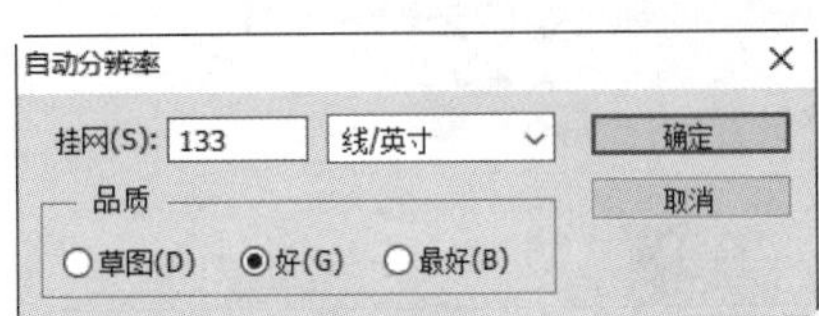

“图像大小”对话框中各项的含义如下：

- “图像大小”项：按文件大小描述文档大小；修改图像大小后将显示新文件的大小，同时旧的文件大小显示在括号内。
- “尺寸”项：按所选尺寸单位描述文档大小；单击下拉按钮在打开的下拉菜单中可以改变尺寸单位。
- “调整为”下拉列表框：在该下拉列表中提供了预设的常用图像尺寸，如可以快速根据打印尺寸和图像分辨率指定图像大小；选择“自动分辨率...”选项，将打开“自动分辨率”对话框，输入挂网的线数，在 Photoshop 中可以根据输出设备的网频来确定建议使用的图像分辨率。
- “宽度”和“高度”文本框：用于指定图像大小，在各文本框右侧的下拉列表框中可以选择单位。
- “分辨率”文本框：用于指定图像文件的分辨率，分辨率越高，图像品质越好，在其右侧的下拉列表框中可选择单位。
- “约束比例”图标：选中该图标后，在对应的“宽度”和“高度”项前将出现“链接”标志，并将其约束起来，更改其中一项后，相应选项将按原图像比例变化。
- “重新采样”复选框：勾选该复选框后，可以改变像素大小，并且在修改文档大小时将同时修改像素大小以保证图像质量。取消勾选该复选框，像素大小将不发生变化。
- 插值方法下拉列表框：修改图像的像素大小时，如果减少像素数量，就会少出一些图像信息；如果增加像素数量或像素取样，就会添加一些新的像素，在“重新采样”复选框后的插值方法下拉列表中，提供了多种添加或删除像素的方式，如“邻近（硬边缘）”、“两次立方（较锐利）（缩减）”等；只有勾选了“重新采样”复选框，才能激活该选项。

2.3.2　修改画布大小

使用“画布大小”命令可以修改画布的大小，同时可对画面进行一定的裁剪或增加。执行“图像”→“画布大小”命令，弹出“画布大小”对话框，在弹出的“画布大小”对话框中根据需要进行设置，即可对画布的大小进行调整。

设置好后单击“确定”按钮，在弹出的提示对话框中单击“继续”按钮，即可确定修改画布大小。将修改后的图像文件另存，同时打开修改前后的两个图像文件，见右下图。

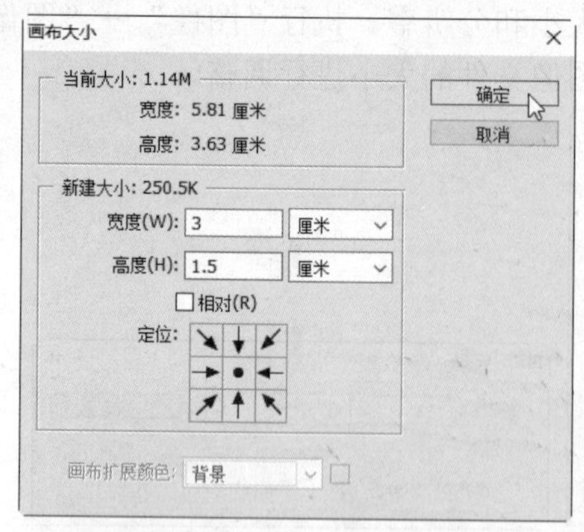

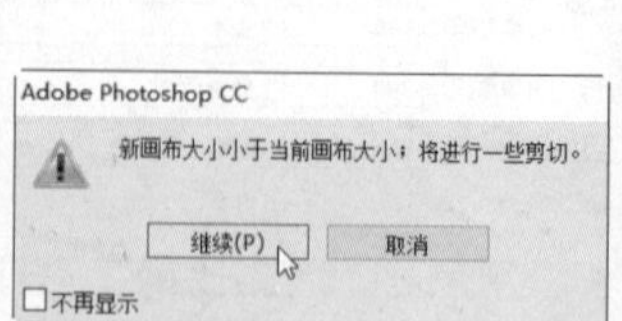

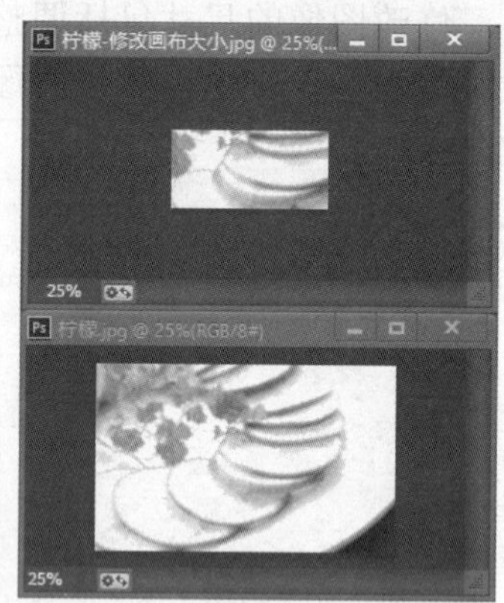

“画布大小”对话框中各项的含义如下：

- “当前大小”栏：显示图像宽度和高度的实际尺寸与文档的实际大小。
- “新建大小”栏：选择“宽度”和“高度”文本框单位，在其中输入数值，即可设置画布大小。
- “相对”复选框：勾选该复选框后，“宽度”和“高度”文本框中输入的数值将代表画布增减部分的大小，而不是整个文档的大小；此时输入正值表示增加画布，输入负值表示减少画布。
- “定位”缩览图：单击不同的方格，可以设置当前图像在新画布上的位置（增加画布时），以及裁剪图像时保留区域的位置（减少画布时）。
- “画布扩展颜色”下拉列表和色块：用于选择填充新画布的颜色，当图像背景为透明时该选项不可用。

知识链接——显示隐藏在画布外的图像

如果使用移动工具将一个较大的图像拖入一个较小的文档，或者在较小的文档中置入了一个较大的图像文件，图像中的部分内容就会位于画布之外，无法显示。此时单击菜单栏中的“图像”→“显示全部”命令，即可自动扩大画布，显示全部图像。

2.3.3 旋转画布

通过 Photoshop 的“图像旋转”功能，可以旋转或翻转画布。执行“图像”→“图像旋转”命令，即可在展开的子菜单中根据需要旋转整个图像。

下面对打开的图像进行旋转画布的操作，具体步骤如下：

原始素材文件：光盘\素材文件\第 2 章\草莓.jpg
最终结果文件：光盘\结果文件\第 2 章\草莓.jpg
同步教学文件：光盘\多媒体教学文件\第 2 章\

STEP 01：设置旋转角度。 打开需要调整旋转的图像文件，然后执行“图像”→“图像

旋转”→“任意角度”命令；弹出“旋转画布”对话框，选择“度（顺时针）”单选项，在“角度”文本框中输入旋转角度，单击“确定”按钮，见左下图。

STEP 02：**旋转画布**。画布将根据设置进行旋转，见右下图。

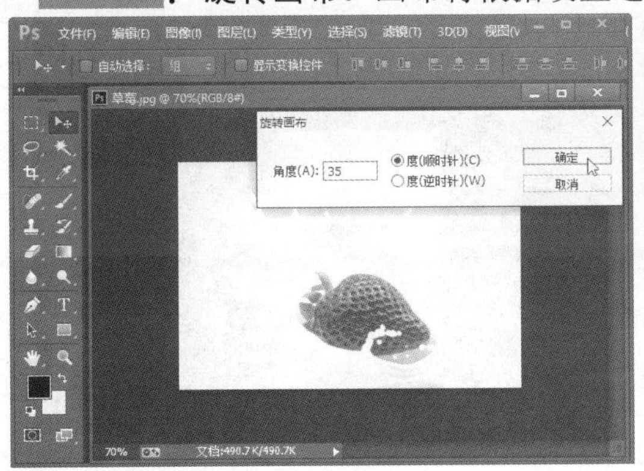

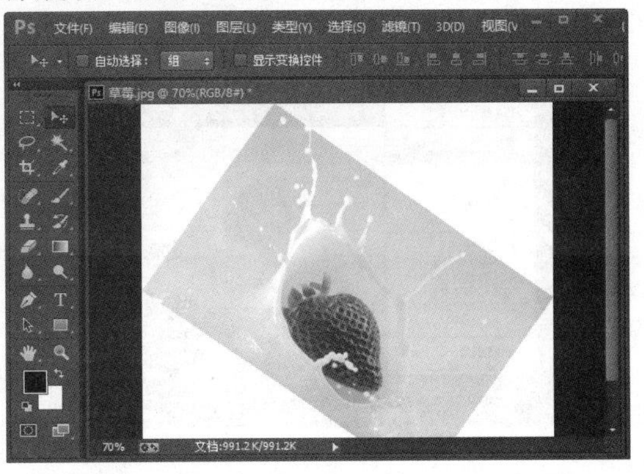

2.4　知识讲解——裁剪图像

Photoshop 的裁剪图像功能常用于处理数码照片或扫描的图像，通过删除部分图像，可以使画面构图更完美。

2.4.1　用裁剪工具裁剪图像

为了裁剪掉多余的图像内容，使画面构图更完美，用户可以通过工具箱中的“裁剪工具”对图像进行裁剪。

下面对打开的图像文件进行裁剪，具体步骤如下：

	原始素材文件：光盘\素材文件\第 2 章\杨桃.jpg
	最终结果文件：光盘\结果文件\第 2 章\杨桃.jpg
	同步教学文件：光盘\多媒体教学文件\第 2 章\

STEP 01：**绘制裁剪框**。打开要裁剪的图像文件，单击工具箱中的“裁剪工具”按钮，将光标移到图像窗口中，当光标呈显示时，按住鼠标左键拖动，绘制裁剪框，如下图所示。

STEP 02：**调整裁剪框**。裁剪框绘制完成后，释放鼠标左键，将鼠标光标移到变换框四周的控制点上，当其变为双向箭头时按住鼠标左键并拖动，可调整裁剪框的大小，如下图所示。

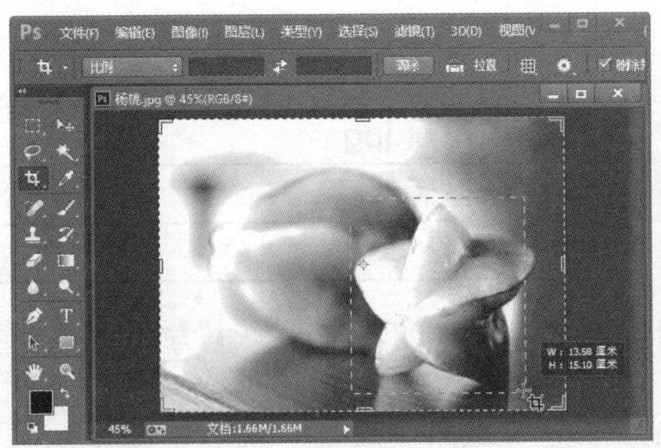

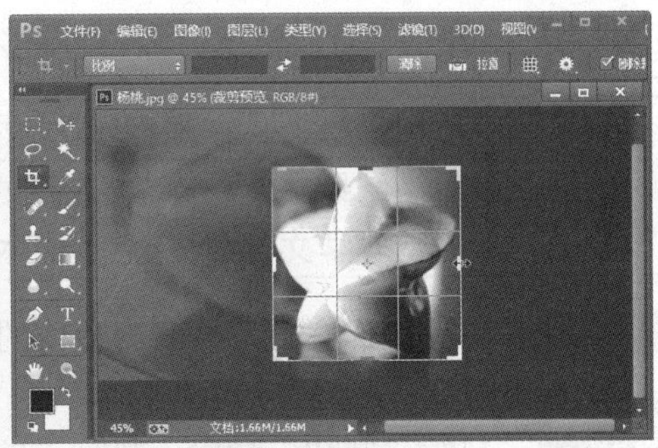

STEP 03：**设置约束比例**。在裁剪工具工具栏中单击 不受约束 按钮，在展开的下拉列

表中可以选择裁剪框宽度与高度的约束比例，如选择“1×1（正方形）”选项，见左下图。

STEP 04：确认裁剪图像。确定裁剪范围后，在裁剪框内双击应用裁剪，或者按下“Enter”键，即可完成图像的裁剪，如右下图所示。

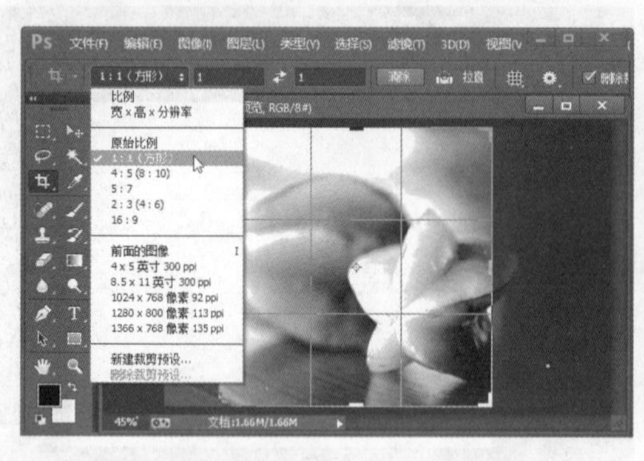

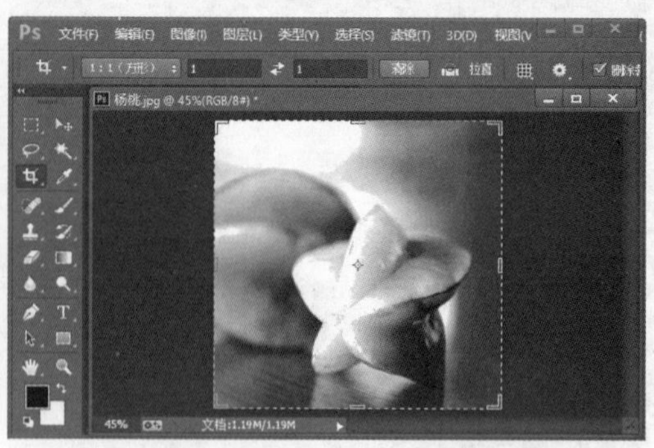

2.4.2 用“裁剪”命令裁剪图像

除了使用裁剪工具裁剪图像外，用户还可以在绘制选区之后通过菜单栏中的“裁剪”命令对图像进行裁剪。

打开要裁剪的图像文件，使用“矩形选区工具”绘制一个矩形选区（绘制选区的方法详见第 3 章），然后执行“图像”→“裁剪”命令，即可按照之前绘制的选区裁剪图像。

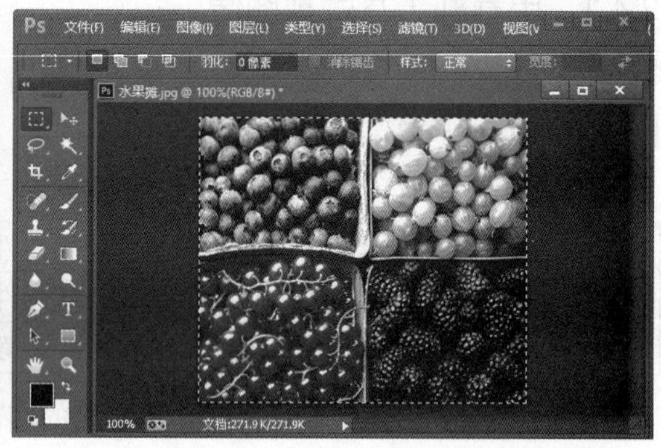

2.4.3 用“裁切”命令裁切图像

当画布颜色与图像背景色不同时，用户可以通过菜单栏中的“裁切”命令轻松裁剪掉图像周围多余的画布。

下面对打开的图像文件裁剪掉图像周围多余的颜色条，具体步骤如下：

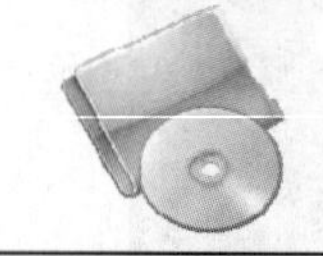	原始素材文件：光盘\素材文件\第 2 章\香蕉.jpg
	最终结果文件：光盘\结果文件\第 2 章\香蕉.jpg
	同步教学文件：光盘\多媒体教学文件\第 2 章\

STEP 01：打开图像文件。打开要裁剪的图像文件，可以看到图像上方和下方有多余的颜色条，见左下图。

STEP 02：执行“裁切”命令。执行“图像”→“裁切”命令，见右下图。

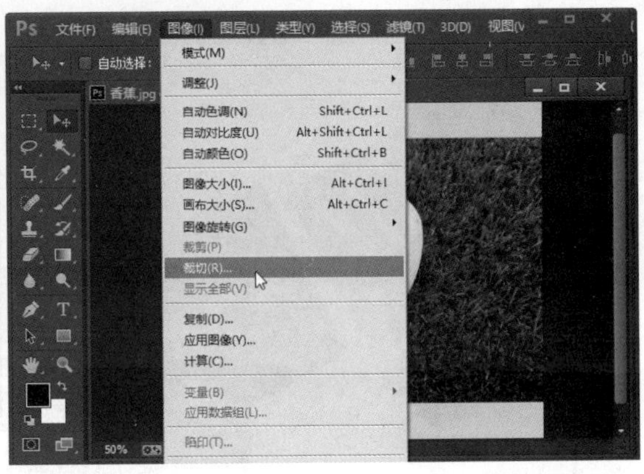

STEP 03：设置裁剪部分。弹出“裁切”对话框，选择“左上角像素颜色”单选项，默认勾选“顶”、“底”、“左”、“右”复选框，单击“确定”按钮，见左下图。

STEP 04：裁切效果。返回图像窗口，可以看到已经根据设置裁剪了图像中多余的颜色条，见右下图。

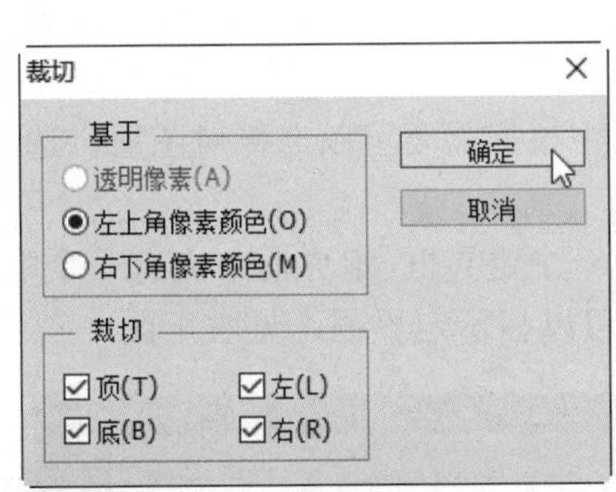

2.4.4　裁剪并修齐扫描的照片

在扫描多幅图片后，需要将每幅图片进行分割并修正，通过 Photoshop CC 提供的“裁剪并修齐照片”功能可以快速完成这个操作。

下面裁剪并修齐打开的图像文件，具体步骤如下：

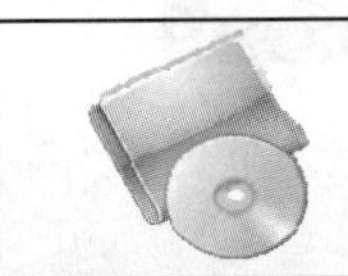	原始素材文件：光盘\素材文件\第 2 章\照片.jpg
	最终结果文件：光盘\结果文件\第 2 章\照片副本.jpg，照片副本 2.jpg
	同步教学文件：光盘\多媒体教学文件\第 2 章\

STEP 01：打开图像文件。打开要裁剪并修齐的图像文件，可以看到该图像文件只有一个背景图层，文档窗口中显示了两幅摆放不规则的图像，见左下图。

STEP 02：执行“裁剪并修齐”命令。执行“文件”→“自动”→“裁剪并修齐照片”命令，原素材图像中的两幅图像以副本的形式被单独分离出来，见右下图。

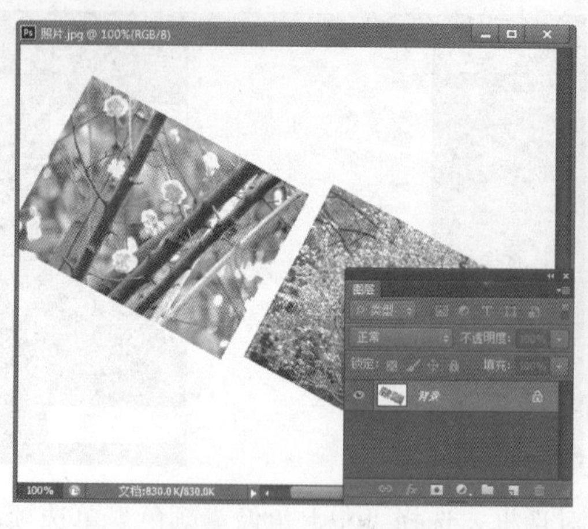

2.5 知识讲解——图像的变换与变形操作

图像的变换与变形操作是对所选的图像或区域进行移动、缩放、旋转、斜切、扭曲、透视、变形、翻转等操作。

2.5.1 定界框、中心点和控制点

执行“编辑”→“变换”命令，在展开的子菜单中根据需要可以选择对图层、选区、路径中的图像以及矢量形状等进行变换与变形操作。

进行图像变换与变形操作时当前对象周围将出现一个定界框，定界框中央有一个中心点，四周有 8 个控制点。此外，按下“Ctrl+T”组合键也可以显示定界框，见右下图。

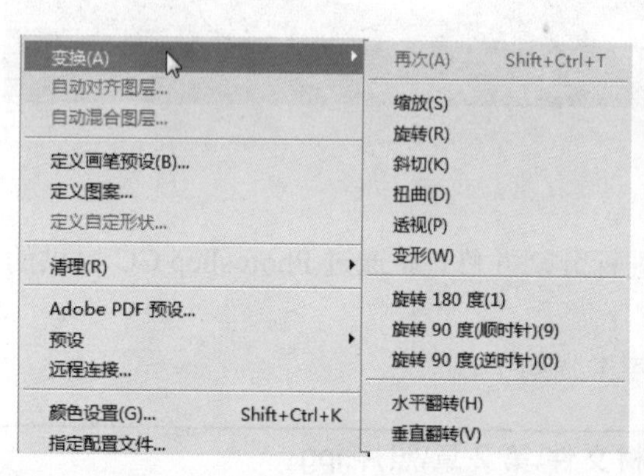

- 定界框：用于限定对象。
- 中心点：默认情况下位于对象中央，用于定义对象的变换中心，按住鼠标左键拖动中心点即可移动对象变换中心的位置。
- 控制点：拖动控制点可以进行相应的变换操作。

2.5.2 移动图像

在处理图像文件的过程中，经常需要对图像文件进行整体移动或局部移动，例如，在同

一文档中移动整个图层、移动选区内的图像，以及将图层或图像移动到其他文档中。无论是在同一文档中移动图像，还是在不同文档中移动图像，方法都差不多。

在同一文档中移动整个图层：选中需要移动的图层，单击工具箱中的“移动工具”按钮，在图像窗口中按住鼠标左键拖动该图层，拖动至目标位置后释放鼠标左键即可，效果见左下图。

在同一文档中移动选区内的图像：创建选区后，单击工具箱中的“移动工具”按钮，拖动至目标位置后释放鼠标左键即可，效果见右下图。

将图层或图像移动到其他文档中：选中需要移动的图层，或为需要移动的图像创建选区，单击工具箱中的“移动工具”按钮，在图像窗口中按住鼠标左键拖动该图层或选区，拖动至另一文档窗口中的目标位置后释放鼠标左键即可，效果如下图。

2.5.3　缩放与旋转图像

缩放图像是通过调整控制框来实现图像的任意缩放和等比例缩放。执行“编辑”→“变换”→“缩放”命令，这时图像文件中显示一个控制框，将鼠标指针移动到控制点上，当指针呈显示时，按住鼠标左键不放进行拖动，到适当位置释放鼠标左键即可，见下图所示。

旋转图像是将图像文件进行顺时针或逆时针的旋转。执行“编辑”→“变换”→“旋转”命令，然后将鼠标指针移动到控制框旁，当指针呈显示时，按住鼠标左键进行拖动，可以根据需要进行图像的旋转操作，到适当位置释放鼠标左键即可，见下图所示。

完成后按下“Enter”键确认操作即可。

2.5.4 斜切与扭曲图像

斜切图像是以一定的角度对图像进行斜切式变形。执行“编辑”→“变换”→“斜切”命令，将鼠标指针移到控制框旁，当指针呈或显示时，按住鼠标左键不放并拖动，到适当位置释放鼠标左键即可实现图像的斜切操作，如左下图所示。

扭曲图像是对图像的形状进行任意的扭曲操作。执行“编辑”→“变换”→“扭曲”命令，将鼠标指针移动到控制框的任意一个控制点上，当指针呈显示时，按住鼠标左键不放并拖动，到适当位置释放鼠标左键即可实现图像的扭曲操作，如右下图所示。

完成后按下“Enter”键确认操作即可。

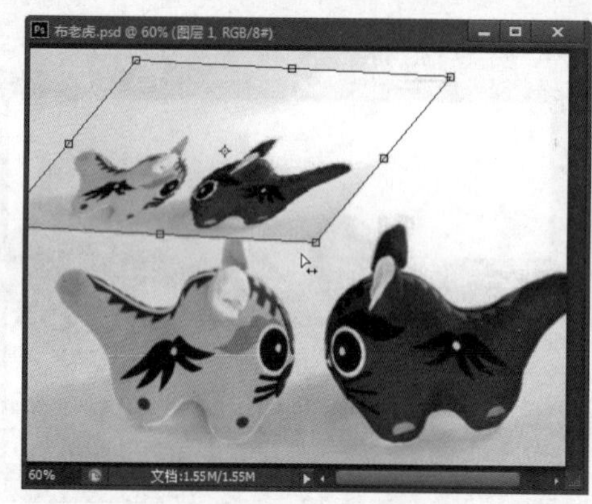

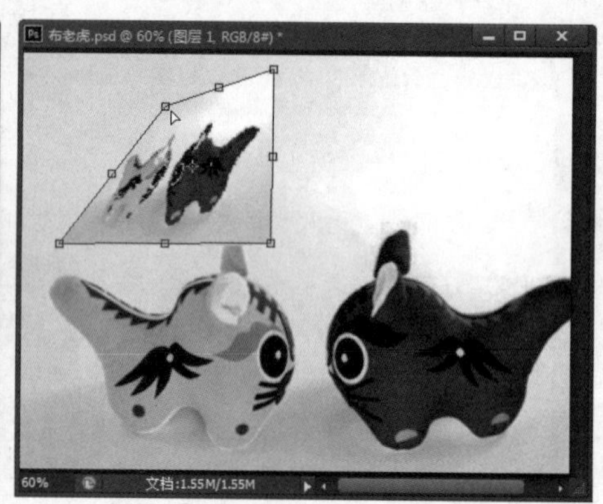

2.5.5 透视与变形图像

透视图像是图像以一定的角度产生一种透视性效果。执行“编辑”→“变换”→“透视”命令后，将鼠标指针移动到控制框的任意一个控制点上，当指针呈显示时，按住鼠标左键不放并拖动，即可实现图像的透视操作。

变形图像是通过调整节点上的线条弧度来达到调整图像的效果。执行“编辑”→“变换”→“变形”命令，这时图像文件上将显示网格，拖动网格上的节点即可实现变形操作。

完成后按下“Enter”键确认操作即可。

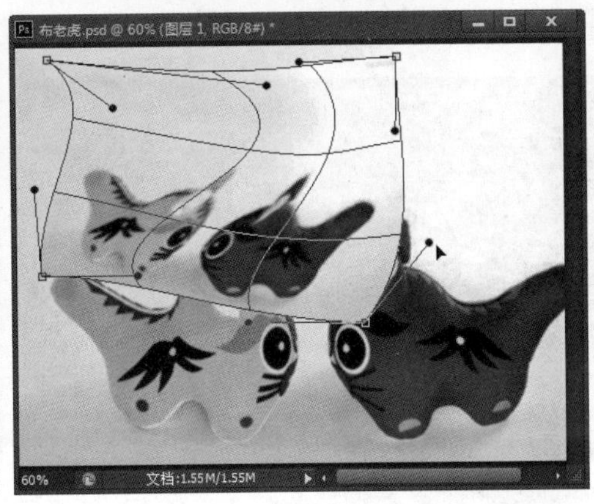

知识链接——精确变换图像的讲解

执行“编辑”→“自由变换”命令，或按下“Ctrl+T”组合键，将显示出定界框，同时工具栏中将显示出各种变换选项，通过该工具栏可以对图像进行更精确的变换操作。例如，在 X: 282.50 像素 文本框中输入数值使图像水平移动；在 Y: 243.50 像素 文本框中输入数值使图像垂直移动；在 W: 93.89% 文本框中输入数值使图像水平拉伸；在 H: 78.73% 文本框中输入数值使图像垂直拉伸；在 △ 0.00 度 文本框中输入数值使图像旋转；在 H: 0.00 度 文本框中输入数值使图像水平斜切；在 V: 0.00 度 文本框中输入数值使图像垂直斜切等。

2.6　知识讲解——内容识别比例

在 Photoshop CC 中，通过“内容识别比例”功能，可以在缩放图像时保护画面中的人物、动物、建筑等不变形。

2.6.1　用内容识别比例缩放图像

通过之前介绍的图像变换功能缩放图像，在调整图像大小时会统一影响所有像素，而通过“内容识别比例”功能缩放图像，则不会影响重要可视内容区域中的像素，从而保护画面中的人物、动物、建筑等不变形。

下面用内容识别比例缩放图像，保护图像中的樱花不变形，具体步骤如下：

	原始素材文件：光盘\素材文件\第 2 章\樱花.jpg
	最终结果文件：光盘\结果文件\第 2 章\樱花-用内容识别比例缩放.psd
	同步教学文件：光盘\多媒体教学文件\第 2 章\

STEP 01：**转换背景图层**。打开需要进行内容识别比例缩放的图像文件，因为“内容识别比例”缩放功能无法处理“背景”图层，需要在按住“Alt”键的同时双击“背景”图层，将其转换为普通图层，见左下图。

STEP 02：**缩放图像**。执行“编辑”→“内容识别比例”命令，出现定界框，按住鼠标左键拖动控制点缩放图像，或在工具选项栏的相应文本框中输入缩放值缩放图像；在工具选项栏中按下“保护肤色”按钮，此时将自动识别重要对象进行保护，见右下图。

STEP 03：与普通缩放对比。按下“Enter”键确认缩放即可；与使用“变换”功能缩放图像后的效果对比，可以看到右侧使用普通缩放的图像中樱花明显变形了，见下图。

2.6.2 用 Alpha 通道保护图像内容

如果在使用“内容识别比例”功能缩放图像时，Photoshop 无法识别重要对象，按下“保护肤色”按钮也不能改善图像变形效果，则可以通过 Alpha 通道限定需要保护的重要内容。

下面使用“内容识别比例”缩放图像，并通过 Alpha 通道保护图像中的重要内容，具体步骤如下：

	原始素材文件：光盘\素材文件\第 2 章\小猫爬树.jpg
	最终结果文件：光盘\结果文件\第 2 章\小猫爬树.psd
	同步教学文件：光盘\多媒体教学文件\第 2 章\

STEP 01：转换背景图层。打开需要进行内容识别比例缩放的图像文件，因为“内容识别比例”缩放功能无法处理“背景”图层，需要在按住“Alt”键的同时双击“背景”图层，将其转换为普通图层，见左下图。

STEP 02：创建 Alpha 通道。使用“快速选择工具”选中小猫；在“通道”面板中单击“将选区存储为通道”按钮，将选区保存为 Alpha 通道，见右下图。

STEP 03：**缩放图像**。按下“Ctrl+D”组合键取消选区；执行“编辑”→“内容识别比例”命令，出现定界框，按住鼠标左键拖动控制点缩放图像；默认情况下工具选项栏中的“保护肤色”按钮为已按下状态，单击“保护肤色”按钮使其弹起，取消自动识别保护对象，见左下图。

STEP 04：**限定变形区域**。在工具选项栏的“保护”下拉列表中选择创建的“Alpha 1”通道，限定变形区域，此时通道中的白色区域对应的图像（小猫）受到保护，按下“Enter”键确认缩放即可，见右下图。

2.7　知识讲解——复制与粘贴

“复制”、“剪切”和“粘贴”是应用程序中常见的命令。在 Photoshop 中用户也可以对选区内的图像进行一些特殊的复制与粘贴操作，例如在选区内粘贴图像、合并复制图像等。

2.7.1　复制、合并复制与剪切

在 Photoshop 中，“复制”与“剪切”图像的操作主要通过“拷贝”、“剪切”和“合并拷贝”命令实现，方法如下：

“复制”图像：在图像中创建选区，然后执行“编辑”→“拷贝”命令，或按下“Ctrl+C”组合键，即可将选中的图像复制到剪贴板，此时原图像文件不变；当文档中包含多个图层时，该命令仅应用于选中图层，见左下图。

“剪切”图像：在图像中创建选区，然后执行“编辑”→“剪切”命令，或按下“Ctrl+X”组合键，即可将选中的图像剪切到剪贴板，此时被剪切的部分从原图像文件中删除；当文档中包含多个图层时，该命令仅应用于选中图层，见左下图。

“合并复制”图像：当文档中包含多个图层时，在图像中创建选区，然后执行“编辑”→“合并拷贝”命令，即可将所有可见图层中的图像内容复制到剪贴板。

2.7.2 粘贴与选择性粘贴

在 Photoshop 中，“粘贴”图像的操作主要通过“粘贴”和“选择性粘贴”命令实现，方法如下：

“粘贴”图像：将图像复制或剪切到剪贴板，然后执行“编辑”→“粘贴”命令，或按下“Ctrl+V”组合键，即可将剪贴板中的图像粘贴到当前文档中，见左下图。

“选择性粘贴”图像：将图像复制或剪切到剪贴板，然后执行“编辑”→“选择性粘贴”命令，在展开的子菜单中可以根据需要选择“原位粘贴”、“贴入”、“外部粘贴”三种方式粘贴图像，见右下图。

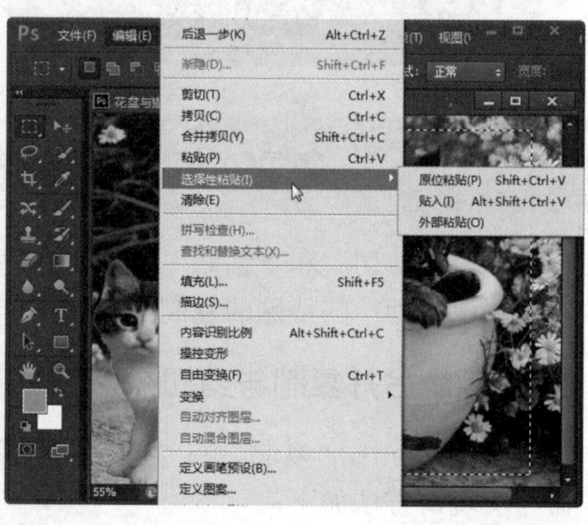

“选择性粘贴”子菜单中各项的含义如下：

- “原位粘贴”命令：执行该命令，可以将图像按照其在原图像中的位置粘贴到当前文档中。
- “贴入”命令：如果在当前文档中创建了选区，执行该命令，可以将图像粘贴到选区内，并自动添加蒙版隐藏选区之外的图像，效果见左下图。
- “外部粘贴”命令：如果在当前文档中创建了选区，执行该命令，可以将图像粘贴到当前文档中，并自动添加蒙版隐藏选区内的图像，效果见右下图。

2.7.3 清除图像

在图像中创建选区后，执行“编辑”→“清除”命令，即可清除选区内的图像。

此时，如果清除的是“背景”图层中的图像，被清除区域将以设置的背景色填充，效果见左下图；如果清除的是其他图层中的图像，将删除选中的图像，效果见右下图。

大师心得　在图层面板中选中一个或多个图层，按下“Delete”键，即可删除所选图层及其中的全部图像内容。

2.8 知识讲解——撤销/返回/恢复文件

在编辑图像的过程中，难免出现操作失误或对完成的效果不满意，此时可以撤销操作或将图像文件恢复到最近保存过的状态。

2.8.1 还原与重做

执行“编辑”→“还原……（操作名称）”命令，或按下“Ctrl+Z”组合键，即可撤销对图像所做的最后一次编辑操作，使其还原到上一步编辑状态。

如果需要取消还原操作，则可以执行“编辑”→“重做……（操作名称）”命令，或再次按下“Ctrl+Z”组合键，将图像恢复到最后一次编辑的状态。

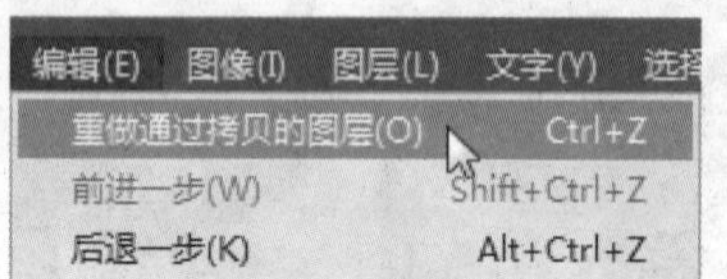

2.8.2 前进一步与后退一步

“还原”命令只能还原一步操作，同时，“重做”命令只能撤销对应的一步还原操作。如果需要连续还原多步操作，则可以连续执行“编辑”→“后退一步”命令，或连续按下“Ctrl+Alt+Z”组合键，逐步撤销操作。

相应地，连续执行“编辑”→“前进一步”命令，或连续按下“Ctrl+Shift+Z”组合键，可以逐步取消还原。

知识链接——恢复文件到最近保存状态的讲解

执行“文件”→“恢复”命令，可以直接将文件恢复到最后一次保存文档时的状态。

2.9 知识讲解——使用历史记录面板还原操作

在编辑图像的过程中，每进行一步操作，都会被 Photoshop 自动记录到“历史记录”面板中。通过该面板，可以轻松还原图像或撤销还原操作，将处理结果创建为快照或新的文件。

2.9.1 利用“历史记录”面板还原错误操作

执行“窗口”→“历史记录”命令，即可打开“历史记录”面板。在该面板中用户可以将图像快速恢复到操作过程中的某一步状态，也可以快速恢复到当前的操作状态。

下面通过“历史记录”面板还原图像编辑过程中的错误操作，具体步骤如下：

	原始素材文件：光盘\素材文件\第 2 章\哈士奇.jpg
	最终结果文件：光盘\结果文件\第 2 章\哈士奇.jpg
	同步教学文件：光盘\多媒体教学文件\第 2 章\

STEP 01：**打开“历史记录”面板**。打开图像文件，然后执行“窗口”→“历史记录”命令打开“历史记录”面板，见左下图。

STEP 02：**裁剪图像**。使用工具箱中的裁剪工具裁剪掉多余的图像，见右下图。

STEP 03：**图像去色**。执行“图像”→“调整”→“去色”命令，效果见左下图。

STEP 04：**还原操作**。此时，执行“历史面板”中的“裁剪”操作，即可使图像恢复到该步时的编辑状态，见右下图。

STEP 05：**撤销还原操作**。执行“历史面板”中最后一步操作，即可撤销还原操作，使图像恢复到被还原前的编辑状态，见左下图。

STEP 06：**恢复图像初始状态**。单击“历史面板”中的快照区，即可使图像恢复到编辑之前的初始状态，见右下图。

大师心得 在 Photoshop 中修改工作面板、颜色设置、动作和首选项等不会记录在“历史记录”面板中。

2.9.2 创建与删除快照

默认情况下，“历史记录”面板中只能保持20步操作，而使用“画笔”、“涂抹”等绘画工具时，每次单击鼠标都会保存下一条历史记录。在这样的情况下，用户需要加强“历史记录”面板的还原能力。

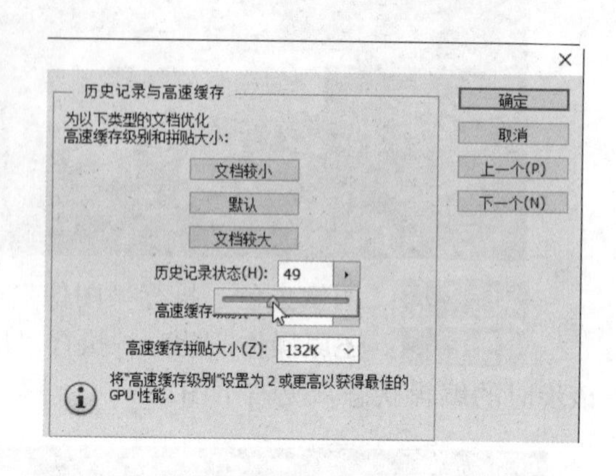

执行“编辑”→“首选项”→“性能”命令，打开“首选项”对话框，在“历史记录状态”文本框中可以根据需要设置记录数量，完成后单击“确定”按钮，即可更改“历史记录”面板中的历史记录保存数量。

然而可保存的历史记录数量越多，占用的内存就越多，因此，更常用的方法是通过创建快照，逐步保存图像编辑进度，此后就可以利用快照快速恢复图像状态了。

下面在图像编辑过程中，通过创建快照快速恢复图像状态，具体步骤如下：

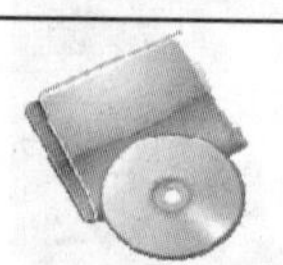	原始素材文件：光盘\素材文件\第 2 章\荷花.psd
	最终结果文件：光盘\结果文件\第 2 章\荷花.psd
	同步教学文件：光盘\多媒体教学文件\第 2 章\

STEP 01：打开“历史记录”面板。打开图像文件，然后执行“窗口”→“历史记录”命令，打开“历史记录”面板，见左下图。

STEP 02：创建快照。使用工具箱中的画笔工具绘制荷花；在“历史记录”面板中选中要创建为快照的状态，在按住“Alt”键的同时单击“创建新快照”按钮，见右下图。

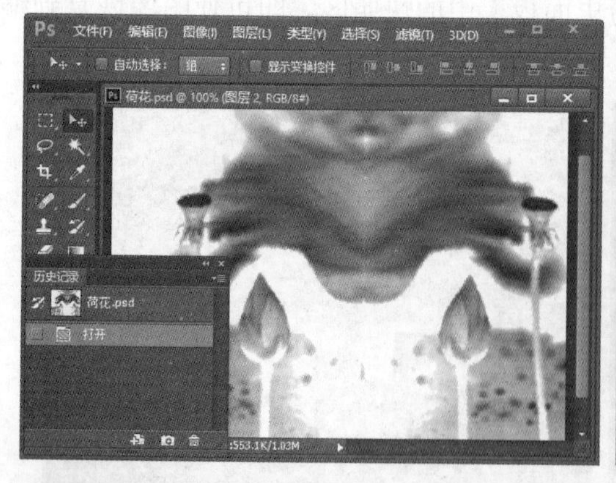

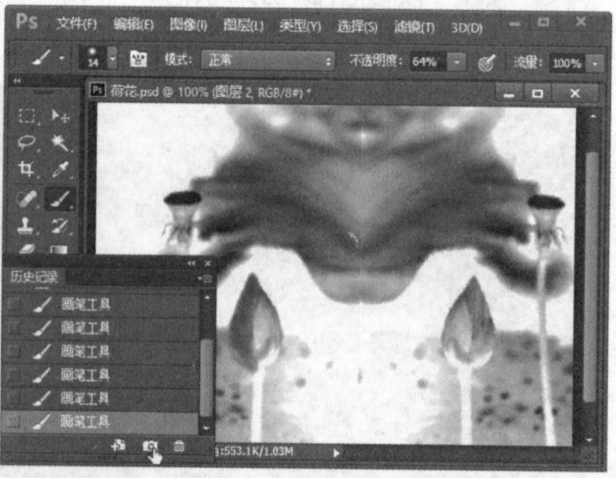

STEP 03：新建快照设置。弹出“新建快照”对话框，在“名称”文本框中输入快照名

称，在“自”下拉列表中选择“全文档”，单击“确定”按钮，见左下图。

STEP 04：**创建快照**。返回“历史记录”面板，可以看到根据设置创建了一个快照；继续绘制荷花，并按照上面的方法再创建两个快照，见右下图。

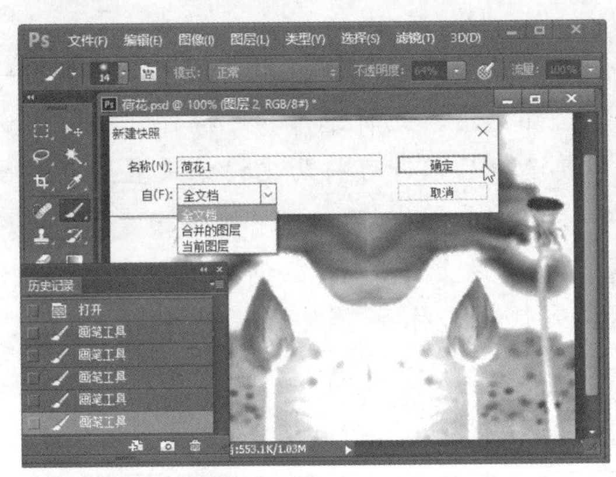

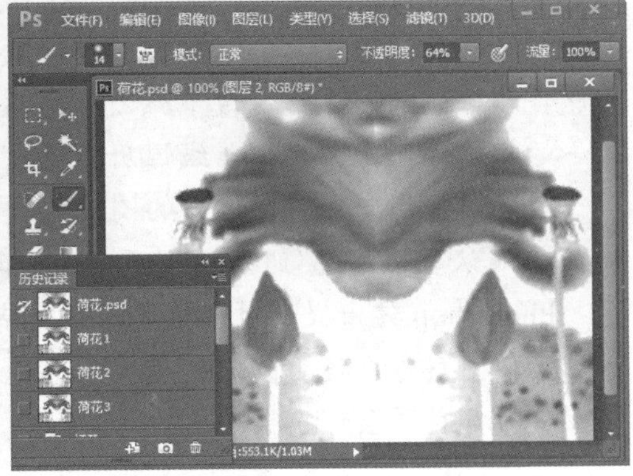

STEP 05：**通过快照还原图像**。此时在快照区中选择需要恢复的图像编辑状态，单击该快照，即可快速还原图像，见左下图。

STEP 06：**删除快照**。在“历史记录”面板中选中要删除的快照，单击面板底部的“删除当前状态”按钮，或按住鼠标左键拖动快照到“删除当前状态”按钮处，释放鼠标左键，即可删除快照，见右下图。

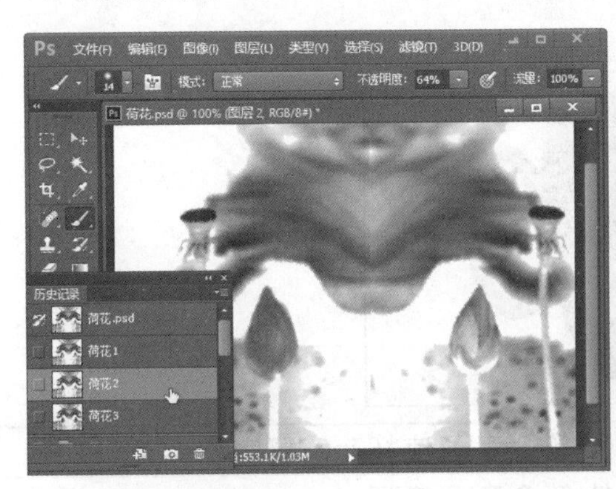

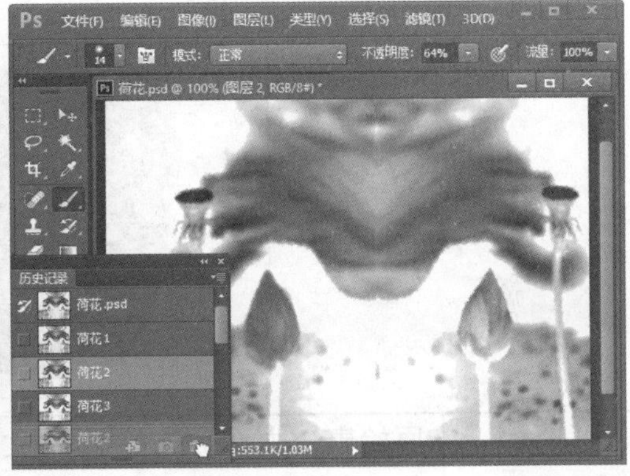

2.9.3　历史记录选项

单击“历史记录”面板右上角的按钮，打开快捷菜单，单击“历史记录选项”命令，即可打开“历史记录选项”对话框，在该对话框中，可以根据需要对历史记录进行相应设置。

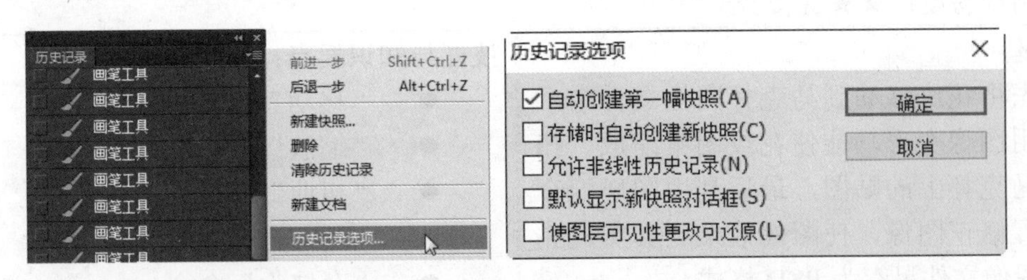

“历史记录选项”对话框中各项的含义如下：

- "自动创建第一幅快照"复选框：默认为已勾选状态，打开图像文件时，自动将图像的初始状态创建为快照。
- "存储时自动创建新快照"复选框：勾选该复选框，在编辑过程中每次保存文件都将自动创建一个快照。
- "允许非线性历史记录"复选框：默认情况下，在"历史记录"面板中单击某一操作步骤还原图像时，该步骤之后的操作全部变暗，此时进行其他操作，将替代变暗的操作；勾选"允许非线性历史记录"复选框后，即可将历史记录设置为非线性状态，允许用户在更改选择的图像状态时保留后面的操作。
- "默认显示新快照对话框"复选框：勾选该复选框，在创建新快照时将强制 Photoshop 弹出提示对话框要求操作者输入快照名称。
- "使图层可见性更改可还原"复选框：勾选该复选框，将允许在"历史记录"面板中保存对图层可见性的更改。

2.10 同步训练——实战应用

实例 1：通过变换功能为马克杯贴图

案例效果

	原始素材文件：光盘\素材文件\第 2 章\马克杯.jpg 黑底花纹. psd
	最终结果文件：光盘\结果文件\第 2 章\马克杯.psd
	同步教学文件：光盘\多媒体教学文件\第 2 章\

制作分析

本例难易度：★★☆☆☆

制作关键：

首先将花纹移动到马克杯图像文件中，然后使用图像变形功能使花纹图案缩放、扭曲成为马克杯上的贴图，最后利用图层混合模式设置修正图像，使图像效果更真实，完成后将图像文件另存为 PSD 格式。

技能与知识要点：

- "移动"工具
- "缩放"命令
- "扭曲"命令
- 图层混合模式设置
- "存储为"命令

➡ 具体步骤

STEP 01：**打开图像文件**。同时打开“马克杯.jpg”和“黑底花纹. psd”图像文件，如左下图所示。

STEP 02：**移动图像文件**。单击工具箱中的“移动工具”按钮，使用移动工具将花纹图像文件“图层 1”中的花纹图案移动到马克杯图像文件中，如右下图所示。

STEP 03：**缩放图像**。选中“图层 1”，执行“编辑”→“变换”→“缩放”命令，将花纹图案移动到适当的位置，并根据需要进行缩放，见下图。

STEP 04：**变形图像**。选中“图层 1”，执行“编辑”→“变换”→“变形”命令，通过变形网格和锚点，使花纹图案变形，贴合马克杯，见下图。

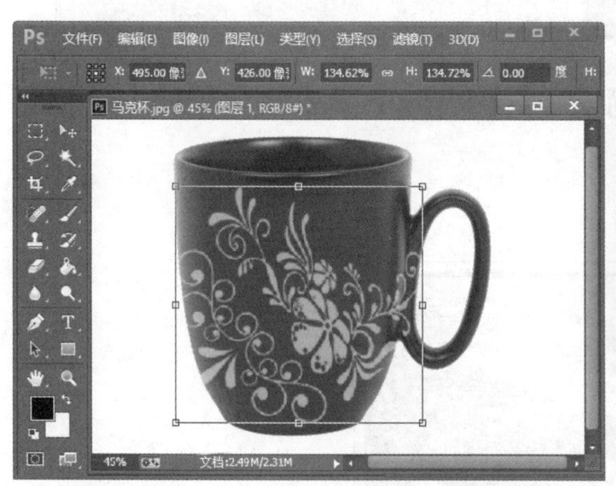

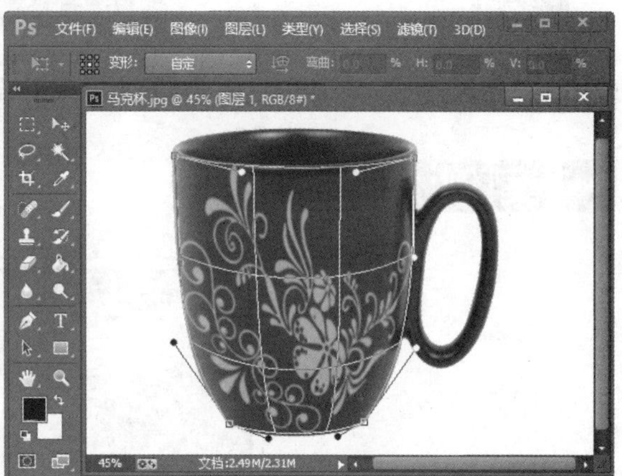

STEP 05：**混合图层**。按下“Enter”键确认变形操作；在“图层”面板中选中“图层 1”，设置图层混合模式为“柔光”，见左下图。

STEP 06：**复制图层**。选中“图层 1”，按下“Ctrl+J”组合键复制图层，设置图层混合模式为“柔光”，不透明度为“60%”，使茶杯上的图案更清晰，见左下图。

STEP 07：另存图像文件。完成后，执行“文件”→“存储为”命令，见左下图；弹出“存储为”对话框，选择文件保存路径，输入文件名，设置文件保存格式为 PSD 格式，单击“保存”按钮，见右下图。

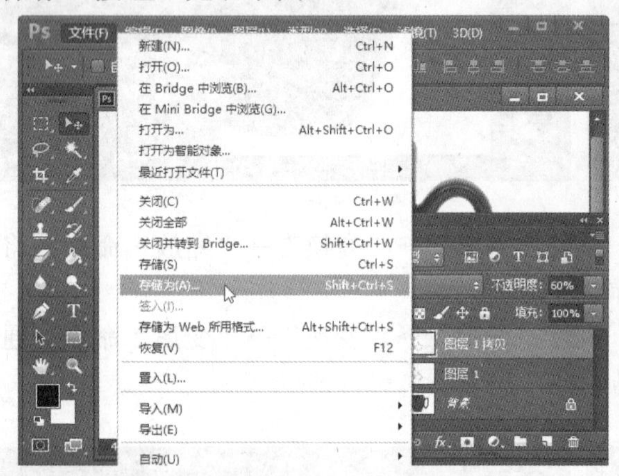
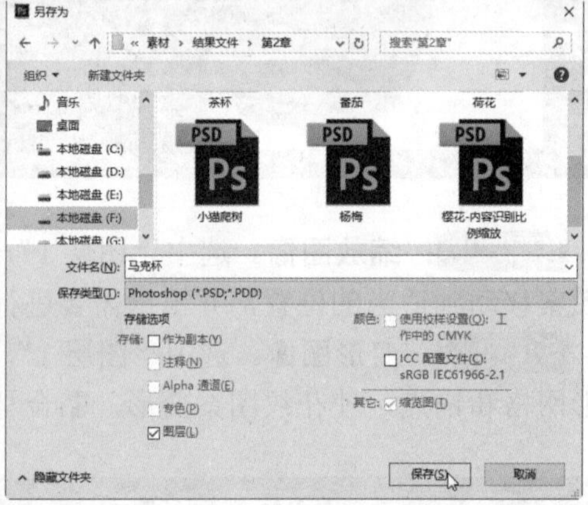

实例 2：通过调整画布大小为照片添加简易画框

案例效果

	原始素材文件：光盘\素材文件\第 2 章\秋日风景.jpg
	最终结果文件：光盘\结果文件\第 2 章\秋日风景.jpg
	同步教学文件：光盘\多媒体教学文件\第 2 章\技能实训 1.mp4

制作分析

本例难易度：★☆☆☆☆

制作关键：

首先增加画布大小，然后创建选区并反向选择选区，最后为照片描边。

技能与知识要点：

- “画布大小”命令
- 创建选区
- “反向”命令
- “描边”命令

具体步骤

STEP 01：**打开图像文件**。打开“秋日风景.jpg”图像文件，见左下图。

STEP 02：**设置画布大小**。执行“图像”→“画布大小”命令，在弹出的“画布大小”对话框中勾选“相对”复选框，在“宽度”和“高度”文本框中输入“3”，其他保持默认设置，单击“确定”按钮，见右下图。

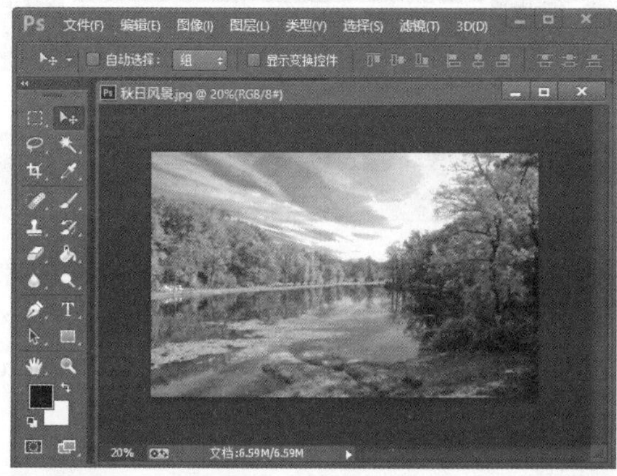

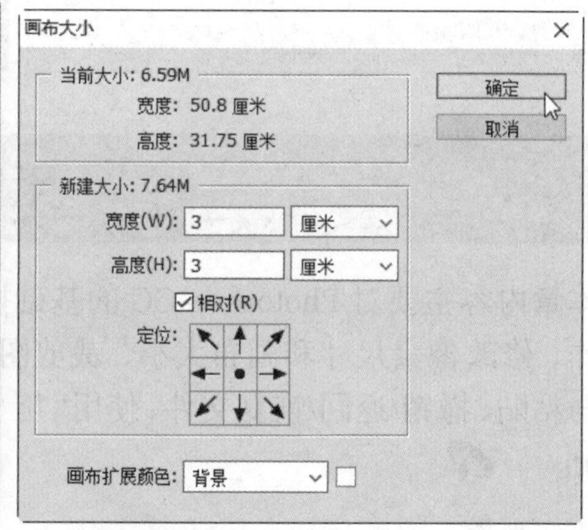

STEP 03：**创建选区**。选择工具箱中的“魔棒工具”，然后单击画布空白处创建选区，见左下图。

STEP 04：**反向选择选区**。执行“选择”→“反向”命令，反向选择选区，然后使用“快速选择工具”对选区进行修正，见右下图。

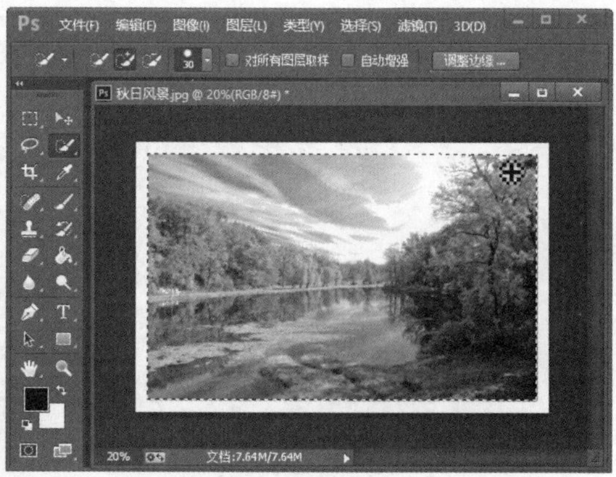

STEP 05：**描边选区**。执行“编辑”→“描边”命令，弹出“描边”对话框，设置“宽度”为“20 像素”，颜色为“黑色”，在“位置”栏中选择“居外”单选项，然后单击“确定”按钮，见下图。

STEP 06：**取消选区**。按下“Ctrl+D”组合键取消选区，即可看到为照片添加简易画框后的效果，见下图。

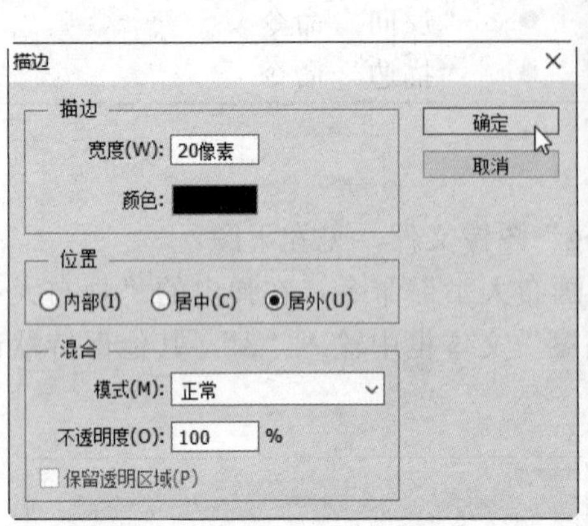

本章小结

本章内容主要对 Photoshop CC 的基础操作做讲解，包括图像文件的基本操作、图像的视图操作、修改像素尺寸和画布大小、裁剪图像、图像的变换与变形操作、内容识别比例缩放、复制与粘贴、撤销/返回/恢复文件、使用“历史记录”面板还原操作等，是进一步学习 Photoshop 的基础。

第 3 章

创建与编辑选区

本章导读

在对图像进行处理前，常常需要在处理的区域创建选区，此时就要使用选区工具。选区工具包括选框工具组、套索工具组和魔棒工具组。创建选区后，还可以对选区进行编辑，如移动选区、修改选区、变换选区、羽化选区、扩展选区以及存储和载入选区等，以达到完善和美化选区的作用。

知识要点

- 认识选区
- 基本选区工具
- 魔棒与快速选择工具
- 其他创建选区的方法
- 选区的基本操作
- 修改与编辑选区

案例展示

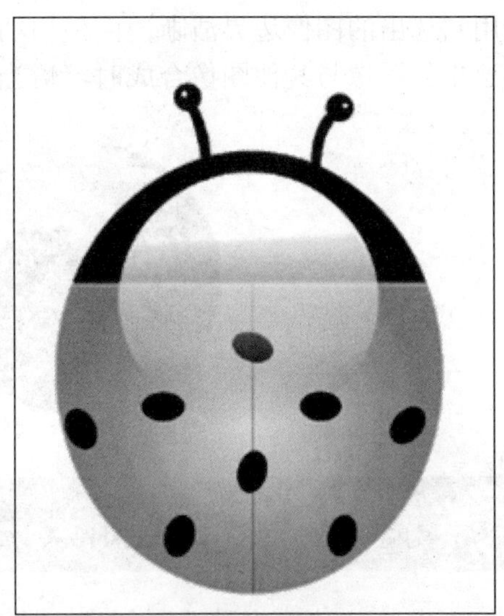

3.1 知识讲解——认识选区

我们在 Photoshop 中处理局部图像时，首先要指定编辑操作的有效区域，即创建选区。在图像中创建选区后，在被选取的图像区域的边界会出现一条流动的虚线。要为下图中的衣服更换颜色，就要先通过选区工具将衣服选中，再进行颜色调整。选区可以将编辑范围限定在一个区域内，这样就可以处理局部图像而不会影响其他内容了。

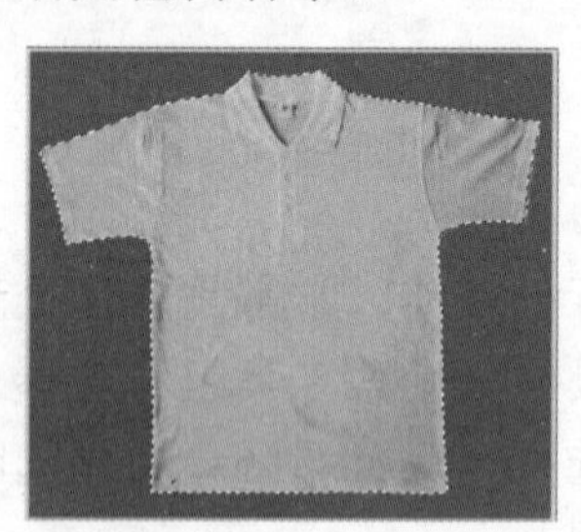

选区还有一种用途，就是可以分离图像，我们称为“抠图”，例如要为下图中的花朵更换背景，则需要先将花朵选中，然后将其移动到新的背景图像中。

Photoshop 中可以创建两种类型的选区：普通选区和羽化选区。普通选区具有明显的边界，使用它选出的图像边界清晰；而使用羽化选区选出的图像其边界会出现逐渐透明的效果。在将选出的图像与其他图像合成时，恰当地使用羽化效果，可以使图像的合成更加自然。

3.2 知识讲解——基本选区工具

Photoshop 中有多种选区创建工具，其中矩形选框工具、椭圆选框工具、单行选框和单列选框工具用于创建规则形状的选区。而各种套索工具，包括套索工具、多边形套索工具和磁性套索工具用于创建不规则选区。

3.2.1　使用矩形和椭圆选框工具

矩形选框工具▣和椭圆选框工具▣是最常用的选区创建工具，使用它们可以创建出固定形状的选区。不同的选框工具对应的属性栏中的选项基本相同，下面以矩形选框工具的属性栏为例，介绍各个选项的作用。

羽化：0像素　消除锯齿　样式：正常　宽度：　高度：　调整边缘...

- 当前工具▣：显示当前选区创建工具，如果单击右侧的▣按钮，在打开的面板中单击“创建新的工具预设”按钮▣，可以在弹出的面板中创建新的工具预设。
- 选区创建方式按钮▣▣▣▣：单击该组中的某一个按钮，可选择相应的选区创建方式。“新选区”按钮▣用于新建选区；“添加到选区”按钮▣用于在原有选区的基础上增加选区，新选区为二者相加后的区域；“从选区减去”按钮▣用于在原有选区的基础上减去选区，新选区为二者相减后的区域；“与选区交叉”按钮▣用于在原有选区的基础上叠加一个选区，新选区为两个选区相交的区域。
- “羽化”文本框：用于设置羽化范围，单位为像素（px），可以使选区边缘更加柔和，默认值为“0 px”，即不设置羽化范围。
- “样式”下拉列表框：单击右侧的下拉按钮，在弹出的下拉列表框中可选择“正常”、“固定比例”和“固定大小”三种选框样式。

下面通过一个实例介绍椭圆选框工具的使用方法。

	原始素材文件：光盘\素材文件\第 3 章\光盘.jpg、背景.jpg
	最终结果文件：光盘\结果文件\第 3 章\椭圆工具的使用.psd
	同步教学文件：光盘\多媒体教学文件\第 3 章\

STEP 01：**创建圆形选区**。打开“光盘.jpg”素材文件，选择椭圆选框工具▣，将光标放置于光盘中心，按住“Shift+Alt”组合键的同时按住鼠标左键并拖动，绘制一个与光盘同等大小的选区。

STEP 02：**创建复合选区**。单击属性栏中的“从选区减去”按钮▣，然后绘制一个和光盘中心孔同样大小的选区，将其从前面绘制的选区中减去。

STEP 03：**打开素材文件**。打开“背景.jpg”素材文件。

STEP 04：**移动图像**。以窗口的形式同时显示“光盘”和“背景”两个图像文件，选择移动工具，将光盘图像移动到背景图像中。

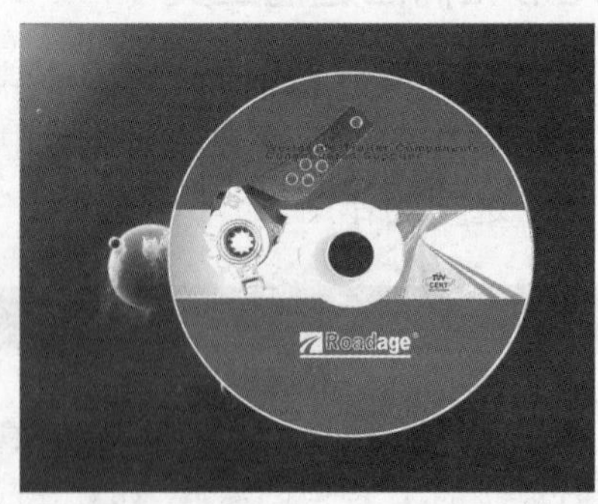

大师心得

如果要创建正方形或正圆形选区，则要在按住“Shift”键的同时按住鼠标左键拖动鼠标；如果在按住“Shift + Alt”组合键的同时按住鼠标左键并拖动，则可由中心点创建正方形或正圆形选区。创建选区后，可以通过键盘方向键微调选区位置。

3.2.2 使用单行和单列选框工具

使用单行选框工具或单列选框工具可以创建高度为 1 像素的行或宽度为 1 像素的列，常用来创建网格。下面通过实例介绍其使用方法。

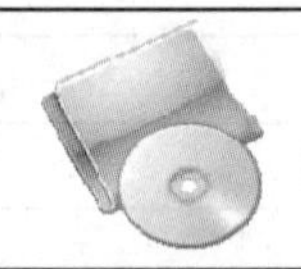	原始素材文件：光盘\素材文件\第 3 章\球拍.jpg
	最终结果文件：光盘\结果文件\第 3 章\
	同步教学文件：光盘\多媒体教学文件\第 3 章\

STEP 01：**创建选区**。打开“球拍.jpg”素材文件，选择魔棒工具，单击球拍内部的空白区域将其选中。

STEP 02：**新建图层**。按下“Ctrl+J”组合键将选区转换为新图层。

STEP 03：**打开网格**。单击“视图”→“显示”→“网格”菜单命令，显示网格。

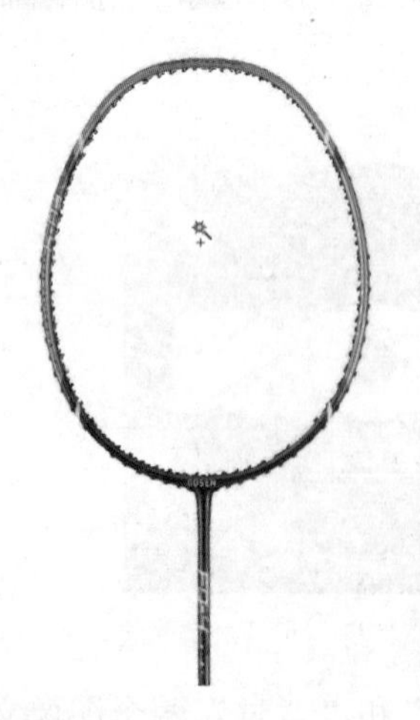

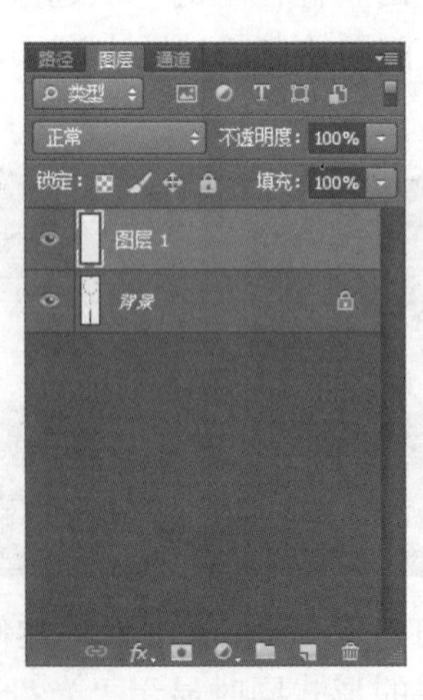

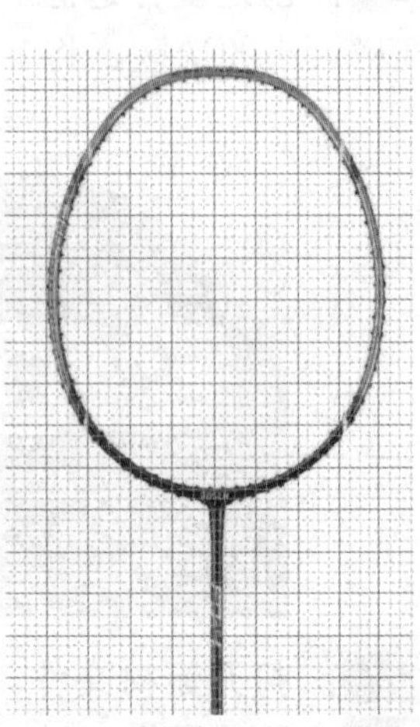

STEP 04：**创建单行选区**。选择单行选框工具，在属性栏中单击“添加到选区”按钮，然后在球拍内部单击鼠标，按两个网格为一个间隔创建一系列单行选区。

STEP 05：**创建单列选区**。选择单列选框工具，在属性栏中单击“添加到选区”按钮，然后在球拍内部单击鼠标，同样按两个网格为一个间隔创建一系列单列选区。取消网格的显示，得到下图所示的效果。

STEP 06：**新建空白图层**。在图层面板中单击“创建新图层”按钮，创建一个空白图层。

STEP 07：**选区描边**。在图层面板中选中“图层 2”，然后单击“编辑”→“描边”菜单命令，在打开的对话框中设置宽度为“1 像素”，颜色为灰色，单击“确定”按钮。

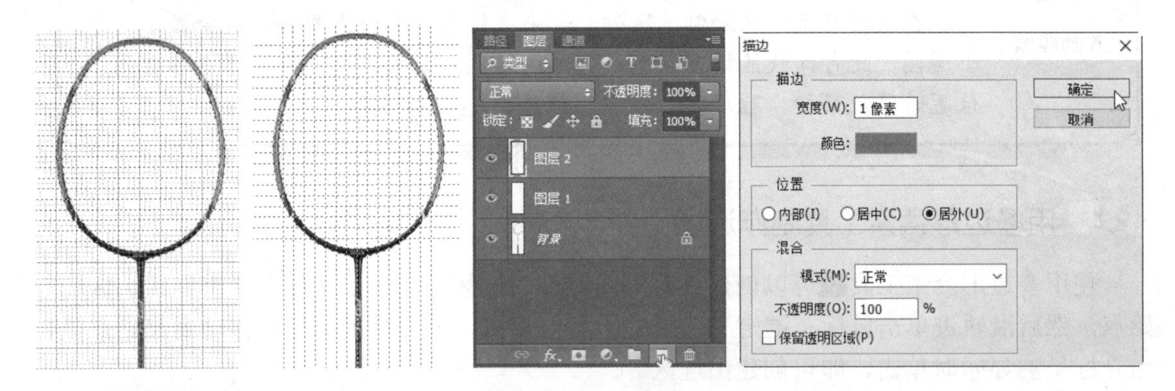

STEP 08：**取消选区**。按下“Ctrl+D”组合键取消选区，得到下图所示的效果。

STEP 09：**创建选区**。在图层面板中按住“Ctrl”键单击“图层 1”，将球拍内部创建为选区，然后按下“Ctrl+Shift+I”组合键反选，得到球拍外部选区。

STEP 10：**删除图像**。选中“图层 2”，按下“Delete”键，将球拍外部的图像删除，得到最终效果如下图所示。

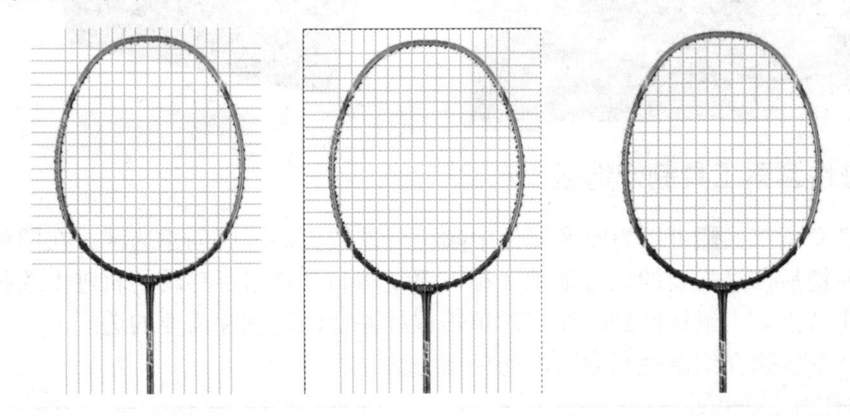

3.2.3　用套索工具徒手绘制选区

使用套索工具可以创建任意形状的选区，选择“套索工具”按钮后，只需在图像窗口中按住鼠标左键并拖动，将需要选择的图像框选其内，释放鼠标左键即可创建选区。套索工具的属性栏和选框工具的属性栏基本相同，只是“消除锯齿”复选框在这里变为可选状态。如果选中该复选框，则创建出的选区边缘不会出现起伏不平的锯齿形状。

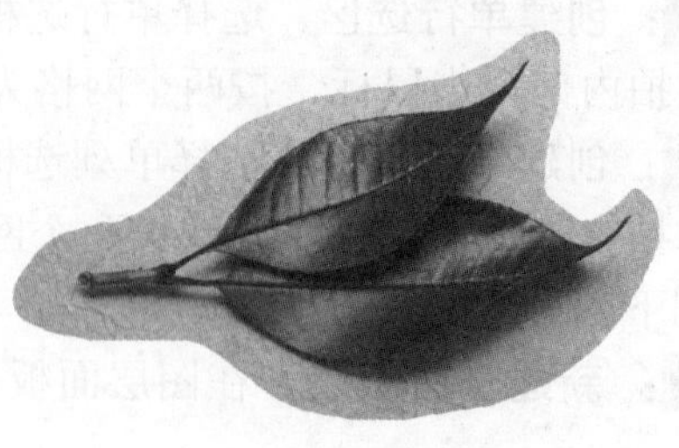

大师心得

在使用套索工具绘制选区时，如果鼠标起点和终点重合，则会显示一个小圆圈，此时释放鼠标可以完成选区的绘制；如果绘制起点和终点不在同一位置时释放鼠标，程序将自动以直线连接起点和终点。

3.2.4 用多边形套索工具制作选区

使用多边形套索工具可以创建具有直线轮廓的选区。在图像文件中单击创建选区的起始点，然后沿轨迹单击鼠标左键定义选区中的其他端点，最后将鼠标光标移动到起始点处，当光标呈显示时单击，即可创建出选区。

3.2.5 用磁性套索工具制作选区

使用磁性套索工具可以为图像文件中颜色反差较大的区域创建选区。在图像的某一位置单击鼠标左键后，沿需要的轨迹拖动鼠标，系统将自动在鼠标移动的轨迹上选择对比度较大的边缘产生节点，当鼠标回到起始点时单击鼠标左键即可创建需要的选区。

下面以一个实例介绍磁性套索工具的使用方法。

	原始素材文件：光盘\素材文件\第 3 章\扑克.jpg
	最终结果文件：光盘\结果文件\第 3 章\扑克.psd
	同步教学文件：光盘\多媒体教学文件\第 3 章\

STEP 01：创建选区。打开“扑克.jpg”素材文件，选择磁性套索工具，将鼠标指向扑克牌的任意边缘位置，单击鼠标左键，然后拖动鼠标沿着扑克牌边框移动，绕行一周后回到起点，当鼠标变为形状时再次单击鼠标左键完成选区创建。

STEP 02：新建图层。按下“Ctrl+J”组合键将选区创建为新图层，在图层面板中关闭背景图层的显示，即可得到选取的扑克牌图形。

3.3　知识讲解——魔棒与快速选择工具

魔棒工具和快速选择工具可以快速选择色彩变化不大，且色调相近的图像区域。前者通过单击来创建选区，后者则需要像绘画一样绘制选区。

3.3.1　用魔棒工具轻松抠图

使用魔棒工具可以快速选取图像中颜色相同或相近的区域，适用于选择颜色和色调变化不大的图像。在工具箱中单击“魔棒工具”按钮后，其属性栏如下图所示。

取样大小：取样点　容差：32　消除锯齿　连续　对所有图层取样　调整边缘...

其中的各项含义如下。

- “容差”文本框：用于设置选择的颜色范围，单位为像素（px），取值范围为 0～255。输入的数值越大，选择的颜色范围越大；反之，则选择的颜色范围越小。输入不同容差值，选取的范围效果如下图所示。

- “消除锯齿”复选框：选中该复选框可消除选区边缘的锯齿。
- “连续”复选框：选中该复选框表示只选择颜色相同的连续图像，如果取消选中该复选框，可在当前图层中选择颜色相同的所有图像。
- “对所有图层取样”复选框：当图像文件含有多个图层时，选中该复选框表示选择对图像中的所有图层均有效；如果取消选择，则魔棒工具的选择操作只对当前图层有效。

大师心得

使用“魔棒工具”选择颜色单一的图像时，只需在图像上单击鼠标左键即可。对于颜色有差异的图像，可以在选择时按住“Shift”键，再将光标移至不同的位置单击即可。

3.3.2 用快速选择工具抠图

使用快速选择工具能利用可调整的圆形画笔快速绘制有明显边界的选区。在拖动鼠标光标时，选区会自动向外扩展，自动寻找图像中定义的边缘。下面以一个实例来介绍快速选择工具的具体使用方法。

原始素材文件：光盘\素材文件\第 3 章\芒果.jpg
最终结果文件：光盘\结果文件\第 3 章\.psd
同步教学文件：光盘\多媒体教学文件\第 3 章\

STEP 01：**设置画笔**。打开“芒果 jpg”素材文件，选择快速选择工具，在属性栏设置画笔大小为“30 像素”。

STEP 02：**绘制选区**。将鼠标指向芒果内部区域，按下鼠标左键，并沿着芒果边缘移动，程序会自动识别芒果的图像边缘并将其逐渐选中，当选中整个芒果后释放鼠标即可。

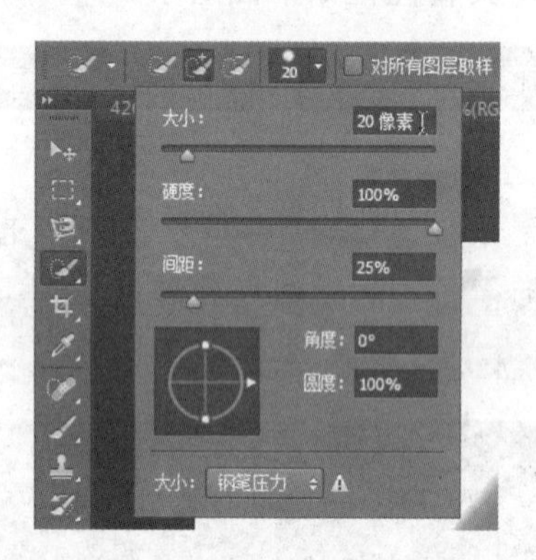

大师心得

除了通过拖动鼠标绘制选区的方法外，使用快速选择工具时还可以通过单击的方式来创建选区，方法是依次单击图像中需要选中的区域，这些区域可以是连续的区域，也可以是间隔的区域。

3.4 知识讲解——其他创建选区的方法

除了上面介绍的使用基本工具创建选区外，在 Photoshop 中还可以通过多种方式来创建选区，它们都有各自的特点，适用于不同的图像环境。下面我们就对这些工具和选择方法做一个大致的了解，部分工具的具体使用方法还会在后面的章节中进行详细的讲解。

3.4.1　钢笔工具选择法

Photoshop 中的钢笔属于矢量工具，它可以绘制光滑的曲线路径。如果要绘制的对象边缘光滑，并且呈现不规则状，那么可以先用钢笔工具勾绘出对象的轮廓，再将轮廓转换为选区，从而填充或选择对象。

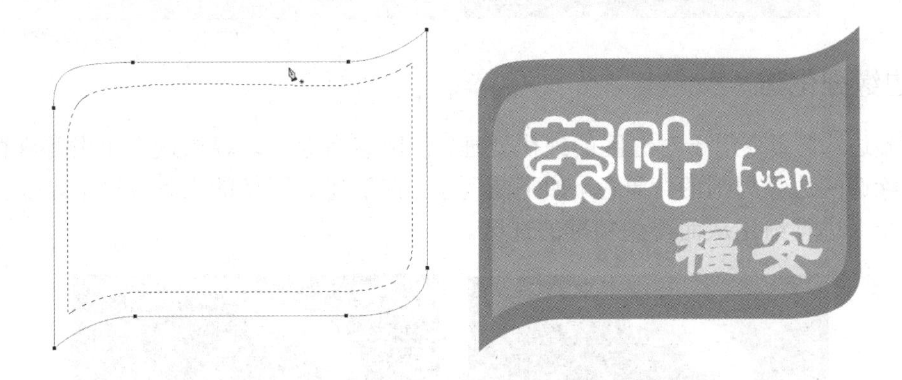

3.4.2　色调差异选择法

快速选择工具、魔棒工具、“色彩范围”命令、混合颜色带和磁性套索工具都可以给予色调之间的差异建立选区。如果需要选择的对象与背景之间色调差异明显，可以使用以上工具来选取。如下图所示为使用“色彩范围”命令抠出的图像中的树叶。

3.4.3　快速蒙版选择法

蒙版是一种特殊的选区，通过蒙版可以遮盖住不需要编辑的图像，这样我们就可以对图像的局部进行编辑和处理。快速蒙版是指在图像上方建立一个虚拟的图层，我们可以对这个蒙版进行绘制、填充或使用滤镜效果等，最终将制作完成的蒙版转化成选区。

例如在一张图片上建立快速蒙版并使用渐变工具进行填充，然后将蒙版转化为选区，最后删除选区，即可得到如下图所示的特殊效果。

3.4.4 边缘细化法

“调整边缘”命令用于对选区的细化处理，使用该命令可以轻松选择毛发等细微的图像，还能够消除选区边缘周围的背景色。如下图所示，在创建好图像的大致选区后，可以通过“调整边缘”命令进行细化从而得到精准的选区。

3.4.5 通道选择法

在选择像毛发、玻璃、烟雾、婚纱等细微或透明的对象时，如果前面介绍的各种方法不能奏效，则可以考虑用通道来制作选区。在通道中，图像将被分离为红、绿、蓝三个颜色通道，通过对其中一个色彩对比差异较大的通道进行编辑处理，可以得到需要的图像。下图是通过通道进行抠图的效果。

 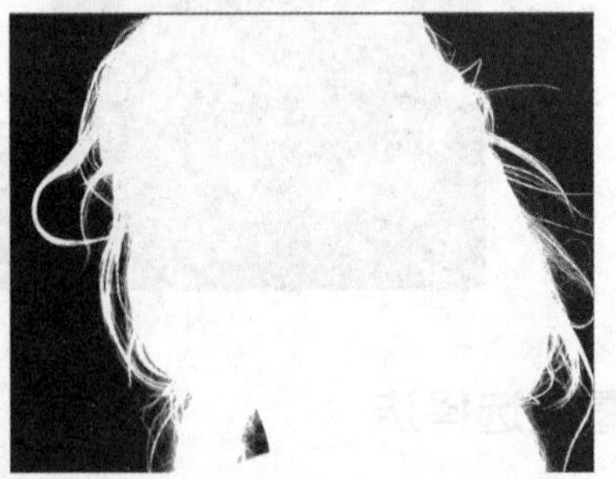

3.5 知识讲解——选区的基本操作

前面学习了创建选区的一些方法，下面接着介绍选区创建后的一些基本操作，包括全选、反选、取消选择、重新选择以及选区的移动、运算和隐藏等。

3.5.1　全选与反选

全选是指将当前图层中的所有图像全部选中，方法为单击“选择”→“全选”菜单命令或按下“Ctrl+A”组合键。

在创建选区后，单击“选择”→“反向”菜单命令或按下“Ctrl+Shift+I”组合键可以将选区反选。例如在使用魔棒工具选中简单的图像背景后，使用反选命令即可得到想要的图像。

3.5.2　取消选择与重新选择

创建选区以后，执行“选择”→“取消选择”命令，或按下“Ctrl+D”组合键，可以取消选择。如果要恢复被取消的选区，可以执行“选择”→“重新选择”命令。

大师心得　在创建选区后，在任意一种选框工具状态下单击选区外的任意位置，也可以取消选区的选择。

3.5.3　移动选区

移动选区是指对已经创建的选区进行移动而不对图像进行任何处理，移动选区的方法有以下两种。

1．创建选区时移动选区

使用矩形选框工具和椭圆选框工具创建选区时，在放开鼠标按键前，按住空格键拖动鼠标，即可移动选区。

2．创建选区后移动选区

创建了选区以后，如果属性栏中的“新选区”按钮▣呈按下状态，则可使用任意选框工具、套索工具和魔棒工具，将鼠标移动到选区内，单击并拖动鼠标便可移动选区。如果要细微移动选区，可以按下键盘的上下左右方向键来操作。

3.5.4　显示与隐藏选区

创建选区以后，执行“视图”→“显示”→“选区边缘”命令，或按下“Ctrl+H”组合键，可以隐藏选区。当我们使用画笔绘制选区边缘图像，或者对选中的图像应用滤镜时将选区隐藏，可以更加清楚地看到选区边缘图像的变化情况。

在操作时应注意，选区虽然看不见了，但它仍然存在，并限定我们操作的有效区域。需要重新显示选区，可再次按下“Ctrl+H”组合键。

3.6 知识讲解——修改与编辑选区

在创建选区后，我们还可以根据需要对选区进行编辑和修改，使其更符合我们的需要。编辑选区包括修改选区大小、变换选区、羽化选区、调整选区边缘以及存储和载入选区等操作。

3.6.1 创建边界选区

在图像中创建选区后，单击“选择”→“修改”→“边界”命令，可以将选区的边界向内部和外部扩展，扩展后将形成一个以原选区边界为轨迹的环形选区。在“边界选区”对话框中，“宽度”用于设置选区扩展的像素的值，例如，将该值设置为 10 像素，则原选区会分别向外和向内扩展 5 像素。

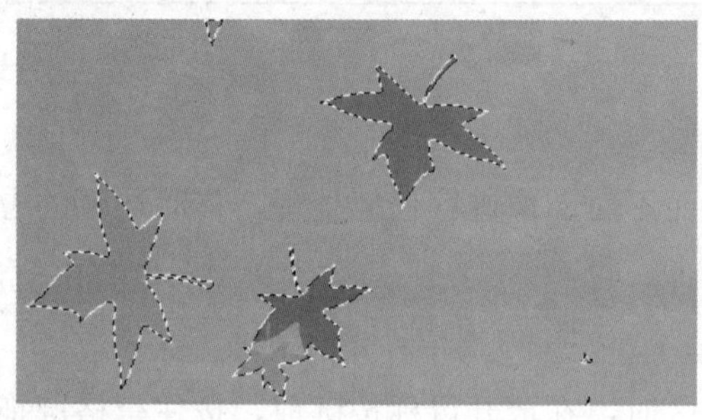

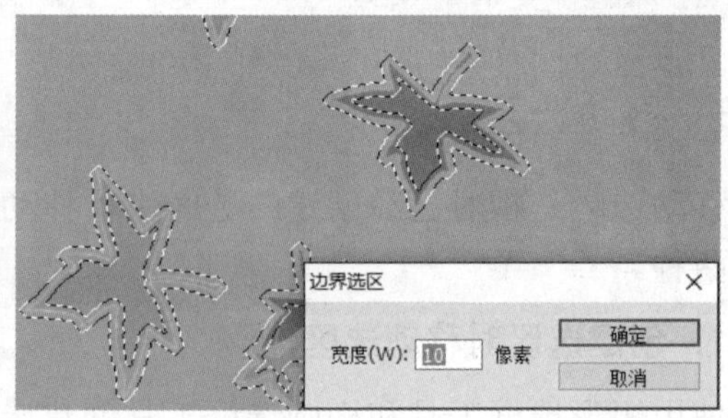

3.6.2 平滑选区

使用套索工具、魔棒工具或“色彩范围”命令创建的选区边缘往往较为生硬，使用“平滑”命令可以对选区边缘进行平滑处理。执行“选择”→“修改”→“平滑”命令，打开“平滑选区”对话框，“取样半径”用来设置选区的平滑范围。

3.6.3 扩展与收缩选区

使用“扩展”与“收缩”命令可以等比例缩放选区。创建选区后，单击“选择”→“修改”→“扩展”命令，在弹出的对话框中输入扩展量，即可扩展选区。

创建选区后，单击“选择”→“修改”→“收缩”命令，在弹出的对话框中输入收缩量，即可收缩选区。

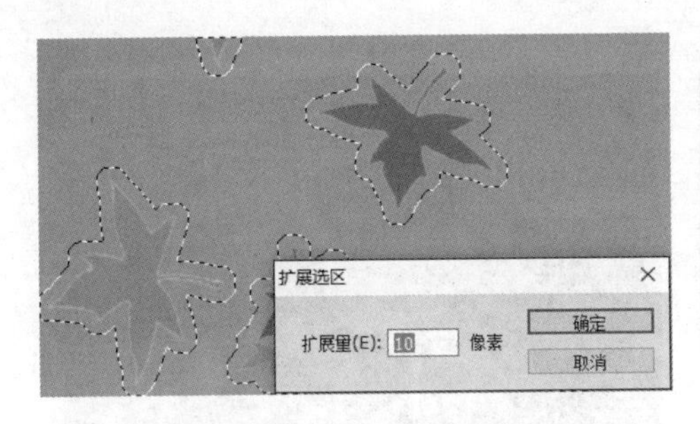

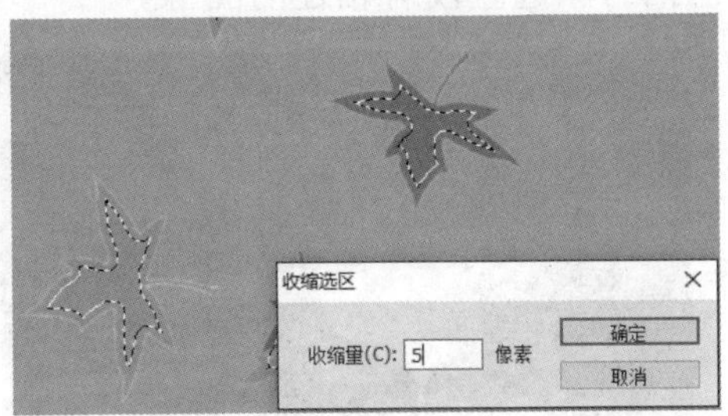

3.6.4　对选区进行羽化

“羽化”命令可以使选区边缘变得柔和，使选区内的图像自然地过渡到背景中。创建选区后，单击“选择”→“修改”→“羽化”命令，弹出“羽化选区”对话框，在“羽化半径”文本框中输入羽化值，单击“确定”按钮即可羽化该选区。

执行“羽化”命令后不能立即通过选区看到图像效果，需要对选区内的图像进行移动、填充等编辑后才可看到图像边缘的柔化效果。

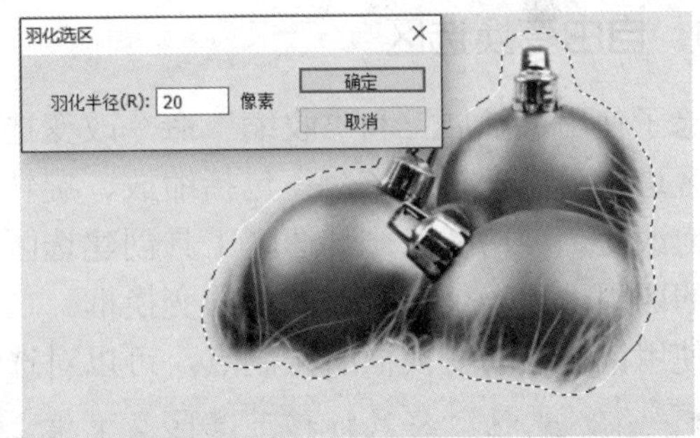

3.6.5　扩大选取与选取相似

“扩大选取”与“选取相似”都是用来扩展现有选区的命令，执行这两个命令时，Photoshop 会基于魔棒工具属性栏中的“容差”值来决定选区的扩展范围，“容差”值越高，选区扩展的范围就越大。

执行“选择”→“扩大选取”命令后，Photoshop 会查找并选择那些与当前选区中的像素色调相近的像素，从而扩大选择区域。但该命令仅扩大到与原选区相连的区域。

执行“选择”→“选取相似”命令时，Photoshop 会查找并选择那些与当前选区中的像素色调相近的像素，从而扩大选择区域。与“扩大选取”命令不同的是，该命令可以查找整个图层，包括与原选区没有相连的图像。

多次执行“扩大选取”或“选择相似”命令，可以按一定增量逐渐扩大选区。

3.6.6 自由变换选区

除了使用“扩展”和“收缩”命令改变选区大小外，用户还可以通过“变换选区”命令对选区进行自由变换，该命令包括缩放、旋转和移动等操作。变换选区时，图像文件不会发生任何改变。使用任意一种选区工具创建选区后，单击“选择”→“变换选区”命令，将在选区的四周出现一个带有控制点的变换框。

使用鼠标拖动变换框的控制点，可以对选区进行如下调整。

- 缩放选区：将鼠标移至选区变换框上的任意一个控制点上，当光标呈↕、↔或⤢显示时拖动鼠标，可调整选区的大小。
- 旋转选区：将鼠标移至选区之外，当光标呈↱显示时，拖动鼠标即可旋转选区。
- 移动选区：将鼠标移至选区内，当光标呈▶显示时，拖动鼠标即可移动选区。

调整结束后可以按下“Enter”键确认变换效果，或者按下“Esc”键取消变换，使选区保持原状。

3.6.7　存储与载入选区

创建选区后，如果需要多次使用该选区，可以将其进行存储，需要使用的时候再通过载入选区的方式将其载入到图像中。在菜单栏上选择“选择”→“存储选区”命令，弹出“存储选区”对话框。

该对话框中的各选项含义如下。

- “文档”下拉列表框：用于设置保存选区的目标图像文件。如果选择“新建”选项，则保存选区到新图像文件中。
- “通道”下拉列表框：用于设置存储选区的通道。
- “名称”文本框：输入要存储选区的新通道名称。
- “新建通道”单选按钮：选择该单选按钮表示为当前选区建立新的目标通道。

要载入选区时，只要在菜单栏上选择“选择”→“载入选区”命令，便可弹出“载入选区”对话框。在“文档”下拉列表框中选择保存选区的目标图像文件，在“通道”下拉列表框中选择存储选区的通道名称，在“操作”栏中可控制载入选区与图像中现有选区的运算方式。完成后单击“确定”按钮即可载入所需的选区。

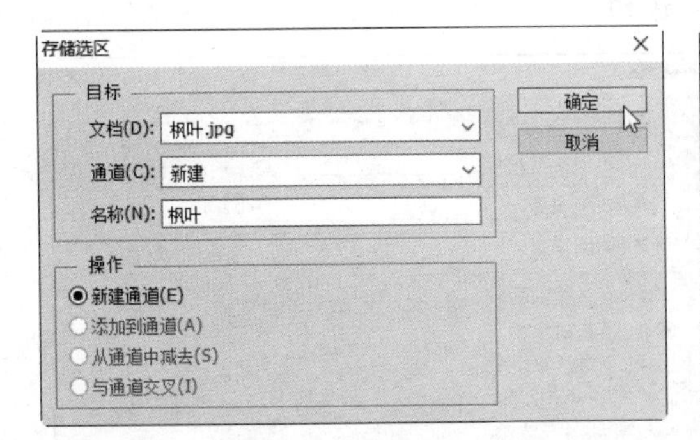

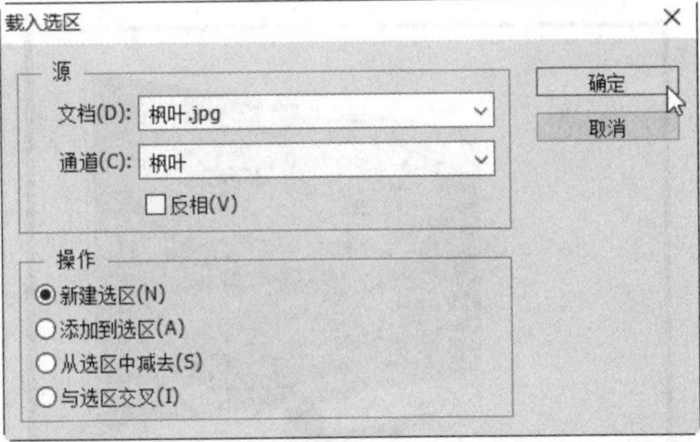

3.7　同步训练——实战应用

实例 1：制作飞出屏幕的特效

案例效果

制作分析

本例难易度：★★★☆☆

制作关键：

首先创建并存储屏幕选区，导入海豚图像，创建海豚选区并将其保存为新图层。然后载入之前创建的屏幕选区，使用“反选”命令选中屏幕以外区域，最后删除屏幕以外的图像即可。

技能与知识要点：

- 魔棒工具
- 存储与载入选区
- 磁性套索工具
- 将选区创建为新图层
- “反选”命令

具体步骤

STEP 01：**创建屏幕选区**。打开“电视.jpj”素材文件，选择魔棒工具，在属性栏中单击“添加到选区”按钮，设置容差值为“30”，然后依次单击显示器图像内部区域，将整个屏幕选中。

STEP 02：**存储选区**。单击“选择”→“存储选区”命令，弹出“存储选区”对话框，在“名称”栏为选区命名，然后单击“确定”按钮。

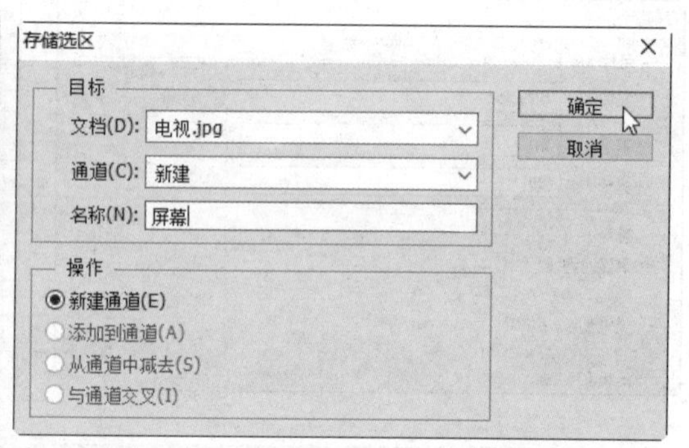

STEP 03：**移动图像**。打开“海豚.jpj”素材文件，并将其整体拖放至“电视”文档中，调整好图像位置，使其覆盖整个屏幕。

STEP 04：**创建海豚选区**。选择磁性套索工具，按下鼠标左键沿着海豚轮廓绘制选区。

STEP 05：**创建图层**。选中“图层 1”，按下“Ctrl+J”组合键，将选区创建为新图层。

STEP 06：**载入选区**。选中“背景”图层，单击“选择”→“载入选区”命令，在弹出的“载入选区”对话框中单击“确定”按钮载入之前创建的屏幕选区。

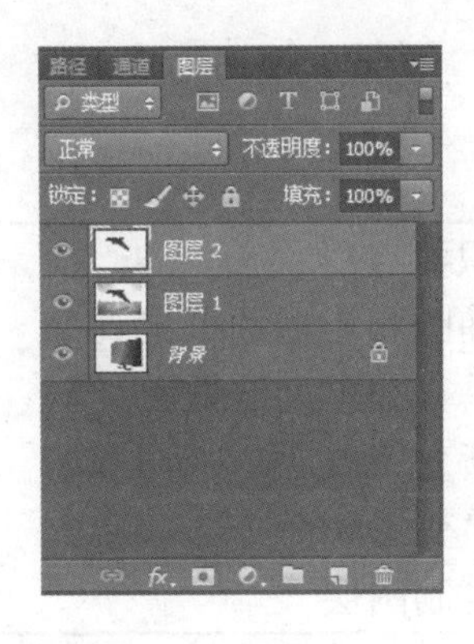

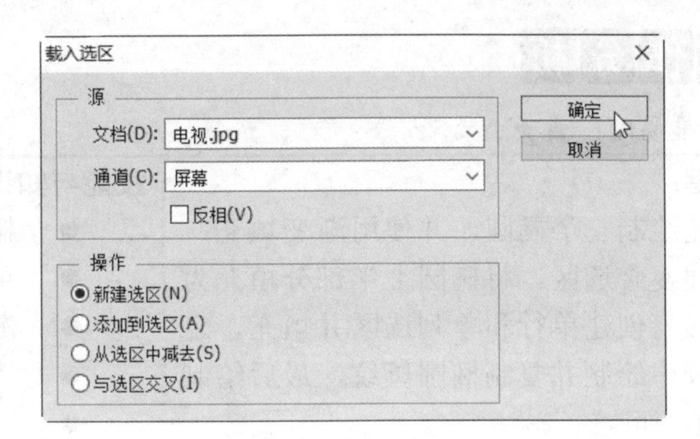

STEP 07：**反向选区**。单击“选择”→“反向”命令，将选区反向，选中屏幕以外的区域。

STEP 08：**删除图像**。选中“图层 1”图层，按下“Delete”键，删除图像，取消选区后得到的最终效果如右下图所示。

实例 2：绘制甲壳虫

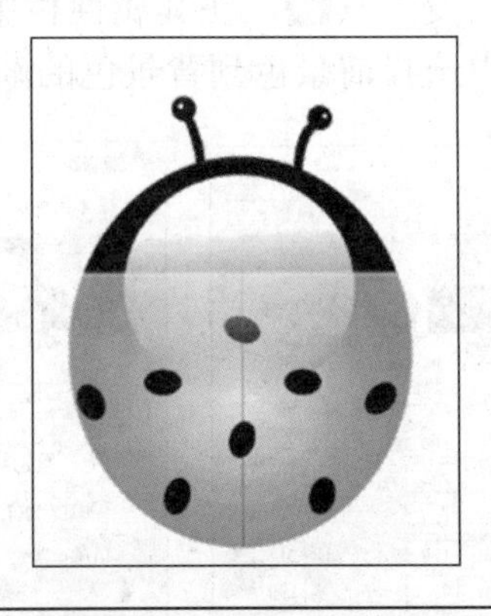

	原始素材文件：光盘\素材文件\第 3 章\无
	最终结果文件：光盘\结果文件\第 3 章\甲壳虫.psd
	同步教学文件：光盘\多媒体教学文件\第 3 章\

制作分析

本例难易度：★★☆☆☆

制作关键：

首先绘制一个椭圆，并使用渐变填充，然后创建复合选区，将椭圆上半部分填充为黑色，接着创建单行和单列选区并填充，之后在椭圆中绘制并复制椭圆斑纹，最后绘制两个触角即可。

技能与知识要点：

- 椭圆和矩形选框工具
- 单行和单列选框工具
- 渐变工具
- “变形”命令
- 复制图层

具体步骤

STEP 01：**新建文档**。单击“文件”→“新建”命令，在弹出的“新建”对话框中设置“名称”为“甲壳虫”，“宽度”和“高度”分别为1000像素，“分辨率”为300像素/英寸，然后单击“确定”按钮。

STEP 02：**创建选区**。选择椭圆选框工具，在图像窗口中创建一个椭圆选区。

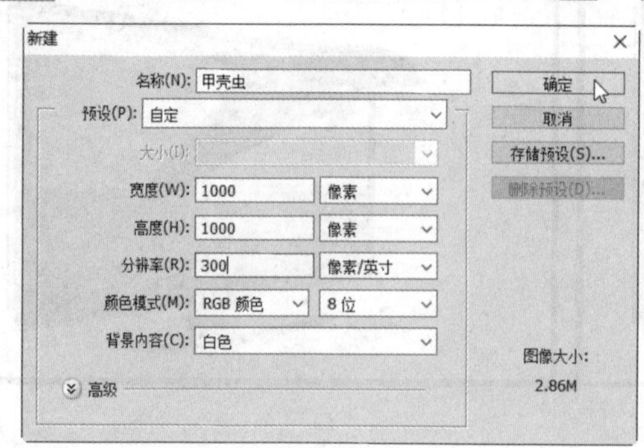

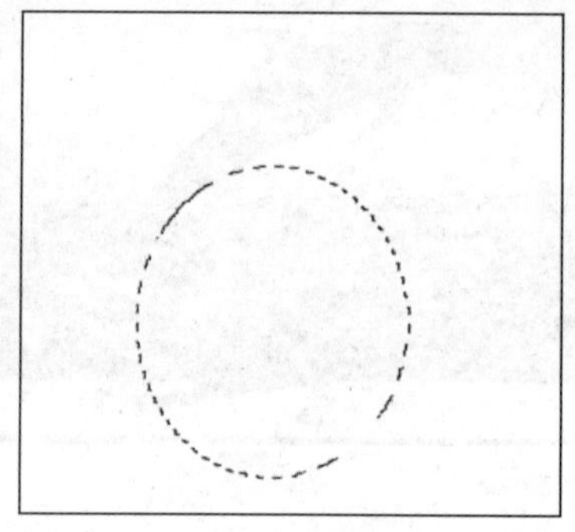

STEP 03：**设置颜色**。单击工具箱中的“设置前景色”图标，在弹出的“拾色器”对话框中设置“R：183，G：170，B：0”，然后单击“确定”按钮。使用同样的方法，设置背景色为“R：255，G：247，B：153”。

STEP 04：**设置渐变**。选择渐变工具，在其属性栏中单击“颜色条”图标，在弹出的“渐变编辑器”对话框中选择前景色到背景色的渐变色，然后单击“确定”按钮。

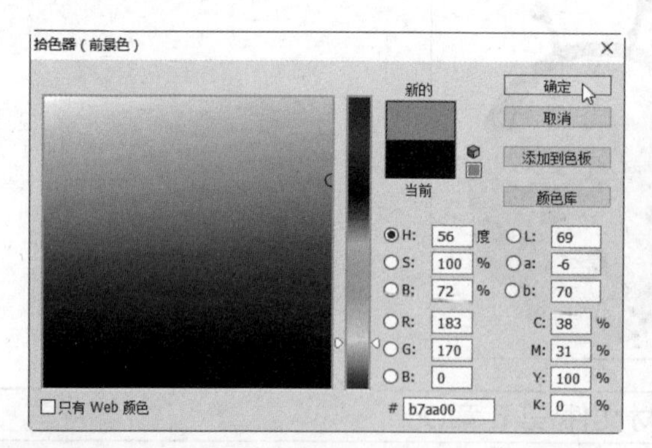

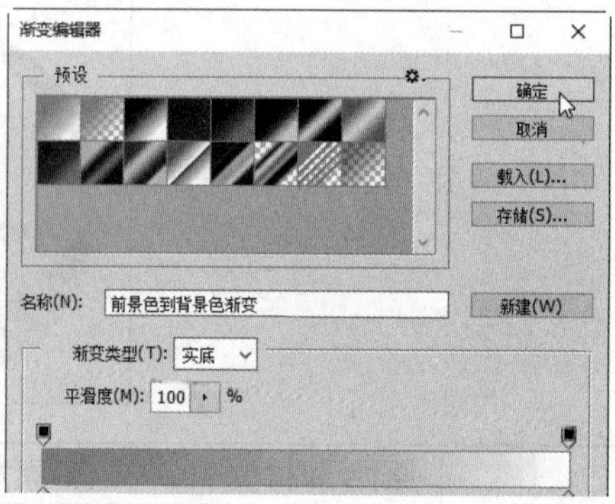

STEP 05：**使用渐变填充选区**。单击属性栏中的“径向渐变”按钮，然后将鼠标指针移动到选区内，按住鼠标左键不放并拖动即可填充选区。

STEP 06：**创建复合选区**。选择矩形选框工具，在其属性栏中单击“与选区交叉”按钮，然后在椭圆选区上创建一个矩形选区。

STEP 07：**填充选区**。设置前景色为黑色，按下“Alt+Delete”组合键填充选区，然后按下“Ctrl+D”组合键取消选区。

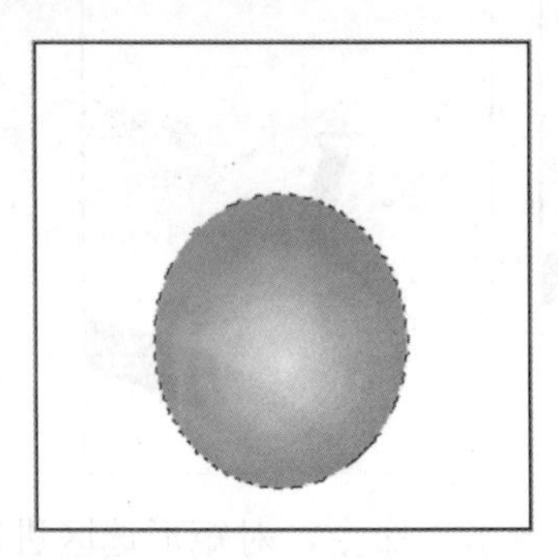
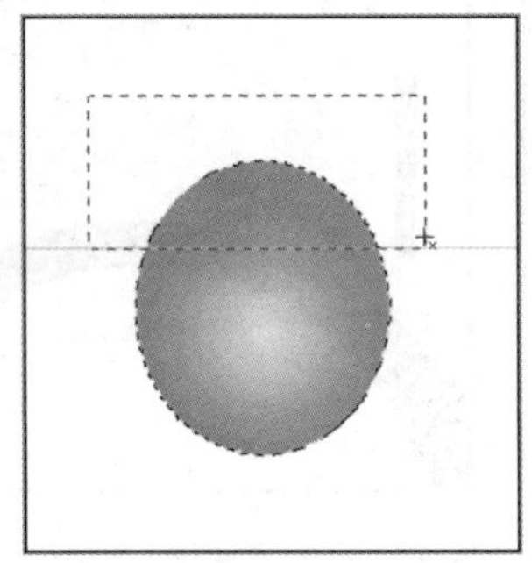
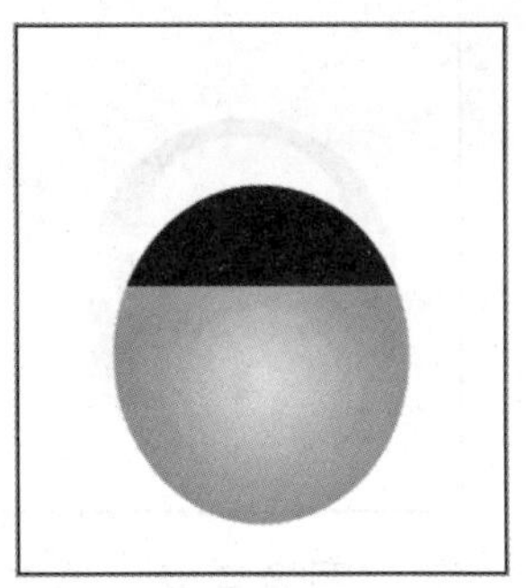

STEP 08：**创建单行/单列选区**。选择单行选框工具，在黑色图像的下面单击鼠标左键，创建一个单行选区并将其填充为白色，再创建一个单列选区，并填充为黑色。

STEP 09：**创建并填充选区**。选择椭圆选框工具，创建一个椭圆选区并使用黑色填充。

STEP 10：**复制图层**。选择移动工具，然后按住“Alt”键拖动黑色椭圆选区，按下“Ctrl+T”组合键调整椭圆的角度。

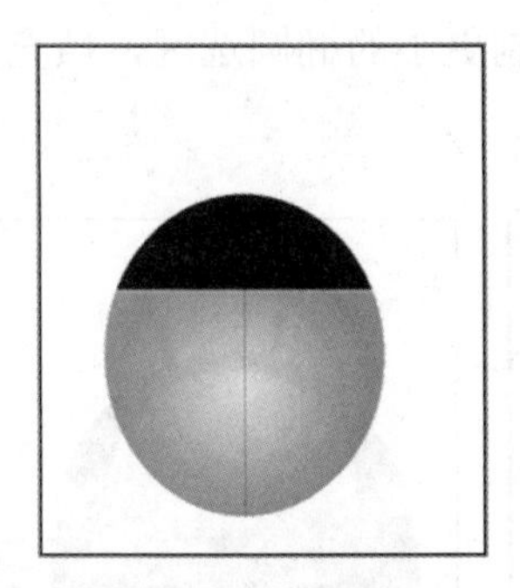
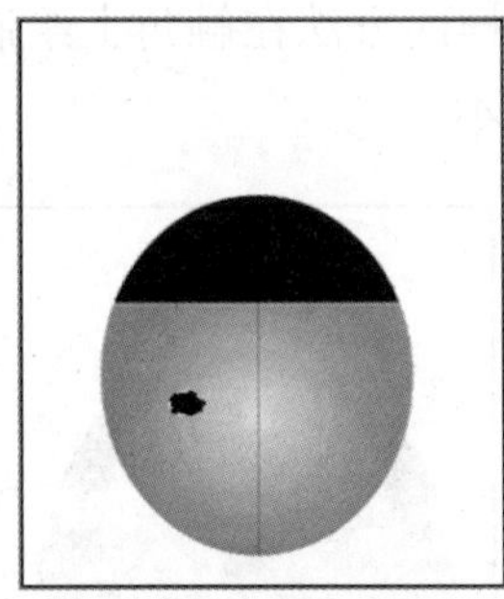
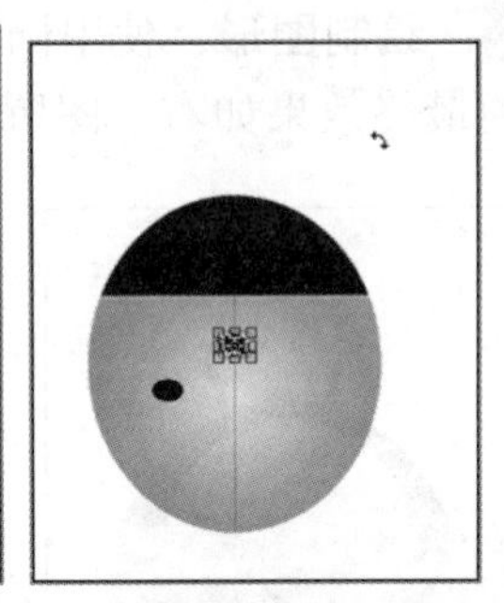

STEP 11：**创建选区**。连续复制并调整多个椭圆，然后选择椭圆选框工具，在图像中创建椭圆选区。

STEP 12：**设置渐变**。设置前景色为白色，然后选择渐变工具，单击其属性栏中的“颜色块”图标，在弹出的“渐变编辑器”对话框中设置从白色到透明的渐变，然后单击“确定”按钮。

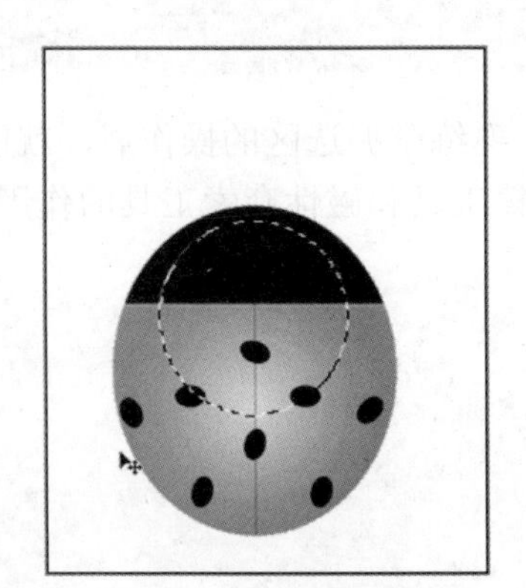

STEP 13：**使用渐变填充选区**。单击属性栏中的“线性渐变”按钮，在图像中按住鼠标左键不放并拖动，即可填充选区，然后按下“Ctrl+D”组合键取消选区。

STEP 14：**创建矩形选区**。选择矩形选框工具，创建矩形选区并填充为黑色。

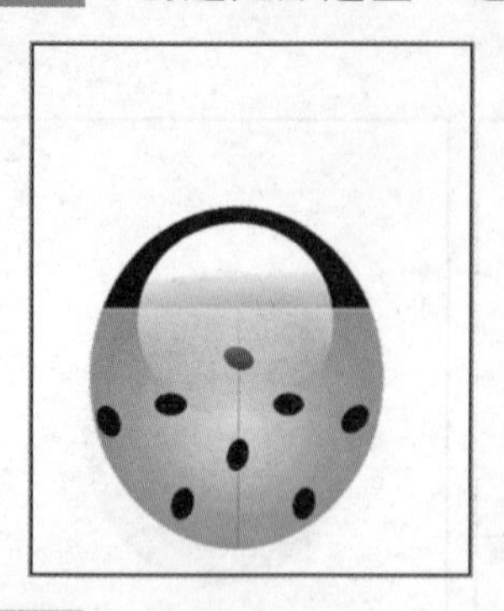  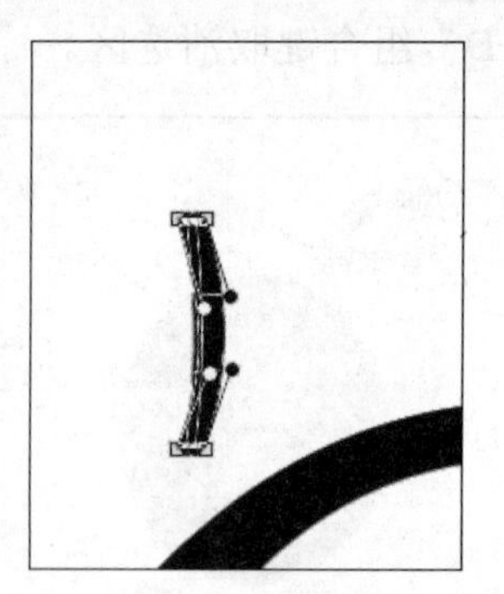

STEP 15：**图像变形**。单击“编辑”→“变换”→“变形”命令，对矩形选区进行变形操作。

STEP 16：**复制图层**。在按“Ctrl”键的同时单击鼠标并拖动复制矩形，单击“编辑”→“变换”→“水平翻转”命令，然后将两只触角摆放到合适的位置。

STEP 17：**绘制图形**。选择椭圆选框工具，在触角顶端创建一个椭圆选区，填充黑色并复制移动到另一个触角上。

STEP 18：**绘制图形**。使用同样的方法在触角上绘制更小的椭圆选区，填充为白色并复制，完成后的最终效果如右下图所示。

 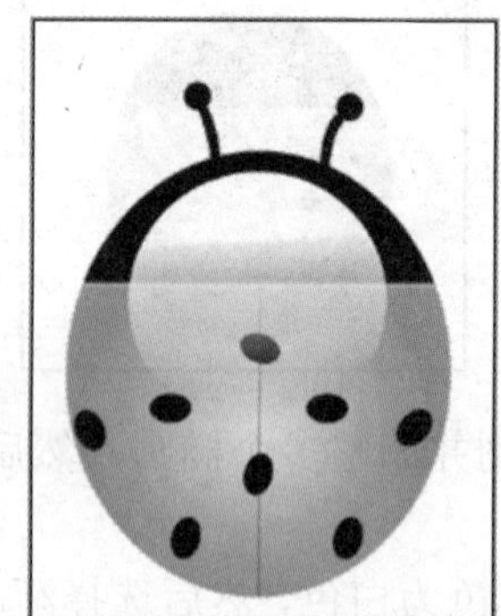 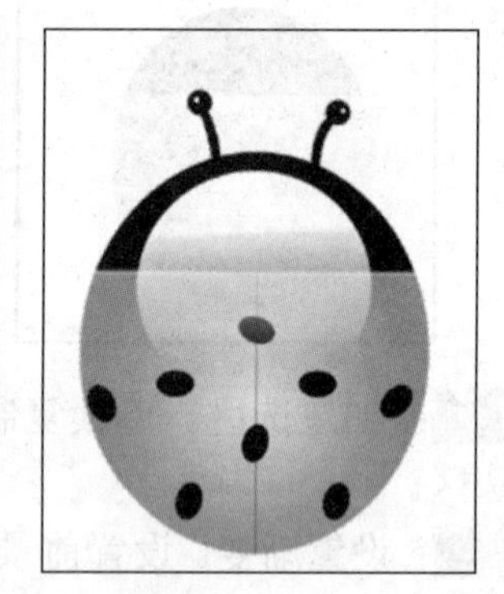

本章小结

大部分的图像处理和制作都离不开选区的操作，熟练掌握选区的操作后，就能够随心所欲地选取图像中需要的区域。在各种选区工具中，魔棒工具和磁性套索工具的作用比较特殊，操作技巧性也比较强，用户应多加练习。

第 4 章

绘图与照片修饰

本章导读

Photoshop CC 为用户提供了强大的绘制工具和修饰工具，通过这些工具用户可以绘制与修饰出完美的图像效果。下面详细讲解怎样在 Photoshop CC 中绘图与修饰照片。

知识要点

- 设置绘图颜色
- 绘画工具
- 渐变工具
- 填充与描边
- 照片修复工具
- 照片润饰工具
- 擦除工具

案例展示

4.1 知识讲解——设置绘图颜色

在绘图之前首先要做的就是设置绘图颜色，在 Photoshop 中有多种方法设置绘图颜色，包括拾色器、吸管工具、“颜色”面板和“色块”面板等。

4.1.1 前景色与背景色

前景色用于显示当前绘图工具的颜色，背景色用于显示图像的底色。在 Photoshop 工具箱底部可以看到一组前景色和背景色设置图标，通过这组图标可以快速修改、切换前景色和背景色，或使其恢复到默认设置，方法如下：

修改前景色和背景色：默认情况下，前景色为白色，背景色为黑色，单击工具箱中的前景色或背景色图标，在弹出的“拾色器”对话框中即可将其设置为其他颜色；此外，还可以通过吸管工具、“颜色”面板或“色块”面板修改前景色和背景色。

切换前景色和背景色：单击工具箱中的按钮，可以使前景色和背景色互换。

恢复默认的前景色和背景色：修改了前景色和背景色后，单击工具箱中的按钮能使前景色和背景色快速恢复到默认的黑色和白色。

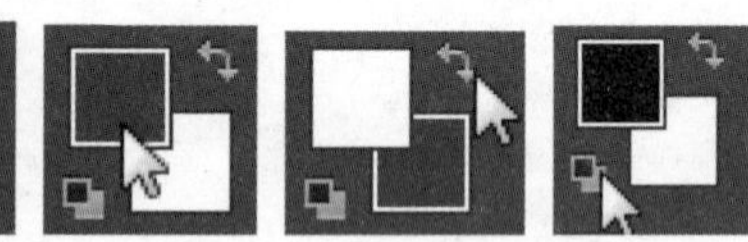

4.1.2 用拾色器设置颜色

单击工具箱中的前景色或背景色图标即可打开相应的“拾色器”对话框，在该对话框中根据需要设置前景色或背景色，然后单击“确定”按钮即可。

“拾色器”对话框中各项的含义如下：

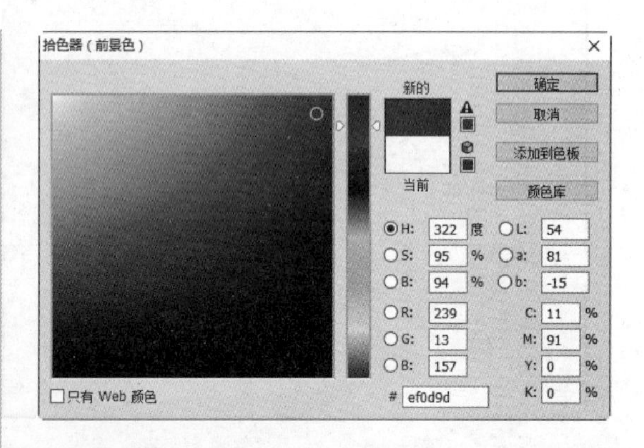

- 颜色拾取区域（色域）：在该区域中移动鼠标，单击，即可选择要拾取的颜色。
- 颜色滑块：通过颜色拾取区域右侧的颜色滑块可以调整颜色范围。
- “新的/当前”色块：在“新的”色块中显示出了当前设置的颜色，在“当前”色块中显示出了修改前使用的颜色。
- 颜色值文本框：用于显示当前设置的颜色的颜色值，在该文本框内输入颜色值即可精确设置颜色。
- 警告（打印时颜色超出色域）：因为 HSB、RGB 和 Lab 颜色模型中的一些颜色在 CMYK 颜色模型中没有等同的颜色，在打印时无法准确打印出来，因此将前景色或背景色设置为这类颜色后，将出现“溢色”警告，同时，Photoshop 在该警告下方提供了最接近的可替换颜色色块，单击即可替换。

- 警告（不是 Web 安全色）：当前设置的颜色不能在 Web 上准确显示时，将出现该警告，同时，Photoshop 在该警告下方提供了最接近的可替换颜色色块，单击即可替换。
- “只有 Web 颜色”复选框：勾选该复选框，色域中将只显示 Web 安全色。
- “添加到色板”按钮：单击该按钮，即可将当前设置的颜色添加到“色板”面板。
- “颜色库”按钮：单击该按钮，即可打开“颜色库”对话框，根据颜色库中的分类精确设置颜色。

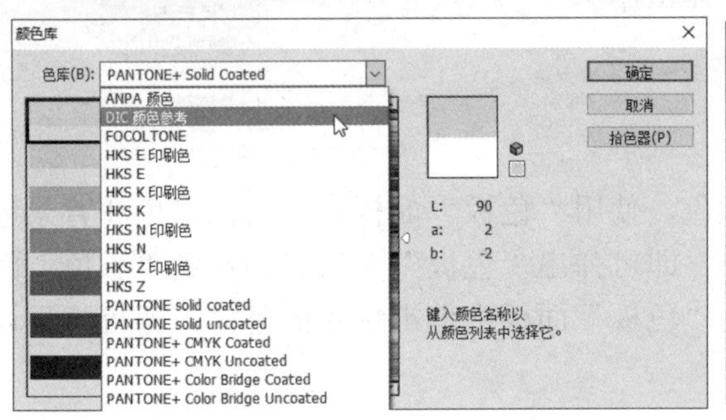

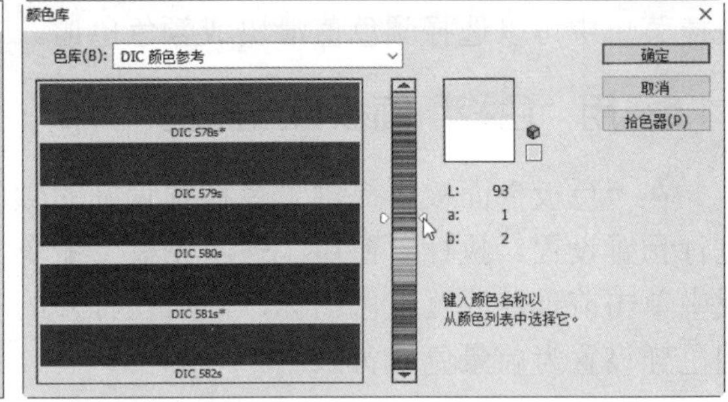

4.1.3　用吸管工具拾取颜色

通过吸管工具可以在图像中拾取颜色作为前景色和背景色。单击工具箱中的“吸管工具”按钮，然后将光标移动到图像中，单击需要的颜色即可将其设置为前景色。选择吸管工具，在按住“Alt”键的同时单击需要的颜色，即可将其设置为背景色。

默认情况下，在使用吸管工具拾取颜色时会出现一个取样环，取样环上部的颜色为正在拾取的颜色，下部的颜色为取样前的颜色。

知识链接——颜色取样器的讲解

“颜色取样器工具”用于对颜色进行采样，它不能直接选取颜色，但可以通过设置取样点来获取颜色信息。单击工具箱中的“颜色取样器工具”按钮，然后将光标移动到图像中，在需要取样的位置单击即可设置颜色取样点。在同一个图像中，最多可以设置 4 个取样点，在“信息”面板中查看取样点的颜色信息。

4.1.4 用“颜色”面板调整颜色

使用“颜色”面板可以对前景色和背景色进行精确快速设置。执行“窗口”→“颜色”命令，即可弹出“颜色”面板。在该面板中单击前景色或背景色图标，然后拖动各参数的滑动块或在数值框中输入颜色值，即可改变前景色和背景色。

单击“颜色”面板右上角的按钮，在弹出的快捷菜单中可以选择颜色值滑块或颜色色谱。

4.1.5 用“色板”面板设置颜色

在“色板”面板中提供了多种预置好的颜色，使用“色板”面板可以对前景色和背景色进行预置设置。执行“窗口”→“色板”命令，即可弹出“色板”面板。切换到“颜色”面板中单击前景色或背景色图标，然后在打开的“色板”面板中单击预置的色样，即可将预设的色样设置为前景色或背景色。

大师心得

单击“色板”面板下方的“新建”按钮，在弹出的“色板名称”对话框中输入名称，然后单击“确定”按钮，即可将当前使用的颜色保存到“色板”面板中；选中“色板”面板中的色样，按住鼠标左键不放将其拖动到删除色样按钮上即可删除色样；单击“色板”面板右上角的按钮，在弹出的快捷菜单中单击“复位色板”命令即可将其恢复到默认状态。

4.2 知识讲解——绘画工具

在 Photoshop CC 中，可以使用图像绘制工具绘制图像。该工具组中包含画笔工具、铅笔工具、混合器画笔工具等，它们的作用和效果各有不同。

4.2.1 设置画笔

在使用图像绘制工具或修复工具时，往往需要对笔尖的种类、画笔的大小和硬度等进行设置，通过“画笔预设”面板、“画笔设置”面板、“画笔”面板可以快速设置笔尖、画笔大小和硬度等。

1. “画笔预设”面板

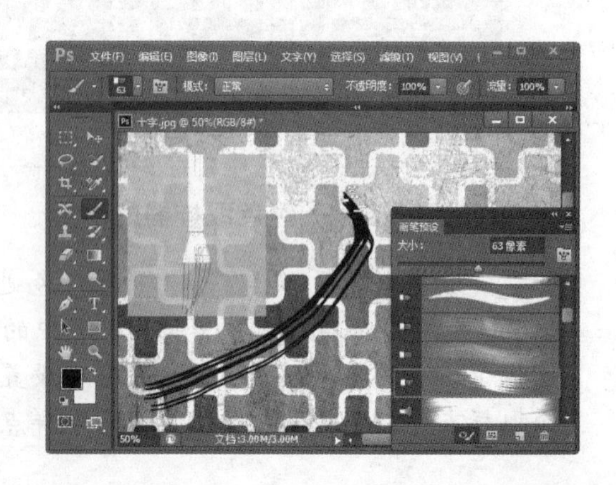

执行“窗口”→“画笔预设”命令，即可打开“画笔预设”面板，在该面板中提供了多种预设的画笔。在使用绘图工具或修复工具时，选择一种预设画笔，根据需要拖动“大小”滑块调整

笔尖大小，即可在使用工具绘图或修复图像时创建逼真而带有相应纹理效果的笔触。

默认情况下，“画笔预设”面板底部的按钮为选中状态，选择预设画笔后将在图像窗口中显示出当前画笔的具体样式，在绘制或修复图像时还将同步显示笔尖的运行方向。

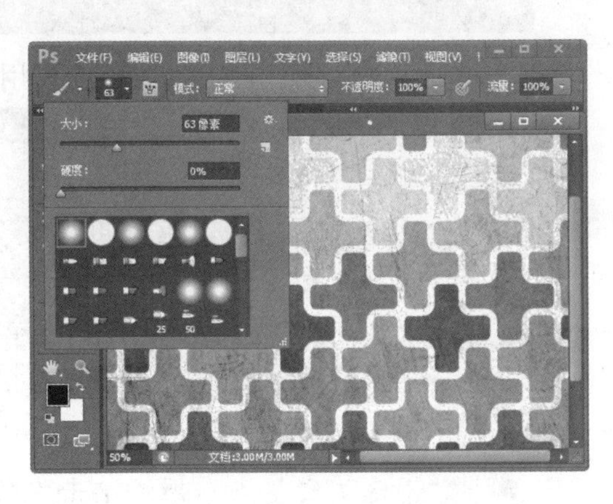

2．“画笔设置”面板

在工具箱中选择绘图工具或修复工具后，在属性栏中单击按钮，即可打开“画笔设置”面板，该面板与“画笔预设”面板类似，用于选择预设的画笔。在该面板中，不仅可以通过滑块调整笔尖大小，还可以调整部分画笔的硬度。

大师点拨

单击“画笔预设”面板右上角的按钮或“画笔设置”面板右上角的按钮，通过打开的快捷菜单可以进行新建画笔预设、重命名画笔、删除画笔、更改画笔在面板中的显示方式、复位画笔、载入画笔、存储画笔、替换画笔等操作。

3．“画笔”面板

执行“窗口”→“画笔”命令，或按下“F5”键，即可打开“画笔预设”面板。在该面板中可以对笔触效果进行更多的设置，包括画笔的尺寸、形状、旋转角度等基础参数设置，以及散布、纹理、湿边等特殊效果设置。

在“画笔”面板中设置好画笔后，单击面板底部的“创建新画笔”按钮，在弹出的“画笔名称”对话框中输入新画笔名称，单击“确定”按钮，即可将其保存到“画笔预设”面板中，方便日后使用。

单击“画笔”面板中的“画笔预设”按钮，即可打开“画笔预设”面板。

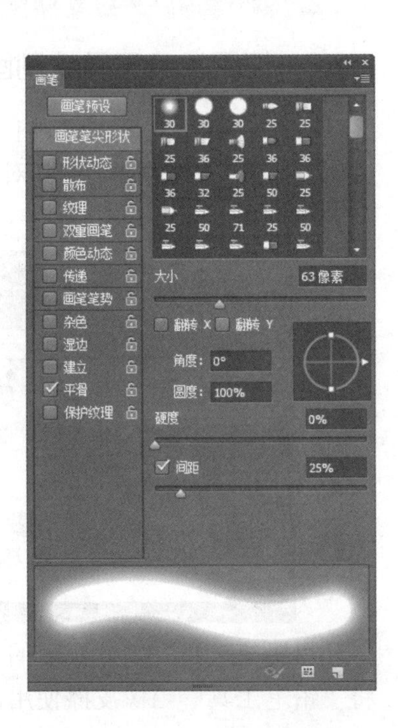

大师心得

在使用画笔工具绘制图像时，需要先设置好前景色与背景色，否则图像将自动以默认的前景色和背景色进行绘制。

4.2.2 使用画笔工具绘制图像

使用画笔工具可以模拟比较柔软的笔触进行绘制，在工具箱中单击“画笔工具”按钮，在其对应的属性栏中设置合适的参数，然后在打开的图像中单击并拖动鼠标即可。

模式: 正常 不透明度: 100% 流量: 100%

“画笔工具”属性栏中各选项的作用如下。

- “工具”下拉列表框：单击按钮右侧的按钮，在弹出的面板中显示出预设的当前工具的若干选项。
- “画笔”下拉列表框：用来设置画笔笔尖的大小和样式，单击按钮，将打开“画笔设置”面板。
- “切换到画笔面板”按钮：单击该按钮，可以打开“画笔”面板。
- “模式”下拉列表框：单击其右侧的下拉列表框，在弹出的下拉列表中可以选择画笔模式，系统默认为“正常”模式。
- “不透明度”文本框：单击右侧的按钮，在弹出的滑动条上拖动滑块，可以设置画笔描边的不透明度。
- “流量”文本框：单击右侧的按钮，在弹出的滑动条上拖动滑块，可以设置画笔描边的流动速率。
- “启用喷枪模式”按钮：单击该按钮，使其处于被选择状态后，可使用喷枪功能。再次单击该按钮可取消使用该功能。
- “绘图板压力控制不透明度”按钮和“绘图板压力控制大小”按钮：用户使用绘图板绘图时，可以单击该按钮，通过笔的压力、角度或笔尖来控制绘图工具。

4.2.3 使用铅笔工具绘制图像

铅笔工具可以用来绘制干硬的线条，其使用方法和画笔工具基本相同。在菜单栏中单击“铅笔工具”按钮，在其对应的属性栏中设置合适的参数，然后在打开的图像中单击并拖动鼠标即可。

“铅笔工具”属性栏中的“自动抹除”复选框用于实现擦除功能。勾选该复选框后，可将“铅笔工具”当橡皮擦使用。

大师点拨

“铅笔工具”属性栏中的“自动抹除”复选框用于实现擦除功能。勾选该复选框后，可将“铅笔工具”当橡皮擦使用。

4.2.4　使用混合器画笔工具

混合器画笔工具可以模拟真实的绘画技术，让不懂绘画的人轻而易举地画出漂亮的画面。在工具箱中单击“混合器画笔工具”按钮，在其对应的属性栏中设置合适的参数，然后在打开的图像中单击并拖动鼠标即可。

自定　潮湿：80%　载入：75%　混合：90%　流量：100%　对所有图层取样

“混合器画笔工具”属性栏中各选项的作用如下：

- “当前画笔载入”色块：单击色块，可以在弹出的“选择绘画颜色”对话框中选择画笔的颜色。
- “每次描边后载入画笔”按钮：单击该按钮使其呈按下状态，表示在每一次绘图后都将载入画笔。
- “每次描边后清理画笔”按钮：单击该按钮使其呈按下状态，表示每一次绘制后都将清理画笔。
- “有用的混合画笔组合”下拉列表框：该列表框中提供了“干燥”、“干燥，浅描”、“干燥，深描”和“湿润”等 12 种组合方式供用户选择。
- “潮湿”文本框：用于控制画笔从画布拾取的油彩量。
- “载入”文本框：用于设置画笔上的油彩量。
- “混合”文本框：用于控制颜色混合的比例。
- “对所有图层取样”复选框：勾选该复选框，可拾取所有可见图层中的画布颜色。

4.3　知识讲解——渐变工具

通过渐变工具可以在整个图像文件或选区内填充渐变颜色。在 Photoshop 中渐变工具的作用不仅在于填充图像，它还被用来填充图层、蒙版和通道等，以制作具有特殊效果的图像。

4.3.1　创建渐变

单击工具箱中的“渐变工具”按钮，在对应的属性栏中选择一种渐变类型，然后对渐变颜色和混合模式等进行设置，才能创建渐变。

“渐变工具”属性栏中各选项的作用如下：

- 渐变颜色条：显示了当前的渐变颜色，单击该颜色条即可打开“渐变编辑器”对话框，进行编辑渐变颜色、存储渐变、删除渐变等操作；单击其右侧的下拉按钮，在打开的下拉面板中可以选择预设的渐变。
- 渐变类型按钮组：单击按钮，可以创建线性渐变；单击按钮，可以创建径向渐变；单击按钮，可以创建角度渐变；单击按钮，可以创建对称渐变；单击按钮，可以创建菱形渐变。
- “模式”下拉列表：用于设置应用渐变时的混合模式。
- “不透明度”文本框：用于设置渐变效果的不透明度。
- “反向”复选框：勾选该复选框，可以转换渐变中的颜色顺序，得到反方向的渐变效果。
- “仿色”复选框：默认为已勾选状态，可以使渐变效果更平滑；其作用主要在于防止打印时出现条带化现象，因此在屏幕上不能明显地体现出来。
- “透明区域”复选框：默认为已勾选状态，可以创建包含透明像素的渐变；取消勾选，则将创建实色渐变。

下面在图像文件中创建一个放射线效果的杂色渐变，具体步骤如下：

	原始素材文件：光盘\素材文件\无
	最终结果文件：光盘\结果文件\第 4 章\放射线渐变.jpg
	同步教学文件：光盘\多媒体教学文件\第 4 章\

STEP 01：**设置渐变**。单击工具箱中的“渐变工具”按钮，在对应的属性栏中，单击渐变颜色条，打开“渐变编辑器”对话框；在“渐变编辑器”对话框中设置“渐变类型”为“杂色”，“粗糙度”为“100%”，“颜色模型”为“RGB”；调整对应的颜色模型滑块设置渐变色条；勾选“限制颜色”复选框避免颜色过饱和；设置完成后单击“确定”按钮，见左下图。

STEP 02：**创建渐变**。新建一个名为“放射线渐变”的空白图像文件；在“渐变工具”属性栏中单击按钮，设置渐变类型为“角度渐变”；在文档左上角使用鼠标左键拖动向右下角，绘制渐变，见右下图。

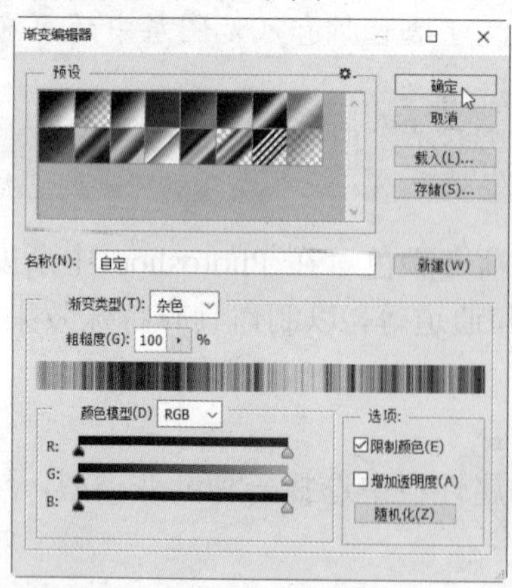

4.3.2　存储渐变

打开“渐变编辑器”，设置好一个渐变之后，在“名称”文本框中输入渐变名称，单击“新建”按钮，即可将其保存到预设渐变列表中。保存渐变之后通过“渐变工具”属性栏的下拉面板，可以快速选择该预设渐变，见左下图。

此外，在“渐变编辑器”中单击“存储”按钮，弹出“存储”对话框，设置文件名，然后单击“保存”按钮，即可将当前渐变列表中的所有渐变保存为一个渐变库，见右下图。

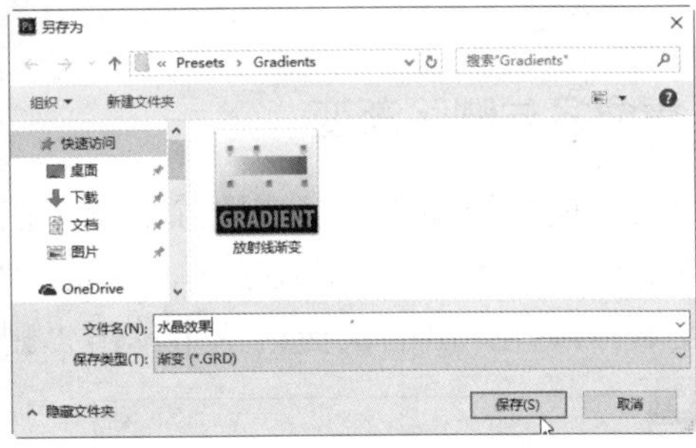

4.3.3　载入渐变库

1．载入内部渐变库

单击“渐变编辑器”对话框中的⚙按钮，在打开的子菜单中可以选择 Photoshop 提供的渐变库，如单击“金属”选项，此时弹出提示对话框，单击“确定”按钮可以替换预设渐变列表，单击“追加”按钮可以在原有预设渐变列表中添加载入的渐变库，单击“取消”按钮可以取消操作。

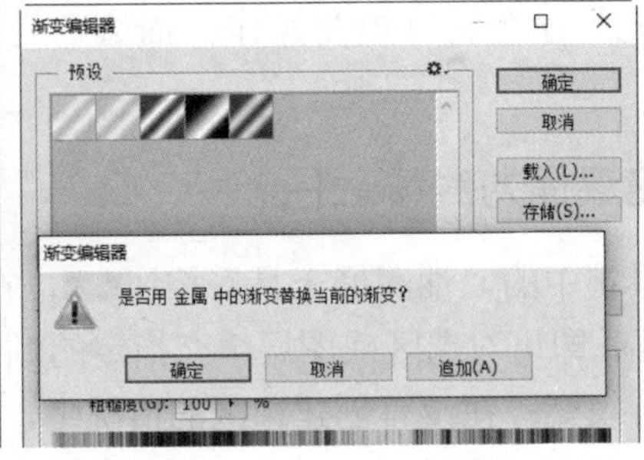

大师点拨

单击“渐变编辑器”对话框中的⚙按钮，在打开的子菜单中单击“复位渐变”命令，此时弹出提示对话框，单击“确定”按钮，即可使渐变预设列表恢复到默认设置。

2．载入外部渐变库

单击“渐变编辑器”对话框中的“载入”按钮，在弹出的“载入”对话框中选择需要载入的外部渐变库，单击“载入”按钮，即可将其添加到预设渐变列表中。

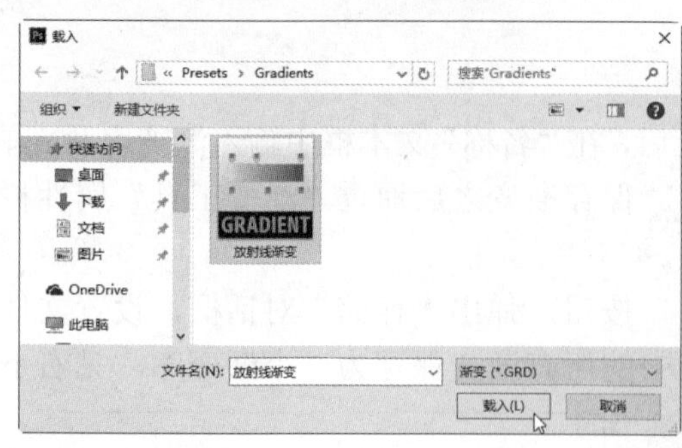

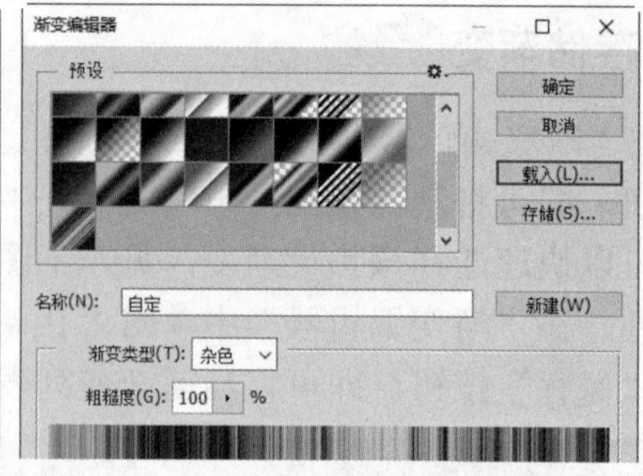

4.3.4 重命名与删除渐变

用户可以根据需要重命名或删除渐变。在“渐变编辑器”对话框的预设列表中选择一个渐变，右键单击，在弹出的快捷菜单中单击“重命名”命令，即可打开“渐变名称”对话框，修改渐变名称。在弹出的快捷菜单中单击“删除渐变”命令，即可删除所选渐变。

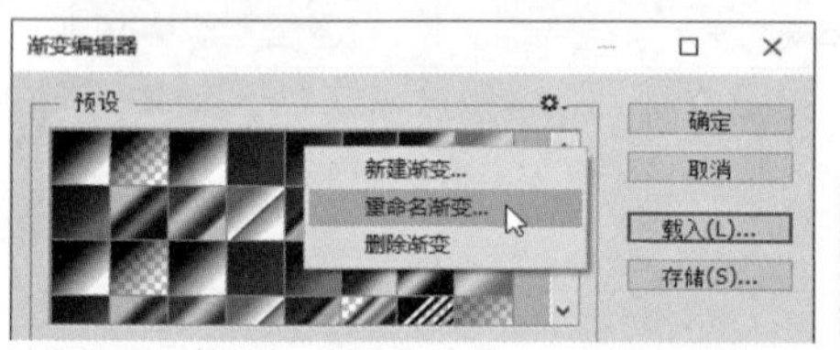

4.4 知识讲解——填充与描边

填充是指在图像或选区内填充颜色、图案等，除了使用渐变工具外，还可以通过油漆桶工具和“填充”命令进行填充操作。描边则是为选区描绘可见的边缘，通过“描边”命令来进行操作。

4.4.1 用油漆桶为线稿上色

单击工具箱中的“油漆桶工具”按钮，在对应的属性栏中进行设置，然后使用鼠标左键在图像中单击，即可对选区或图层填充指定的颜色或图案。在创建了选区的情况下，该工具将对所选区域进行填充；在没有创建选区的情况下，将以鼠标单击点为基准，填充颜色相近的区域。

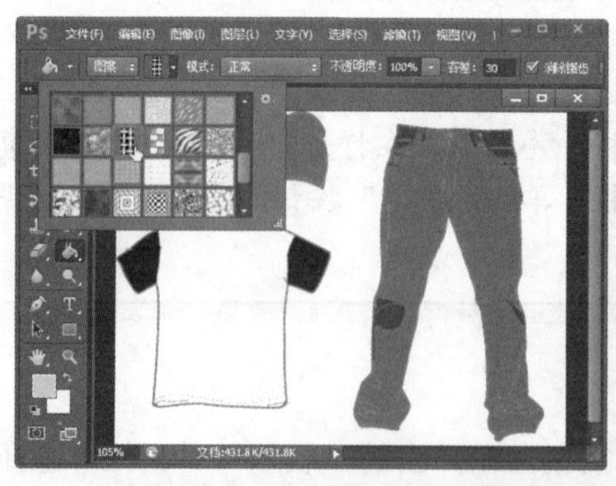

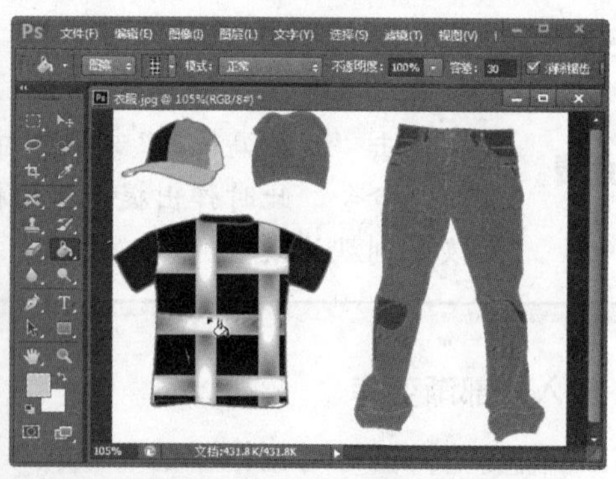

前景 模式：正常 不透明度：100% 容差：32 消除锯齿 连续的 所有图层

"油漆桶工具"属性栏中各选项的作用如下：

- "填充"下拉列表框：用于设定填充的方式。若选择"前景"选项，则使用前景色填充；若选择"图案"选项，则使用定义的图案填充。
- "图案"下拉列表框：用于设置填充时的图案。
- "消除锯齿"复选框：默认勾选该复选框，可去除填充后的锯齿状边缘。
- "连续的"复选框：默认勾选该复选框，将只填充连续的像素。
- "所有图层"复选框：勾选该复选框，可设定填充对象为所有的可见图层；取消选中该复选框，则只有当前图层可被填充。

大师点拨

单击"图案"下拉列表框右上角的⚙按钮，在打开的子菜单中可以进行新建图案、删除图案、载入图案、复位图案等操作。

4.4.2　用"填充"命令填充带刺的灌木图案

使用"填充"命令可以对选区填充前景色、背景色、图案、快照等内容。执行"编辑"→"填充"命令，即可打开"填充"对话框。设置好对话框中的参数后，单击"确定"按钮即可填充图像选区。

下面使用"填充"命令为图像填充图案，具体步骤如下：

	原始素材文件：光盘\素材文件\第 4 章\礼物.jpg
	最终结果文件：光盘\结果文件\第 4 章\礼物.psd
	同步教学文件：光盘\多媒体教学文件\第 4 章\

STEP 01：新建图层。打开图像文件，使用"魔棒工具"为便签创建选区；打开"图层"面板，单击底部"创建新图层"按钮，创建"图层 1"，见左下图。

STEP 02：载入图案。选中"图层 1"，打开"填充"对话框；在"使用"下拉列表框中选择"图案"；展开"自定图案"下拉列表框，单击右上角的⚙按钮；在打开的子菜单中单击"自然图案"命令，见右下图。

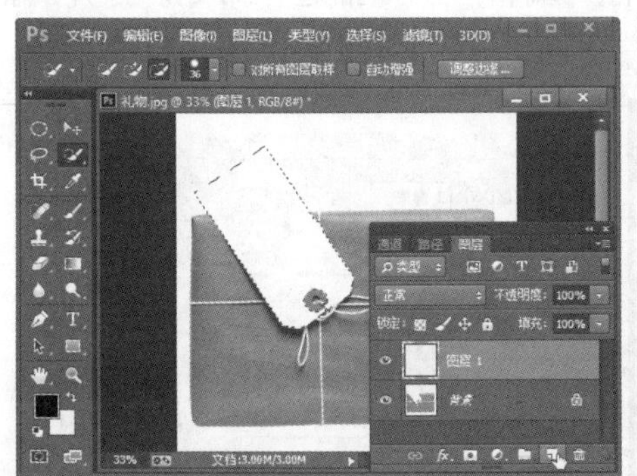

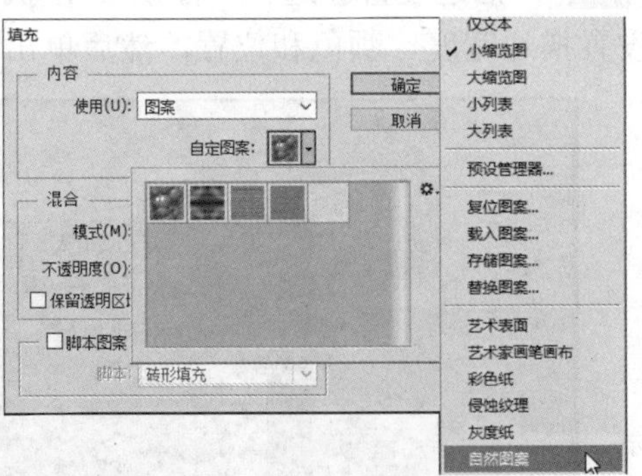

STEP 03：填充图案。弹出提示对话框，单击"确定"按钮将自然图案载入到"自定图案"下拉列表框中；选中"多刺的灌木"，单击"确定"按钮，以该图案填充选区，见左下图。

STEP 04：设置混合模式。按下“Ctrl+D”组合键取消选区；在“图层”面板中设置图层混合模式为“正片叠底”；使用“橡皮擦工具”擦除多余图像，见右下图。

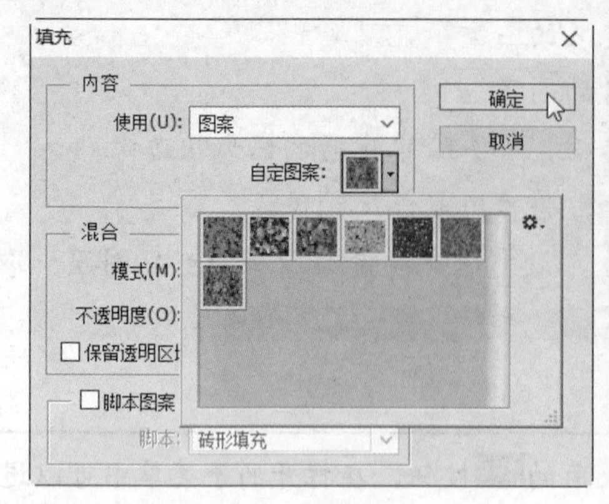

知识链接——添加自定义图案的讲解

在 Photoshop 中打开需要定义为图案的图像文件，执行“编辑”→“定义图案”命令，然后在打开的“图案名称”对话框中设置自定义图案的名称，单击“确定”按钮，即可将其添加到填充图案的列表中。

4.4.3 用“描边”命令将图形变为线稿

在创建选区之后，执行“编辑”→“描边”命令即可打开“描边”对话框，在其中设置描边颜色和宽度等，然后单击“确定”按钮即可为选区描边。

下面使用“描边”命令将插画中的图形变为线稿，具体步骤如下：

	原始素材文件：光盘\素材文件\第 4 章\描边插画.psd
	最终结果文件：光盘\结果文件\第 4 章\描边插画.psd
	同步教学文件：光盘\多媒体教学文件\第 4 章\

STEP 01：新建图层。打开图像文件，选中“图层 1”，通过“色彩范围”功能为枫叶创建选区；单击“图层”面板底部的“创建新图层”按钮，创建“图层 2”，见左下图。

STEP 02：描边设置。选中“图层 2”，执行“编辑”→“描边”命令，打开“描边”对话框；设置描边宽度、颜色和位置，然后单击“确定”按钮，见右下图。

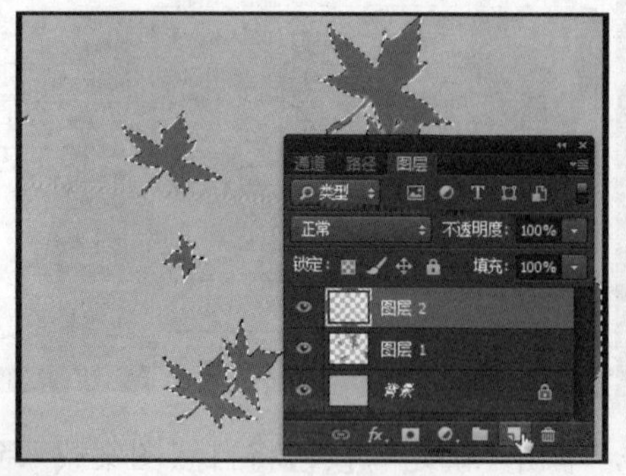

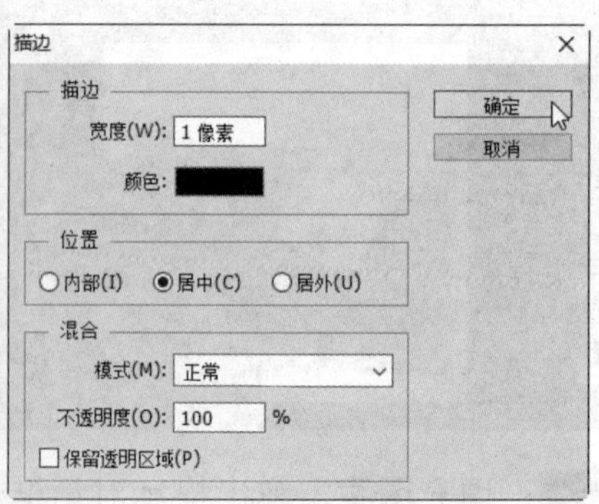

STEP 03：描边图像。返回图像窗口，按下“Ctrl+D”组合键取消选区，即可看到描边

后的效果，见左下图。

STEP 04：**删除图层**。选中“图层 1”，单击“图层”面板底部的“删除图层”按钮删除图层，即可将插画中的图形变为线稿，见右下图。

4.5 知识讲解——照片修复工具

用户可以通过 Photoshop CC 提供的修复工具，对图像中出现的瑕疵进行处理。例如，使用污点修复画笔工具、修复画笔工具、修补工具和红眼工具等修复图像，或者通过图章工具组中的工具进行清除斑点等操作。

4.5.1 “仿制源”面板

使用仿制图章工具和修复画笔工具时需要进行取样。执行“窗口”→“仿制源”命令即可打开“仿制源”面板，通过该面板用户可以设置样本源、显示样本源的叠加，还可以进行缩放或旋转样本源的操作，以便更好地匹配目标。

“仿制源”面板中各选项作用如下：

- “仿制源”按钮：使用仿制图章工具或修复画笔工具时，按下面板中的“仿制源”按钮，然后按住“Alt”键在图像中单击，即可设置取样点，按下另一个“仿制源”按钮，可以继续取样；按照此方法最多可以设置 5 个不同的样本源。
- “X”和“Y”文本框：用于设置水平位移和垂直位移。
- “W”和“H”文本框：用于设置水平缩放和垂直缩放，默认情况下按钮为已按下状态，缩放时将约束图像比例。
- 文本框：用于设置旋转仿制源时的角度。
- “水平翻转”按钮和“垂直翻转”按钮：用于翻转仿制源。
- “复位变换”按钮：用于将样本源复位到初始大小和方向。
- “显示叠加”复选框：默认为已勾选状态，设置样本源后，将光标移动到图像中，在光标所在处可以查看到叠加效果以及下面的图像。
- “不透明度”文本框：用于设置叠加图像的不透明度。

- “已剪切”复选框：默认为已勾选状态，用于将叠加剪切到画笔大小。
- “自动隐藏”复选框：勾选该复选框，可以在应用绘画描边时隐藏叠加。
- “反相”复选框：勾选该复选框，可以反向叠加中的颜色。

4.5.2 通过仿制图章工具清除障碍物

使用“仿制图章工具”可以将图像中的部分区域复制到同一图像的其他位置或另一图像中。复制后的图像与原图像的亮度、色相和饱和度一致。单击工具箱中的“仿制图章工具”按钮后，其对应的属性栏如下图所示。

模式：正常 不透明度：100% 流量：100% 对齐 样本：当前图层

“仿制图章工具”属性栏中各选项的作用如下：

- “不透明度”文本框：用于设置绘制图像的不透明度，数值越小，透明度越高。
- “流量”文本框：用于设置复制图像时画笔的压力，数值越大，效果越明显。
- “对齐”复选框：勾选该复选框，只能复制一个固定位置的图像。
- “样本”下拉列表框：用于设置取样图层。

下面使用仿制图章工具清除照片中的障碍物，具体步骤如下：

	原始素材文件：光盘\素材文件\第 4 章\云.jpg
	最终结果文件：光盘\结果文件\第 4 章\云.jpg
	同步教学文件：光盘\多媒体教学文件\第 4 章\

STEP 01：**取样**。打开图像文件，单击工具箱中的“仿制图章工具”按钮，在属性栏中设置画笔大小，然后按住“Alt”键在图像中适当位置单击，进行取样，见左下图。

STEP 02：**清除障碍物**。将光标移动到要去除的直升机上单击，直至将直升机涂抹掉为止，见右下图。

4.5.3 用图案图章绘制特效背景

使用“图案图章工具”可以将系统自带的图案或用户自定义的图案填充到图像中，以绘制出特殊的图像效果。单击工具箱中的“仿制图章工具”按钮后，其对应的属性栏如下图所示。

模式：正常 不透明度：100% 流量：100% 对齐 印象派效果

“仿制图章工具”属性栏中各选项的作用如下：

- 图案下拉列表框：单击右侧下拉按钮，在打开的图案下拉列表框中可以设置填充图案。
- “印象派效果”复选框：勾选该复选框，可以将图案渲染为轻涂以获得印象派绘画效果。

下面使用图案图章工具绘制特效背景，具体步骤如下：

	原始素材文件：光盘\素材文件\第 4 章\垂耳兔.jpg
	最终结果文件：光盘\结果文件\第 4 章\垂耳兔.jpg
	同步教学文件：光盘\多媒体教学文件\第 4 章\

STEP 01：绘制背景。打开图像文件，单击工具箱中的“仿制图章工具”按钮；在属性栏中选择填充图案为内置“自然图案”组中的“蓝色雏菊”图案；将光标移动到图像中，按住鼠标左键并拖动进行绘制，见左下图。

STEP 02：完成效果。绘制完成后的最终效果见右下图。

4.5.4　使用修复画笔工具修复照片缺陷

使用“修复画笔工具”可以对图像中有缺陷的部分加以整理，通过复制局部图像来实现修补。单击工具箱中的“修复画笔工具”按钮后，其对应的属性栏如下图所示。

19　模式：正常　源：取样　图案：　对齐　样本：当前图层

“修复画笔工具”属性栏中各选项的作用如下：

- “取样”单选项：选择该单选项，用修复画笔工具对图像进行修复时，以图像区域中某处颜色作为基点。
- “图案”单选项：选择该单选项，可在其右侧的下拉列表框中选择已有的图案用于修复。

下面使用修复画笔工具修复照片中的缺陷，具体步骤如下：

	原始素材文件：光盘\素材文件\第 4 章\奔跑.jpg
	最终结果文件：光盘\结果文件\第 4 章\奔跑.jpg
	同步教学文件：光盘\多媒体教学文件\第 4 章\

STEP 01：**修复照片**。打开图像文件，单击工具箱中的“修复画笔工具”按钮，然后按住“Alt”键在图像文件中单击进行取样；将光标移动到图像中，按住鼠标左键并拖动清除照片中的电线，见左下图。

STEP 02：**完成效果**。修复完成后的最终效果见右下图。

4.5.5 用污点修复画笔去除照片污点

使用“污点修复画笔工具”可以对图像中的不透明度、颜色和质感进行像素取样，用于快速修复图像中的斑点或小块的杂物。

单击工具箱中的“污点修复画笔工具”按钮后，其属性栏如下图所示。

29 模式：正常 类型：近似匹配 创建纹理 内容识别 对所有图层取样

- “类型”选项组：用于设置在修复过程中采用何种修复类型；选择“近似匹配”单选项，表示将使用要修复区域周围的像素来修复图像；选择“创建纹理”单选项，表示将使用被修复图像区域中的像素来创建修复纹理，并使纹理与周围纹理相协调；选择“内容识别”单选项，系统将分析图像周围的图像，然后自动对图像进行修复。
- “对所有图层取样”复选框：勾选该复选框可使取样范围扩展到图像中的所有可见图层。

下面使用污点修复画笔工具修复照片中的污点，具体步骤如下：

	原始素材文件：光盘\素材文件\第 4 章\污点照片.jpg
	最终结果文件：光盘\结果文件\第 4 章\污点照片.jpg
	同步教学文件：光盘\多媒体教学文件\第 4 章\

STEP 01：**图像取样**。打开图像文件，单击工具箱中的“污点修复画笔工具”按钮；在属性栏中设置画笔大小；按住“Alt”键在图像文件中单击进行取样，见左下图。

STEP 02：**修复照片**。将光标移动到图像中，按住鼠标左键并拖动清除照片中的污点，见右下图。

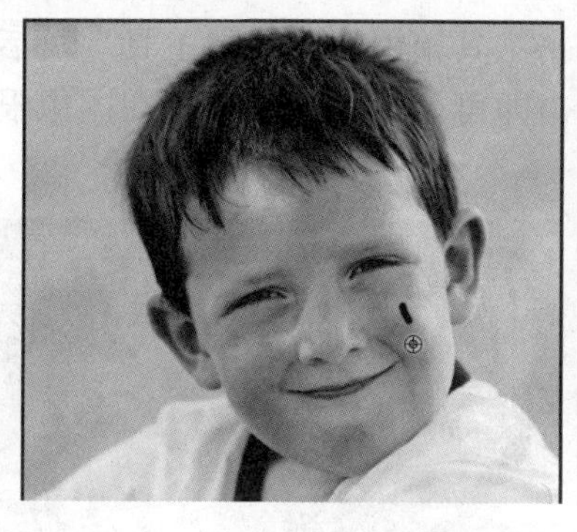

4.5.6　使用修补工具修饰图像瑕疵

“修补工具”主要用于从图像其他区域或使用图案来修补当前选择的区域，新选择区域上的图像将替换原区域上的图像。

下面使用修补工具修复图像中的瑕疵，具体步骤如下：

原始素材文件：光盘\素材文件\第 4 章\花瓣.jpg
最终结果文件：光盘\结果文件\第 4 章\花瓣.jpg
同步教学文件：光盘\多媒体教学文件\第 4 章\

STEP 01：**绘制选区**。打开图像文件，单击工具箱中的“修补工具”按钮；在图像中单击并拖动绘制出需要修复的选区，见左下图。

STEP 02：**修复照片**。选中绘制的选区，按住鼠标左键不放，将其拖动到图像中与该选区相似的区域后释放鼠标，即可修饰图像中的瑕疵，见右下图。

4.5.7　用红眼工具去除照片中的红眼

使用“红眼工具”可移去照片中人物眼睛中由于闪光灯造成的红色、白色或绿色反光斑点。单击工具箱中的“红眼工具”按钮，其属性栏如下图所示。

瞳孔大小：50%　变暗量：50%

“红眼工具”属性栏中各选项的作用如下：

- “瞳孔大小”文本框：用于设置眼睛暗色的中心大小。
- “变暗量”文本框：用于设置瞳孔的暗度。

“红眼工具”的使用方法非常简单，单击工具箱中的“红眼工具”后，在属性栏中设置相关参数，然后在图像中人物的眼睛处单击即可。使用红眼工具在图像眼部绘制前后的效果如下图所示。

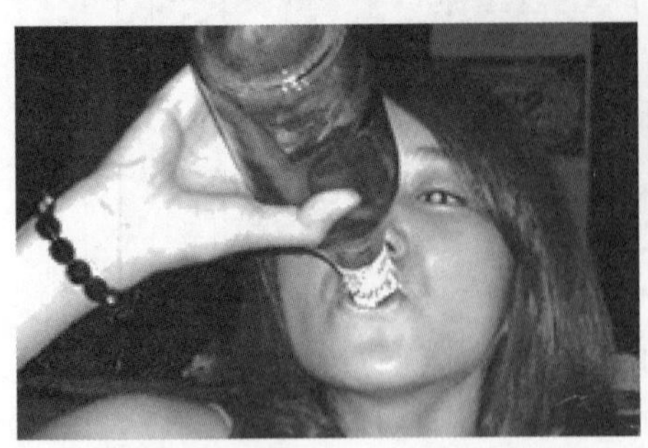
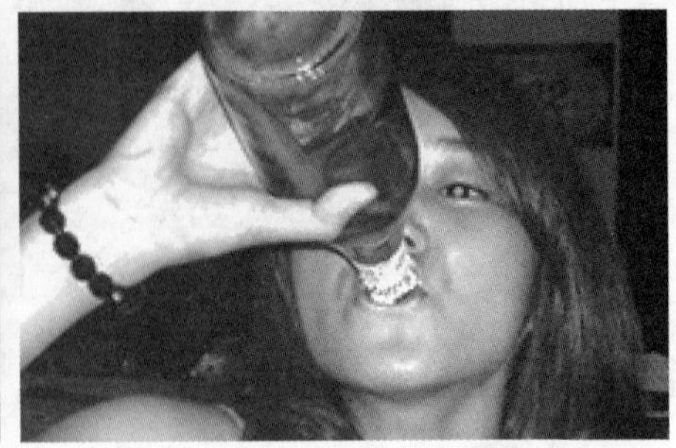

4.5.8 用历史记录画笔恢复局部色彩

使用“历史记录画笔工具”可以在图像的某个历史状态上恢复图像，图像中未被修改过的区域将保持不变。

下面使用历史记录画笔工具修复图像局部色彩，具体步骤如下：

	原始素材文件：光盘\素材文件\第 4 章\树.jpg
	最终结果文件：光盘\结果文件\第 4 章\树.jpg
	同步教学文件：光盘\多媒体教学文件\第 4 章\

STEP 01：**编辑图像**。打开图像文件，裁剪图像多余部分；执行“图像”→“图像旋转”→“水平翻转画布”命令；按下“Ctrl+Shift+U”组合键为图像去色，在“历史记录”面板中可以看到操作步骤，见左下图。

STEP 02：**恢复部分图像色彩**。单击工具箱中的“历史记录画笔工具”按钮；在“历史记录”面板中单击“水平翻转画布”前的按钮，设置历史记录画笔的源；在属性栏中设置画笔大小，然后在图像中单击并拖动，恢复大树的色彩，见右下图。

4.5.9 用历史记录艺术画笔制作手绘效果

使用“历史记录艺术画笔工具”可以使图像产生一定的艺术笔触，将图像分化为类似粉状的艺术笔触，适用于制作艺术图像。单击工具箱中的“历史记录艺术画笔工具”按钮，其属性栏如下图所示。

模式：正常　不透明度：100%　样式：绷紧短　区域：50 像素　容差：0%

"历史记录艺术画笔工具"属性栏中各选项的作用如下：

- "模式"下拉列表框：在该下拉列表框中提供了"正常"、"变暗"、"变亮"、"色相"、"饱和度"、"颜色"和"亮度"7 种混合模式供用户选择。
- "不透明度"文本框：用于设置历史记录艺术画笔描绘的不透明度。
- "样式"下拉列表框：在其下拉列表框中可以选择描绘的类型。
- "区域"文本框：用于设置历史记录艺术画笔描绘的范围。
- "容差"文本框：用于设置历史记录艺术画笔所描绘的颜色与所要恢复的颜色之间的差异程度，输入的数值越小，图像恢复的精确度就越高。

下面使用历史记录艺术画笔工具制作具有手绘效果的图像，具体步骤如下：

	原始素材文件：光盘\素材文件\第 4 章\红玫瑰.jpg
	最终结果文件：光盘\结果文件\第 4 章\红玫瑰.jpg
	同步教学文件：光盘\多媒体教学文件\第 4 章\

STEP 01：**设置画笔**。打开图像文件，单击工具箱中的"历史记录艺术画笔工具"按钮；在属性栏中选择"平角少毛硬毛刷"笔尖，设置"模式"为"正常"，"不透明度"为"100%"，"样式"为"绷紧短"，见左下图。

STEP 02：**绘制图像手绘效果**。设置好画笔之后，在图像中使用鼠标左键单击或按住鼠标左键拖动进行绘制，最终完成效果见右下图。

4.6　知识讲解——照片修饰工具

在拍摄照片时，不可能尽善尽美，总会存在一些缺陷。通过 Photoshop 中的模糊、锐化、减淡、加深、涂抹和海绵等工具，可以对照片的细节、色调、曝光度和色彩饱和度等进行修饰，加以改善。

4.6.1 模糊工具与锐化工具

使用“模糊工具”可以降低图像相邻像素之间的对比度，使图像产生一种模糊的效果，减少图像细节。而“锐化工具”的作用与“模糊工具”相反，它能通过增大图像相邻像素之间的反差使图像产生清晰的效果。在修饰图像时，模糊工具常用于处理背景创造景深效果，锐化工具常用于处理前景使其更加清晰。

单击工具箱中的“模糊工具”按钮或“锐化工具”按钮，在对应的属性栏中设置“画笔”、“模式”、“强度”和“对所有图层取样”等参数，然后在图像中单击并拖动进行涂抹即可。使用模糊工具与锐化工具处理图像，前后对比如下图所示。

“模糊工具”属性栏与“锐化工具”属性栏基本相同，单击工具箱中的“锐化工具”按钮，其属性栏如下图所示。

模式：正常 强度：80% 对所有图层取样 保护细节

“锐化工具”属性栏中各选项的作用如下：

- “强度”文本框：用于设置工具强度。
- “对所有图层取样”复选框：如果文档中包含多个图层，勾选该复选框，将对所有可见图层中的数据进行处理；取消勾选，将只处理当前图层中的数据。
- “保护细节”复选框：勾选该复选框，在使用工具处理细节时将最小化像素，以保护图像细节。

4.6.2 加深工具与减淡工具

使用“加深工具”可以降低图像的亮度，使其变暗，以校正图像的曝光度。而“减淡工具”与“加深工具”的作用相反，它可以加亮图像某一部分区域，使之达到强调或突出表现的目的，同时对图像的颜色进行减淡。“加深工具”属性栏与“减淡工具”属性栏基本相同，单击工具箱中的“减淡工具”按钮，其属性栏如下图所示。

范围：中间调 曝光度：50% 保护色调

“减淡工具”属性栏中各选项的作用如下：

- “范围”下拉列表框：用于选择要修改的色调；其中“阴影”选项用于处理图像的暗色调，“中间调”选项用于处理图像的中间调(灰色的中间范围色调)，“高光”选项用于处理图像的亮部色调。
- “曝光度”文本框：用于设置工具的曝光度，数值越高，效果越明显。
- “喷枪”按钮：按下该按钮，可以开启画笔喷枪功能。
- “保护色调”复选框：用于保护图像的色调不受影响。

单击工具箱中的“加深工具”按钮或“减淡工具”按钮，在对应的属性栏中设置“画笔”、“范围”、“曝光度”等参数，然后在图像中单击并拖动进行涂抹即可。使用加深工具或减淡工具处理图像，前后对比如下图所示。

4.6.3　涂抹工具

使用“涂抹工具”可以模拟手指涂抹绘制的效果。使用该工具时，先对单击处的颜色进行取样，然后与鼠标拖动经过的颜色相融合、挤压产生模糊效果。

“涂抹工具”属性栏与“模糊工具”、“锐化工具”属性栏基本相同，单击工具箱中的“涂抹工具”按钮，其属性栏如下图所示。

13　模式：正常　强度：50%　对所有图层取样　手指绘画

“涂抹工具”属性栏中各选项的作用如下：

- “手指绘画”复选框：勾选该复选框，将在涂抹时添加前景色；取消勾选，则使用每个描边起点处光标所在位置的颜色进行涂抹。

4.6.4 海绵工具

使用“海绵工具”可以精确地增加或减少图像特定区域的色彩饱和度，让图像的颜色变得更加鲜艳。单击工具箱中的“海绵工具”按钮，其属性栏如下图所示。

“海绵工具”属性栏中各选项的作用如下：

- “模式”下拉列表框：用于设置工具模式；选择“降低饱和度”选项，可以降低色彩饱和度，选择“饱和”选项，可以增加色彩饱和度。
- “流量”文本框：用于设置工具流量，数值越高工具强度越大，效果越明显。
- “自然饱和度”复选框：勾选该复选框，将在增加饱和度时防止颜色过度饱和出现溢色。

单击工具箱中的“海绵工具”按钮，在其属性栏中设置“模式”类型，然后将鼠标指针移动到图像窗口中进行涂抹，释放鼠标后即可查看图像涂抹后的效果。

4.7 知识讲解——擦除工具

在 Photoshop 中包含三种擦除工具：橡皮擦工具、背景色橡皮擦工具和魔术橡皮擦工具，可以分别擦除图像、擦除图像背景色和擦除图像中相近的颜色区域。

4.7.1 用橡皮擦工具擦除图像

单击工具箱中的“橡皮擦工具”按钮，在其属性栏中设置好画笔大小和擦除模式，再设置前景色，将光标移到图像窗口需要擦除的位置单击并拖动，将以背景色填充拖动过的区域，以擦除图像。“橡皮擦工具”属性栏如下图所示。

“橡皮擦工具”属性栏中各选项的作用如下：

- “模式”下拉列表框：用于设置橡皮擦的种类；选择“画笔”选项，将创建柔边擦除效果，选择“铅笔”选项，将创建硬边擦除效果，选择“块”选项，将创建块状擦除效果。

- “不透明度”文本框：用于设置工具的擦出强度。
- “流量”文本框：用于设置工具的涂抹速度。
- “抹到历史记录”复选框：勾选该复选框后，在“历史记录”面板中选择一个状态或快照，在擦除时可以将图像恢复为指定状态，作用与“历史记录画笔”工具相同。

4.7.2 用背景橡皮擦工具擦除背景

单击工具箱中的“背景橡皮擦工具”按钮，在其属性栏中设置好画笔大小、取样方式、限制模式等参数，将光标移到图像窗口需要擦除的位置，单击进行取样，然后按住鼠标左键拖动，即可擦除图层上指定颜色的像素，并以透明色代替被擦除区域。“背景橡皮擦工具”属性栏如下图所示。

58 限制： 连续 容差： 50% 保护前景色

“背景橡皮擦工具”属性栏中各选项的作用如下：

- “取样”按钮组：用于设置取样方式，按下按钮，可以在拖动鼠标时连续取样，效果见左下图；按下按钮，只擦除包含第一次单击时取样颜色的图像，效果见右下图；按下按钮，只擦除包含背景色的图像。
- “限制”下拉列表框：用于设置擦除时的限制模式，选择“不连续”选项，将擦除出现在光标下任何位置的样本颜色，选择“连续”选项，将只擦除包含样本颜色并相互连接的区域，选择“查找边缘”选项，将擦除包含样本颜色的连接区域，并保留形状边缘的锐化程度。
- “容差”文本框：用于设置颜色的容差范围，数值越高可擦除范围越广的颜色。
- “保护前景色”复选框：勾选该复选框，将防止擦除与前景色匹配的区域。

4.7.3 用魔术橡皮擦工具抠取图像

单击工具箱中的“魔术橡皮擦工具”按钮，在选项栏中设置好容差值，将鼠标指针移到图像中需要擦除的颜色上单击，即可将图像中与鼠标左键单击处颜色相近的颜色擦除。“魔术橡皮擦工具”属性栏如下图所示。

容差：32 ☑ 消除锯齿 ☑ 连续 ☐ 对所有图层取样 不透明度：100%

“魔术橡皮擦工具”属性栏中各选项的作用如下：

- “容差”文本框：用于设置可擦除颜色的范围。
- “消除锯齿”复选框：勾选该复选框，将使擦除区域的边缘变得平滑。
- “连续”复选框：勾选该复选框，将只擦除与取样颜色像素临近的相似像素。
- “对所有图层取样”复选框：勾选该复选框，将对所有可见图层中的组合数据取样。
- “不透明度”文本框：用于设置擦除强度，设置较低的不透明度可以部分擦除像素。

4.8 同步训练——实战应用

实例 1：使用内容感知移动工具移动图像内容

案例效果

	原始素材文件：光盘\素材文件\第 4 章\椅子.jpg
	最终结果文件：光盘\结果文件\第 4 章\椅子.jpg
	同步教学文件：光盘\多媒体教学文件\第 4 章\

制作分析

本例难易度：★★☆☆☆

制作关键：	技能与知识要点：
“内容感知移动工具” 的作用是将所选图像内容移动或复制到另外一个位置，首先在工具箱中选择该工具，然后框选出需要移动的图像内容，再使用鼠标将其移动到目标位置即可。	● 内容感知移动工具 ● 修复与修饰图像

具体步骤

STEP 01：**选取移动对象**。打开图像文件，单击工具箱中的“内容感知移动工具”按钮；将光标移动到图像中，单击并拖动为需要移动的图像内容创建选区，见左下图。

STEP 02：**移动图像内容**。在属性栏中设置“模式”为“移动”，“适应”为“中”；按住鼠标左键，拖动所选图像内容到目标位置，见右下图。

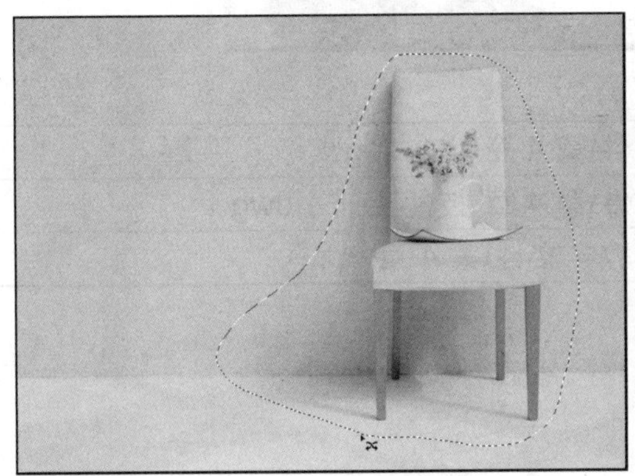

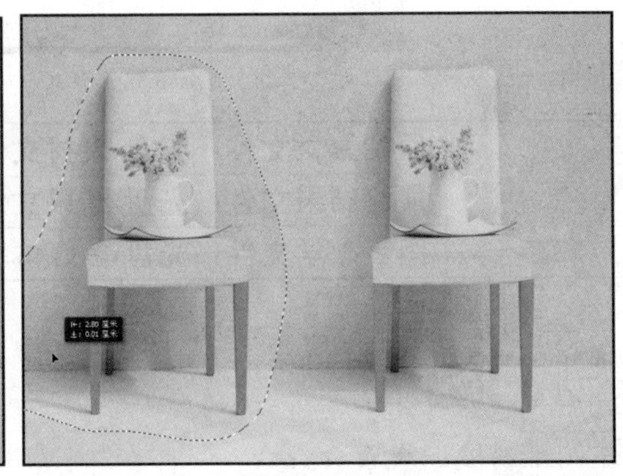

STEP 03：**完成移动**。释放鼠标左键，Photoshop 将自动识别图像内容，完成图像内容的移动，见左下图。

STEP 04：**修饰图像**。有时使用“内容感知移动工具”移动图像内容后，效果并不完美，需要使用图像修复工具等进一步处理图像，例如使用“修补工具”处理椅子原位置残留的阴影，最终效果见右下图。

实例 2：创建自定义画笔

案例效果

	原始素材文件：光盘\素材文件\第 4 章\小猫.jpg
	最终结果文件：光盘\结果文件\第 4 章\技能实训 1.dwg
	同步教学文件：光盘\多媒体教学文件\第 4 章\

制作分析

本例难易度：★★☆☆☆

制作关键：	技能与知识要点：
首先通过新建图层、图像去色、变换图像等操作创建一个透明背景下的画笔样图，然后执行"定义预设画笔"命令创建自定义画笔，最后通过"画笔"面板进一步设置画笔。	● "去色"命令 ● 变换图像 ● "定义预设画笔"命令 ● 在"画笔"面板中详细设置画笔 ● 使用自定义画笔

具体步骤

STEP 01：创建图层。打开图像文件，使用"魔棒工具"在图像空白处创建选区；按下"Ctrl+Shift+I"组合键反选选区，选中小猫；按下"Ctrl+J"组合键，以选区创建新图层，见下图。

STEP 02：调整与缩放图像。选中"图层 1"，执行"图像"→"调整"→"去色"命令；按下"Ctrl+T"组合键显示定界框，在按住"Shift"键的同时拖动控制点缩放图像，移动图像位置并根据需要进行旋转，见下图。

STEP 03：**定义画笔预设**。在“图层”面板中单击“背景”图层前的按钮；选中“图层 1”，执行“编辑”→“定义预设画笔”命令；在弹出的“画笔名称”对话框中输入“小猫”，然后单击“确定”按钮，见左下图。

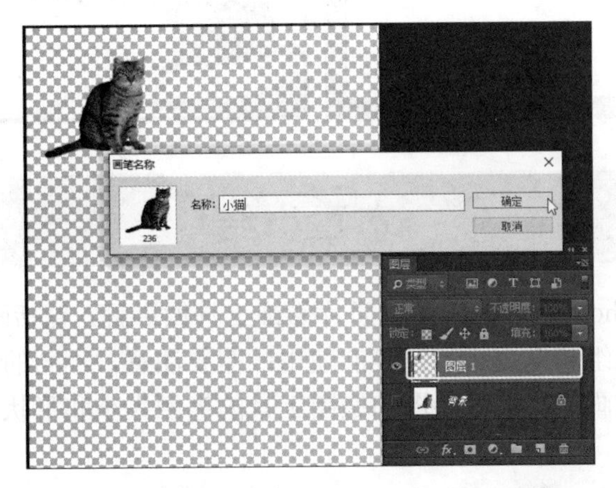

STEP 04：**设置画笔**。单击工具箱中的“画笔工具”按钮；执行“窗口”→“预设画笔”命令，打开“预设画笔”面板，可以看到其中增加了“小猫”画笔；在面板中单击按钮打开“画笔”面板，可以进一步设置“小猫”画笔，见右下图。

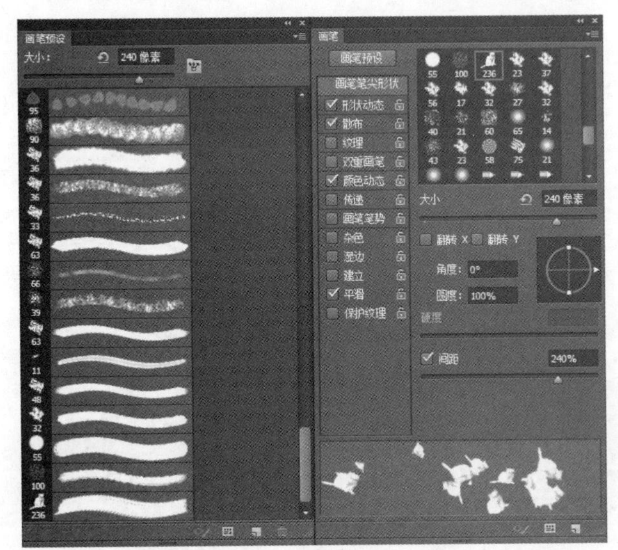

STEP 05：选择自定义画笔。根据需要设置好前景色，新建一个名为“自定义画笔”的空白图像文件；单击工具箱中的“画笔工具”按钮，在属性栏中设置画笔样式为“小猫”，见左下图。

STEP 06：使用自定义画笔。根据需要设置前景色，然后在图像中单击并拖动，使用自定义画笔进行绘制即可，见右下图。

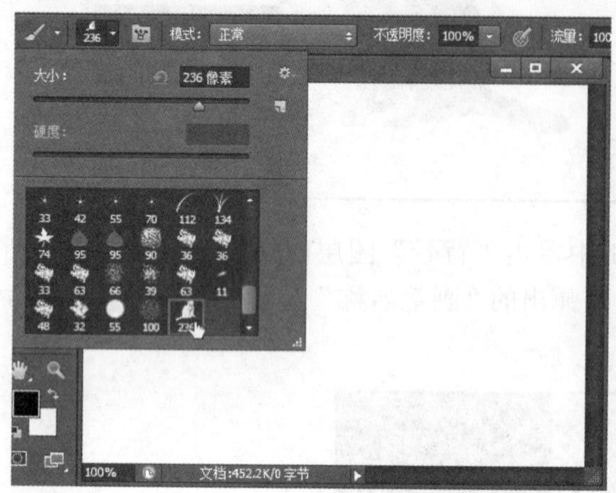

本章小结

本章内容主要对 Photoshop 的绘图与照片修饰工具做讲解，包括画笔工具组、修图工具、图章工具组、模糊工具组和橡皮工具组等的使用；需要注意，不同的修饰工具适用于不同的图像和用途，而不同的画笔决定了绘图和修图工具的笔触大小和形状。

第 5 章

颜色与色调调整

本章导读

色彩与色调是构成一幅完整图像的关键要素之一。通过使用 Photoshop 中的多种调整命令，可以对图像的色彩和色调进行调整，使图像更符合用户的需要，它是照片后期处理时不可或缺的重要工具。例如，调整图像的亮度与对比度，可以使其变得更亮丽；调整图像的色彩平衡，能够更改图像颜色；调整色相与饱和度，可以使图像更多姿多彩。

知识要点

- ◆ 转换图像的颜色模式
- ◆ 自动调整图像
- ◆ 调整图像色调
- ◆ 改变图像色彩
- ◆ 对图像应用特殊颜色效果

案例展示

5.1 知识讲解——转换图像的颜色模式

颜色模式是图像在屏幕上显示的重要前提，同一个文件格式可以支持一种或多种颜色模式。常用的颜色模式有 RGB、CMYK、HSB、Lab、灰度模式、索引模式、位图模式、双色调模式、多通道模式等。在 Photoshop 中可以选择“图像”→“模式”命令，在弹出的子菜单中选择颜色模式转换命令。

1. 位图模式

位图模式只有纯黑和纯白两种颜色，适合制作艺术样式或用于创作单色图形。彩色图像转换为该模式后，色相和饱和度信息都会被删除，只保留亮度信息。只有灰度和双色调模式才能够转换为位图模式。

2. 灰度模式

灰度模式中只存在灰度，最多可达 256 级灰度，当一个彩色文件被转换为灰度模式时，Photoshop 会将图像中的色相及饱和度等有关色彩的信息消除，只留下亮度。

灰度值可以用黑色油墨覆盖的百分比来表示，0%代表白色，100%代表黑色，而颜色调色板中的 K 值用于衡量黑色油墨的量。

3. 双色调模式

双色调模式采用两种彩色油墨混合其色阶来创建双色调的图像，在将灰度图像转换为双色调模式的图像过程中，可以对色调进行编辑，产生特殊的效果。使用双色调的重要用途之一是使用尽量少的颜色表现尽量多的颜色层次，减少印刷成本。双色调模式还包含三色调和四色调选项，可以为三种或四种油墨颜色制版。但只有灰度模式的图像能转换为双色调模式。

4. 索引模式

索引模式又称映射颜色。在这种模式下，只能存储一个 8 位色彩深度的文件，即图像中最多含有 256 种颜色，而且这些颜色都是预先定义好的。一幅图像的所有颜色都在它的图像索引文件中定义，即将所有色彩都存放到颜色查找对照表中。因此，当打开图像文件时，Photoshop 将从对照表中找出最终的色彩值。若原图不能用 256 种颜色表现，那么 Photoshop 将会从可用颜色中选择出最相近的颜色来模拟显示。

使用索引模式不但可以有效地缩减图像文件的大小，而且能够适度保持图像文件的色彩品质，适合制作放置于网页上的图像文件或多媒体动画。

5. RGB 模式

RGB 模式是最佳的图像编辑模式，也是 Photoshop 默认的颜色模式。自然界中所有的颜色都可以用红（Red）、绿（Green）、蓝（Blue）3 种颜色的不同组合而生成，通常称其为三原色或三基色。每种颜色都有从 0（黑色）到 255（白）个亮度级，所以 3 种颜色叠加即可产生 1670 万种色彩，即真彩色。

6. CMYK 模式

CMYK 模式是印刷时使用的一种颜色模式，由青（Cyan）、洋红（Magenta）、黄（Yellow）和黑（Black）4 种颜色组成。为了避免和 RGB 三原色中的蓝色（Blue）发生混淆，CMYK

中的黑色用 K 来表示。

CMYK 模式与 RGB 模式的不同之处在于，它不是靠增加光线，而是靠减去光线来表现颜色的。因为和显示器相比，打印纸不能产生光源，更不会发射光线，它只能吸收和反射光线。通过对这 4 种颜色的组合，可以产生可见光谱中的绝大部分颜色。

大师心得

在 CMYK 模式下处理图像，会使部分 Photoshop 滤镜无法使用，所以一般在处理图像时采用 RGB 模式，而到印刷阶段再将图像的颜色模式转换为 CMYK 模式。

7．Lab 模式

Lab 模式是国际照明委员会发布的颜色模式，由 RGB 三原色转换而来，是 RGB 模式转换为 HSB 模式和 CMYK 模式的“桥梁”，同时弥补了 RGB 和 CMYK 两种模式的不足。该颜色模式由一个发光串（Luminance）和两个颜色轴（a 和 b）组成，是一种具有“独立于设备”特征的颜色模式，即在任何显示器或打印机上使用，Lab 颜色都不会发生改变。

8．多通道模式

多通道模式包含多种灰阶通道，每一个通道均由 256 级灰阶组成。该模式适用于有特殊打印需求的图像。当 RGB 或 CMYK 模式的图像中任何一个通道被删除时，即转变成多通道模式。

5.2 知识讲解——自动调整图像

Photoshop CC 提供了 3 个智能校正图像的快捷命令，通过它们可以快速地处理一些图像中常见颜色和色调问题。打开“图像”菜单，可以看到其中包含“自动色调”、“自动对比度”和“自动颜色”3 个命令，直接单击即可使用，无须进行任何参数设置。

5.2.1 “自动色调”命令

“自动色调”命令可以自动定义每个通道中最亮和最暗的像素作为白色和黑色，然后按比例重新分配其中的像素值，从而使图像色调更加自然。该命令操作简便，但效果没有自定义精确。打开一张色调有些灰蒙蒙的照片，单击“图像”→“自动色调”菜单命令，Photoshop 会自动调整图像，使色调变得清晰。

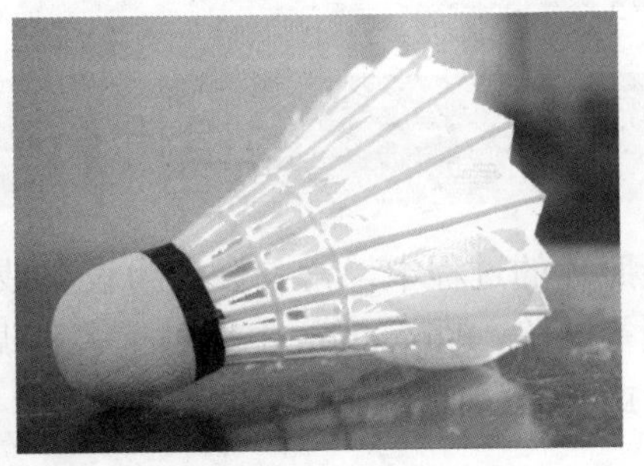

5.2.2 “自动对比度”命令

执行“自动对比度”命令后，Photoshop CC 会自动将图像中最深的颜色变为黑色，最亮的颜色变为白色，达到增强图像对比度的效果。该命令对于色彩简单的图像效果明显，但对于其他色彩丰富的图像几乎不起作用。

例如打开一张色调有些发白的照片，单击“图像”→“自动对比度”菜单命令，可以使图片更加自然。

5.2.3 “自动颜色”命令

选择“图像/调整/自动颜色”命令后，无须进行参数设置，Photoshop CC 将自动对图像中的暗调、中间调和高光像素进行调节，并修整白色和黑色的像素，我们可以使用该命令来调整出现偏色的照片。

打开一张偏色的照片，单击“图像”→“自动颜色”菜单命令，即可校正颜色。

5.3 知识讲解——调整图像色调

在拍摄照片的过程中，常常会因为设备或环境因素出现照片偏暗、曝光过度、偏色或色彩不够鲜艳等缺陷，Photoshop 中提供了多种调整图像颜色和色调的工具，以帮助用户快速处理数码照片或为数码照片制作特效。

5.3.1　使用“亮度/对比度”命令调整灰蒙蒙的照片

使用“亮度/对比度”命令可以将图像的色调增亮或变暗，可以对图像中的低色调、半色调和高色调图像区域进行增加或降低对比度的调整。单击“图像”→“编辑”→“曲线”命令，将弹出“亮度/对比度”对话框，该对话框中的各选项含义如下。

- “亮度”文本框：当文本框中的数值小于 0 时，图像亮度降低；当数值大于 0 时，图像亮度增加；当数值等于 0 时，图像不发生任何变化。
- “对比度”文本框：当文本框中的数值小于 0 时，图像对比度降低；当数值大于 0 时，图像对比度增加；当数值等于 0 时，图像不发生任何变化。

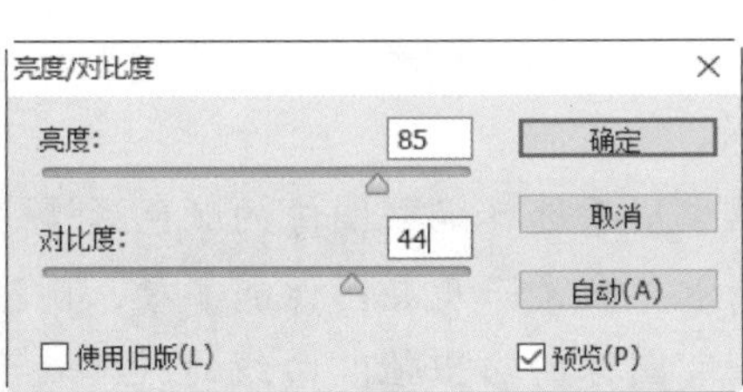

5.3.2　通过色阶调整图像色调

表示图像高光、暗调和中间调的分布情况的分布图叫色阶。当图像效果过白或过黑时，使用“色阶”命令可以调整图像中各通道的明暗程度。单击“图像”→“调整”→“色阶”菜单命令，将弹出“色阶”对话框，该对话框中各选项的含义如下。

- “通道”下拉列表框：用于选择要调整的颜色通道。
- “输入色阶”文本框：其中的 3 个文本框用于调整图像的暗调、中间调和高光，分别对应直方图底部的黑色、灰色和白色滑块。
- “输出色阶”文本框：用于调整图像的亮度和对比度。其中，黑色滑块表示图像的最暗值，白色滑块表示图像的最亮值，拖动滑块调整最暗和最亮值，从而实现亮度和对比度的调整。
- “自动”按钮：单击该按钮，将以默认参数自动调整图像，使图像亮度更加均匀。
- “选项”按钮：单击该按钮，将弹出“自动颜色校正选项”对话框，在其中可以设置暗调、中间值的切换颜色，还可对自动颜色校正的算法进行设置。
- “设置黑场”按钮：使用该工具在图像中单击，可以将单击点的像素调整为黑色，其他比该点暗的像素也变为黑色。
- “设置灰点”按钮：使用该工具在图像中单击，可根据单击点像素的亮度来调整其他中间色调的平均亮度。
- “设置白场”按钮：使用该工具在图像中单击，可以将单击点的像素调整为白色，比该点亮度值高的像素也都会变为白色。
- “预览”复选框：选中该复选框，可以在图像窗口中即时预览调整效果。

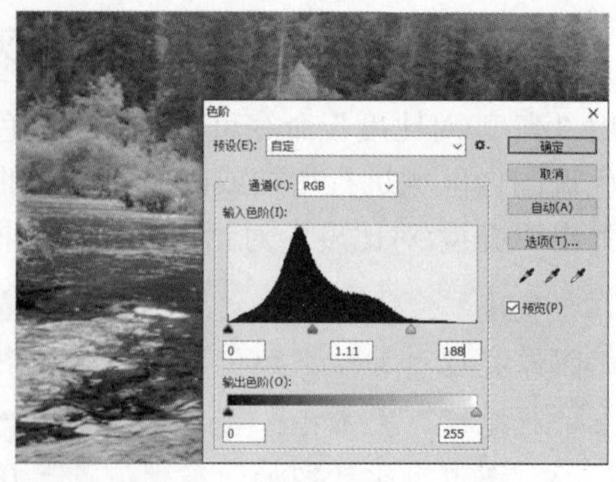

5.3.3 通过曲线的调整使图像色彩更加协调

曲线的调整是指通过调整曲线的斜率和形状，实现对图像色彩、对比度和亮度的调整，使图像色彩更加协调。单击“图像”→“调整”→“曲线”命令，将弹出“曲线”对话框，该对话框中的各选项含义如下。

- “通道”下拉列表框：用于选择调整图像的颜色通道。
- 曲线调整框：曲线的水平轴表示原始图像的亮度，即图像的输入值；垂直轴表示处理后新图像的亮度，即图像的输出值；曲线的斜率表示相应像素点的灰度值；在曲线上单击可创建控制点。
- “编辑点以修改曲线”按钮：单击该按钮，表示以拖动曲线上控制点的方式来调整图像。
- “通过绘制来修改曲线”按钮：单击该按钮使其呈高亮显示后，将鼠标光标移到曲线编辑框中，当光标呈✎显示时按住鼠标左键不放并拖动，绘制需要的曲线来调整图像。
- “显示修剪”复选框：选中该复选框后，可以显示调色的区域。

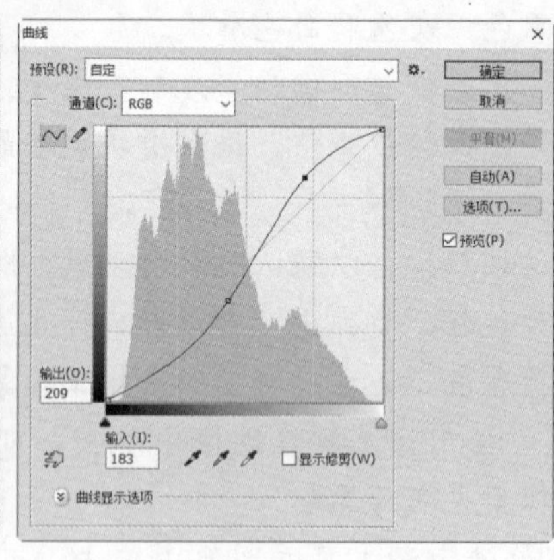

5.3.4 调整照片曝光度

曝光度即一张照片的曝光程度。简单地说，就是胶片或成像设备接受到的光线的总量，它的值由拍摄环境光线强弱、相机光圈大小和快门时间共同决定。接受光线越多，即所谓曝光过度，照片就越发白；曝光度越低，即曝光不足，照片就越偏暗。对于曝光过度或曝光不足的相片，可以单击“图像”→“调整”→“曝光度”命令，然后在弹出的“曝光度”对话框中进行调整，该对话框中的各选项含义如下。

- “曝光度”文本框：用于调整色调范围的高光。
- “位移”文本框：可以使阴影和中间调变暗，对高光的影响很轻微。
- “灰度系数校正”文本框：使用简单的乘方函数调整图像灰度系数。

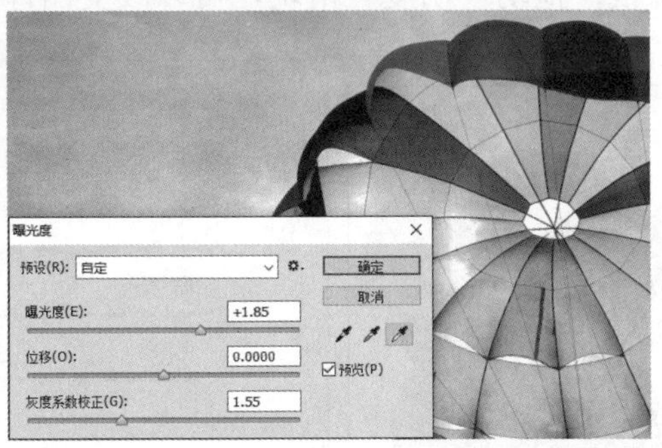

5.3.5　调整自然饱和度让照片色彩鲜艳

“自然饱和度”是用于调整色彩饱和度的命令，它的特别之处是可在增加饱和度的同时防止颜色过于饱和而出现溢色，非常适合处理人像照片。单击“图像”→“调整”→“自然饱和度”命令，即可打开“自然饱和度”对话框，其中有“自然饱和度”和“饱和度”两个调节选项，下面我们来看看它们的对比效果。

当调整“饱和度”的值时，可以增加（或减少）所有颜色的饱和度，我们可以看到，色彩过于鲜艳，人物皮肤的颜色显得非常不自然。而调整“自然饱和度”时。Photoshop 不会生成过于饱和的颜色，并且即使是将饱和度调整到最高值，皮肤颜色变得红润以后，仍能保持自然、真实的效果。

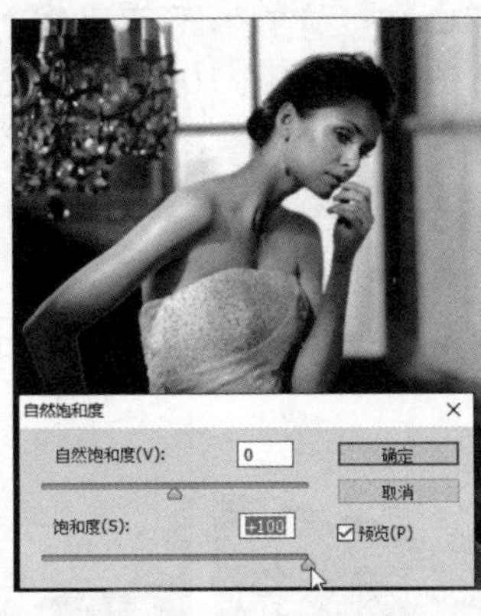

知识链接——什么是溢色

显示器的色域（RGB）模式要比打印机（CMYK 模式）的色域广，因此，我们在显示器上看到或调出的颜色有可能打印不出来，那些不能被打印机准确输出的颜色称为“溢色”。

5.3.6 调整照片的色相和饱和度

图像饱和度即图像颜色的深浅，在上一节中我们已经有所了解。色相，即各类色彩的相貌称谓，如大红、普蓝、柠檬黄等。色相是色彩的首要特征，是区别各种不同色彩的最准确的标准。单击“图像”→“调整”→“色相/饱和度”菜单命令，可打开“色相/饱和度”对话框。其中，拖动“色相”滑块，可以改变图像颜色；拖动“饱和度”滑块，可以改变图像颜色深浅；拖动“明度”滑块，可以改变图像明暗度。

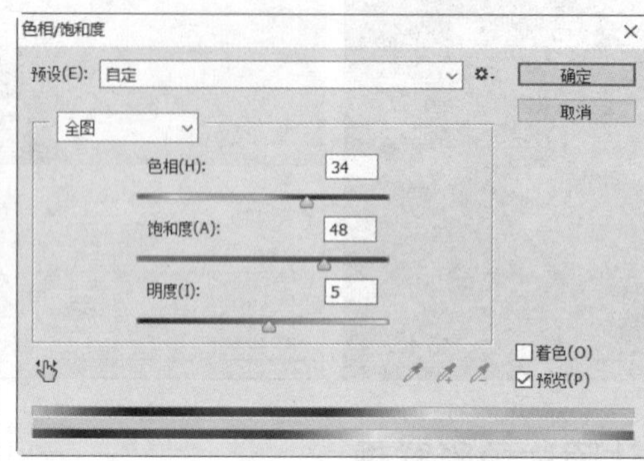

“色相/饱和度”对话框除了可以调整画面的色彩饱和度和明度外，它还有一个更加重要的功能，就是为图片上色。勾选对话框中的“着色”复选框后，便可为图像重新着色，这个操作在给黑白照片上色时十分常用。

5.3.7 通过“色彩平衡”命令调整照片偏色现象

使用“色彩平衡”命令可以在彩色图像中改变颜色的混合，从而纠正图像中较明显的偏色现象。单击“图像”→“调整”→“色彩平衡”菜单命令，将弹出“色彩平衡”对话框，该对话框中各选项的含义如下。

- “色彩平衡”栏：在“色阶”后的文本框中输入数值即可调整 RGB 到 CMYK 之间对应的色彩变化，取值范围在-90～100 之间。3 个数值都为 0 时，图像的色彩不会变化。
- “色调平衡”栏：用于选择需要进行调整的色彩范围，包括“阴影”、“中间调”和“高光”3 个单选按钮。选择其中一个单选按钮，就可以对相应色调的像素进行调整。若选中“保持明度”复选框，调整色彩时将保持图像亮度不变。

5.3.8　使用“照片滤镜”命令制作怀旧风格照片

滤镜是相机的一种配件，将它安装在镜头前面可以保护镜头，降低或消除水面和非金属表面反光，或者改变色温。“照片滤镜”命令则是模拟彩色滤镜，调整通过镜头传输的光的色彩平衡和色温，对于调整数码照片特别有用。单击“图像”→“调整”→“照片滤镜”命令，将弹出“照片滤镜”对话框，该对话框中各选项的含义如下。

- 滤镜：在“滤镜”下拉列表中可以选择要使用的滤镜，其中内置了多种常用颜色。如果要自定义滤镜颜色，可选择“颜色”选项旁的色块选择颜色。
- 浓度：可调整应用到图像中的颜色数量，该值越高，滤镜颜色的强度就越大。

使用“照片滤镜”功能可以制作出特殊风格的照片。例如为照片添加一个“加温滤镜(85)”，浓度为 80%，可以制作出怀旧风格的照片。

5.3.9　使用“变化”命令为图片着色

“变化”命令是一个简单且直观的图像调整工具，在使用它时，只需单击功能缩略图便可调整图像的色调、饱和度和明度等。该命令的优点在于我们可以通过多次调整来达到最终效果，而在整个过程中可以预览图像的变化过程，并比较调整结果与原图之间的差异。这是一个比较适合初学者使用的命令。

单击“图像”→“调整”→“变化”命令，可打开“变化”对话框，其中上方为原图和效果图的比较，左下方区域为色调调整，单击图像缩略图即可增加对应的颜色，可通过多次单击来调整。右下方为图像明度调整，同样可以通过多次单击进行调整。

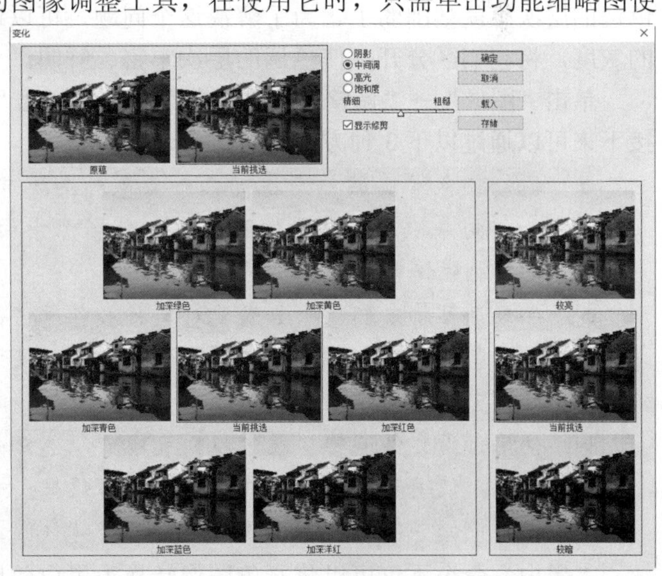

5.4 知识讲解——改变图像色彩

在一些特殊情况下，我们常常需要改变图像的整体或局部颜色，在“调整”菜单中提供了多种调整图像色彩的工具，包括“替换颜色”、“可选颜色”、“去色”、“通道混合器”和“渐变映射”等，可以满足我们的不同需求。

5.4.1 为图片去色

在为图片重新着色或制作黑白效果的图像时，常常需要将图像本身的颜色去除，此时可以单击“图像”→“调整”→“去色”命令，或按下“Ctrl+Shift+U”组合键，该命令无须进行任何参数设置。

5.4.2 使用“黑白”命令打造精致黑白影像

“黑白”命令是专门用于制作黑白照片和黑白图像的工具，其默认效果和“去色”命令相同，所不同的是，它可以对各颜色的转换方式完全进行控制。简单地说，就是我们可以控制每一种颜色的色调深浅。例如，彩色照片转换为黑白图像时，红色和绿色的灰度非常相似，色调的层次感就被削弱了。为了解决这个问题，可以通过“黑白”命令分别调整这两种颜色的灰度，将它们区分开，使色调的层次丰富、鲜明。

单击“图像”→“调整”→“黑白”命令，打开“黑白”对话框，此时图像已经被去色，接下来可以通过以下 3 种方式进行进一步的调整。

- 拖动颜色滑块调整。拖动各个原色的滑块可以调整图像中特定颜色的灰色调。例如，向左拖动红色滑块时，可以使图像中由红色转换而来的灰色调变暗，向右拖动，则使这样的灰色调变亮。
- 手动调整特定颜色。如果要对某种颜色进行细致的调整，可以将光标定位在图像中该颜色区域的上方，单击并拖动鼠标可以使该颜色变暗或变亮。同时，“黑白”对话框中相应的颜色滑块也会自动移动位置。
- 使用预设文件调整。在下拉列表中可以选择一个预设的调整文件，对图像自动应用调整。使用不同预设文件创建的黑白效果。如果要存储当前的调整设置结果，可单击右侧的☰按钮，在下拉菜单中单击“存储预设”命令即可。

“黑白”命令不仅可以将彩色图像转换为黑白效果，也可以为灰度图像着色，使图像呈现为单色效果。在“黑白”对话框中勾选“色调”复选框，再拖动“色相”滑块和“饱和度”

滑块进行调整。单击颜色块，可以打开“拾色器”对颜色进行调整。

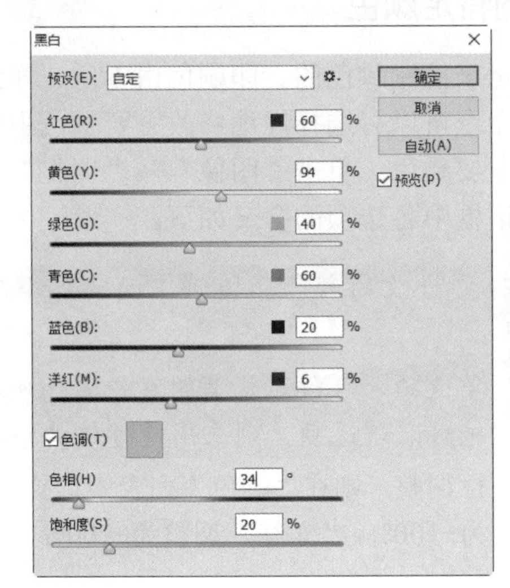

5.4.3　使用通道混和器改变图像颜色

“通道混和器”可以使用图像中现有颜色通道的混合来修改目标（输出）颜色通道，创建高品质的灰度图像、棕褐色调图像或对图像进行创造性的颜色调整。执行“图像”→“调整”→“通道混和器”命令，将打开“通道混和器”对话框，该对话框中各选项的含义如下。

- 预设：该选项的下拉列表中包含了 Photoshop 提供的预设调整设置文件，可用于创建各种黑白效果。
- 输出通道：可以选择要调整的通道。
- 源通道：用来设置输出通道内源通道所占的百分比。将一个源通道的滑块向左拖动时，可减小该通道在输出通道中所占的百分比；向右拖动则增加百分比，负值可以使源通道在被添加到输出通道之前反相。
- 总计：显示了源通道的总计值。如果合并的通道值高于 100%，会在总计旁边显示一个警告标志。并且，该值超过 100%，有可能会损失阴影和高光细节。
- 常数：用来调整输出通道的灰度值。负值可以在通道中增加黑色，正值则在通道中增加白色。-200%会使输出通道成为全黑，+200%则会使输出通道成为全白。

选择“蓝”输出通道并调整后的结果如下。

5.4.4 使用“可选颜色”命令调整图像中的特定颜色

“可选颜色”命令是通过调整印刷油墨的含量来控制颜色的。印刷色由青色、洋红、黄色和黑色 4 种油墨混合而成，使用“可选颜色”命令可以有选择性地修改主要颜色中的印刷色含量，从而对该色进行调整，但不会影响其他主要颜色。单击“图像”→“调整”→“可选颜色”命令，打开“可选颜色”对话框，该对话框中各选项的含义如下。

- 颜色/滑块：在“颜色”下拉列表中选择要修改的颜色，拖动下面的各个颜色色块，即可调整该颜色中各油墨的组成含量。
- 方法：用来设置调整方式。选择“相对”单选项，可按照总量的百分比修改现有的青色、洋红、黄色或黑色的含量；选择“绝对”单选项，则采用绝对值调整颜色。

例如下面的图片，如果希望对图像中的红色进行调整，则在“颜色”列表中选择“红色”选项，然后拖动下方的色块，例如将“青色”调整为-100%，“洋红”调整为-100%，“黄色”调整为 100%，即可得到如右图所示的效果。

5.4.5 使用“替换颜色”命令改变图像中的任意颜色

“替换颜色”命令可以通过吸管工具选取图像中的某种颜色，然后将其改变为其他任意一种颜色。单击“图像”→“调整”→“替换颜色”命令，将打开“替换颜色”对话框，该对话框中各选项的含义如下。

- 吸管工具组：分别用于拾取、增加和减少颜色。单击按钮，在图像窗口中单击需要替换的颜色，所选颜色将显示在“颜色”色块中，容差范围内的颜色区域将显示在预览框中；单击按钮可增加颜色；单击按钮可减少已选颜色。
- “颜色容差”文本框：用于调整替换颜色的范围，数值越大，被替换颜色的区域越大。
- “选区”单选项：选择该单选项后，将会在预览框中以黑白选区的形式显示选择的颜色区域。
- “图像”单选项：选择该单选项后，将在预览框中显示整个图像。
- “替换”栏：用于调整所选颜色的色相、饱和度和明度，使其成为一种新颜色。设置的颜色将显示在“结果”颜色框中。

例如下面的图像中，如果希望改变树叶的颜色，则可以使用吸管工具单击图像中的树叶图像，然后在“替换”栏中设置一种新的颜色，例如调整“色相”。

5.5　知识讲解——对图像应用特殊颜色效果

除了可以调整图像的色调和色彩以外，Photoshop 还提供了一些特殊的色彩调整命令，包括“反相”、“渐变映射”、“阈值”、“匹配颜色”等，使用这些命令可以为图像设置特殊的颜色效果。

5.5.1　使用“反相”命令制作负片

使用“反相”命令能把图像的色彩进行反相处理，即将通道中每个像素的亮度值都转换为 256 级颜色刻度上相反的值，从而反转图像的颜色，创建彩色负片效果。要将图像反相，只需打开图像后单击“图像”→“调整”→“反向”命令，或按下“Ctrl+I”组合键即可，此外，配合“去色”命令，还可以将照片制作为黑白负片。

5.5.2　使用“色调分离”命令制作油画效果

“色调分离”命令可以按照指定的色阶数减少图像的颜色（或灰度图像中的色调），从而简化图像的内容。该命令适合将复杂的图像变得更单调，从而产生一些有趣的效果。单击“图像”→“调整”→“色调分离”命令，将弹出“色调分离”对话框。其中“色阶”值越低，图像中颜色就越少，图像就越简单。

5.5.3 使用“阈值”命令制作纯黑白图像

“阈值”命令可以将彩色或灰度图像转变为只有黑白两色，用于制作特殊艺术效果的图像。单击“图像”→“调整”→“阈值”命令，将打开“阈值”对话框，拖动直方图下方的滑块可以调整“阈值色阶”的值，所有比阈值低的像素都会转变为黑色，所有比阈值高的像素都会转变为白色。

5.5.4 使用“渐变映射”命令制作前卫插画

“渐变映射”命令可以将图像转换为灰度，再用设定的渐变色替换图像中的各级灰度。如果指定的是双色渐变，图像中的阴影就会映射到渐变填充的一个端点颜色，高光则映射到另一个端点颜色，中间映射为两个端点颜色之间的渐变。在工具箱中设置好前景色和背景色，单击“图像”→“调整”→“渐变映射”命令，将打开“渐变映射”对话框，该对话框中各选项的含义如下。

- 单击渐变颜色条右侧的下三角按钮，可以在打开的下拉面板中选择一个预设的渐变，如果要创建自定义渐变，则可以单击渐变颜色条，在打开的“渐变编辑器”中进行设置。
- 仿色：可以添加随机的杂色来平滑渐变填充的外观，减少带宽效应，使渐变效果更加平滑。
- 反向：可以反转渐变映射的方向。

5.5.5　使用“匹配颜色”命令合成另类图像

使用“匹配颜色”命令可以将不同图像文件之间的颜色进行匹配，常用于图像合成。在使用该命令前需要先打开两幅图像文件，一幅作为被调整的图像，另一幅作为参照图像，然后选择被调整的图像作为当前窗口，再单击“图像”→“调整”→“匹配颜色”命令，将弹出“匹配颜色”对话框，该对话框中各选项的含义如下。

“明亮度”滑块：用于调整图像的亮度。

- “颜色渐强”滑块：用于调整图像的饱和度。
- “渐隐”滑块：用于调整颜色匹配的程度，数值越大，匹配的颜色越少。
- “中和”复选框：勾选该复选框，系统将自动调整颜色的匹配程度。
- “源”下拉列表框：用于选择匹配对象。
- “图层”下拉列表框：用于设置匹配图像中哪个图层中的图像参与匹配。系统默认背景图层参与匹配。

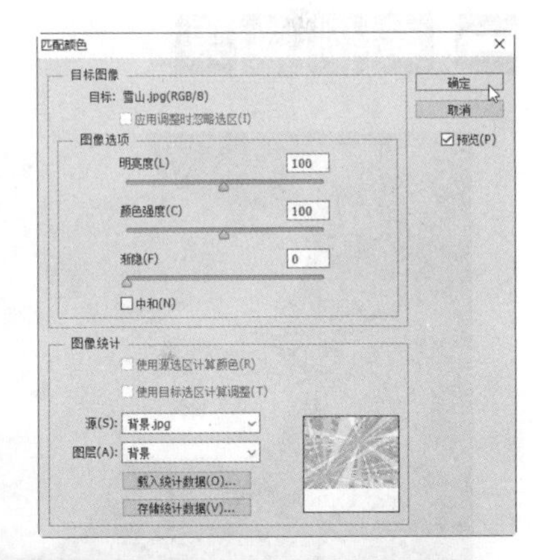

5.5.6　使用“色调均化”命令均化图像色调

使用“色调均化”命令可以重新分布图像中像素的亮度值，以便更均匀地呈现所有范围的亮度级。使用此命令时，Photoshop 将对图像进行直方图均衡化，即在整个灰度范围内均匀分布每个色阶的灰度值。单击“图像”→“调整”→“色调均化”命令即可对图像色调均化调整，无须进行任何参数设置。

 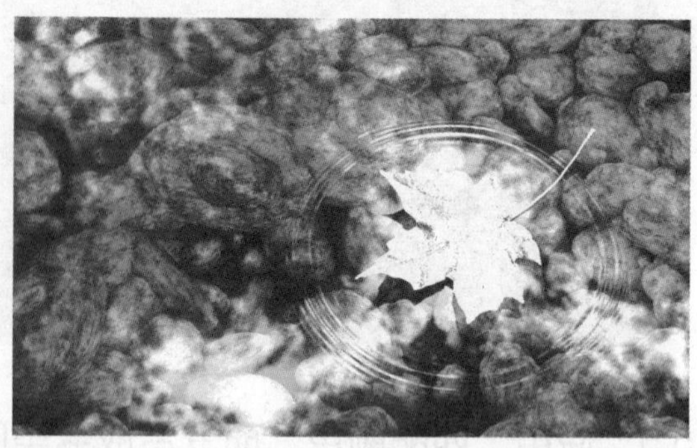

5.6 同步训练——实战应用

实例 1：为黑白照片上色

案例效果

原始素材文件：	光盘\素材文件\第 5 章\黑白照片.jpg
最终结果文件：	光盘\结果文件\第 5 章\黑白照片-上色.psd
同步教学文件：	光盘\多媒体教学文件\第 5 章\

制作分析

本例难易度：★★★☆☆

制作关键：	技能与知识要点：
首先创建花朵选区，调整色彩平衡为其着色，然后对选区进行反向选择，并调整色彩平衡。取消选区后，调整整张照片的色相/饱和度即可。	● 使用“磁性套索工具” ● “色彩平衡”命令 ● “反向”命令 ● “色相/饱和度”命令

具体步骤

STEP 01：创建花朵选区。打开“黑白照片.jpg”素材文件，单击工具箱中的“磁性套索工具”，然后在图像中创建花朵选区。

STEP 02：调整色彩平衡。打开“色彩平衡”对话框，设置“色阶”值为“68、-81、0”，单击“确定”按钮。

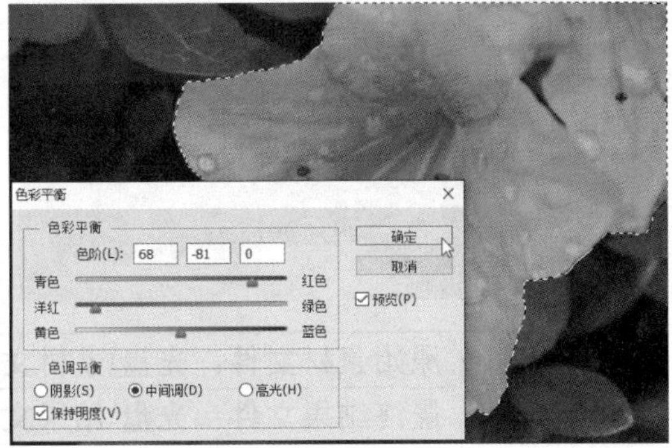

STEP 03：反向选区。“选择”→“反向”命令，反向选择选区。

STEP 04：调整色彩平衡。打开“色彩平衡”对话框，设置“色阶”值为“36、100、-22”，单击“确定”按钮。

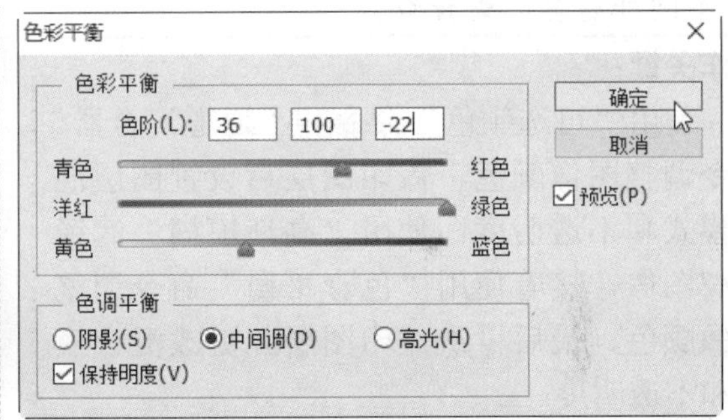

STEP 05：调整色相/饱和度。按下“Ctrl+D”组合键取消选区；打开“色相/饱和度”对话框，设置“色相”值为 6、“饱和度”值为 35、“明度”值为-14，然后单击“确定”按钮即可。

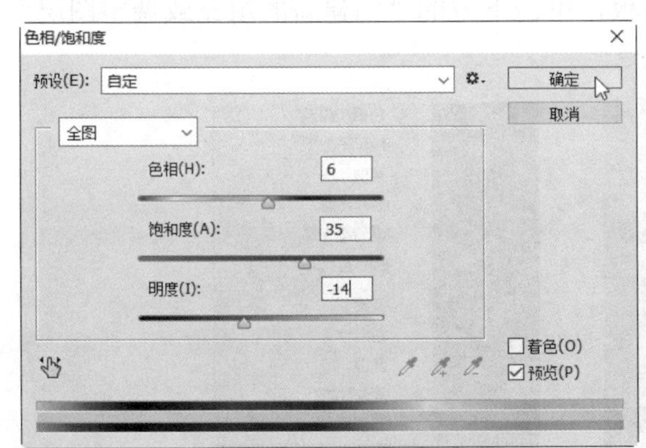

实例 2：调制漂亮炫彩风景照

案例效果

	原始素材文件：光盘\素材文件\第 5 章\风景照.jpg
	最终结果文件：光盘\结果文件\第 5 章\风景照.psd
	同步教学文件：光盘\多媒体教学文件\第 5 章\

制作分析

本例难易度：★★★☆☆

制作关键：

使用“可选颜色”命令和“通道混合器”命令调整图像颜色，盖印图层后设置图层混合模式和不透明度。使用“高斯模糊”滤镜模糊图像，接着使用“色彩平衡”命令调整图像颜色，最后再次盖印图层并更改混合模式和不透明度。

技能与知识要点：

- “可选颜色”命令
- “通道混合器”命令
- “高斯模糊”滤镜
- “色彩平衡”命令
- 设置图层混合模式和不透明度

具体步骤

STEP 01：**打开素材文件。**打开“风景照.jpg”素材文件。

STEP 02：**创建调整图层。**打开“图层”面板，单击下方的“创建新的填充或调整图层”按钮，在弹出的菜单中选择“可选颜色”命令。

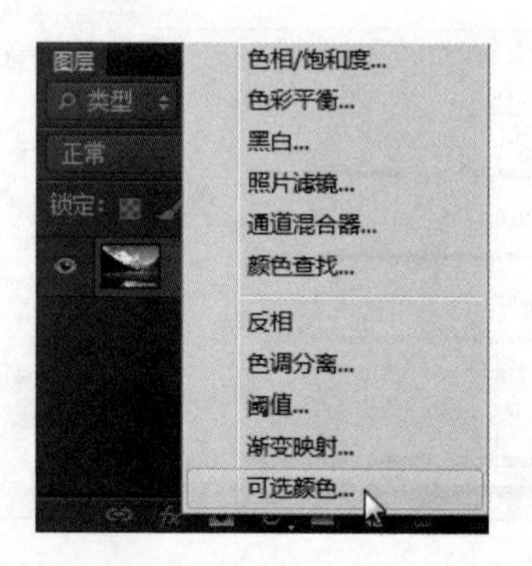

STEP 03：**参数设置**。弹出“可选颜色”面板，分别对黄色、绿色、青色、蓝色和白色进行参数调整，参数设置如下图所示。

STEP 04：**复制图层**。在“图层”面板中右键单击“选取颜色”图层，选择“复制图层”命令，然后设置新图层的不透明度为 20%。

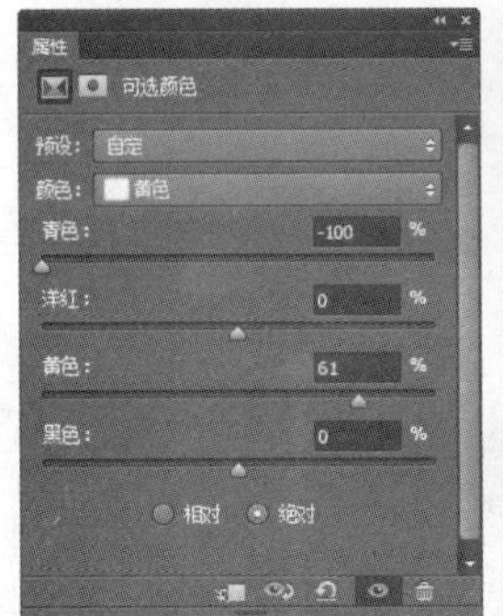

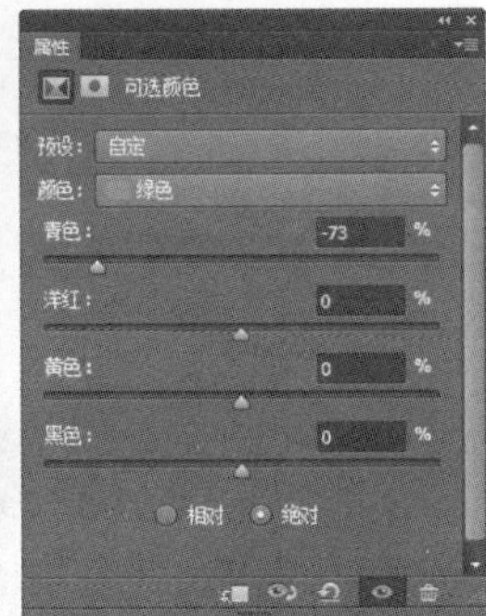

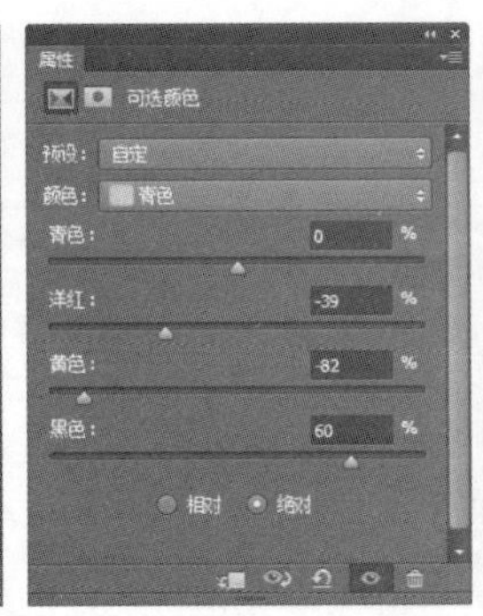

STEP 05：**创建调整图层**。在“图层”面板中单击下方的“创建新的填充或调整图层”按钮，在弹出的菜单中选择“通道混合器”命令，对红色及蓝色通道进行调整，参数如下图所示。

STEP 06：**创建调整图层**。再次创建可选颜色调整图层，对红色进行调整，参数设置如下图所示。

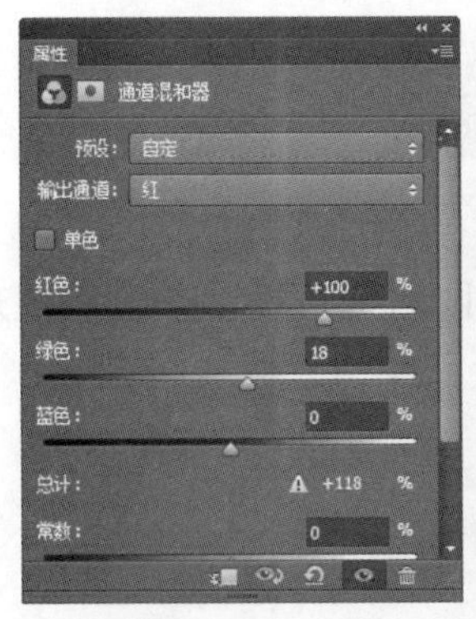

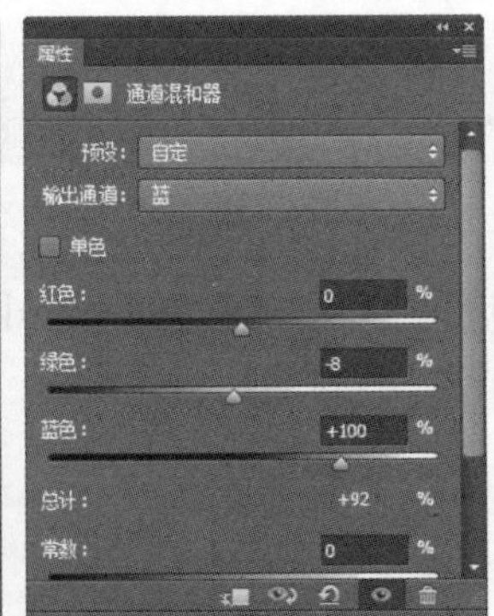

STEP 07：**盖印图层**。在“图层”面板中单击“创建新图层”按钮新建一个图层，

然后按下“Ctrl+Shift+Alt+E”组合键盖印图层。

STEP 08：**使用高斯滤镜**。单击“滤镜”→“模糊”→“高斯模糊”命令，弹出“高斯模糊”对话框，设置半径为 5 像素，然后单击“确定”按钮。

STEP 09：**设置图层模式**。在“图层”面板中将“图层 1”的混合模式设置为“柔光”，不透明度设置为 70%。

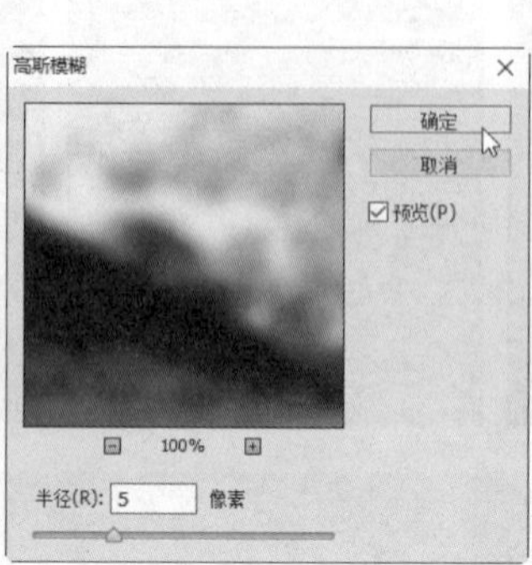

STEP 10：**创建调整图层**。创建色彩平衡调整图层，参数设置如下图所示。

STEP 11：**盖印图层**。在“图层”面板中单击“创建新图层”按钮新建一个图层，然后按下“Ctrl+Shift+Alt+E”组合键盖印图层，将新图层混合模式改为“正片叠底”，图层不透明度改为 10%，最终效果如右下图所示。

本章小结

本章学习了如何通过调整图像的色彩和色调来美化图像。本章有许多色彩方面的专用名词，如亮度、对比度、曝光度、色相、饱和度等，用户可以通过不同的参数设置来直观地理解它们的含义；并且，不同的参数配置还能产生不同的图像效果。

第 6 章

图层应用技术

本章导读

在 Photoshop 中任何图像的合成效果都离不开对图层的编辑。如果没有图层，要制作出那些复杂漂亮的图像效果简直无法想象。本章将详细讲解图层的基本操作、图层的编辑，以及图层样式的应用。

知识要点

- 认识图层
- 掌握创建的方法
- 掌握编辑图层的方法
- 掌握填充图层的方法
- 掌握图层样式的应用
- 掌握合并与盖印图层的方法

案例展示

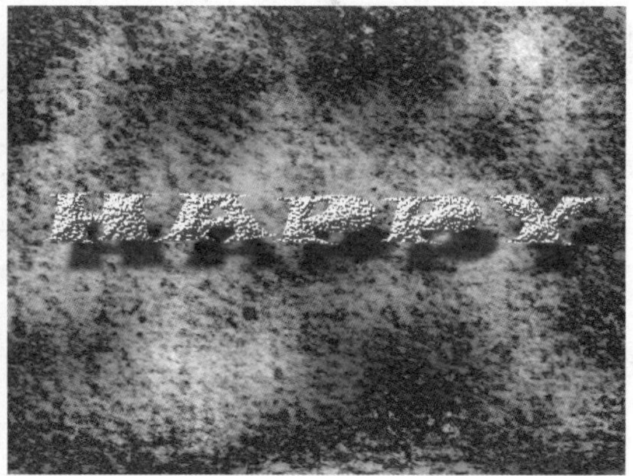

6.1 知识讲解——认识图层

图层是组成图像的基本元素。在绘制图像时如果某个环节出现失误，就会破坏图像的整体效果，为了方便图像的绘制和修改，用户可以将图像中各个部分绘制在不同的图层上。图层不仅使图像的编辑更加方便，还使复杂的平面设计得以实现。

6.1.1 图层的原理

在 Photoshop CC 中，可以把图层看作一张张透明的薄膜，用户可以对每个图层上的图像进行单独的编辑，或将图层进行分开保存，将这些图层叠加到一起便产生了新的图像。

单独处理某个图层中的对象，不会影响到其他图层中的内容；通过调整图层叠放顺序，可以产生不同的图像合成效果。

除了“背景”图层外，其他图层都可以调整图层透明度和设置图层混合模式，从而产生特殊的混合效果，使复杂的平面设计得以实现。在编辑图层的过程中，图层不透明度和混合模式可以反复调试，而不会损伤图像。

在图层名称左侧的图像即为该图层的缩览图，缩览图中显示了图层中包含的图像内容，其中的棋盘格代表了图像的透明区域。

6.1.2 图层面板

要创建、编辑和管理图层，就离不开“图层”面板。在图层面板中显示出了所有图层、图层组和图层效果。此外，单击“图层”面板右上角的按钮，即可打开“图层”面板菜单，执行相应命令。

“图层”面板中各选项的作用如下：

- 当前图层：在“图层”面板中，以灰蓝色显示的图层为当前图层，单击所需图层即可使其成为当前图层。
- “图层过滤”工具栏：用于查找图层对象；单击类型按钮后，可以按照图层类型查找图层；单击按钮后，将在图层列表中过滤出像素图层；单击按钮后，将在图层列表中过滤出调整图层；单击T按钮后，将在图层列表中过滤出文字图层；单击□按钮后，将在图层列表中过滤出形状图层；单击□按钮后，将在图层列表中过滤出智能对象；单击■按钮后，将打开或关闭图层过滤功能。

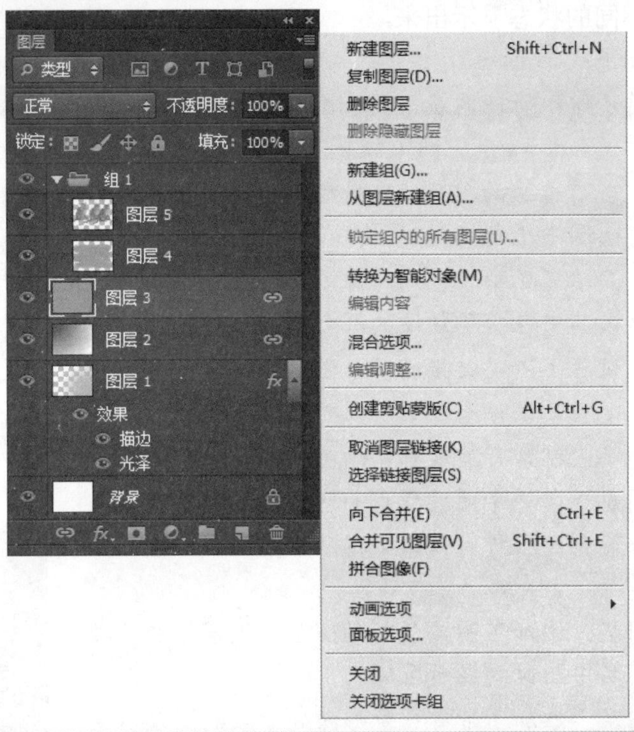

- “混合模式”下拉列表框：用于设置当前图层与其他图层叠加的效果。
- “不透明度”文本框：用于设置当前图层的不透明度，默认为“100%”，即不透明。
- “填充”文本框：用于设置当前图层内容填充后的不透明度。
- “锁定”工具栏：用于锁定图层中指定对象；单击▣按钮后，将无法对当前图层中的透明像素进行任何编辑操作；单击✓按钮后，将无法在当前图层中进行绘制操作；单击✥按钮后，将无法移动当前图层；单击🔒按钮后，将无法对当前图层进行任何编辑操作。
- “控制面板菜单”按钮≡：单击该按钮，可以在弹出的菜单中进行新建、删除、链接和合并图层等操作。
- “指示图层可见性”图标◉：用于显示或隐藏图层；在图层左侧显示该图标时，图层中的图像将在图像窗口中显示，单击该图标使其消失，将隐藏图层中的图像。
- “链接图层”按钮⊖：用于链接选中的多个图层。
- “添加图层样式”按钮fx：用于为当前图层添加图层样式效果。
- “添加图层蒙版”按钮◘：用于为当前图层添加图层蒙版。
- “创建新填充或调整图层”按钮◐：用于创建填充或调整图层。
- “创建新组”按钮▬：用于新建图层组，图层组用于放置多个图层。
- “创建新图层”按钮◻：用于创建一个新的空白图层。
- “删除图层”按钮🗑：用于删除图层。

6.1.3 图层的类型

在 Photoshop 中可以创建多种类型的图层，不同类型的图层拥有不同的功能和用途，在“图层”面板中以不同的状态显示出来。

常用图层类型如下：

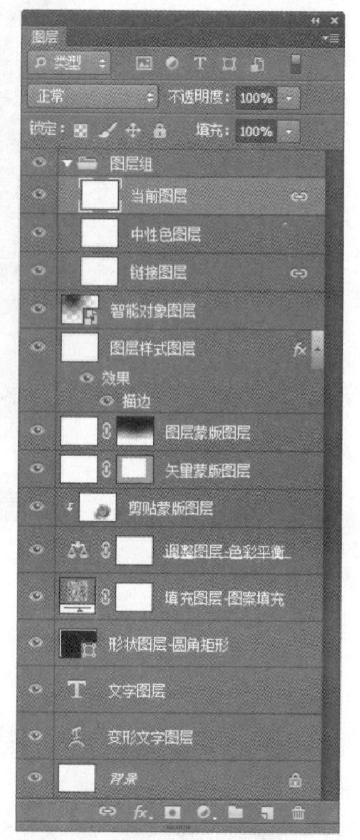

- 图层组：用于组织管理图层，便于图层的查找和编辑，作用类似于 Windows 系统的文件夹。
- 当前图层：当前选择的图层；在处理图像时，编辑操作通常在当前图层中进行。
- 中性色图层：填充了中性色的特殊图层，主要用于承载滤镜和绘画，其中包含了预设的混合模式。
- 链接图层：设置了图层链接的多个图层，对其中一个图层进行操作，其他链接图层也将同时发生变化。
- 智能对象图层：包含有智能对象的图层。
- 图层样式图层：设置了图层样式的图层，通过设置图层样式可以快速创建多种特效，如描边、发光、浮雕投影等效果。
- 图层蒙版图层：添加了图层蒙版的图层，图层蒙版主要用于控制图层中图像的显示区域。
- 矢量蒙版图层：添加了带有矢量形状的蒙版的图层。
- 剪贴蒙版图层：剪贴蒙版是蒙版的一种，利用该图层中的图像，控制在该图层之上多个图层的图像显示区域。
- 调整图层：用于调整图像的亮度、曝光度、色彩平衡等；在利用调整图层调整图像时不会改变图像的像素值，并可以重复编辑。
- 填充图层：在图层中填充纯色、图案、渐变等而创建的特殊效果图层。
- 形状图层：使用形状工具绘制形状时创建的图层。
- 文字图层：使用文字工具输入文字时创建的图层。
- 变形文字图层：进行了文字变形处理后的文字图层。
- 背景图层：新建文档时创建的图层，该图层始终位于文档中所有图层的最底层，默认被锁定。

6.2 知识讲解——创建图层

在 Photoshop 中有多种方法可以用来创建图层，例如在“图层”面板中新建空白图层，在编辑过程中通过复制创建图层等。

6.2.1 在图层面板中创建图层

单击“图层”面板底部的“创建新图层”按钮，即可在当前图层上方创建一个新图层；

在按住“Ctrl”键的同时单击“创建新图层”按钮，即可在当前图层下方创建一个新图层；新建图层将自动成为当前图层。在“背景”图层下方不能创建新图层。

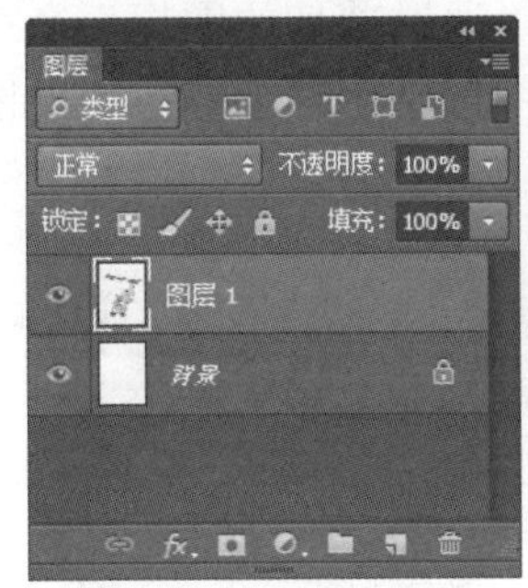

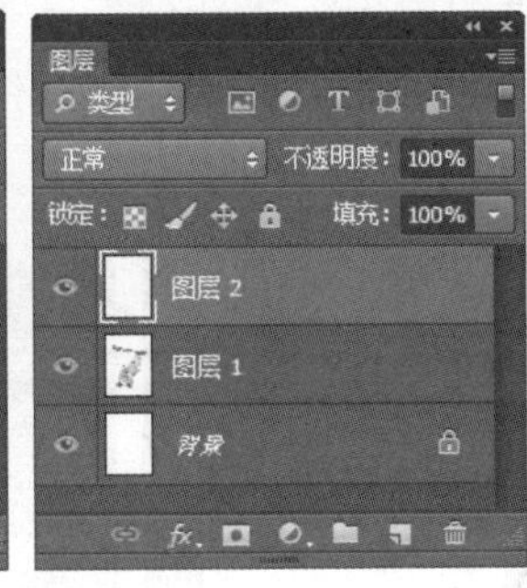

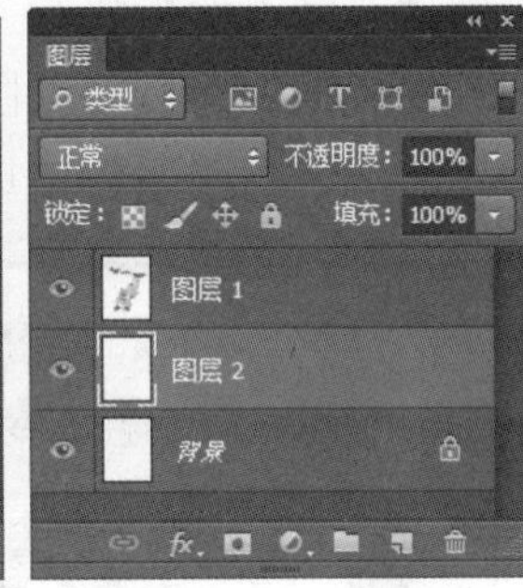

6.2.2　用“新建”命令新建图层

执行“图层”→“新建”→“图层”命令，或在按住“Alt”键的同时单击“图层”面板底部的“创建新图层”按钮，打开“新建图层”对话框。在该对话框中设置新建图层的名称、颜色、混合模式、不透明度等，然后单击“确定”按钮，即可创建一个预设了图层属性的新图层。

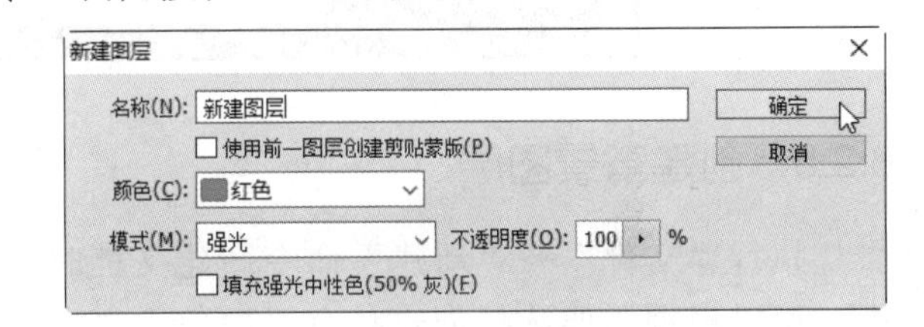

在“新建图层”对话框的“颜色”下拉列表中选择一种颜色后，可以创建使用颜色标记的图层，以便更好地区分不同用途的图层或图层组。

6.2.3　用“通过拷贝的图层”命令创建图层

在处理图像文件时，为了避免对原图编辑失误，可以利用“通过拷贝的图层”命令创建图层。在图像中创建选区，执行“图层”→“新建”→“通过拷贝的图层”命令，或按下“Ctrl+J”组合键，即可将选区中的图像复制到新建图层中；如果没有创建选区，在执行上述操作时，将复制当前图层。

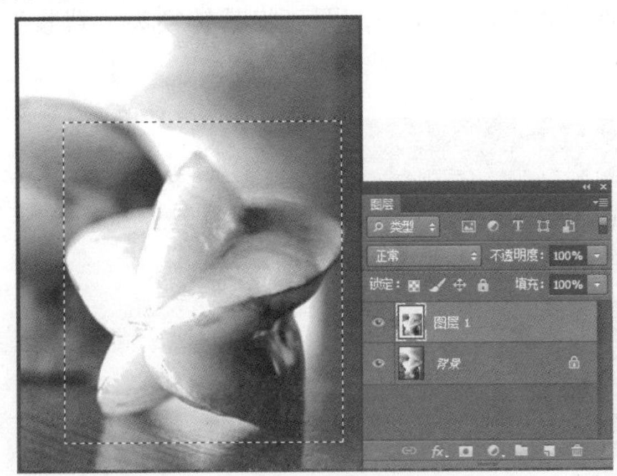

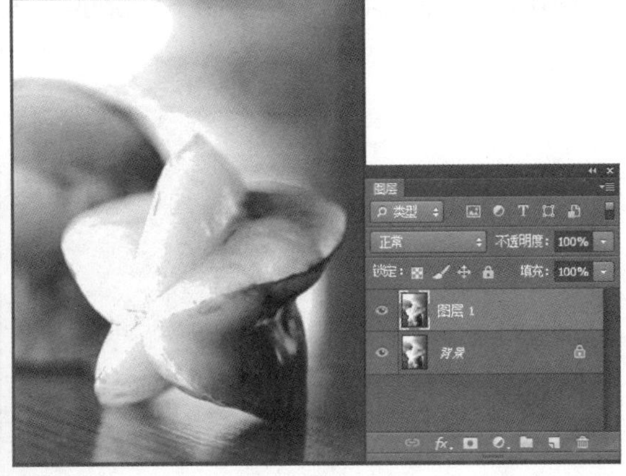

6.2.4 用“通过剪切的图层”命令创建图层

在图像中创建选区，然后执行“图层”→“新建”→“通过剪切的图层”命令，或按下“Ctrl+Shift+J”组合键，即可将选区中的图像剪切到新建图层中，移动图层中的图像，可以更明显地看到原图层中的图像被剪切到新图层中了。

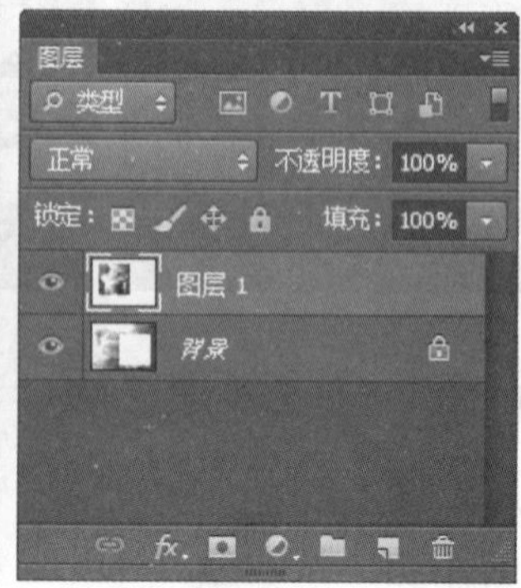

6.2.5 创建背景图层

执行“文件”→“新建”命令新建文档时，在“新建”对话框的“背景内容”下拉列表中，可以根据需要选择创建具有“白色”、“背景色”或“透明”背景的文档。

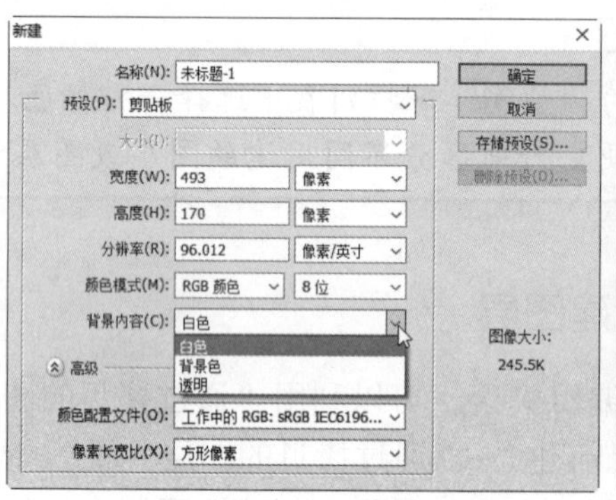

在删除了“背景”图层或文档中没有“背景”图层的情况下，选中文档中需要设置为“背景”图层的图层，执行“图层”→“新建”→“背景图层”命令，即可将其转换为“背景”图层。

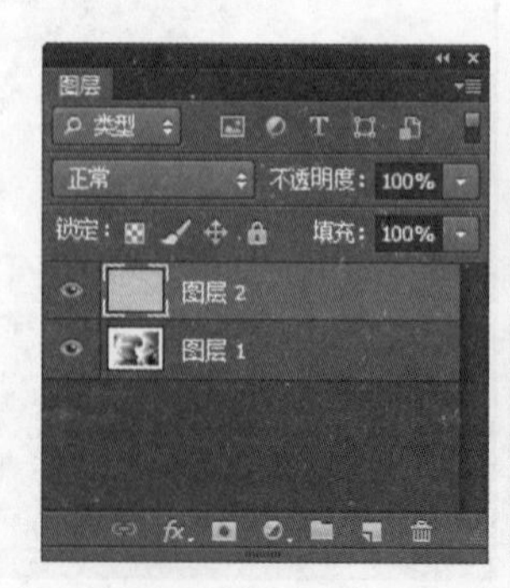

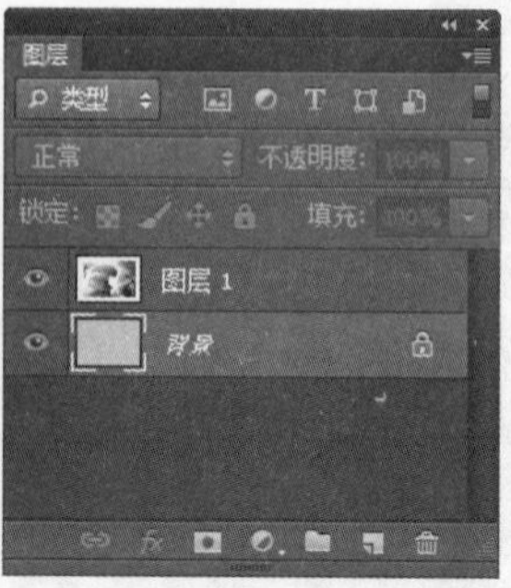

6.2.6　将背景图层转换为普通图层

“背景”图层是一个特殊的图层，在一个图像文件中可以没有“背景”图层，但最多只能有一个“背景”图层。该图层始终位于文档中所有图层的最底层，可以使用绘画工具、滤镜等进行编辑，但不能调整图层叠放顺序、不能设置混合模式和不透明度、不能添加图层样式。如果要对“背景”图层中进行调整图层顺序等操作，必须先将其转换为普通图层。

在“图层”面板中双击“背景”图层，打开“新建图层”对话框，设置图层名称，然后单击“确定”按钮，即可将其转换为普通图层。

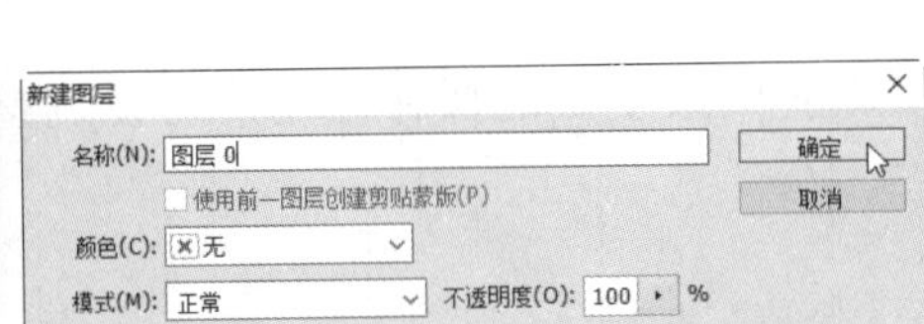

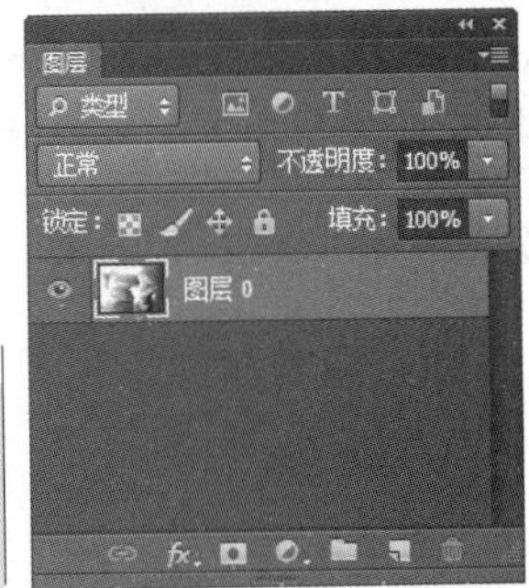

6.3　知识讲解——编辑图层

在处理图像的过程中，离不开对图层的编辑操作，例如选择图层、复制和删除图层、链接图层等。

6.3.1　选择图层

在编辑图层前，首先要对图层进行选择。选择图层有以下两种方法：一是通过“图层”面板选择图层；二是通过“移动工具”选择图层。

1. 通过“图层”面板选择图层

通过“图层”面板选择图层主要有以下几种方法：

- 选择单个图层：将鼠标移动到要选择的图层上，当鼠标指针呈显示时单击即可。
- 选择非连续图层：按住“Ctrl”键，然后单击需要选择的图层即可。
- 选择连续图层：先选择一个图层，然后按住“Shift”键的同时单击另一个图层，这样可以同时选择两个图层之间（包括两个被单击图层）的所有图层。

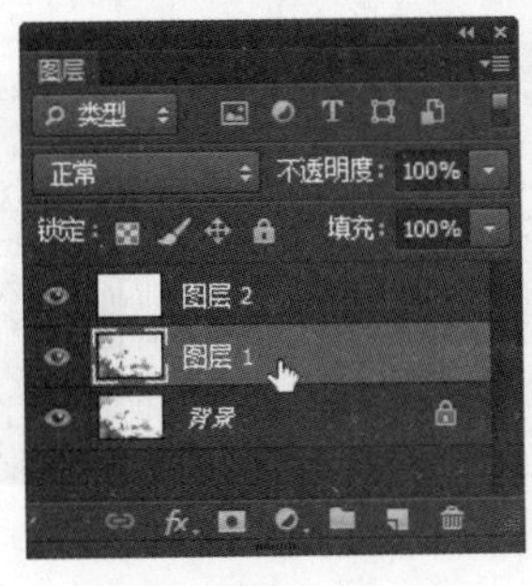

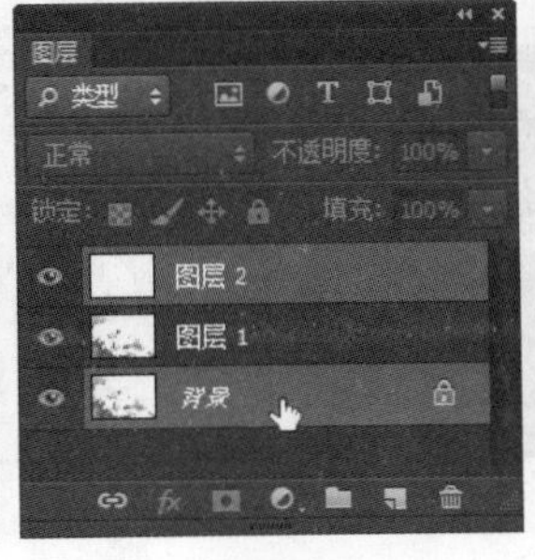

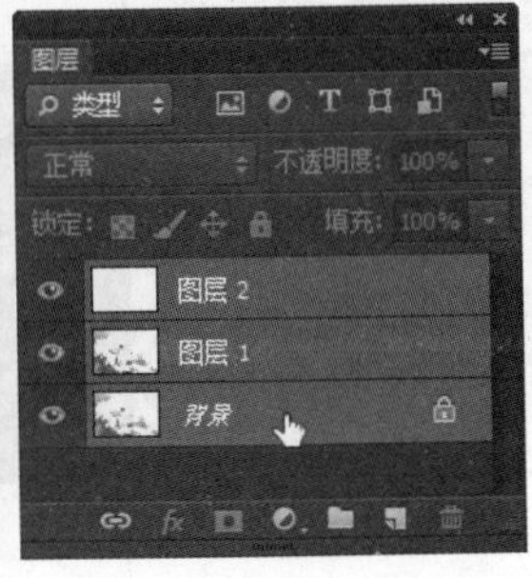

2．通过“移动工具”选择图层

单击工具箱中的“移动工具”按钮，并在其对应的属性栏中勾选“自动选择”复选框，然后在图像文件中单击图像，即可快速选择该图像所在的图层。

知识链接——重命名图层的讲解

为了便于区分图层，用户可以对图层重命名，方法为：在“图层”面板中双击图层名称，当其呈可编辑状态时输入新名称即可。

6.3.2 移动与排序图层

图层的移动和排列是图层编辑中最基础的操作，用户可以调整图层在图像窗口中的位置以及图层的叠放顺序。

1．图层的移动

在 Photoshop CC 中可以移动一个图层，也可以同时移动多个图层。使用工具箱中的“移动工具”即可移动一个图层。按住“Ctrl”键不放，单击选择要一起移动的图层，将其同时选中后，使用“移动工具”，即可在图像窗口中拖动所选图层。

2．图层的排序

“图层”面板中的所有图层都是按一定顺序叠放的，图层顺序决定了图层在图像窗口中的显示顺序。对图层进行排序的方法很简单，只需在“图层”面板中选择需要调整叠放顺序的图层，然后按住鼠标左键将其拖动到目标位置，当出现一条双线时释放鼠标即可。

6.3.3　复制与删除图层

在 Photoshop CC 中，用户可以对图层进行复制和删除操作。

1. 复制图层

复制图层可以得到相同的图层及其中的图像，是使用 Photoshop 进行图像处理和编辑时的常用操作。在“图层”面板中选择需要复制的图层，在其上按住鼠标左键并拖动，当鼠标光标呈显示时，将其移动到按钮上，释放鼠标后将得到复制的副本图层。

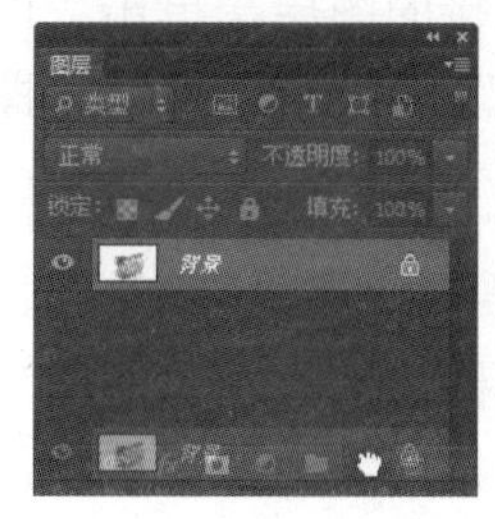

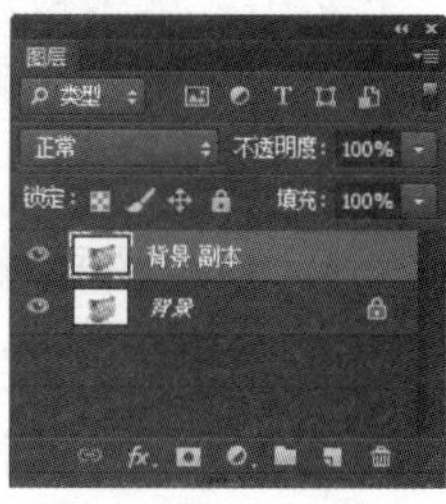

复制的图像将与原图像完全重叠，不过在“图层”面板中复制的图层将在原来名称的基础上加上“副本”字样，以示区别。

除此之外，选择需要复制的图层后，通过以下几种方法也可以完成图层复制的操作。

- 选择需要复制的图层，然后单击“图层”面板右上角的按钮，在弹出的下拉菜单中选择“复制图层”命令即可。
- 右键单击需要复制的图层，在弹出的快捷菜单中单击“复制图层”命令即可。
- 单击工具箱中的“移动工具”按钮，然后按住“Alt”键同时拖动该图层即可。
- 在没有创建选区的情况下，按下“Ctrl+J”组合键，可以快速为当前的图层创建副本图层。

2. 删除图层

如果需要将图像文件中多余的图层删除，可以通过以下几种方法来实现。

- 在“图层”面板中选择要删除的图层，单击按钮。
- 在“图层”面板中选择要删除的图层，将该图层拖动到按钮上。
- 右键单击需要删除的图层，在弹出的快捷菜单中选择“删除图层”命令。
- 选择要删除的图层，然后单击“图层”→“删除”→“图层”命令。

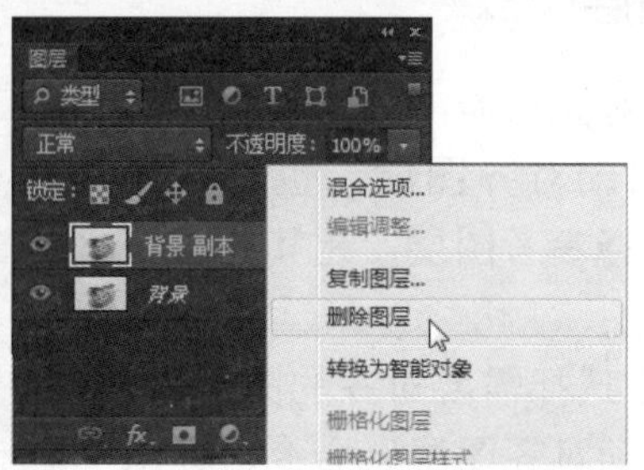

6.3.4　链接与锁定图层

在 Photoshop CC 中，用户可以对图层进行链接和锁定操作。

1. 链接图层

选中需要链接的多个图层后，单击“图层”面板底部的“链接图层”按钮，或执行“图层”→“链接图层”命令，即可快速链接所选图层。

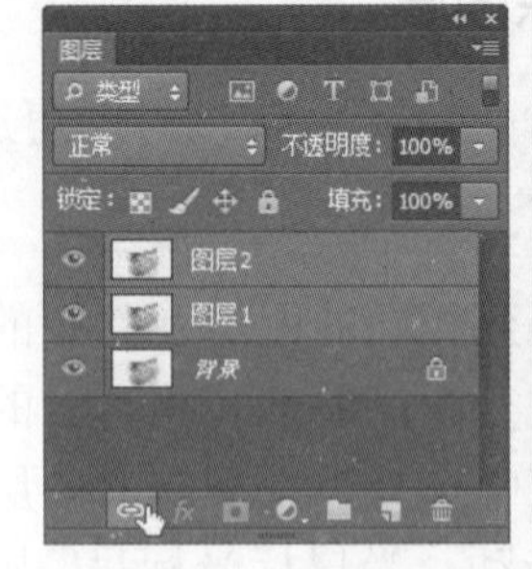

在“图层”面板中选择一个被链接的图层，所有与之链接的图层都将显示图标。对链接图层中的任意一个进行编辑，其他链接图层将同时发生变化。选中被连接的图层，单击“图层”面板底部的“链接图层”按钮即可将该图层从链接中取消。

2. 锁定图层

选中需要锁定的图层后，在“图层”面板的“锁定”工具栏中根据需要单击相应按钮，即可锁定图层中的指定对象。其中，单击按钮，将无法对当前图层中的透明像素进行任何编辑操作；单击按钮，将无法在当前图层中进行绘制操作；单击按钮，将无法移动当前图层；单击按钮，将无法对当前图层进行任何编辑操作。被锁定的图层将显示图标。

6.3.5 显示与隐藏图层

在“图层”面板中，单击图层缩览图左侧的“指示图层可见性”图标使其消失，即可隐藏图层，使图像窗口中不显示该图层的内容；再次单击使该图标显示出来，即可使图层中的图像在图像窗口中显示。

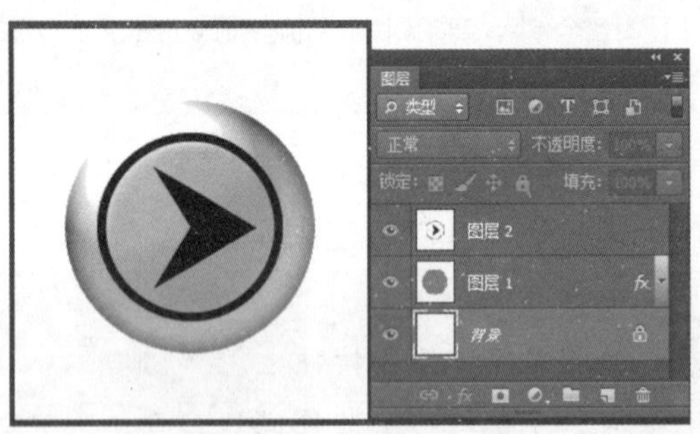

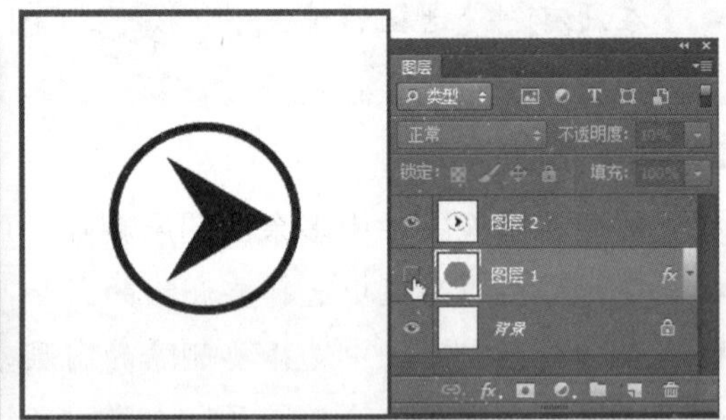

6.3.6 自动对齐图层

使用图层的自动对齐功能，可以根据不同图层中的相似内容自动对齐图层，也可以让 Photoshop CC 自动选择参考图层，让其他图层与参考图层对齐。

在“图层”面板中选择需要对齐的图层后，执行“编辑”→“自动对齐图层”命令，弹出“自动对齐图层”对话框，根据需要进行设置后单击“确定”按钮，即可自动对齐所选图层。

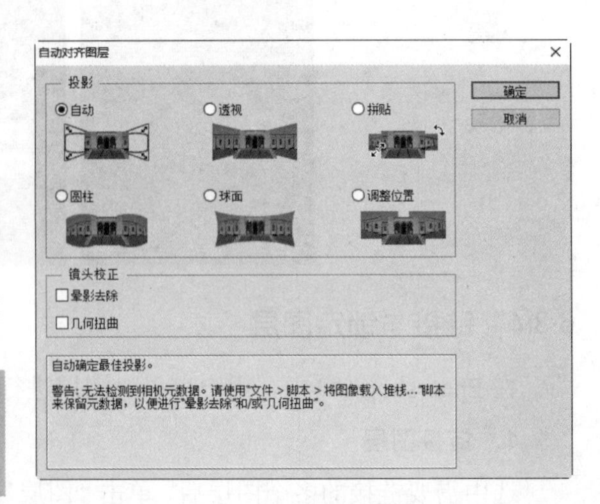

- “自动”单选项：选择该单选项，系统将分析源图像，然后自动应用“透视”或“圆柱”方式进行对齐图层。

- “透视”单选项：选择该单选项，可以通过将源图像中的一个图像指定为参考图像来创建一致的复合图像，然后变换其他图像，以便匹配图层的重叠内容。
- “拼贴”单选项：选择该单选项，可以对齐图层并匹配重叠内容，而不更改图像中对象的形状。
- “圆柱”单选项：选择该单选项，可以通过在展开的圆柱上显示各个图像来减少在“透视”版面中出现的扭曲，最适合创建宽全景图。
- “球面”单选项：选择该单选项，可以指定某个源图像作为参考图像，并对其他图像执行球面变换，以便匹配重叠的内容。
- “调整位置”单选项：选择该单选项，可以对齐图层并匹配重叠内容，但不会变换任何源图层。
- “晕影去除”复选框：勾选该复选框，可以对图像边缘尤其是角落比图像中心暗的镜头缺陷进行补偿。
- “几何扭曲”复选框：勾选该复选框，可以补偿桶形、枕形或鱼眼失真。

6.3.7 对齐与分布图层

对齐图层是指将两个或两个以上图层按照一定的规律进行对齐排列；分布图层是指将 3 个以上图层按一定规律在图像窗口进行分布。

1．对齐图层

对齐图层是指将两个或两个以上图层中非透明图像以一定规律在图像窗口中对齐。选择需要对齐的图层后，执行“图层”→“对齐”命令，在弹出的“对齐”子菜单中可以选择顶边、底边、左边、垂直居中、右边等对齐方式进行对齐操作。

- 顶边：以文档窗口最顶部显示的图层作为参照物进行对齐。
- 垂直居中：将所有图层中图像的中心在同一水平线上显示。
- 底边：以最底部图像的底边为参照物进行对齐。
- 左边：以最左侧图像的左边为参照物进行对齐。
- 水平居中：将所有图像的中心在同一竖直线上显示。
- 右边：以最右侧图像的右侧为参照物进行对齐。

大师点拨

单击工具箱中的“移动工具”按钮，单击选项栏中的、、、、和按钮，即可快速实现图层的顶边、垂直居中、底边、左边、水平居中和右边对齐。

2．分布图层

分布图层是指将 3 个以上图层中非透明图像以一定规律在图像窗口中分布，其操作方法与对齐图层相似。在“图层”面板中选择 3 个以上图层后，执行“图层”→“分布”命令，在弹出的子菜单中可以选择顶边、底边、左边、垂直居中、右边等分布方式。

- 顶边：以各图层中图像的顶端作为参照物间隔均匀地分布图层。
- 垂直居中：以各图层中图像的垂直中心作为参照物间隔均匀地分布图层。
- 底边：以各图层中图像的底端作为参照物间隔均匀地分布图层。
- 左边：以各图层中图像的左端作为参照物间隔均匀地分布图层。
- 水平居中：以各图层中图像的水平中心作为参照物间隔均匀地分布图层。
- 右边：以各图层中图像的右端作为参照物间隔均匀地分布图层。

6.3.8 栅格化图层内容

在使用绘画工具和滤镜编辑文字图层、形状图层以及矢量蒙版、智能对象图层等包含矢量数据的图层时，需要将该图层栅格化，使其中的内容转换为光栅图像，才能进行相应的编辑。

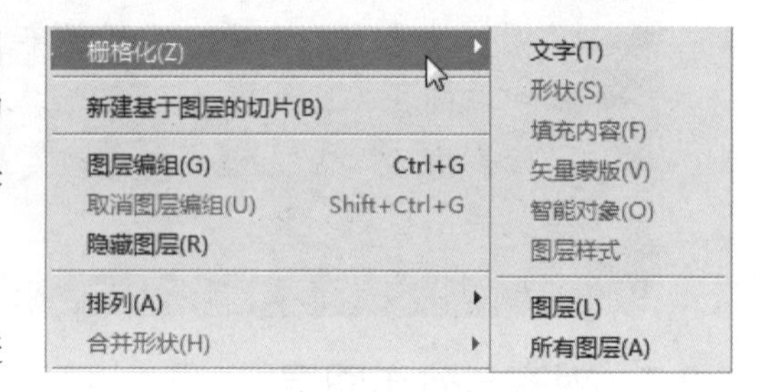

选中要进行栅格化处理的图层，执行“图层”→“栅格化”命令，在展开的子菜单中根据需要进行选择即可。

6.3.9 调整图层不透明度

在“图层”面板中设置图层的不透明度之后，可以使图层产生透明或半透明效果，从而与下层图像混合，以创建出特殊的图像效果。

在“图层”面板右上方的“不透明度”文本框用来设置不透明度，其取值范围在 0%～100%之间，当值为 100%时，图层完全不透明；为 0%时，图层完全透明。下图是不透明度分别为 70%和 30%时的图像效果。

在“图层”面板的“填充”文本框中也可调整图层不透明度，但改变“填充”文本框中的数值，图层样式的不透明度将不受影响，只调整图层中图像的不透明度。

6.3.10 设置图层混合模式

Photoshop CC 中提供了 27 种不同效果的混合模式，在“图层”面板的“混合模式”下拉列表框中选择不同选项可改变当前图层的混合模式。

- 正常：该模式为默认的图层混合模式，图层间没有任何影响。
- 溶解：该模式用于产生溶解效果，可配合不透明度来使溶解效果更加明显。下图是图层不透明度为 70%时的溶解效果。

- 变暗：该模式将查看每个通道中的颜色信息，并将当前图层中较暗的色彩调整得更暗，较亮的色彩变得透明。
- 正片叠底：该模式将当前图层中的图像颜色与其下层图层中图像的颜色混合相乘，得到比原来的两种颜色更深的第 3 种颜色。

- 颜色加深：该模式将增强当前图层与下面图层之间的对比度，从而得到颜色加深的图像效果。与白色混合后不发生变化。
- 线性加深：该模式将查看每个通道中的颜色信息，并通过减小亮度使基色变暗以反映混合色。与白色混合后不发生变化。

- 深色：该模式将比较混合色和基色的所有通道值的总和，并显示值较小的颜色。
- 变亮：该模式与变暗模式的效果相反，选择基色或混合色中较亮的颜色作为结果色。比混合色暗的像素被替换，比混合色亮的像素保持不变。

- 滤色：该模式将混合色的互补色与基色混合，以得到较亮的颜色。用黑色过滤时颜色保持不变，用白色过滤时将产生白色。
- 颜色减淡：该模式将通过减小对比度来提高混合后图像的亮度。

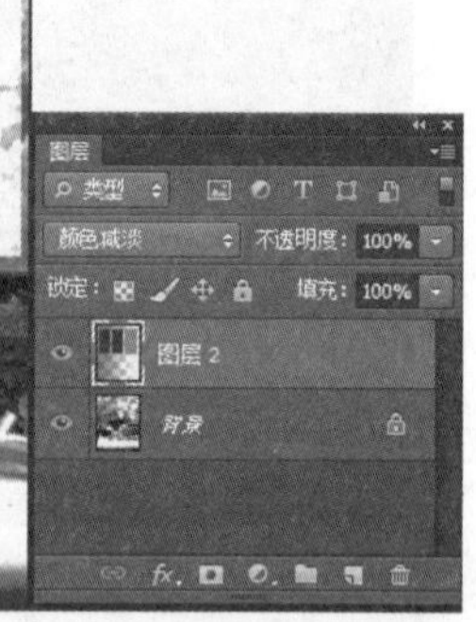

- 线性减淡（添加）：该模式将通过增加亮度来提高混合后图像的亮度。
- 浅色：该模式将比较混合色和基色的所有通道值的总和，并显示值较大的颜色。

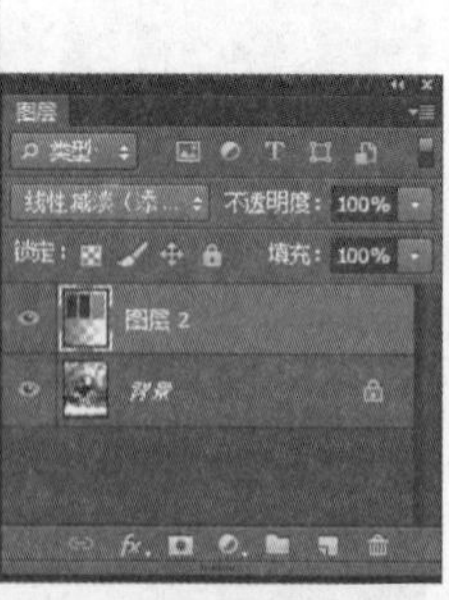

- 叠加：该模式根据下层图层的颜色，将当前图层的像素进行相乘或覆盖，产生变亮或变暗的效果。
- 柔光：该模式将产生一种柔和光线照射的效果，高亮度的区域更亮，暗调区域更暗，使反差增大。

- 强光：该模式将产生一种强烈光线照射的效果。
- 亮光：该模式将通过增加或减小对比度来加深或减淡颜色，具体取决于混合色。如果混合色比 50%灰色亮，则通过减小对比度使图像变亮；如果混合色比 50%灰色暗，则通过增加对比度使图像变暗。

- 线性光：该模式将通过减小或增加亮度来加深或减淡颜色，具体取决于混合色。如果混合色比 50%灰色亮，则通过增加亮度使图像变亮；如果混合色比 50%灰色暗，则通过减小亮度使图像变暗。
- 点光：该模式根据当前图层与下层图层的混合色来替换部分较暗或较亮像素的颜色。

- 实色混合：该模式将根据当前图层与下层图层的混合色产生减淡或加深效果。
- 差值：该模式将根据图层颜色的亮度对比进行相加或相减，与白色混合将使颜色反

相，与黑色混合则不产生变化。

- 排除：该模式下如果图像颜色为白色，效果将显示颜色的补色；如果图像颜色为黑色，则无任何变化。
- 减去：该模式将查看每个通道中的颜色信息，并从基色中减去混合色。

- 划分：该模式将查看每个通道中的颜色信息，并从基色中分割混合色。
- 色相：该模式将使用当前图层的亮度和饱和度与下一图层的色相进行混合。

- 饱和度：该模式将使用当前图层的亮度和色相与下一图层的饱和度进行混合。
- 颜色：该模式将使用当前图层的亮度与下一图层的色相和饱和度进行混合。

- 明度：该模式将使用当前图层的色相和饱和度与下一图层的亮度进行混合。

6.4　知识讲解——图层样式的应用

在 Photoshop CC 中可以为图层添加样式，从而制作出具有阴影、斜面和浮雕、光泽、图案叠加、描边等特殊效果的图像，使其更生动、美观。

6.4.1　添加图层样式

选中图层后，可以通过“图层”面板、“样式”面板以及菜单栏中的相应命令为其添加图层样式。方法如下：

方法一：执行“窗口”→“样式”命令，打开“样式”面板，在“样式”面板中单击选择一种样式，即可快速应用图层样式效果。

方法二：执行“图层”→“图层样式”命令，在弹出的子菜单中选择相应的命令，打开“图层样式”对话框并进入相应效果的设置面板。

方法三：单击“图层”面板底部的“添加图层样式”按钮fx，在弹出的快捷菜单中选择相应的选项，打开“图层样式”对话框并进入相应效果的设置面板。

大师点拨

默认情况下样式列表框中只列出了 20 种样式，单击“样式”面板右侧的按钮，在弹出的下拉列表框中选择相应的选项，即可载入其他样式。

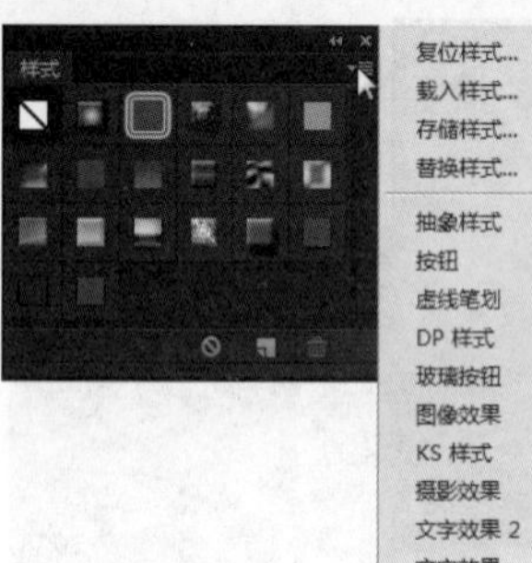

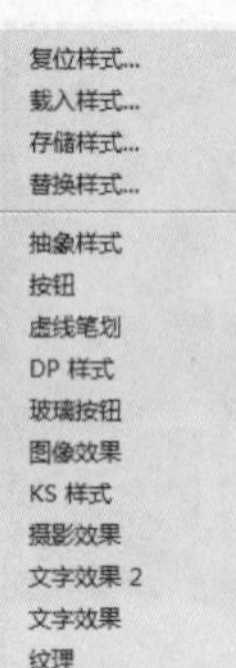

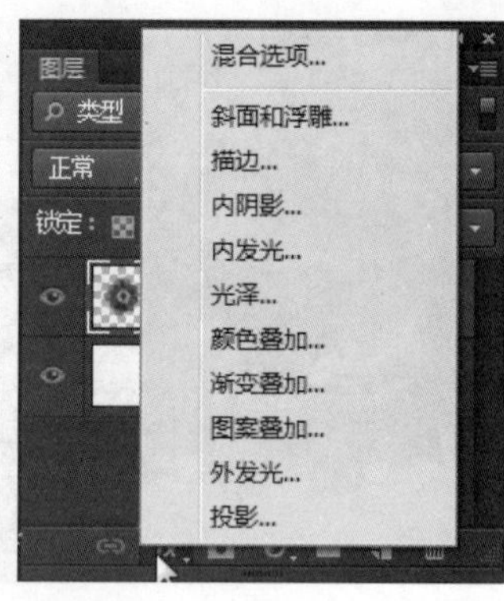

6.4.2 图层样式介绍

在“图层样式”对话框中提供了 10 种效果，勾选效果名称前的复选框，即可在图层中添加该效果；取消勾选后，将停用该效果，但设置的效果参数将被保留；单击效果名称，即可进入该效果的设置面板；在设置好效果参数，勾选完需要应用的效果后，单击“确定”按钮，即可为图层添加效果。

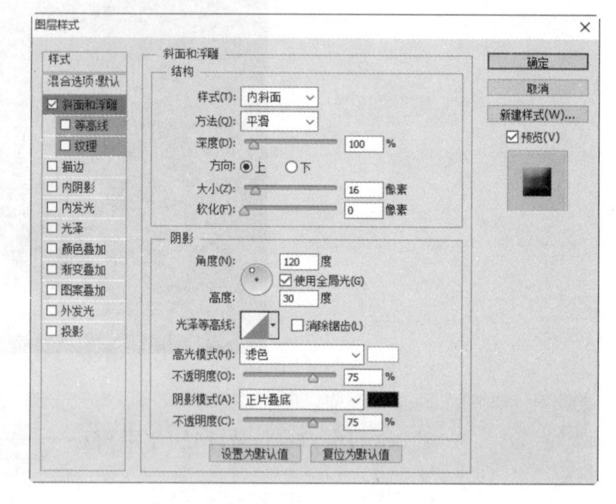

1．斜面和浮雕

“斜面和浮雕”样式用于增加图像边缘的明暗程度，并增加高光使图层产生立体感。利用“斜面和浮雕”样式可以配合等高线来调整立体轮廓，还可以为图层添加纹理特效。

- “样式”下拉列表：用于设置立体效果的具体样式，有外斜面、内斜面、浮雕效果、枕状浮雕和描边浮雕 5 种样式；其中描边浮雕样式需要配合“描边”效果使用。

- “方法”下拉列表：用于设置立体效果边缘产生的方法，有平滑、雕刻清晰和雕刻柔和 3 种方法。“平滑”产生边缘平滑的浮雕效果；“雕刻清晰”产生边缘较硬的浮雕效果；“雕刻柔和”产生边缘较柔和的浮雕效果。

- “深度”文本框：用于设置立体感效果的强度，数值越大，立体感越强。
- “方向”单选项：用于设置阴影和高光的分布，选择“上”单选项，表示高光区域在上，阴影区域在下；选择“下”单选项，表示高光区域在下，阴影区域在上。
- “大小”文本框：用于设置图像中明暗分布，数值越大，高光越多。
- “软化”文本框：用于设置图像阴影的模糊程度，数值越大，阴影越模糊。
- “等高线”复选框：勾选该复选框，可以设置等高线来控制立体效果。

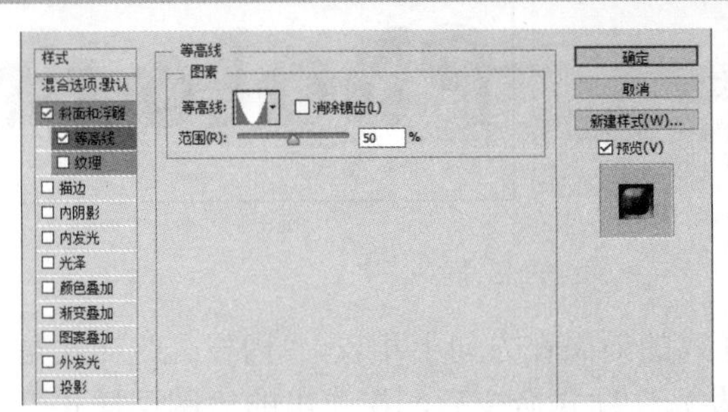

- “纹理”复选框：勾选该复选框，可以设置纹理应用到斜面和浮雕效果中。

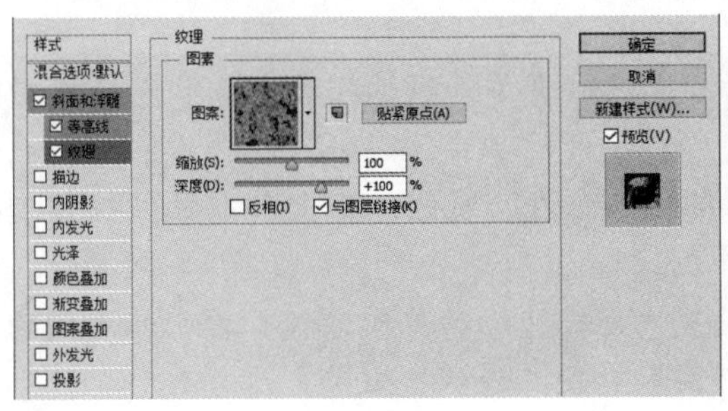

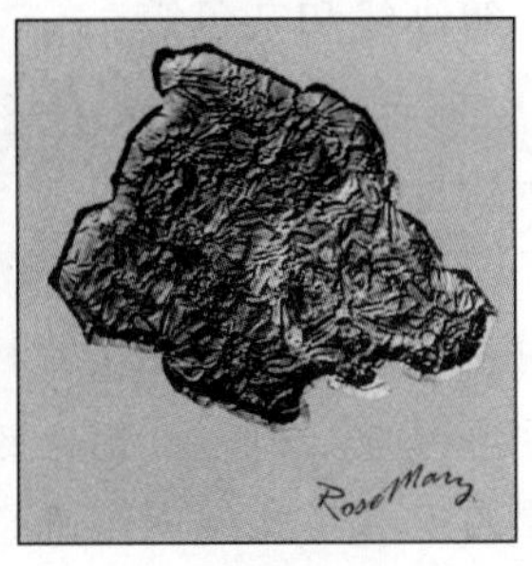

2．描边

“描边”样式就是使用一种颜色沿着图层的边缘进行填充，选择“描边”样式命令后，在弹出的“图层样式”对话框中将自动勾选“描边”复选框。“描边”样式和使用“描边”命令沿图像边缘进行描边相同，可以设置描边的宽度、位置、颜色、不透明度和图层混合模式等。

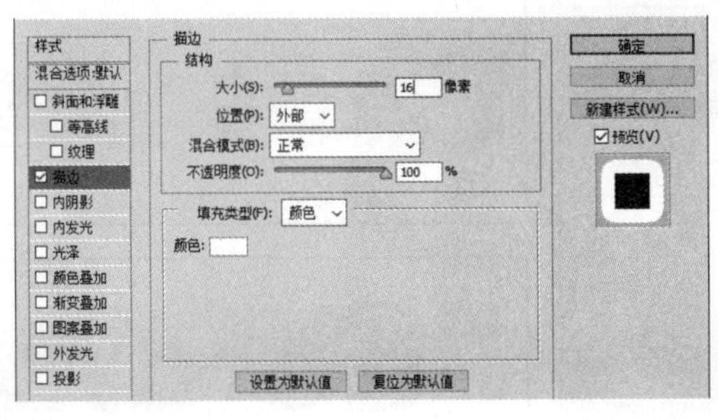

3．内阴影

“内阴影”样式是指沿图像边缘向内产生的投影效果，其投影方向和“投影”样式的投影方向相反。选择“内阴影”样式命令后，在弹出的“图层样式”对话框中将自动勾选“内阴影”复选框，其参数设置包括内阴影的颜色、混合模式、不透明度、角度、距离、等高线和杂色等。

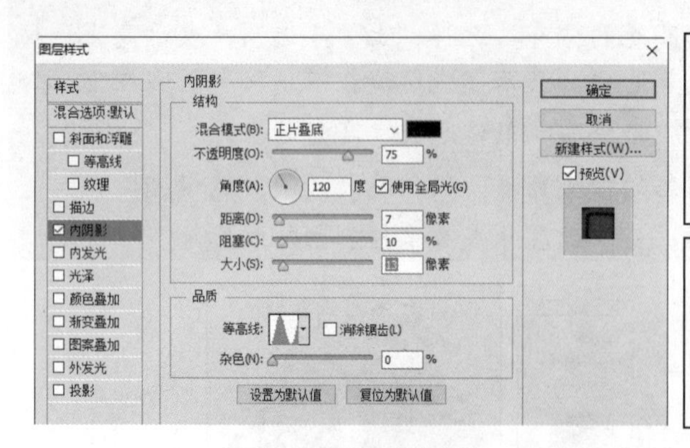

4. 内发光

“内发光”样式和“外发光”样式的效果在方向上相反，“内发光”样式是沿着图层的边缘向内产生的发光效果。选择“内发光”样式命令后，在弹出的“图层样式”对话框中将自动勾选“内发光”复选框，其参数设置包括内发光的颜色、混合模式、不透明度、发光柔和方式、距离、等高线和杂色等。

- ◉□：用于设置内发光颜色为单色，单击其右侧的色块，即可在弹出的“拾色器”对话框中调制新颜色。
- ○[渐变条]：用于设置内发光颜色为渐变色，单击其右侧的按钮▼，即可在打开的列表框中选择其他渐变样式。
- “方法”下拉列表：用于设置内发光边缘的柔和方式，单击其右侧的按钮，即可在打开的下拉列表框中设置“柔和”或“精确”方式。
- “居中”单选项：选择该单选项，产生的内发光将从图层的中心向外进行过渡。
- “边缘”单选项：选项该单选项，产生的内发光将从图层的边缘向内进行过渡。
- “范围”文本框：用于设置内发光轮廓的范围，数值越大，范围越大。
- “抖动”文本框：用于设置内发光颗粒的填充数量，数值越大，颗粒越多。

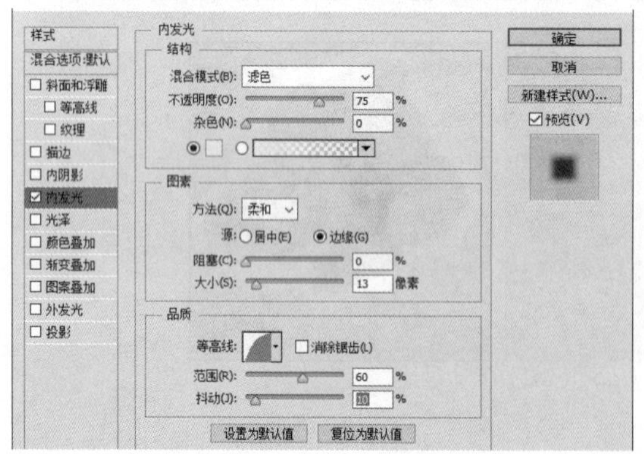

5. 光泽

“光泽”样式用于在图像上填充颜色并在边缘部分产生柔滑的效果，用户可以根据需要通过调整等高线来控制颜色在图层表面产生的随机性。选择“光泽”样式命令后，在弹出的

“图层样式”对话框中将自动勾选“光泽”复选框，其参数设置包括颜色、混合模式和不透明度、角度、距离、大小、等高线等。

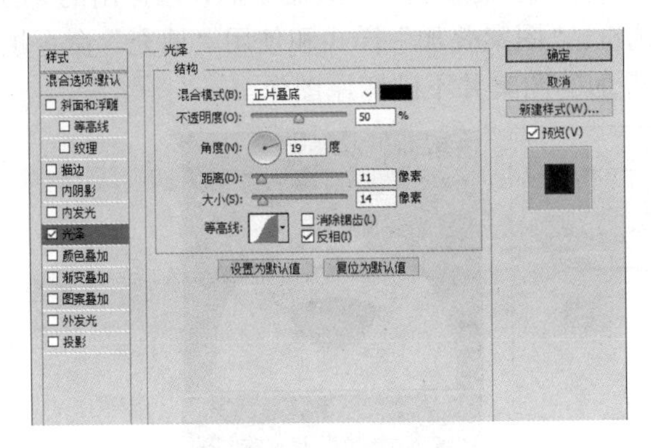

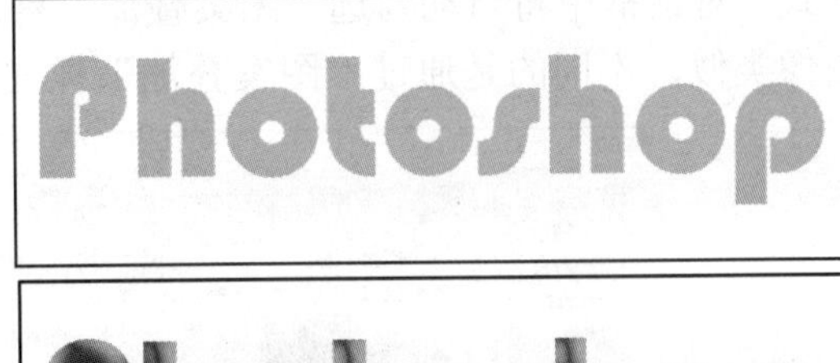

6. 颜色叠加

“颜色叠加”样式用于在图层上填充某种纯色，选择“颜色叠加”样式命令后，在弹出的“图层样式”对话框中将自动勾选“颜色叠加”复选框，其参数设置包括颜色、混合模式和不透明度等。

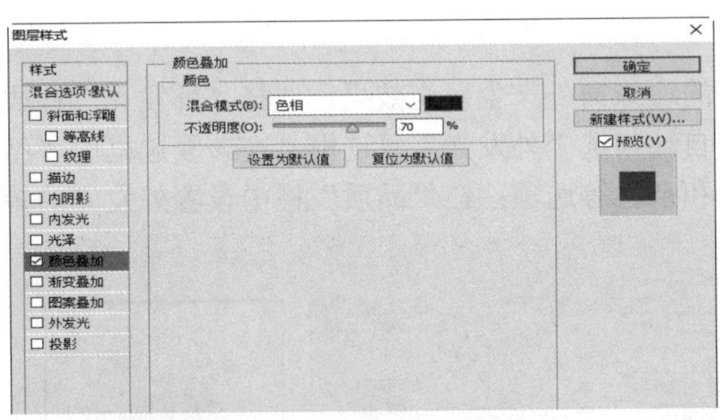

7. 渐变叠加

“渐变叠加”样式用于在图层上填充渐变颜色，选择“渐变叠加”样式命令后，在弹出的“图层样式”对话框中将自动勾选“渐变叠加”复选框，其参数设置包括渐变颜色、样式、角度和缩放等。

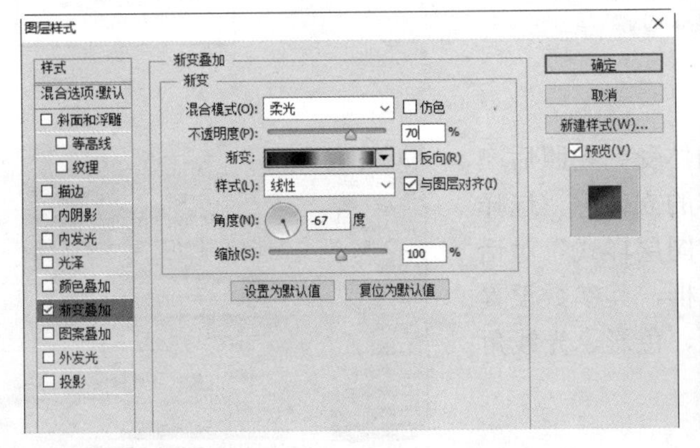

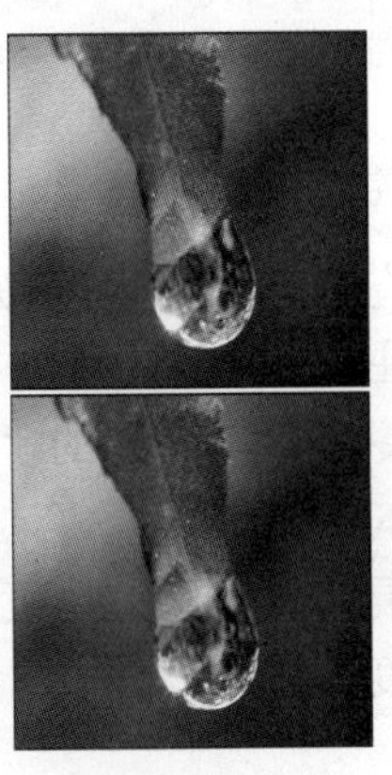

8．图案叠加

“图案叠加”样式用于在图层上填充图案，选择“图案叠加”样式命令后，在弹出的“图层样式”对话框中将自动勾选“图案叠加”复选框。“图案叠加”样式和使用“填充”命令填充图像类似，不同的是通过“图案叠加”样式叠加的图案并不破坏原图像。

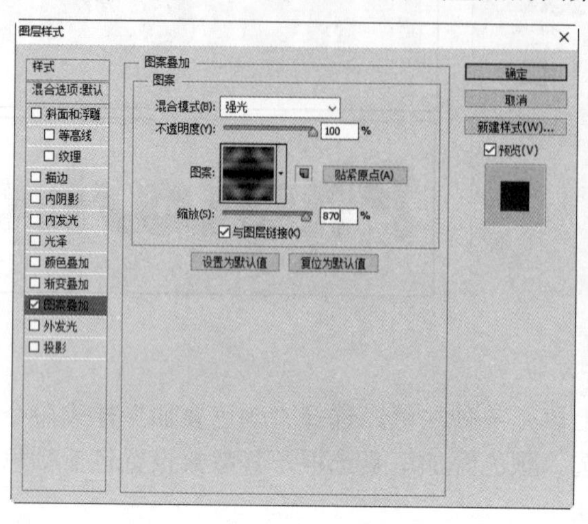

9．外发光

“外发光”样式是指沿着图层的边缘向外产生发光效果。选择“外发光”样式命令后，在弹出的“图层样式”对话框中将自动勾选“外发光”复选框。在该复选框的“结构”栏中设置外发光的混合模式、不透明度和杂色等选项；在“品质”栏中设置外发光的等高线、清楚锯齿、范围和抖动等。

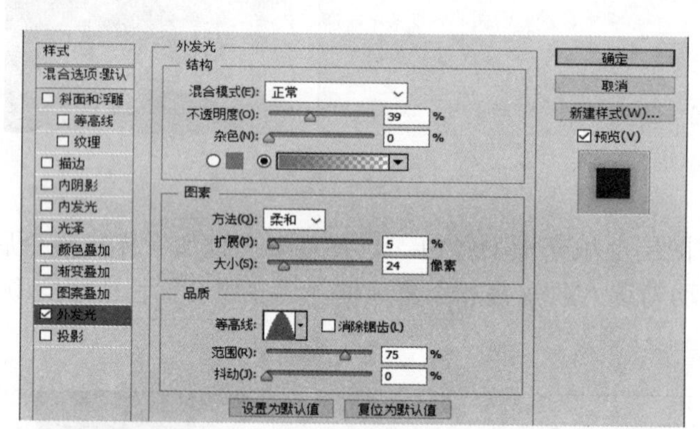

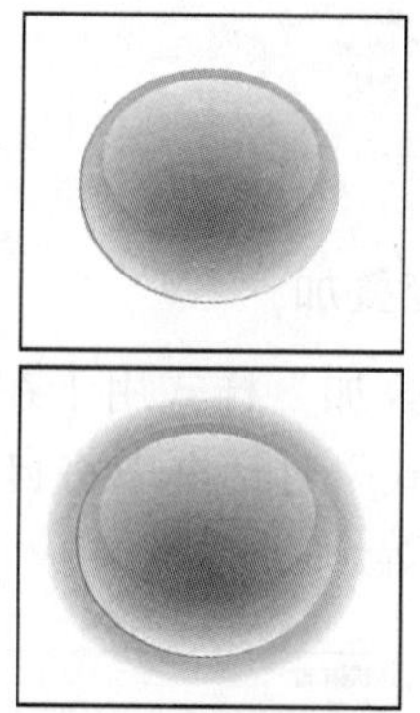

10．投影

“投影”样式用于模拟物体受到光照后产生的效果，主要用于突显物体的立体感。选择“投影”命令后，在弹出的“图层样式”对话框中将自动勾选“投影”复选框，其参数设置包括阴影的混合模式、透明度、色彩、光线角度和模糊程度等。

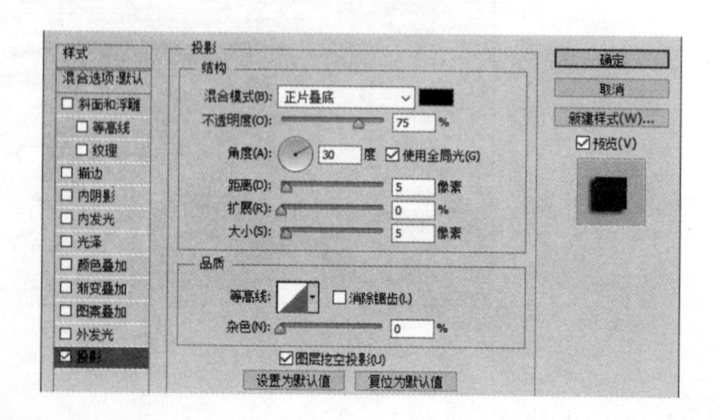

- “混合模式”下拉列表框：单击其右侧的下拉按钮▼，即可在打开的下拉列表框中选择不同的混合模式。
- “投影颜色”色块：单击“混合模式”下拉列表框右侧的色块，即可在弹出的“拾色器”对话框中设置投影的颜色。
- “不透明度”文本框：用于设置投影的不透明度，可以拖动其右侧的滑块或在文本框中输入数值来改变图层的透明度，数值越大，投影颜色越深。右图是不透明度分别为100%和50%时的图像效果。

- “角度”文本框：用于设置投影的角度，可以通过选择角度指针进行角度的设置，也可以在其右侧的文本框中输入数值来确定投影的角度。
- “使用全局光”复选框：用于设置时候采用相同的光线照射角度。
- “距离”文本框：用于设置投影的偏移量，数值越大，偏移量越大。下图是距离分别为10和30时的图像效果。
- “扩展”文本框：用于设置投影的模糊边界，数值越大，模糊的边界越小。下图是扩展分别为15%和50%时的图像效果。

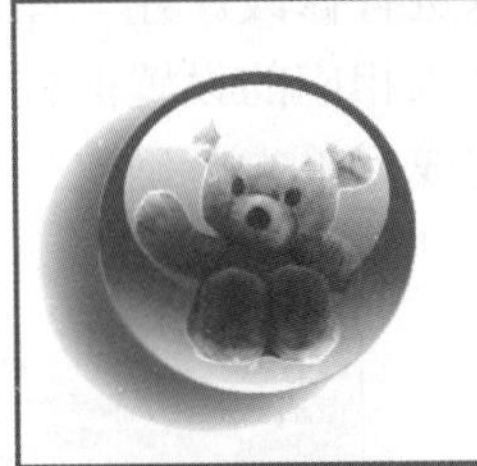
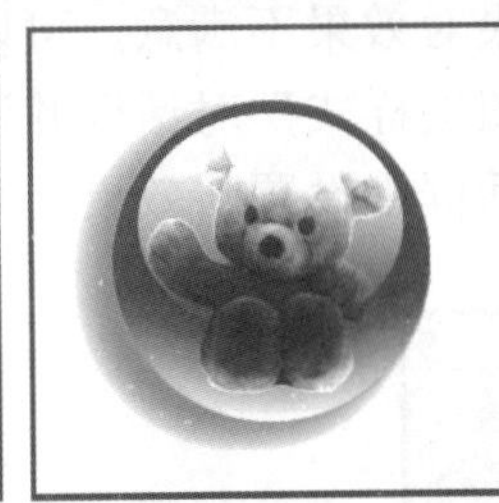
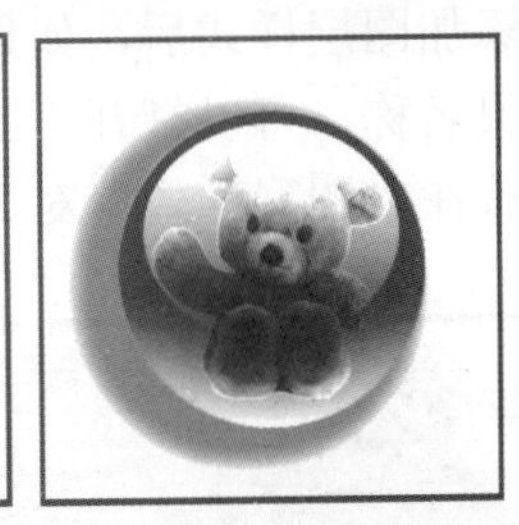

- “大小”文本框：用于设置模糊的程度，数值越大，投影越模糊。
- “等高线”下拉列表：用于设置投影边缘的形状，单击其右侧的按钮，即可在弹出的下拉列表中选择不同的等高线样式。右图是分别选择“锥形-反转”和“内凹-浅”这两种等高线样式的图像效果。

- “消除锯齿”复选框：用于设置投影边缘是否具有锯齿效果。
- “杂色”文本框：用于设置投影中颗粒的数量，数值越大，颗粒越多。
- “图层挖空投影”复选框：勾选该复选框，投影只沿图像的边缘产生。

大师点拨

在“图层样式”对话框中单击“新建样式”按钮，可以打开“新建样式”对话框，在该对话框中可以为当前编辑的样式命名并将其保存，保存后的样式会自动存放到“样式”面板中，以便下次调用。

6.4.3　显示与隐藏图层样式

添加图层样式后，可以通过图层效果前的可见性图标来控制效果的可见性。单击效果名称前的可见性图标使其隐藏，即可隐藏该效果；再次单击使可见性图标显示，即可再次显示该图层效果。

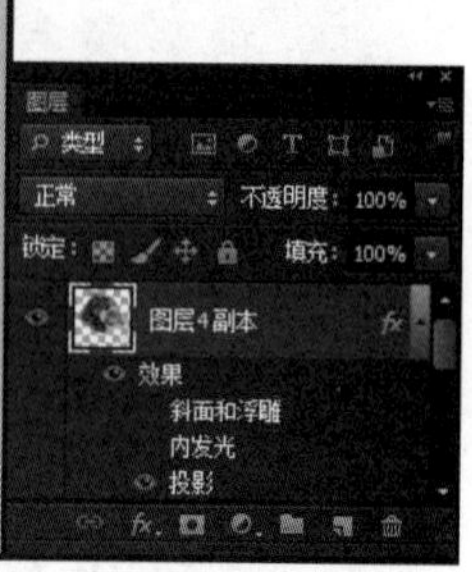

6.4.4　修改图层样式

添加图层样式后，如果对效果不满意，可以进行修改。在“图层”面板中双击需要修改的效果名称，可以打开“图层样式”对话框并进入相应的设置面板，根据需要修改该效果的参数或在“图层样式”对话框中设置新效果，完成后单击“确定”按钮即可。

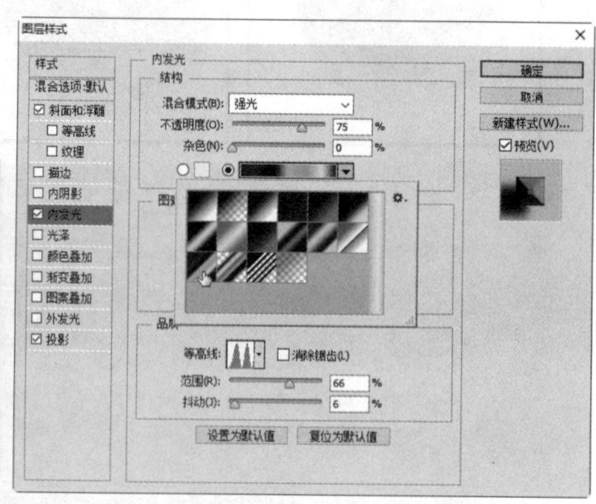

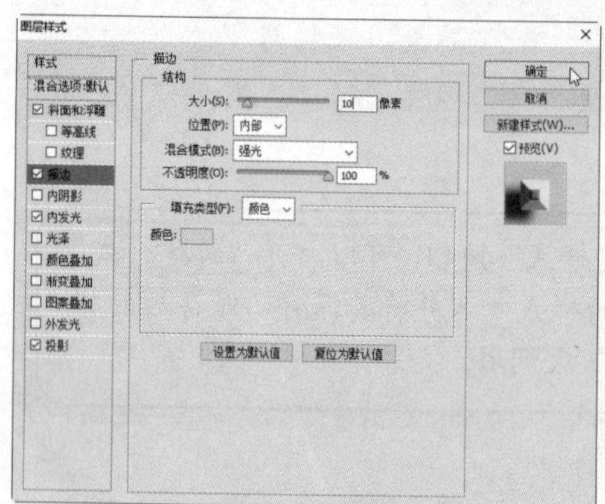

6.4.5　复制、粘贴与清除图层样式

在为图层添加了图层样式后，用户可以根据自己的需要有选择地将图层样式进行复制、粘贴和清除等操作。

1．复制与粘贴图层

图层样式设置完成后，可通过复制图层样式操作将其应用到其他图层上，以减少重复操作，提高工作效率。复制并粘贴图层样式主要有以下两种方法：

方法一：在添加有图层样式的图层上单击鼠标右键，在弹出的快捷菜单中单击“拷贝图层样式”命令，然后在需要粘贴图层样式的图层上单击鼠标右键，在弹出的快捷菜单中单击“粘贴图层样式”命令即可。

方法二：将鼠标光标移动到图层中图层样式的fx标记上，按住“Alt”键的同时按住鼠标左键进行拖动，将图层样式拖动到其他图层上，然后释放鼠标即可。

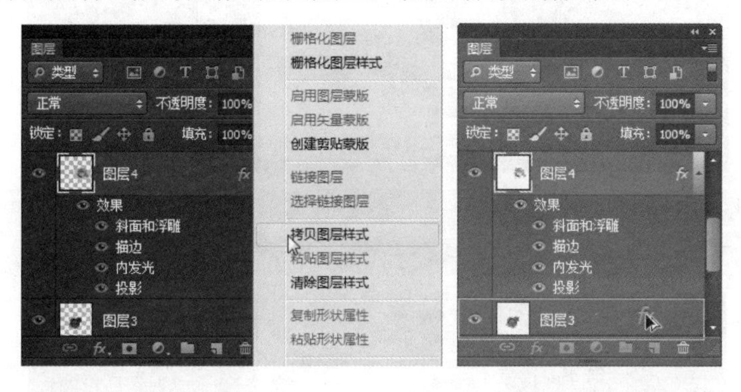

2．清除图层样式

在“图层”面板中右键单击添加了图层样式的图层，在弹出的菜单中单击“清除图层样式”命令，即可清除该图层上的所有图层样式。

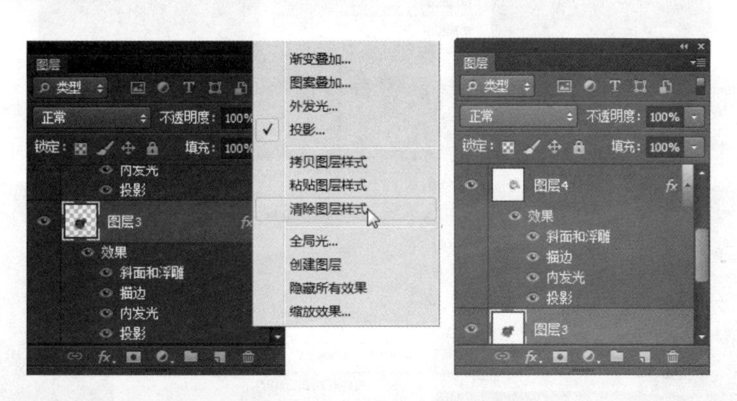

6.5　知识讲解——合并与盖印图层

在编辑图像的过程中，可以使用 Photoshop 的合并图层和盖印图层功能合并相同属性的图层，减小文件大小，释放被占用的系统资源。

6.5.1 合并图层

在默认的 psd 图像文件中，各个图层都会被分开保存下来，图层越多文件就越大。用户可以将编辑好的图层进行合并，以减少文件大小。

合并图层的方法为：选择需要合并的图层，单击“图层”面板右侧的按钮，在弹出的快捷菜单中选择合并图层的相关命令；或在“图层”面板中右键单击选中的多个图层，在弹出的快捷菜单中选择合并图层的相关命令；或在菜单栏中执行相应命令即可。

- 合并图层：执行“图层”→“合并图层”命令，或按下“Ctrl+E”组合键，可以合并被链接或选择的多个图层，合并后的图层将使用最上面一个图层的名称。

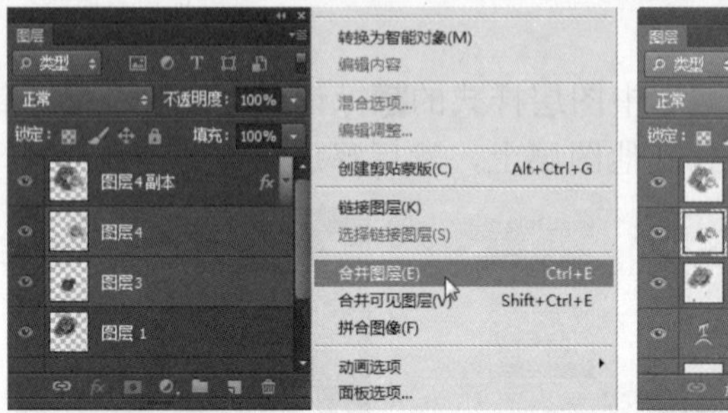

- 合并可见图层：执行“图层”→“合并可见图层”命令，或按下“Ctrl+Shift+E”组合键，可以将所有可见的图层合并到“背景”图层中。

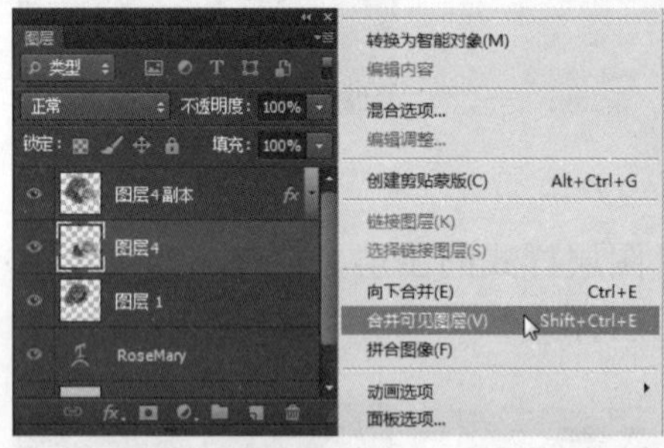

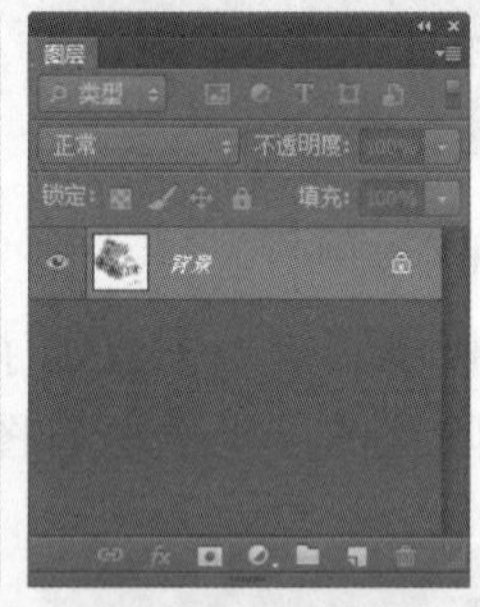

- 拼合图像：选择该命令，可以将所有可见图层合并到背景中并扔掉隐藏的图层，并以白色填充所有透明区域。

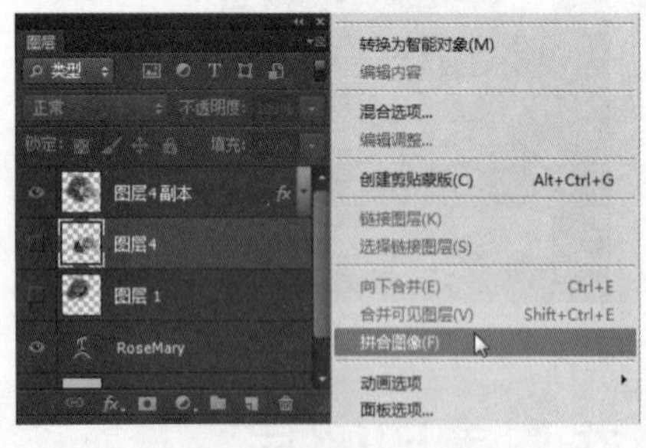

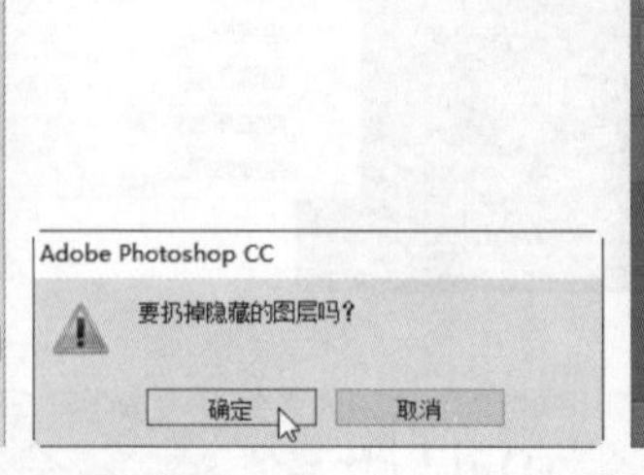

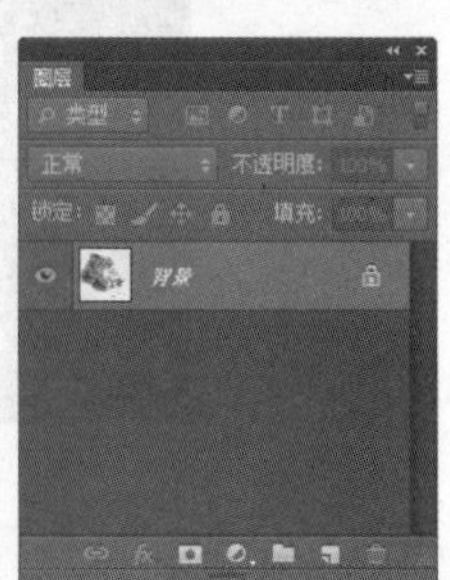

6.5.2 盖印图层

盖印图层可以将多个图层中的图像内容合并到一个新图层中，并保持其他图层完好无损。在编辑图像的过程中，通过盖印图层可以在保持原图层完整的情况下，得到某些图层的合并效果。盖印图层的方法如下：

- 向下盖印：在“图层”面板中选中一个图层，按下“Ctrl+Alt+E”组合键，即可将该图层中的图像盖印到下面的图层中，原图层的内容保持不变。
- 盖印多个图层：在“图层”面板中选中多个图层，按下“Ctrl+Alt+E”组合键，即可将所选图层盖印到一个新图层中，原图层的内容保持不变。
- 盖印可见图层：按下“Ctrl+Shift+Alt+E”组合键，即可将所有可见图层中的图像盖印到一个新图层中，原图层的内容保持不变。
- 盖印图层组：在“图层”面板中选中图层组，按下“Ctrl+Alt+E”组合键，即可将该图层组中所有图层的图像盖印到一个新图层中，原图层组和组中的图层内容保持不变。

6.6　同步训练——实战应用

实例 1：合成图像效果

案例效果

原始素材文件：光盘\素材文件\第 6 章\跳跃.jpg 月夜.jpg	
最终结果文件：光盘\结果文件\第 6 章\合成图像.psd	
同步教学文件：光盘\多媒体教学文件\第 6 章\	

制作分析

本例难易度：★★★☆☆

制作关键：	技能与知识要点：
首先用磁性套索工具扣取人物图像，再使用移动工具移动人物，再用自由变换功能调整人物图层的大小和位置，再用调整图像色彩平衡使人物融入背景，然后为人物图层添加外放光样式，最后用扭曲滤镜制作波纹效果。	● “自由变换”命令 ● “色彩平衡”命令 ● “外发光”命令 ● “波纹”命令

具体步骤

STEP 01：**创建人物选区**。打开“跳跃.jpg”图像文件，使用工具箱中的“磁性套索工具”，对图像文件中的人物创建选区，见左下图。

STEP 02：**移动人物图像**。打开“月夜.jpg”图像文件，使用工具箱中的“移动工具”，将选区中的人物移动到“月夜.jpg”图像窗口中，生成人物图层，见右下图。

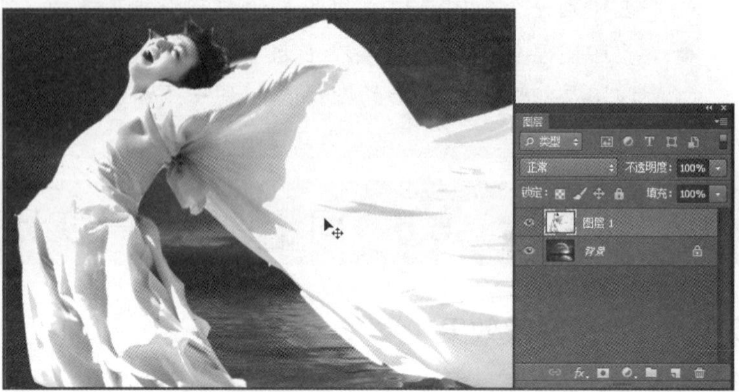

STEP 03：**调整人物图像**。执行“编辑”→“自由变换”命令，显示控制框，然后按住“Shift”键，对人物图层的大小进行调整；将人物移动到适当位置；完成后按下“Enter”键确认，见左下图。

STEP 04：**调整色彩平衡**。选中人物图层，执行“图像”→“调整”→“色彩平衡”命令，弹出“色彩平衡”对话框；拖动“青色-红色”滑块至“-100”，拖动“黄色-蓝色”滑块至“+100”，然后单击“确定”按钮，见右下图。

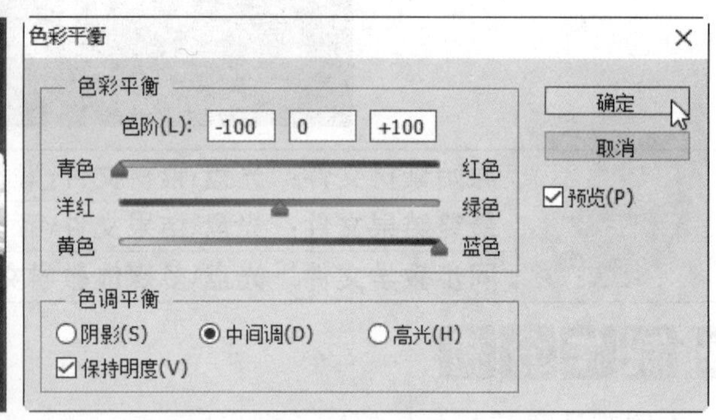

STEP 05：**设置不透明度**。选择人物图层，设置图层的“不透明度”为“80%”，见左下图。

STEP 06：**设置外发光样式**。选择人物图层，单击“图层”面板中的“添加图层样式”按钮，在弹出的下拉列表框中选择“外发光”选项；弹出“图层样式”对话框，在“混合模式”下拉列表框中选择“滤色”选项，并设置“不透明度”为“40%”，发光颜色为“#3399ff”；设置“方法”为“柔和”，“扩展”为“10%”，“大小”为“10 像素”；设置完成后单击“确定”按钮，见右下图。

STEP 07：**创建选区**。使用工具箱中的“套索工具”，在图像的底部创建选区，见左下图。

STEP 08：**创建扭曲效果**。选择人物图层，执行“滤镜”→“扭曲”→“波纹”命令；在弹出的“波纹”对话框中拖动“数量”至“220%”，设置“大小”为“中”，然后单击“确定”按钮，见右下图。

STEP 09：**完成效果**。返回图像窗口，即可看到合成图像后的效果，如下图。

实例 2：制作特效立体字

案例效果

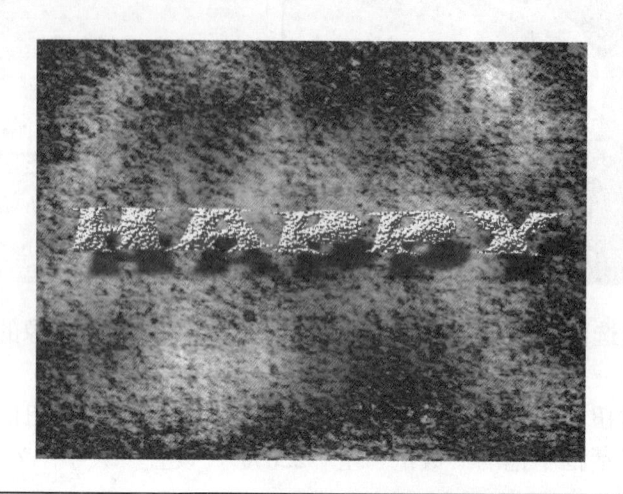

	原始素材文件：光盘\素材文件\第 6 章\无
	最终结果文件：光盘\结果文件\第 6 章\特效立体字.psd
	同步教学文件：光盘\多媒体教学文件\第 6 章\

制作分析

本例难易度：★★★☆☆

制作关键：	技能与知识要点：
首先用画笔工具和滤镜处理背景图层，接着创建文字图层并为其添加图层样式。	● "分层云彩"命令 ● "斜面和浮雕"命令

具体步骤

STEP 01：新建文档。新建一个名为"特效立体字"的空白图像文件；使用工具箱中的"画笔工具"，设置前景色为黑色，笔尖为"海绵画笔投影"，大小为"90 像素"，不透明度为 100%，流量为"50%"；使用设置好的画笔工具涂抹背景图层，见左下图。

STEP 02：渲染背景图层。执行"滤镜"→"渲染"→"分层云彩"命令，为背景图层渲染特殊效果，见右下图。

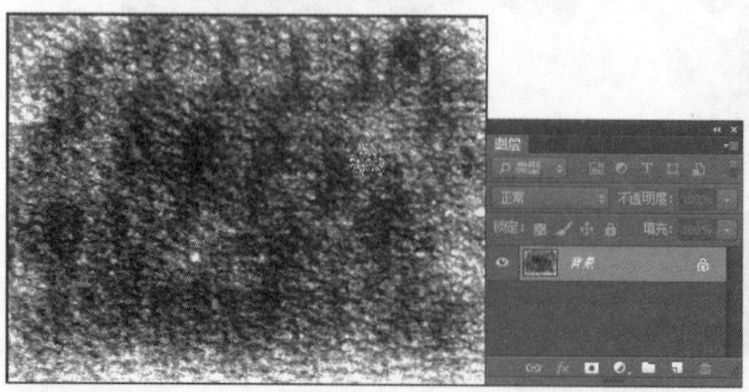

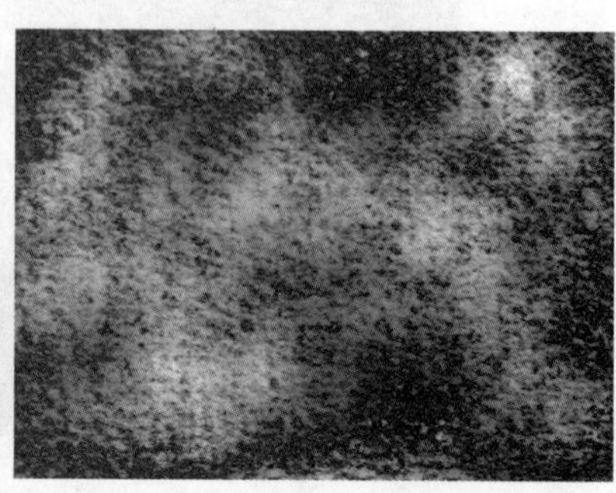

STEP 03：创建文字图层。使用工具箱中的“横排文字工具”T，设置前景色为“# ffcc00”，字体为“Snap ITC”，字号为“48 点”，输入文字内容“HAPPY”创建文字图层，如下图。

STEP 04：斜面和浮雕样式设置。选中文字图层，执行“图层”→“图层样式”→“斜面和浮雕”命令；打开“图层样式”对话框并进入“斜面和浮雕”效果设置面板；设置样式为“内斜面”，方法为“雕刻清晰”，深度为“450%”，大小为“10 像素”，如下图。

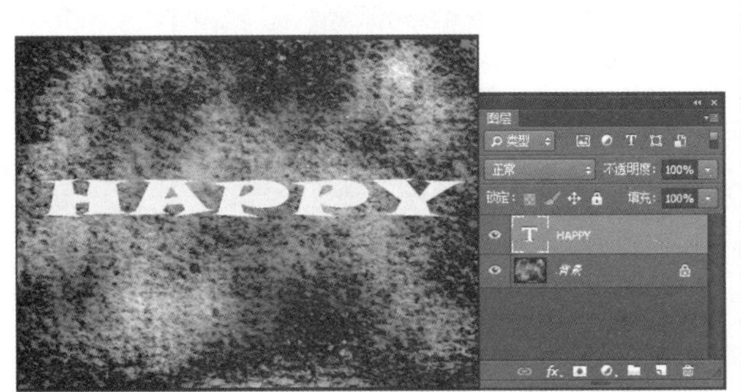

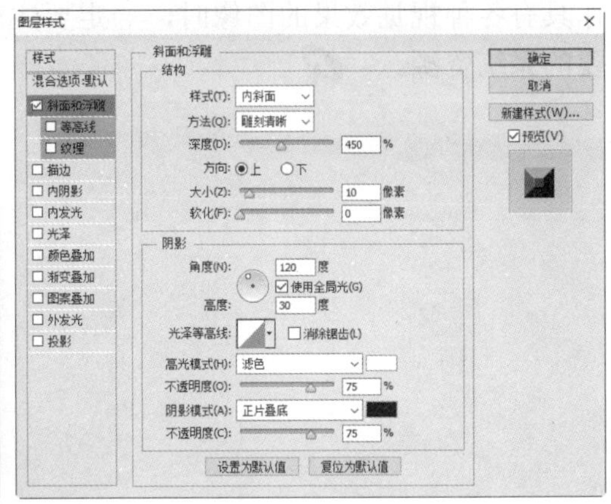

STEP 05：设置纹理效果。勾选“纹理”复选框，单击“纹理”项切换到“纹理”设置面板；设置填充图案为“砂纸”，缩放为“100%”，深度为“+100%”，见左下图。

STEP 06：设置投影效果。勾选“投影”复选框，单击“投影”项切换到“投影”设置面板；设置距离为“24 像素”，其他保持默认设置，单击“确定”按钮，见右下图。

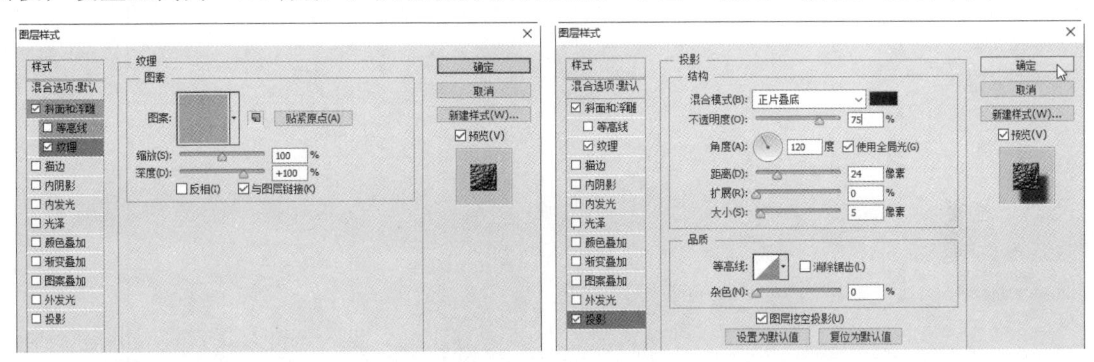

STEP 07：复制文字图层。返回图像窗口，可以看到为文字图层设置图层样式后的效果。

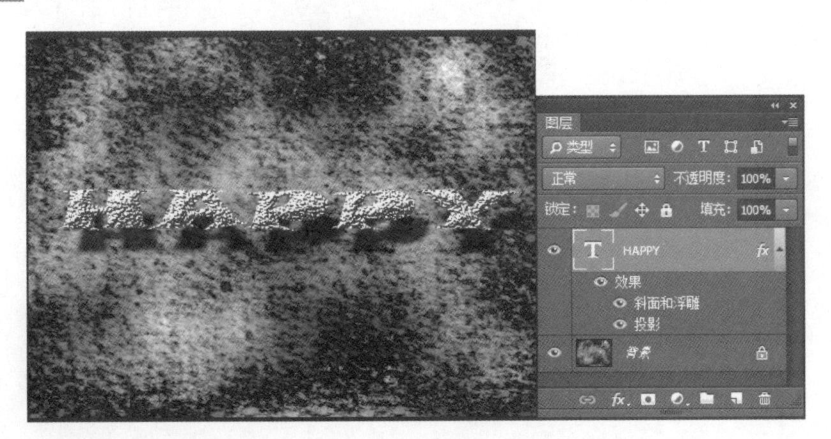

本章小结

本章内容主要对 Photoshop 中图层的主要功能及具体使用方法做讲解，从认识图层开始，主要介绍了创建图层、编辑图层、设置图层样式、合并与盖印图层等的方法；在编辑图层制作具有各种视觉效果的图像时，一定要注意合理地使用图层，避免图像文件过大，占用不必要的系统资源。

第 7 章

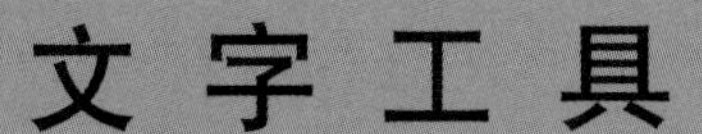

文 字 工 具

本章导读

使用 Photoshop CC 的文字处理功能，不仅可以在图像文件中输入文字、设置文字格式和段落格式，还能创建并编辑路径文本。在平面设计的过程中，为文字设置漂亮的颜色和样式，不但可以增强画面的视觉效果，还可以准确地传达出画面所要表达的信息。

知识要点

- ◆ 创建与编辑文字
- ◆ 设置字符与段落样式
- ◆ 创建变形文字
- ◆ 创建路径文字
- ◆ 编辑文本

案例展示

7.1 知识讲解——创建与编辑文字

为了更好地突出图像的主题，可以在 Photoshop 中为图像创建文字，根据图像的内容，可以输入横排或直排文字，而且可以根据输入的文字创建选区。

7.1.1 认识文字工具选项栏

在 Photoshop CC 中，文字的输入主要是通过文字工具组来完成的。在工具箱中右键单击“横排文字工具”按钮，可打开文字工具组，其中包含文字工具和文字蒙版工具。

该工具组中的各文字工具含义如下。

- 横排文字工具：用于输入横向的文字。
- 直排文字工具：用于输入纵向的文字。
- 横排文字蒙版工具：用于输入横向的文字选区。
- 直排文字蒙版工具：用于输入纵向的文字选区。

下图为文字工具的属性栏，下面分别介绍其功能。

- “切换文本取向”按钮：单击该按钮可以实现文字横排与直排之间的转换。
- “设置字体”下拉列表框：用于设置文字的字体。
- “设置字体样式”下拉列表框：选择具有该属性的字体后，“设置字体样式”下拉列表框中的内容才为可选状态，此时可选择需要的字体样式。
- “设置字体大小”下拉列表框：用于设置文字的字体大小，默认单位为点，即像素。
- “设置消除锯齿的方法”下拉列表框：用于设置消除文字锯齿的模式，也可以在“文字”→“消除锯齿”子菜单中选择。
- “对齐方式”按钮：用于设置文字的对齐方式，从左到右依次为“左对齐文本”、“居中对齐文本”和“右对齐文本”。
- “文本颜色”色块：单击该色块，即可在弹出的“选择文本颜色”对话框中设置文本颜色。
- “创建变形文字”按钮：单击该按钮后，即可在弹出的“变形文字”对话框中设置文本变形模式。
- “切换字符和段落面板”按钮：单击该按钮可以隐藏或打开“字符”和“段落”面板，在其中单击“字符”标签，可以在面板中设置字符格式；单击“段落”标签，可以在面板中设置段落格式。
- “取消所有当前编辑”按钮：单击该按钮可取消正在进行的文字编辑。
- “提交所有当前编辑”按钮：单击该按钮可完成当前的文字编辑。

7.1.2 创建点文本

点文本是一个水平或垂直的文本行，在处理标题等字数较少的文字时，可以通过点文本来完成。选择横排或竖排文字工具后，在属性栏中设置好字体、字号和字符颜色，然后在图像中需要创建文字的地方单击鼠标左键，即可在该点插入一个光标，在光标处输入文字，即可创建点文本。

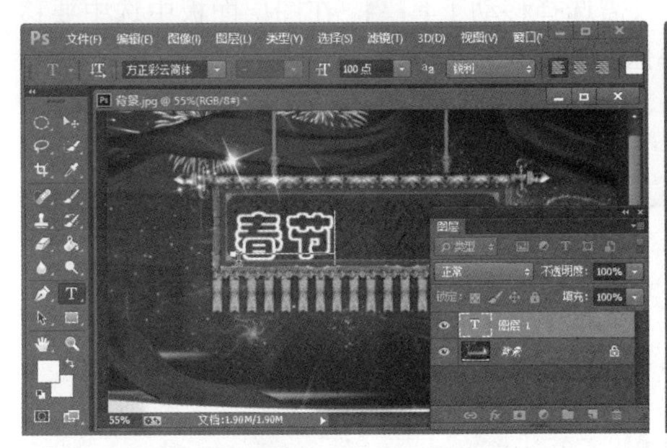

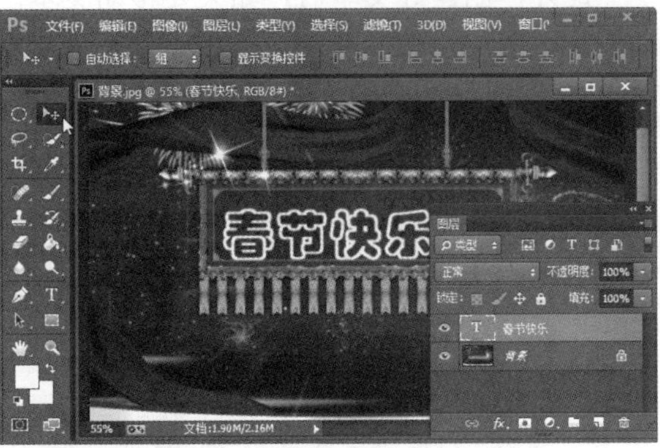

文字输入完成后，可单击属性栏中的“提交所有当前编辑”按钮✓，或单击其他工具来结束操作。如果在画面中单击其他位置，可再次创建点文本。

7.1.3　创建段落文本

段落文本是在文本框内输入的文字，它具有自动换行，可调整文字区域大小和形状等优势。在需要处理文字量较大时，可以使用段落文本来完成。

选择横排或竖排文字工具后，在属性栏中设置好字体、字号和字符颜色，然后在图像中按住鼠标左键向下拖出一个方框，放开鼠标时，图像中会出现一个文本框，此时可在框内输入文字。

在文本框中输入需要的文字时，当文字到达文本框边界时会自动换行。文字输入完成后，单击属性栏中的“提交所有当前编辑”按钮✓，或单击其他工具即可结束操作。

7.1.4　修改点文本与段落文本

创建点文本或段落文本后，如果需要对文字内容进行修改，可再次选择横排文本工具T或竖排文本工具IT，然后将光标移动到文本中，当光标变为 I 形状时单击鼠标左键，即可激活文本编辑状态，此时可以对文本进行选取、删除或修改等操作。

除了修改文本内容外，还可以对文字格式进行修改，包括字体、字号和字符颜色等。选择横排文本工具或竖排文本工具后，在文本中按下鼠标左键并拖动，选中需要设置的文字，然后在属性栏中重新设置即可。

此外，创建好文本后，如果要移动文本，只需选择移动工具，在图层面板中选中要移动的文本图层，然后在图像中按下鼠标左键并拖动即可。

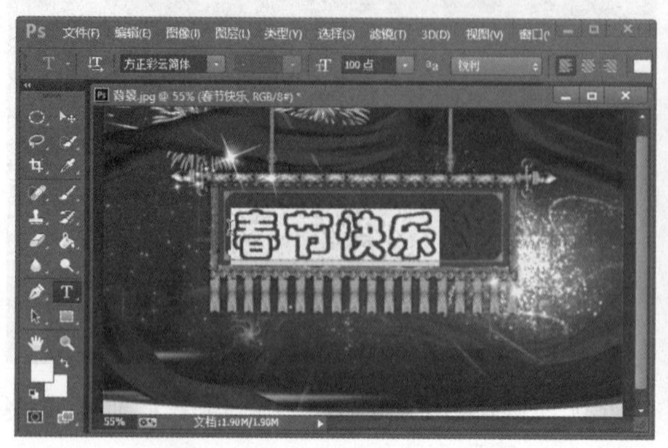

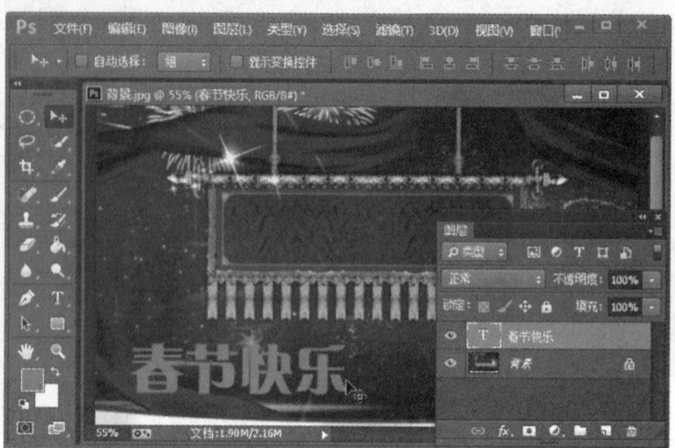

对于段落文本，不但可以对文字内容进行修改，还可以对文本框进行修改。在输入段落文本时，如果文本超出文本框的范围，可以通过拖动文本框四周的控制点来改变文本框的大小。将光标移动到文本框外，当指针变为↷时，可以旋转文本框。

按住“Ctrl”键的同时调整文本框的大小，可以同时等比例缩放文字大小。

7.1.5 转换点文本与段落文本

点文本和段落文本可以互相转换。如果是点文本，则先在图层面板中选中要转换的文本图层，然后单击“类型”→“转换为段落文本”命令，即可转换为段落文本；如果是段落文本，则先在图层面板中选中要转换的文本图层，然后单击“类型”→“转换为点文本”命令即可转换为点文本。

大师点拨

在转换点文本和段落文本时，只能在图层面板中选中要转换的文本图层，而不能使用文字工具选中要转换的文字，否则转换命令将不可用。此外，在将段落文本转化为点文本时，溢出文本框的文字将被删除。

7.1.6　转换水平文字与垂直文字

已经输入的横排文字可以转换为竖排文字，竖排文字也可以转换为横排文字。选中要更改的文本图层后，单击“类型”→“文字排列方向”命令，在其子菜单中选择“横排”或“竖排”命令，即可进行更改。此外，也可以单击文字工具属性栏中的“切换文本取向”按钮 进行更改。

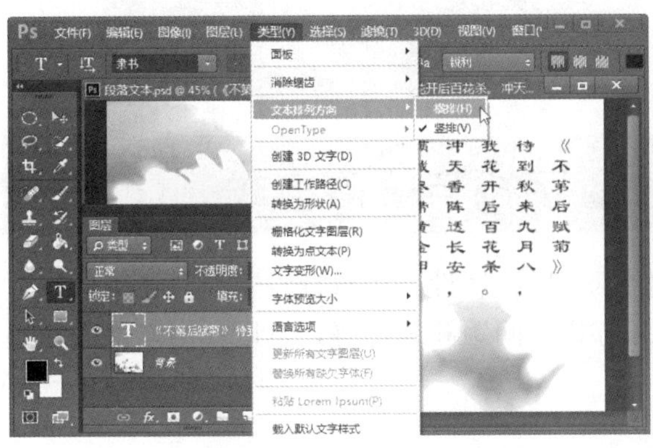

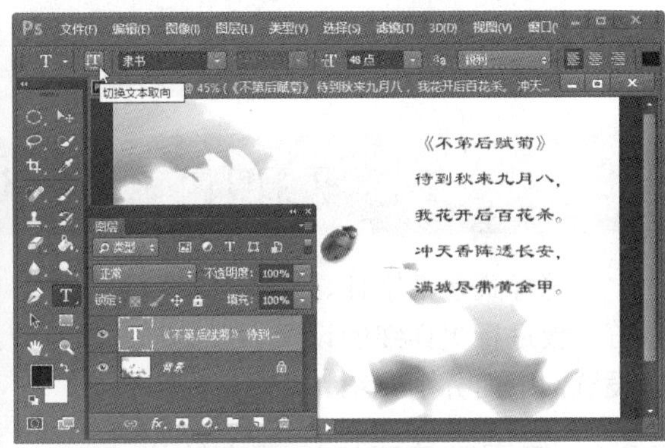

7.1.7　栅格化文字

栅格化文字图层是指将文字图层转换成普通图层，在转换后的图层中能应用各种滤镜效果，文字图层以前所用的图层样式并不会因转换而受到影响，但无法再进行文字编辑操作。栅格化文字图层主要有如下两种方法。

- 在菜单栏上选择“图层”→“栅格化”→“文字”命令。
- 在“图层”面板中选择文字图层，单击鼠标右键，在弹出的快捷菜单中选择“栅格化文字”命令。

栅格化文字前后的图层对比如下图所示。

7.1.8 使用文字蒙版工具创建文字选区

使用文字蒙版工具可以创建不带填充颜色的轮廓选区。实际上使用横排或直排文字蒙版工具创建的只是一个选区，而非文字。创建文字选区后，可以对选区进行填充、添加图层样式或滤镜等操作，从而制作出特效文字。

选择工具箱中的横排文字蒙版工具或直排文字蒙版工具，在图像中单击鼠标左键，然后输入所需的文字后，退出文字蒙版输入状态，即可分别创建出横向或纵向排列的文字选区。

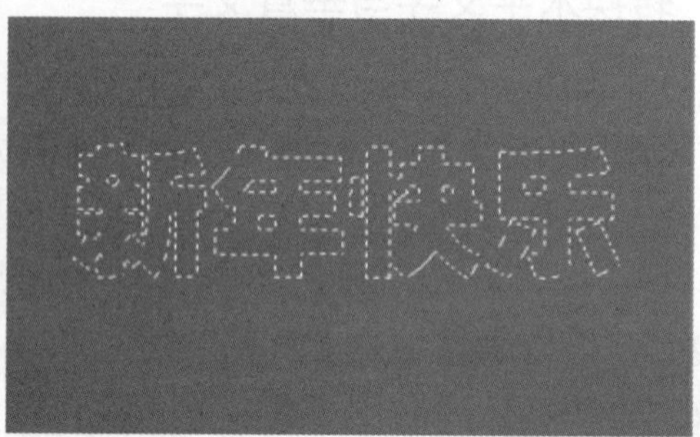

7.2 知识讲解——设置字符与段落样式

字符样式包括字体、字号、颜色等属性，除了可以在属性栏中进行设置外，还可以通过字符面板进行更详细的设置。段落样式包括对齐方式、间距和缩进等，可以使用段落面板进行设置，下面分别介绍。

7.2.1 使用字符面板设置字符样式

在 Photoshop 中可以为文字设置各种不同的效果。选择文字工具后，在属性栏中单击“切换字符和段落面板”按钮，可打开“字符/段落”面板，单击“字符”标签切换到“字符”面板，将鼠标指向某个选项图标，可以显示该选项的名称。除了常规的字体、字号、行距、字距和颜色等选项外，面板下方还有一排按钮，它们的含义如下。

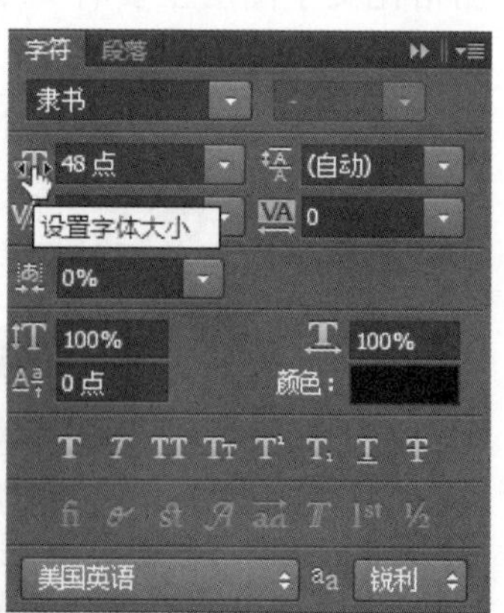

- “仿粗体”按钮：设置字体的粗体效果，如“仿粗体”。
- “仿斜体”按钮：设置字体的仿斜体效果，如“仿斜体”。
- “全部大写字母”按钮：设置英文字母全部大写。
- “小型大写字母”按钮：设置小写字母为大写，但是字体大小不变，如“Abc”将被转化为“ABC”。
- “上标”按钮：设置文字上标，这在数学公式中经常使用，如“X2+Y2=Z”。
- “下标”按钮：设置文字的下标，如“H2SO4”。
- “下划线”按钮：为文字设置下画线，如“下划线”。
- “删除线”按钮：为文字设置删除线，如“删除线”。

仿粗体 *仿斜体*

下划线 ~~删除线~~

7.2.2　使用段落面板设置段落样式

设置段落样式包括设置文字的对齐方式和缩进方式等，不同的段落样式具有不同的文字效果。选择文字工具后，将鼠标光标置于需要设置的段落中，在属性栏中单击“切换字符和段落面板”按钮，可打开“字符/段落”面板，单击“段落”标签切换到“段落”面板，各参数的具体含义如下。

- 对齐方式按钮组：其中包括“左对齐文本”按钮、“居中对齐文本”按钮、“右对齐文本”按钮、“最后一行左边对齐”按钮、“最后一行中间对齐”按钮、“最后一行右边对齐”按钮和“全部对齐”按钮。
- 缩进方式按钮组：其中包括“左缩进”按钮、“右缩进”按钮和“首项缩进”按钮。
- 段后添加空格按钮组：其中包括“段前添加空格”按钮 和“段后添加空格”按钮。
- “避头尾法则设置”下拉列表框：可设置换行集宽松或严谨。
- “间距组合设置”下拉列表框：可设置内部字符集间距。
- “连字”复选框：选中该复选框，可以将文字的最后一个外文单词拆开，形成连字符号，使剩余的部分自动换到下一行。

7.3　知识讲解——创建变形文字

变形文字是指对创建的文字进行变形处理后得到的特殊文字效果，例如可以将文字变形为扇形或拱形。输入并选中需要变形的文字后，单击属性栏中的“创建变形文字”按钮，打开“变形文字”对话框，在其中根据需要进行设置，然后单击“确定”按钮关闭对话框，再单击属性栏中的“提交所有当前编辑”按钮完成创建，即可创建变形文字。

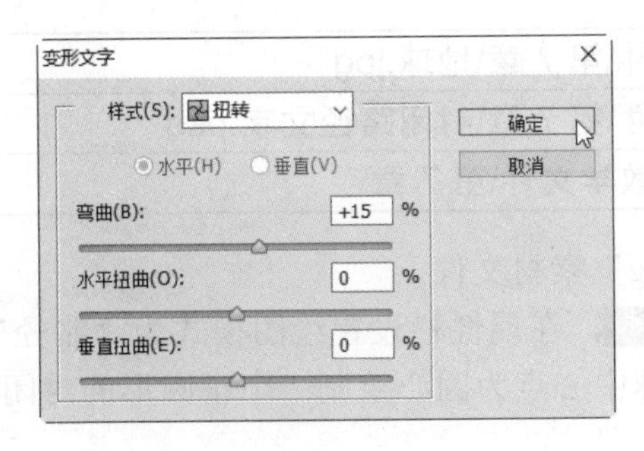

该对话框各选项含义如下。

- 样式：在该下拉列表中可以选择 15 种变形样式，每一种样式都可以单独进行参数设置。
- 水平/垂直：选择“水平”，文本扭曲的方向为水平方向；选择“垂直”，文本扭曲的方向为垂直方向。
- 弯曲：用来设置文本的弯曲程度。
- 水平扭曲/垂直扭曲：可以在水平方向上或垂直方向上扭曲文字。

7.4 知识讲解——创建路径文字

路径文字是指将文字沿路径排列，从而创建出样式更加丰富的文字效果。当改变路径形状时，文字的排列方式也会随之改变。

7.4.1 沿开放路径输入文字

沿开放路径输入文字的方法很简单，只需使用路径工具绘制一条路径，然后选择文字工具，将鼠标光标移到该路径上，当光标呈形状显示时单击，出现插入光标后输入文字即可。

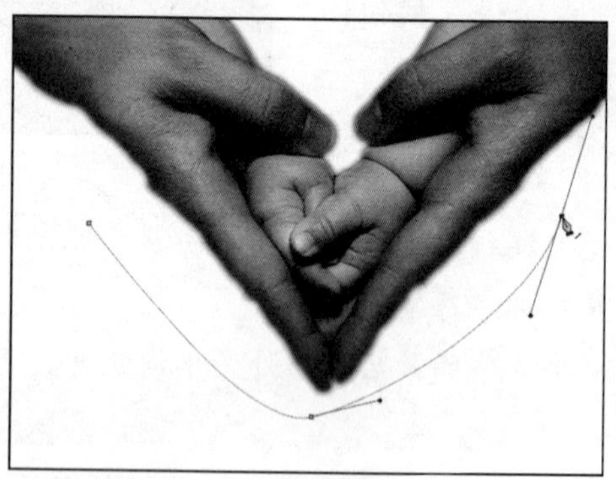

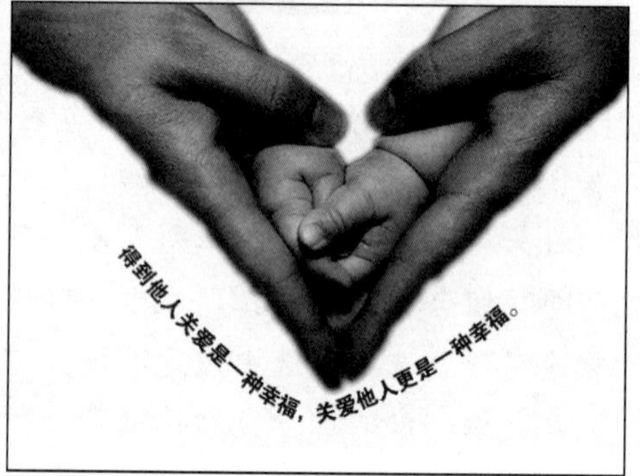

7.4.2 沿封闭路径输入文字

在 Photoshop CC 中，文字除了可以沿一条路径排列外，还可以包含在一个封闭的路径区域中。在图像窗口中绘制好封闭的路径后，选择文字工具，将光标移动到封闭路径内，当光标呈显示时单击，在封闭路径内出现插入光标后输入文字即可。

下面在图像窗口中绘制一个封闭路径，然后在路径中输入文字，具体操作步骤如下。

	原始素材文件：光盘\素材文件\第 7 章\地球.jpg
	最终结果文件：光盘\结果文件\第 7 章\封闭路径文字.psd
	同步教学文件：光盘\多媒体教学文件\第 7 章\

STEP 01：**打开素材文件**。打开“地球.jpg”素材文件。

STEP 02：**创建路径文字**。选择椭圆工具，在属性栏设置绘图模式为“路径”，然后在图像窗口中按下“Shift+Alt”组合键，以地球中心点为圆心绘制一个正圆形的封闭路径。

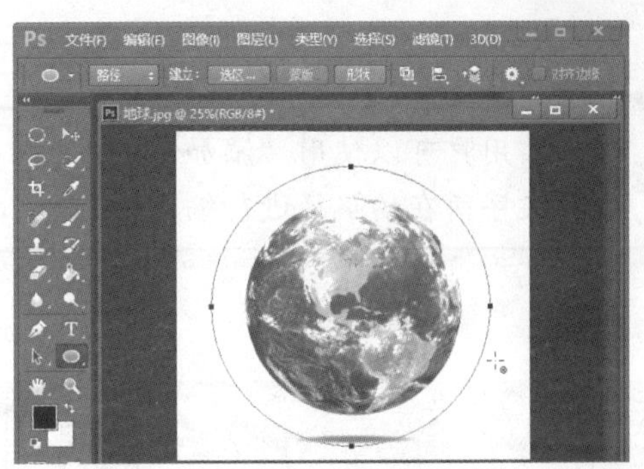

STEP 03：**输入文字**。选择横排文字工具T，将鼠标光标移动到路径上，当光标呈形状显示时单击，在出现插入光标后输入文字。

STEP 04：**创建路径文字**。完成输入后在属性栏中单击✓按钮退出文字输入状态。沿封闭路径输入文字后的效果如下图所示。

7.4.3 调整文字在路径上的位置

在路径上输入文字后，可以使用路径选择工具调整文字在路径上的位置，主要包括以下几种操作。

- 将鼠标光标移到路径文本左端，当光标呈显示时单击并拖动鼠标，路径上将出现一个随之移动的光标，当到达适当位置时释放鼠标，可以将路径上的文本向左或向右移动。
- 将鼠标光标移到路径右端，当光标呈显示时单击并拖动鼠标，可以暂时隐藏被拖过的路径上的文本。反方向拖动即可恢复被隐藏的文本。

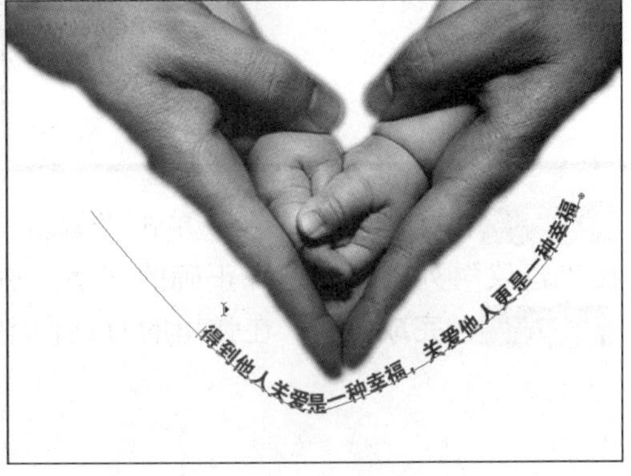

大师点拨 用户可以使用“添加锚点工具”、“删除锚点工具”和“转换点工具”对文字所在的路径进行编辑。在改变路径形状的同时，文字效果也随之改变。

7.5 编辑文本

在 Photoshop 中，不但可以对文字和段落格式进行设置，还可以通过一些特殊的文本编辑功能来编辑文本，如进行拼写检查、查找和替换文本等。

7.5.1 拼写检查

在图像窗口中输入文字时，难免出现一些错误，这时就需要系统提供的拼写检查功能，将输入的文字转换为正确的文字。下面练习使用文字的拼写检查功能，检查输入的文字是否有误，具体操作步骤如下。

	原始素材文件：光盘\素材文件\第 7 章\四叶草.jpg
	最终结果文件：光盘\结果文件\第 7 章\拼写检查.jpg
	同步教学文件：光盘\多媒体教学文件\第 7 章\

STEP 01：**打开素材文件**。打开“四叶草.jpg”素材文件。

STEP 02：**输入文字**。选择横排文字工具按钮T，设置字体为“Arial”，字号为“16 点”，然后在图像窗口中输入文字，完成后单击属性栏中的✓按钮。

STEP 03：**单击菜单命令**。单击“编辑”→“拼写检查”命令，弹出“拼写检查”对话框。在“建议”列表框中选择正确的文字，然后单击“更改”按钮。

STEP 04：**完成检查**。在弹出的对话框中单击“确定”按钮，即可完成文字的拼写检查。

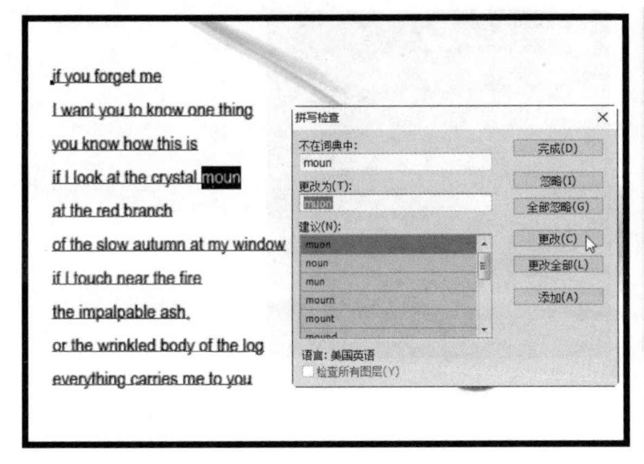

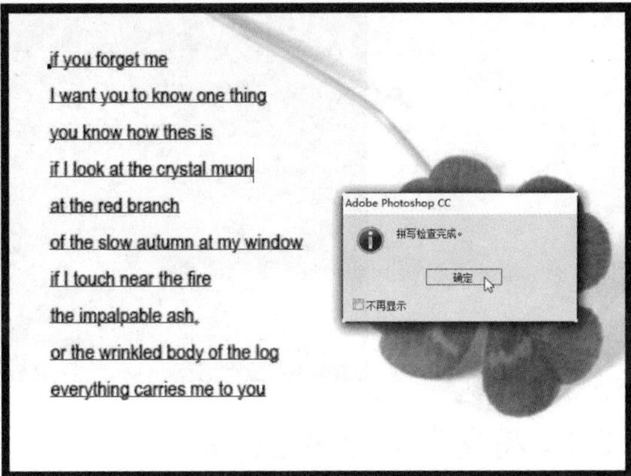

7.5.2　查找和替换文本

使用“查找和替换文本”功能，可以在输入的文字中查找到文字并将其替换成指定的内容。下面使用文字的查找和替换功能，对文字进行替换操作，具体操作步骤如下。

原始素材文件：光盘\素材文件\第 7 章\四叶草.jpg
最终结果文件：光盘\结果文件\第 7 章\长文档.psd
同步教学文件：光盘\多媒体教学文件\第 7 章\

STEP 01：**单击菜单命令**。打开“长文档.psd”素材文件，选择文字图层，单击“编辑”→“查找和替换文本”命令，弹出“查找和替换文本”对话框。分别在“查找内容”和“更改为”文本框中输入需要查找和替换的内容，然后单击“查找下一个”按钮。

STEP 02：**查找并替换文本**。查找到要替换的文字后，单击“更改”按钮。单击“全部更改”按钮，然后在弹出的提示对话框中单击“确定”按钮，即可一次性进行全部替换。

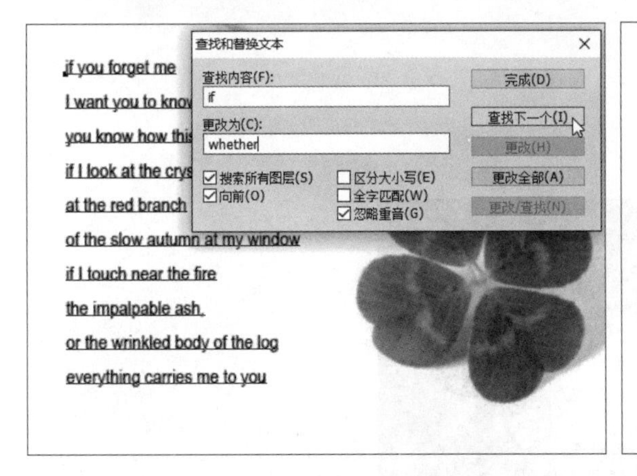

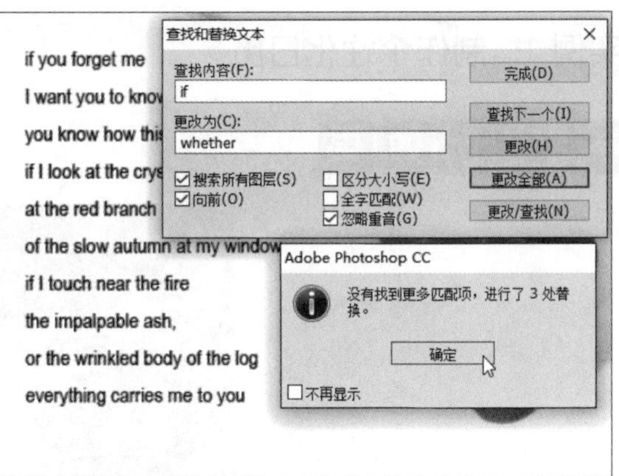

7.5.3　将文字转换为形状

选择文字图层，单击“类型”→“转换为形状”命令，可以将文字图层转换为具有矢量蒙版的形状图层。执行该命令后，将不会保留文本信息。

7.5.4　将文字创建为工作路径

选择文字图层，单击“类型”→“创建工作路径”命令，可以基于文字创建工作路径，原文字属性保持不变。生成的工作路径可以应用填充和描边，或者通过调整锚点得到变形文字。

7.6　同步训练——实战应用

实例 1：制作个性化日历

	原始素材文件：光盘\素材文件\第 7 章\野花.jpg
	最终结果文件：光盘\结果文件\第 7 章\日历.psd
	同步教学文件：光盘\多媒体教学文件\第 7 章\

制作分析

本例难易度：★★★☆☆

制作关键：	技能与知识要点：
用文字工具输入星期，并用不同颜色标识周末，接着使用文字工具输入号数和月份，栅格化文字后使用渐变工具进行填充，最后使用画笔工具绘制装饰效果，制作完成。	● 横排文字工具 ● 栅格化文字 ● 渐变工具 ● 画笔工具

具体步骤

STEP 01：**打开素材文件**。打开“野花.jpg”素材文件，作为日历的背景。

STEP 02：**输入文字**。选择横排文字工具T，在属性栏中设置字体为“Arial”，字号为“100 点”，颜色为“#00ff7e”，然后在图像窗口中输入文字。

STEP 03：**设置字符格式**。选择文字“sun”和“sat”，在“字符”面板中分别设置“sun”和“sat”的颜色为“#ff0078”和“#6f0ac4”，将周末和周六用不同的颜色标识，效果如下图所示。

STEP 04：**绘制段落文本框**。单击工具箱中的“横排文字工具”按钮T，在图像窗口中按住鼠标左键绘制出一个文本框。

STEP 05：**输入文字**。在属性栏中设置字体为“Arial”，字号为“110 点”，颜色为“#222fd9”，然后在图像窗口中输入四月份的号数。

STEP 06：**设置字符格式**。选择文本框中的文字，将周日和周六的号数分别用颜色“#ff0078”和“#6f0ac4”标识出来，效果如下图所示。

STEP 07：**输入文字**。选择横排文字工具T，在属性栏中设置字体为“Magneto”，字号为“250 点”，颜色为“#d9229b”，然后在图像窗口中输入文字“04”。

STEP 08：**输入文字**。选择横排文字工具T，在属性栏中设置字体为“English111 Vivace BT”，字号为“450 点”，然后在图像窗口中输入文字“September”。

STEP 09：**栅格化文字**。单击“图层”→“栅格化”→“文字”命令，将“September”文字图层栅格化。

STEP 10：**载入选区**。按住 Ctrl 键，然后单击栅格化后的文字图层，将图层中的文字载入选区。

STEP 11：**设置渐变**。选择渐变工具■，单击属性栏中的“点按可编辑渐变色”色块，弹出“渐变编辑器”对话框，在“预设”栏中选择“透明彩虹渐变”，然后单击“确定”按钮。

STEP 12：**填充选区**。在图像窗口中按住鼠标左键并拖动，对创建的文字选区进行填充。

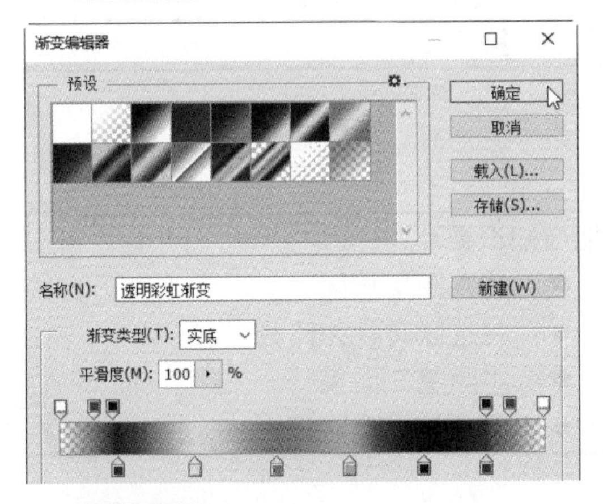

STEP 13：**设置画笔**。选中背景图层，单击工具箱中的“画笔工具”，在属性栏中单击“画笔预设”下拉按钮，在弹出的下拉列表框中选择“散步叶片”选项，设置画笔大小为“400 像素”，前景色为白色。

STEP 14：**绘制装饰**。在图像中按住鼠标左键进行拖动，为日历添加装饰，日历制作完成的最终效果如下图所示。

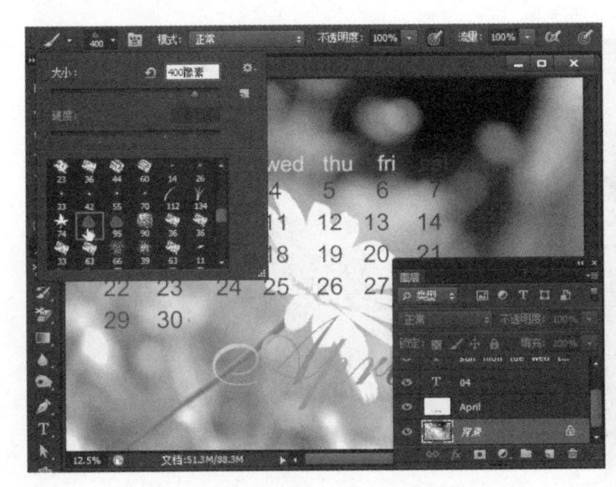

实例 2：制作密集荧光字

案例效果

	原始素材文件：光盘\素材文件\无
	最终结果文件：光盘\结果文件\第 7 章\密集荧光字.psd
	同步教学文件：光盘\多媒体教学文件\第 7 章\

制作分析

本例难易度：★★★★☆

制作关键：

载入背景图层，输入要处理的文字，然后载入文字选区并隐藏文字图层，接着将选区转换为路径，设置好画笔工具，最后使用画笔工具对路径进行描边即可。

技能与知识要点：

- 载入图层选区
- 将选区转换为路径
- “画笔”面板
- 用画笔描边路径

具体步骤

STEP 01：**新建图像**。单击“文件”→“新建”命令，新建一个大小为“450×300”像素，分辨率为 150 像素/英寸的图像文档。

STEP 02：**载入背景素材**。打开“星空.jpg”素材文件，使用移动工具将其移动到新建的图像文档中，并使用“Ctrl+T”组合键调整好图片的大小和位置。

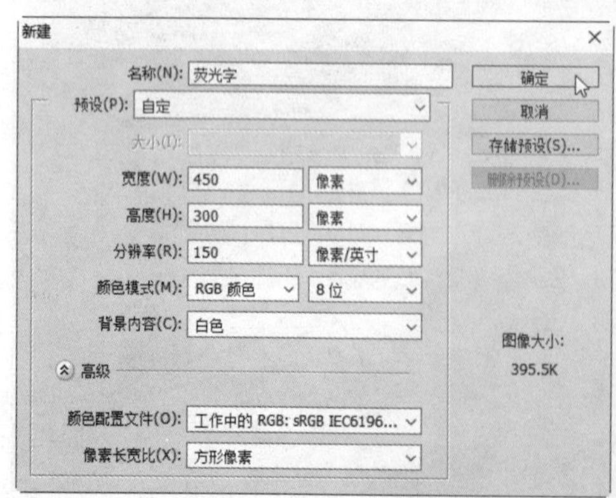

STEP 03：**输入文字**。选择横排文字工具文字，选择一个较粗的字体，这里选择的是“方正胖娃简体”，颜色任意，然后在图像中输入要处理的文字。

STEP 04：**设置画笔工具**。选择画笔工具，在属性栏中单击“切换画笔面板”按钮，在“画笔笔尖形状”页面中选择画笔样式为“平角 28 像素”，其他参数设置如下图所示。

STEP 05：**设置画笔**。勾选“形状动态”复选框并切换到该页面，设置“角度抖动”为100%，控制方式为“方向”。

STEP 06：**载入选区**。在图层面板中按住“Ctrl”键的同时单击文字图层缩略图，载入文字选区。

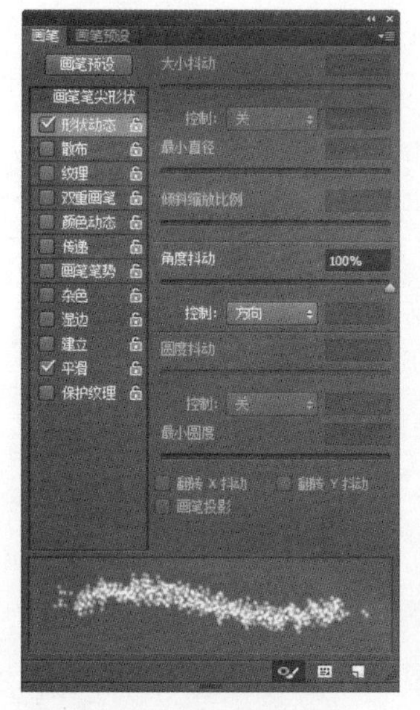

STEP 07：**将选区转换为路径**。在路径面板中单击“从选区生成工作路径”按钮，将选区转换为路径，然后隐藏文字图层的显示。

STEP 06：**描边路径**。设置前景色为“R:51,G:255,B:255”，选中画笔工具，新建一个图层，然后在路径面板中单击“用画笔描边路径”按钮，完成后隐藏工作路径即可得到最终效果。

本章小结

本章介绍了如何使用 Photoshop 在图像中输入文字，以及如何对文字进行编辑和处理。文字在图像制作中的应用非常广泛，在广告、封面、店招等图像设计中都起着非常重要的作用，初学者一定要多加练习。

第 8 章

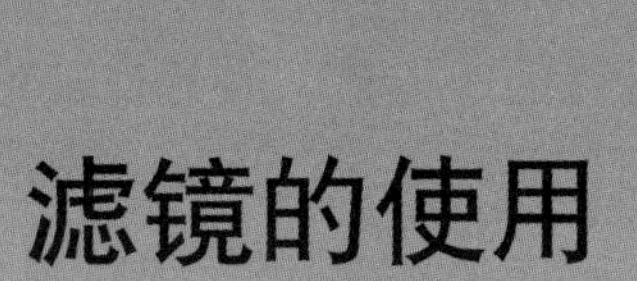

滤镜的使用

本章导读

滤镜是使用 Photoshop CC 进行图像特效制作时最为常用的一种工具，通过它可以为图像文件添加各种艺术效果。本章将讲解滤镜的分类，以及一些基本用法和设置方法。

知识要点

- ◆ 了解滤镜的原理与使用方法
- ◆ 掌握滤镜库的使用方法
- ◆ 掌握特殊滤镜的使用方法
- ◆ 掌握常用滤镜的使用方法

案例展示

8.1 知识讲解——滤镜的原理与使用方法

滤镜被称为 Photoshop 图像处理的“灵魂”，使用滤镜可以轻松地为图像添加各种各样的特殊效果。

8.1.1 滤镜的分类和作用

在 Photoshop CC 中，滤镜主要分为系统自带的内部滤镜和外挂滤镜两种。

- 内部滤镜：内部滤镜是集成在 Photoshop CC 中的滤镜，其中“滤镜库”、“自适应广角”、“镜头校正”、“液化”、“油画”、“消失点”等滤镜为特殊滤镜，被单独列出，而剩余的滤镜根据功能不同，被放置在不同类别的滤镜组中，如“风格化”滤镜组等。
- 外挂滤镜：外挂滤镜需要用户进行安装，常见的外挂滤镜有 KPT、Eye 等，可以制作出更多的画面效果。

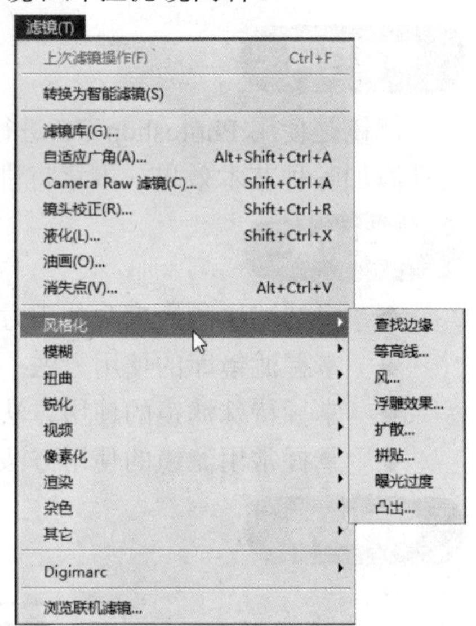

通过滤镜，用户可以对图像中的像素进行分析，并进行色彩和亮度等参数的调节，从而完成部分或全部像素的属性参数的控制，在图像处理过程中起着非常重要的作用。

需要注意的是，滤镜命令只能作用于当前正在编辑的、可见的图层或图层中的选区，如果没有创建选区，系统会将整个图层视为当前作用范围。此外，也可对整幅图像应用滤镜，滤镜可以反复应用，但一次只能应用在一个图层上。

8.1.2 滤镜的使用方法

Photoshop 中滤镜数量繁多，其作用也各不相同，但滤镜的使用方法却大同小异。单击菜单栏中的“滤镜”命令，再选择其下拉菜单中的滤镜子命令，在弹出的对话框中设置滤镜参数，然后单击“确定”按钮即可。

1．执行滤镜命令

下面以设置拼贴效果为例讲解滤镜的使用方法，具体步骤如下：

	原始素材文件：光盘\素材文件\第 8 章\首饰.jpg
	最终结果文件：光盘\结果文件\第 8 章\首饰.jpg
	同步教学文件：光盘\多媒体教学文件\第 8 章\

STEP 01：**应用滤镜**。打开图像文件，执行“滤镜”→“风格化”→“拼贴”命令，弹出“拼贴”对话框；在“拼贴数”文本框中输入“20”，在“填充空白区域”栏中选择“反向图像”单选项；单击“确定”按钮，见左下图。

STEP 02：**完成效果**。返回图像窗口，滤镜效果被应用到了图像中，最终效果见右下图。

2. 重复滤镜效果

当使用完一个滤镜命令后，最后一次使用的滤镜将出现在“滤镜”菜单的顶部，选择该命令或按下“Ctrl+F”组合键，可用上次设置的参数重复应用滤镜效果。按下“Ctrl+Alt+F”组合键，可以快速打开上次设置的滤镜对话框，在其中对滤镜参数重新进行设置。

3. 取消滤镜效果

执行某个滤镜命令后，可以通过执行“编辑”→“渐隐”命令，在弹出的“渐隐”对话框中设置相关参数，将执行滤镜后的效果与原图像进行混合，以达到消褪滤镜效果的目的。

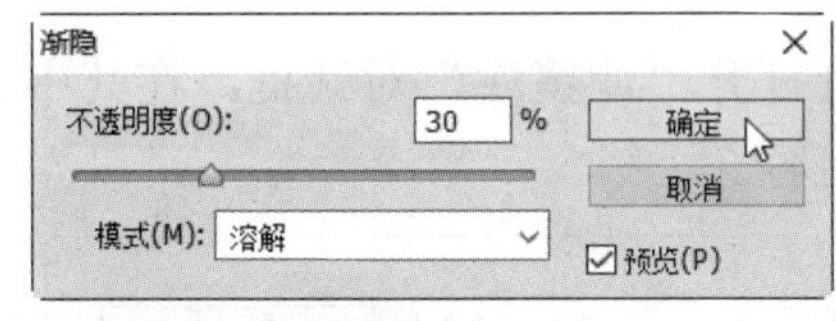

“渐隐”对话框中各项的作用如下：

- “不透明度”文本框：用于设置滤镜效果的强弱，值越大，滤镜的效果越明显。
- “模式”下拉列表框：用于设置滤镜色彩与原图色彩进行混合的模式。
- “预览”复选框：选中该复选框，当参数变化时，图像的效果也将同步改变。

8.1.3 转换智能滤镜

智能滤镜是作为图层效果出现在“图层”面板中的，使用智能滤镜，可以在不修改图像中的像素，不破坏图像的情况下生成特效。

使用非智能滤镜，如使用“高斯模糊”滤镜处理图像，可以在“图层”面板中看到，“背景”图层中的像素被修改了，在保存并关闭图像文件后，将无法恢复到原始效果，如下图。

执行“滤镜”→“转换为智能滤镜”命令，在弹出的提示对话框中单击“确定”按钮，将所选图层转换为智能对象，然后再使用“高斯模糊”滤镜处理图像，就不会破坏“背景”图层中的像素，在保存并关闭图像文件后，单击滤镜名称前的👁图标使其隐藏，即可将图像恢复到原始效果，如下图。

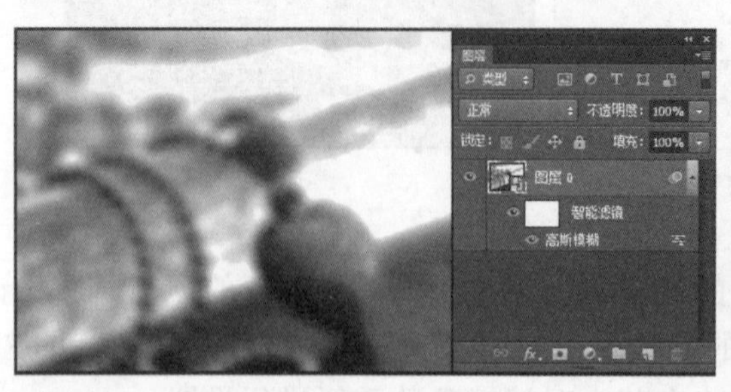

8.2 知识讲解——滤镜库

使用滤镜库为图像添加滤镜，不仅可以实时预览图像的效果，还可以在操作过程中为图像添加多种滤镜，其主要为应用高级滤镜而设置。

8.2.1 认识滤镜库对话框

执行“滤镜”→“滤镜库”命令，即可打开“滤镜库”对话框，在其中选择某一个具体的滤镜之后，对话框将显示该滤镜的相关内容。

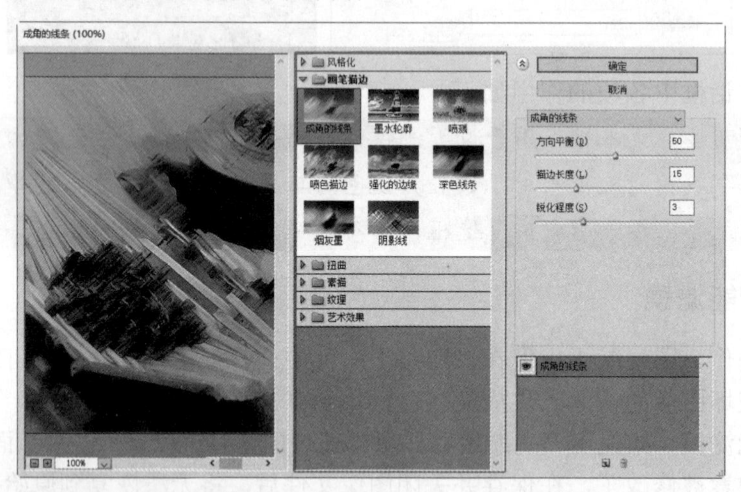

“滤镜库”对话框中各项的作用如下：

- 预览框：可预览图像的变化效果，单击左下角的“+”或“-”按钮，可以缩小或放大预览框中的图像。
- 滤镜组面板：提供了多种滤镜以供选择。
- ⌃按钮：单击该按钮可以隐藏或显示滤镜面板。
- 参数设置区：该区用于设置应用滤镜时的各种参数。
- 滤镜列表：用来显示对图像加载的滤镜选项，其设置方法与“图层”面板相似。

需要注意的是，滤镜组中的滤镜并没有全部集合于滤镜库的滤镜组面板中。

8.2.2　滤镜库的使用方法

在滤镜组面板中单击滤镜名称按钮，如单击“艺术效果”按钮，可以展开该组滤镜，其中显示了滤镜缩览图；单击滤镜缩览图后即可将使用该滤镜后的图像效果显示在左侧的预览框中；在对话框右侧的参数设置区中可以设置滤镜的参数，设置完成后单击“确定”按钮即可应用滤镜效果。

如果需要同时使用多个滤镜命令，可以单击对话框右下角的“新建效果图层”按钮，在原效果图层上再新建一个效果图层。选择相应的滤镜命令后还可以应用其他的滤镜效果，从而实现多个滤镜的叠加效果。

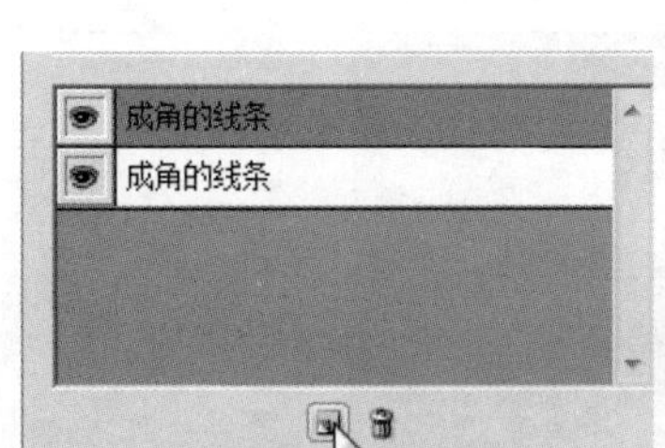

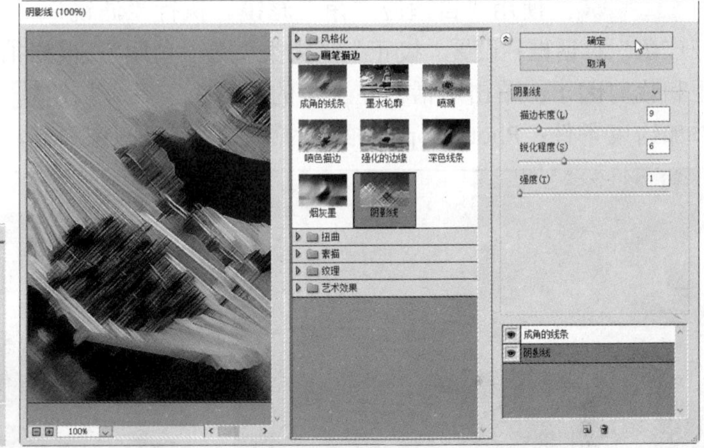

单击效果图层左侧的按钮，可以隐藏对应的效果图层，此时相应的滤镜效果也会被隐藏。再次单击该按钮，即可显示对应的效果图层和滤镜效果。

单击需要删除的效果图层，使该图层处于被选中状态，然后单击“删除效果图层”按钮，即可将其删除。

8.3　知识讲解——使用特殊滤镜

Photoshop CC 中的内置滤镜可以说是丰富多彩，其中“液化”、“消失点”和“镜头校正”滤镜在用户处理图像时可以发挥不小的作用，下面将分别对它们的功能和使用方法进行介绍。

8.3.1　使用自适应广角滤镜处理镜头畸变

使用“自适应广角”滤镜，可以校正因增大广角或者使用鱼眼镜头拍摄而引起的图像变形失真的问题。执行“滤镜”→“自适应广角”命令，即可弹出“自适应广角”对话框。

“自适应广角”对话框中各项的作用如下：

- “校正”下拉列表框：提供了“鱼眼”、“透视”、“自动”、“完整球面”四种镜头类型。
- “缩放”文本框：用于设置图像的缩放比例。
- “焦距”文本框：用于设置焦距，配合“约束工具”或“多边形约束工具”使用，修正图像广角畸变。
- “裁剪因子”文本框：用于设置裁剪因子，在修正图像畸变后，补偿滤镜造成的空白区域。

下面使用“自适应广角”滤镜处理变形失真的图像文件，具体步骤如下：

原始素材文件：光盘\素材文件\第 8 章\鱼眼镜头照片.jpg
最终结果文件：光盘\结果文件\第 8 章\鱼眼镜头照片.psd
同步教学文件：光盘\多媒体教学文件\第 8 章\

STEP 01：**打开图像文件**。打开图像文件，可以看到由于使用鱼眼镜头拍摄，图像中的地平线呈弧线状。

STEP 02：**使用“自适应广角”滤镜**。执行“滤镜”→“自适应广角”命令，打开“自适应广角”对话框；设置“校正”镜头类型为“鱼眼”，根据拍照使用的相机和镜头设置缩放、焦距和裁剪因子；单击对话框左上角的“约束工具”按钮，在图像的地平线处使用鼠标单击添加约束条件；Photoshop 将根据约束条件校正图像失真，完成后单击“确定”按钮。

STEP 03：**裁剪图像文件**。使用“自适应广角”滤镜校正图像广角畸变后，图像边缘会有一定的变形，此时可以使用工具箱中的“裁剪工具”裁剪变形的图像边缘，进行修正。

STEP 04：**完成效果**。按下“Enter”键确认裁剪，最终效果见右下图。

8.3.2　使用镜头校正滤镜纠正数码照片

使用“镜头校正”滤镜，可以校正因使用普通数码相机拍摄而引起的图像变形失真的问题，如枕形失真、晕影或色彩失常等。执行“滤镜”→“镜头校正”命令，即可弹出“镜头校正”对话框。

“镜头校正”对话框中各项的作用如下：

- “移去扭曲工具”按钮：单击该按钮，然后在预览窗口中按住鼠标左键进行拖动，可以校正镜头桶形或枕形失真。
- “拉直工具”按钮：单击该按钮，然后在预览窗口中拖动直线，可以校正歪斜的图像。
- “移动网格工具”按钮：单击该按钮，可以在预览窗口中移动网格以将其与图像对齐。

在“镜头校正”对话框的“自动校正”选项卡中，用户可以通过选择“相机的制造商”、“相机的型号”以及“镜头的型号”等参数对照片进行自动校正。

8.3.3　使用液化滤镜为人物瘦脸

使用“液化”滤镜，可以对图像的任何区域进行变形，从而制作出特殊的效果。执行“滤镜”→“液化”命令，即可弹出“液化”对话框。

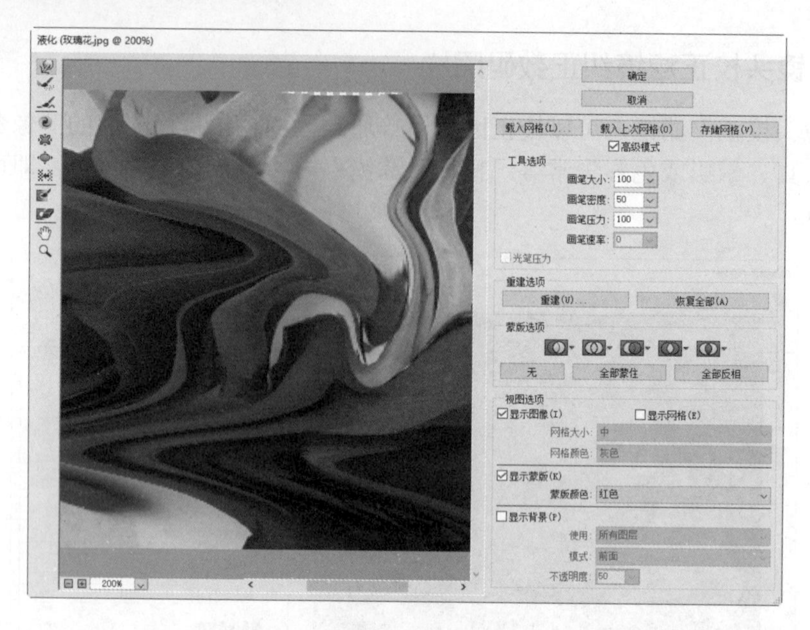

“液化”对话框中各项的作用如下：

- “向前变形工具”按钮：单击该按钮，然后在预览框中单击并拖动鼠标指针，可以使图像中的像素随鼠标拖动方向变形移动。
- “重建工具”按钮：单击该按钮，可以完全或局部恢复修改的内容。
- “顺时针旋转扭曲工具”按钮：单击该按钮，然后在预览窗口中按住鼠标左键不放，可以使图像按顺时针方向旋转。
- “褶皱工具”按钮：单击该按钮，然后在预览窗口中按住鼠标左键不放，可以使图像像素向中心点收缩，从而产生向内压缩变形的效果。
- “膨胀工具”按钮：单击该按钮，然后在预览窗口中按住鼠标左键不放，可以使图像像素背离操作中心点，从而产生向外膨胀放大的效果。
- “左推工具”按钮：单击该按钮，然后在预览窗口中进行拖动，可以移动和描边垂直方向上的像素，使像素向左移动；如果按住“Alt”键，则使像素向右移动。
- “冻结蒙版工具”按钮：单击该按钮，可以在预览窗口中创建蒙版，使蒙版区域冻结，不受编辑的影响。
- “解冻蒙版工具”按钮：单击该按钮，然后按住鼠标左键在预览窗口中拖动，可以解除冻结的区域。
- “抓手工具”：单击该按钮，将鼠标移动到预览窗口中，光标呈形状，按住鼠标左键拖动，可以移动预览窗口中的图像位置。
- “缩放工具”：单击该按钮，在预览窗口中光标呈形状，单击鼠标左键可以放大预览窗口中的图像；单击该按钮，按住“Alt”键不放，在预览窗口中光标呈形状，此时单击鼠标左键可以缩小预览窗口中的图像。

下面使用“液化”滤镜为人物瘦脸，具体步骤如下：

	原始素材文件：光盘\素材文件\第 8 章\小女孩.jpg
	最终结果文件：光盘\结果文件\第 8 章\小女孩.jpg
	同步教学文件：光盘\多媒体教学文件\第 8 章\

STEP 01：**设置“液化”滤镜**。打开要进行液化的图像文件；执行“滤镜”→“液化”命令，打开“液化”对话框；单击对话框左上角的“向前变形工具”按钮，然后在右侧的“工具选项”栏中设置“画笔大小”为“50”，“画笔密度”为“50”，“画笔压力”为“50”。

STEP 02：**使用“液化”滤镜**。在图像预览窗口中，按住鼠标左键进行拖动，对人物的面部进行液化操作，操作完成后单击“确定”按钮。

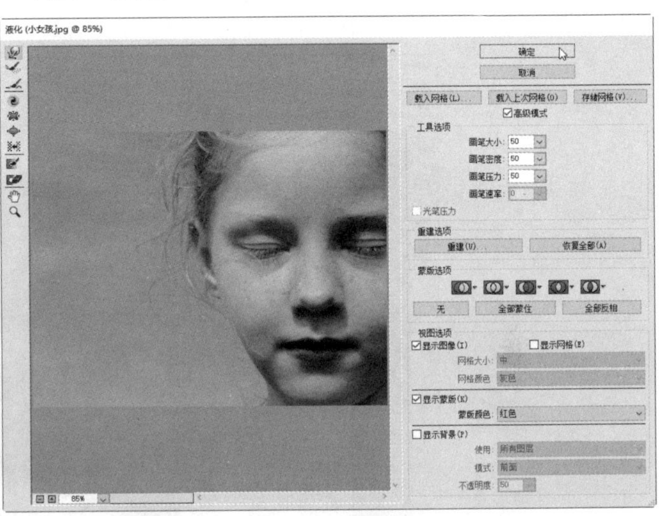

8.3.4　使用油画滤镜制作油画效果

执行“滤镜”→“油画”命令，即可弹出“油画”对话框。通过设置油画滤镜中的各项参数，可以使图像产生手绘油画的效果。

“油画”对话框中各项的作用如下：

- “样式化”文本框：用于设置画笔描边的样式化。
- “清洁度”文本框：用于设置画笔描边的清洁度。

- “缩放”文本框：用于设置缩放比例。
- “硬毛刷细节”文本框：用于设置硬毛刷细节的数量。
- “角方向”文本框：用于设置光源的方向。
- “闪亮”文本框：用于设置反射的闪亮。

8.3.5 使用消失点功能处理透视图像

使用消失点滤镜在选定的图像区域内进行复制、喷绘、粘贴图像等操作时，操作对象会根据选定区域内的透视关系按照一定的角度和比例自动进行调整，可减少精确设计和修饰照片所需的时间。

执行“滤镜”→“消失点”命令，即可弹出“消失点”对话框。其中各参数的含义如下。

- “编辑平面工具”按钮：单击该按钮，可以选择和移动透视网格。
- “创建平面工具”按钮：单击该按钮，可以对绘制的透视网格进行选择、编辑、移动和调整大小等操作。
- “选框工具”按钮：单击该按钮，可以在透视网格内绘制选区。按住“Alt”键的同时拖动选区可以创建选区副本；按住“Ctrl”键的同时拖动选区则可以使用源图像填充选区。
- “图章工具”按钮：单击该按钮，在透视网格中按住“Alt”键的同时定义一个源图像，然后在需要的位置进行涂抹，即可复制图像。
- “画笔工具”按钮：单击该按钮，可以在透视网格中进行绘图操作。
- “变换工具”按钮：单击该按钮，可以在复制图像时，对图像进行缩放、水平翻转和垂直翻转等操作。
- “吸管工具”按钮：单击该按钮后在图像中单击，可以吸取绘图时所用颜色。
- “手抓工具”按钮：单击该按钮，可以拖动预览窗口中的图像。
- “缩放工具”按钮：单击该按钮后，在预览窗口中单击，可以放大图像；按住“Alt”键后在预览窗口中单击，可以缩小图像。

下面使用“消失点”滤镜为立方体添加漂亮的外衣，具体步骤如下：

	原始素材文件：光盘\素材文件\第 8 章\立方体.jpg 绿叶.jpg
	最终结果文件：光盘\结果文件\第 8 章\立方体.jpg
	同步教学文件：光盘\多媒体教学文件\第 8 章\

STEP 01：复制图像文件。打开图像文件“绿叶.jpg”，按下“Ctrl+A”组合键选中图像文件，此时图像周围出现虚线框，然后按下“Ctrl+C”组合键复制图像，见左下图。

STEP 02：创建与编辑网格。打开图像文件“立方体.jpg”，执行“滤镜”→“消失点”命令，打开“消失点”对话框；单击“创建平面工具”按钮，在立方体上创建平面；然后单击“编辑平面工具”按钮，对创建好的网格进行编辑调整，见右下图。

STEP 03：粘贴图像。按下“Ctrl+V”组合键，将复制的图像粘贴到编辑区，然后按住鼠标不放并拖动图像，将其移动到立方体的适当位置，见左下图。

STEP 04：确定应用滤镜。重复上述步骤，继续粘贴图像，并将其移动到立方体中的适当位置，粘贴完成后单击“确定”按钮，见右下图。

8.4　知识讲解——常用滤镜的使用

Photoshop CC 中内置了许多滤镜，通过这些滤镜可以对图像进行一些特殊处理，如“风格化”、“模糊”、“扭曲”、“锐化”等，从而使一张普通的图片变得绚丽多彩、妙趣横生。

8.4.1 使用风格化滤镜快速调整照片色调

风格化滤镜主要是通过移动、置换或拼贴图像的像素并提高图像像素的对比度来产生特殊效果。

1. 风格化滤镜的作用

执行“滤镜”→“风格化”命令，打开“风格化”子菜单，其中包含查找边缘、等高线、风和浮雕效果等 8 种滤镜命令，其作用如下：

- 查找边缘：可以查找图像中主色块颜色变化的区域，并将查找到的边缘轮廓描边，使图像看起来像用笔刷勾勒的轮廓。
- 等高线：可以沿图像的亮部区域和暗部区域的边界绘制颜色比较浅的线条效果。
- 风：可以将图像的边缘进行位移，产生一种类似风吹的效果，在其对话框中可设置风吹效果样式以及风吹方向。
- 浮雕效果：可以勾画出图像中颜色差异较大的边界，并降低周围的颜色值生成浮雕效果。
- 扩散：可以使图像产生像透过磨砂玻璃一样的模糊效果。
- 曝光过度：混合负片和正片图像，类似于显影过程中将摄影照片短暂曝光。
- 凸出：可以将图像分成数量不等，但大小相同并有机叠放的立体方块。
- 拼贴：可根据对话框中设定的值将图像分成小块，产生整幅图像画在瓷砖上的效果。

2. 风格化滤镜的使用

下面使用风格化滤镜调整图像的色调，具体步骤如下：

	原始素材文件：光盘\素材文件\第 8 章\家庭.jpg
	最终结果文件：光盘\结果文件\第 8 章\家庭.jpg
	同步教学文件：光盘\多媒体教学文件\第 8 章\

STEP 01：**打开图像文件**。打开图像文件“家庭.jpg”，见左下图。

STEP 02：**选择通道**。执行“窗口”→“通道”命令，打开“通道”面板；选择“蓝”通道，见右下图。

STEP 03：**应用滤镜**。执行“滤镜”→“风格化”→“曝光过度”命令，可以看到“蓝”通道的变化。

STEP 04：**显示通道**。单击“通道”面板中的 RGB 通道，使通道完全显示即可。

8.4.2　使用模糊滤镜制作照片景深特效

模糊滤镜主要用于对图像边缘过于清晰或对比度过于强烈的区域进行模糊，从而使相邻像素平滑过渡，产生柔和、模糊的效果。

1．模糊滤镜的作用

执行“滤镜”→“模糊”命令，在打开的模糊滤镜子菜单中包括表面模糊、动感模糊和方框模糊等 11 种滤镜效果，其作用如下：

- 表面模糊：在模糊图像时可保留图像边缘，用于创建特殊效果以及去除杂点和颗粒。
- 动感模糊：可以模仿拍摄运动物体的手法，通过使像素在某一方向上线性位移来产生运动模糊效果。
- 方框模糊：以邻近像素颜色平均值为基准模糊图像。
- 高斯模糊：根据高斯曲线对图像进行选择性模糊，产生强烈的模糊效果，是比较常用的模糊滤镜。
- 进一步模糊：可以使用图像产生轻微明显的模糊效果。
- 径向模糊：可以产生旋转模糊效果。
- 镜头模糊：可以模仿镜头的景深效果，对图像的部分区域进行模糊。
- 模糊：可以使图像产生轻微的模糊效果。
- 平均：可以找出图像或选区的平均颜色，然后用该颜色填充图像或选区以创建平滑的外观。
- 特殊模糊：通过找出图像的边缘以及模糊边缘以内的区域，产生一种边界清晰中心模糊的效果。
- 形状模糊：使用指定的形状作为模糊中心进行模糊。

2．模糊滤镜的使用

下面使用模糊滤镜制作照片景深特效，具体步骤如下：

原始素材文件：光盘\素材文件\第 8 章\欢跃.jpg
最终结果文件：光盘\结果文件\第 8 章\欢跃.psd
同步教学文件：光盘\多媒体教学文件\第 8 章\

STEP 01：复制背景图层。打开图像文件“欢跃.jpg”，在“图层”面板中选中背景图层，按下“Ctrl+J”组合键，复制背景图层，见左下图。

STEP 02：应用“径向模糊”滤镜。选中复制得到的图层，执行“滤镜”→“模糊”→“径向模糊”命令；弹出“径向模糊”对话框，在“数量”文本框中输入“30”，设置“模糊方式”为“缩放”，“品质”为“好”；单击“确定”按钮，见右下图。

STEP 03：添加图层蒙版。选中复制得到的图层，在按住“Alt”键的同时单击“添加图层蒙版”按钮，为图层添加蒙版，见左下图。

STEP 04：涂抹蒙版。将前景色设置为白色；使用工具箱中的“画笔工具”，在需要具有动感效果的区域进行涂抹，图层的动感效果就会逐渐显露出来，见右下图。

8.4.3 使用扭曲滤镜制作抽丝效果

扭曲滤镜主要用于对平面的图像进行扭曲，使其产生旋转、挤压和水波纹等变形效果。

1．扭曲滤镜的作用

执行“滤镜”→“扭曲”命令，打开“扭曲”子菜单，其中包括波浪、波纹、极坐标和挤压等 9 种滤镜效果，其作用如下：

- 波浪：可以根据设定的波长和波幅产生波浪效果。
- 波纹：可以根据参数设定产生不同的波纹效果。

- 极坐标：可以将图像从直角坐标系转换为极坐标系或从极坐标系转换为直角坐标系，产生极端变形效果。
- 挤压：可以使全部图像或选区图像产生向外或向内挤压的变形效果。
- 切变：可以在垂直方向上按设置的弯曲路径扭曲图像。
- 球面化：可以模拟将图像扭曲、伸展来适合球面，从而产生球面化效果。
- 水波：可以模仿水面上产生的波纹和旋转效果。
- 旋转扭曲：可以产生旋转风轮效果。
- 置换：可以使图像产生位移效果，位移的方向不仅跟参数设置有关，还跟位移图有密切关系；使用该滤镜需要两个文件，一个是要编辑的图像文件，另一个是位移图文件，位移图文件充当位移模板，用于控制位移的方向。

2．扭曲滤镜的使用

下面使用扭曲滤镜制作抽丝效果，具体步骤如下：

原始素材文件：光盘\素材文件\第 8 章\跳跃.jpg
最终结果文件：光盘\结果文件\第 8 章\跳跃.psd
同步教学文件：光盘\多媒体教学文件\第 8 章\

STEP 01：**打开图像文件**。打开图像文件“跳跃.jpg”；单击工具箱中的“渐变工具”按钮，在对应的属性栏中单击“点按可渐变”色块右侧的按钮；在弹出的菜单中选择“前景色到透明渐变”色块，见左下图。

STEP 02：**填充图层**。单击“图层”面板中的“创建新图层”按钮，新建图层 1；选择“图层 1”，然后按住鼠标左键在图像窗口中拖动，对图层进行渐变填充，见右下图。

STEP 03：**应用“波浪”滤镜**。执行“滤镜”→“扭曲”→“波浪”命令；弹出“波浪”对话框，设置“生成器数”为“1”，“波长”最小为“1”、最大为“6”，“波幅”最小“998”、最大为“999”，“比例”水平为“100%”，垂直为“100%”，选择“类型”为“方形”；单击“确定”按钮，见左下图。

STEP 04：**设置图层不透明度**。在“图层”面板中设置“不透明度”为“50%”，图像的最终效果见右下图。

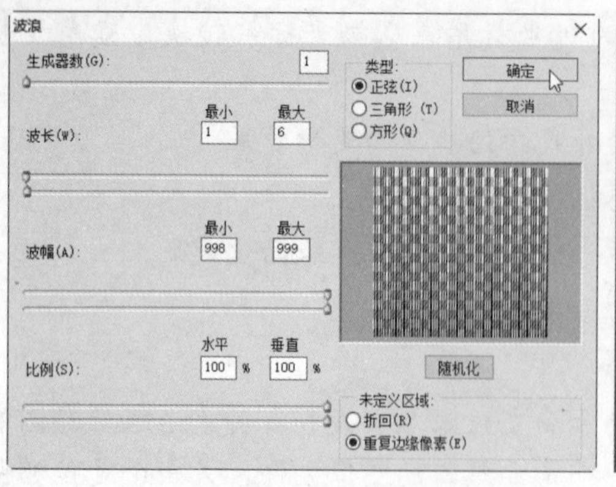

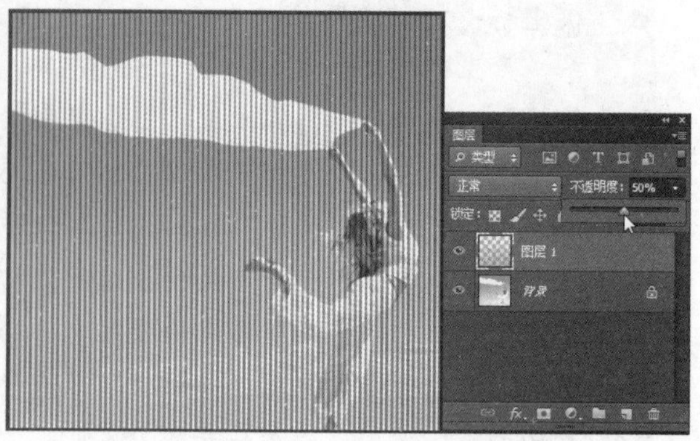

8.4.4 使用锐化滤镜增加照片的清晰度

锐化滤镜主要通过增强图像中相邻像素之间的对比度来使图像轮廓清晰，减弱图像的模糊程度。

1. 锐化滤镜的作用

执行“滤镜”→“锐化”命令，打开锐化子菜单，其中包括 USM 锐化、进一步锐化、锐化、锐化边缘和智能锐化 5 个滤镜，其作用如下：

- USM 锐化：可以在图像边缘的两侧分别制作一条明线或暗线来调整边缘细节的对比度，使图像边缘轮廓更清晰。
- 进一步锐化：与锐化滤镜作用相似，只是锐化效果更加强烈。
- 锐化：可以增加图像像素之间的对比度，使图像更清晰。
- 锐化边缘：用于锐化图像的边缘，使不同颜色之间的边界更加明显。
- 智能锐化：可以设置锐化算法或控制在阴影和高光区域中进行的锐化量，以获得更好的边缘轮廓并减少锐化晕圈。

2. 锐化滤镜的使用

以使用锐化滤镜增加照片的清晰度为例。方法为：打开比较模糊的图像文件；执行“滤镜”→“锐化”→“USM 锐化”命令；弹出“USM 锐化”对话框，根据需要设置“数量”、“半径”、“阈值”等相关参数，然后单击“确定”按钮即可。

8.4.5 使用像素化滤镜制作铜版画效果

像素化滤镜组的滤镜主要通过将相似颜色值的像素转化成单元格，使颜色值相近的像素结成块，进行图像的分块或平面化处理，以此制作奇特的图像效果。

1．像素化滤镜的作用

像素化滤镜组中包括 7 种不同滤镜，分别以特殊的点、块对图像进行分割，使图像产生特殊效果。像素化滤镜组中主要滤镜的作用如下：

- 彩块化：在不改变原图像轮廓的情况下，通过分组和改变示例色素形成相似颜色的像素块，强调原色与相近颜色，以产生类似模糊的效果。
- 彩色半调：模拟在图像每个通道上应用半调网屏效果。
- 点状化：将图像生成点状化的绘画效果。
- 晶格化：使图像像素产生多边形块状效果。
- 马赛克：产生像素颜色相同的马赛克效果。
- 碎片：将图像的像素复制 4 遍，然后将它们平均移位并降低不透明度，从而产生不聚焦效果。
- 铜版雕刻：随机将图像转换为黑白区域的图案或彩色图像中完全饱和的颜色，即在图像中随机分布各种不规则的线条和斑点，产生镂刻的版画效果。

2．像素化滤镜的使用

下面使用像素化滤镜组中的“铜板雕刻”滤镜制作铜版画效果，具体步骤如下：

	原始素材文件：光盘\素材文件\第 8 章\郁金香.jpg
	最终结果文件：光盘\结果文件\第 8 章\郁金香.jpg
	同步教学文件：光盘\多媒体教学文件\第 8 章\

STEP 01：**打开图像文件。**打开图像文件“郁金香.jpg”。

STEP 02：**应用“铜板雕刻”滤镜。**执行“滤镜”→“像素化”→“铜版雕刻”命令；弹出“铜版雕刻”对话框，在“类型”下拉列表框中选择“短直线”选项；单击“确定”按钮即可。

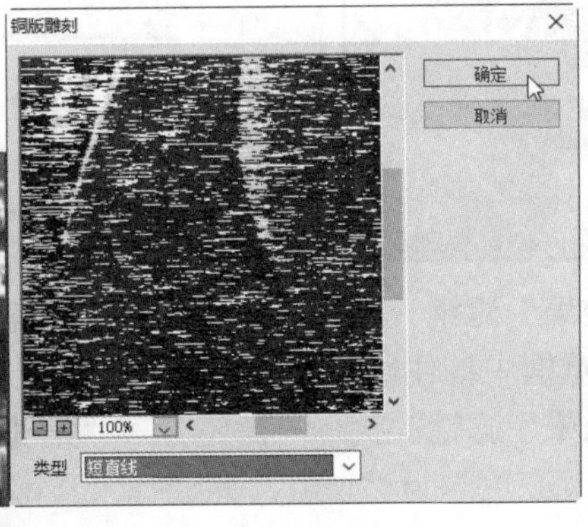

8.4.6 使用渲染滤镜制作电影胶片效果

渲染滤镜可以用于模拟在不同的光源下，用不同的光线照明的效果。

1. 渲染滤镜的作用

单击“滤镜”→“渲染”命令，在打开的渲染滤镜子菜单中包括分层云彩、光照效果和镜头光晕等 5 种滤镜效果，其作用如下：

- 分层云彩：滤镜的效果与原图像的颜色有关，是在图像中添加分层云彩效果。
- 光照效果：通过设置光源、光色、物体的反射特性等内容，然后根据这些设定产生光照，并且可以根据这些设定产生光照模拟三维光照效果。
- 镜头光晕：可以模拟强光照射的镜头眩光效果。
- 纤维：可以根据当前的前景色和背景色生成类似纤维的纹理效果，纤维滤镜生成的纤维将完全覆盖原图像。
- 云彩：可以在前景色和背景色间随机取样将图像转换为柔和的云彩效果。

2. 渲染滤镜的使用

下面使用渲染滤镜为照片添加电影胶片效果，具体步骤如下：

	原始素材文件：光盘\素材文件\第 8 章\人物头像.jpg
	最终结果文件：光盘\结果文件\第 8 章\人物头像.jpg
	同步教学文件：光盘\多媒体教学文件\第 8 章\

STEP 01：**打开图像文件**。打开图像文件“人物头像.jpg”，见左下图。

STEP 02：**调整图像色相/饱和度**。执行“图像”→“调整”→“色相/饱和度”命令，弹出“色相/饱和度”对话框，设置“色相”、“饱和度”和“明度”分别为“+13”、“+25”和“0”；勾选“着色”复选框；单击“确定”按钮，见右下图。

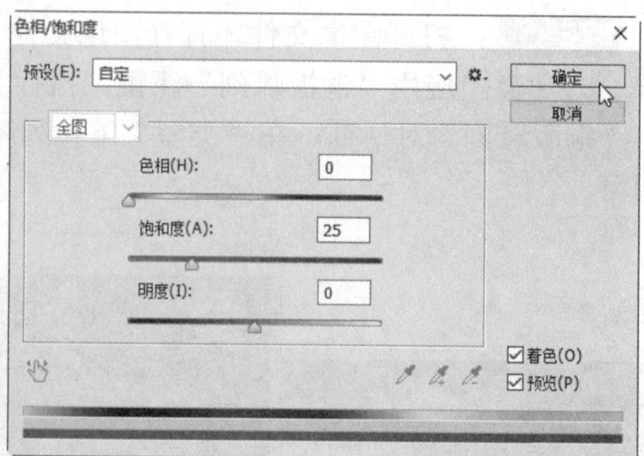

STEP 03：**应用“光照效果”滤镜**。执行“滤镜”→“渲染”→“光照效果”命令；弹出“光照效果”对话框，在预览框中按住鼠标左键调整光照效果；完成后单击“确定”按钮。

STEP 04：**应用“镜头光晕”滤镜**。执行“滤镜”→“渲染”→“镜头光晕”命令；弹出“镜头光晕”对话框，设置“亮度”为“150”，并选择“35 毫米聚焦”单选项；单击“确定”按钮，见右下图。

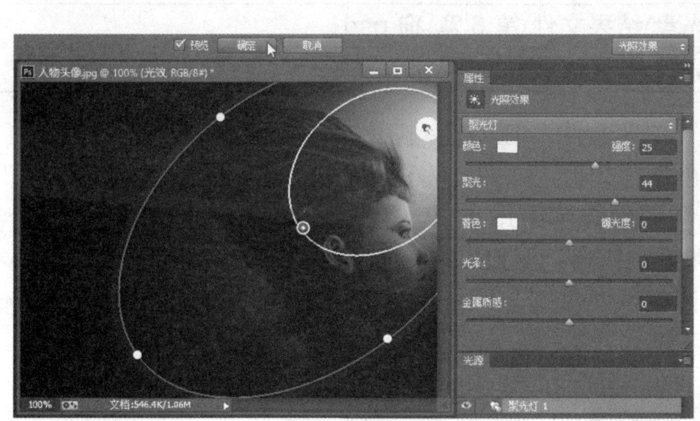

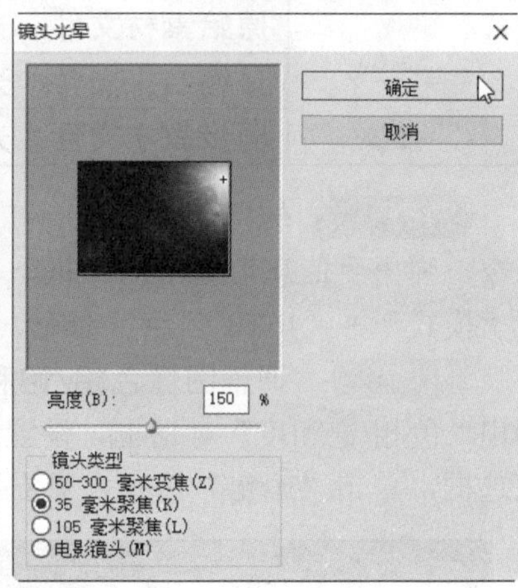

STEP 05：完成效果。为照片添加渲染滤镜后的效果如下图。

8.4.7　使用杂色滤镜将照片处理为陈旧的老照片

杂色滤镜主要用来向图像中添加杂点或去除图像中的杂点效果，执行“滤镜”→“杂色”命令，即可打开杂色滤镜组的子菜单。

1．杂色滤镜的作用

“杂色”子菜单中包括“减少杂色”、“蒙尘与划痕”、“去斑”、“添加杂色”、“中间值”等 5 种滤镜效果，其作用如下：

- 减少杂色：用于去除扫描的照片和数码相机拍摄的相片上产生的杂色。
- 蒙尘与划痕：通过将图像中有缺陷的像素融入周围的像素，达到除尘和涂抹的效果，适用于处理扫描图像中的蒙尘和划痕。
- 去斑：通过对图像或选区内的图像进行轻微的模糊、柔化，从而达到掩饰图像中细小斑点、消除轻微折痕的效果。
- 添加杂色：可以向图像中添加一些细小的颗粒状像素，常用于添加杂点纹理效果。
- 中间值：可以采用杂点和其周围像素的折中颜色来平滑图像中的区域。

2．杂色滤镜的使用

下面使用杂色滤镜将照片处理为陈旧的老照片，具体步骤如下：

原始素材文件：光盘\素材文件\第 8 章\狗.jpg
最终结果文件：光盘\结果文件\第 8 章\狗.psd
同步教学文件：光盘\多媒体教学文件\第 8 章\

STEP 01：**转换图像模式**。打开图像文件“狗.jpg”；执行“图像”→“模式”→“灰度”命令，弹出“信息”提示对话框，单击“扔掉”按钮，将图像转为灰度模式；执行“图像”→“模式”→“RGB 颜色”命令，将图像转换成 RGB 模式，见左下图。

STEP 02：**调整图像色相/饱和度**。执行“图像”→“调整”→“色相/饱和度”命令；弹出“色相/饱和度”对话框，设置图像的“色相”、“饱和度”和“明度”参数；勾选“着色”复选框，单击“确定”按钮，见右下图。

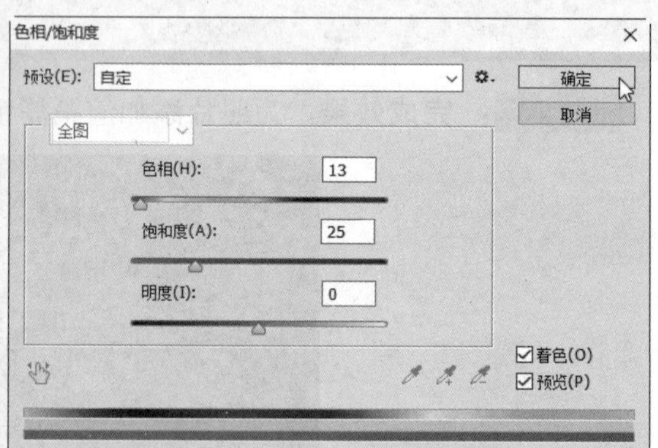

STEP 03：**新建并填充图层**。单击“图层”面板中的“创建新图层”按钮，新建图层；设置前景色黑色，选中新建的图层，按下“Alt+Delete”组合键，将图层填充为黑色，见左下图。

STEP 04：**添加杂色**。执行“滤镜”→“杂色”→“添加杂色”命令，弹出“添加杂色”对话框，在“数量”文本框中输入“60”，选择“高斯分布”单选项，勾选“单色”复选框；单击“确定”按钮，见右下图。

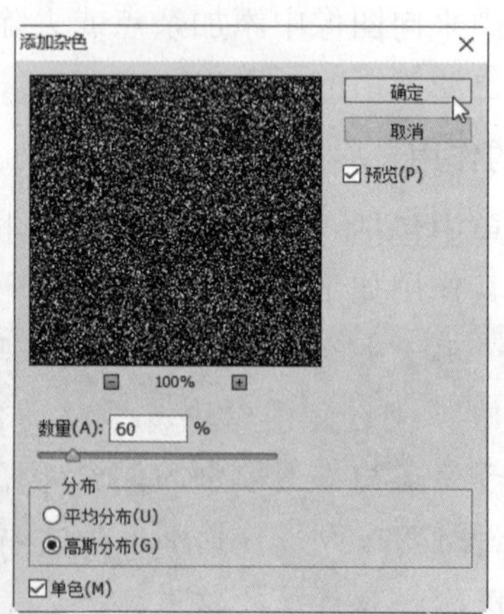

STEP 05：**调整图像阈值**。执行“图像”→“调整”→“阈值”命令；弹出“阈值”对话框，在“阈值色阶”文本框中输入“120”；单击“确定”按钮。

STEP 06：**应用“动感模糊”滤镜**。执行“滤镜”→“模糊”→“动感模糊”命令，弹出“动感模糊”对话框，设置“角度”为“90”度，“距离”为“999”像素，单击“确定”按钮。

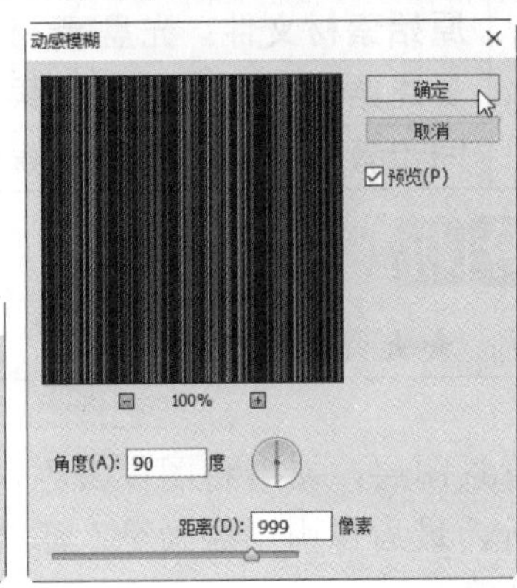

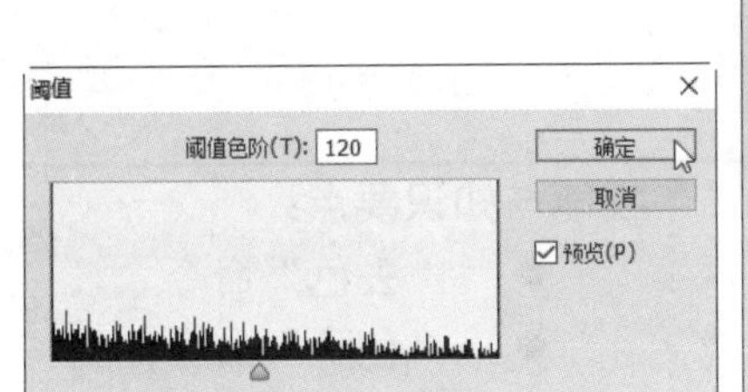

STEP 07：**复制图层并添加杂色**。在“图层”面板中选中“图层 1”，按下“Ctrl+J”组合键复制，得到“图层 1 拷贝”；选中“图层 1 拷贝”，执行“滤镜”→“杂色”→“添加杂色”命令，弹出“添加杂色”对话框，在“数量”文本框中输入“50”，单击“确定”按钮。

STEP 08：**设置图层混合模式**。设置“图层 1”和“图层 1 拷贝”的混合模式为“滤色”，最终效果见右下图。

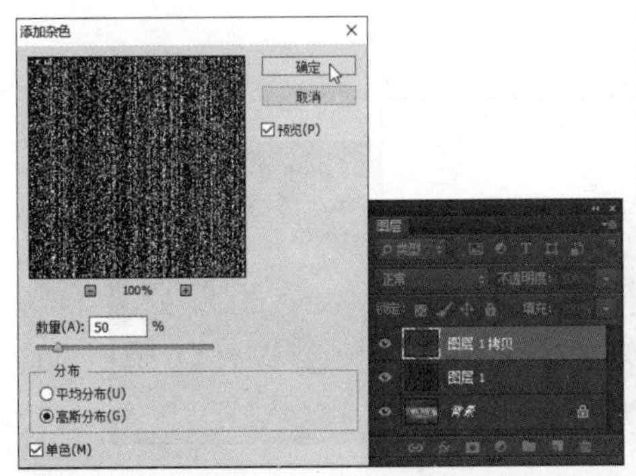

8.5　同步训练——实战应用

实例 1：制作铅笔素描效果

原始素材文件：光盘\素材文件\第 8 章\建筑.jpg
最终结果文件：光盘\结果文件\第 8 章\建筑.psd
同步教学文件：光盘\多媒体教学文件\第 8 章\技能实训 1.mp4

制作分析

本例难易度：★★☆☆☆

制作关键：

首先复制背景图层，接着将图像去色，再调整图像色阶，最后使用“绘画笔”滤镜制做出铅笔素描效果。

技能与知识要点：

- “去色”命令
- “色阶”命令
- “滤镜库”命令

具体步骤

STEP 01：**打开图像文件**。打开图像文件“建筑.jpg”，见左下图。

STEP 02：**复制图层并去色**。在“图层”面板中选中背景图层，按下“Ctrl+J”组合键复制背景图层；选中复制得到的图层，执行“图像”→“调整”→“去色”命令，去掉图像的颜色，见右下图。

STEP 03：**调整图像色阶**。执行“图像”→“调整”→“色阶”命令，弹出“色阶”对话框，拖动“输入色阶”的 3 个滑块，调整图像的黑白对比度，单击“确定”按钮，见左下图。

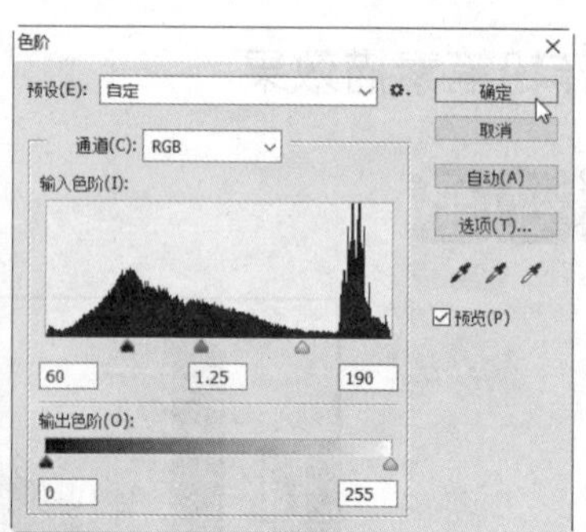

STEP 04：**使用滤镜库**。执行“滤镜”→“滤镜库”命令，打开“滤镜库”窗口，单击“素描”左侧的▶按钮，在展开的子菜单中选择“绘画笔”滤镜；在对话框右侧的参数设置区中设置绘画笔参数，单击“确定”按钮，见右下图。

STEP 05：**完成效果**。为照片添加绘画笔滤镜，制作铅笔素描的效果如下图。

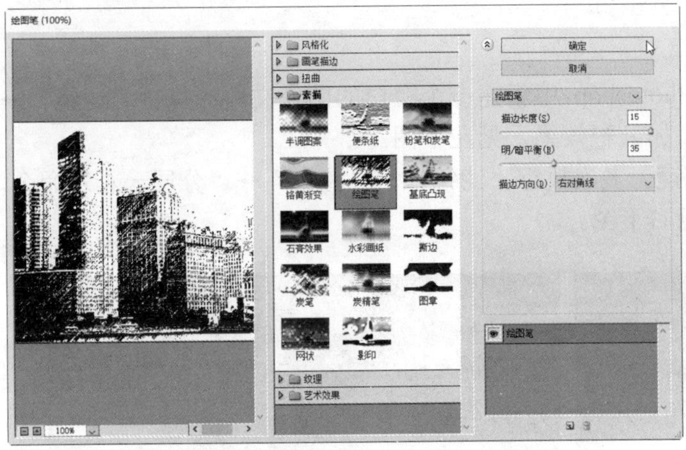

实例 2：制作褶皱特效

	原始素材文件：光盘\素材文件\第 8 章\茉莉花.jpg
	最终结果文件：光盘\结果文件\第 8 章\褶皱特效.psd
	同步教学文件：光盘\多媒体教学文件\第 8 章\技能实训 1.mp4

制作分析

本例难易度：★★☆☆☆

制作关键：	技能与知识要点：
首先使用渲染滤镜、风格化滤镜、模糊滤镜制作褶皱图像，再使用移动工具复制图像到褶皱图像中，然后适当调整图像的大小和位置，最后通过设置图层混合模式制作出折叠特效。	● “云彩”命令 ● “分层云彩”命令 ● “浮雕效果”命令 ● “高斯模糊”命令 ● “叠加”混合模式

具体步骤

STEP 01：**新建图像文件**。在 Photoshop 中新建一个空白的图像文件；执行“滤镜”→“渲染”→“云彩”命令，为图像添加云彩效果，见左下图。

STEP 02：**应用“分层云彩”滤镜**。多次执行“滤镜”→“渲染”→“分层云彩”命令，重复添加“分层云彩”滤镜效果，见右下图。

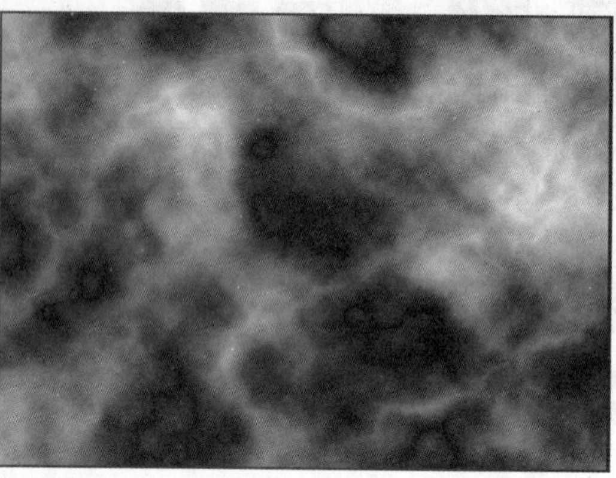

STEP 03：**应用“浮雕效果”滤镜**。执行“滤镜”→“风格化”→“浮雕效果”命令，弹出“浮雕效果”对话框，设置角度为“90”度，高度为“6”像素，单击“确定”按钮，见左下图。

STEP 04：**应用“高斯模糊”滤镜**。执行“滤镜”→“模糊”→“高斯模糊”命令，弹出“高斯模糊”对话框，设置半径为“0.8”像素，单击“确定”按钮，见右下图。

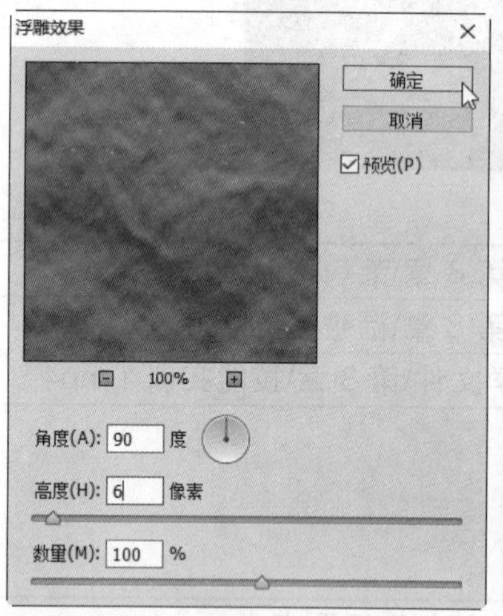

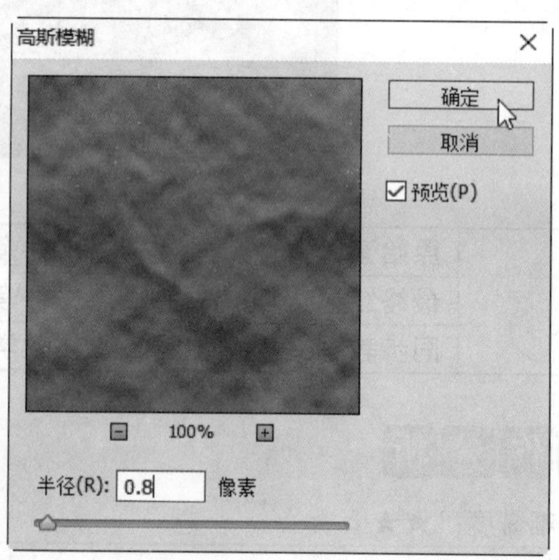

STEP 05：**褶皱效果**。返回图像窗口，可以看到图像的皱褶效果见左下图。

STEP 06：**叠加图像文件**。打开图像文件“茉莉花.jpg”，使用工具箱中的“移动工具”将其复制到制作的褶皱纸文档窗口中；根据需要适当调整茉莉花图像的大小和位置；设置茉莉花图层混合模式为“叠加”，制作褶皱特效的最终效果见右下图。

本章小结

本章内容主要对 Photoshop 的滤镜工具做讲解，包括滤镜的原理、滤镜和滤镜库的使用方法等知识，在具体讲解滤镜使用方法时，按照特殊滤镜和常用滤镜进行了分类讲解；在使用滤镜工具制作特殊效果时，要注意使用智能滤镜之外的滤镜处理图像，会破坏原图像中的像素，保存并关闭图像文件后，无法恢复到原始效果。

第 9 章

矢量工具与路径编辑

本章导读

在 Photoshop 中，使用路径工具能创建出更为复杂多变的图像区域。用户可以对路径的形状进行调整，也可以沿着路径的轮廓对其进行填充和描边，还可将其转换为选区，或将选区转换为路径。下面就对路径的使用进行详细的讲解。

知识要点

- 了解路径与锚点的特征
- 绘制路径
- 编辑路径
- 路径的管理与操作
- 使用形状工具组创建路径

案例展示

9.1　知识讲解——了解路径与锚点的特征

路径是一种矢量图形，用户可以对其进行精确定位和调整。利用路径能创建不规则的复杂的图像区域。在使用矢量工具，尤其是钢笔工具时，必须了解路径与锚点的用途，下面我们来了解路径与锚点的特征以及它们之间的关系。

9.1.1　认识路径

路径是可以转换为选区或使用颜色填充和描边的轮廓，用户可以创建出各种形状的路径图形，以便在绘图过程中进行辅助设计。路径的基本组成元素包括锚点、直线段、曲线段、控制柄等。

锚点：所有与路径相关的点称为锚点，它标记着组成路径的各线段的端点。

- 直线段：使用钢笔工具在图像中单击两个不同的位置，将在两点之间创建一条直线段。若按住“Shift”键再建一个点，则新建的线段与以前的直线段成 45° 角。
- 曲线段：拖动两个锚点形成两个平滑点，位于平滑点之间的线段就是曲线段。
- 控制柄：当选择曲线段的一个锚点后，会在该锚点上显示其控制柄，拖动控制柄一端的圆点可修改该线段的形状和曲率。

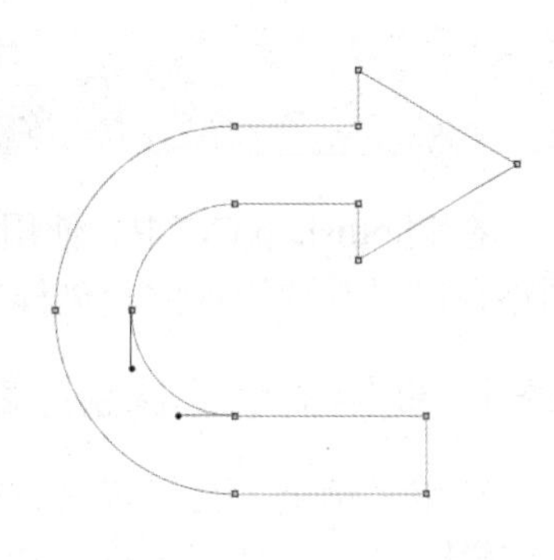

路径可分为开放路径和闭合路径两种。其中，开放路径具有路径的起点和终点；闭合路径没有起点和终点，它是由多个路径线连接成的一个整体或由多个相互独立的路径组件组成。

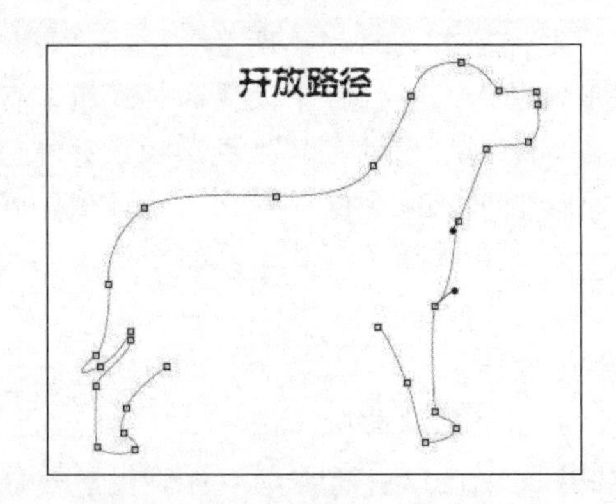

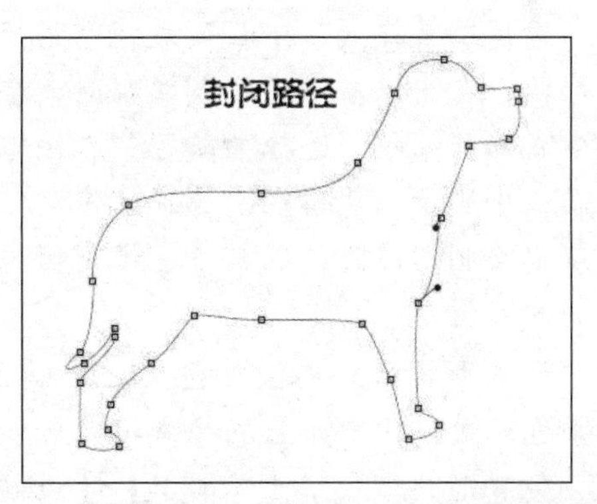

9.1.2　认识锚点

路径由直线段或曲线段组成，它们通过锚点连接。锚点分为两种，一种是平滑点，另外一种是角点，平滑点连接可以形成平滑的曲线，而角点连接则形成直线，或者转角直线。曲线路径段上的锚点有方向线，方向线的端点为方向点，它们用于调整曲线的形状。

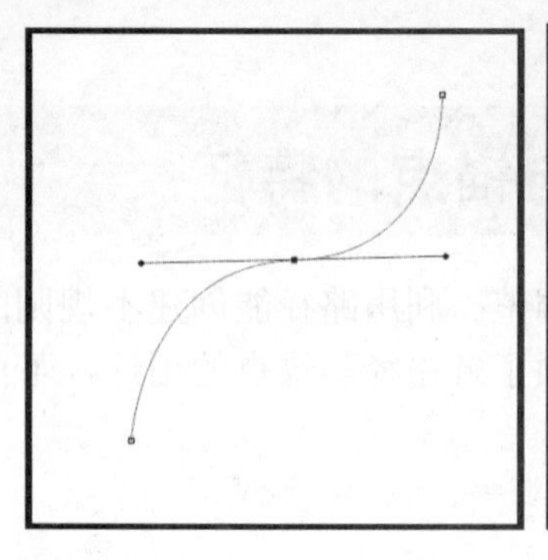
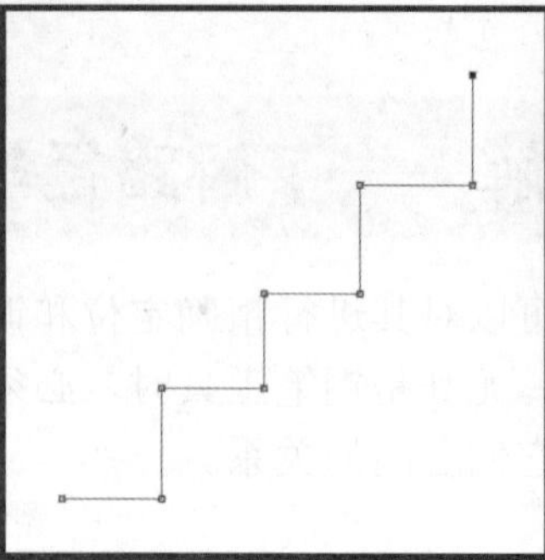
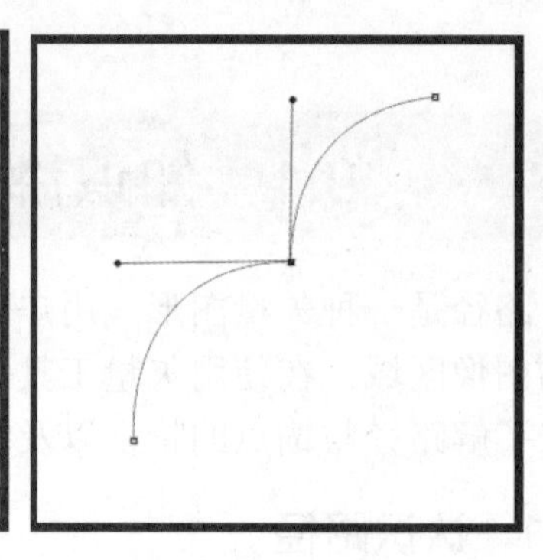

大师点拨

路径是矢量对象，它不包含像素，因此，没有进行填充或者描边处理的路径是不能被打印出来的。

9.2 知识讲解——绘制路径

在 Photoshop CC 中，使用钢笔工具、自由钢笔工具和形状工具可以创建路径，它们是绘制路径时最常使用的路径创建工具。

9.2.1 使用钢笔工具绘制路径

使用“钢笔工具”可以方便地绘制直线路径和曲线路径。单击工具箱中的“钢笔工具”按钮，并在属性栏中进行相应设置后，即可使用钢笔工具绘制路径。

形状 填充： 描边： 3点 W: H: 自动添加/删除 对齐边缘

- “选择工具模式”下拉列表框：用于确定钢笔工具的相关设置。选择“形状”绘制形状，在图像窗口中绘制路径时，会用前景色或属性栏中设置的样式填充区域，并生成形状蒙版；选择“路径”在图像窗口绘制路径时，只生成路径，并在“路径”面板中显示工作路径；选择“像素”，绘制形状使会以前景色填充区域，在图像窗口中绘制图像时，以前景色填充区域。只有在选择了形状工具组中的工具后，此按钮才可用。
- “设置形状填充类型”色块：单击该色块，在图像窗口中绘制路径时，会用前景色或属性栏中设置的样式填充区域，并生成形状蒙版。
- “设置形状描边类型”色块：单击该色块在弹出的窗口中可对描边线颜色进行设置。
- “设置形状描边宽度”文本框：单击右侧的，在弹出的滑动条上拖动滑块，可以设置形状描边的宽度。
- “设置形状描边类型”下拉列表框：单击该列表框，可以在弹出的“描边选项”对话框中设置描边线样式、描边的对齐类型、描边的线段端点和描边线段的合并类型。

- “设置形状宽度”、“设置形状高度”文本框：用于对填充图像的大小进行设置。使用“钢笔工具”绘制直线路径的方法比较简单，只需在图像窗口中多次单击鼠标，即可在各个单击处所建立的锚点间用直线连接，绘制直线路径。
- “路径操作”按钮：单击该按钮可以对所绘路径进行设置。
- “路径对齐方式”按钮：单击该按钮可以对所绘路径的对齐方式进行设置。
- “路径排列方式”按钮：单击该按钮可对所绘路径的排列方式进行设置。
- “工具”按钮：单击该按钮，将弹出“橡皮带”单选项，勾选该单选项，在绘制路径时将会随着钢笔工具画曲线。
- “自动添加和删除”复选框：勾选该复选框后，钢笔工具具有添加或删除锚点的功能。

9.2.2　绘制直线路径

使用“钢笔工具”绘制直线路径的方法比较简单，只须在图像窗口中多次单击鼠标，即可在各个单击处所建立的锚点间用直线连接，绘制直线路径。下面通过一个实例进行介绍。

	原始素材文件：光盘\素材文件\第 9 章\无
	最终结果文件：光盘\结果文件\第 9 章\直线路径
	同步教学文件：光盘\多媒体教学文件\第 9 章\

STEP 01：**创建第 1 个锚点**。新建一个文档，选择钢笔工具，在属性栏中设置工具模式为“路径”，将光标移至画面中，单击可创建第一个锚点。

STEP 02：**创建第 2 个锚点**。将光标移至下一处位置单击，创建第 2 个锚点，两个锚点会连成一条由角点定义的直线路径。

STEP 03：**创建其他锚点**。在其他区域中单击鼠标可以继续绘制直线路径，如果要闭合路径，可以将光标放在路径的起点，当光标变为状态时，单击即可闭合路径；如果要结束一段开放式路径的绘制，可以按住“Ctrl”键在画面的空白处单击或选择其他工具结束路径的绘制。

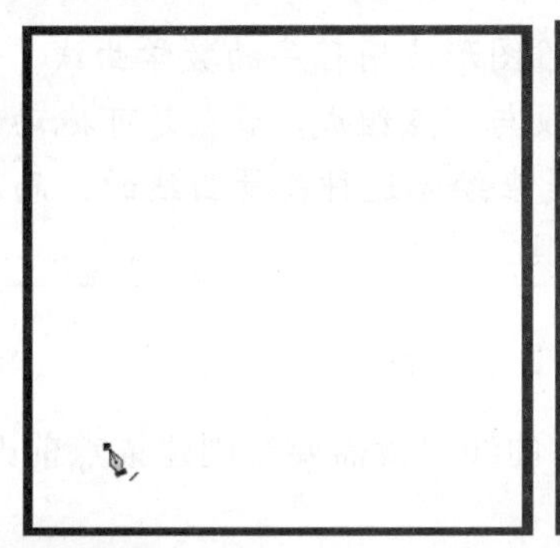
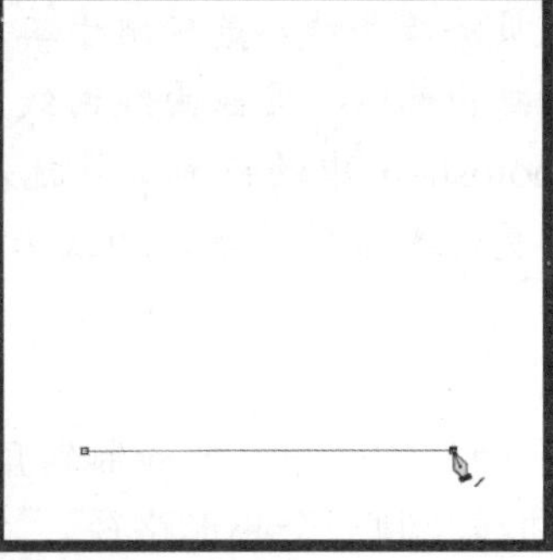
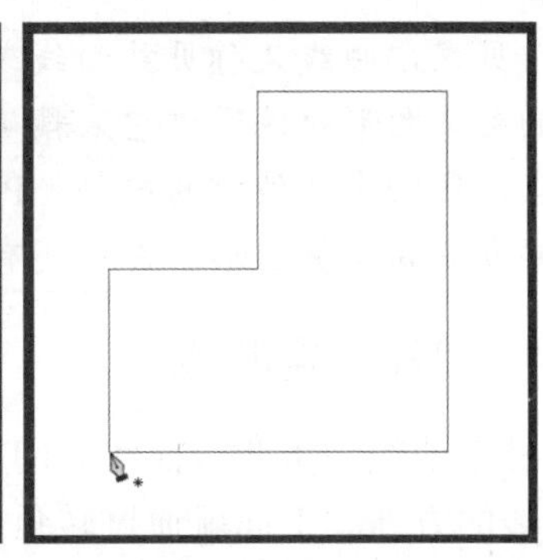

在使用“钢笔工具”绘制直线路径时，如果同时按住“Shift”键，可以创建水平、垂直或 45° 角的直线路径；如果对绘制的路径不满意，可以按“Backspace”键返回到上一个锚点。

9.2.3 绘制曲线路径

使用“钢笔工具”还可以绘制曲线路径，只须在绘制路径时，按住鼠标左键不放进行拖动即可，下面通过一个实例进行介绍。

	原始素材文件：光盘\素材文件\第 9 章\无
	最终结果文件：光盘\结果文件\第 9 章\曲线路径
	同步教学文件：光盘\多媒体教学文件\第 9 章\

STEP 01：**创建第 1 个锚点**。新建一个文档，选择钢笔工具，在属性栏中设置工具模式为“路径”，在画面中单击并向上拖动创建第一个平滑点。

STEP 02：**创建第 2 个锚点**。将光标移至下一处位置，单击并向下拖动创建第 2 个平滑点，在拖动的过程中可以调整方向线的长度和方向，进而影响由下一个锚点生成的路径的走向，因此，要绘制好曲线路径，需要控制好方向线。

STEP 03：**创建其他锚点**。继续创建平滑点，创建一段光滑的曲线。

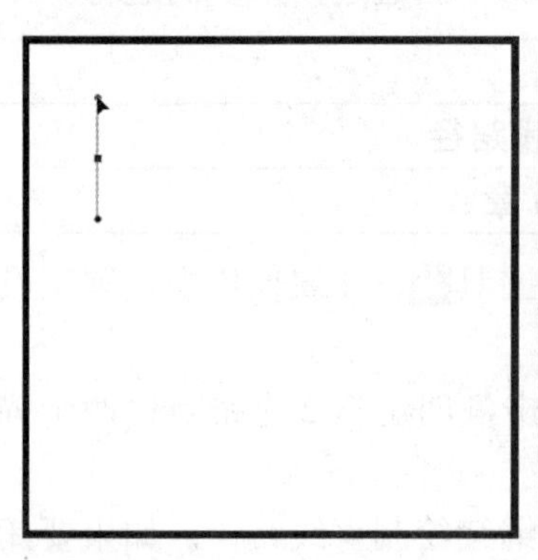
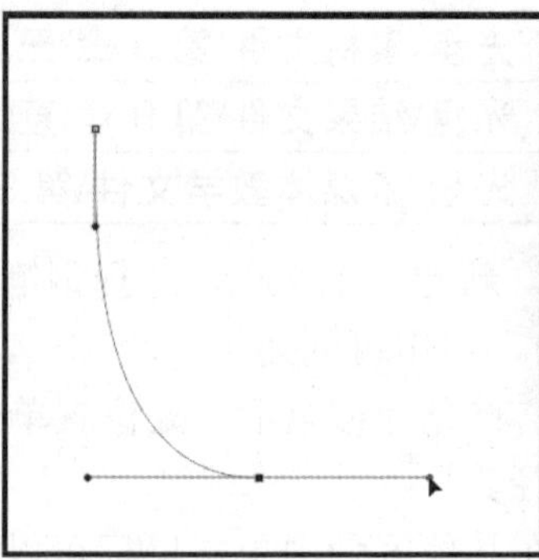
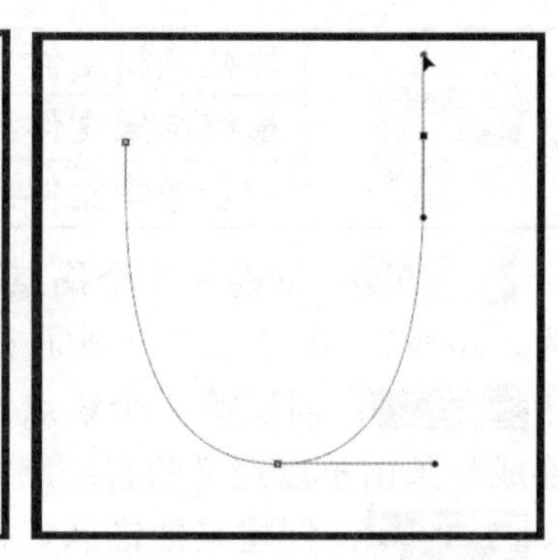

知识链接——贝塞尔曲线

贝塞尔曲线又称贝兹曲线或贝济埃曲线，是应用于二维图形应用程序的数学曲线。一般的矢量图形软件通过它来精确画出曲线，贝兹曲线由线段与节点组成，节点是可拖动的支点，线段像可伸缩的皮筋。Photoshop 中的钢笔工具就是来绘制这种矢量曲线的，而在一些专业的矢量图形软件中还有更为丰富的贝塞尔曲线工具。

9.2.4 绘制转角曲线

转角曲线是指两段曲线之间有明显的转角，要绘制转角曲线，就需要在创建锚点前改变方向线的方向。下面就通过转角曲线绘制一个心形路径。

	原始素材文件：光盘\素材文件\无
	最终结果文件：光盘\结果文件\第 9 章\转角曲线.psd
	同步教学文件：光盘\多媒体教学文件\第 9 章\

STEP 01：**创建第 1 个锚点**。新建一个文档，单击“视图”→“显示”→“网格”命令显示网格，通过网格的辅助便于绘制对称图形。选择钢笔工具，在属性栏中设置工具模式

为“路径”，在画面中线上单击并向左上方拖动创建第一个平滑点。

STEP 02：**创建第 2 个锚点**。将光标移至下一个锚点处，单击并向下拖动鼠标创建曲线。

STEP 03：**创建第 3 个锚点**。将光标移至下一个锚点处，单击但不要拖动鼠标，创建一个角点，这样就完成了右侧心形的绘制。

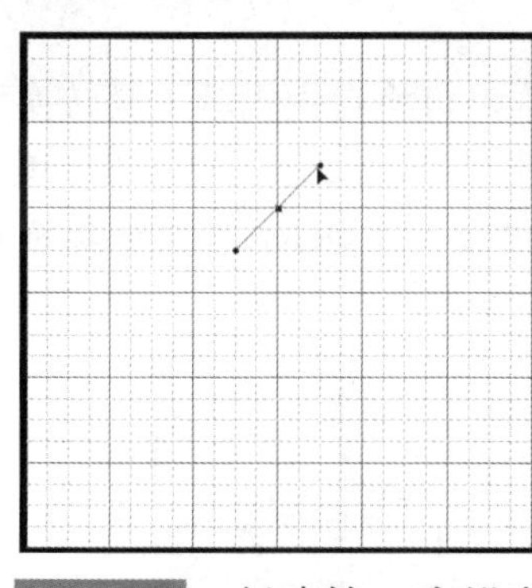
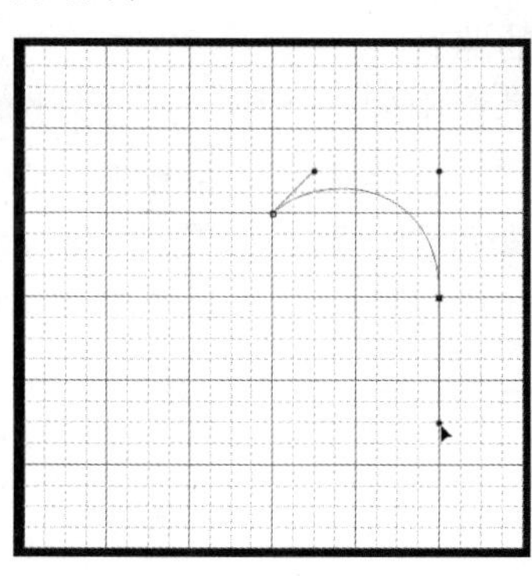
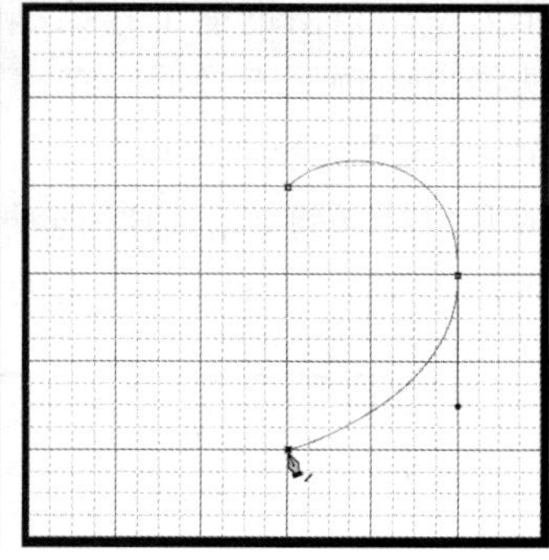

STEP 04：**创建第 4 个锚点**。将光标移到第 2 个锚点的对称位置，单击并向上拖动创建第 4 个平滑点。

STEP 05：**结束绘制**。将光标移动至路径的起点上，单击闭合路径。

STEP 06：**选择锚点**。在工具箱中选择直接选择工具，在路径起点处单击显示锚点，此时当前锚点上会出现两条方向线。

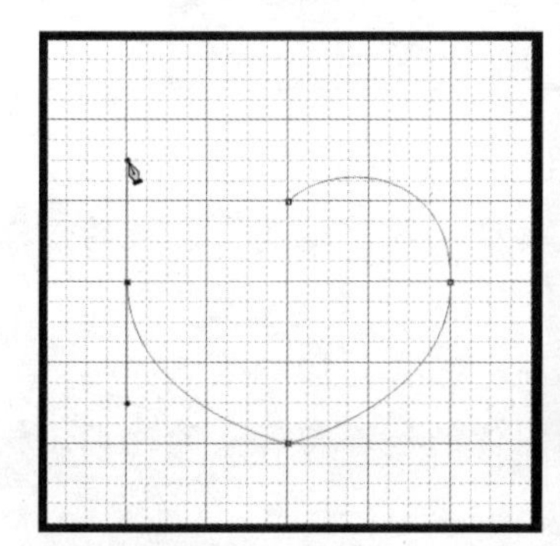
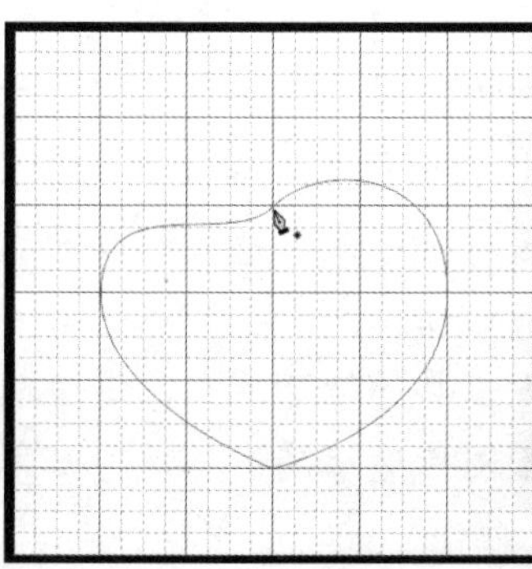
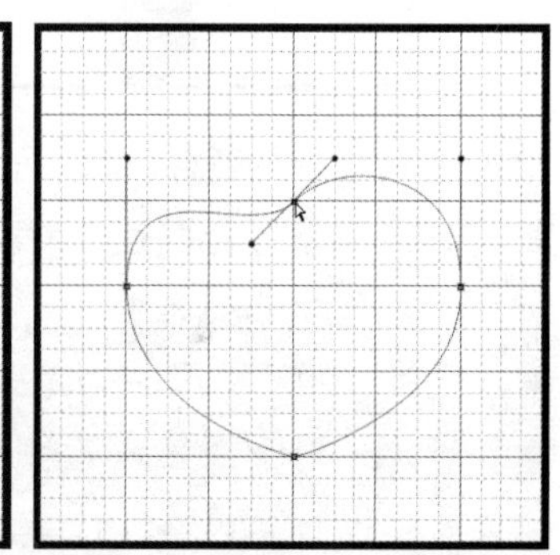

STEP 07：**转换方向**。在钢笔工具组中选择转换点工具。向上拖动方向线左下方的控制柄，使之与右侧的方向线对称。

STEP 08：**结束绘制**。单击图像外部区域结束路径绘制，然后按下“Ctrl+'”组合键隐藏网格即可，最终效果如下图所示。

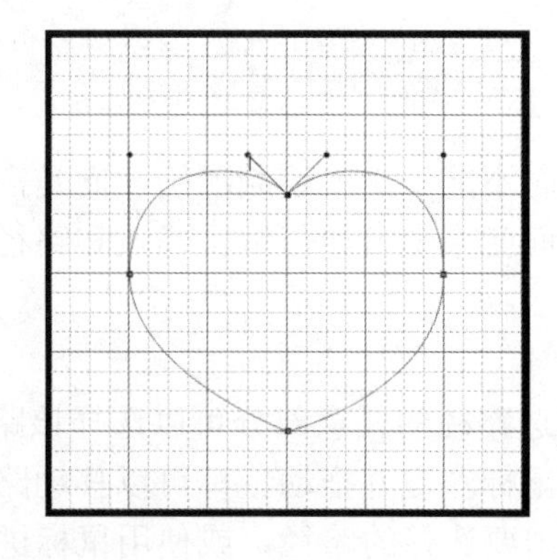

9.2.5 使用钢笔工具绘制自由路径

自由钢笔工具用来绘制比较随意的图形，它的使用方法与套索工具非常相似，选择该工具后，在图像中单击并拖动鼠标即可绘制路径，路径的形状为光标运行的轨迹，下图中左图所示为使用自由钢笔工具绘制的路径。

选择自由钢笔工具后，在工具栏中勾选“磁性的”复选框，可将自由钢笔工具转换为磁性钢笔工具。磁性钢笔工具与磁性套索工具非常相似，在使用时，只需在对象边缘单击，然后放开鼠标按键，沿边缘拖动即可创建路径。在绘制时，可按下“Delete”键删除锚点，双击则闭合路径。下图中右图为使用磁性钢笔工具绘制的路径。

单击工具栏中的按钮，可以打开磁性钢笔工具选项组，其中各选项的含义如下。

- 曲线拟合：控制最终路径对鼠标或压感笔移动的灵敏度，该值越高，生成的锚点越少，路径也越简单。
- 宽度：用于设置磁性钢笔工具的检测范围，该值越高，工具的检测范围就越广。
- 对比：用于设置工具对于图像边缘的敏感度，如果图像的边缘与背景的色调比较接近，可将该值设置得大一些。
- 频率：用于确定锚点的密度，该值越高，锚点的密度越大。
- 钢笔压力：如果计算机配置有数位板，则可以选择“钢笔压力”选项，通过钢笔压力控制检测宽度，钢笔压力的增加将导致工具的检测宽度减小。

9.3 知识讲解——编辑路径

使用钢笔工具绘制或临摹对象的轮廓时，有时不能一次就绘制准确，而是需要在绘制完成后，通过对锚点和路径的编辑来达到目的。下面就来学习如何编辑锚点和路径。

9.3.1 选择路径与锚点

选择路径选择工具后，在路径上单击或框选路径的任意部分可以选择该路径，路径被选中后将显示路径上的所有锚点。在路径上按下鼠标左键并拖动鼠标可以移动路径。如果要同时选中多个路径，可以按住“Shift”键依次单击要选择的路径，或使用鼠标进行框选。

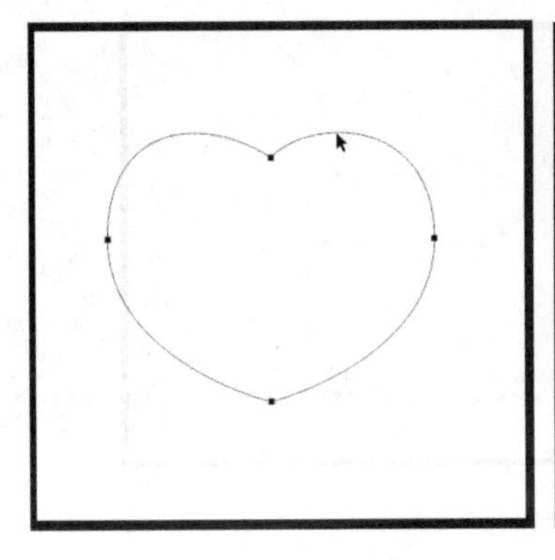
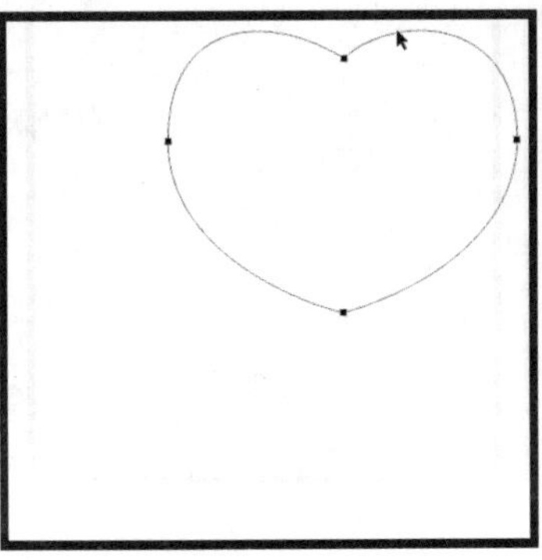
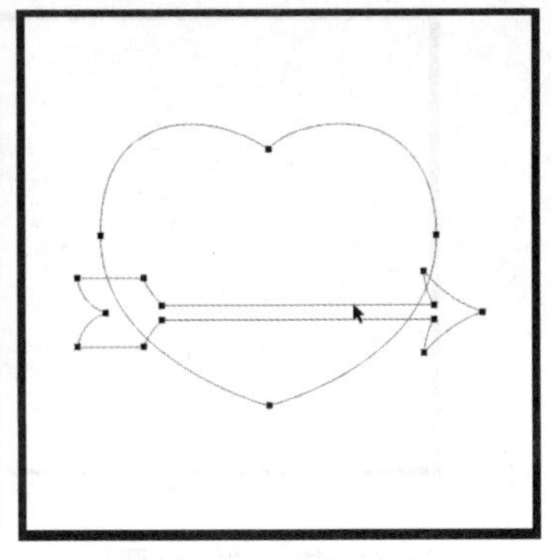

使用直接选择工具选中路径，此时将显示路径上的所有锚点，并以空心方块显示，单击一个锚点即可选择该锚点，选中的锚点将以实心方块显示。选中锚点后按下鼠标左键并拖动可以移动该锚点，而拖动方向线上的控制点则可以调整方向线的角度和长度。

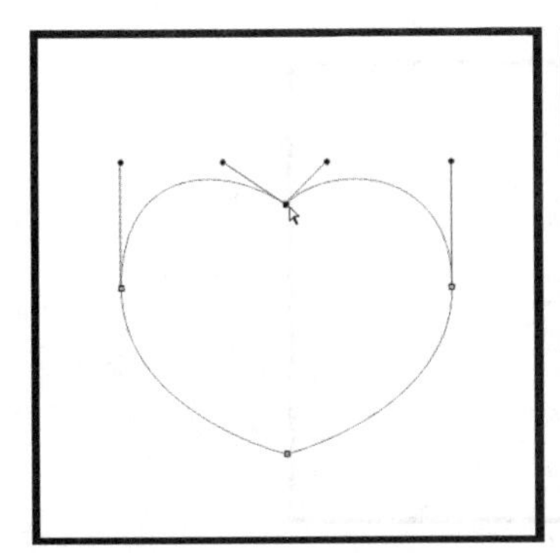
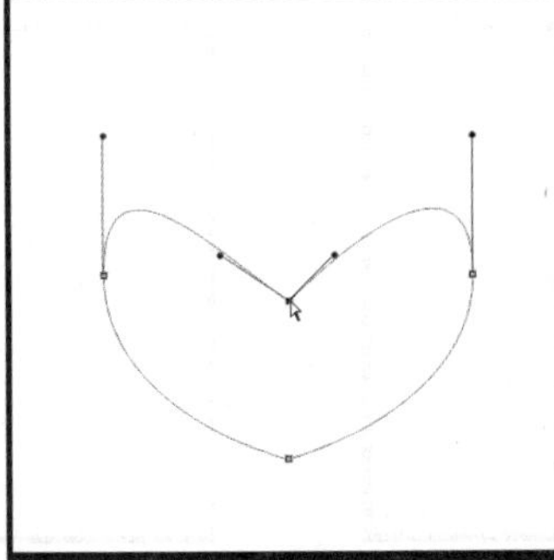
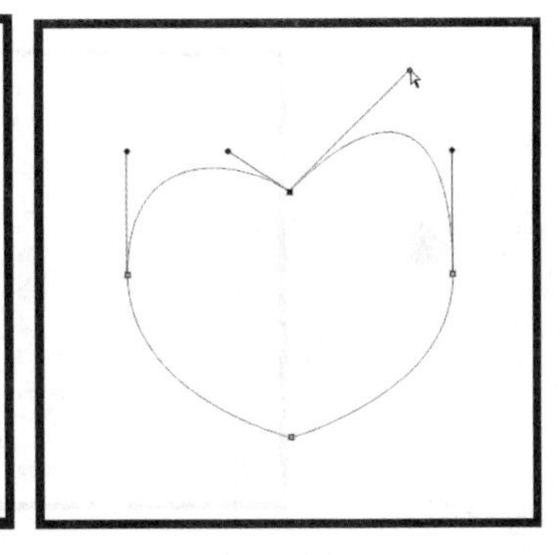

9.3.2　添加锚点与删除锚点

选择添加锚点工具，将光标放在路径上，当光标变为形状时，单击可添加一个锚点，拖动锚点可以移动锚点位置，拖动锚点上的方向线可以改变方向线的角度和长度。

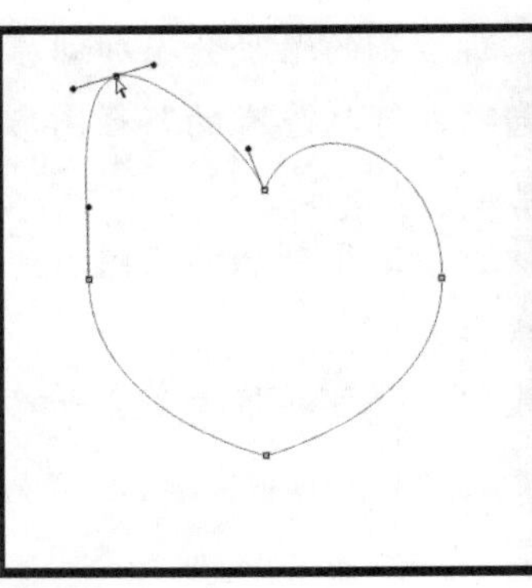
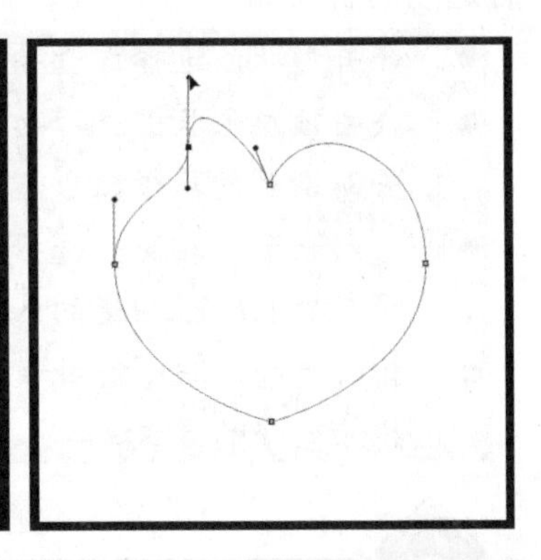

选择删除锚点工具，将光标放在锚点上，当光标变为形状时，单击即可删除该锚点，删除锚点后，原锚点两侧的路径段会自动进行连接。此外，使用直接选择工具选择锚点后，按下“Delete”键也可以将其删除，但该锚点两侧的路径段也会同时删除。如果路径为闭合式路径，则会变为开放式路径。

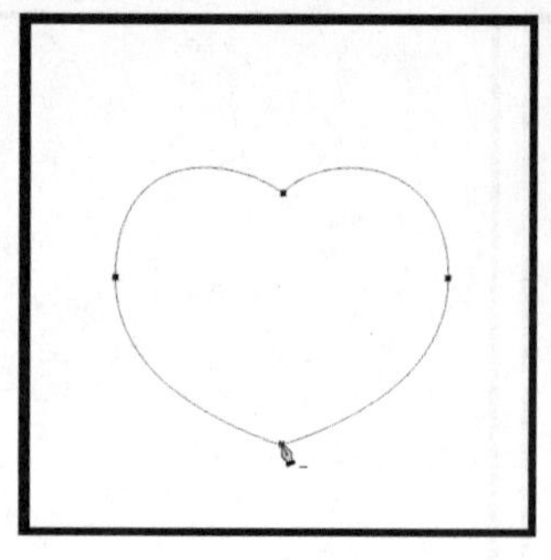
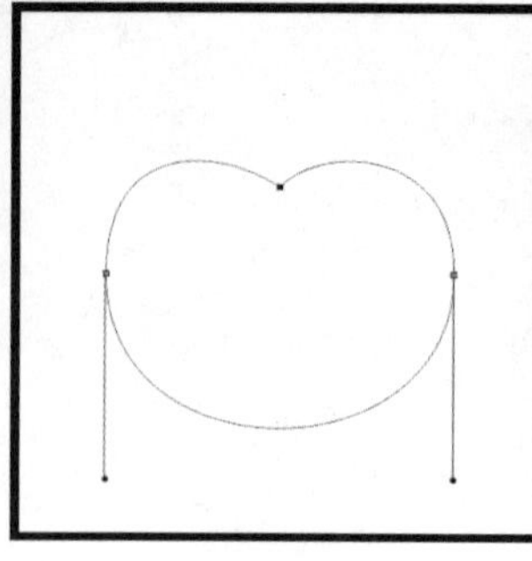
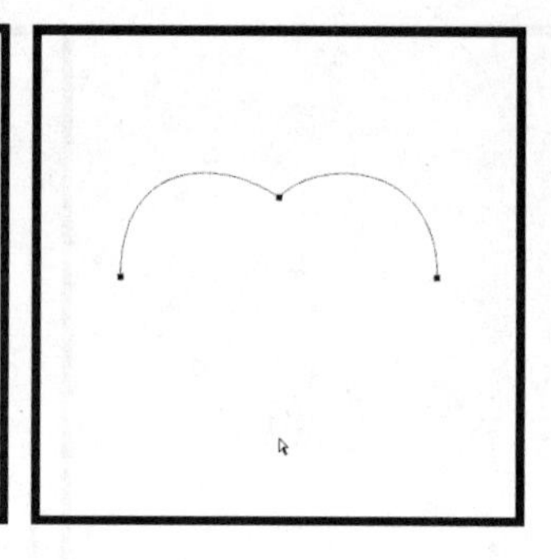

9.3.3 转换锚点的类型

转换点工具用于转换锚点的类型，选择该工具后，将光标放在锚点上，如果当前锚点为角点，单击并拖动鼠标可以将其转换为平滑点；如果当前锚点为平滑点，则单击可将其转换为角点。

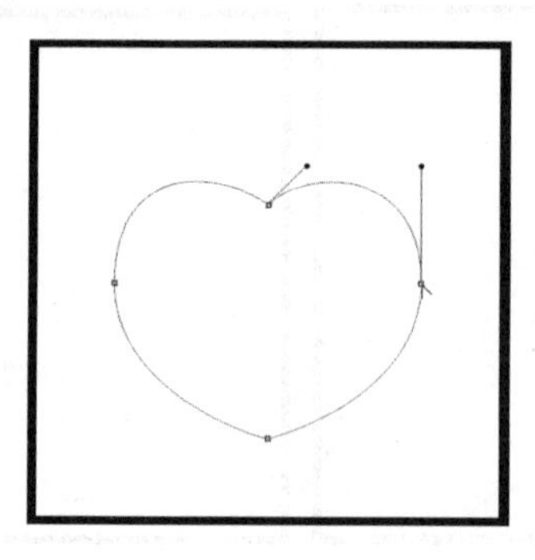
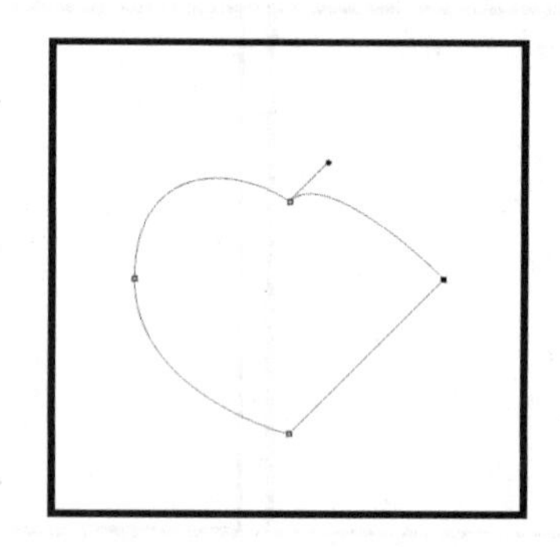

9.3.4 路径的运算方法

使用钢笔工具或形状工具创建多个子路径时，可以在属性栏中单击“路径操作”按钮，在弹出的菜单中选择一种运算方法，以确定新路径与原路径的重叠区域产生的交叉效果。其中各选项的含义如下。

- 合并形状：选择该选项，新绘制的路径会添加到原有的路径中。
- 减去顶层形状：选择该选项，可从原有的路径图形中减去新绘制的路径图形。
- 与形状区域相交：选择该选项，得到的路径图形为新路径与原有路径相交的区域。
- 排除重叠形状：选择该选项，得到的路径为合并路径中排除重叠的区域。

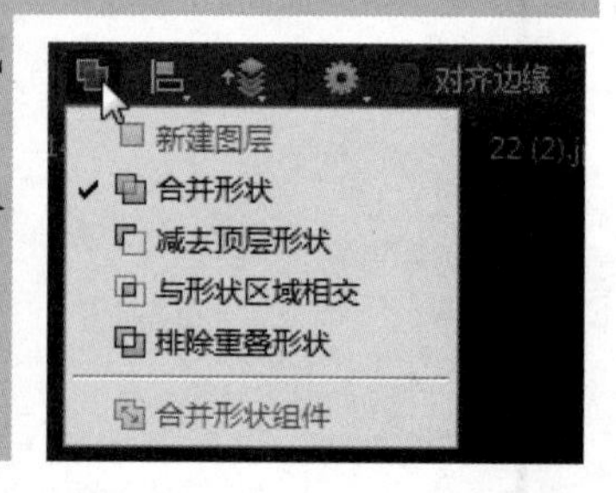

创建多个路径后，也可以使用路径选择工具选择多个路径，然后在属性栏中选择运算命令进行路径运算。如果选择“合并形状组件”命令，则可以将多个路径合并为一个路径。

9.3.5　路径的变换操作

选中路径后，单击“编辑”→“自由变换路径”命令，或按下“Ctrl+T”组合键，可以显示图形定界框，拖动四周的控制点可对路径进行缩放、旋转、斜切、扭曲等变换操作。路径的变换方法与变换图形的方法基本相同。

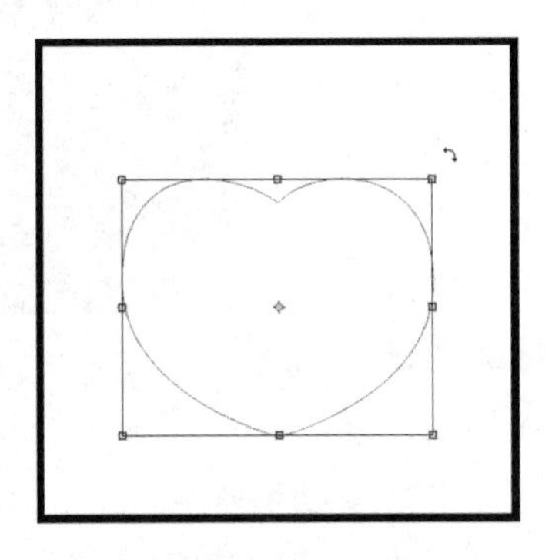

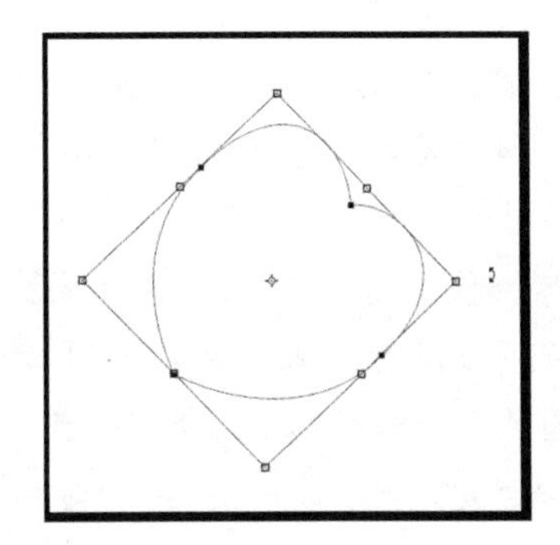

9.3.6　对齐与分布路径

使用路径选择工具选择多个子路径后，单击属性栏中的“路径对齐方式”按钮，在打开的菜单中即可对所选路径进行对齐操作。下面为各种对齐方式的比较。

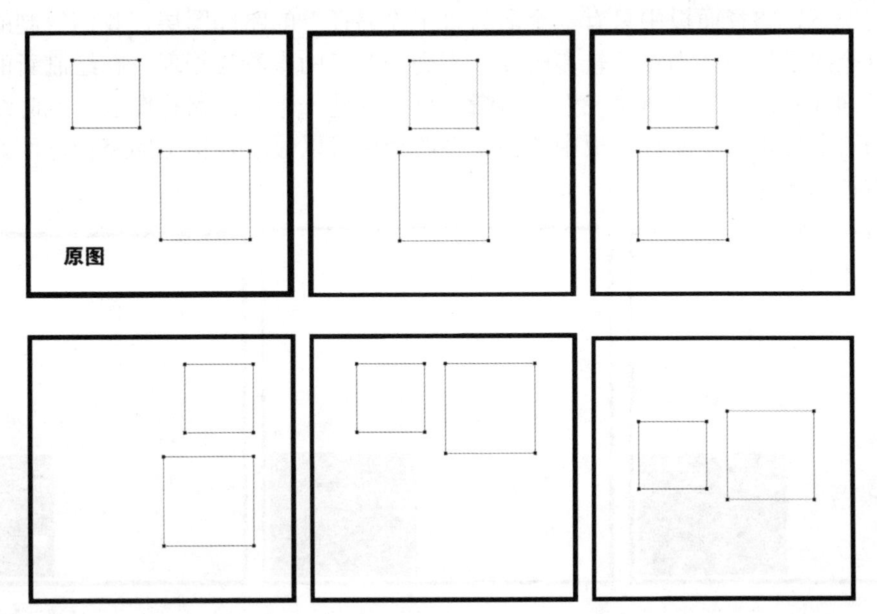

9.4 知识讲解——路径的管理与操作

绘制完路径后，还需要对路径进行管理和操作，路径的管理包括新建路径层、显示与隐藏路径、复制与删除路径等，路径的操作包括路径与选区的转换、路径的填充与描边等，下面分别进行讲解。

9.4.1 认识“路径”面板

路径的新建、保存和复制等基本操作一般都是通过“路径”面板来实现的，单击“图层”面板组中的“路径”选项卡可打开“路径”面板。该面板中的各选项含义如下。

- “用前景色填充路径”按钮：单击该按钮，将使用前景色填充当前路径。
- “用画笔描边路径”按钮：单击该按钮，将用画笔工具和前景色为当前路径描边，也可以选择其他绘图工具对路径描边。
- “将路径作为选区载入”按钮：单击该按钮，可以将当前路径转换成选区，并可进一步对选区进行编辑。
- “从选区生成工作路径”按钮：单击该按钮，可以将当前选区转换成路径。
- “添加蒙板”按钮：单击该按钮，可以为当前路径添加蒙版。
- “创建新路径”按钮：单击该按钮，可以创建新的路径层。
- “删除当前路径”按钮：单击该按钮，可以删除当前选择的路径。

9.4.2 新建路径层

默认情况下，路径面板中只有一个名为“工作路径”的路径图层，我们绘制的所有路径都包含在这个路径层中，当路径较多时非常不利于路径的查看与管理。在绘制新的路径前，可单击路径面板中的“创建新路径”按钮，可以创建一个新的路径图层，此时绘制的路径将出现在新路径层中，在路径面板中单击某个路径层可以显示该层中的路径，而其他路径层中的路径将被隐藏起来。

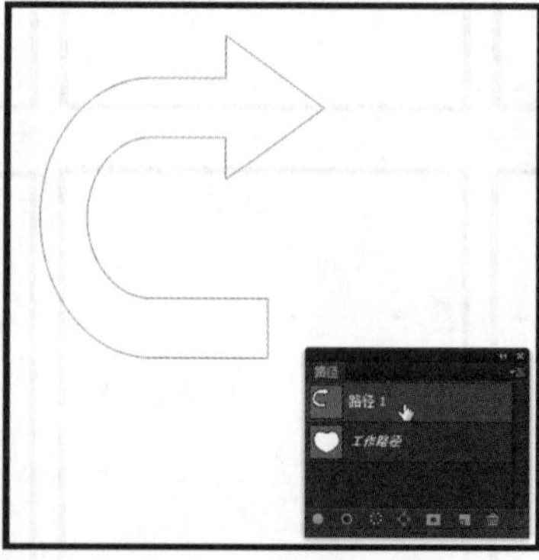
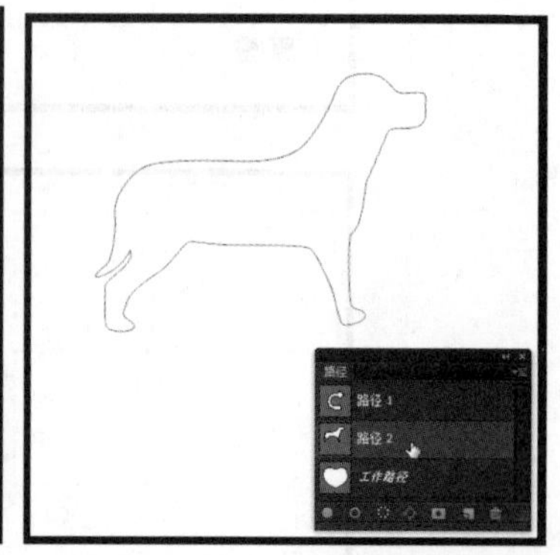

9.4.3　复制与删除路径

路径的复制可以分为两类，一类是复制路径层，即复制一个路径层中的所有路径；另一类则是复制单个路径，下面分别进行讲解。

1．复制与删除路径层

在路径面板中右键单击需要复制的路径层，选择“复制路径”命令，在弹出的对话框中设置路径名称后单击“确定”按钮，即可复制路径层。

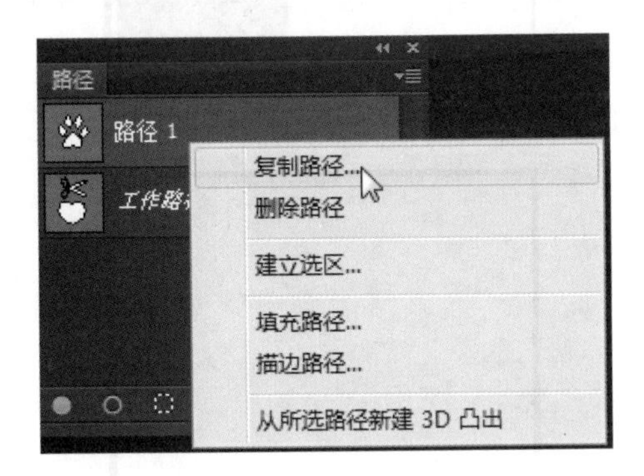

大师点拨

默认的工作路径层无法被复制，需要先将其转换为普通路径，方法是在路径面板中拖动工作路径图层到“创建新路径”按钮上即可。此外，将普通路径层拖动到“创建新路径”按钮上也可以对路径层进行复制。

如果需要删除路径层，则在路径面板选中要删除的路径层，然后单击“删除当前路径”按钮，在弹出的确认对话框中单击“是”按钮即可，也可以直接将要删除的路径层拖动到“删除当前路径”按钮上。

2．复制与删除单个路径

如果一个路径层中有多个子路径，需要复制其中一个路径，则先使用“路径选择工具”选中要复制的路径，按下“Ctrl+C”组合键进行复制；然后在路径面板中选择要粘贴的路径层，按下“Ctrl+V”组合键即可。

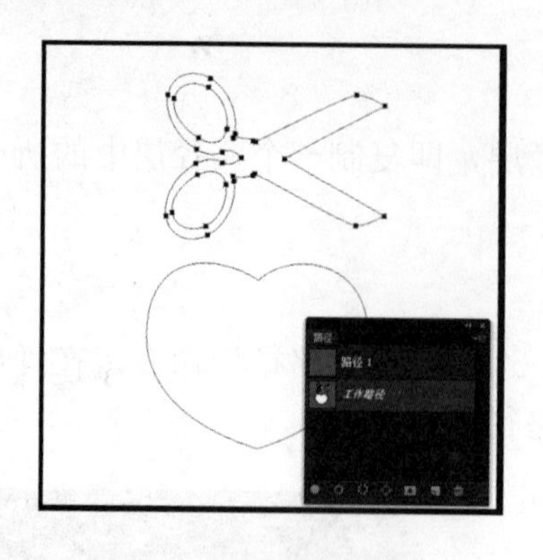

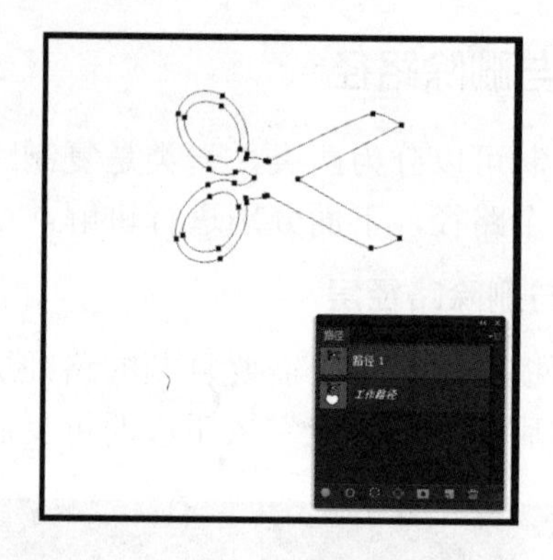

如果需要删除单个路径，则选中要删除的路径后按下“Delete”键即可。

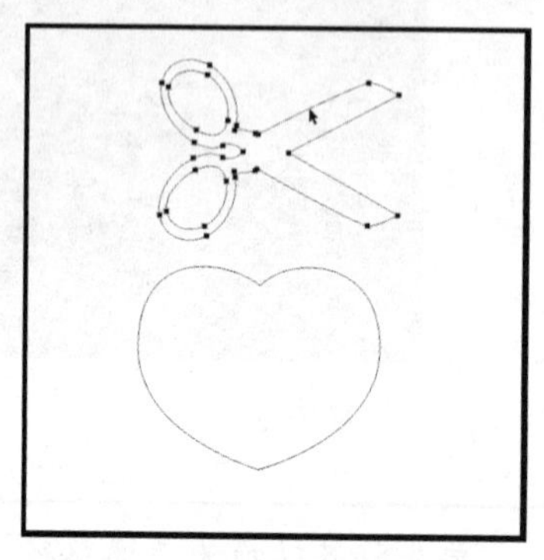

9.4.4 路径与选区的相互转换

路径绘制完成后，可以将其转换为选区，通过选区可以获取我们想要的图像。反之，现有的选区也可以转换为路径，以便进行进一步的修改。

1. 将路径转换为选区

如果要将路径转换为选区，只需在路径面板中选中要转换的路径层，然后单击路径面板中的“将路径作为选区载入”按钮，即可将该路径层中的所有子路径全部转换为选区，转换为选区后，原路径并没有消失，在路径面板中单击即可显示路径。

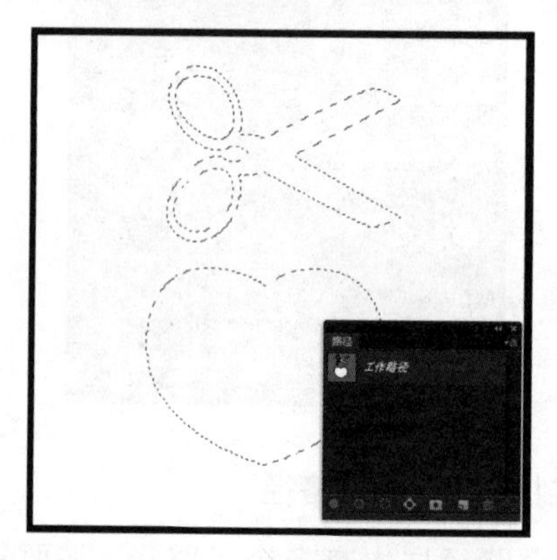

如果要将单个路径转换为选区，则先使用“路径选择工具”选中要转换的路径，然后单击“将路径作为选区载入”按钮即可。转换后原路径仍然呈选中状态，此时单击路径面板空白处取消路径显示即可看到选区。

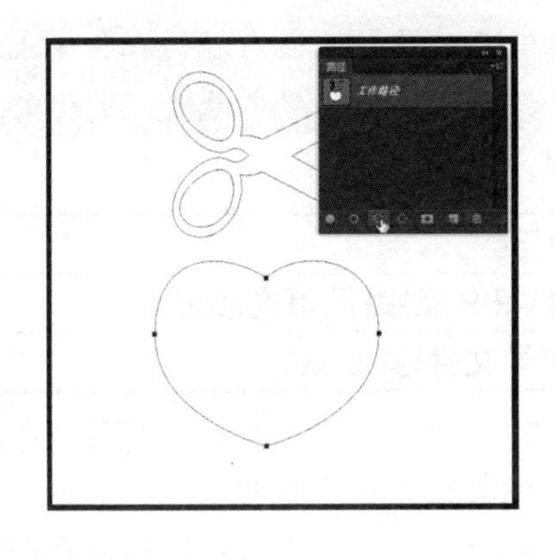

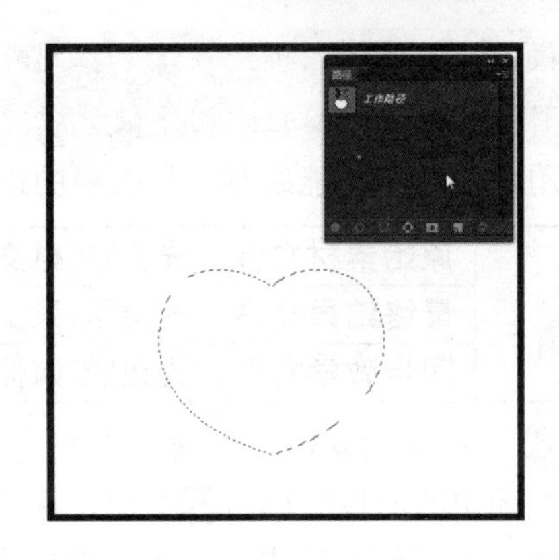

2．将选区转换为路径

将选区转换为路径，可以对原有的选区形状进行修改，从而获得更精确的选区。在图像窗口中创建选区，然后在“路径”面板的底部单击“从选区生成工作路径”按钮，即可将选区转换为路径。

大师点拨

选中路径后单击“用前景色填充路径”按钮可以直接使用当前前景色填充路径。

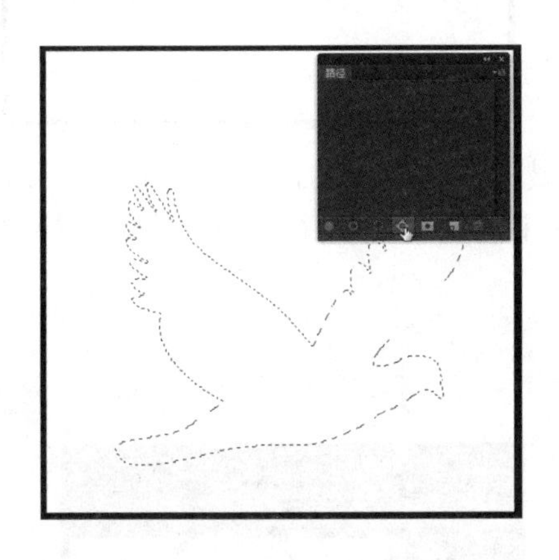

9.4.5　填充路径区域

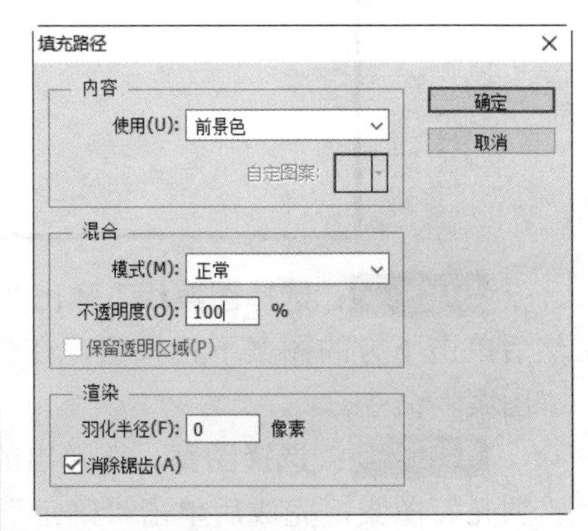

填充路径是指将颜色或图案填充到路径内部的区域。填充路径是在“填充路径”对话框中完成的，在“路径”面板中需要填充的路径上单击鼠标右键，在弹出的快捷菜单中选择“填充路径”命令，即可弹出“填充路径”对话框，该对话框中的各选项含义如下。

- “使用”下拉列表框：在其中可以选择填充的内容，包括前景色、背景色、自定义颜色和图案等。

- “模式”下拉列表框：在该下拉列表框中可以设置填充内容的混合模式。
- “羽化半径”文本框：用于设置填充后的羽化效果，数值越大，羽化效果越明显。

下面使用路径填充功能绘制一只美丽的蝴蝶。

	原始素材文件：光盘\素材文件\无
	最终结果文件：光盘\结果文件\第 9 章\路径填充.psd
	同步教学文件：光盘\多媒体教学文件\第 9 章\

STEP 01：**选择形状组**。新建一个空白图像，选择自定义形状工具，在图像中单击鼠标右键，在弹出的面板中单击按钮，在打开的下拉菜单中选择“自然”命令。

STEP 02：**选择形状样式**。在弹出的对话框中单击“确定”按钮，然后在图案列表中双击“蝴蝶”图案。

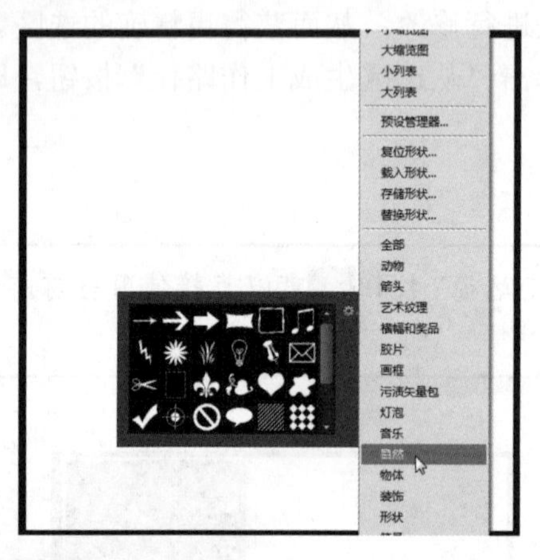

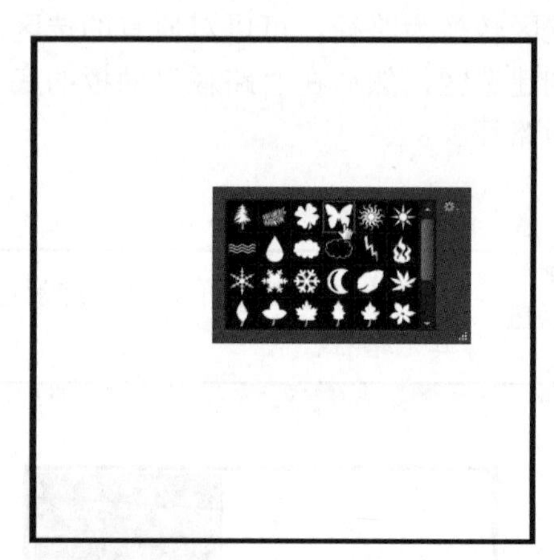

STEP 03：**绘制形状路径**。在图像中按下鼠标左键并拖动，绘制一个蝴蝶形状的路径。

STEP 04：**单击填充命令**。在路径面板中右键单击工作路径，在弹出的快捷菜单中选择“填充路径”命令。

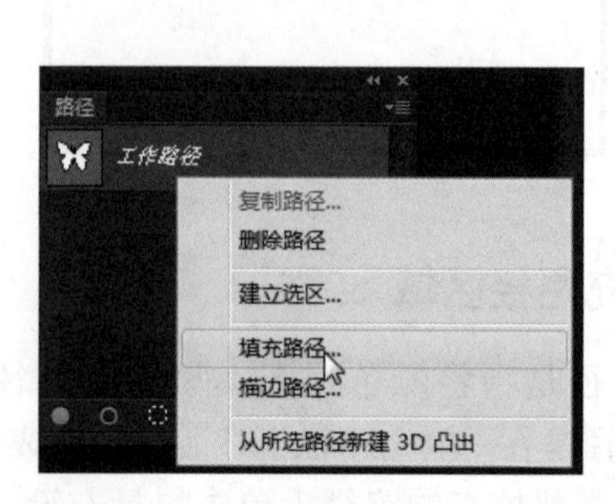

STEP 05：**选择图案组**。弹出“填充路径”对话框，在“使用”下拉列表中选择“图案”，然后单击下方的图案下拉按钮，在弹出的图案列表框中单击按钮，在弹出的菜单中选择“图案”命令。

STEP 06：**选择图案**。在弹出的对话框中单击“确定”按钮，然后在图案列表框中选择“绸光”图案，完成后单击“确定”按钮。

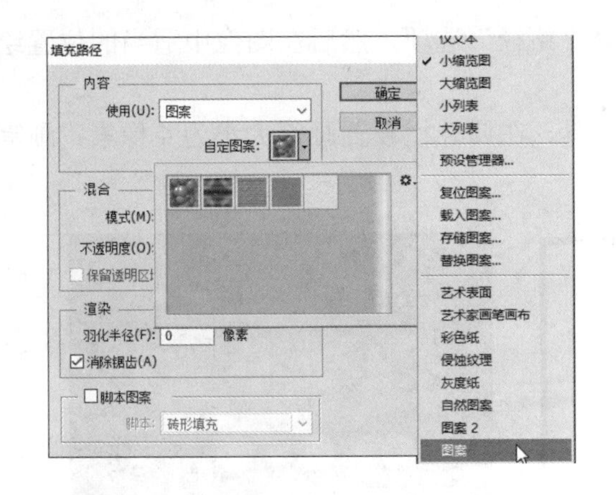

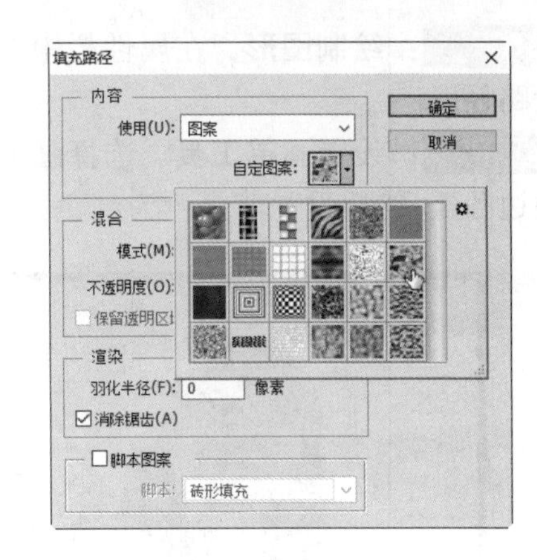

STEP 07：使用照片滤镜。单击“图像”→“调整”→“照片滤镜”命令，弹出“照片滤镜”对话框，选择滤镜为“加温滤镜（85）”，浓度为“100%”。

STEP 08：最终效果。设置完成后单击“确定”按钮，最终效果如下图所示。

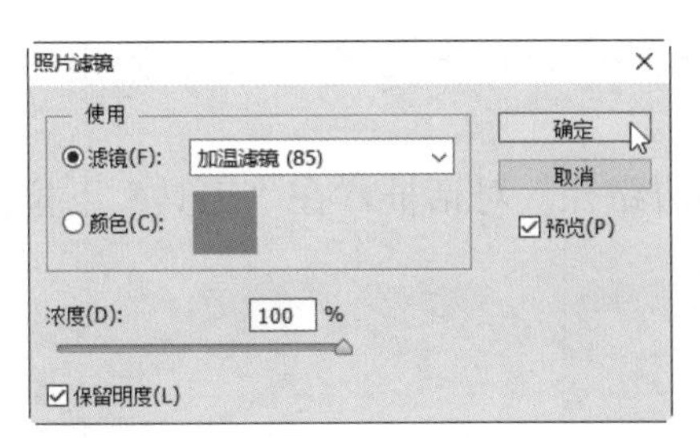

9.4.6　用画笔描边路径

创建路径后，用户还可以使用画笔、铅笔、橡皮擦或图章等工具为路径描边，对路径进行美化，从而得到各种效果。下面通过一个案例介绍如何使用画笔工具对路径进行描边。

	原始素材文件：光盘\素材文件\第 9 章\小女孩.jpg
	最终结果文件：光盘\结果文件\第 9 章\路径描边.psd
	同步教学文件：光盘\多媒体教学文件\第 9 章\

STEP 01：打开素材文件。打开“小女孩.jpg”素材文件，选择自定形状工具。

STEP 02：选择形状样式。在图像中单击鼠标右键，在弹出的列表框中单击右侧的按钮，在弹出的快捷菜单中选择“符号”组，返回列表框后双击“帮助”图案。

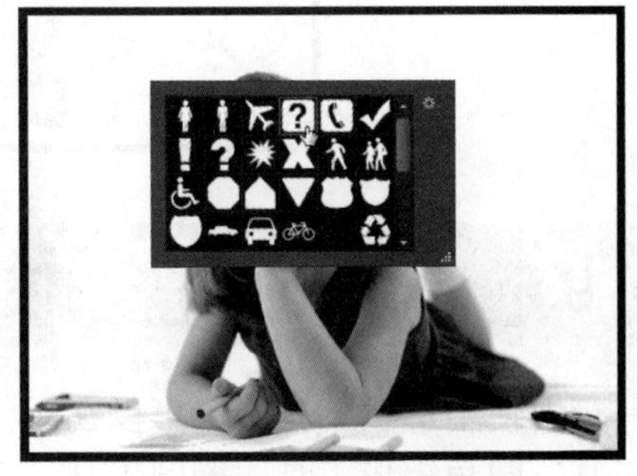

STEP 03：**绘制图形**。在属性栏中选择“路径”选项，然后在图像中适当的位置绘制一个形状路径。

STEP 04：**设置画笔工具**。选择画笔工具，在属性栏设置画笔大小为 4 像素，画笔形状为“硬边圆”，然后设置前景色为红色。

STEP 05：**选择描边命令**。在路径面板中右键单击工作路径，在弹出的快捷菜单中选择“描边路径”命令。

STEP 06：**描边选项设置**。弹出“描边路径”对话框，在“工具”下拉列表中选择“画笔”选项，然后单击“确定”按钮。

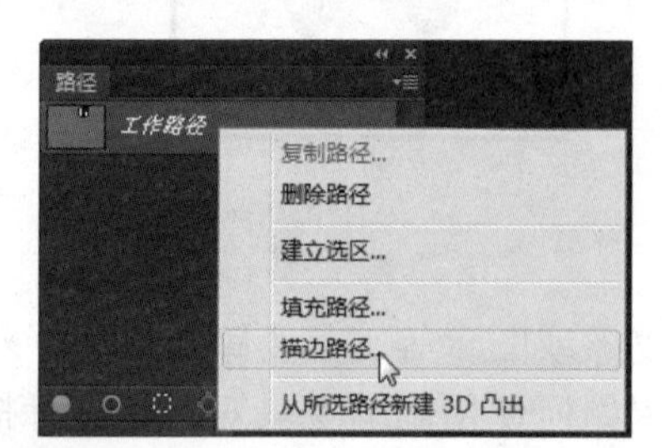

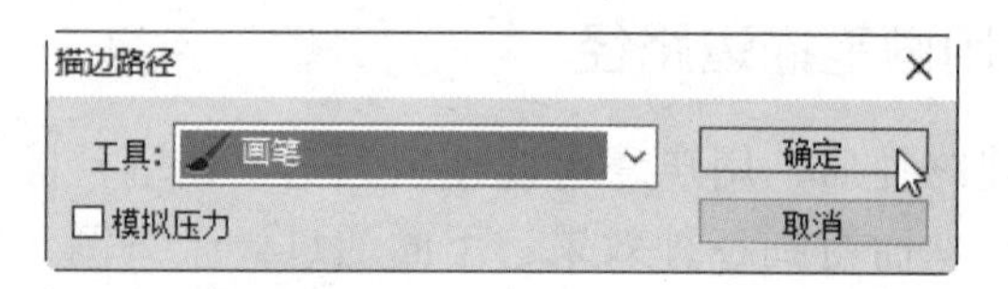

STEP 07：**最终效果**。完成后的最终效果如下图所示。

9.5 知识讲解——使用形状工具组创建路径

在工具箱中使用形状工具组，可以在图像中绘制出各种特定形状的路径。形状工具组中包括矩形工具、圆角矩形工具、椭圆工具、多边形工具、直线工具及自定形状工具。

9.5.1　矩形工具

“矩形工具”是用来绘制矩形或正方形路径的形状工具。单击工具箱中的“矩形工具”按钮，其属性栏与“钢笔”工具基本一致。选择该工具后，在图像中按下鼠标左键拖动即可绘制矩形路径。

9.5.2　圆角矩形工具

使用“圆角矩形工具”可以绘制圆滑拐角的矩形。单击工具箱中的“圆角矩形工具”按钮，在显示的属性栏中增加了一个用于设置圆角矩形的“圆角弧度”的“半径”参数选项半径：10 像素，其中设置的半径值越大，圆角的弧度也就越大。

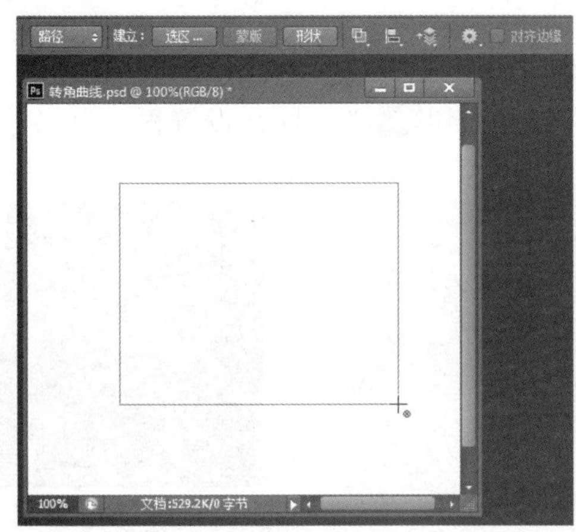

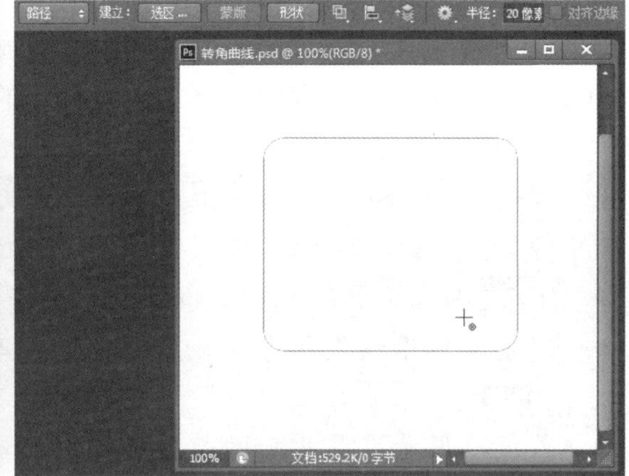

9.5.3　椭圆工具

使用“椭圆工具”可以绘制椭圆或正圆形状。单击工具箱中的“椭圆工具”按钮，然后将鼠标指针移动到图像窗口上，按住鼠标左键不放并进行拖动，即可绘制出椭圆形状；按住“Shift”键的同时按下鼠标左键并拖动则可绘制出正圆。

9.5.4　多边形工具

使用“多边形工具”可以绘制多种星形或多边形。在其属性栏中有一个用于设置多边形边数的数值框边：5，单击属性栏中“工具”按钮，可打开设置框，其各项含义如下。

- 半径：用于设置绘制出来的多边形的外接圆半径值。
- 平滑拐角：勾选该复选框，可以使绘制的形状的尖角变成圆角。
- 星形：勾选该复选框，可以绘制星形形状。
- 缩进边依据：用于设置星形的缩进量。
- 平滑缩进：勾选复选框，可以使缩进的星形的边缘变得圆滑。

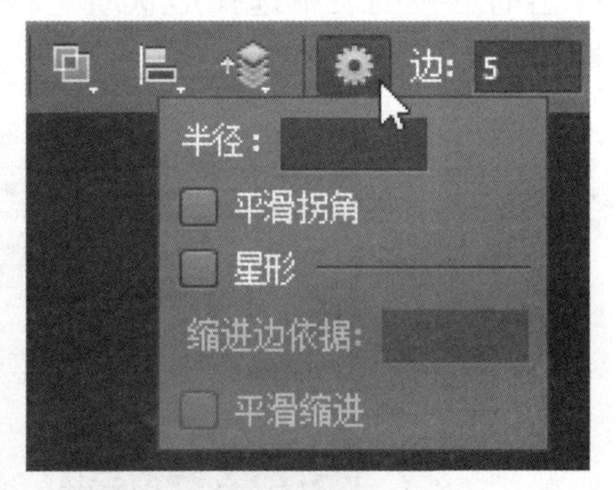

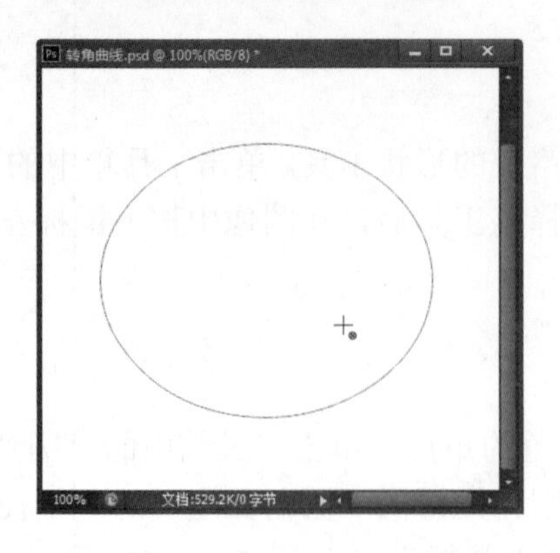

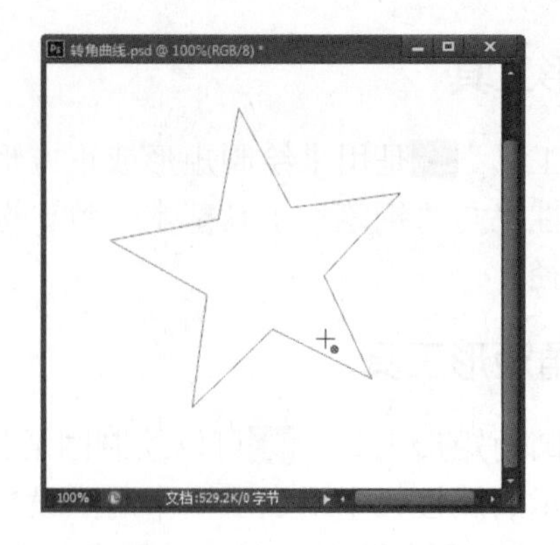

9.5.5　直线工具

使用“直线工具”可以绘制不同长度的直线或箭头的线段。在其属性栏的“粗细”文本框中可以设置线条的宽度，单击属性栏中的工具按钮，可打开设置框，其各项含义如下。

- 粗细：该文本框用于设置直线的粗细宽度。
- 起点：勾选该复选框，在线段的起点位置添加箭头。
- 终点：勾选该复选框，在线段的终点位置添加箭头。
- 宽度：用于设置箭头的宽度比例，其取值范围为 10%～1000%。
- 长度：用于设置箭头的长度比例，其取值范围为 10%～5000%。
- 凹度：用于设置箭头的凹陷程度，其取值范围为-50%～50%。

9.5.6　自定形状工具

使用“自定形状工具”可以用来绘制一些自定义形状或预设的形状。单击工具箱中的“自定形状工具”按钮，在显示的属性栏中单击“形状”右侧的下拉按钮，在弹出的下拉列表框中选择需要的形状，然后将鼠标指针移动到图像窗口，按住鼠标左键并拖动，完成后释放鼠标即可绘制形状。

如果用户要添加其他预设的形状，可在“形状”下拉列表中单击右侧的按钮，在弹出的下拉列表中选择形状组名称，然后在弹出的提示框中单击“确定”或“追加”按钮即可。

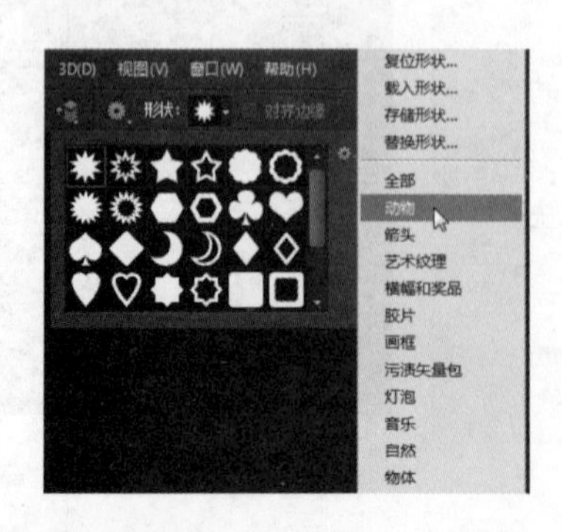

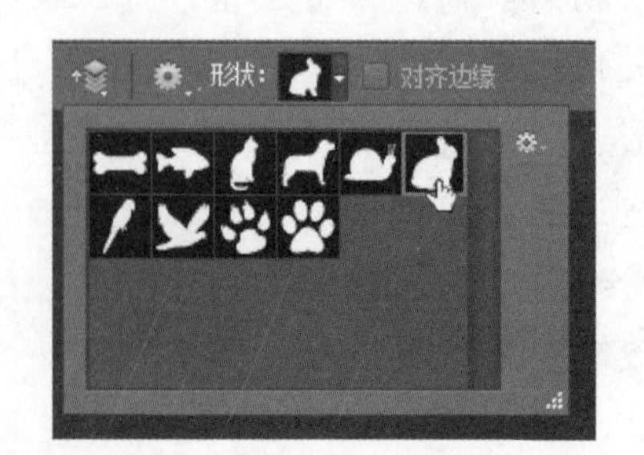

9.6　同步训练——实战应用

实例 1：描边路径制作风景邮票

案例效果

	原始素材文件：光盘\素材文件\瀑布风景.jpg
	最终结果文件：光盘\结果文件\第 9 章\风景邮票.psd
	同步教学文件：光盘\多媒体教学文件\第 9 章\

制作分析

本例难易度：★★★★★

制作关键：	技能与知识要点：
首先新建图像文件并填充背景，然后移动风景照片到图像文件中，接着新建图层在其中创建选区，为选区填充颜色以制作邮票边框，然后将选区转换成路径，并设置好画笔工具后使用画笔描边路径，最后使用横排文字工具创建邮票中的文字内容即可。	● 移动工具 ● 新建图层 ● 矩形选框工具 ● “从选区生成工作路径”按钮 ● 橡皮擦工具 ● “用画笔描边路径”命令 ● 横排文字工具

具体步骤

STEP 01：**新建文档**。单击“文件”→“新建”命令，在弹出的“新建”对话框中设置“名称”为“风景邮票”，在“预设”下拉列表中选择“默认 Photoshop 大小”选项，然后单击“确定”按钮。

STEP 02：**填充前景色**。设置前景色为“204，153，0”土黄色，然后按下“Alt+Delete”组合键填充前景色。

STEP 03：**移动风景照片**。打开“瀑布风景.jpg”图像文件，使用移动工具将其移动到“风景邮票”图像文件中；在图层面板中选中风景照片图层，按下“Ctrl+T”组合键，根据需要调整照片大小。

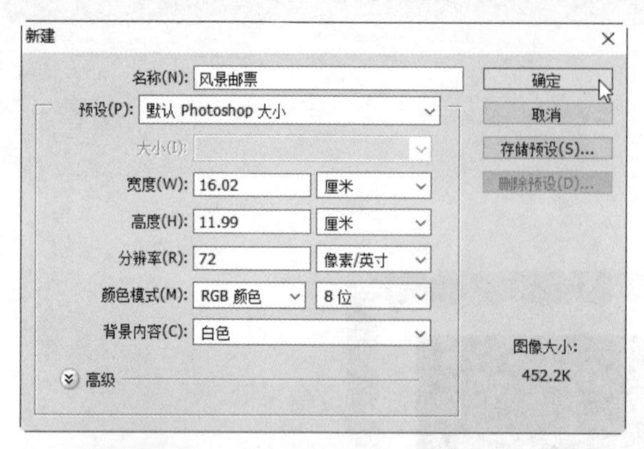

STEP 04：创建图层。在图层面板中单击“创建新图层”按钮，新建“图层 2”；将图层 2 移动到图层 1 下方；在图层 2 中，使用“矩形选框工具”创建选区；设置背景色为白色，按下“Ctrl+Delete”组合键使用背景色填充选区。

STEP 05：将选区转化为路径。在路径面板中，单击“从选区生成工作路径”按钮，将选区转化为路径。

STEP 06：设置橡皮擦。在工具箱中选择“橡皮擦”工具，然后按下“F5”键，打开“画笔”面板，设置画笔属性如右下图。

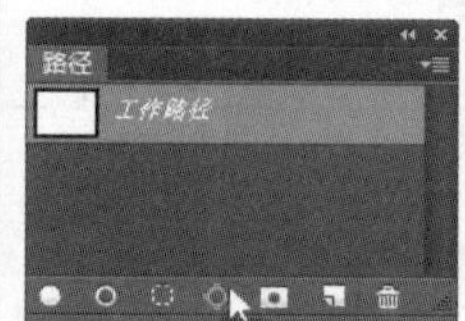

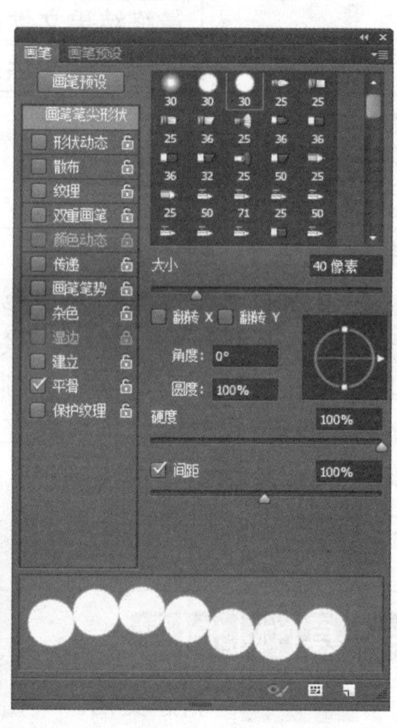

STEP 07：调整路径。在路径面板中单击“用画笔描边路径”按钮，描边路径；然后在路径面板中单击“删除当前路径”按钮，删除不再需要的工作路径。

STEP 08：载入路径选区。在工具箱中选择“横排文字工具”，然后在对应的属性栏中根据需要进行设置；输入邮票中的文字内容，最终效果如右下图。

实例 2：使用路径打造绚丽的彩蝶

案例效果

	原始素材文件：光盘\素材文件\无
	最终结果文件：光盘\结果文件\第 9 章\绚丽的彩蝶.psd
	同步教学文件：光盘\多媒体教学文件\第 9 章\

制作分析

本例难易度：★★★★☆

制作关键：

首先使用钢笔工具绘制一个翅膀，完成后转换为选区并进行羽化和填充。将第一个翅膀复制 4 份，并进行变换和旋转，接下来使用渐变工具对绘制好的翅膀进行填充。最后使用路径工具绘制图形并填充即可。

技能与知识要点：

- 钢笔工具
- “将路径作为选区载入”命令
- “复制图层”命令
- 自由变换图形
- 渐变工具

具体步骤

STEP 01：**新建图像**。单击“文件”→“新建”命令，弹出“新建”对话框。设置“高度”和“宽度”为“500 像素”，其余保持默认值，然后单击“确定”按钮。

STEP 02：**填充前景色**。设置前景色为黑色，然后按下“Alt+Delete”组合键，将背景图层填充成为黑色。

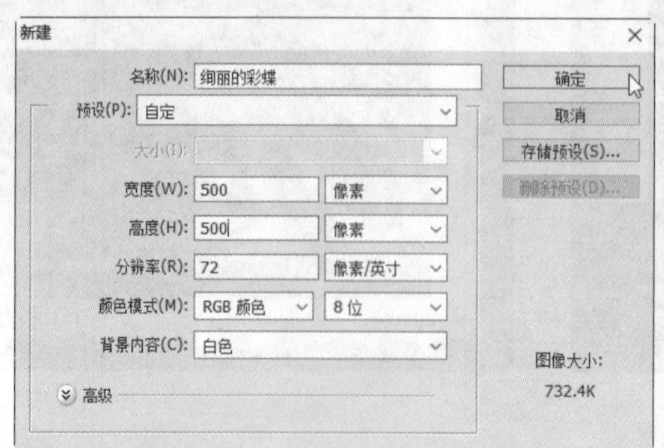

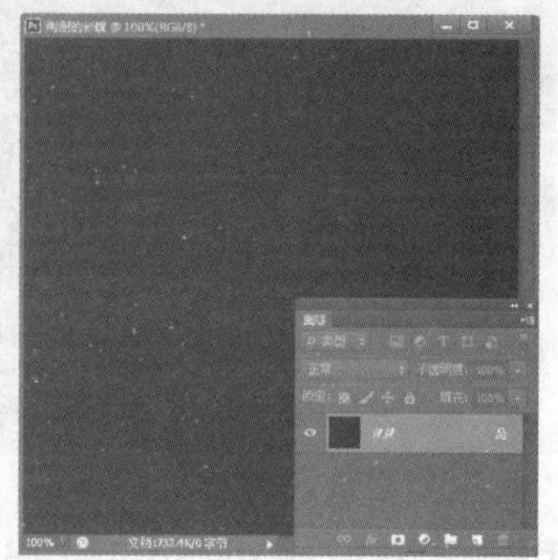

STEP 03：**绘制路径**。选择钢笔工具，在图像窗口中绘制如下图所示的路径。

STEP 04：**载入路径选区**。单击“路径”面板中的“将路径作为选区载入”按钮，即可将路径作为选区载入。

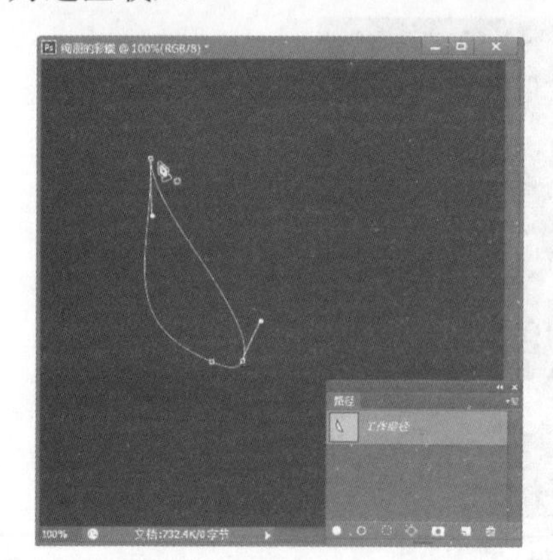

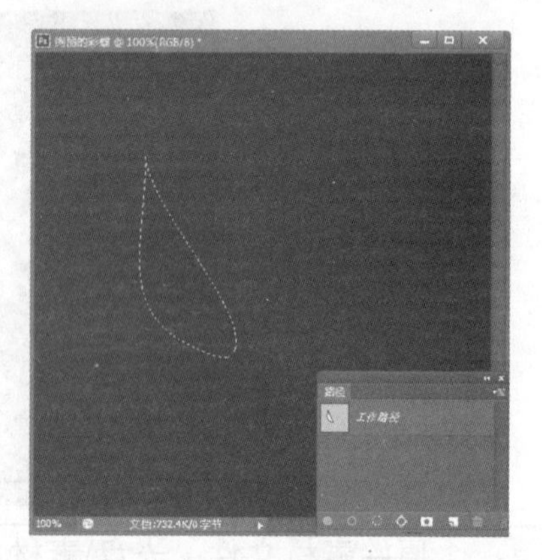

STEP 05：**填充选区**。新建图层 1，设置前景色为白色，然后按下“Alt+Delete”组合键对选区进行填充。

STEP 06：**羽化选区**。单击“选择”→“修改”→“羽化”命令，弹出“羽化选区”对话框，在“羽化半径”文本框中输入“6”，然后单击“确定”按钮。

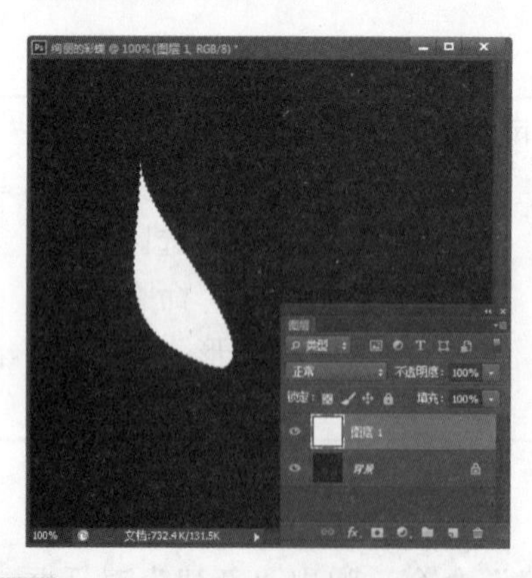

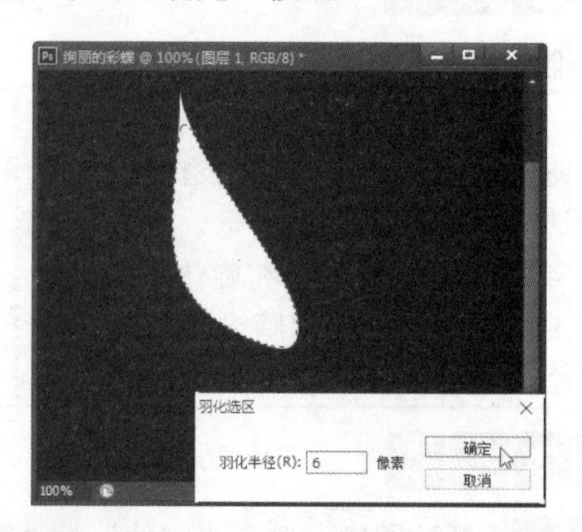

STEP 07：**删除图形**。按下“Delete”键，删除选区中的图形，效果如下图所示。

STEP 08：**复制图层**。选择“图层 1”，并将该图层复制 4 份。

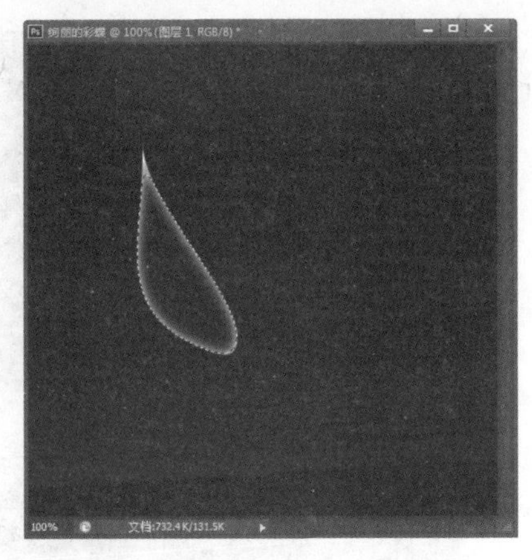

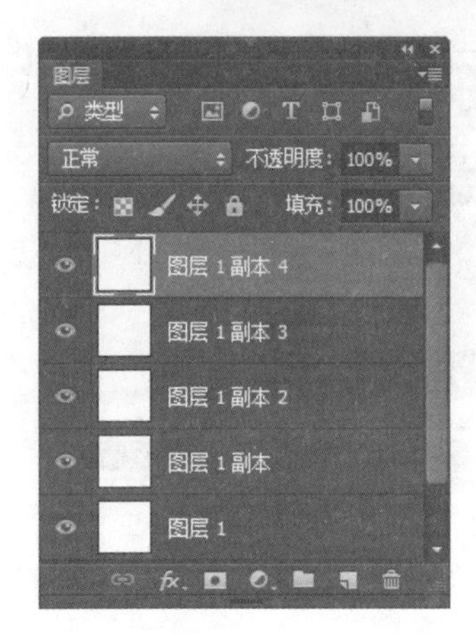

STEP 09：**变换图形**。选择复制后的图层，然后按下“Ctrl+T”组合键对图层进行缩放并旋转。

STEP 10：**复制图层**。将各个图层缩放并旋转后得到的效果如下图所示。

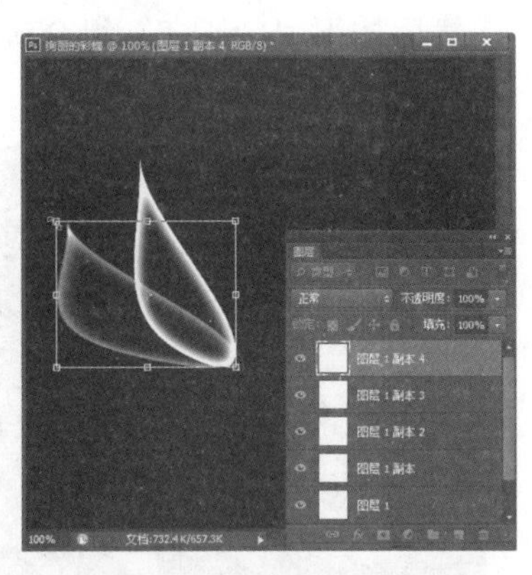

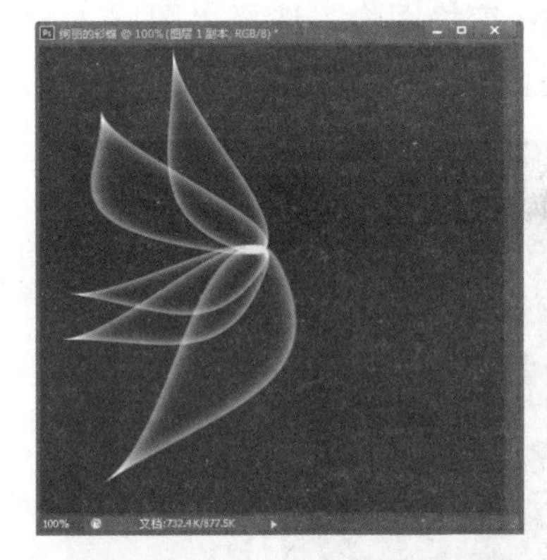

STEP 11：**合并图层**。按住“Shift”键，选择除背景图层外的所有图层，然后单击鼠标右键，在弹出的快捷菜单中选择“合并图层”选项，对图层进行合并。

STEP 12：**载入图层选区**。按住“Ctrl”键，然后单击合并后的图层，将图像载入选区。

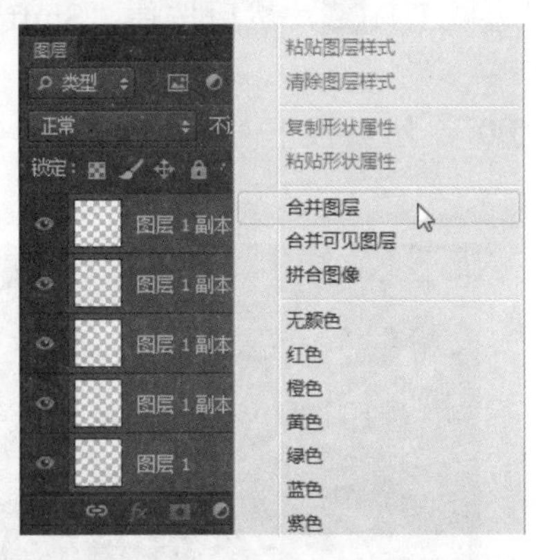

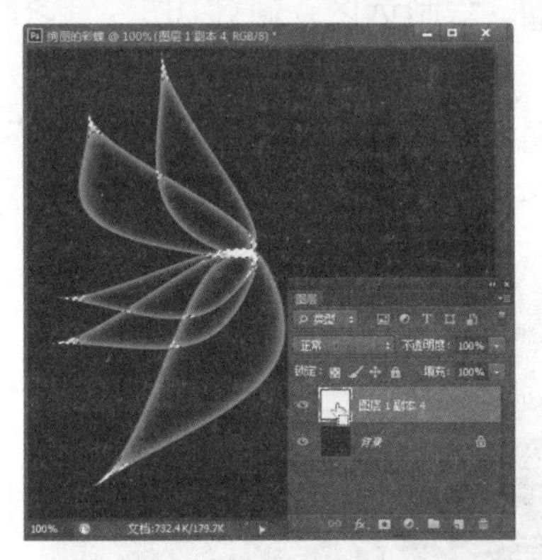

STEP 13：**设置渐变**。选择渐变工具，在对应的属性栏中单击“点击可编辑渐变”色块，弹出“渐变编辑器”对话框。选择“透明彩虹渐变”选项，然后单击“确定”按钮。

STEP 14：**绘制渐变**。在图像窗口中按住鼠标左键进行拖动，对创建的选区进行调整，效果如下图所示。

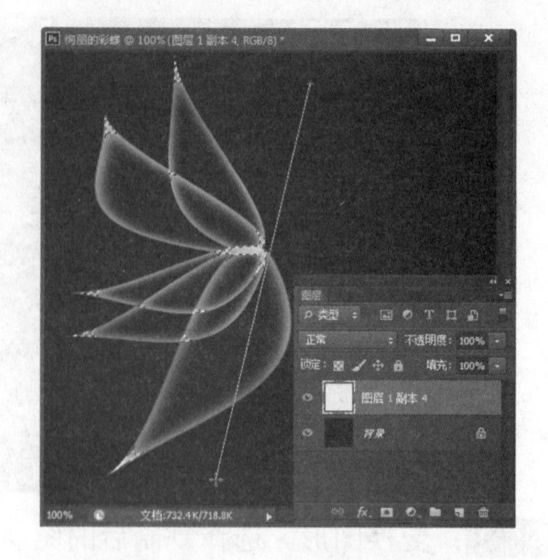

STEP 15：**设置图层混合模式**。将合成后的图层复制两份，并设置“图层 1 副本 5”的混合模式为“叠加”。

STEP 16：**变换图像**。选择“图层 1 副本 6”，然后按下“Ctrl+T”组合键进行旋转，并设置其图层混合模式为“溶解”。

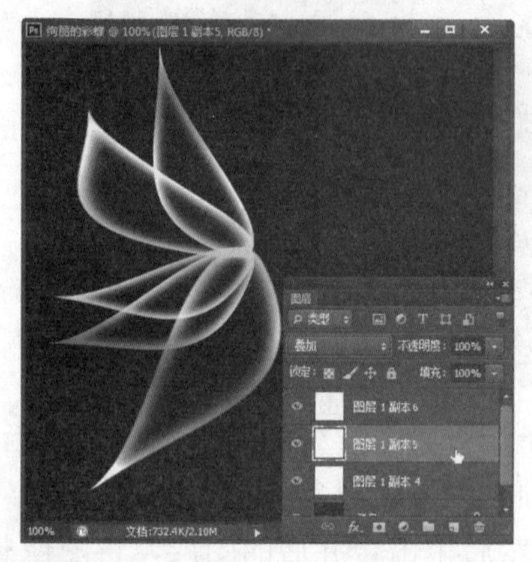

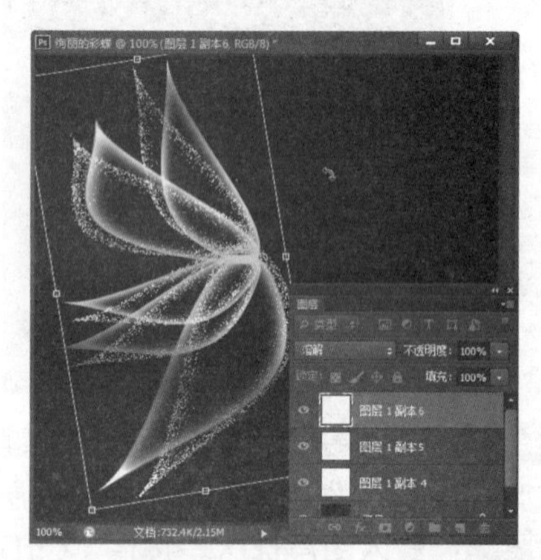

STEP 17：**绘制选区**。新建图层，选择椭圆选框工具，然后按住“Shift”键绘制一个正圆选区。

STEP 18：**填充选区**。设置前景色为“#d8ff00”，然后按下“Alt+Delete”组合键对正圆选区进行填充。

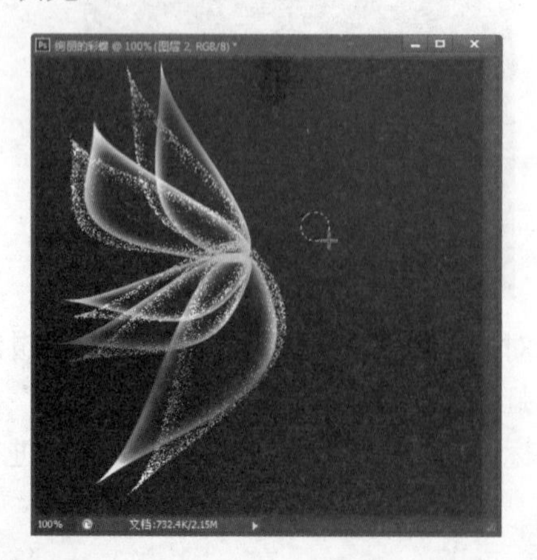

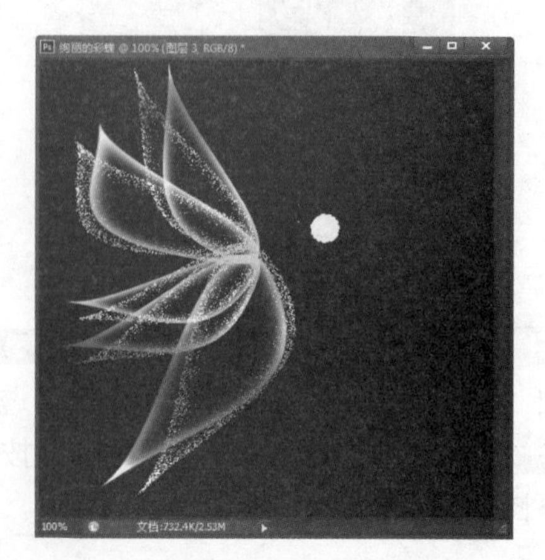

STEP 19：**绘制路径**。新建图层，然后单击工具箱中的“钢笔工具”按钮，在图像窗口中绘制如下图所示的路径。

STEP 20：**将路径载入选区**。单击“路径”面板中的“将路径作为选区载入”按钮，将路径作为选区载入，并按下“Alt+Delete”组合键使用前景色对选区进行填充。

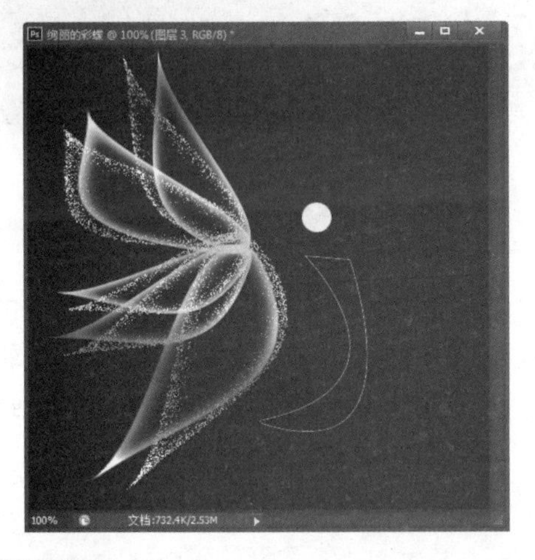

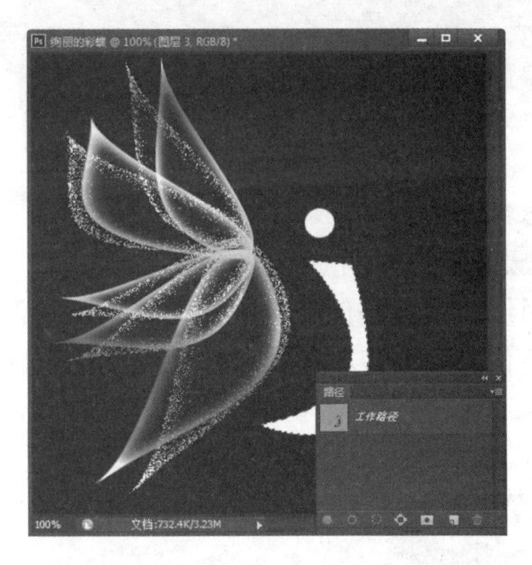

STEP 21：**将路径载入选区**。选择除背景图层外的所有图层，然后按下“Ctrl+T”组合键，对图像进行旋转，完成后的最终效果如下图所示。

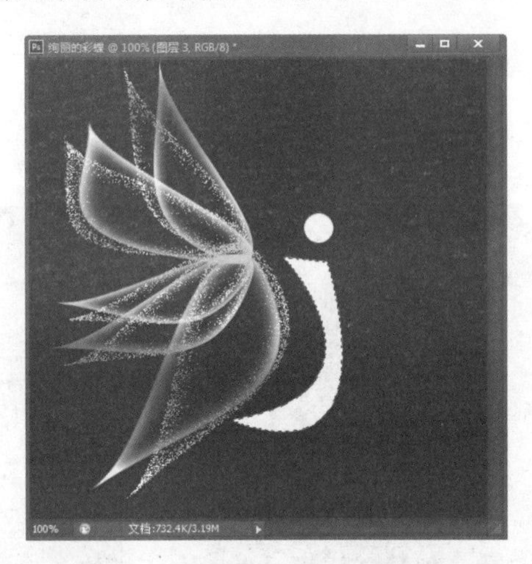

本章小结

路径在Photoshop的使用中是一个难点操作，要想在Photoshop中绘制出一些自创的图形，就需要使用路径工具来进行绘制。在绘制路径的过程中，还需要不断添加和移动锚点，以获得需要的曲线样式。在绘制好路径后，即可将路径变换为选区，或者进行路径填充和路径描边等，将路径变为图案。

第 10 章 通道与蒙版的应用

本章导读

通道和蒙版是创建选区和编辑局部图像效果时常用的工具。通道可以记录图像中的选区和颜色信息等内容，还可以建立精确的选区。蒙版可以使被选取或指定的区域不被编辑，能在编辑图像时起遮蔽作用，可用于抠图或合成效果。下面将对通道和蒙版的相关知识进行详细讲解。

知识要点

- 认识通道
- 编辑通道
- 蒙版的应用

案例展示

10.1　知识讲解——认识通道

通道用于存储图像信息和选区信息，每幅图像都由多个颜色通道构成，每个颜色通道分别保存相应颜色的颜色信息，通道是选取图层中某部分图像的重要手段。

10.1.1　通道的相关知识

在 Photoshop CC 中打开图像文件后，单击“窗口”→“通道”命令，即可打开“通道”面板，该面板中的各选项含义如下。

- “指示通道可见性图标”按钮：用于控制该通道中的内容是否在图像窗口中显示或隐藏。
- 通道名称：用于显示该通道的名称，其中 Alpha 通道可进行重命名操作。
- “将通道作为选区载入”按钮：单击该按钮，可将当前通道的图像转换为选区。
- “将选区存储为通道”按钮：单击该按钮，可将图像中的选区转换为一个遮罩，并将选区保存在新建的 Alpha 通道中。
- “创建新通道”按钮：单击该按钮，可创建一个新的 Alpha 通道。
- “删除通道”按钮：单击该按钮，可删除当前通道。

10.1.2　通道的类型

通道主要分为颜色通道、Alpha 通道和专色通道。用户可以对通道进行明暗度的调整，从而制作出特殊的图像效果。

1．颜色通道

颜色通道主要用于记录图像中颜色的分布信息，使用颜色通道可以方便地在颜色对比度较大的图像中选择选区。不同颜色模式的图像其颜色通道不相同，灰度模式只有一个颜色通道；RGB 模式有 RGB、红、绿和蓝 4 个颜色通道；CMYK 模式有 CMYK、青色、洋红、黄色和黑色 5 个颜色通道。

大师点拨

RGB 模式和 CMYK 模式中的 RGB 通道与 CMYK 通道是复合通道，是下方各颜色通道叠加后产生的效果。若隐藏其中任何一个通道，复合通道也将自动隐藏。

2．Alpha 通道

Alpha 通道是指通过“通道”面板新创建的新通道，默认名称为 Alpha N（N 为自然数，按照创建顺序依次排列），Alpha 通道有三种用途，一是用于保存选区；二是可以将选区存储为灰度图像，这样我们就能够用画笔、加深、减淡等工具以及各种滤镜，通过编辑 Alpha 通道来修改选区；三是可以从 Alpha 通道中载入选区。

在 Alpha 通道中，白色代表了可以被选择的区域，黑色代表了不能被选择的区域，灰色代表了可以被部分选择的区域（即羽化区域）。而在图像中，正常显示的区域表示被选中的区域，而被红色覆盖的区域表示不能被选择的区域。

3．专色通道

在进行包含颜色较多的特殊印刷时，除了默认的颜色通道外，用户还可以创建专色通道，它用特殊的预混合油墨来替代或补充印刷色（CMYK）油墨，每一个专色通道都有相应的印版。

单击“通道”面板右上角的▤按钮，在弹出的菜单中选择“新建专色通道”命令，打开“新建专色通道”对话框，设置参数后单击“确定”按钮即可创建专色通道。

专色通道常用于需要专色印刷的印刷品，由于使用 CorelDRAW 等图形软件也可以达到这一效果，所以专色通道的功能往往容易被人忽略。

10.2　知识讲解——编辑通道

下面我们来了解如何使用“通道”面板对通道进行选择、创建、复制、删除分离与合并等操作。

10.2.1　通道的基本操作

单击“通道”面板中的一个通道即可选择该通道，文档窗口中会显示所选通道的灰度图像。按住“Shift”键单击其他通道，可以选择多个通道，此时窗口中会显示所选颜色通道的符合信息。在通道名称旁会显示通道内容的缩略图，在编辑通道时缩略图会自动更新。

使用通道面板中标识的快捷键可以快速选择通道，例如按下“Ctrl+3”组合键可以选择红色通道，按下“Ctrl+2”组合键可以返回 RGB 通道。

10.2.2　创建通道

创建 Alpha 通道可以更加方便地编辑图像，创建通道的方法主要有以下两种。

- 单击“通道”面板底部的“创建新通道”按钮▣，新建一个 Alpha 通道，新建的 Alpha 通道在图像窗口显示为白色。
- 单击“通道”面板右上角的▤按钮，在弹出的下拉菜单中选择“新建通道”命令，打开“新建通道”对话框，在打开的对话框中设置新通道的名称等参数后，单击“确定”按钮即可。

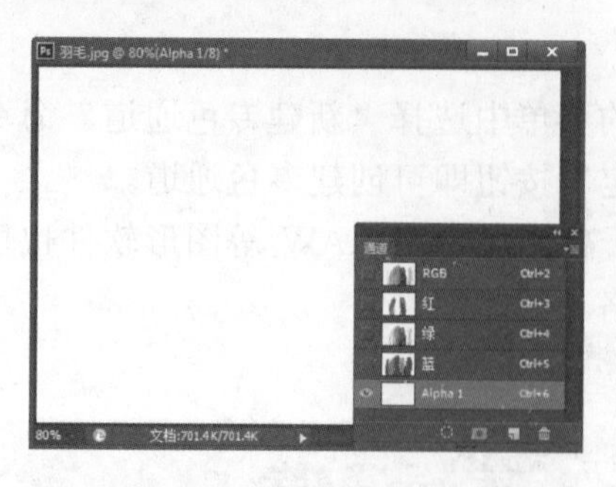

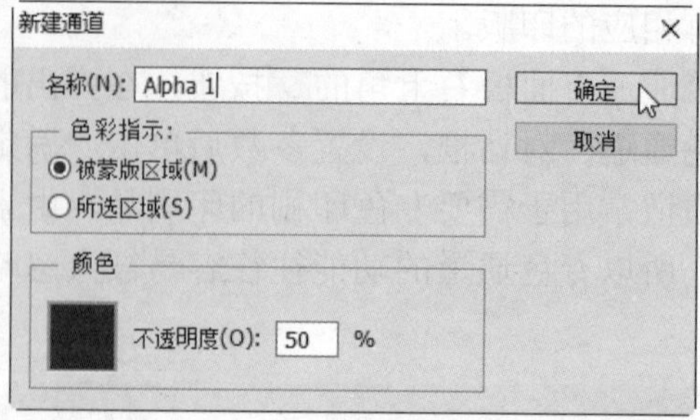

10.2.3 复制和删除通道

当需要对通道中的选区进行编辑操作时，可以先将通道的内容进行复制，然后对复制得到的副本进行编辑，以免编辑通道后不能还原图像。

复制通道的方法和复制图层类似，主要有以下两种。

- 选择需要复制的通道，然后按住鼠标左键将选择的通道拖动到“创建新通道”按钮上，释放鼠标后即可复制所选通道。

- 单击“通道”面板右上角的按钮，在弹出的下拉菜单中选择“复制通道”命令，打开“复制通道”对话框，在打开的对话框中设置新通道的名称等参数后，单击“确定”按钮即可。

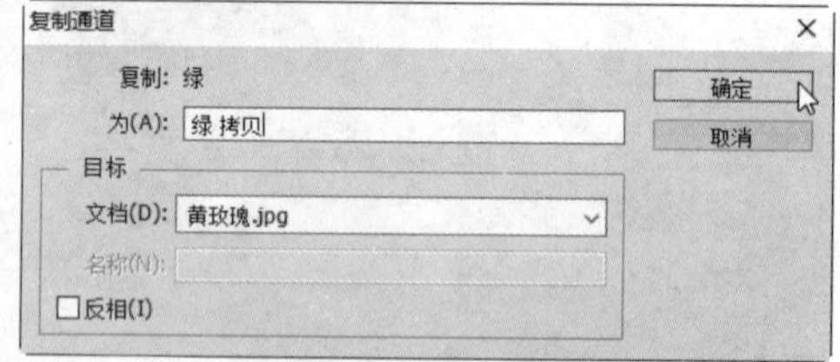

删除通道是指在编辑后删除不需要的 Alpha 通道，从而释放磁盘空间。删除通道的方法很简单，只需按住鼠标左键将选择的通道拖动到“删除通道”按钮上，或单击“通道”面板右上角的按钮，在弹出的下拉菜单中选择“删除通道”命令即可。

10.2.4 分离和合并通道

为了便于编辑图像，有时需要将一个图像文件的各个通道分开，使其成为拥有独立文档窗口和通道面板的文件，用户可以根据需要对各个通道文件进行编辑，编辑完成后，再将通道文件进行合成到一个图像文件中，这即是通道的分离和合并。

下面练习将一个 RGB 颜色模式的图像文件进行分离，然后对分离后其中一个通道对应的图像文档进行编辑，最后再将分离的图像重新合成。

	原始素材文件：光盘\素材文件\第 10 章\海豚.jpg
	最终结果文件：光盘\结果文件\第 3 章\3-2-4.dwg
	同步教学文件：光盘\多媒体教学文件\第 3 章\3-2-4.mp4

STEP 01：**打开素材文件**。打开“海豚.jpg”素材文件，在“通道”面板中查看图像文件的通道信息。

STEP 02：**选择功能命令**。单击“通道”面板右上角的按钮，在弹出的下拉菜单中选择“分离通道”命令。

STEP 03：**完成结果**。执行“分离通道”命令后，图像将分为 3 个重叠的灰色图像窗口，效果如下图所示。

STEP 04：**输入文字**。选择“横排文字蒙版工具”，在红通道所对应的文档窗口中创建文字选区“海豚”，然后按下“Alt+Delete”组合键进行填充。

STEP 05：**选择功能命令**。单击“通道”面板右边的按钮，在弹出的下拉菜单中选择“合并通道”命令。

STEP 06：**选项设置**。弹出“合并通道”对话框，在“模式”下拉列表框中选择“RGB 颜色”选项，然后单击“确定”按钮。

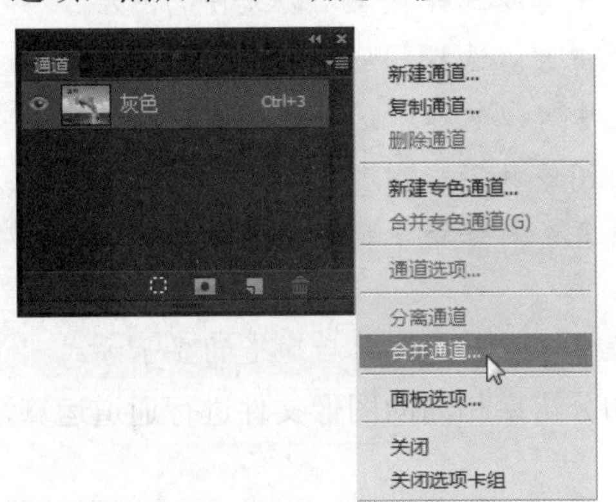

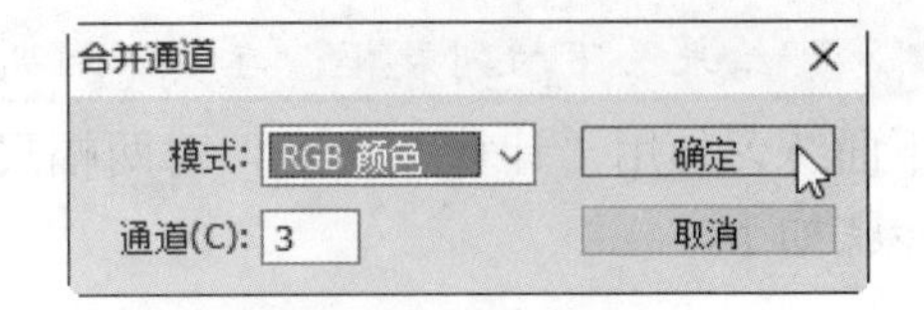

STEP 07：**选项设置**。弹出“合并 RGB 通道”对话框，在“红色”、“绿色”和“蓝色”下拉列表框中分别指定分离出的文件，然后单击“确定”按钮。

STEP 08：**完成结果**。合并通道后的图像效果，如下图所示。

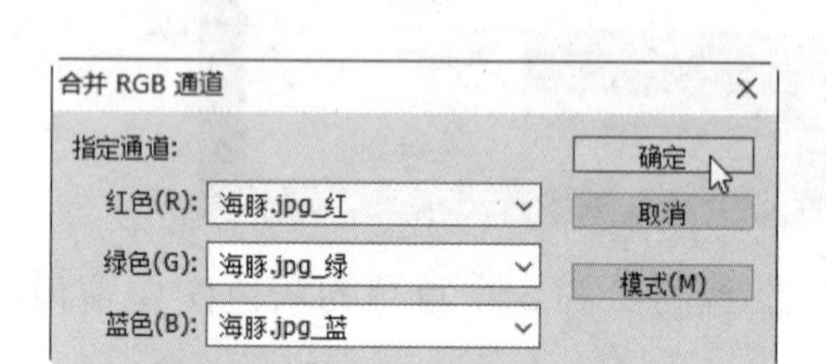

大师心得

当图像文件没有合并图层时，不能进行分离通道操作。而如果没有打开所有分离出的图像文件，合并后的图像文件将不是原颜色模式。

10.2.5 通道运算

利用通道运算功能可以将一个图像或多个图像两个独立的通道进行各种模式的混合，并将计算后的结果保存到一个新的图像或者新通道中，也可以直接将计算的结果转换成选区，便于在以后进行图像处理时可以直接使用。

通道运算是在“计算”对话框中完成的，打开两幅分辨率和尺寸相同的图像，然后单击“图像”→“计算”命令，即可弹出“计算”对话框。该对话框中的各选项含义如下。

- “源 1”和“源 2”下拉列表框：可以分别在这两个下拉列表中选择当前所打开的源文件。
- “图层”下拉列表框：在其下拉列表框中可以选择要使用源文件的图层。
- “通道”下拉列表框：在其下拉列表框中可以选择相应的通道。
- “混合”下拉列表框：在其下拉列表框中可以选择选区合成模式进行计算。
- “不透明度”文本框：用于设置混合时图像的不透明度。
- “蒙版”复选框：勾选该复选框，“计算”对话框中将出现蒙版选项设置，在其中可以选择蒙版文件、图层和通道。
- “结果”下拉列表框：在其下拉列表框中可以选择运算后通道的显示方式。

下面练习使用“计算”命令，对两幅尺寸和分辨率相同的图像文件进行通道运算，具体操作步骤如下。

	原始素材文件：光盘\素材文件\第 10 章\柠檬.jpg、玫瑰.jpg
	最终结果文件：光盘\结果文件\第 10 章\通道计算.psd
	同步教学文件：光盘\多媒体教学文件\第 10 章\

STEP 01：**打开素材文件**。单击“文件”→“打开”命令，打开“柠檬.jpg”和“玫瑰.jpg”素材文件。

STEP 02：**执行“计算”命令**。单击“图像”→“计算”命令，弹出“计算”对话框。在“源 1”栏选择“柠檬.jpg”，在“图层”下拉列表中选择“背景”选项，在“通道”下拉列表中选择“红”选项。

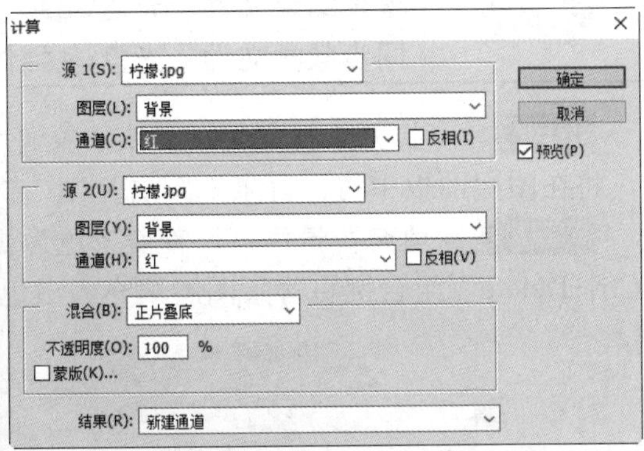

STEP 03：**选项设置**。在“源 2”栏选择“玫瑰.jpg”，在“图层”下拉列表中选择“背景”选项，在“通道”下拉列表中选择“红”选项。设置“混合”模式为“正片叠底”，然后单击“确定”按钮。

STEP 04：**完成结果**。进行通道运算后，得到的图像效果如下图所示。

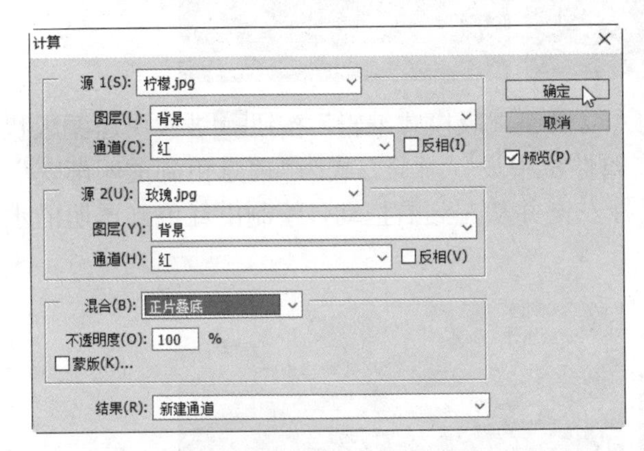

10.3　知识讲解——蒙版的应用

蒙版的功能很强大，主要用于隔离和保护图像中的某个区域，以及将部分图像进行透明和半透明的处理。对于许多新手来说，蒙版好像是很复杂的操作，其实蒙版的使用非常简单，下面对其进行详细讲解。

10.3.1 使用快速蒙版

使用快速蒙版可以在图像上创建一个临时的蒙版效果，以方便编辑。在图像窗口中它将作为带有可调整的不透明度的颜色叠加出现，用户可以使用任意一种工具编辑快速蒙版。在快速蒙版中，红色表示被选中区域，退出蒙版后，被涂抹上红色的区域表示不被选中，而其余区域则将变为选区。

下面使用快速蒙版工具为图像制作半透明的过渡效果，具体操作步骤如下。

原始素材文件：光盘\素材文件\第 10 章\风景照.jpg
最终结果文件：光盘\结果文件\第 10 章\快速蒙版.psd
同步教学文件：光盘\多媒体教学文件\第 10 章\

STEP 01：**打开素材文件**。单击“文件”→“打开”命令，打开“风景照.jpg”素材文件，将在图层面板中将“背景”图层复制一份。

STEP 02：**填充背景色**。设置前景色为黑色，背景色为白色，选中“背景”图层，按下“Ctrl+Delete”组合键将背景图层填充为白色。

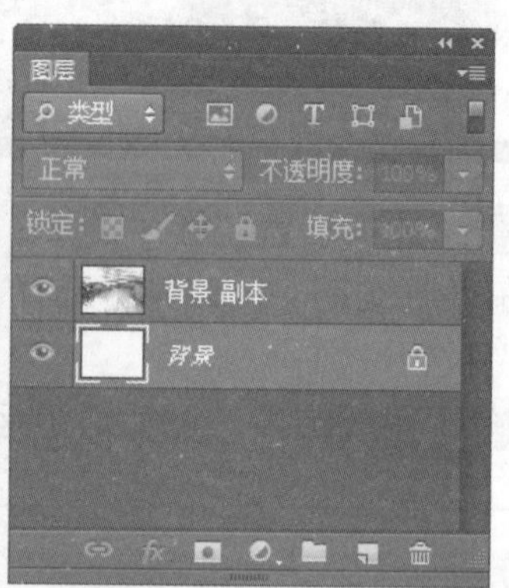

STEP 03：**设置渐变**。单击工具箱中的“以快速蒙版模式编辑”按钮进入快速蒙版状态；选择渐变工具，设置前景色为黑色，在属性栏中设置渐变方式为“前景色到透明渐变”。

STEP 04：**绘制渐变**。在图像中按下鼠标左键并从左到右拖动，绘制出红色到透明的水平渐变。

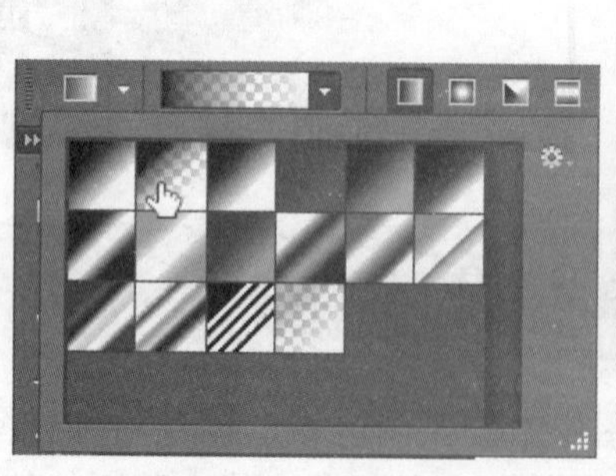

STEP 05：**退出蒙版**。再次单击“以快速蒙版模式编辑”按钮，退出快速蒙版状态，可以看到图像右侧区域将变为选区。

STEP 06：删除图像。按下“Delete”键删除选区内的图像，即可得到从图像到白色的渐变效果。

10.3.2　使用图层蒙版

图层蒙版存在于图层之上，使用图层蒙版，可以通过改变不同区域的黑白程度来控制图像所对应区域的隐藏或显示，从而使当前区域下的图层产生特殊的混合效果。如果在图层蒙版缩览图中显示为白色，表示当前图层中对应的图像完全显示；如果为黑色，表示完全隐藏；如果为灰色，则表示部分图像呈半透明显示。

- 图层缩览图：用于显示当前图层中图像的完全显示效果。
- 图层蒙版缩览图：用于显示图层蒙版的黑白填充效果。

图层蒙版的创建可以通过“图层”面板和“图层”命令来实现，其两种方法如下。

- 在“图层”面板中单击“添加图层蒙版”按钮。
- 单击工具箱中的“图层”→“图层蒙版”命令，在打开的子菜单中选择相应的子命令即可。

大师点拨

选择“显示全部”命令，将创建一个空白蒙版，并将图像全部显示出来；选择“隐藏全部”命令，将创建一个全黑蒙版，图层中的图像将全部被遮盖；选择“显示选区”命令，将根据图层中的选区创建蒙版，只显示选区中的图像，其他区域的图像被遮盖；选择“隐藏选区”命令，将选区反转后创建蒙版，遮盖选区内的图像，其他区域的图像仍然显示。

下面运用图层蒙版创建一幅混合图像，具体操作步骤如下。

	原始素材文件：光盘\素材文件\第 3 章\3-2-4.dwg
	最终结果文件：光盘\结果文件\第 3 章\3-2-4.dwg
	同步教学文件：光盘\多媒体教学文件\第 3 章\3-2-4.mp4

STEP 01：打开素材文件。单击“文件”→“打开”命令，打开“键盘.jpg”和“地球.jpg”

素材文件。

STEP 02：**创建选区**。选择魔棒工具，在键盘图像中单击键盘外部的白色区域，然后选择“选择”→“反相”命令，选中键盘图像，并设置“羽化”值为“10 像素”。

STEP 03：**移动图像**。选择移动工具，将键盘图像拖动到地球图像中。

STEP 04：**添加图层蒙版**。在“图层”面板中选中键盘图层，然后单击“添加图层蒙板”按钮。

STEP 05：**设置渐变**。选择渐变工具，设置前景色为黑色，然后在属性栏中选择渐变模式为“前景色到透明渐变”。

STEP 06：**绘制渐变**。在图像窗口中按下鼠标左键，顺着键盘的方向由左下方到右上方拖动出一条渐变线，释放鼠标左键后，得到的效果如下图所示。

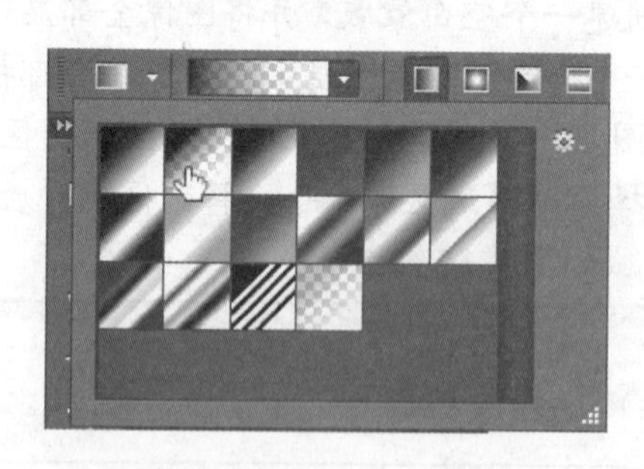

10.3.3 使用剪贴蒙版

剪贴蒙版是由图层转换而来的，即使用图层中的内容来覆盖它的上一个图层。剪贴蒙版与图层蒙版有些类似，但在图形与色块排列顺序上相反，剪贴蒙版是图形在上，色块在下，色块决定图像显示的区域。

下面练习使用创建剪贴蒙版改变图像文件中的文字图层的局部显示效果，具体操作步骤如下。

	原始素材文件：光盘\素材文件\第 10 章\眼影. Jpg、彩条.jpg
	最终结果文件：光盘\结果文件\第 10 章\剪贴蒙版.psd
	同步教学文件：光盘\多媒体教学文件\第 10 章\

STEP 01：**打开素材文件**。单击“文件”→“打开”命令，打开“眼影. jpg”和“彩条.jpg”素材文件。

STEP 02：**输入文字**。选择横排文字工具T，在属性栏中设置“字体”为“Cooper Std”，字号为“36 点”，然后在图像窗口中输入文字“EYE SHADOW”。

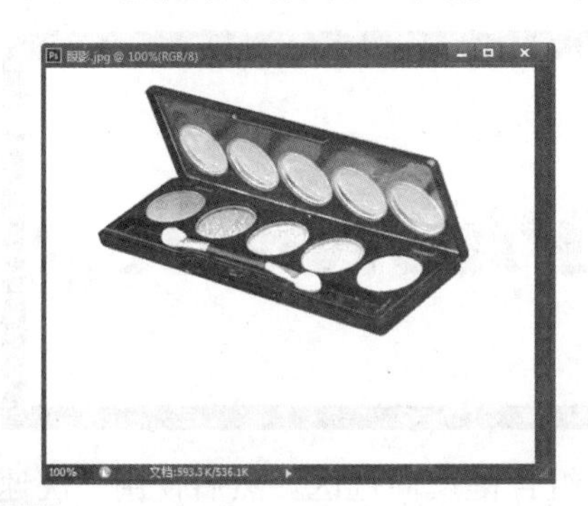

STEP 03：**移动图像**。单击工具箱中的“移动工具”按钮，将“彩条.jpg”移动到新建的图像窗口中，系统自动生成“图层 1”。

STEP 04：**创建剪贴蒙版**。在“图层”面板中选择“图层 1”，然后单击“图层”→“创建剪贴蒙版”命令，创建剪贴蒙版后的效果如下图所示。

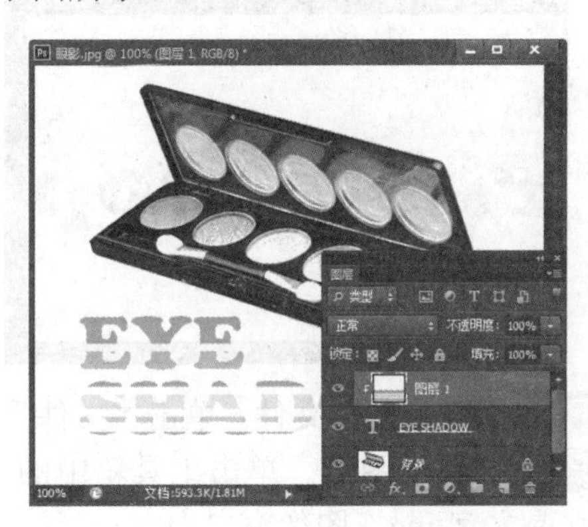

大师点拨

使用移动工具可以任意移动剪贴蒙版，从而改变图像的显示区域。

10.3.4　使用矢量蒙版

矢量蒙版与剪贴蒙版一样，用于显示某个图层的部分区域。但与剪贴蒙版不同的是，矢

量蒙版是通过路径来进行辅助过滤的。

下面练习使用创建矢量蒙版，改变图像的局部显示效果，具体操作步骤如下。

	原始素材文件：光盘\素材文件\第 10 章\水晶文字.jpg、放射线.jpg
	最终结果文件：光盘\结果文件\第 10 章\
	同步教学文件：光盘\多媒体教学文件\第 10 章\

STEP 01：**打开素材文件**。单击“文件”→“打开”命令，打开“水晶文字.jpg”素材文件。

STEP 02：**输入文字**。单击“魔棒工具”按钮，在图像文件中的白色区域中单击，为白色区域创建选区。

STEP 03：**选区反向**。按下“Ctrl+Shift+I”组合键反向选区，然后使用“快速选择工具”对选区进行修正，效果如下图所示。

STEP 04：**将选区转换为路径**。单击“路径”面板底部的“将选区生成工作路径”按钮，将选区转换成为路径。

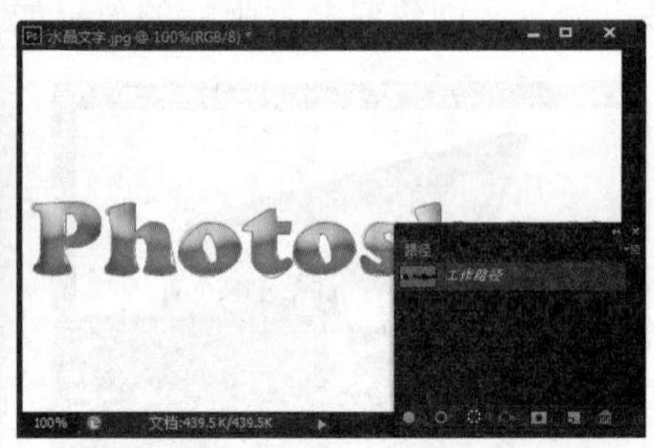

STEP 05：**打开素材文件**。单击“文件”→“打开”命令，打开图像文件“放射线.jpg”。

STEP 06：**移动图像**。单击工具箱中的“移动工具”按钮，然后按住鼠标左键将其拖动到“水晶文字.jpg”图像窗口中。

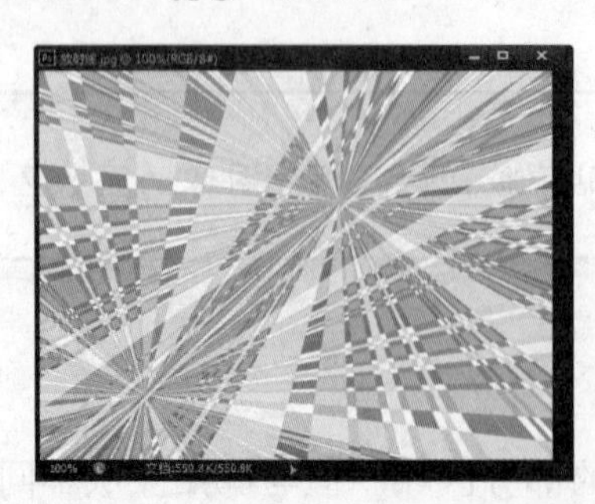

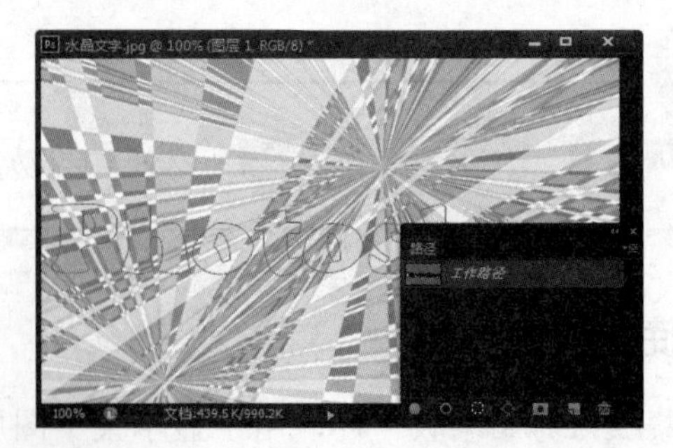

STEP 07：**转换图层**。单击“图层”→“矢量蒙版”→“当前路径”命令，将图层转换成矢量蒙版。

STEP 08：**更改图层混合模式**。在“图层”面板中，设置“图层 1”的混合模式为“线性加深”，图像的最终效果如下图所示。

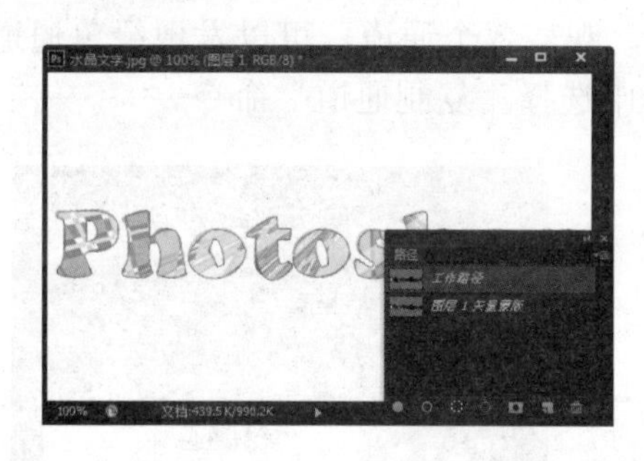

10.4　同步训练——实战应用

实例 1：使用通道抠取复杂图像

案例效果

	原始素材文件：光盘\素材文件\第 10 章\通道抠图.jpg
	最终结果文件：光盘\结果文件\第 10 章\通道抠图.psd
	同步教学文件：光盘\多媒体教学文件\第 10 章\

制作分析

本例难易度：★★★★☆

制作关键：	技能与知识要点：
首先观察图像的各个通道，找出一个对比较为强烈的通道并复制，然后通过调整曲线使通道黑白分明，接着用白色画笔涂抹图像中间区域，通道编辑完成后将其载入选区，返回原通道，通过图层复制即可得到人物图像。	● “复制通道”命令 ● 选择、显示与隐藏通道 ● “曲线”对话框 ● “将通道载入选区”命令 ● “复制图层”命令

具体步骤

STEP 01：**打开素材文件**。单击“文件”→“打开”命令，打开“通道抠图.jpg”素材文件，本例将把人物从背景中抠取出来。

STEP 02：**复制通道**。打开“通道”面板，观察各个通道，可以发现绿色通道对比更加明显。右键单击绿色通道，在弹出的快捷菜单中选择“复制通道”命令。

STEP 03：**选择通道**。在弹出的对话框中单击“确定”按钮，接着在“通道”面板中单击选中新创建的“绿 副本”通道，并隐藏其他 4 个通道的显示。

STEP 04：**调整曲线**。按下“Ctrl+M”组合键，打开“曲线”对话框，将曲线调整为下图所示的形状，完成后单击“确定”按钮。

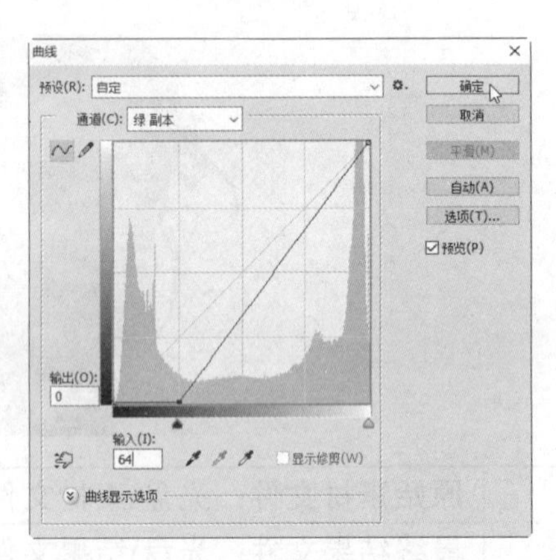

STEP 05：**完成效果**。完成后单击“确定”按钮，得到下图所示的图像。

STEP 06：**颜色反向**。由于在通道中，白色代表选区，因此单击“图像”→“调整”→“反相”命令，将图像颜色反相。

STEP 07：**编辑通道**。选择画笔工具，并设置前景色为白色，将人物内部需要保留的图像全部涂抹成白色。

STEP 08：**将通道载入选区**。在“通道”面板中单击“将通道作为选区载入”按钮，创建选区。

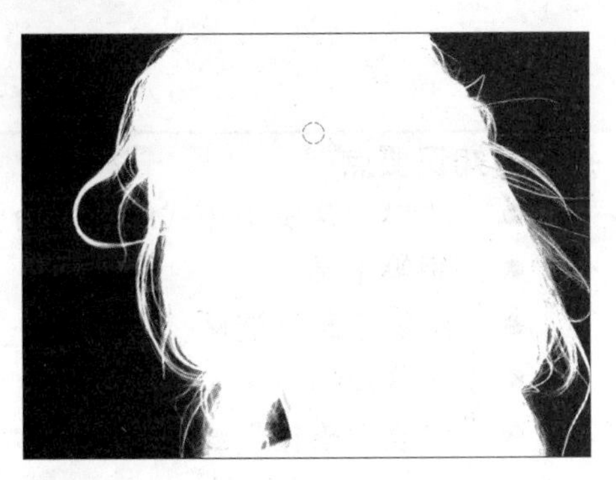

STEP 09：**复制图层**。选中 RGB 通道，然后按下“Ctrl+J”组合键，将选区复制为新图层。

STEP 10：**隐藏背景图层**。打开“图层”面板，隐藏背景图层的显示，即可看到被抠取出来的人物图像。

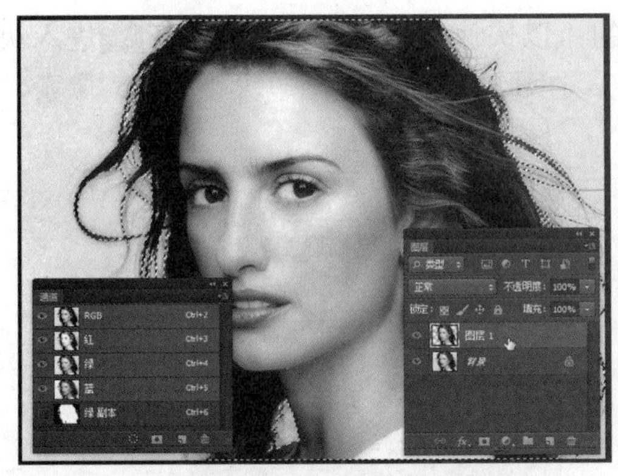

实例 2：使用快速蒙版为人物磨皮

➡ 案例效果

原始素材文件：光盘\素材文件\第 10 章\人物磨皮.jpg
最终结果文件：光盘\结果文件\第 10 章\人物磨皮-效果.jpg.
同步教学文件：光盘\多媒体教学文件\第 10 章\

制作分析

本例难易度：★★★☆☆

制作关键：

进入快速蒙版编辑模式，使用画笔工具对人物面部进行涂抹，将需要磨皮的区域选中，退出快速蒙版，将选区反选，即可得到需要磨皮的选区，最后使用"表面模糊"滤镜对选区进行模糊即可。

技能与知识要点：

- "以快速蒙版模式编辑"命令
- 画笔工具
- 将蒙版载入选区
- 选区反向
- "表面模糊"滤镜

具体步骤

STEP 01：**打开素材文件**。单击"文件"→"打开"命令，打开"人物磨皮.jpg"素材文件。

STEP 02：**进入快速蒙版**。单击工具箱中的"以快速蒙版模式编辑"按钮进入快速蒙版模式，选择画笔工具，设置前景色为黑色，在属性栏中设置画笔大小为 25 像素，硬度为 100%。

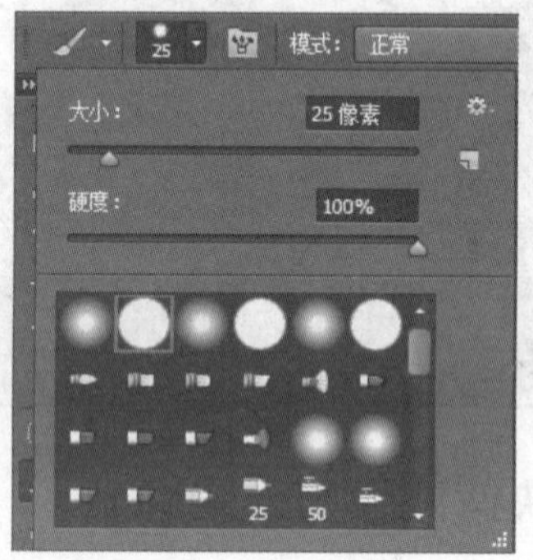

STEP 03：**编辑蒙版**。使用画笔工具在人物脸部进行涂抹，使红色区域覆盖整个脸部，在涂抹过程中可以调整画笔大小，使选区更为精确。

STEP 04：**退出蒙版**。涂抹完成后再次单击工具箱中的"以快速蒙版模式编辑"按钮退出快速蒙版模式，此时红色区域以外的图像将被选中。

STEP 05：**选区反向**。单击“选择”→“反向”命令，将选区反向。

STEP 06：**羽化选区**。为了使边缘部分更自然，可以对选区进行适当羽化。单击“选择”→“修改”→“羽化”命令，在弹出的对话框中设置羽化值为 5 像素。

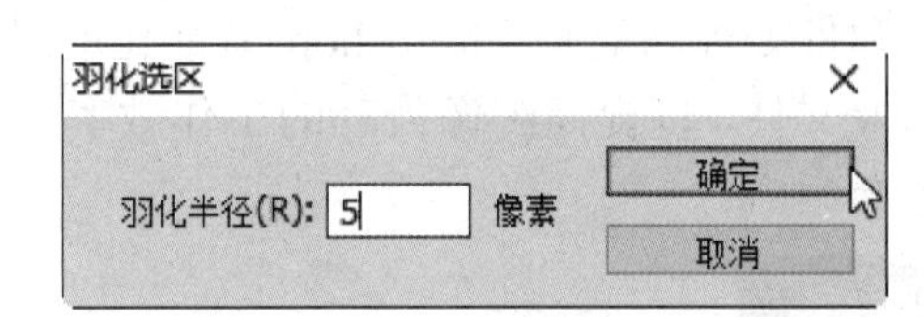

STEP 07：**选择模糊滤镜**。单击“滤镜”→“模糊”→“表面模糊”命令，弹出“表面模糊”对话框，设置半径为 20 像素，阈值为 20 色阶。

STEP 08：**完成效果**。设置完成后单击“确定”按钮，即可为人物皮肤进行磨皮，最终效果如下图所示。

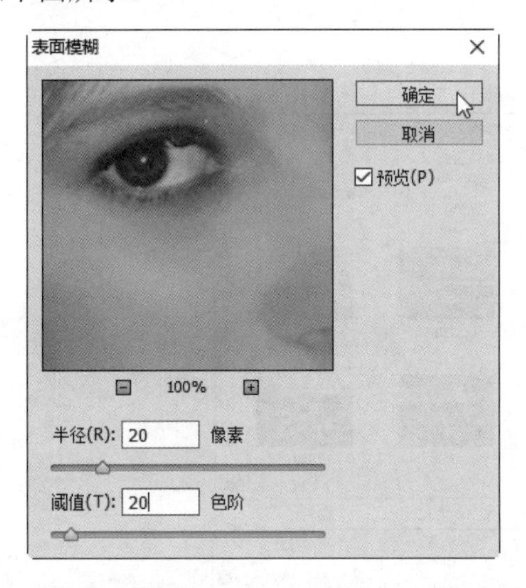

本章小结

本章学习了通道和蒙板的基础知识及应用技巧，熟练地使用通道和蒙板，可以帮助我们更加方便地选取和编辑图像。需要特别注意的是，在通道中，白色代表选区，黑色代表非选区，灰色代表半透明；而在快速蒙板中，白色同样代表选区，而红色代表非选区。

第 11 章

动作与批处理

本章导读

动作和批处理功能是 Photoshop 智能化的最好体现。通过动作和批处理功能可以快速处理批量图像文件，以提高图像处理的工作效率。下面就对 Photoshop CC 中的动作和批处理进行详细的介绍。

知识要点

- 动作的基本应用
- 编辑动作
- 批处理的应用

案例展示

11.1　知识讲解——动作的基本应用

将用户对图像或选区进行的操作录制下来即成为动作，当需要对其他图像或图像选区进行相同操作时，可通过播放录制下来的动作快速创建相同的图像效果。

11.1.1　认识“动作”面板

“动作”面板包含了应用动作的工具，选择“窗口”→“动作”命令或单击工作界面面板组中的“动作”选项卡，即可打开“动作”面板。在“动作”面板中有一个“默认动作”组，在其下拉列表中列出了多个动作，每个动作都由多个操作或命令组成。单击“默认动作”组左侧的三角形箭头，可展开其隐藏的内容，再次单击该按钮，将重新隐藏内容。

“动作”面板下方有 6 个按钮，其中左边 5 个按钮的含义如下。

- “停止播放/记录”按钮■：单击该按钮，可以停止正在播放的动作。在录制新动作时，单击该按钮可以停止动作的录制。
- “开始记录”按钮●：单击该按钮，可以开始记录一个新的动作。
- “播放选定的动作”按钮▶：单击该按钮，可以播放当前选择的动作。
- “创建新组”按钮：单击该按钮，可以新建一个动作组来存放创建的动作。
- “创建新动作”按钮：单击该按钮，可以新建一个动作。
- “删除”按钮：单击该按钮，可以删除不需要的动作。

单击“动作”面板右上角的按钮，在弹出的快捷菜单中选择“命令”、“画框”和“图像效果”等命令，可以载入系统自带的其他动作组。

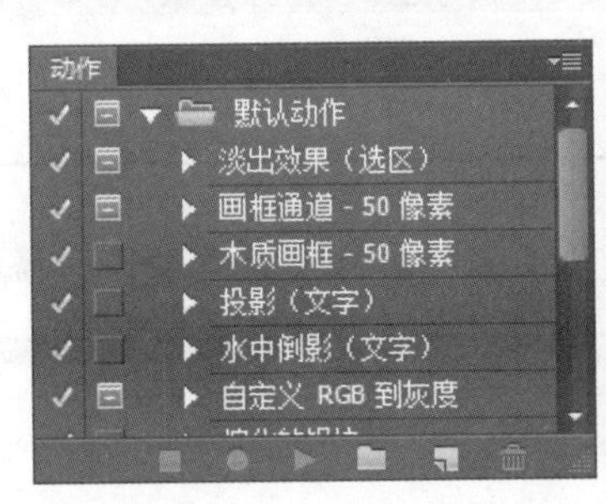

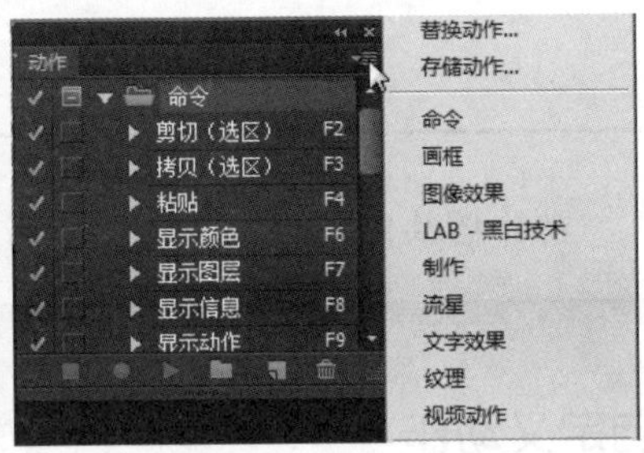

11.1.2　播放动作

所谓播放动作就是将动作包含的操作或命令连续应用到选择的图像或选区中。下面使用“默认动作”组中的“木质画框”动作，为图像添加木质画框，具体操作步骤如下。

	原始素材文件：光盘\素材文件\第 11 章\
	最终结果文件：光盘\结果文件\第 11 章\
	同步教学文件：光盘\多媒体教学文件\第 11 章\

STEP 01：**打开素材文件**。单击“文件”→“打开”命令，打开“小镇风光.jpg”素材文件。

STEP 02：**添加预设动作**。单击“动作”面板右上侧的按钮，在弹出的下拉列表中选择“画框”选项，将“图像效果”动作组添加到“动作”面板中。

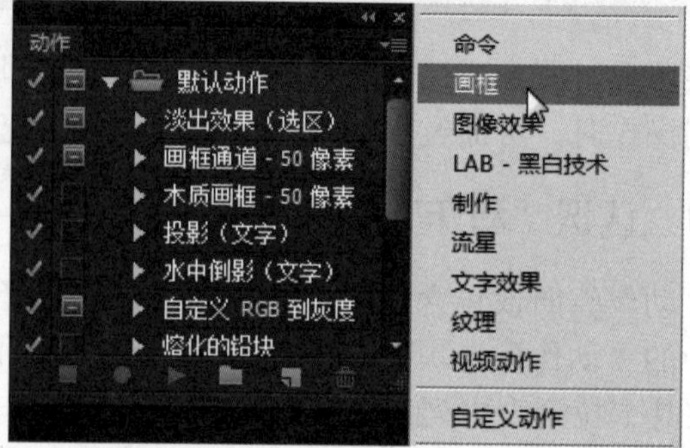

STEP 03：**播放动作**。在“动作”面板中单击展开“画框”动作组，在展开的动作组中选择“木质画框”动作，然后单击面板底部的“播放选定动作”按钮▶。

STEP 04：**完成效果**。为图像添加木质画框后的效果如右下图所示。

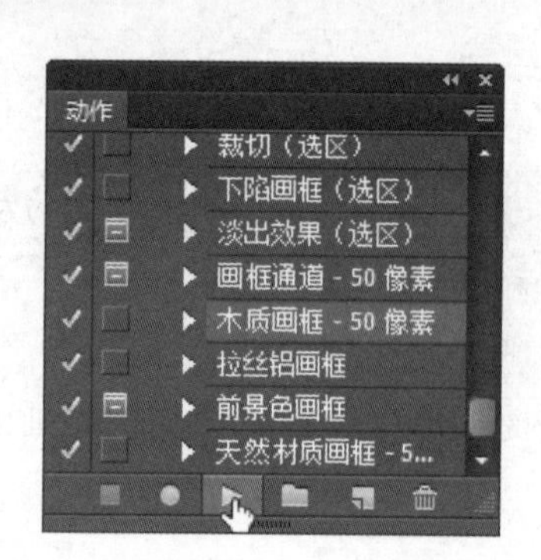

大师点拨

动作播放完成后，可以在“历史记录”面板中查看动作的播放过程。

11.1.3 创建自定义动作

在 Photoshop 中，用户可以自己录制动作，将经常使用的图像效果或编辑操作创建为动作并存储起来，以便随时进行调用。下面将为图像制作磨砂效果的过程录制成动作，然后使用录制的动作为其他图像添加磨砂效果，具体操作步骤如下。

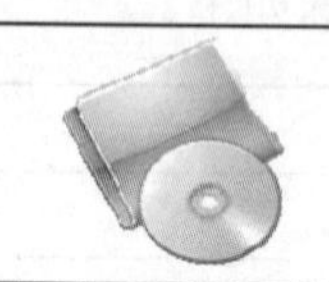	原始素材文件：光盘\素材文件\第 11 章\风景.jpg、茶艺.jpg
	最终结果文件：光盘\结果文件\第 11 章\磨砂效果.psd
	同步教学文件：光盘\多媒体教学文件\第 11 章\

STEP 01：**打开素材文件**。单击“文件”→“打开”命令，打开“风景.jpg”素材文件。

STEP 02：**创建动作**。单击“动作”面板中的“创建新动作”按钮，弹出“新建动作”对话框。在“名称”文本框中输入动作的名称，这里输入“磨砂效果”，在“组”下拉列表框中选择动作的分组，这里选择“默认动作”，然后单击“记录”按钮。

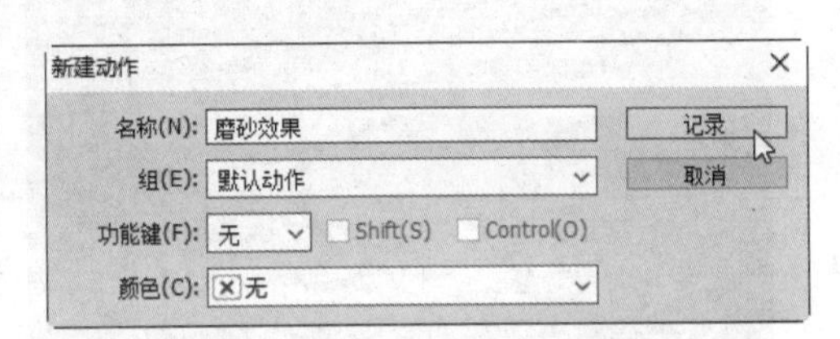

STEP 03：**复制图层**。选择“背景”图层，然后按下“Ctrl+J”组合键，复制图层，得到“图层 1”。

STEP 04：**图像去色**。选中“图层 1”，单击“图层”→“调整”→“去色”命令，去掉图像颜色。

STEP 05：**使用“添加杂色”滤镜**。单击“滤镜”→“杂色”→“添加杂色”命令，在“数量”文本框中输入“60”，在“分布”栏选择“平均分布”单选项，勾选“单色”复选框，然后单击“确定”按钮。

STEP 04：**使用“动感模糊”滤镜**。单击“滤镜”→“模糊”→“动感模糊”命令，在弹出的“动感模糊”对话框中设置“角度”为“45”，“距离”为“30”，然后单击“确定”按钮。

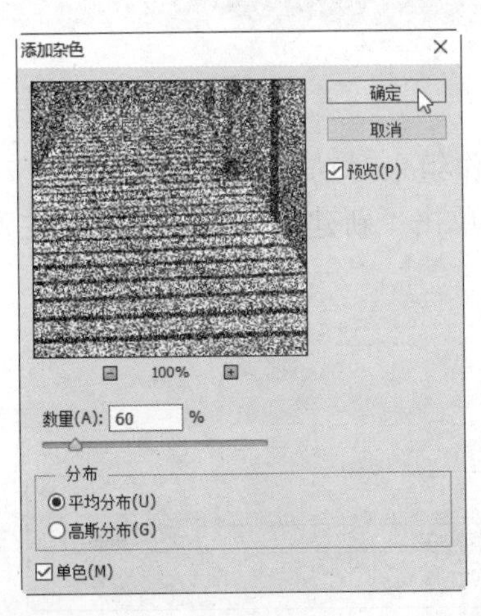

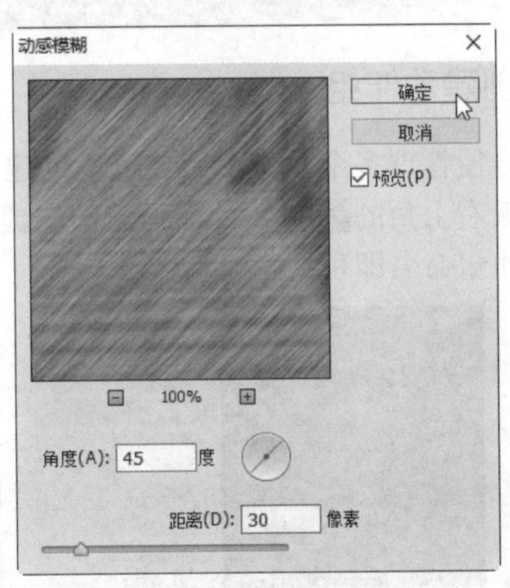

STEP 07：**设置图层属性**。在“图层”面板中设置“图层 1”的混合模式为“明度”，

不透明度为“70%”。

STEP 08：**停止记录**。动作录制完成后，单击“停止播放/记录”按钮■。

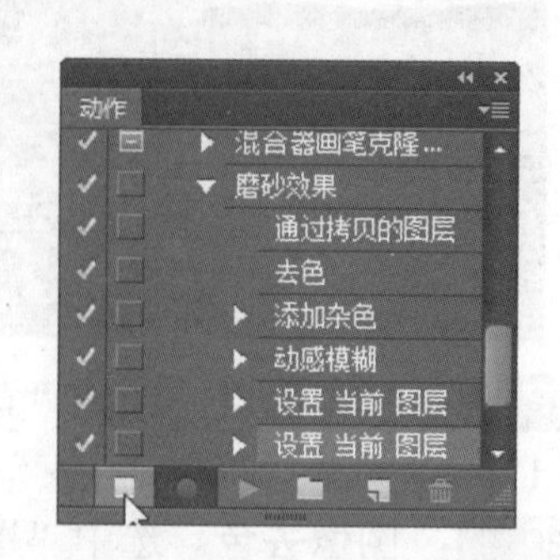

STEP 09：**应用动作**。单击“文件”→“打开”命令，打开“茶艺.jpg”图像文件，在“动作”面板中选择刚刚录制完成的动作，然后单击“播放选定的动作”按钮▶。

STEP 10：**完成效果**。播放动作后，程序会将录制的动作应用到当前的图像中。

如果在录制过程中产生了误操作，是可以纠正的。首先单击■按钮停止录制，选择记录的误操作，然后单击🗑按钮即可将其删除，最后再单击●按钮，即可继续录制未完的动作。

11.1.4 创建动作组

为了方便管理多个动作，用户可以创建一个动作组来对动作进行归类。在“动作”面板中单击面板右上角的☰按钮，在弹出的快捷菜单中单击“新建组”命令，接着在弹出的对话框中为动作组命名即可。

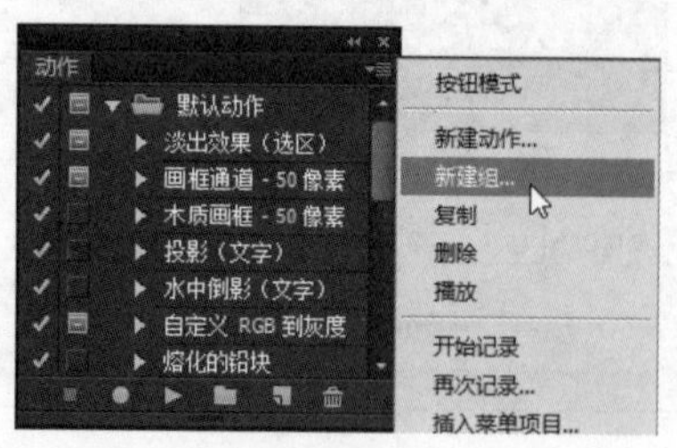

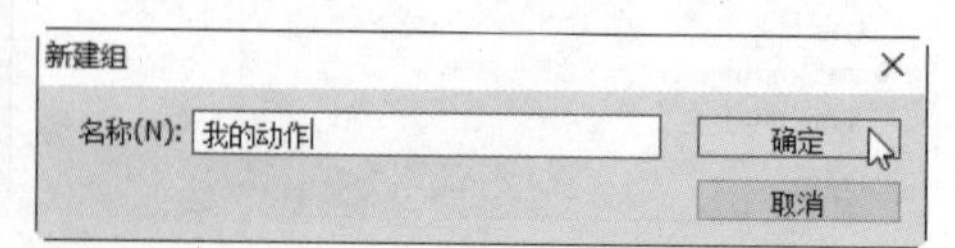

11.1.5　存储与载入动作

在图像中录制完动作后，可以将创建的动作保存为动作文件，以便在其他电脑上使用。首先在“动作”面板中将需要存储的动作拖动到一个单独的动作组中，然后单击面板右上角的按钮，在弹出的快捷菜单中单击“存储动作”命令，接着在弹出的“另存为”对话框中设置好保存路径和名称后单击“保存”按钮即可。

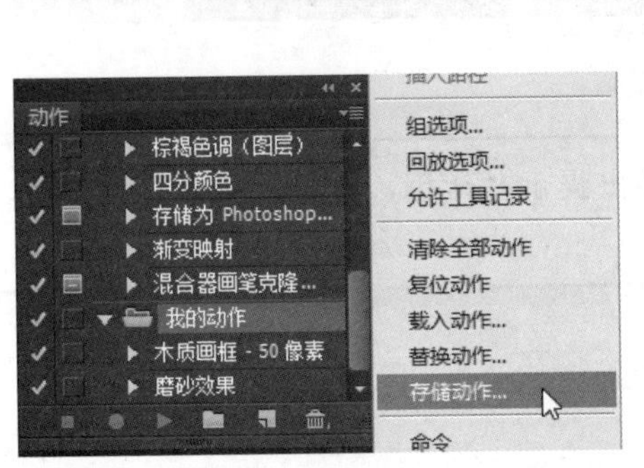

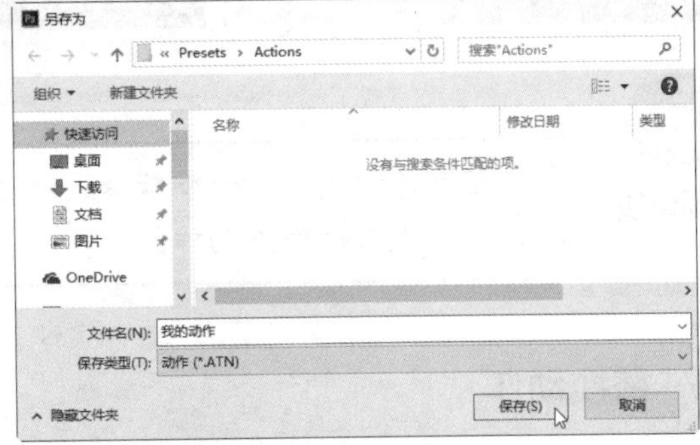

如果需要在其他电脑上载入存储的动作，只需拷贝前面存储的动作文件，然后在动作面板中单击右上角的按钮，在弹出的快捷菜单中单击“载入动作”命令，接着在弹出的对话框中选中动作文件并单击“载入”按钮即可。

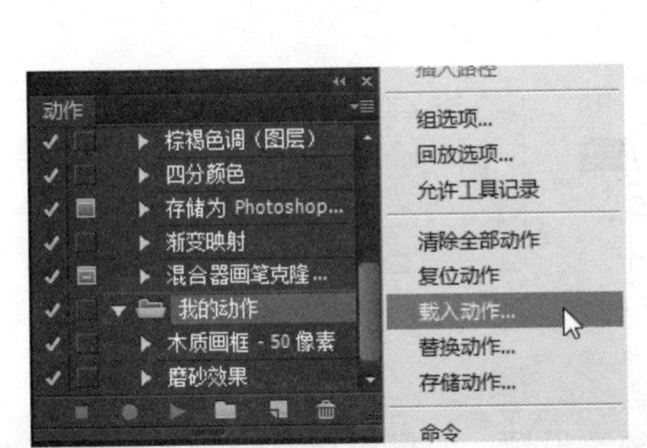

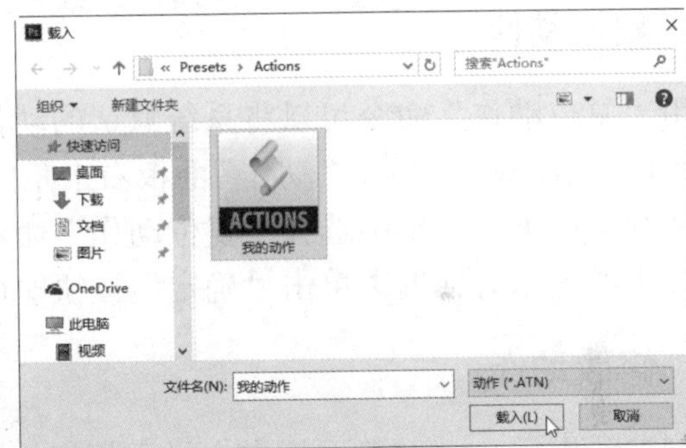

11.2　知识讲解——编辑动作

用户可以在“动作”面板中对动作进行编辑，主要包括删除动作或动作组、载入动作、复制动作或动作组、更改动作顺序等，下面对编辑动作进行详细的讲解。

11.2.1　删除动作或动作组

在 Photoshop CC 中，删除动作或动作组的方法主要有以下 3 种。

- 如果要删除一个或多个动作或动作组，只需选择要删除的动作或动作组，然后单击面板右上角的按钮，在弹出的快捷菜单中选择“删除”命令即可。
- 选择需要删除的动作或动作组后，单击“动作”面板底部的“删除”按钮即可。
- 如果要删除“动作”面板中的所有动作，只需单击面板右上角的按钮，在弹出的快捷菜单中选择“清除全部动作”命令即可。

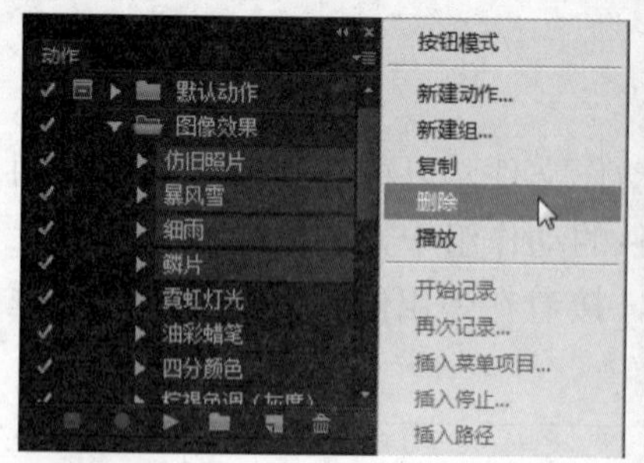

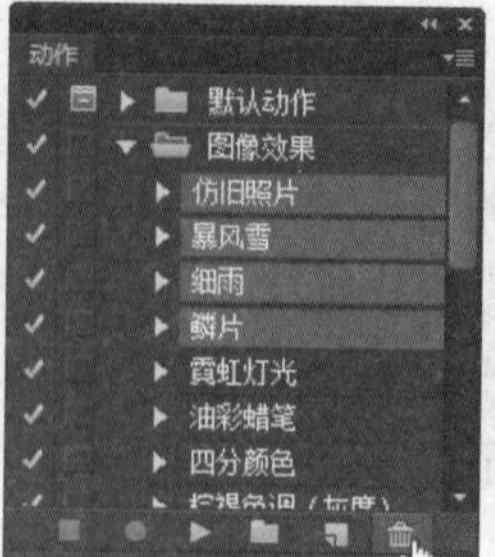

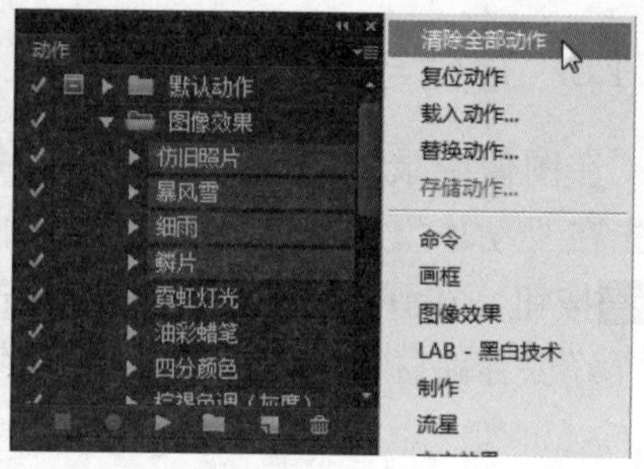

大师点拨 在执行“删除”命令后系统将弹出提示对话框，单击“确定”按钮后，即可删除所选动作或动作组。

11.2.2 替换动作

使用“替换动作”命令，可以使用载入的动作组替换当前面板中的动作组。单击“动作”面板右上角的▤按钮，在弹出的下拉菜单中选择“替换动作”命令，在弹出的“载入”对话框中选择需要载入的动作，然后单击“载入”按钮即可。

11.2.3 复位动作

使用“复位动作”命令可以将系统默认的动作组显示在“动作”面板中。单击“动作”面板右上角的▤按钮，在弹出的下拉菜单中选择“复位动作”命令，然后在弹出的提示对话框中单击“确定”按钮即可。

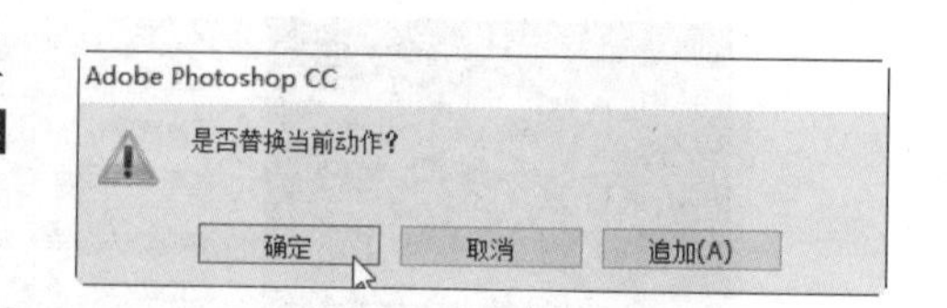

11.2.4 修改动作

录制完动作后，“动作”面板中会显示相应的参数设置。如果用户对录制动作参数的效果不太满意，可以通过修改其参数来达到理想效果。在“动作”面板中双击需要修改的动作步骤，在弹出的参数设置对话框中重新设置参数，然后单击“确定”按钮即可。

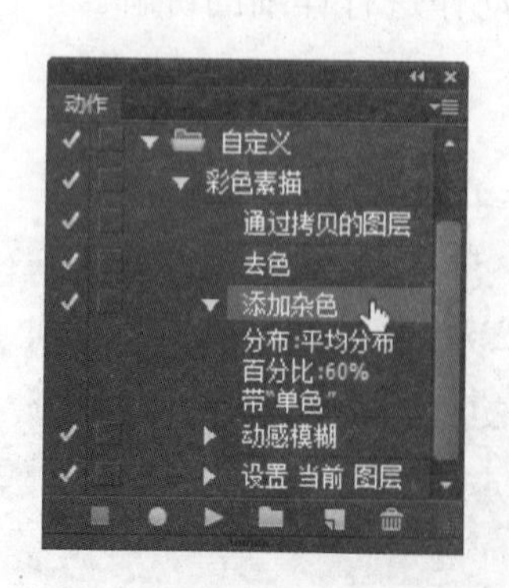

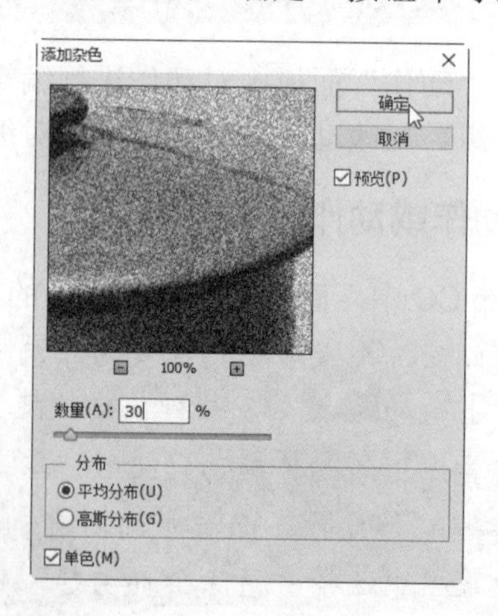

11.3　知识讲解——批处理的应用

Photoshop CC 提供了自动处理图像的功能，通过这些功能可以自动对一个图像文件或一个文件夹中的所有图像文件同时进行处理，从而达到提高工作效率的目的。

11.3.1　批处理图像

通过“动作”面板一次只可以对一幅图像使用动作，如果想对多个图像同时使用某个动作，则可以通过“批处理”命令来实现。使用“批处理”命令还可以为批处理后的图像进行批量重命名。

下面练习使用“批处理”命令，同时对多个图像文件进行处理，具体操作步骤如下。

	原始素材文件：光盘\素材文件\第 11 章\批处理素材
	最终结果文件：光盘\结果文件\第 11 章\批处理
	同步教学文件：光盘\多媒体教学文件\第 11 章\

STEP 01：单击批处理命令。将需要批处理的图像文件放置到同一个文件夹中，单击“文件”→“自动”→“批处理”命令，弹出“批处理”对话框；设置“动作”为“默认动作”组中的“木质画框”，然后单击“选择”按钮。

STEP 02：选择文件夹。在弹出的“浏览文件夹”对话框中选择图像文件所在的文件夹，然后单击“确定”按钮。

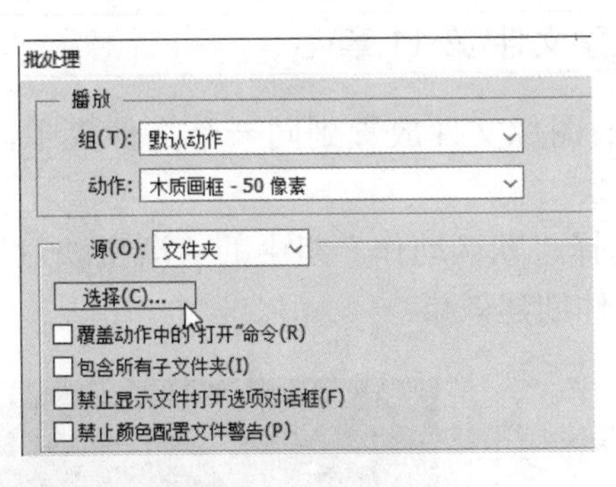

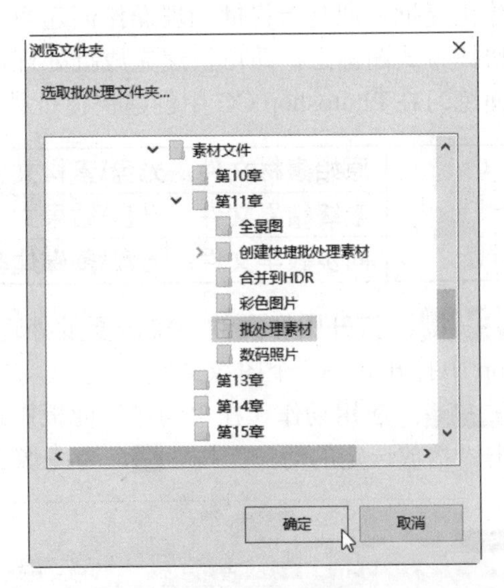

STEP 03：设置保存方式。在“目标”下拉列表框中选择“文件夹”选项，然后单击“选择”按钮。

STEP 04：选择文件夹。在弹出的“浏览文件夹”对话框中选择应用动作后图像存储的文件夹，然后单击“确定”按钮，返回“批处理”对话框。

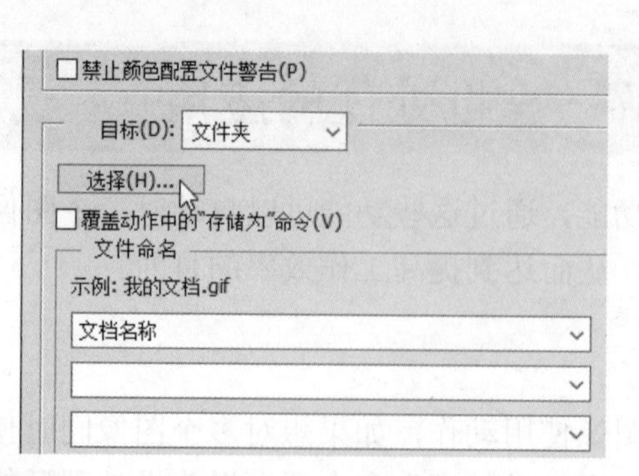

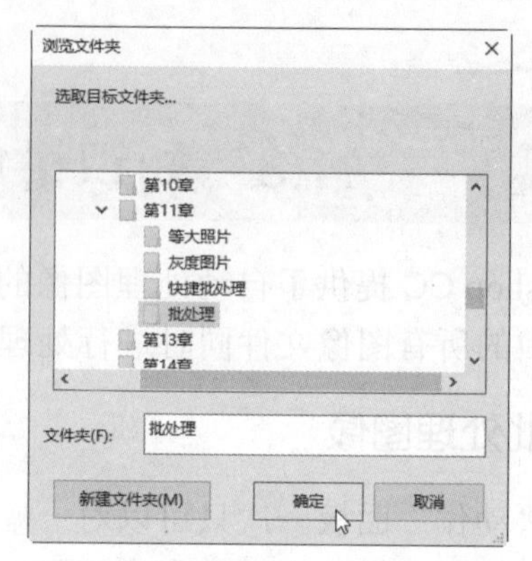

STEP 05：**处理结果**。在“批处理”对话框中单击“确定”按钮，系统将自动对图像进行处理，处理后的效果如下图所示。

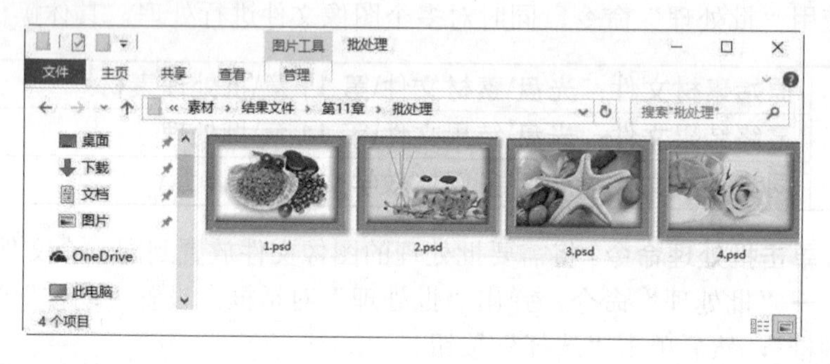

11.3.2 创建快捷批处理

创建快捷批处理是指将批处理操作创建为一个快捷方式，用户只要将需要批处理的文件拖至该快捷方式图标上，即可快速完成批处理操作。

下面练习在 Photoshop CC 中创建快捷批处理，具体操作步骤如下。

<table>
<tr><td rowspan="3"></td><td>原始素材文件：光盘\素材文件\第 11 章\创建快捷批处理</td></tr>
<tr><td>最终结果文件：光盘\结果文件\第 11 章\快捷批处理</td></tr>
<tr><td>同步教学文件：光盘\多媒体教学文件\第 11 章\</td></tr>
</table>

STEP 01：**打开图像文件**。将需要批处理的图像文件放置到同一个文件夹中，然后在 Photoshop 中打开其中一个图像文件。

STEP 02：**应用动作**。在“动作”面板中选择“默认动作”组中的“渐变映射”选项，然后单击“播放选定的动作”按钮▶，为图像文件创建效果。

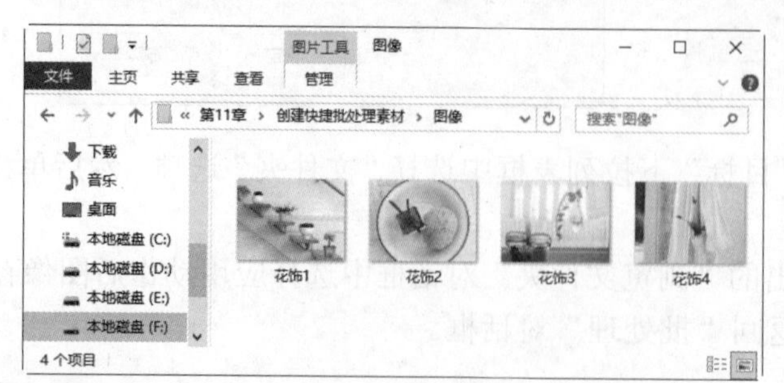

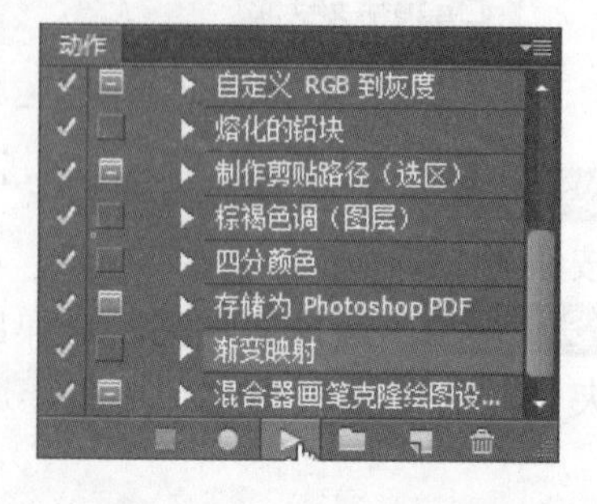

STEP 03：**创建快捷批处理**。单击“文件”→“自动”→“创建快捷批处理”命令，在弹出的“创建快捷批处理”对话框中单击“选择”按钮。

STEP 04：**文件保存设置**。在弹出的“存储”对话框中选择快捷批处理的保存路径，在“文件名”文本框中输入“快捷批处理”，然后单击“保存”按钮。

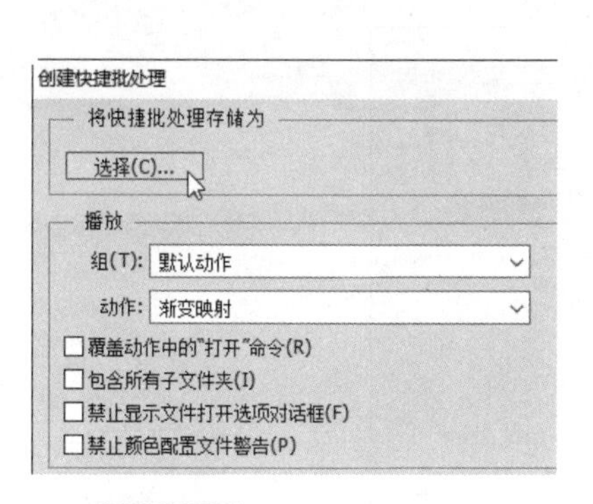

STEP 05：**输出方式设置**。在“目标”下拉列表框中选择“文件夹”选项，然后单击“选择”按钮。

STEP 06：**选择文件夹**。在弹出的“浏览文件夹”对话框中选择用于存储快捷批处理输出的文件夹，然后单击“确定”按钮，返回“创建快捷批处理”对话框。

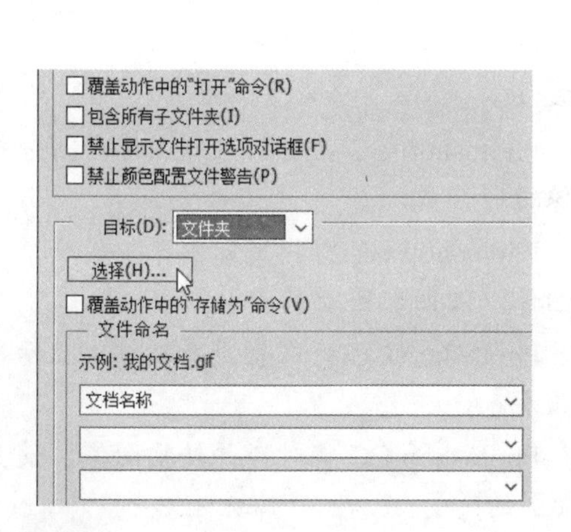

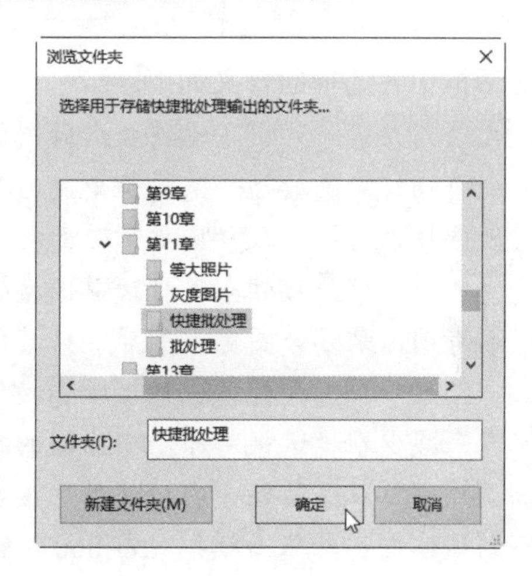

STEP 07：**完成创建**。在“创建快捷批处理”对话框中单击“确定”按钮，即可在指定位置创建快捷批处理程序。

STEP 08：**使用快捷批处理**。将需要批处理的图像文件夹拖动到“快捷批处理”程序图标上，释放鼠标后，系统即可自动处理图像。

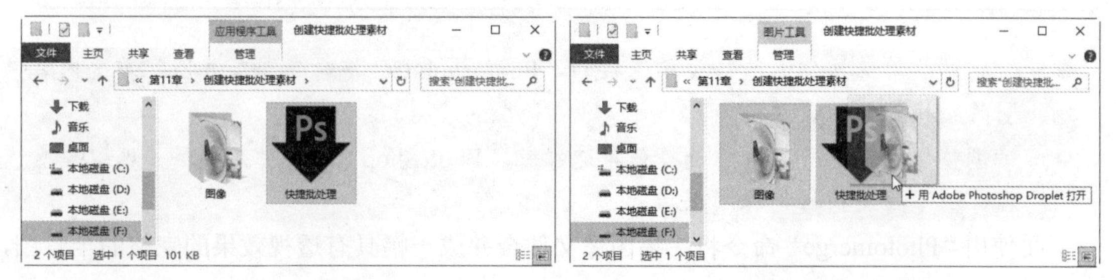

11.3.3 制作全景图

拍摄照片时，有时无法将需要的景物完全纳入镜头中，这时就可以多次拍摄景物的各个部分，然后通过 Photoshop CC 的“Photomerge”命令，将景物的各个部分合成为一幅完整的照片。选择“文件”→“自动”→“Photomerge”命令，即可打开“Photomerge”对话框。

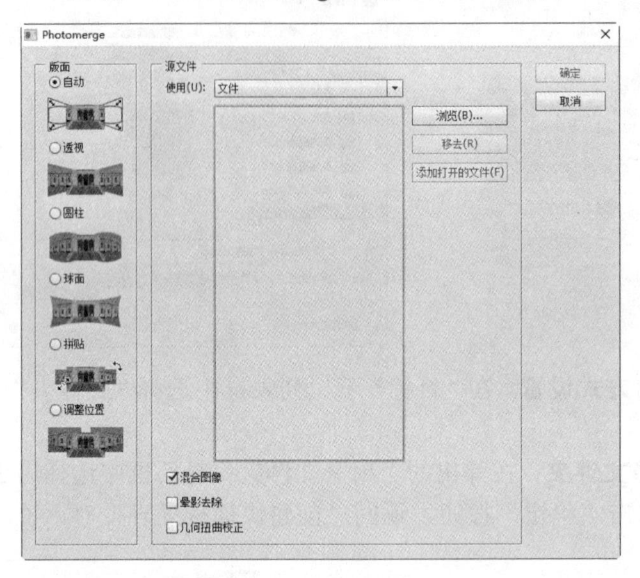

该对话框中各选项的含义如下。

- 文件列表框：列出了需要合成的图像文件。
- “自动”单选按钮：选择该单选按钮，Photoshop CC 将自动对源图像进行分析，然后选择“透视”或“圆柱”版面对图像进行合成。
- “透视”单选按钮：选择该单选按钮，Photoshop CC 将指定源图像中的一个图像为参考图像来复合图像，然后变换其他图像以便匹配图层的重叠内容。
- “圆柱”单选按钮：选择该单选按钮，Photoshop CC 将在展开的圆柱上显示各个图像来减少在“透视”布局中出现的扭曲现象。
- “球面”单选按钮：选择该单选按钮，Photoshop CC 将对齐并转换图像，使其映射到球体内部，从而模拟观看 360° 全景图的感受。

大师点拨

如果拍摄了一组环绕 360° 的图像，选择该选项可创建 360° 全景图。也可以将“球面”与其他文件集搭配使用，产生完美的全景效果。

- “拼贴”单选按钮：选择该单选按钮，Photoshop CC 将对齐图层并匹配重叠内容，同时变换任何源图层。
- “调整位置”单选按钮：选择该单选按钮，Photoshop CC 将对齐图层并匹配重叠内容，但不会变换任何源图层。

下面使用“Photomerge”命令将 3 幅图像文件合并成一幅具有透视效果的完整的全景图，

具体操作步骤如下。

原始素材文件：光盘\素材文件\第 11 章\全景图
最终结果文件：光盘\结果文件\第 11 章\全景图.psd
同步教学文件：光盘\多媒体教学文件\第 11 章\

STEP 01：**执行功能命令**。单击“文件”→“自动”→“Photomerge”命令，在弹出的“Photomerge”对话框中单击“浏览”按钮。

STEP 02：**选择源文件**。在弹出的“打开”对话框中选择要合成的所有文件，然后单击“确定”按钮。

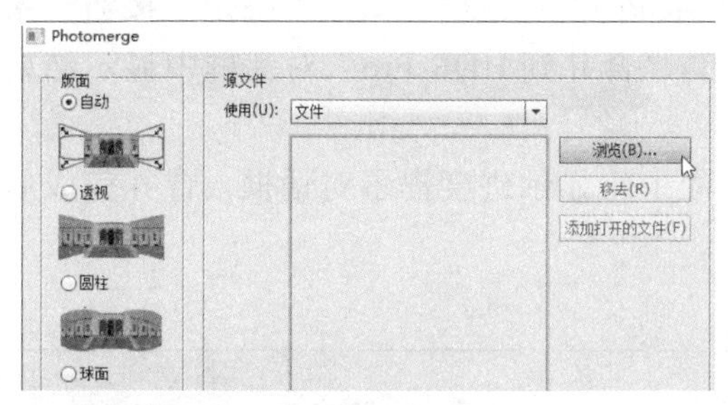

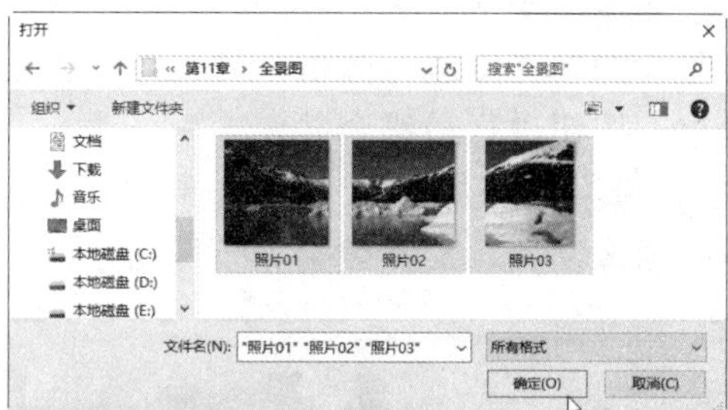

STEP 03：**开始创建**。返回到“Photomerge”对话框，然后单击“确定”按钮，系统会花费一些时间来进行分析并合成照片。

STEP 04：**修剪照片**。照片合成完成后，使用裁剪工具对照片边缘不整齐部分进行裁剪即可。

11.3.4　合并到 HDR

使用“合并到 HDR”命令，可以将具有不同曝光度的同一景物的多幅图像合成在一起，并在随后生成的 HDR 图像中捕捉常见的动态范围。

下面练习使用“合并到 HDR”命令合成图像，具体操作步骤如下。

原始素材文件：光盘\素材文件\第 11 章\合并到 HDR
最终结果文件：光盘\结果文件\第 11 章\合并到 HDR.psd
同步教学文件：光盘\多媒体教学文件\第 11 章\

STEP 01：**执行功能命令**。单击“文件”→“自动”→“合并到 HDR”命令，弹出“合并到 HDR Pro”对话框，然后单击“浏览”按钮。

STEP 02：**选择素材文件**。在弹出的“打开”对话框中选择“合并到 HDR 素材”文件夹下的所有图像文件，然后单击“打开”按钮。

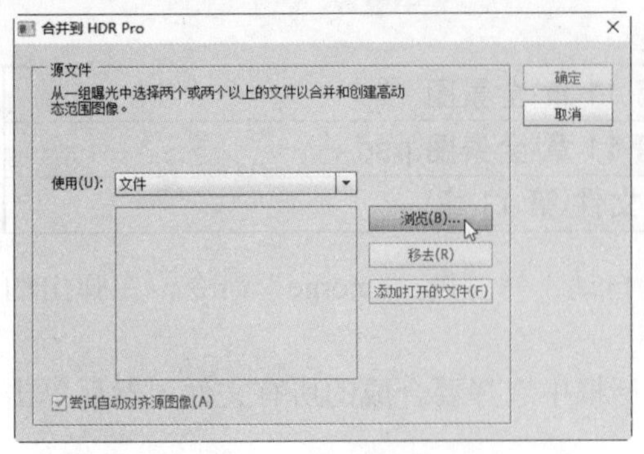

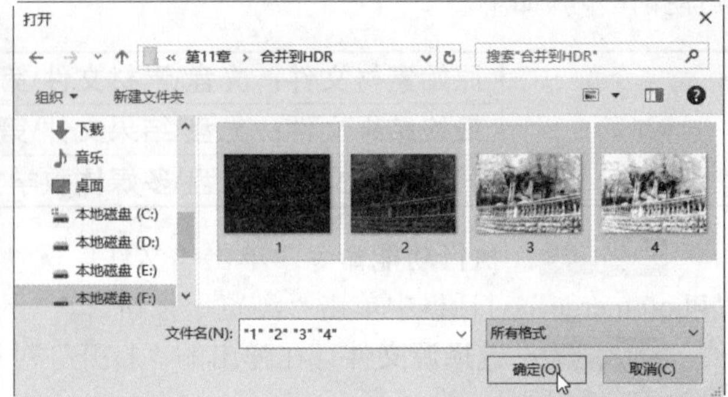

STEP 03：**分析图片**。返回到“合并到 HDR Pro”对话框，单击“确定”按钮，系统将自动对照片的曝光度进行分析，并在随后弹出的“合并到 HDR Pro”对话框中显示结果，单击“确定”按钮进行最终合并。

STEP 04：**完成结果**。图像在最终合并过程中将显示进度提示对话框，合并完成后得到一个新的图像文档，最终效果如下图所示。

11.3.5 限制图像

Photoshop CC 提供了快速更改图像尺寸的功能，用户可以根据自己的需要调整图像的大小。首先依次单击“文件”→“自动”→“限制图像”命令，然后在弹出的“限制图像”对话框中指定图像的宽度和高度，单击“确定”按钮。

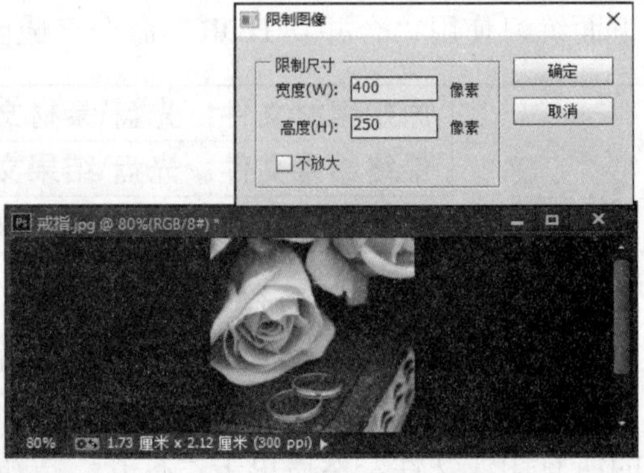

11.4　同步训练——实战应用

实例 1：使用批处理将图片转换为灰度模式

案例效果

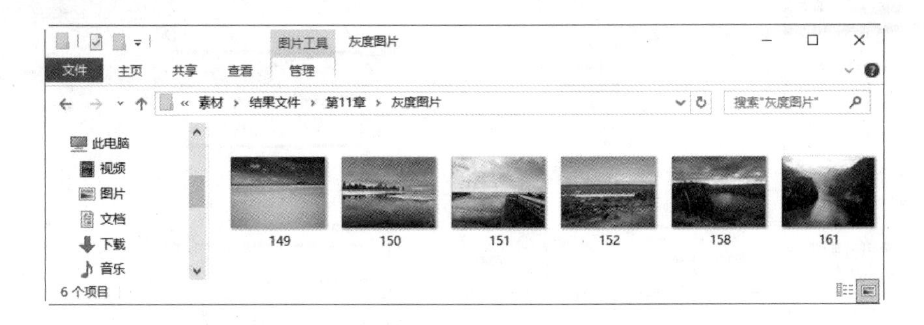

	原始素材文件：光盘\素材文件\第 11 章\彩色图片
	最终结果文件：光盘\结果文件\第 11 章\灰度图片
	同步教学文件：光盘\多媒体教学文件\第 11 章\

制作分析

本例难易度：★★☆☆☆

制作关键：	技能与知识要点：
打开“批处理”程序，选择动作、源文件以及目标文件，然后执行批处理程序即可。	● 执行批处理程序 ● 选择预设动作

具体步骤

STEP 01：打开批处理程序。将要处理的图片放置到同一个文件夹中，单击“文件”→“自动”→“批处理”命令，打开“批处理”对话框；在“动作”下拉列表框中选择“自定义 RGB 到灰度”选项，在“源”下拉列表框中选择“文件夹”选项，单击“选择”按钮。

STEP 02：选择源文件。弹出“浏览文件夹”对话框，在文件列表中选中要处理的图片文件夹，然后单击“确定”按钮。

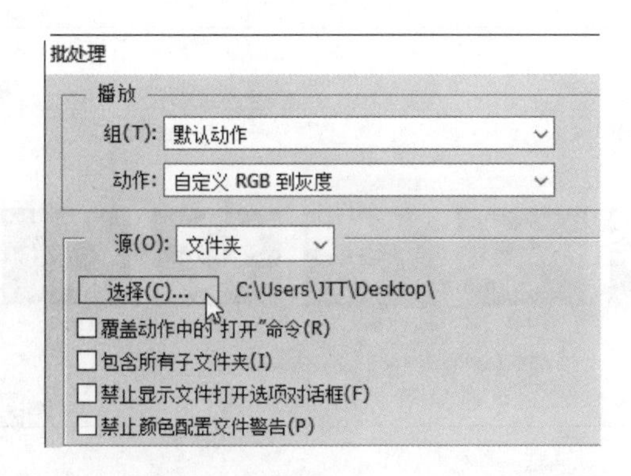

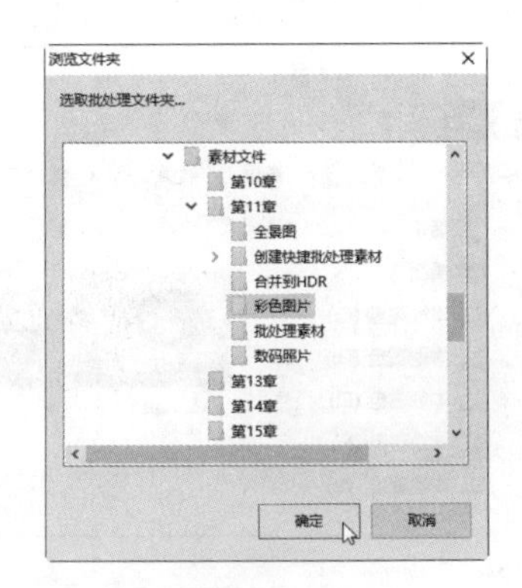

STEP 03：**设置目标文件夹**。返回“批处理”对话框，在“目标”下拉列表框中选择“文件夹”选项，然后单击“选择”按钮，在弹出的对话框中选择图片修改后的保存路径。

STEP 04：**开始处理**。设置完成后单击“确定”按钮，程序开始处理第一张图片，将弹出“通道混合器”对话框，直接单击“确定”按钮。

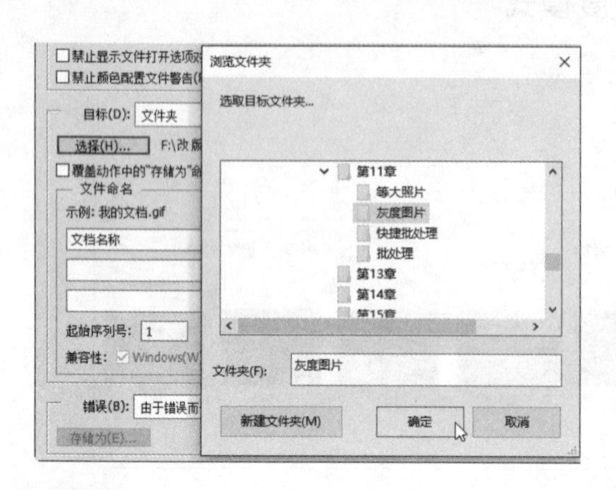

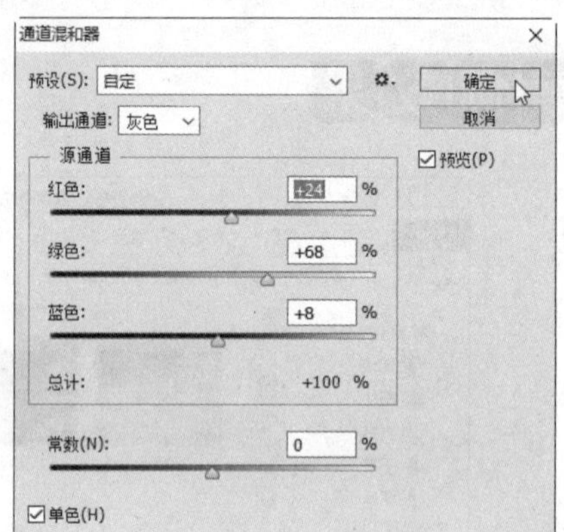

STEP 05：**确认操作**。弹出“JPEG 选项”对话框，单击“确定”按钮保存图像。

STEP 06：**继续处理**。程序开始处理第二张图片，再次弹出“通道混合器”对话框，接下来重复第 5 步和第 6 步操作，即可将所有图片转换为灰度模式。

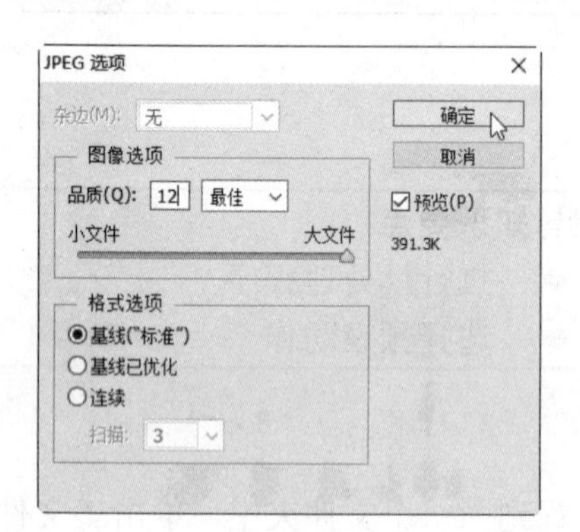

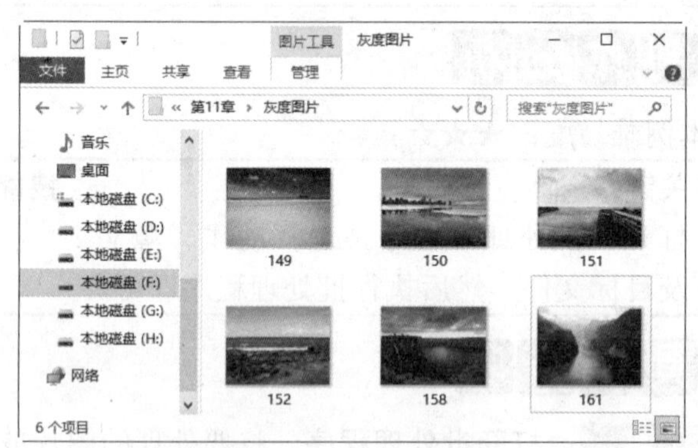

实例 2：使用动作和批处理快速制作同尺寸图片

案例效果

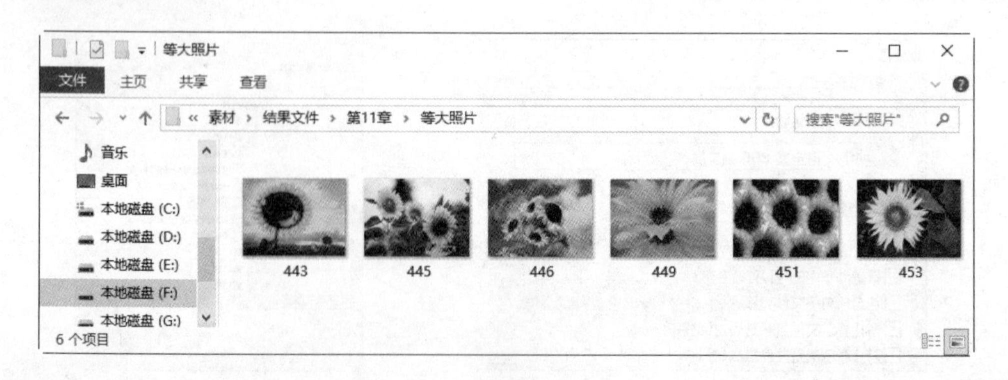

	原始素材文件：光盘\素材文件\第 11 章\数码照片
	最终结果文件：光盘\结果文件\第 11 章\等大照片
	同步教学文件：光盘\多媒体教学文件\第 11 章\

制作分析

本例难易度：★★★☆☆

制作关键：

打开要处理的其中一张图片，新建一个动作并开始录制，执行“图像大小”命令设置图片的大小，完成后停止动作录制。打开“批处理”对话框，设置要执行的动作、源文件以及目标文件，完成后执行批处理程序即可。

技能与知识要点：

- “新建动作”命令
- “图像大小”命令
- “停止录制”命令
- “批处理”命令

具体步骤

STEP 01：**打开素材文件**。将要处理的图片放置到同一个文件夹中，然后在 Photoshop 中打开其中一张需要处理的图片文件。

STEP 02：**开始录制动作**。在“动作”面板中单击“创建新动作”按钮，弹出“新建动作”对话框，设置动作名称为“图片大小”，然后单击“记录”按钮开始录制。

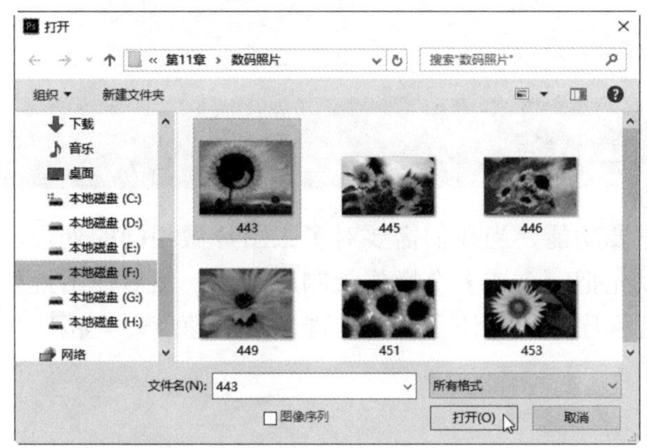

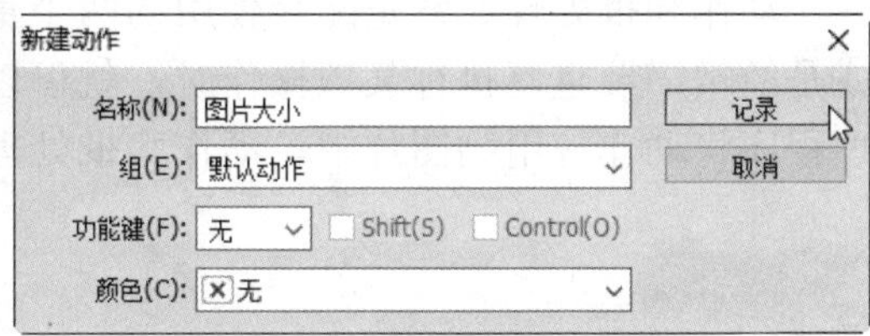

STEP 03：**打开素材文件**。单击“图像”→“图像大小”命令，弹出“图像大小”对话框，取消选择“约束比例”图标，然后设置需要的图片尺寸，这里设置为“400×300”像素，单击“确定”按钮。

STEP 04：**开始录制动作**。单击“确定”按钮，然后在“动作”面板中单击“停止记录”按钮，完成动作的录制。

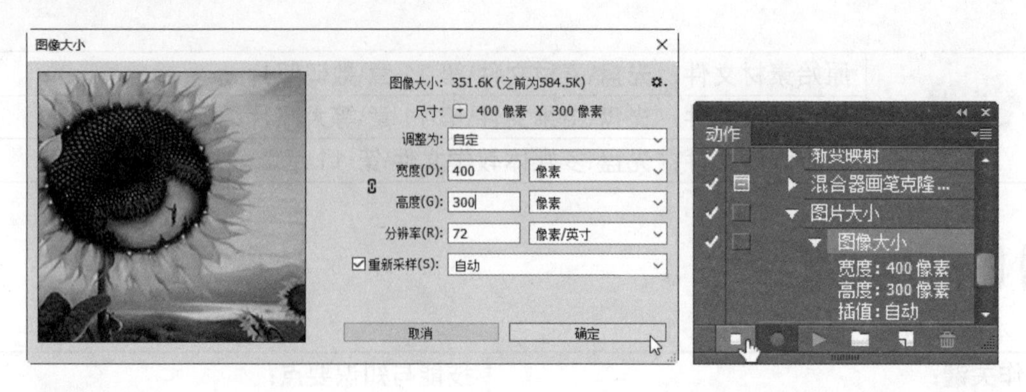

STEP 05：**执行批处理**。单击“文件”→“自动”→“批处理”命令，弹出“批处理”对话框，在“动作”下拉列表框中选择“图片大小”选项，在“源”下拉列表框中选择“文件夹”选项，单击“选择”按钮并选择要处理的图片文件夹，在“目标”下拉列表框中选择“文件夹”选项，单击“选择”按钮选择图片的保存路径。

STEP 06：**开始批处理**。设置完成后单击“确定”按钮，在处理每一张图片时均会弹出“JPEG 选项”对话框，依次单击“确定”按钮即可。

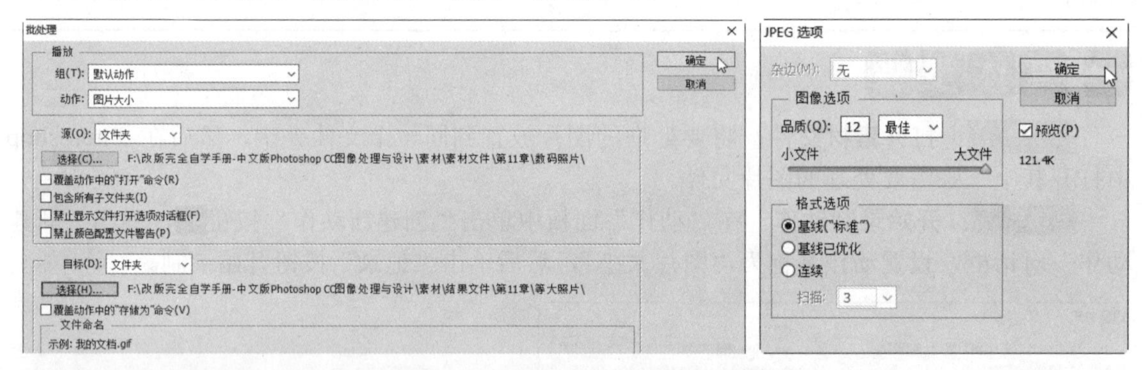

本章小结

动作和批处理通常是配合使用的两个重要功能，当我们需要对多张图片做相同的处理，或是经常需要重复执行某项操作时，就可以先把一个或多个操作录制成动作，然后使用批处理程序将动作应用到图片中。动作和批处理程序大大加快了我们处理图片的速度。

第 12 章

打印与输出图像

本章导读

在 Photoshop CC 中将图像处理完成后，为了查看方便，需要对其进行输出操作。本章将对图像的获取、图像的印前准备及图像的打印设置进行详细的讲解，使读者掌握使用打印机打印图像的方法。

知识要点

- 打印前的准备
- 打印输出图像

案例展示

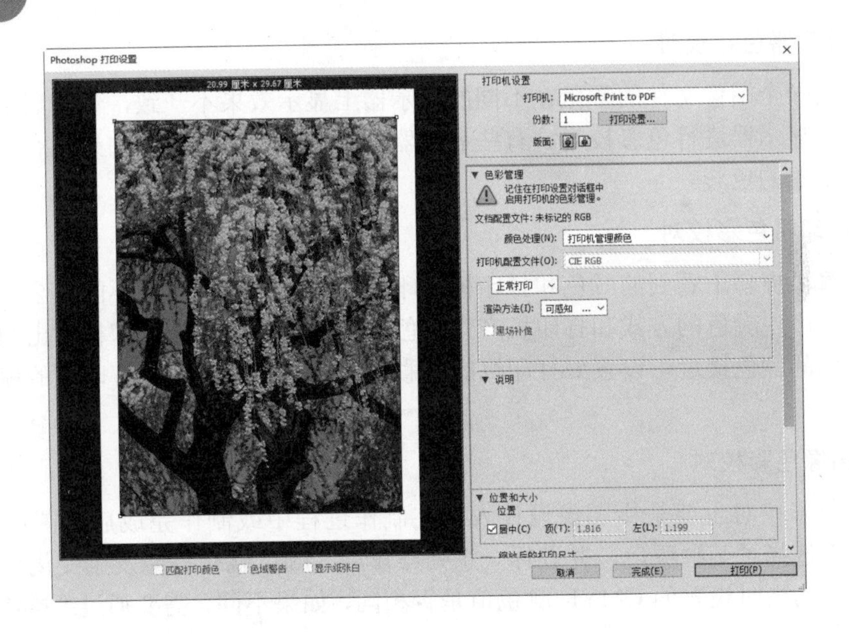

12.1 知识讲解——打印前的准备

将图像文件进行打印输出之前，还需要对图像进行一些处理，包括了解图像的印前处理流程、进行色彩校对及分色和打样等操作。

12.1.1 图像的印前处理流程

一个图像作品从开始制作到印刷输出，其印前处理流程大致包括以下几个步骤。

- 对图像进行色彩校对。
- 对打印图像进行校稿。
- 再次打印校稿后的样稿，反复修改直到定稿。
- 传送最终图像至出片中心出片。
- 将正稿送印刷单位进行印前打样。
- 校正打样稿，若颜色和文字都正确，送到印刷厂进行制版、印刷。

12.1.2 色彩校对

在制作过程中进行图像的色彩校对是印刷前非常重要的一步，色彩校对主要可从以下几个方面入手。

1．显示器色彩校对

如果同一个图像文件的颜色在不同的显示器上显示效果不一致，说明显示器可能偏色，此时需要对显示器进行色彩校对。有些显示器自带色彩校对软件，如果没有，则需要用户手动调节显示器的色彩。

2．打印机色彩校对

在计算机屏幕上看到的颜色和打印机打印到纸张上的颜色一般不能完全相同，这主要是因为计算机产生颜色的方式和打印机产生颜色的方式不同。要让打印机输出的颜色和计算机屏幕上看到的颜色接近，设置好打印机的色彩管理参数和调整彩色打印机的偏色规律是一条重要途径。

3．图像色彩校对

图像色彩校对主要是指图像设计人员在制作过程中或制作完成后对图像的颜色进行校对。当用户选择了某种颜色，并进行一系列操作后，颜色就有可能发生变化，此时需要检查图像的颜色与当时设置的 CMYK 颜色值是否相同，如果不同，需要通过“拾色器”对话框调整图像颜色。

12.1.3 分色和打样

在完成了图像的制作、校对后，就可以进入印刷前的最后一个步骤，即分色和打样。

1．分色

分色是指在出片中心将制作好的图像分解为青色（C）、洋红（M）、黄色（Y）和黑色（K）

4 种颜色，也就是在计算机印刷设计或平面设计软件中，将扫描图像或其他来源的图像转换为 CMYK 颜色模式。

2．打样

打样是指将分色后的图片印刷成青色、洋红、黄色和黑色 4 色胶片，一般用于检查图像的分色是否正确。如果发现误差，应及时将出现的误差和应达到的数据标准提供给制版部门，作为修正的依据。

12.1.4　将 RGB 颜色模式转换成 CMYK 颜色模式

在对图像进行印刷时，出片中心是以 CMYK 模式对图像进行四色分色的，即将图像中的颜色分解为青色、洋红、黄色和黑色 4 种胶片。但在 Photoshop CC 中制作的图像都是 RGB 颜色模式的，因此需要将 RGB 颜色模式转换为 CMYK 颜色模式。

12.2　知识讲解——打印输出图像

在图像校正完成后，就可以将图像文件打印输出了。为了获得良好的打印效果，掌握正确的打印方法也是非常重要的。

12.2.1　设置打印参数

在 Photoshop CC 中，选择“文件”→“打印”命令，在弹出的“打印设置”对话框中设置参数选项后，单击“打印”按钮即可。

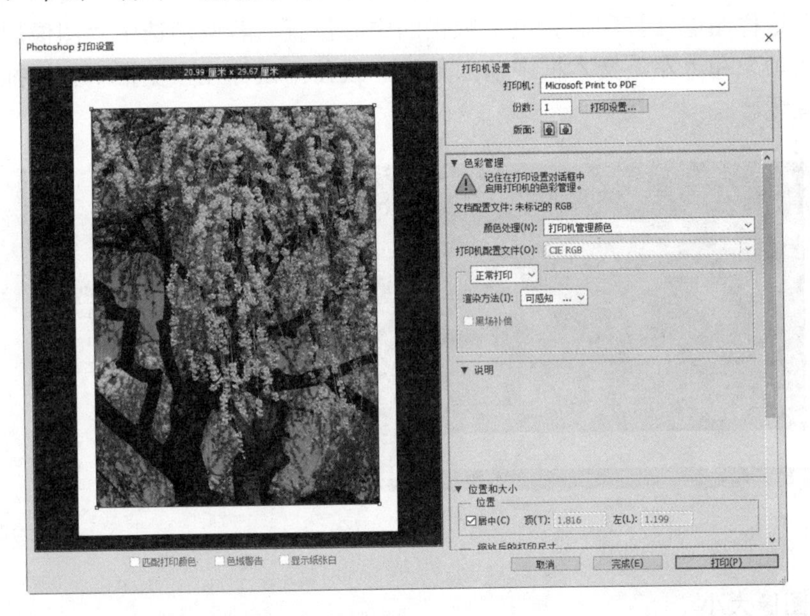

大师点拨

在打印预览框中可以预览图像的打印效果，在“打印机”下拉列表框中可以选择需要使用的打印机，在“份数”文本框中可以设置打印的份数。

1. 页面设置

在“打印设置”对话框中单击“打印设置”按钮，在弹出的对话框的“布局”选项卡中可以设置纸张方向。单击“高级”按钮打开“高级选项”对话框，可以设置纸张规格等。

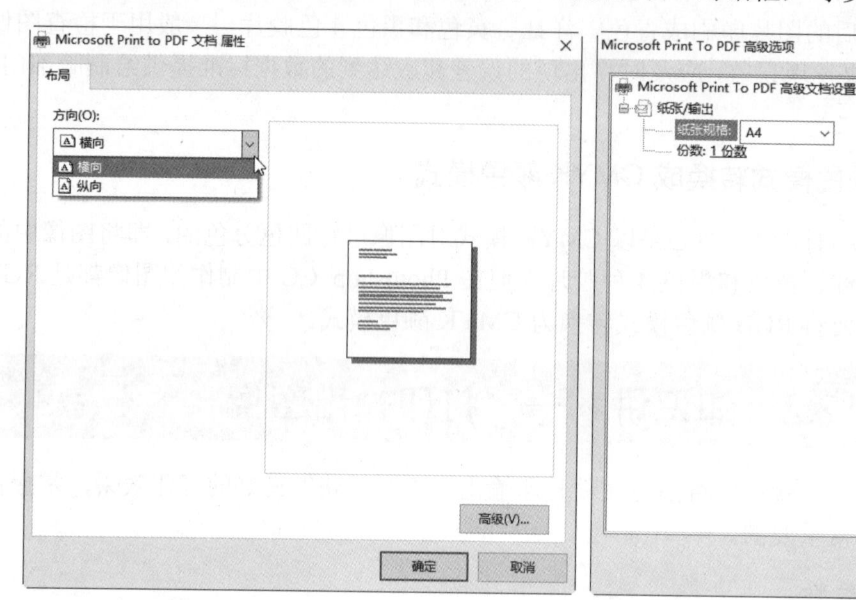

2. 调整打印位置

“打印”对话框中的“位置”栏用于设置图像在纸张中的位置，系统默认选中“图像居中”复选框，这样图像在打印后会位于纸张的中心位置。若取消选中“图像居中”复选框，用户可以在“顶”和“左”文本框中输入数值，或使用鼠标在预览框中直接拖动图像来调整图像的打印位置。

3. 调整图像大小

“打印设置”对话框中的“缩放后的打印尺寸”栏用于设置预览框中图像的打印大小，选中“缩放以适合介质”复选框后，预览框中的图像将自动放大或缩小以匹配打印纸张。

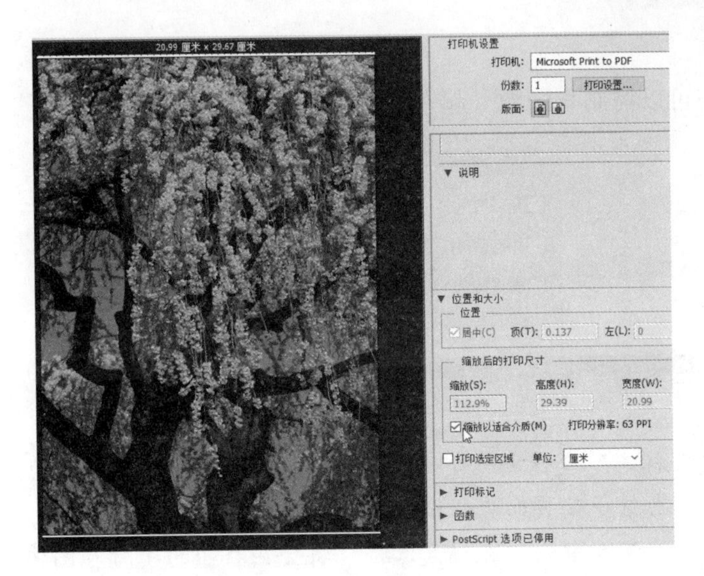

取消选中“缩放以适合介质”复选框，在预览框中拖动图像周围的定界框，即可手动调整图像的大小。

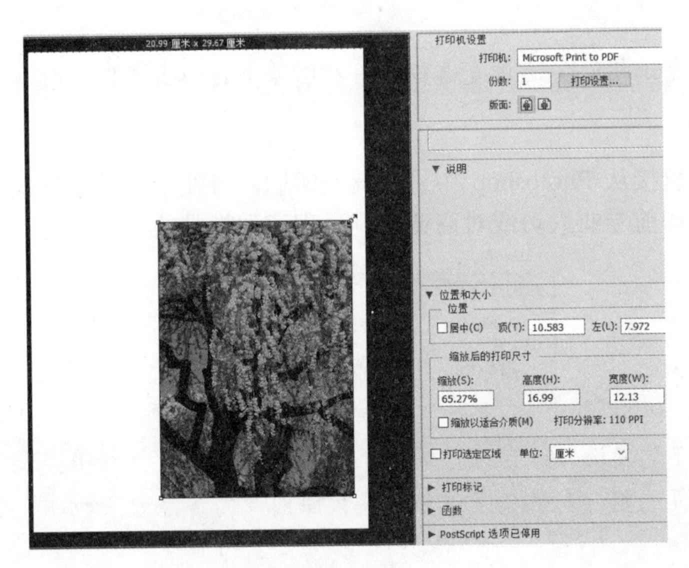

4. 颜色管理

如果要对彩色图像进行打印，则需要对图像进行分色处理。在“打印设置”对话框展开右侧的“色彩管理”栏，即可进行相应的设置，其中各设置参数的含义介绍如下。

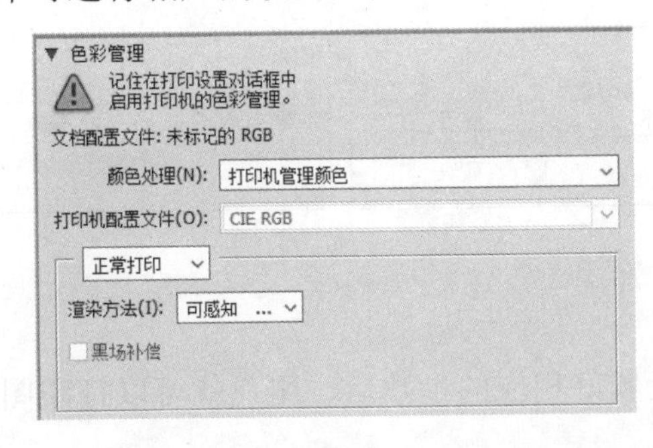

5．打印标记

设置打印标记可以控制与图像一起在页面上显示的打印机标记。

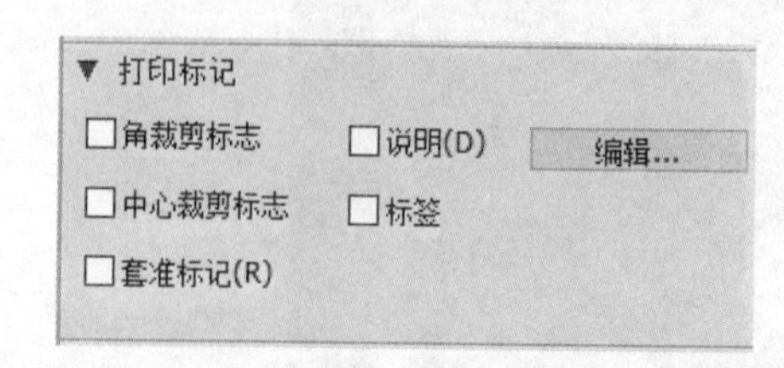

- "角裁剪标志"复选框：勾选该复选框，将在图像的 4 个角上打印出裁剪标志符号。
- "中心裁剪标志"复选框：勾选该复选框，将在页面被裁剪的地方打印出裁剪标志，并将标志打印在页面每条边的中心。
- "套准标记"复选框：勾选该复选框，将会在打印的同时在图像的 4 个角上出现打印对齐的标志符号，用于图像中分色和双色调的对齐。
- "说明"复选框：勾选该复选框，将打印制作时在"文件简介"对话框中输入的题注文本。
- "标签"复选框：勾选该复选框，将在图像上打印出文件名称和通道名称。

6．设置函数

如果要使图像直接从 Photoshop 中进行商业印刷，可使用函数进行输出设置。通常这些输出参数只应该由印前专业人员或对商业印刷过程了如指掌的人员指定。

- "药膜朝下"复选框：勾选该复选框，药膜将朝下进行打印。
- "负片"复选框：勾选该复选框，将按照图像的负片效果打印，实际上就是将颜色反转。
- "背景"按钮：单击该按钮，可在打开的"选择背景色"对话框中设置背景色。
- "边界"按钮：单击该按钮，可在打开的"边界"对话框中设置图片边界。
- "出血"按钮：单击该按钮，可在打开的"出血"对话框中设置出血宽度。

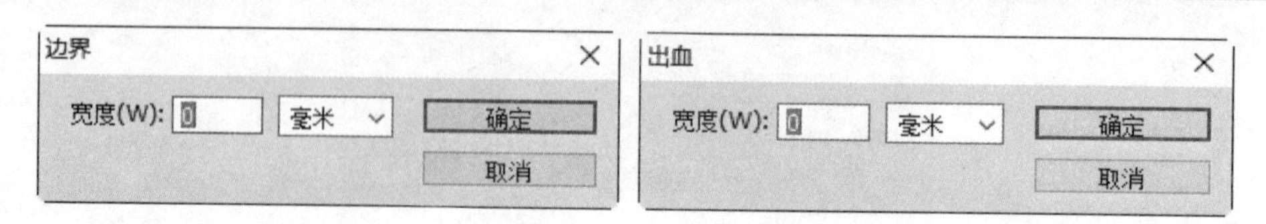

12.2.2 打印图像

在"打印"对话框中设置好相应的参数后，用户就可以打印图像文件了。在图像窗口中打开任意图像文件后，选择“文件”→“打印”命令，在弹出的“打印设置”对话框中单击“打印”按钮，接着在弹出的“打印”对话框中选择打印机、设置页面范围和打印份数，完成后单击“打印”按钮，即可将图像进行打印。

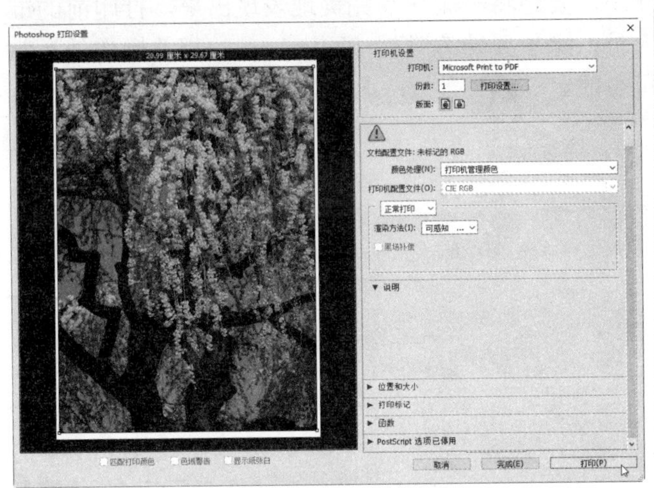

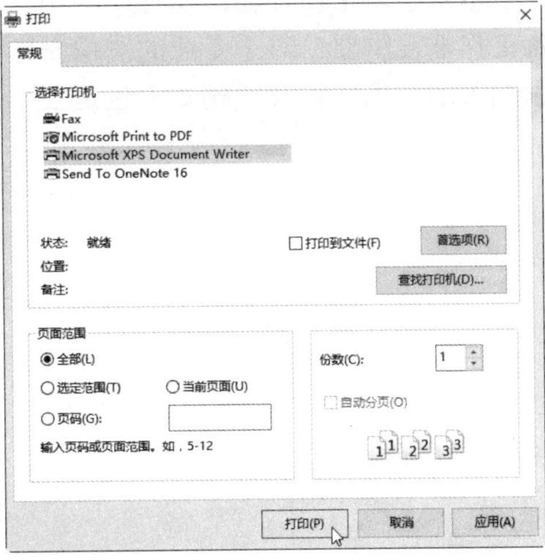

12.2.3　打印图像区域

如果要打印图像中的部分图像，可先使用选区工具在图像中创建要打印的图像选区，再进行打印，并在“打印”对话框中设置“页面范围”为“选定范围”，这样即可只打印选区中的图像。

如果需要打印指定图层，只需在图层面板中将不打印的图层隐藏起来，然后在菜单栏单击“文件”→“打印”命令即可。

本章小结

本章学习了图片输出及打印的相关知识，要想将一副作品完美地表现出来，打印前的准备工作非常重要。对于专业的图像制作人员，除了要熟练掌握 Photoshop 的相关操作外，掌握相关的颜色知识及印刷知识也是必不可少的。

下　篇

实战应用篇

第 13 章

数码照片修饰与处理

本章导读

数码照片处理是 Photoshop 的重要应用之一，使用 Photoshop 可以对数码照片的亮度、对比度、色彩、色调以及曝光度等整体信息进行调整，以使照片更加完美。也可以使用各种工具对人像进行细节处理，以使人物更加漂亮。还可以使用各种样式和滤镜对照片进行特殊处理，以达到艺术化的效果。

知识要点

- 制作逼真老照片效果
- 调出傍晚的黄昏色调
- 让照片中的天空更加湛蓝
- 调出浪漫金秋效果
- 让模糊的照片变得清晰
- 让人物牙齿美白
- 为照片打造怀旧效果

案例展示

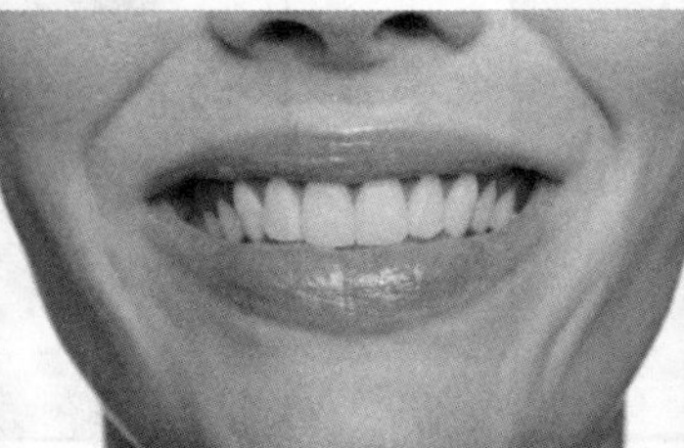

13.1 制作逼真老照片效果

案例效果

原始素材文件：光盘\素材文件\第 13 章\老照片.jpg
最终结果文件：光盘\结果文件\第 13 章\老照片.psd
同步教学文件：光盘\多媒体教学文件\第 13 章\

制作分析

本例难易度：★★☆☆☆

制作关键：	技能与知识要点：
首先将照片去色，然后新建一个图层以灰色填充并设置图层模式为“叠加”，接着使用“添加杂色”滤镜和“高斯模糊”滤镜制作照片陈旧效果，最后为图片添加黄色调使照片效果更为逼真。	● “填充”命令 ● 更改图层混合模式 ● “添加杂色”滤镜 ● “高斯模糊”滤镜 ● “色相/饱和度”命令

具体步骤

STEP 01：**打开素材文件。**单击“文件”→“打开”命令，打开“老照片.jpg”素材文件。

STEP 02：**图像去色。**单击“图像”→“调整”→“去色”命令，将图像去色。

STEP 03：**填充图层。**新建一个图层，单击“编辑”→“填充”命令，弹出“填充”对

话框，选择“50%灰色”填充，然后单击“确定”按钮。

STEP 04：**更改图层混合模式**。将新图层的混合模式更改为“叠加”，得到效果如下图所示。

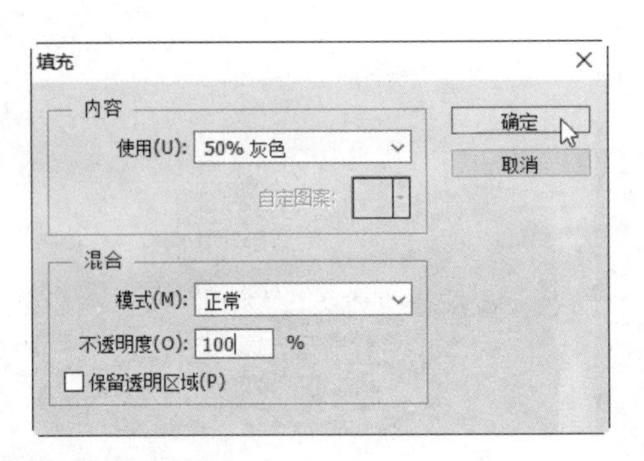

STEP 05：**添加杂色**。单击“滤镜”→“杂色”→“添加杂色”命令，弹出“添加杂色”对话框，设置数量为 25%，然后单击“确定”按钮。

STEP 06：**高斯模糊**。单击“滤镜”→“模糊”→“高斯模糊”命令，弹出“高斯模糊”对话框，设置半径为 1.2 像素，然后单击“确定”按钮。

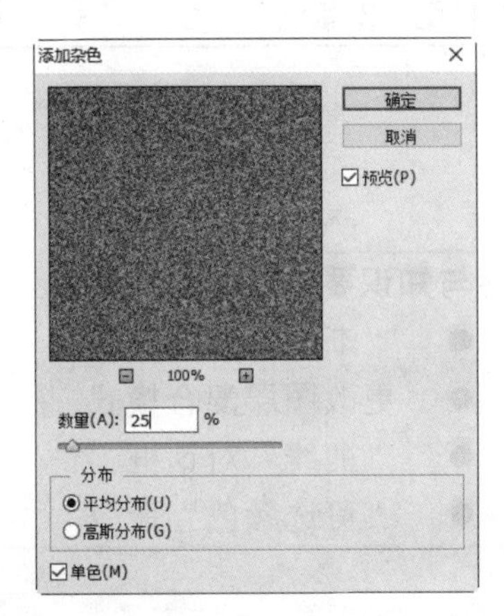

STEP 07：**图片着色**。单击“图像”→“调整”→“色相/饱和度”命令，弹出“色相/饱和度”对话框，勾选“着色”按钮，设置色相为“22”，饱和度为“10”。

STEP 08：**最终效果**。设置完成后单击“确定”按钮，最终效果如下图所示。

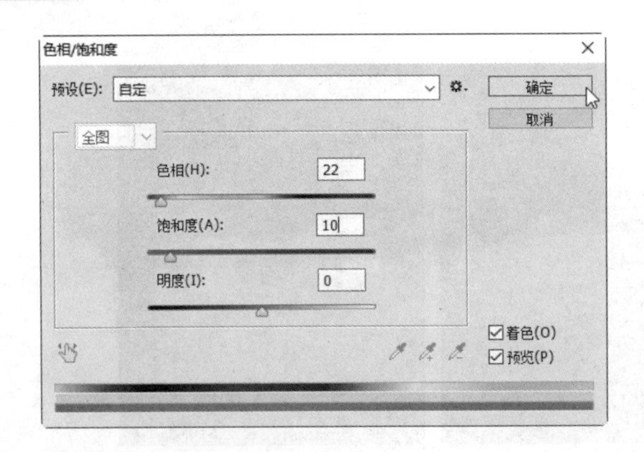

13.2 调出傍晚的黄昏色调

案例效果

	原始素材文件：光盘\素材文件\第 13 章\灯塔.jpg
	最终结果文件：光盘\结果文件\第 13 章\灯塔.psd
	同步教学文件：光盘\多媒体教学文件\第 13 章\

制作分析

本例难易度：★★☆☆☆

制作关键：

首先复制背景图层，使用渐变映射命令调整图像色调，设置图层混合模式为"滤色"，接着调整图像曲线，并通过"可选颜色"命令再次对图像色调进行调整。

技能与知识要点：

- "渐变映射"命令
- 更改图层混合模式
- "曲线"对话框
- "可选颜色"命令

具体步骤

STEP 01：**打开素材文件**。单击"文件"→"打开"命令，打开"灯塔.jpg"素材文件。

STEP 02：**复制图层**。选择"背景"图层，然后按下"Ctrl+J"组合键对背景图层进行复制，得到"图层 1"。

STEP 03：**设置渐变映射**。单击“图像”→“调整”→“渐变映射”命令，弹出“渐变映射”对话框，在下拉列表中选择“紫、橙渐变”选项，然后单击“确定”按钮。

STEP 04：**设置图层混合模式**。选择“图层 1”，然后设置图层混合模式为“滤色”。

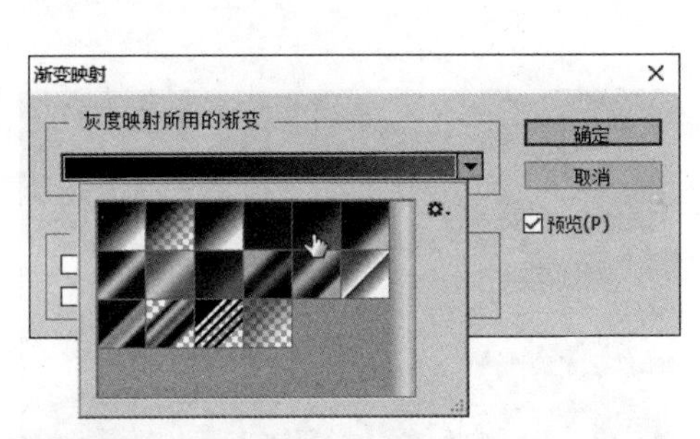

STEP 05：**调整曲线**。按下“Ctrl+M”组合键，在弹出的“曲线”对话框中对曲线进行调整，参数如下图所示，调整完成后单击“确定”按钮。

STEP 06：**设置可选颜色**。单击“图像”→“调整”→“可选颜色”命令，弹出“可选颜色”对话框，在“颜色”下拉列表中选择“红色”选项，设置“洋红”为“-47%”，“黄色”为“+20%”。

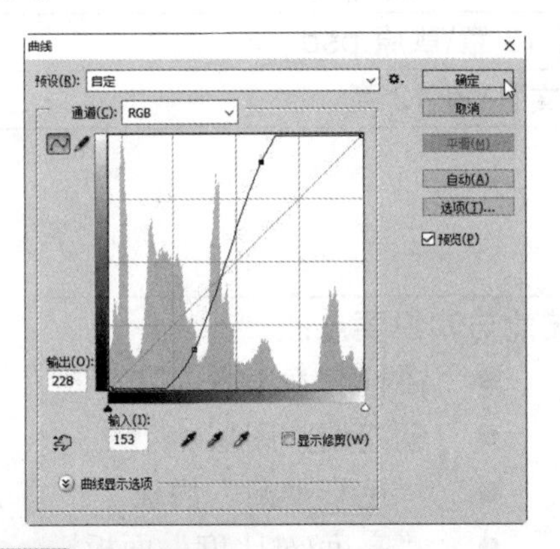

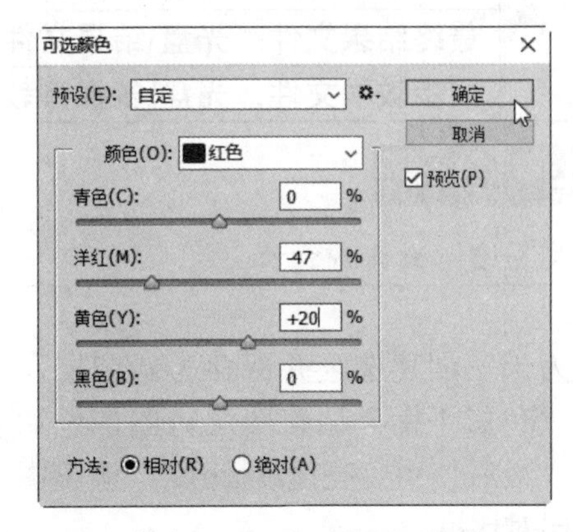

STEP 07：**选项设置**。在“颜色”下拉列表中选择“黄色”选项，设置“黄色”为“+100%”，设置完成后单击“确定”按钮。

STEP 08：**最终效果**。通过上面的操作，照片的色调变为傍晚的黄昏色调，最终效果如下图所示。

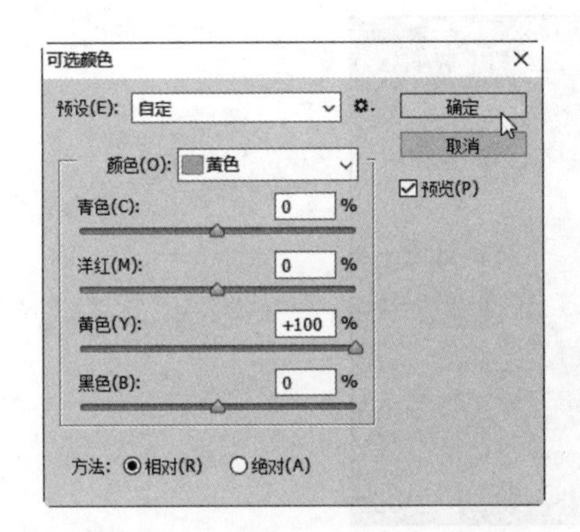

13.3 让照片中的天空更加湛蓝

案例效果

	原始素材文件：光盘\素材文件\第 13 章\草原.jpg
	最终结果文件：光盘\结果文件\第 13 章\草原.psd
	同步教学文件：光盘\多媒体教学文件\第 13 章\

制作分析

本例难易度：★★☆☆☆

制作关键：

首先为天空创建选区并保存为新图层，接着创建“色彩平衡”调整图层对图像色调进行调整，最后使用“亮度/对比度”调整图层调整图层对比度。

技能与知识要点：

- 磁性套索工具
- 创建调整图层
- “色彩平衡”面板
- “亮度/对比度”面板

具体步骤

STEP 01：打开素材文件。 单击“文件”→“打开”命令，打开“草原.jpg”素材文件。

STEP 02：**绘制选区**。选择磁性套索工具，然后在图像窗口中为天空创建选区。

STEP 03：**新建图层**。创建选区后，按下“Ctrl+J”组合键将选区图像保存为新图层，得到“图层 1”。

STEP 04：**调整色彩平衡**。在图层面板中单击“创建新的填充或调整图层”按钮，在弹出的菜单中单击“色彩平衡”命令。

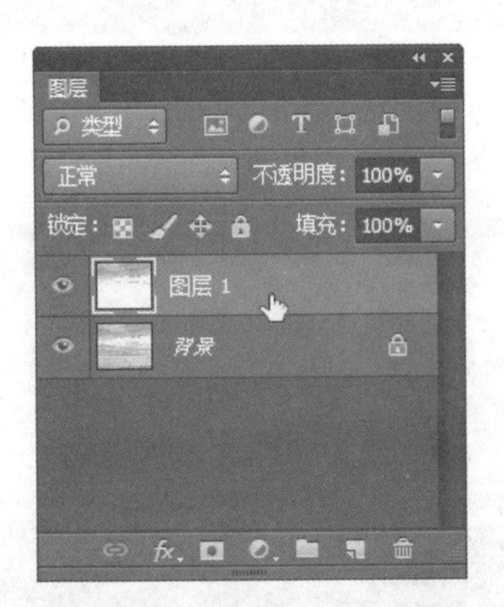

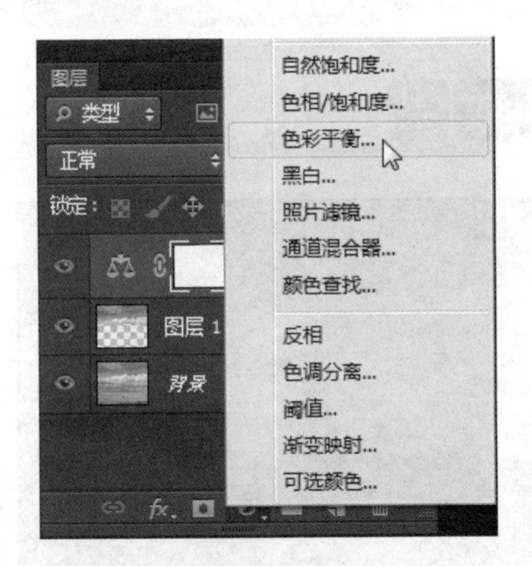

STEP 05：**参数设置**。弹出“色彩平衡”面板，选择“中间调”选项，拖动“黄色-蓝色”滑块至“+50”。

STEP 06：**参数设置**。选择“阴影”选项，拖动“黄色-蓝色”滑块至“+100”。

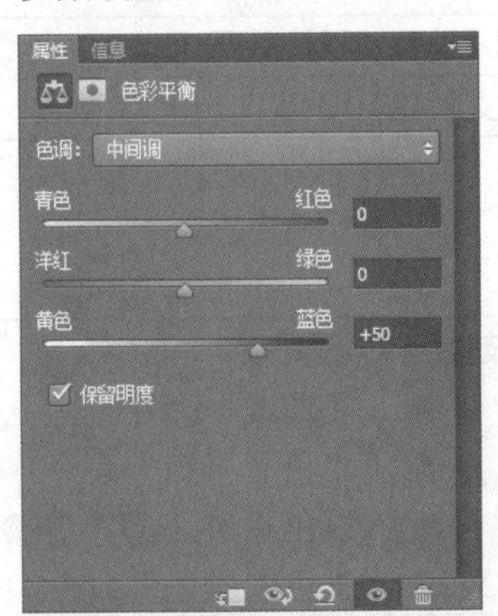

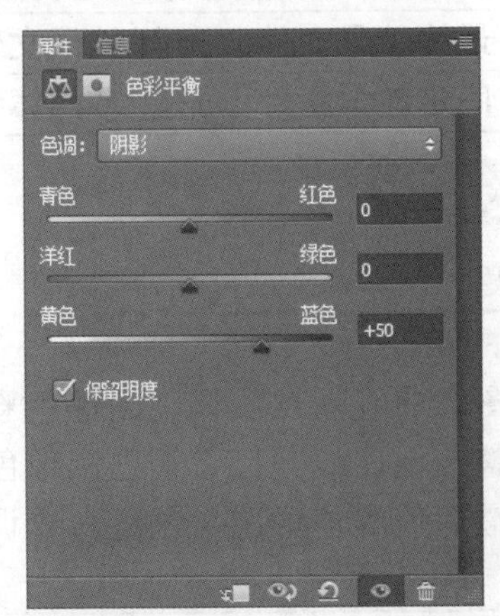

STEP 07：**调整对比度**。在图层面板中单击“创建新的填充或调整图层”按钮，在弹出的菜单中单击“亮度/对比度”命令，在弹出的面板中设置“对比度”值为“50”。

STEP 08：**最终效果**。通过上面的操作，照片中的天空更加湛蓝，最终效果如下图所示。

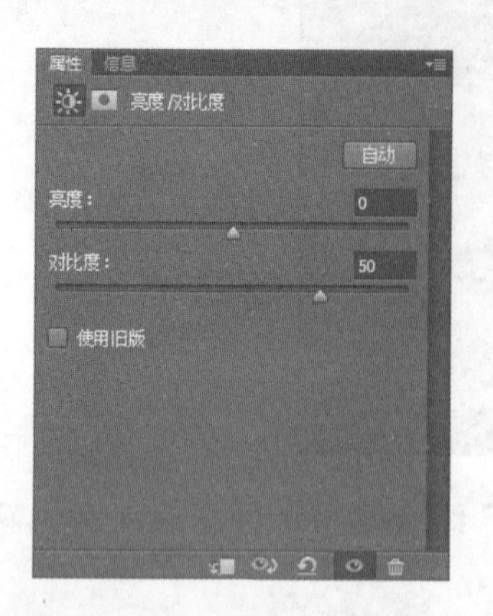

13.4 调出浪漫金秋效果

案例效果

	原始素材文件：光盘\素材文件\第 13 章\风筝.jpg
	最终结果文件：光盘\结果文件\第 13 章\风筝-效果.jpg
	同步教学文件：光盘\多媒体教学文件\第 13 章\

制作分析

本例难易度：★★☆☆☆

制作关键：

首先调整图像曲线，然后调整图像色彩平衡，再次调整图像曲线，接着调整图像色相和饱和度，最后使用“可选颜色”命令调整图像色调。

技能与知识要点：

- “曲线”命令
- “色彩平衡”命令
- “色相/饱和度”命令
- “可选颜色”命令

➡ 具体步骤

STEP 01：打开素材文件。单击“文件”→“打开”命令，打开“风筝.jpg”素材文件。

STEP 02：调整曲线。单击“图像”→“调整”→“曲线”命令，弹出“曲线”对话框，参数设置如下图所示，完成后单击“确定”按钮。

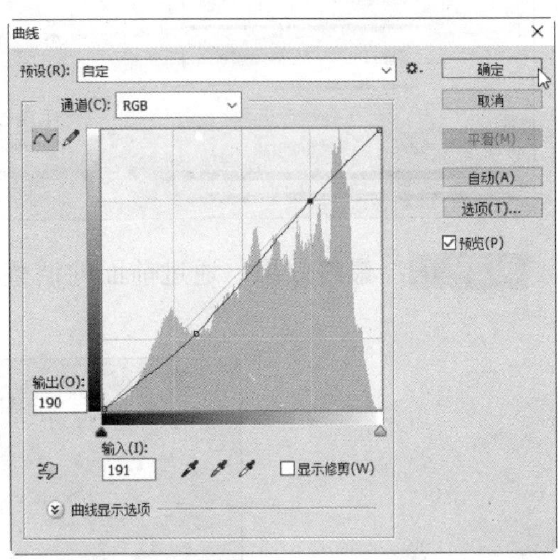

STEP 03：调整色彩平衡。单击“图像”→“调整”→“色彩平衡”命令，在弹出的“色彩平衡”对话框中设置“青色-红色”为“+25”，“黄色-蓝色”为“-25”，设置完成后单击“确定”按钮。

STEP 04：调整曲线。再次单击“图像”→“调整”→“曲线”命令，弹出“曲线”对话框，参数设置如下图所示，完成后单击“确定”按钮。

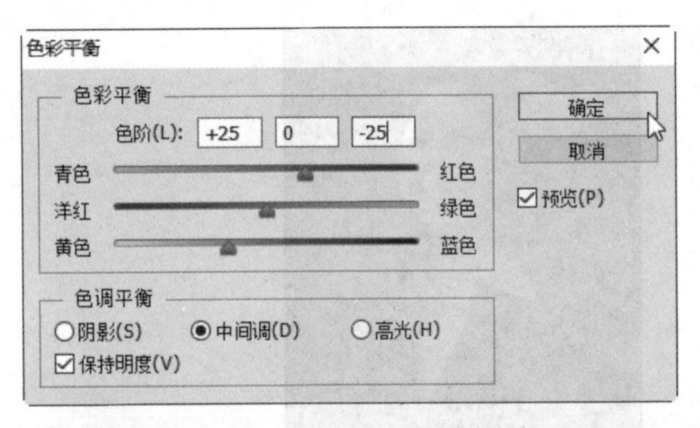

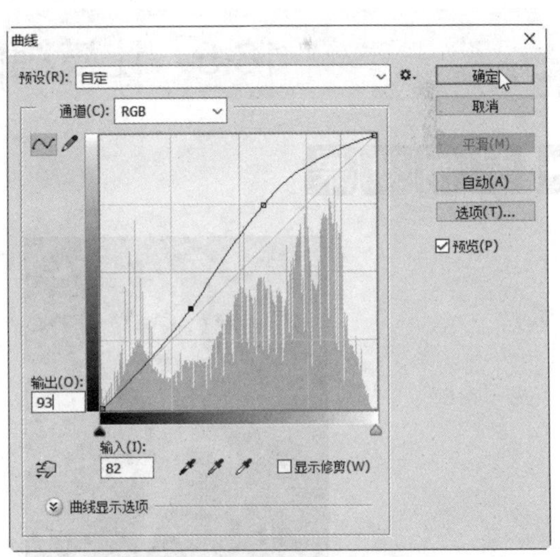

STEP 05：调整色相和饱和度。单击“图像”→“调整”→“色相/饱和度”命令，在弹出的对话框中设置“饱和度”为“+15”，然后单击“确定”按钮。

STEP 06：调整可选颜色。单击“图像”→“调整”→“可选颜色”命令，弹出“可选颜色”对话框，在“颜色”下拉列表框中选择“青色”，参数设置如图所示，然后单击“确定”按钮。

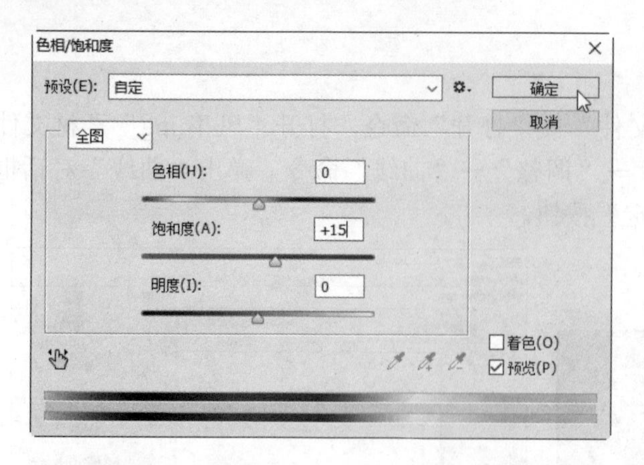

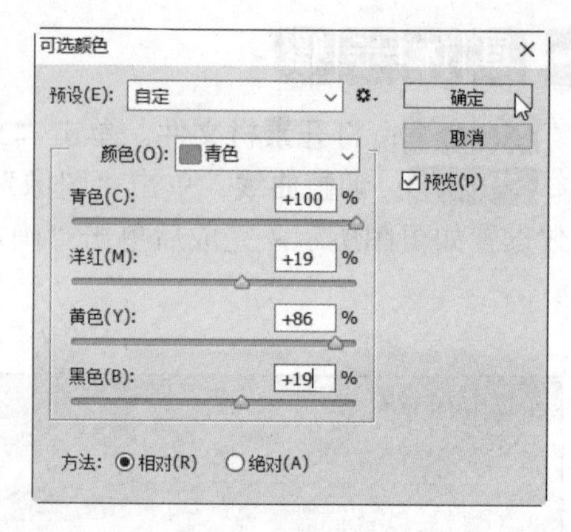

STEP 07：最终效果。通过前面的调整，照片出现浪漫的金秋效果，最终效果如下图所示。

13.5　让模糊的照片变得清晰

案例效果

	原始素材文件：光盘\素材文件\第 13 章\模糊的照片.jpg
	最终结果文件：光盘\结果文件\第 13 章\模糊的照片.psd
	同步教学文件：光盘\多媒体教学文件\第 13 章\

制作分析

本例难易度：★★☆☆☆

制作关键：	技能与知识要点：
首先复制背景图层并设置其混合模式为“变亮”，使用“USM 锐化”滤镜对图像进行锐化。接下来将图像模式更改为 Lab 模式，再次复制图层，选择“明度”通道进行锐化，最后返回主通道即可。	● 设置图层混合模式 ● “USM 锐化”滤镜 ● 更改图像颜色模式 ● 选择通道

具体步骤

STEP 01：**打开素材文件**。单击“文件”→“打开”命令，打开“模糊的照片.jpg”素材文件。

STEP 02：**复制图层**。选择“背景”图层，然后按下“Ctrl+J”组合键复制图层，得到“图层 1”，并将“图层 1”的混合模式设置为“变亮”。

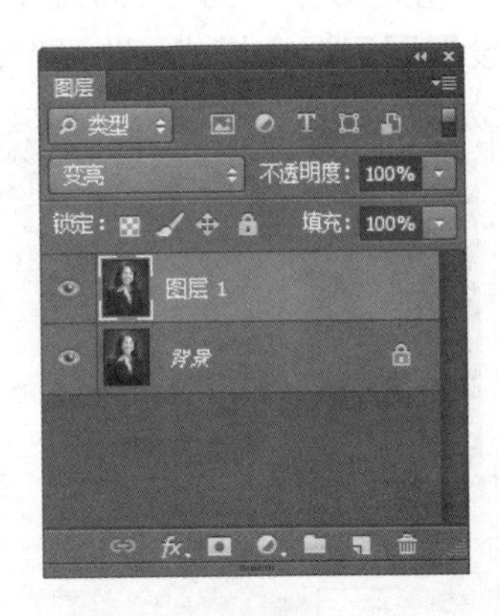

STEP 03：**使用“锐化”滤镜**。单击“滤镜”→“锐化”→“USM 锐化”命令，弹出“USM 锐化”对话框，设置“数量”为“150%”，“半径”为“2”像素，然后单击“确定”按钮。

STEP 04：**转换为“Lab”模式**。单击“图像”→“模式”→“Lab 颜色”命令，在弹出的提示对话框中单击“拼合”命令。

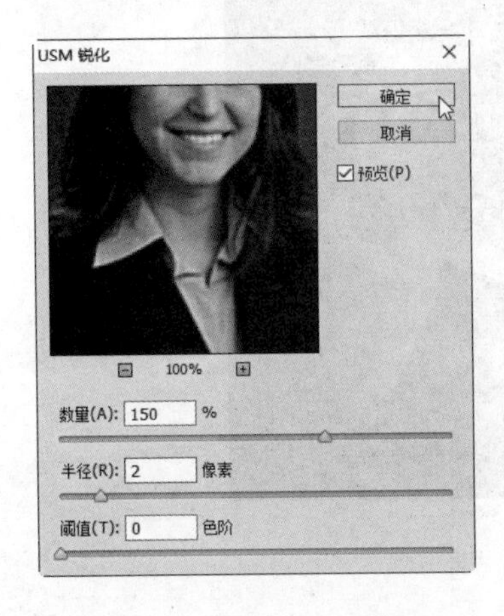

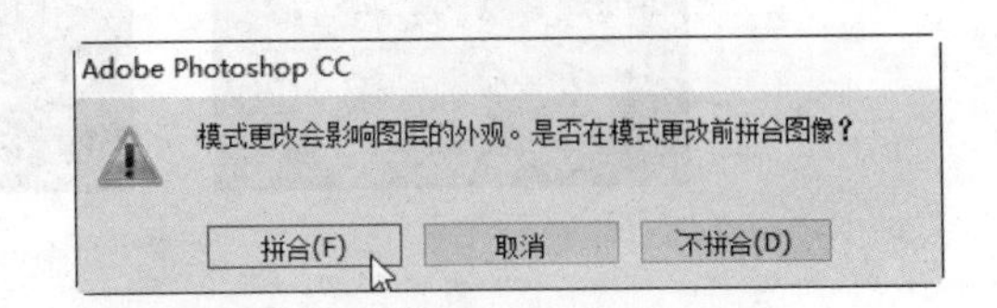

STEP 05：**复制图层**。选择拼合后的图层，然后按下“Ctrl+J”组合键复制图层。

STEP 06：**选择通道**。打开“通道”面板，选择“明度”通道。

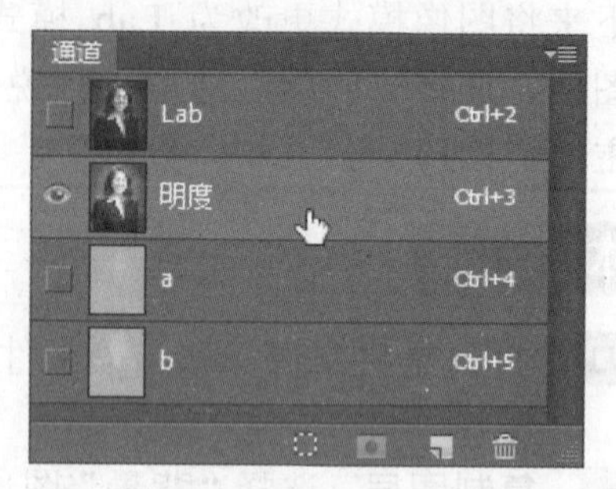

STEP 07：**使用“锐化”滤镜**。单击“滤镜”→“锐化”→“USM 锐化”命令，弹出“USM 锐化”对话框，设置“数量”为“150%”，“半径”为“2.2”像素，然后单击“确定”按钮。

STEP 08：**设置图层混合模式**。设置“图层 1”的混合模式为“柔光”，不透明度为“50%”。

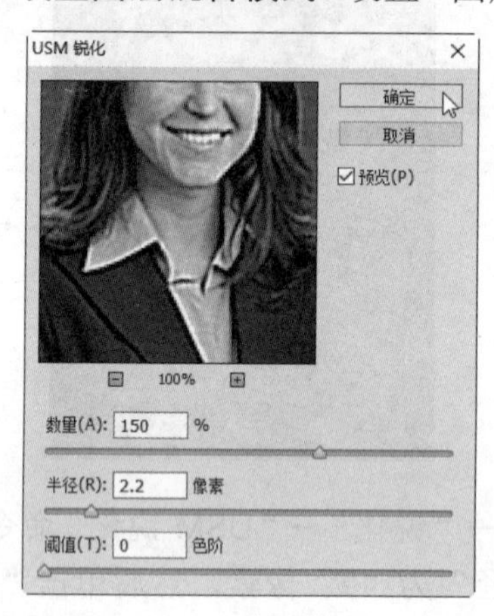

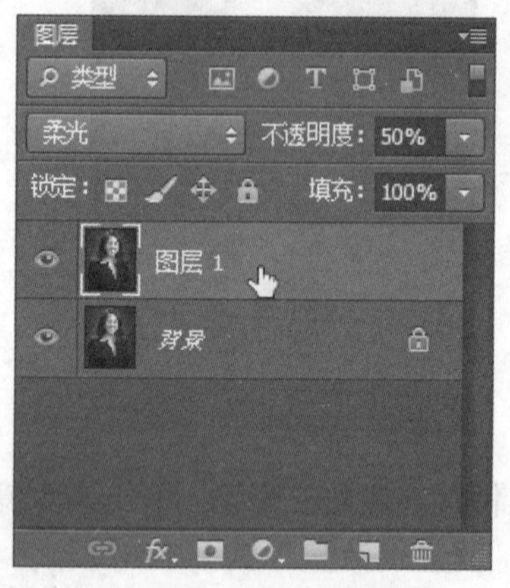

STEP 09：**最终效果**。在通道面板中选择“Lab”通道，即可看到最终效果。

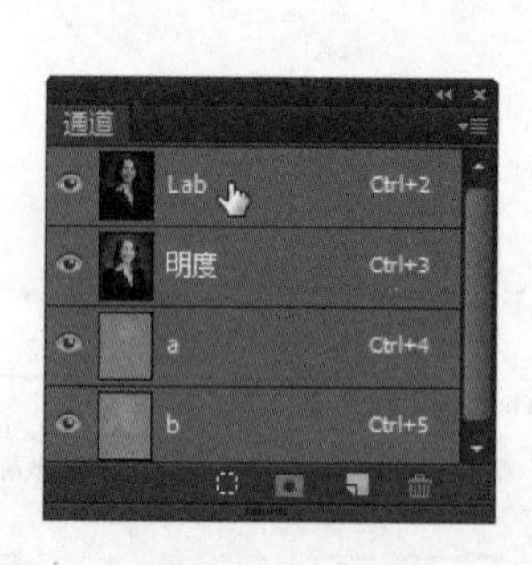

13.6　为人物牙齿美白

案例效果

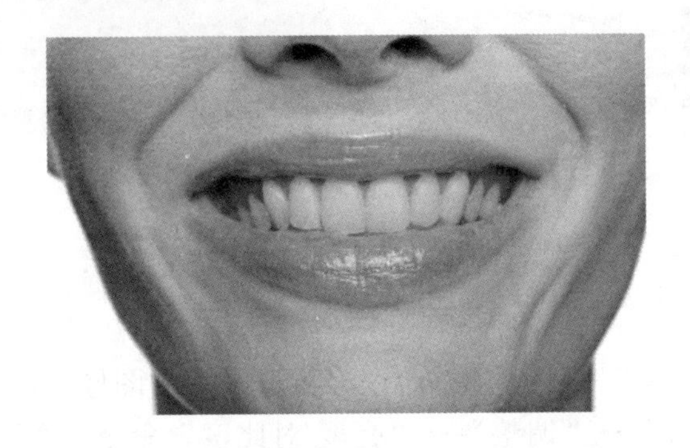
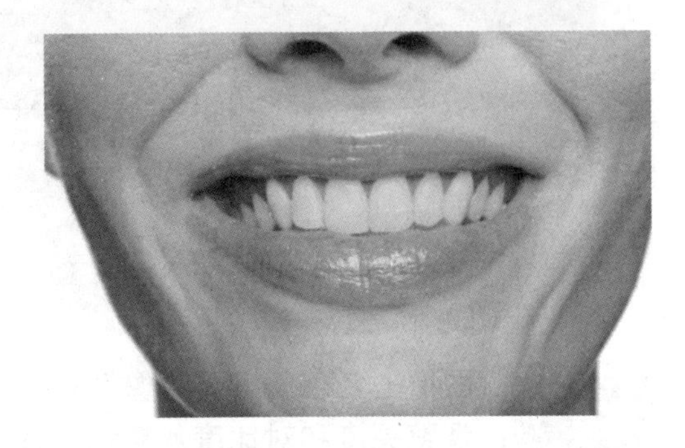

原始素材文件：光盘\素材文件\第 13 章\牙齿.jpg
最终结果文件：光盘\结果文件\第 13 章\牙齿-效果.jpg
同步教学文件：光盘\多媒体教学文件\第 13 章\

制作分析

本例难易度：★★☆☆☆

制作关键：

首先使用钢笔工具勾画出牙齿轮廓并转换为选区，羽化选区，然后将选区中的图像去色，接着通过调整亮度/对比度以及色彩平衡使牙齿变白。

技能与知识要点：

- 钢笔工具
- “去色”命令
- “亮度对比度”命令
- “色彩平衡”命令

具体步骤

STEP 01：**打开素材文件。**单击“文件”→“打开”命令，打开“牙齿.jpg”素材文件。

STEP 02：**为牙齿创建路径。**使用钢笔工具，勾勒出牙齿部分的路径。

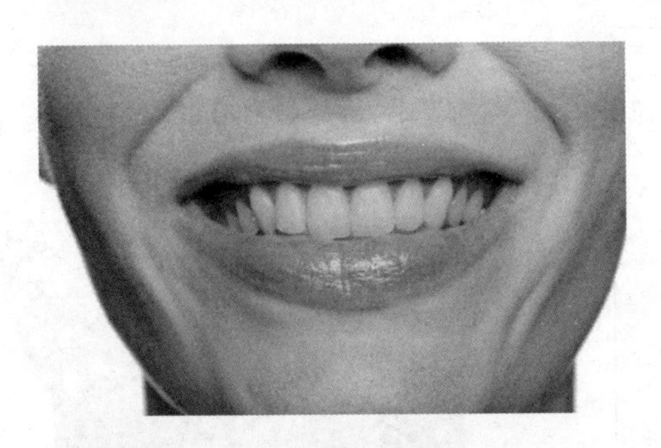
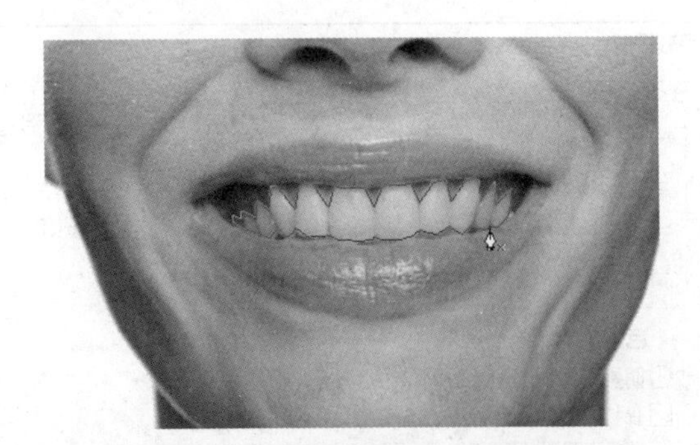

STEP 03：**载入路径选区。**按下“Ctrl+Enter”组合键，将路径转换为选区，得到牙齿的

选区范围。

STEP 04：**羽化选区**。单击“选择”→“修改”→“羽化”命令，在弹出的“羽化选区”对话框的“羽化半径”文本框中输入“5”，然后单击“确定”按钮。

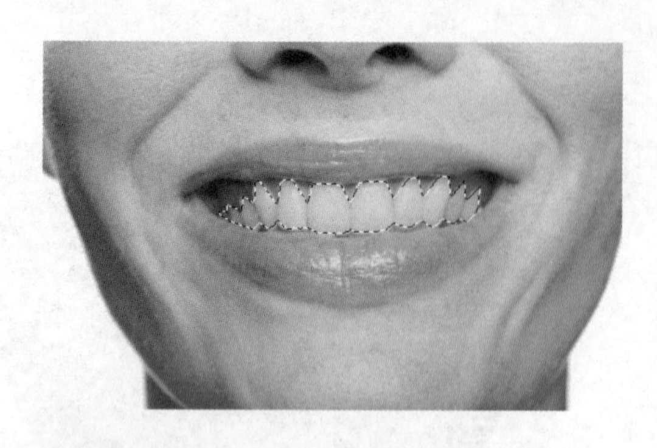

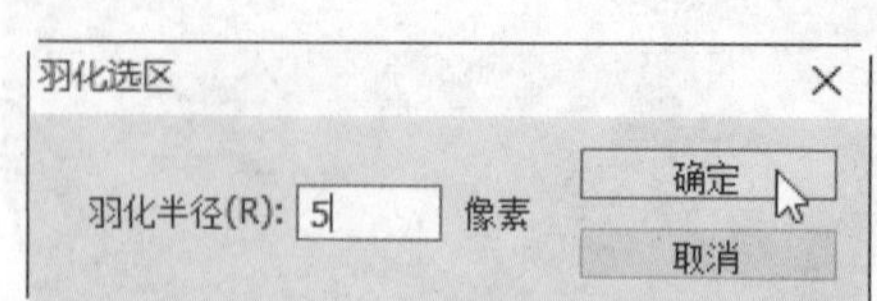

STEP 05：**图像去色**。单击“图像”→“调整”→“去色”命令，将选区中的图像去色。

STEP 06：**调整亮度和对比度**。单击“图像”→“调整”→“亮度/对比度”命令，在弹出的“亮度/对比度”对话框中设置“亮度”为“25”，“对比度”为“10”，完成后单击“确定”按钮。

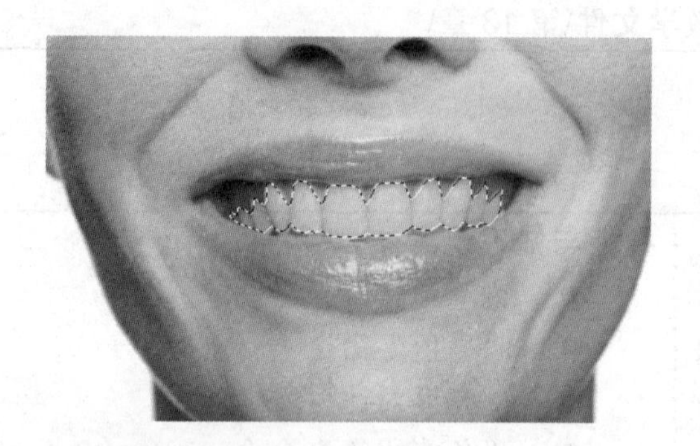

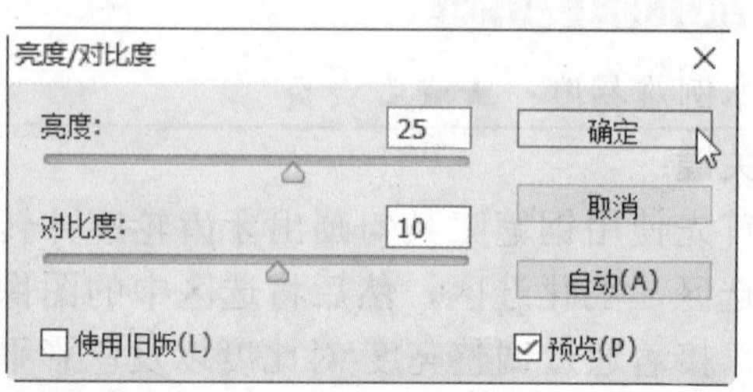

STEP 07：**调整色彩平衡**。单击“图像”→“调整”→“色彩平衡”命令，在弹出的“色彩平衡”对话框中设置“青色-红色”为“+45”，完成后单击“确定”按钮。

STEP 08：**最终效果**。通过以上操作，牙齿变得更加洁白，按下“Ctrl+D”组合键取消选区，最终效果如下图所示。

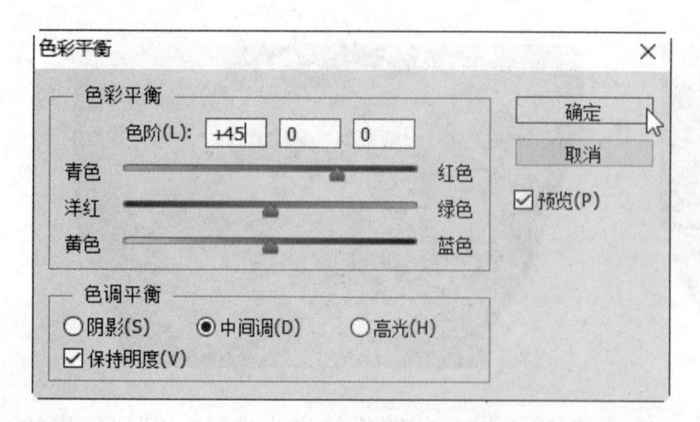

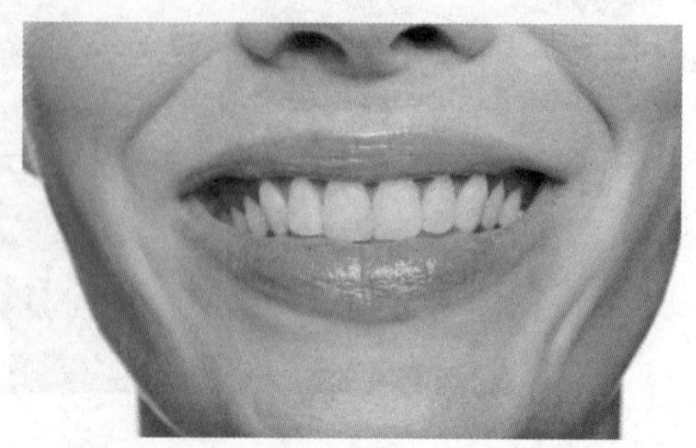

13.7　将照片转换为雪景效果

案例效果

原始素材文件：光盘\素材文件\第 13 章\雪景.jpg
最终结果文件：光盘\结果文件\第 13 章\雪景.psd
同步教学文件：光盘\多媒体教学文件\第 13 章\

制作分析

本例难易度：★★☆☆☆

制作关键：

首先复制背景图层并复制整个图像，在通道面板中新建通道并粘贴图像，使用“胶片颗粒”滤镜制作积雪效果，然后将通道载入为选区，再次复制并粘贴图像即可。

技能与知识要点：

- 复制与粘贴图像
- 新建通道
- 将通道载入为选区
- “胶片颗粒”滤镜

具体步骤

STEP 01：**打开素材文件。**单击“文件”→“打开”命令，打开“牙齿.jpg”素材文件。

STEP 02：**复制图层。**选择“背景”图层，按下“Ctrl+J”组合键复制图层，得到“图层1”，按下“Ctrl+A”组合键全选图像，然后按下“Ctrl+C”组合键复制图像。

STEP 03：**新建通道**。单击“通道”面板中的“创建新通道”按钮，新建通道“Alpha1”通道。

STEP 04：**粘贴图像**。选中“Alpha1”通道，按下“Ctrl+V”组合键将图像粘贴到通道中。

STEP 05：**使用“胶片颗粒”滤镜**。单击“滤镜”→“滤镜库”命令，在弹出的对话框中选择“艺术效果”下的“胶片颗粒”滤镜，设置“颗粒”为“0”，“高光区域”为“5”，“强度”为“10”，完成后单击“确定”按钮。

STEP 06：**载入并复制选区**。选中“Alpha1”通道，单击“将通道作为选区载入”按钮将通道载入选区，然后按下“Ctrl+C”组合键复制选区图像。

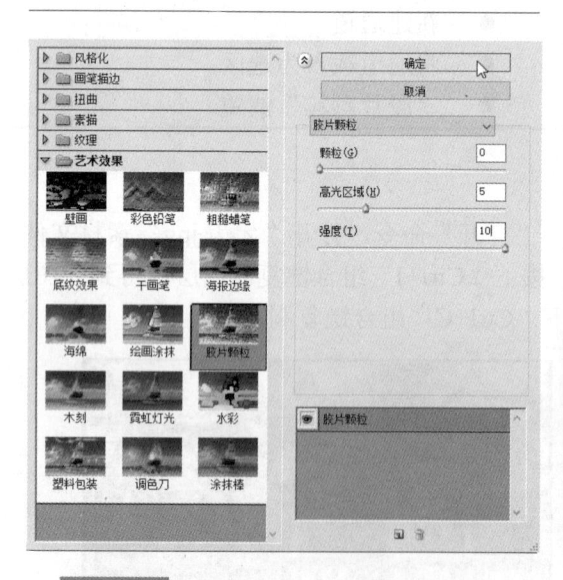

STEP 07：**粘贴图像**。切换到“图层”面板，选择“图层 1”，然后按下“Ctrl+V”组合键粘贴选区图像。

STEP 08：**最终效果**。为照片添加雪景后的效果如下图所示。

13.8　为照片打造怀旧效果

案例效果

	原始素材文件：光盘\素材文件\第 13 章\船.jpg
	最终结果文件：光盘\结果文件\第 13 章\船-效果.psd
	同步教学文件：光盘\多媒体教学文件\第 13 章\

制作分析

本例难易度：★★☆☆☆

制作关键：

首先复制图层并设置图层混合模式，为沙滩创建选区并使用“亮度/对比度”命令、“色彩平衡”命令、“可选颜色”命令调整图像色调，然后通过新建图层，使用“色彩平衡”命令和“色相/饱和度”命令调整色调，并设置图层混合模式以照片打造怀旧效果，最后使用“USM 锐化”滤镜即可。

技能与知识要点：

- “套索工具”
- “亮度/对比度”命令
- “色彩平衡”命令
- “可选颜色”命令
- “色相/饱和度”命令
- “USM 锐化”滤镜

具体步骤

STEP 01：**打开素材文件**。单击“文件”→“打开”命令，打开“船.jpg”素材文件。

STEP 02：**复制图层**。选择“背景”图层，然后按下“Ctrl+J”组合键，并设置图层混合模式为“叠加”。

STEP 03：**创建选区**。单击工具箱中的“套索工具”按钮，为图像文件中的的沙滩创建选区。

STEP 04：**调整亮度/对比度**。单击“图像”→“调整”→“亮度/对比度”命令，在弹出的“亮度/对比度”对话框中，向右拖动“对比度”滑块至“13”，然后单击“确定”按钮。

亮度/对比度

亮度: 0

对比度: 13

确定

取消

自动(A)

☐使用旧版(L)

☑预览(P)

STEP 05：**调整色彩平衡“中间调”**。单击“图像”→“调整”→“色彩平衡”命令，在弹出的“色彩平衡”对话框中选择“中间调”单选项，然后向右拖动“青色-红色”滑块至“+21”，向左拖动“黄色-蓝色”滑块至“-42”。

STEP 06：**调整色彩平衡“高光”**。选择“高光”单选项，向左拖动“青色-红色”滑块至“-19”，然后单击“确定”按钮，完成后单击“确定”按钮。

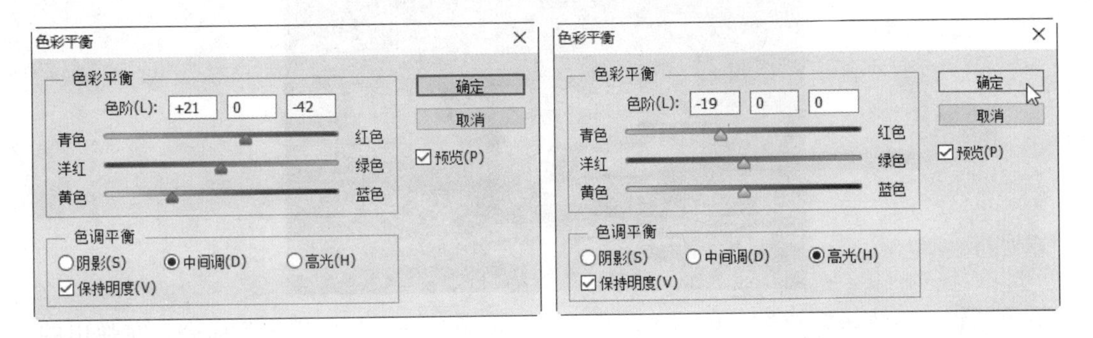

STEP 07：**调整可选颜色**。单击“图像”→“调整”→“可选颜色”命令，弹出“可选颜色”对话框。在“颜色”下拉列表框中选择“黄色”选项，然后向左拖动“青色”滑块至“-20”，向右拖动“黄色”滑块至“+85”，向右拖动“黑色”滑块至“+50”。

STEP 08：**调整可选颜色**。在“颜色”下拉列表框中选择“中性色”选项，向左拖动“青色”滑块至“-10”，向左拖动“洋红色”滑块至“-10”，然后单击“确定”按钮。

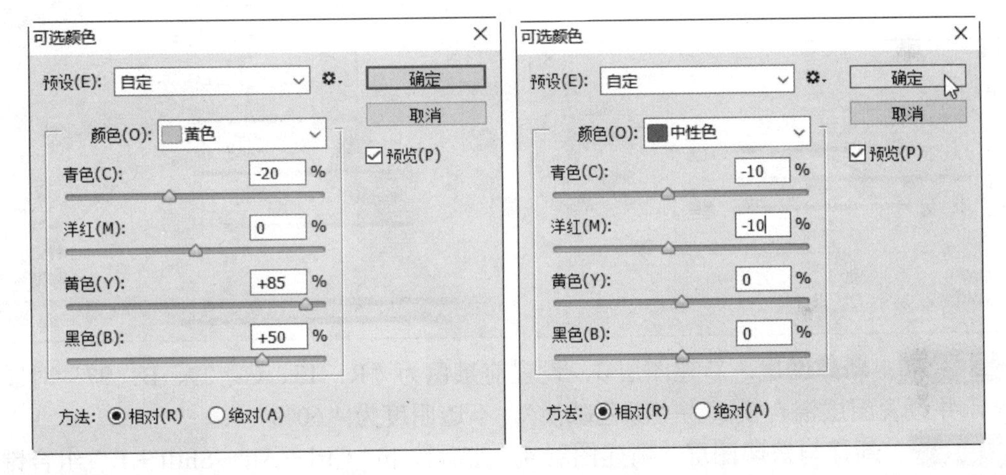

STEP 09：**新建图层**。按下“Ctrl+D”组合键取消选区；新建图层 2，并单击工具箱中的“渐变工具”按钮，设置前景色为橙色，背景色为黑色；然后在图层中创建一个前景色到背景色的径向渐变。

STEP 10：**设置图层混合模式**。设置图层 2 的混合模式为“强光”，不透明度为“20%”。

STEP 11：**调整色彩平衡**。单击“图像”→“调整”→“色彩平衡”命令，在弹出的“色彩平衡”对话框中选择“中间调”单选项，然后设置“青色-红色”为“+55”，“洋红-绿色”为“-48”，“黄色-蓝色”为“-64”，单击“确定”按钮。

STEP 12：**调整色相/饱和度**。单击“图像”→“调整”→“色相/饱和度”命令，弹出“色相/饱和度”对话框；设置“色相”为“-16”，“饱和度”为“+9”，单击“确定”按钮。

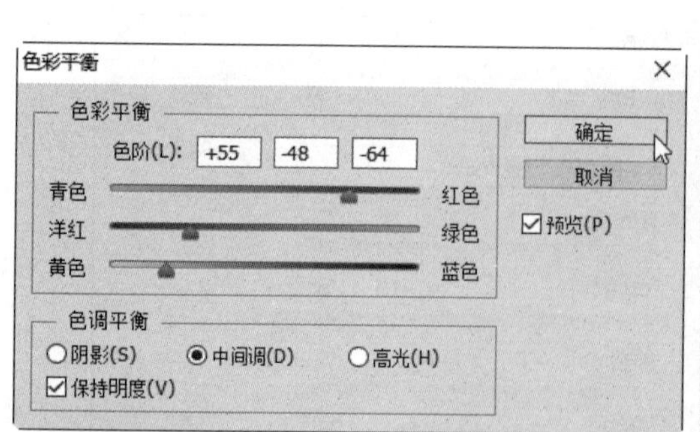

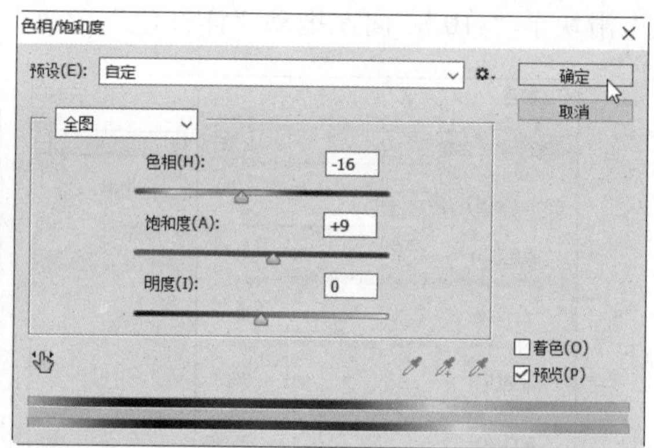

STEP 13：**新建图层**。新建图层 3，设置前景色为“R：13、G：29、B：97”对图层进行填充，并设置图层混合模式为“颜色减淡”，不透明度为“60%”。

STEP 14：**新建与盖印图层**。新建图层 4，然后按下“Ctrl + Alt + Shift + E”组合键，盖印图层。

STEP 15：**新建图层**。新建图层 5，设置前景色为“R：248、G：181、B：0”对图层进行填充，并设置图层混合模式为“色相”，不透明度为“30%”。

STEP 16：**新建图层**。新建图层 6，设置前景色为“R：12、G：6、B：72”对图层进行填充，并设置图层混合模式为“排除”。

STEP 17：新建与盖印图层。新建图层 7，然后按下“Ctrl + Alt + Shift + E”组合键，盖印图层。

STEP 18：调整色彩平衡“中间调”。单击“图像”→“调整”→“色彩平衡”命令，在弹出的“色彩平衡”对话框中选择“中间调”单选项，然后设置“青色-红色”为“+10”，“洋红-绿色”为“+50”，“黄色-蓝色”为“+42”。

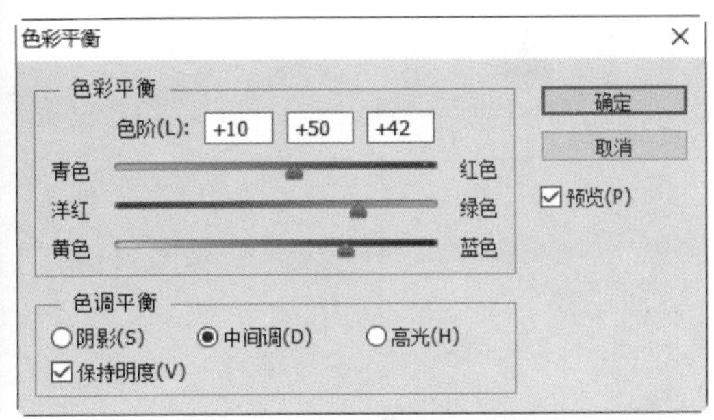

STEP 19：调整色彩平衡“高光”。选择“高光”单选项，然后设置“洋红-绿色”为“+55”，“黄色-蓝色”为“-20”，单击“确定”按钮。

STEP 20：使用“USM 锐化”滤镜。单击“滤镜”→“锐化”→“USM 锐化”命令，弹出“USM 锐化”对话框；在“数量”文本框中输入“20”，在“半径”文本框中输入“10”，在“阈值”文本框中输入“1”，然后单击“确定”按钮。

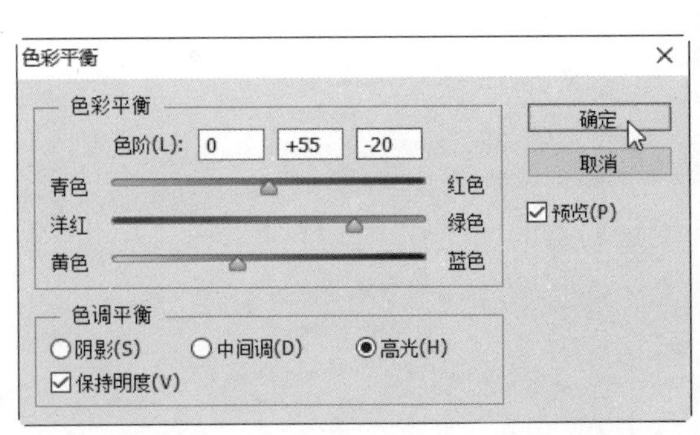

STEP 21：**最终效果**。将照片打造成为怀旧照片后的效果如下图所示。

第 14 章 制作特效字

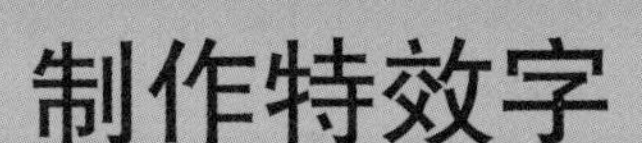

本章导读

特效字是指使用图形设计软件将普通文字艺术化处理，使文字更加美观和富有创意，特效字广泛应用在广告、海报、包装、灯箱、店招和网页中。使用 Photoshop 可以设计出各种各样的特效字，本章将列举一些较易制作的特效字案例供读者学习，读者可以发挥自己的创意设计出更多有趣的文字效果。

知识要点

- 制作积雪文字
- 制作透明玻璃字
- 制作点状放射字
- 制作艳丽的金属边框字
- 制作马赛克背景文字
- 制作放射光线文字
- 制作钻石文字

案例展示

14.1　制作积雪文字

案例效果

	原始素材文件：光盘\素材文件\无
	最终结果文件：光盘\结果文件\第 14 章\积雪字
	同步教学文件：光盘\多媒体教学文件\第 14 章\

制作分析

本例难易度：★★★★☆

制作关键：

输入要处理的文字，载入文字选区并扩展选区，新建通道后用白色填充选区，移动选区后用黑色填充选区。接下来使用“喷色描边”、“图章”、“风”、“特殊模糊”和“撕边”等滤镜对通道进行处理，完成后将通道转换为选区并填充白色即可。

技能与知识要点：

- “扩展”命令
- 移动选区
- “喷色描边”滤镜和“图章”滤镜
- “风”、“特殊模糊”和“撕边”滤镜
- 将通道转换为选区
- 填充选区

具体步骤

STEP 01：**新建图像**。单击“文件”→“新建”命令，新建一个大小为“500×300”像素，分辨率为 150 像素/英寸的图像文档，并将背景填充为浅蓝色。

STEP 02：**输入文本**。选择横排文字工具 T，设置字体为“Cooper Black”，字号为 65，颜色为红色，然后在图像窗口中输入要处理的文字。

STEP 03：**扩展选区**。按住“Ctrl”键的同时单击文本图层缩略图，载入文字选区，然后单击“选择”→“修改”→“扩展”命令，设置扩展量为 7 像素，然后单击“确定”按钮。

STEP 04：**新建通道**。在通道面板中新建一个通道，并以白色填充选区。

STEP 05：**移动选区**。保持选区状态，使用键盘方向将选区向右移动 6 像素，向下移动 15 像素（每按一次方向键移动 1 像素）。

STEP 06：**填充选区**。将移动后的选区填充为黑色并取消选区。

STEP 07：**使用“喷色描边”滤镜**。单击“滤镜”→“滤镜库”命令，打开“滤镜库”对话框，选择“画笔描边”下的“喷色描边”滤镜，参数设置如图所示。

STEP 08：**使用“图章”滤镜**。在“滤镜库”对话框中，单击“新建效果图层”按钮，并选择“素描”下的“图章”滤镜，参数设置如图所示，完成后单击“确定”按钮。

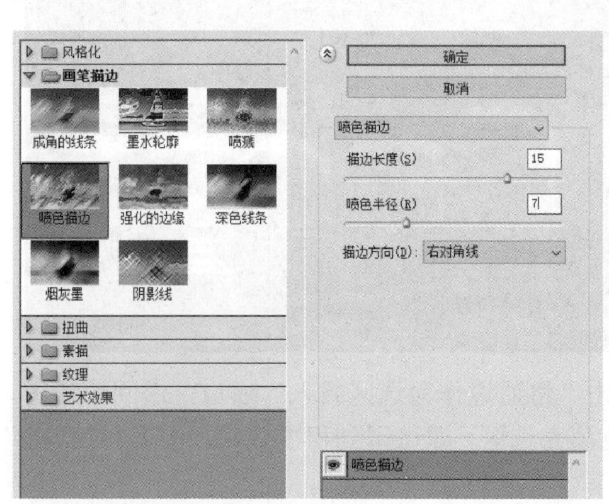

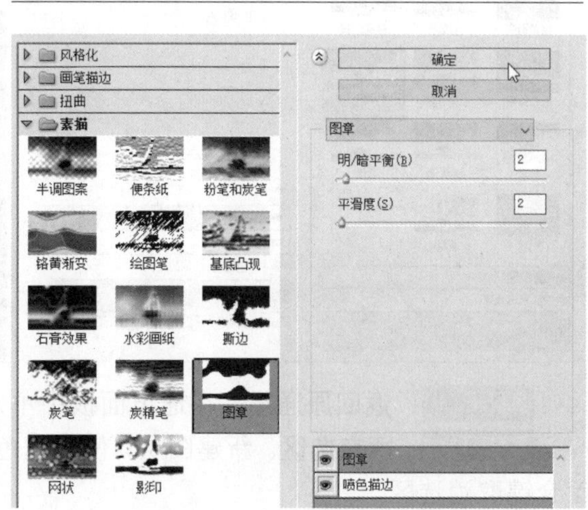

STEP 09：**使用“风”滤镜**。顺时针 90° 旋转画布，然后单击“滤镜”→“风格化”→“风”命令，参数设置如下图所示，完成后按下“Ctrl+F”组合键重复执行一次“风”滤镜。

STEP 10：**使用“特殊模糊”滤镜**。逆时针 90° 旋转画布，单击“滤镜”→“模糊”→“特殊模糊”命令，参数设置如下图所示。

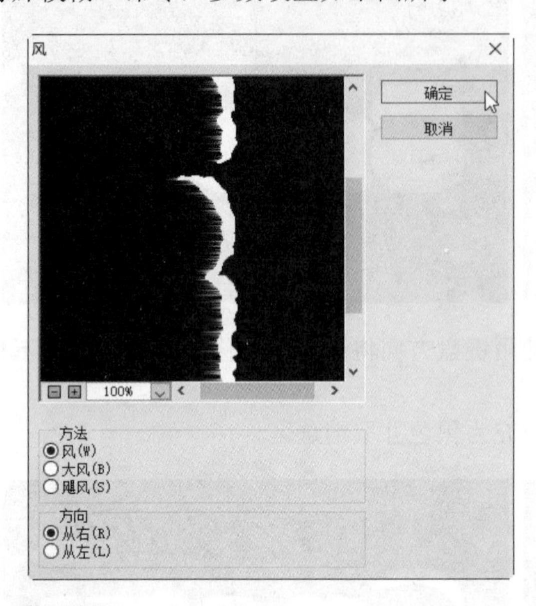

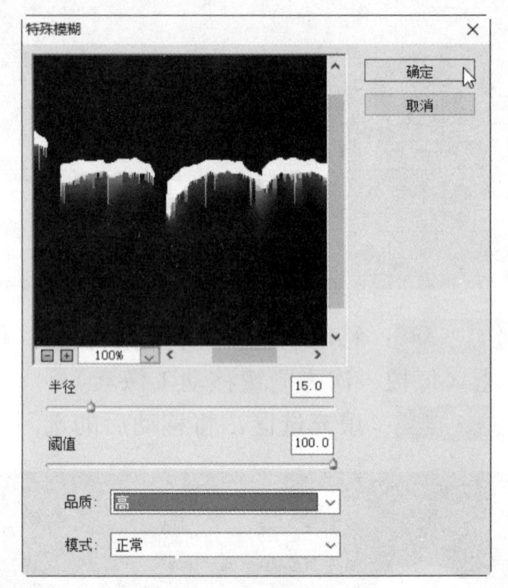

STEP 11：**使用“撕边”滤镜**。单击“滤镜”→“滤镜库”命令，新建效果图层，然后选择“素描”下的“撕边”滤镜，参数设置如图所示，完成后单击“确定”按钮。

STEP 12：**将通道载入选区**。**将通道载入选区**。在通道面板中单击“将通道作为选区载入”按钮。

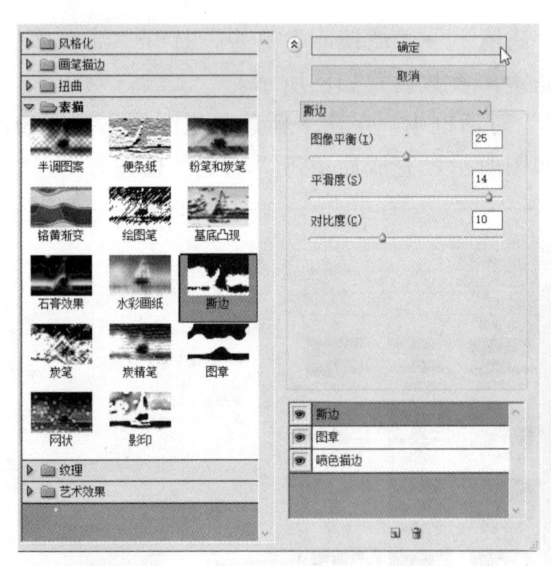

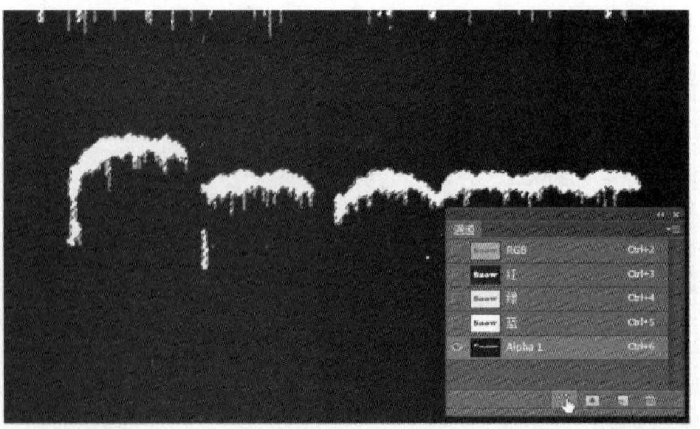

STEP 13：**返回原通道**。在通道面板中单击“将通道作为选区载入”通道，返回原通道。

STEP 14：**填充选区**。新建图层，使用白色填充选区，即可得到积雪效果；按下“Ctrl+D”组合键取消选区。

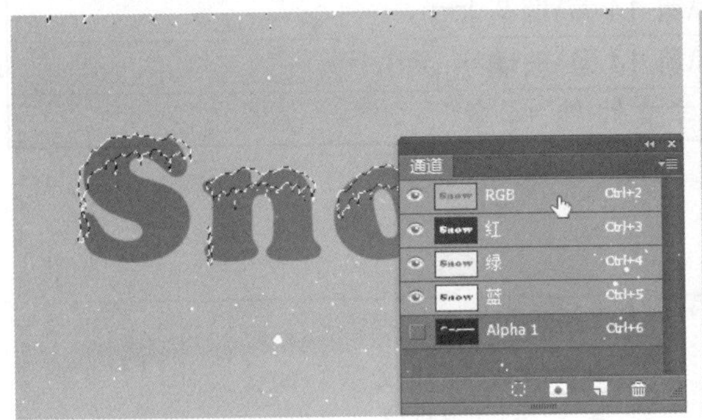

STEP 15：**设置图层样式**。栅格化文字图层；在图层面板中双击文字图层缩略图，弹出“图层样式”对话框，勾选“斜面和浮雕”复选框，参数设置如图所示，完成后单击“确定”按钮。

STEP 16：**最终效果**。制作完成后的最终效果如右下图所示。

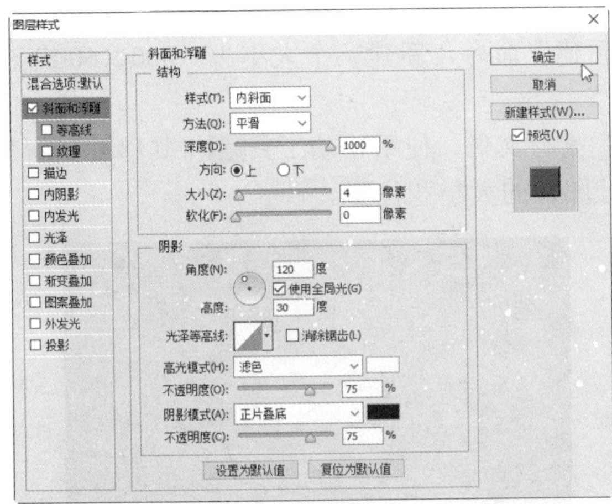

14.2 制作透明玻璃字

案例效果

原始素材文件：光盘\素材文件\第 14 章\烟花.jpg
最终结果文件：光盘\结果文件\第 14 章\玻璃字.psd
同步教学文件：光盘\多媒体教学文件\第 14 章\

制作分析

本例难易度：★★☆☆☆

制作关键：

载入背景图层，输入要处理的文字，栅格化文字并打开“图层样式”对话框，分别对“内阴影”、“外发光”、“内发光”、“斜面和浮雕”、“光泽”以及“投影”样式进行设置，最后更改图层填充度即可。

技能与知识要点：

- “栅格化文字”命令
- “图层样式”对话框
- 更改图层填充度

具体步骤

STEP 01：新建图像。单击“文件”→“新建”命令，新建一个大小为“800×600”像素，分辨率为 72 像素/英寸的图像文档。

STEP 02：载入背景素材。打开“烟花.jpg”素材文件，使用移动工具将其移动到新建的图像文档中，并使用“Ctrl+T”组合键调整好图片的大小和位置。

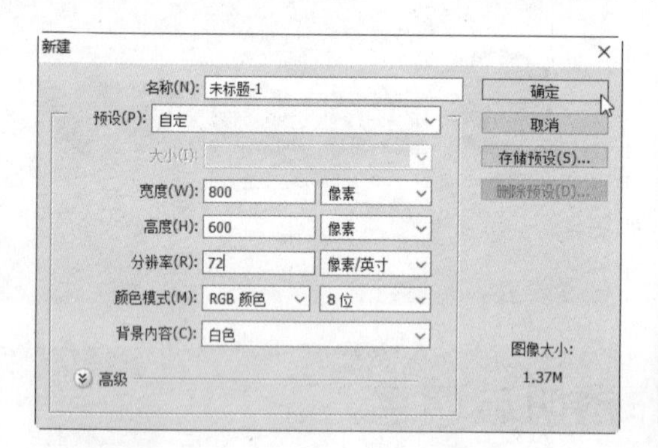

STEP 03：输入文本。选择横排文字工具，设置字体为“CroissantD”，字号为“190 点”，颜色为白色，然后在图像窗口中输入要处理的文字。

STEP 04：设置图层样式。栅格化文字图层，在图层面板中双击文字图层缩略图，打开“图层样式”对话框，勾选“内阴影”复选框并切换到该页面，具体参数设置如图所示。

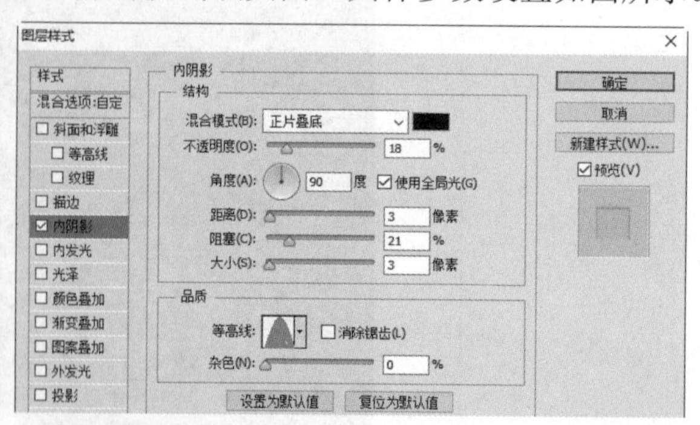

STEP 05：**设置图层样式**。在“图层样式”对话框中勾选“外发光”复选框并切换到该页面，具体参数设置如图所示。

STEP 06：**设置图层样式**。在“图层样式”对话框中勾选“内发光”复选框并切换到该页面，具体参数设置如图所示。

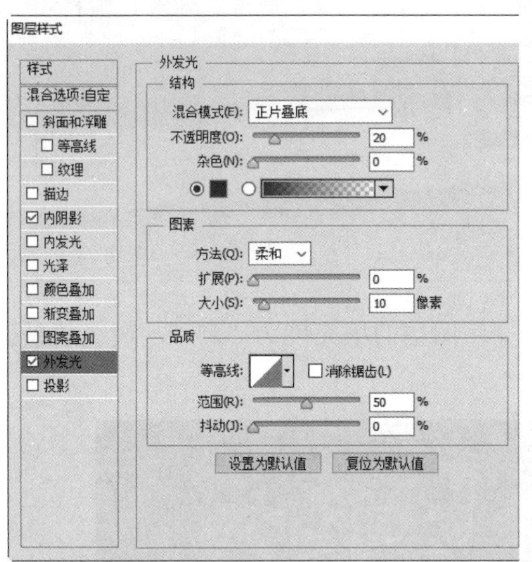

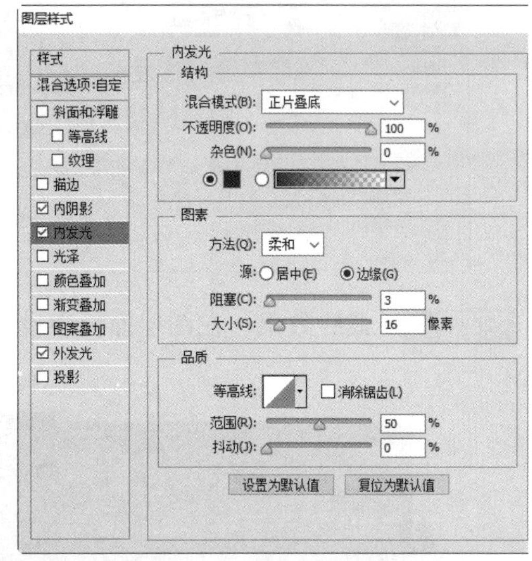

STEP 07：**设置图层样式**。在“图层样式”对话框中勾选“斜面和浮雕”复选框并切换到该页面，具体参数设置如图所示。

STEP 08：**设置图层样式**。在“图层样式”对话框中勾选“等高线泽”复选框并切换到该页面，具体参数设置如图所示。

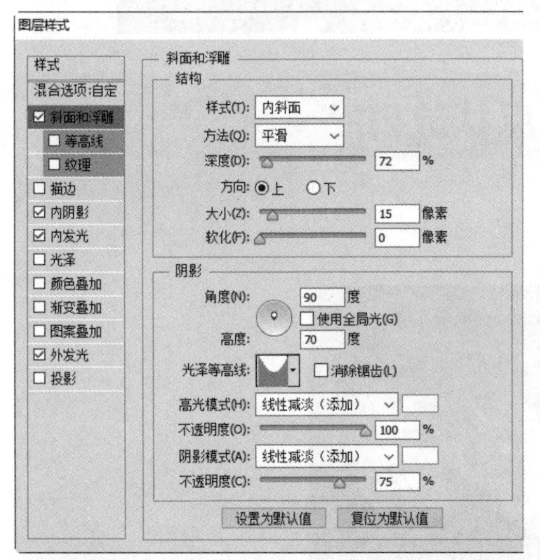

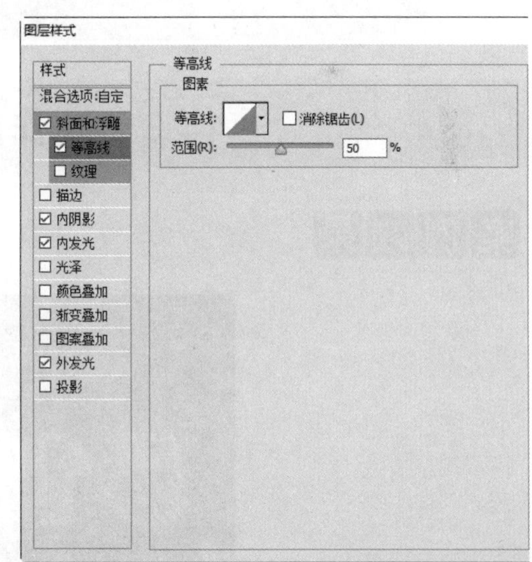

STEP 09：**设置图层样式**。在“图层样式”对话框中勾选“光泽”复选框并切换到该页面，具体参数设置如图所示。

STEP 10：**设置图层样式**。在“图层样式”对话框中勾选“投影”复选框并切换到该页面，具体参数设置如图所示，设置完成后单击“确定”按钮。

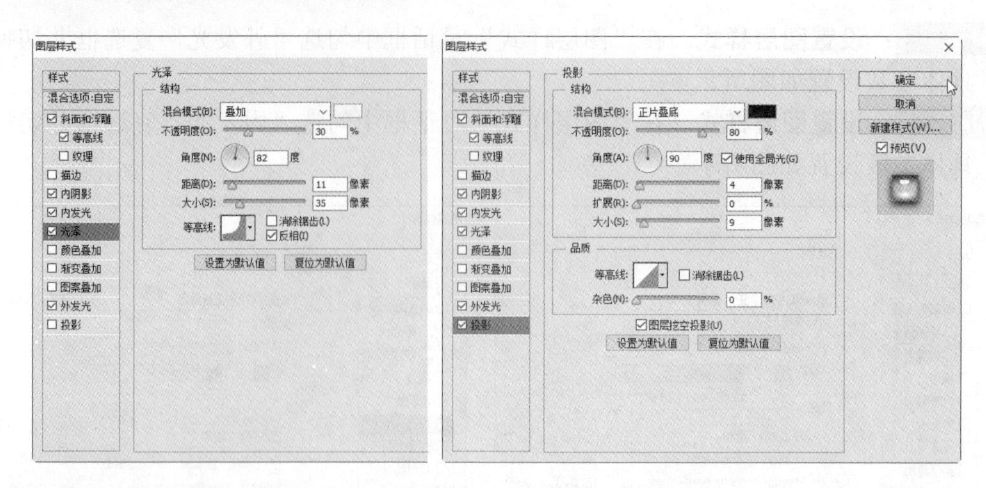

STEP 10：**最终效果**。在图层面板中设置文字图层的填充度为“5%”，最终效果如下图所示。

14.3　制作点状放射字

案例效果

	原始素材文件：光盘\素材文件\第 14 章\宇宙.jpg
	最终结果文件：光盘\结果文件\第 14 章\放射字.psd
	同步教学文件：光盘\多媒体教学文件\第 14 章\

制作分析

本例难易度：★★★★☆

制作关键：	技能与知识要点：
载入背景图层，输入要处理的文字，载入文字选区并隐藏文字图层，将选区转换为路径，接着设置好画笔工具，使用画笔工具对路径进行描边。旋转图像后使用“风”滤镜使图像产生立体效果，还原图像角度，最后新建图层为图像上色即可。	● 将选区转换为路径 ● “画笔”面板 ● 使用画笔描边路径 ● 旋转图像 ● “风”滤镜 ● 更改图层混合模式

具体步骤

STEP 01：**新建图像**。单击“文件”→“新建”命令，新建一个大小为“800×600”像素，分辨率为 72 像素/英寸的图像文档。

STEP 02：**载入背景素材**。打开“星球.jpg”素材文件，使用移动工具将其移动到新建的图像文档中，并使用“Ctrl+T”组合键调整好图片的大小和位置。

STEP 03：**输入文本**。选择横排文字工具，设置字体为“方正超粗黑简体”，字号为“210 点”，颜色为白色，然后在图像窗口中输入要处理的文字。

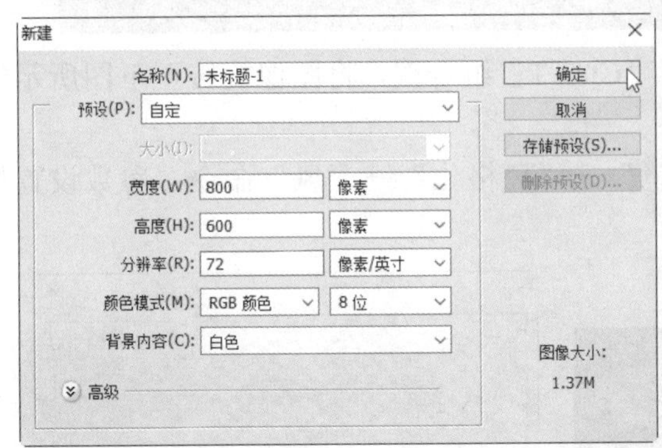

STEP 04：**转换路径**。在图层面板中按住“Ctrl”键单击文字图层缩略图，载入文字选区，然后在路径面板中单击“从选区生成工作路径”按钮，将选区转换为路径，完成后隐藏文字图层的显示。

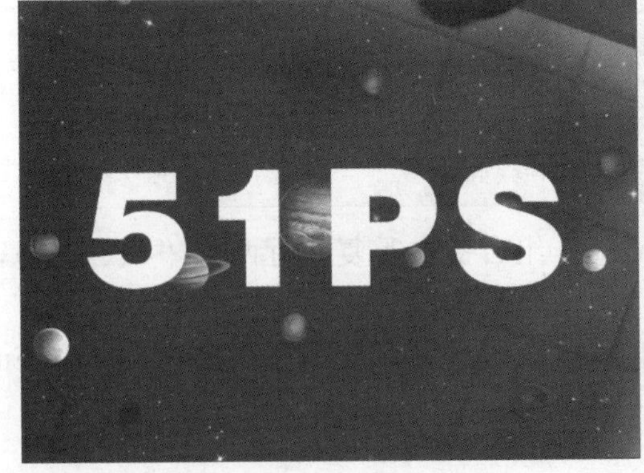

STEP 05：**设置画笔**。选择画笔工具，在属性栏中单击“切换画笔面板”按钮，在弹出的面板中设置画笔参数如下图所示。

STEP 06：**路径描边**。新建图层 2，设置前景色为白色，在路径面板中单击“用画笔描边路径”按钮，应用前面设置好的画笔为路径描边；然后单击路径面板空白处，取消显示工作路径。

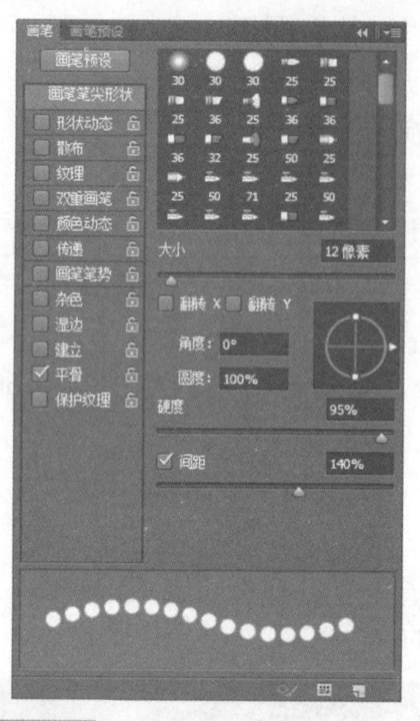

STEP 07：**变换图像**。选中图层 2，按下“Ctrl+T”组合键，将图像旋转至下图所示的角度后，按下“Enter”键确认。

STEP 08：**使用“风”滤镜**。单击“滤镜”→“风格化”→“风”命令，参数设置如下图所示，完成后单击“确定”按钮。

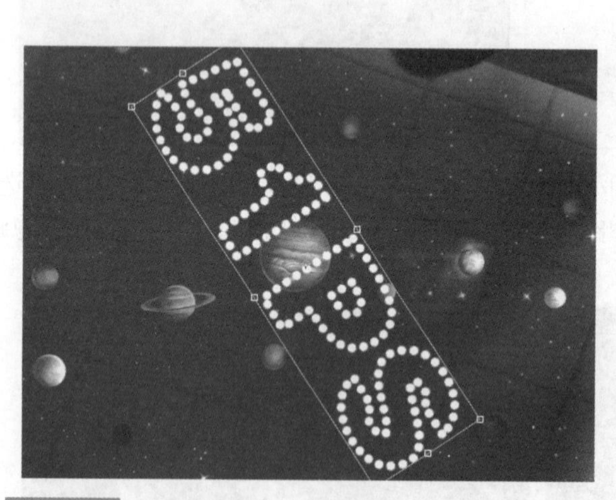

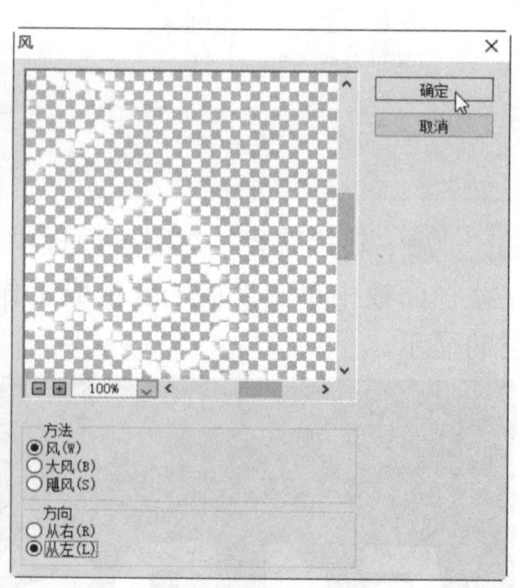

STEP 09：**重复滤镜**。连续按下两次“Ctrl+F”组合键，重复执行两次“风”滤镜，得到下图所示的效果。

STEP 10：**变换图像**。再次按下“Ctrl+T”组合键，将图像旋转至水平角度后，按下“Enter”键确认。

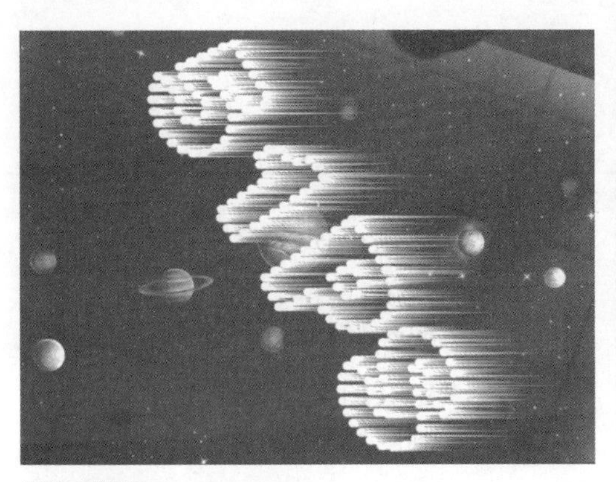

STEP 11：**新建图层**。按住“Ctrl”键的同时单击图层 2 缩略图载入选区，新建图层 3，选中图层 3 后使用任意一种喜欢的颜色填充选区。

STEP 12：**最终效果**。按下“Ctrl+D”组合键取消选区，将图层 3 的图层混合模式修改为“叠加”，即可得到最终效果。

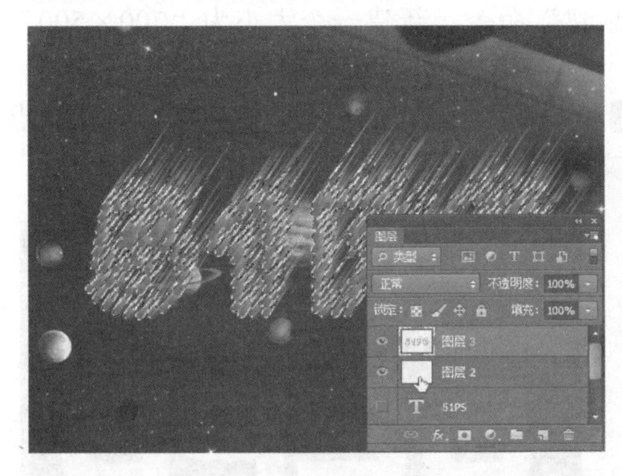

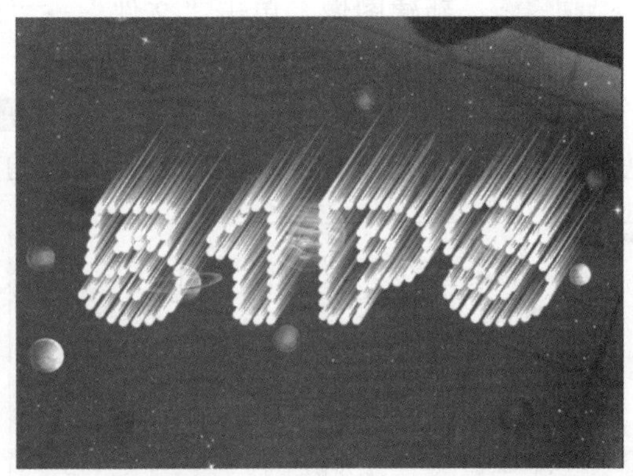

14.4　制作艳丽的金属边框字

案例效果

	原始素材文件：光盘\素材文件\第 14 章\花纹.jpg
	最终结果文件：光盘\结果文件\第 14 章\金属边框字.psd
	同步教学文件：光盘\多媒体教学文件\第 14 章\

制作分析

本例难易度：★★★★☆

制作关键：

输入要处理的文字，打开“图层样式”对话框，通过对“内阴影”、“斜面和浮雕”、“图案叠加”和“描边”等选项的设置达到花纹效果。复制一个图层，打开其“图层样式”对话框，分别对“混合选项”、“斜面和浮雕”以及“描边”等选项进行设置，以达到金属边框效果。

技能与知识要点：

- “栅格化文字”命令
- “图层样式”对话框
- “清除图层样式”命令
- “定义图案”命令
- 复制图层

具体步骤

STEP 01：**新建图像**。单击“文件”→“新建”命令，新建一个大小为“700×500”像素，分辨率为 150 像素/英寸的图像文档。

STEP 02：**输入文字**。选择横排文字工具T，选择一个较粗的字体，设置字号为“80 点”，颜色为白色，然后在图像窗口中输入要处理的文字。

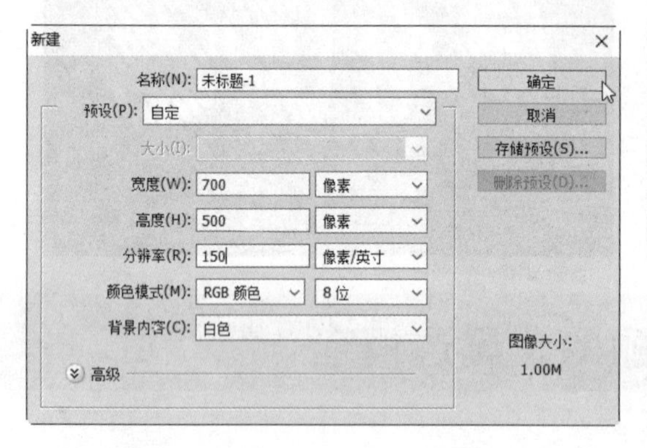

STEP 03：**设置图层样式**。栅格化文字图层；在图层面板中双击文字图层缩略图，打开“图层样式”对话框，勾选并切换到“投影”页面，具体参数设置如图所示。

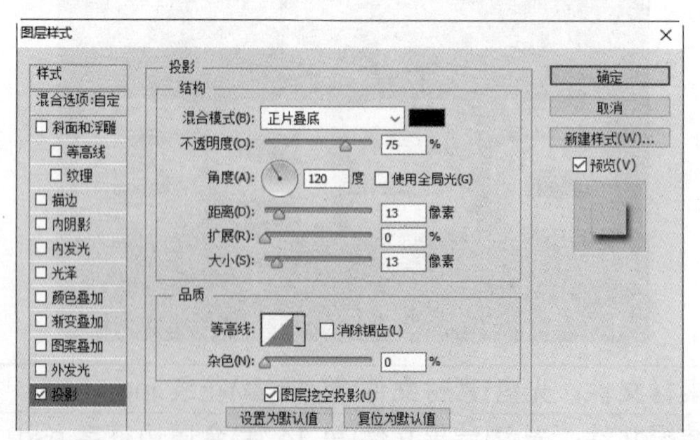

STEP 04：**设置图层样式**。在“图层样式”对话框中勾选并切换到“内阴影”页面，具

体参数设置如图所示。

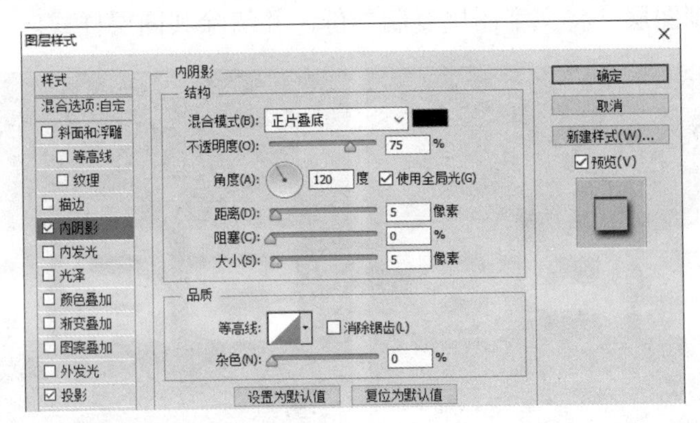

STEP 05：**设置图层样式**。在“图层样式”对话框中勾选并切换到“斜面和浮雕”页面，具体参数设置如图所示，完成后单击“确定”按钮。

STEP 06：**载入图案**。打开“花纹.jpg”素材文件，单击“编辑”→“定义图案”命令，弹出“图案名称”对话框，输入任意一个名称后单击“确定”按钮。

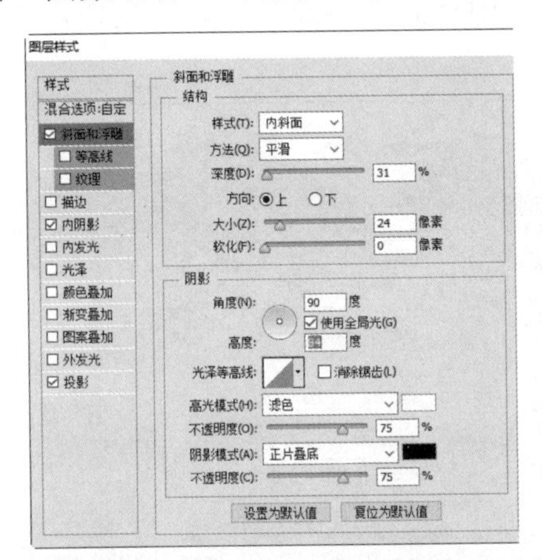

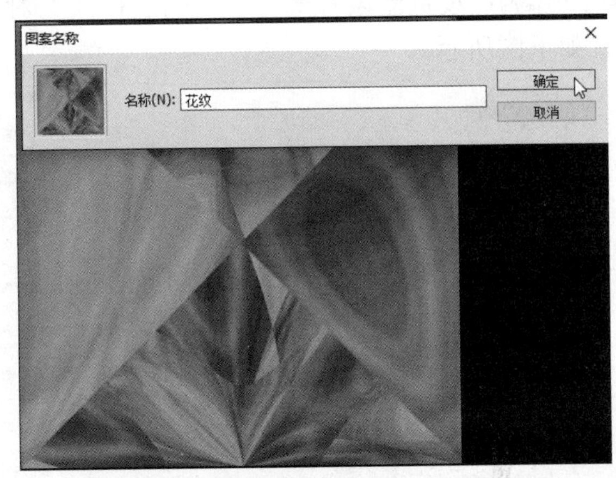

STEP 07：**设置图层样式**。在图层面板中双击文字图层缩略图，打开“图层样式”对话框，勾选并切换到“图案叠加”页面，单击“图案”下拉箭头，在弹出的菜单中选择刚刚定义的图案。

STEP 08：**设置图层样式**。在“图层样式”对话框中勾选并切换到“描边”页面，具体参数设置如图所示（描边填充颜色为 R：183，G：108，B：131）。

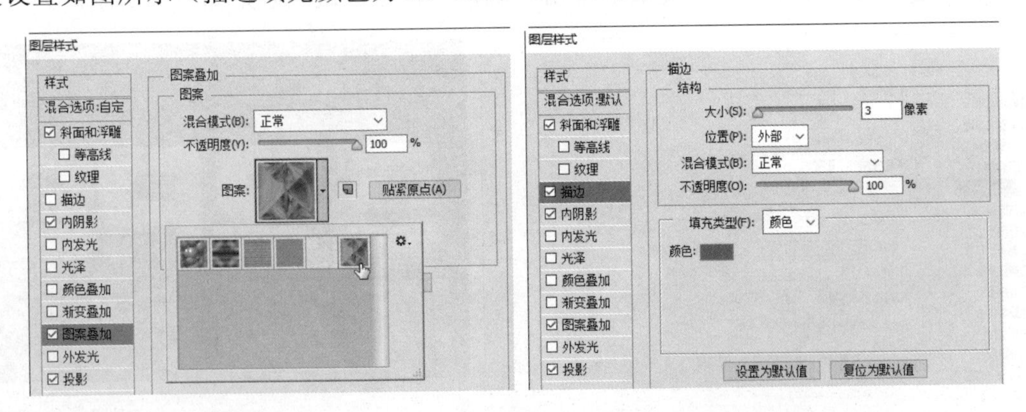

STEP 09：**完成效果**。设置完成后单击“确定”按钮，得到下图所示的效果。

STEP 10：**复制图层**。将文字图层复制一份，并清除其图层样式。

STEP 11：**设置图层样式**。在图层面板中双击副本图层缩略图，在打开的“图层样式”对话框中换到“混合选项”页面，具体参数设置如下图所示。

STEP 12：**设置图层样式**。在“图层样式”对话框中换到“斜面和浮雕”页面，具体参数设置如下图所示。

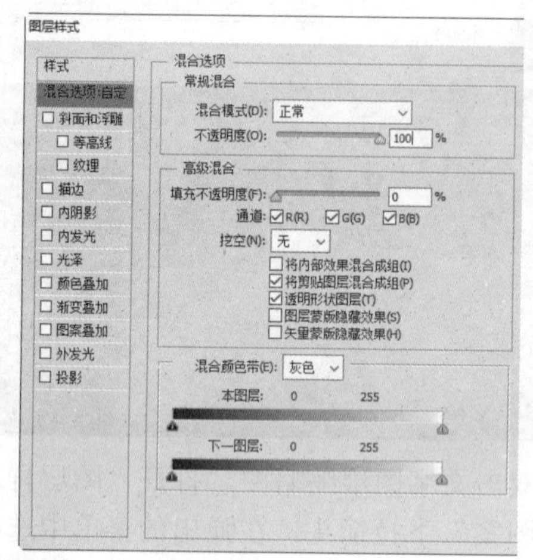

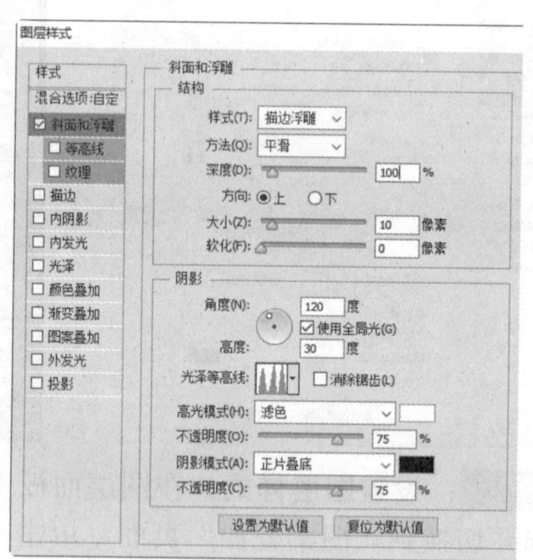

STEP 13：**设置图层样式**。在“图层样式”对话框中切换到“描边”页面，具体参数设置如下图所示。

STEP 14：**最终效果**。设置完成后单击“确定”按钮，最终效果如下图所示。

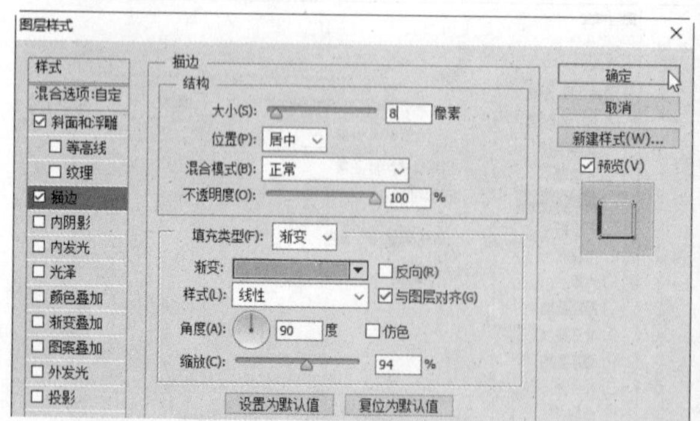

14.5　制作马赛克背景文字

案例效果

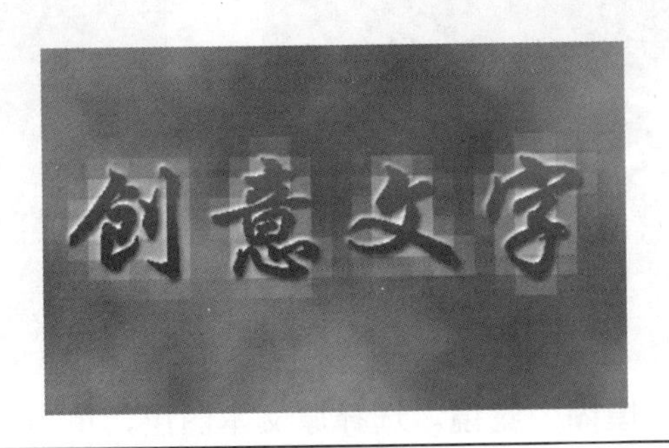

	原始素材文件：光盘\素材文件\无
	最终结果文件：光盘\结果文件\第 14 章\马赛克文字
	同步教学文件：光盘\多媒体教学文件\第 14 章\

制作分析

本例难易度：★★★☆☆

制作关键：

使用“云彩”滤镜绘制图像背景，输入要处理的文字，并复制文字图层。使用“高斯模糊”滤镜对文字图层进行处理，接着载入文字选区并反向，使用“马赛克”滤镜对选区进行处理，最后对文字副本图层进行修饰处理即可。

技能与知识要点：

- “高斯模糊”滤镜
- 载入文字选区
- “马赛克”滤镜
- “图层样式”对话框
- 渐变工具

具体步骤

STEP 01：新建图像。单击“文件”→“新建”命令，新建一个大小为“500×300”像素，分辨率为 150 像素/英寸的图像文档。

STEP 02：使用“云彩”滤镜。设置前景色为紫色，背景色为深蓝色，单击“滤镜”→“渲染”→“云彩”命令得到背景。

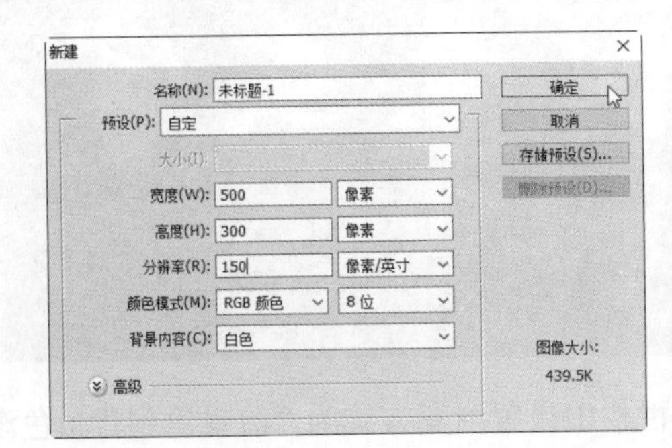

STEP 03：**输入文字**。使用横排文字工具T，设置字体为“华文行楷”，字号为“48”，颜色为白色，然后在图像中输入要制作的文字。

STEP 04：**栅格化文字**。将文字图层栅格化并复制栅格化后的文字图层。

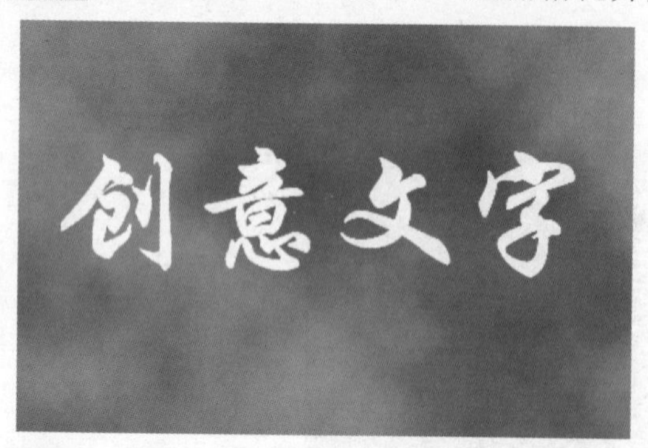

STEP 05：**使用“高斯模糊”滤镜**。选择原文本图层，单击“滤镜”→“模糊”→“高斯模糊”命令，设置半径为 10 像素，然后单击“确定”按钮。

STEP 06：**载入选区**。按住 Ctrl 键的同时单击文字副本图层缩略图，载入文字选区，然后单击“选择”→“反向”命令反选。

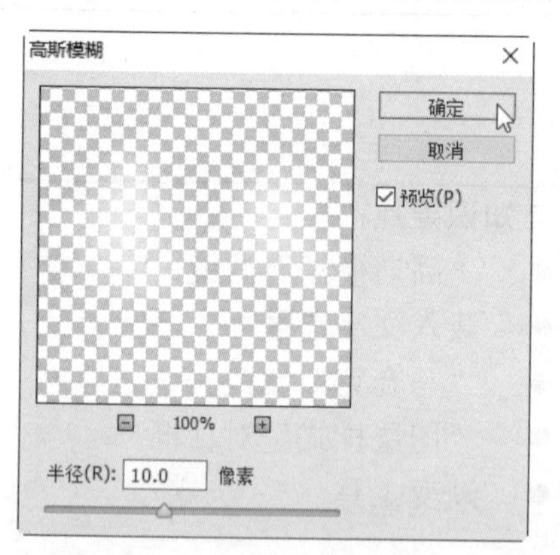

STEP 07：**使用“马赛克”滤镜**。选择原文本图层，单击“滤镜”→“像素化”→“马赛克”命令，设置方块大小为 15 像素，然后单击“确定”按钮。

STEP 08：**载入选区**。按住“Ctrl”键的同时单击文字副本图层缩略图，载入文字选区。

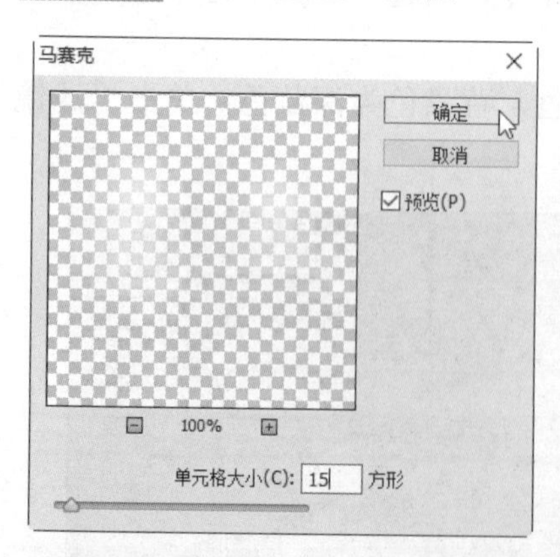

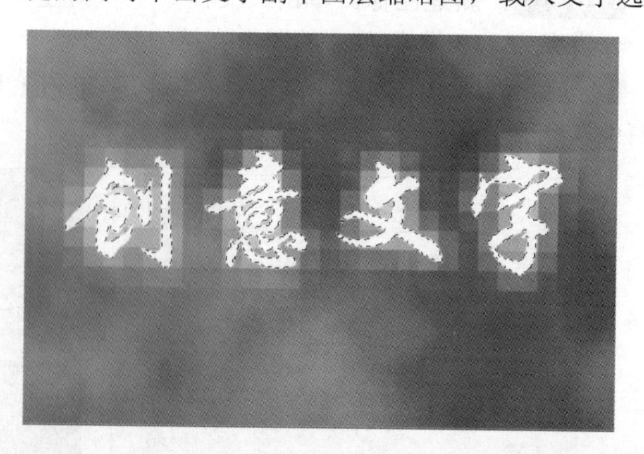

STEP 07：**设置渐变**。选择渐变工具，在属性栏中设置渐变方式为“前景色到背景色渐变”。

STEP 08：**绘制渐变**。选中文字副本图层，在图像中从上到下拖动鼠标绘制渐变，完成后取消选区。

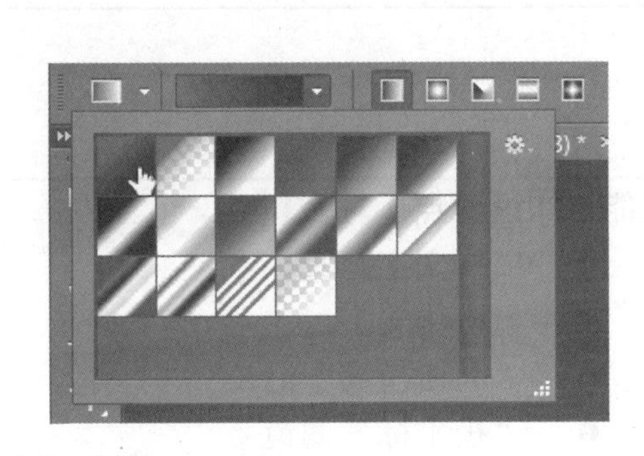

STEP 09：**设置图层样式**。双击文字副本图层缩略图，打开“图层样式”对话框，勾选“斜面和浮雕”复选框，参数设置如下图所示。

STEP 10：**最终效果**。单击“确定”按钮，完成后的最终效果如下图所示。

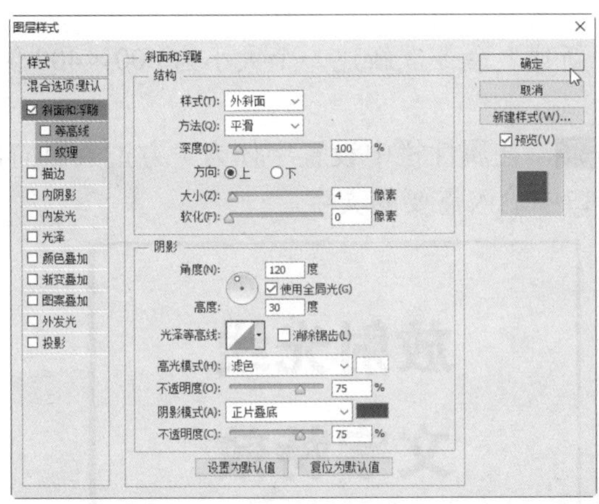

14.6　制作放射光线文字

案例效果

原始素材文件：光盘\素材文件\无
最终结果文件：光盘\结果文件\第 7 章\放射光线.psd
同步教学文件：光盘\多媒体教学文件\第 7 章\

制作分析

本例难易度：★★★★☆

制作关键：

首先用文字工具输入要制作的文字，栅格化文字后将图层载入选区并存储，使用“高斯模糊”滤镜模糊图像，使用“极坐标”滤镜后旋转图像，然后使用“风”滤镜制作虚化效果，接着再次使用“极坐标”命令还原图像，最后载入文字选区并填充即可。

技能与知识要点：

- 横排文字工具
- 栅格化文字
- “高斯模糊”滤镜
- “极坐标”滤镜
- “风”滤镜
- “图像旋转”命令

具体步骤

STEP 01：**新建文档**。单击“文件”→“新建”命令，新建一个大小为 600×400 像素、分辨率为 300 像素/英寸的 RGB 图像。

STEP 02：**输入文字**。选择横排文字工具T，在属性栏中设置字体为“方正大黑简体”，字号为“18 点”，颜色为黑色，然后在图像窗口中输入需要的文字。

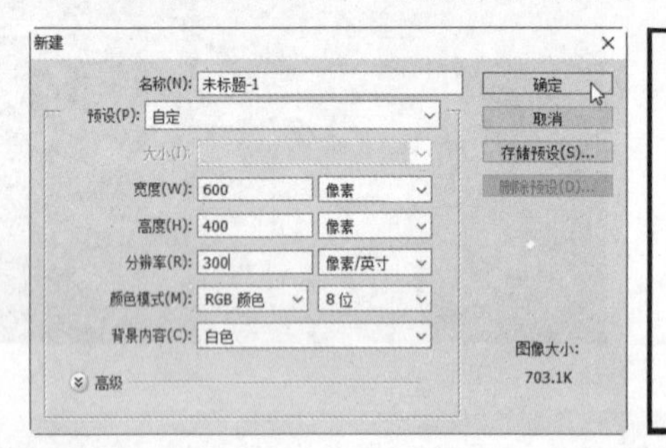

放射光线

文字特效

STEP 03：**栅格化文字**。右键单击文字图层，选择“栅格化文字”命令，把文字图层变为普通图层。

STEP 04：**载入选区**。按住“Ctrl”键，在图层面板中单击文字图层的缩略图，载入文字选区。

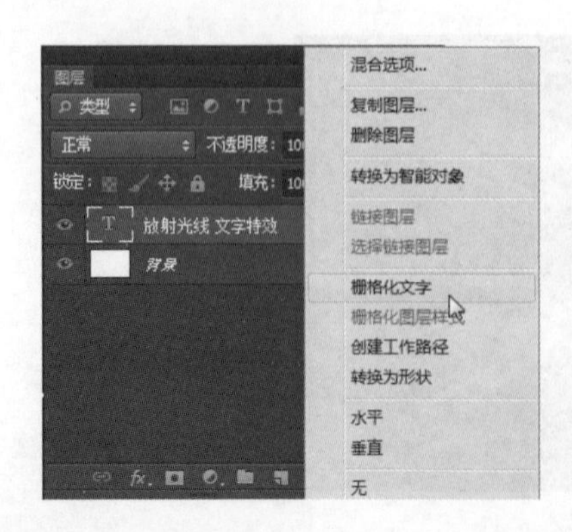

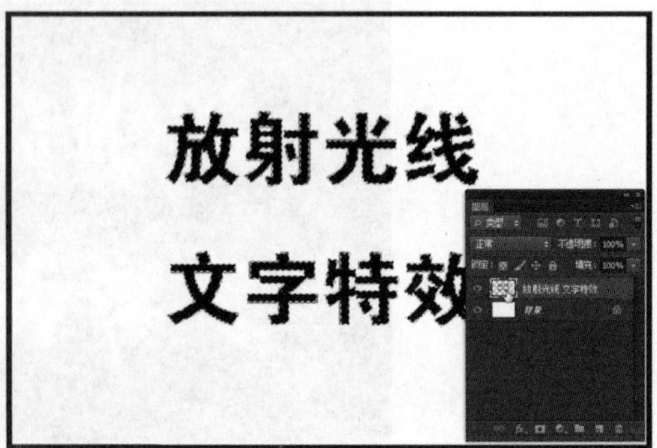

STEP 05：**存储选区**。单击“选择”→“存储选区”命令，打开“存储选区”对话框，输入一个名称，然后单击“确定”按钮。

STEP 06：**执行填充命令**。取消选区，然后单击“编辑”→“填充”命令，打开“填充”对话框，在“使用”栏中选择“白色”，模式为“叠加”，然后单击“确定”按钮。

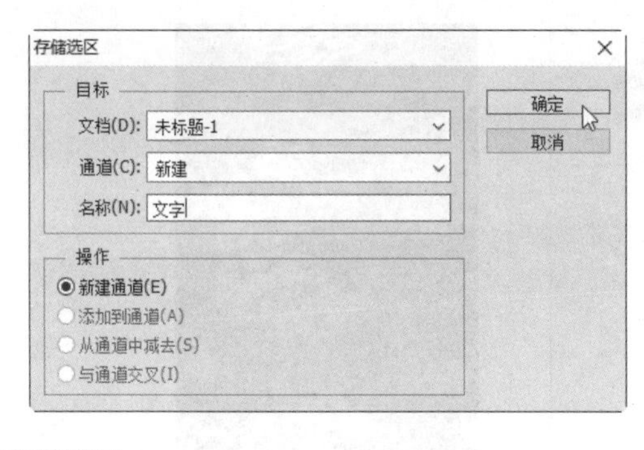

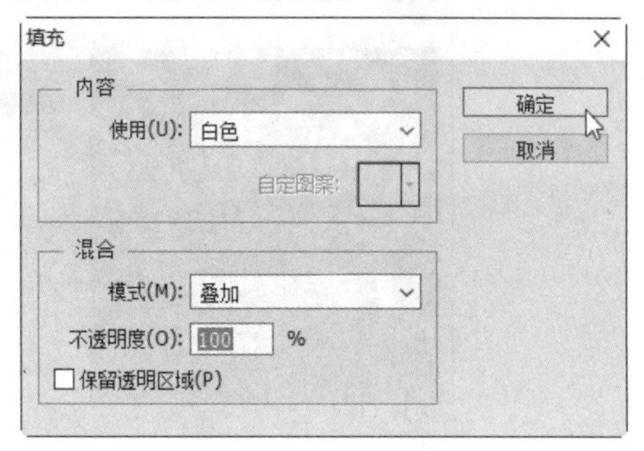

STEP 07：**使用“高斯模糊”滤镜**。单击“滤镜”→“模糊”→“高斯模糊”命令，设置半径为 3 像素，然后单击“确定”按钮。

STEP 08：**使用“曝光过度”**。单击“滤镜”→“风格化”→“曝光过度”命令，效果如下图所示。

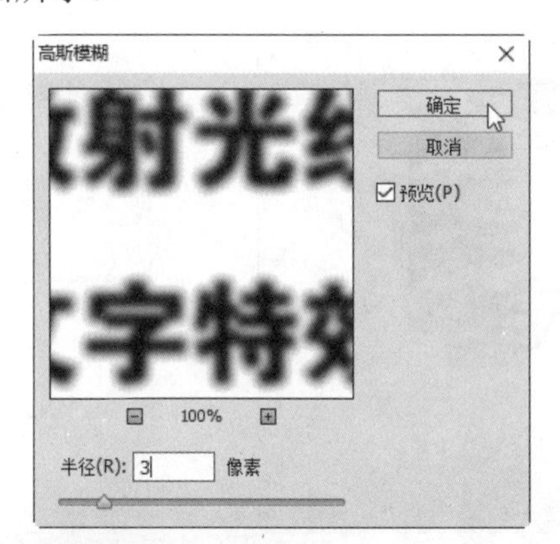

STEP 09：**调整色阶**。按下“Ctrl+L”组合键，打开“色阶”对话框，参数设置如下图所示，完成后单击“确定”按钮。

STEP 10：**复制图层**。选中文字图层，按下“Ctrl+J”组合键，复制出副本图层。

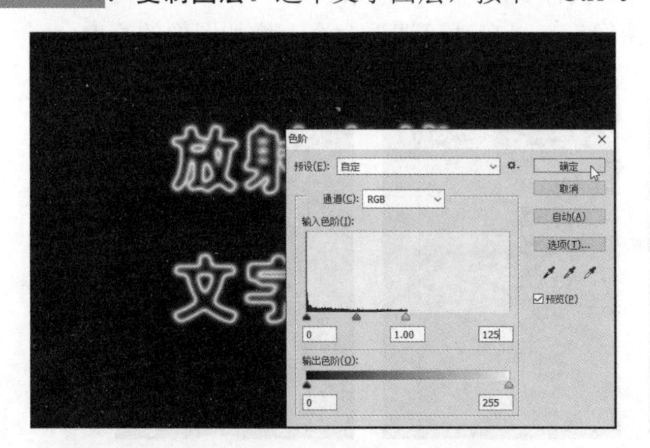

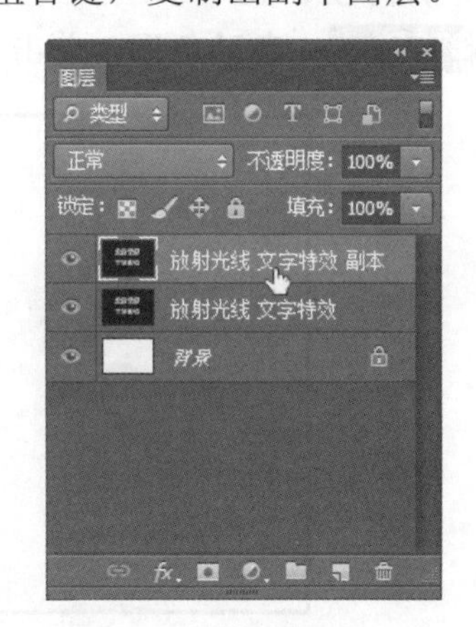

STEP 11：**使用“极坐标”滤镜**。选中副本图层，单击“滤镜”→“扭曲”→“极坐标”命令，选择“极坐标到平面坐标”单选项，然后单击“确定”按钮。

STEP 12：**旋转画布**。单击“图像”→“图像旋转”→“90 度（顺时针）”命令，把画布顺时针旋转 90º。

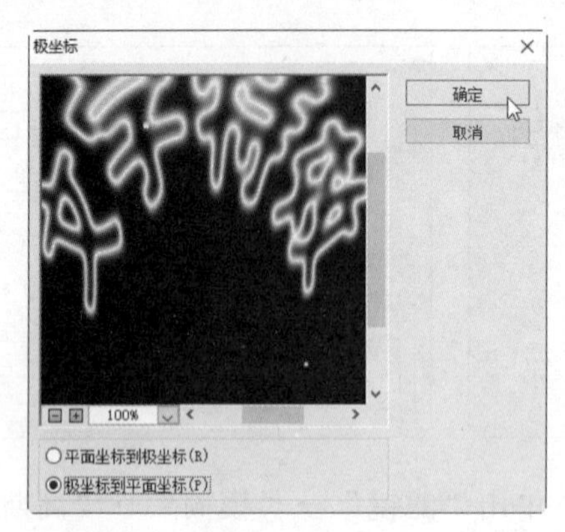

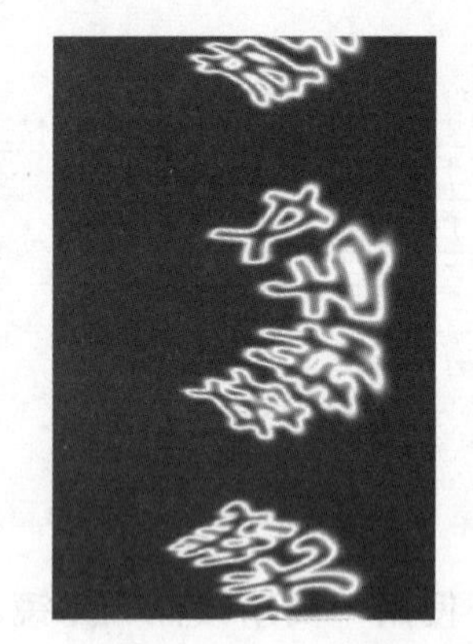

STEP 13：**颜色反相**。单击“图像”→“调整”→“反相”命令，将图像颜色反相。

STEP 14：**使用“风”滤镜**。单击“滤镜”→“风格化”→“风”命令，方法为“风”，方向为“从右”，完成后单击“确定”按钮。

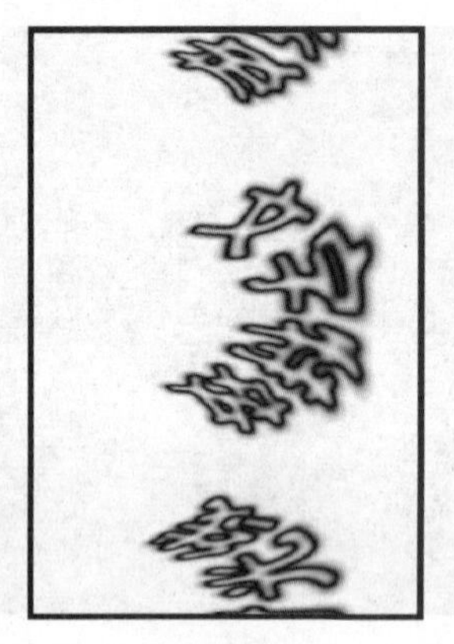

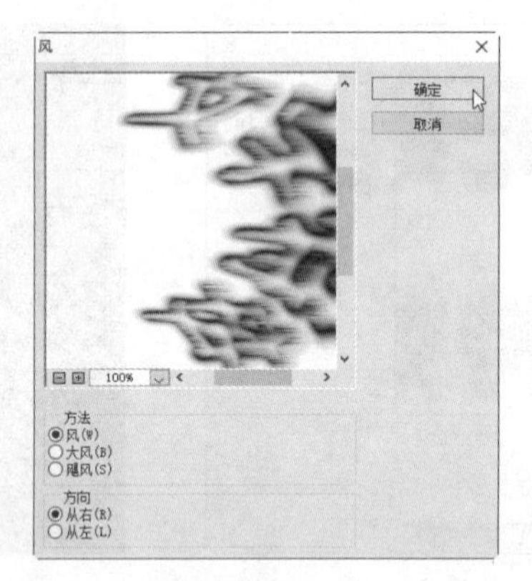

STEP 15：**重复滤镜**。按下两次“Ctrl+F”组合键，重复执行两次“风”滤镜效果。

STEP 16：**反相后使用滤镜**。单击“图像”→“调整”→“反相”命令，将图像颜色反相，然后再按 3 次“Ctrl+F”组合键，执行 3 次“风”效果。

STEP 17：**自动色调**。单击“图像”→“自动色调”命令，增加图像的亮度。

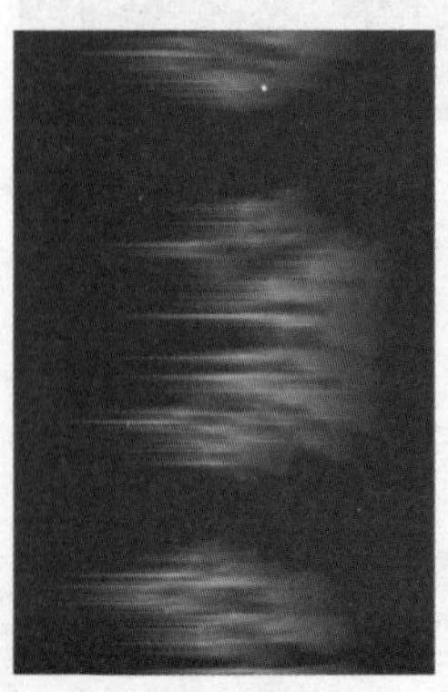

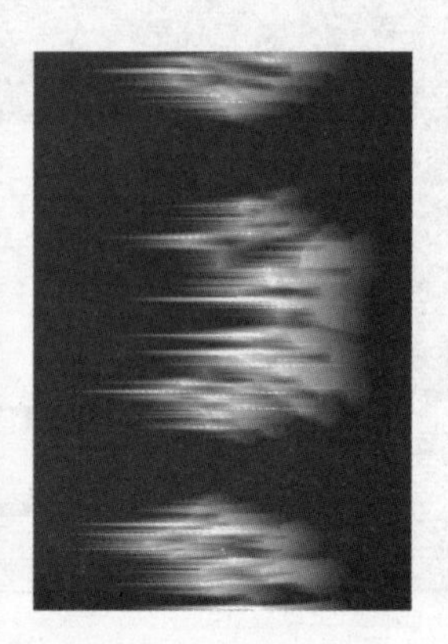

STEP 18：**旋转画布**。单击“图像”→“图像旋转”→“90 度（逆时针）”命令，把图像转回原位。

STEP 19：**使用“极坐标”滤镜**。单击“滤镜”→“扭曲”→“极坐标”命令，选择“平面坐标到极坐标”单选项，然后单击“确定”按钮。

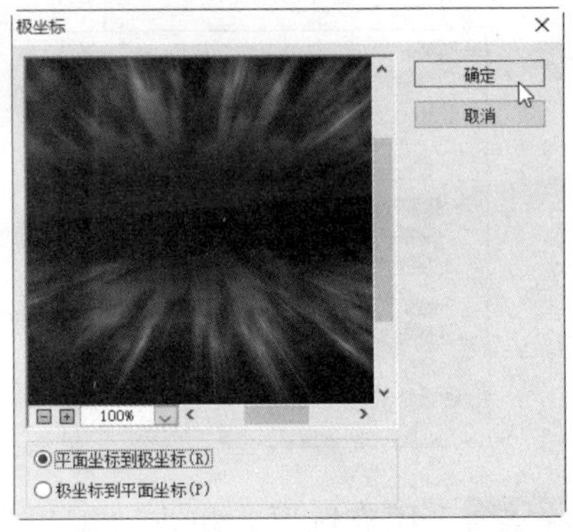

STEP 20：**设置图层模式**。在图层面板中设置副本图层的混合模式为“滤色”。

STEP 21：**创建调整图层**。在图层面板中单击“创建新的填充或调整图层”按钮，在弹出的菜单中选择“渐变”命令，打开“渐变填充”对话框，单击“渐变”色块。

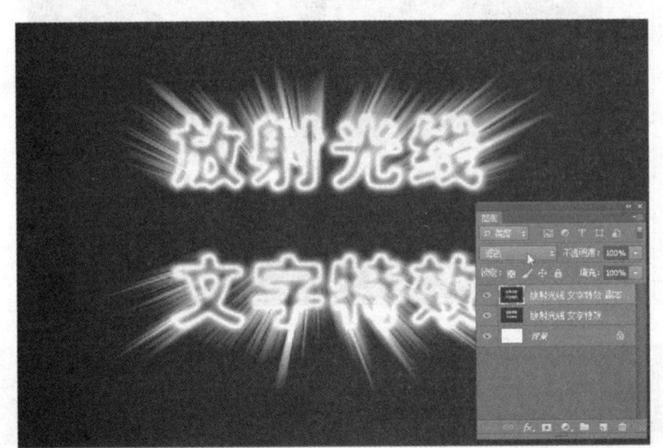

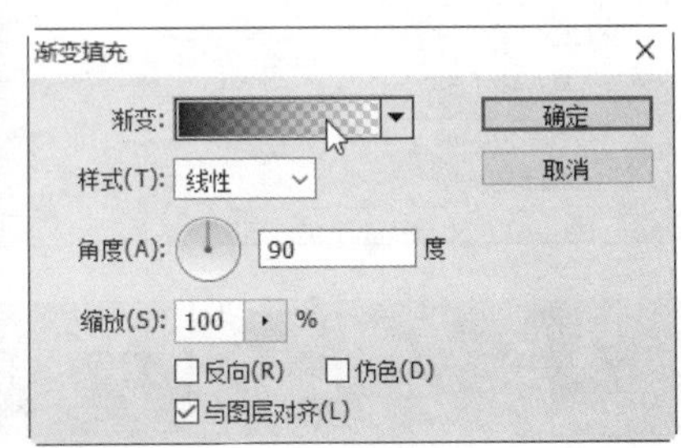

STEP 21：**设置渐变效果**。弹出“渐变编辑器”对话框，设置从浅黄色到红色的渐变（该颜色可以根据用户喜好进行选择），完成后依次单击“确定”按钮。

STEP 22：**设置图层模式**。设置“渐变填充 1”图层的混合模式为“颜色”。

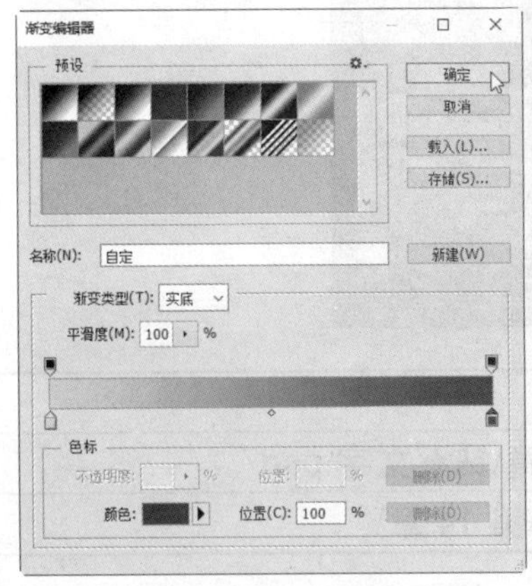

STEP 23：**使用“径向模糊”滤镜**。选择原文字图层（即最初的文字图层），然后单击“滤镜”→“模糊”→“径向模糊”命令，设置数量为“65”，模糊方法为“缩放”，品质为“最好”，完成后单击“确定”按钮。

STEP 24：**载入选区**。单击“选择”→“载入选区”命令，载入之前存储的选区。

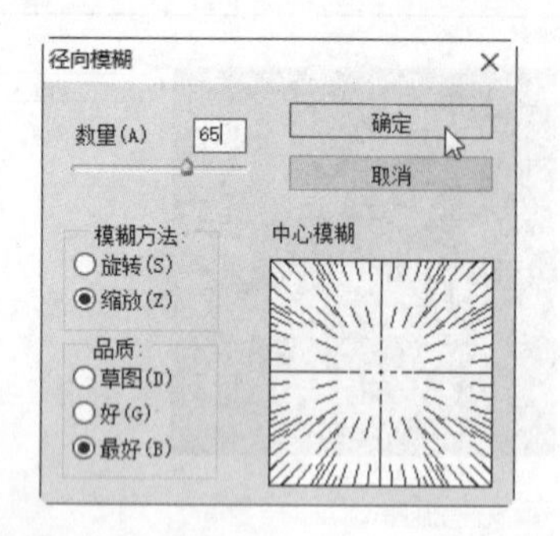

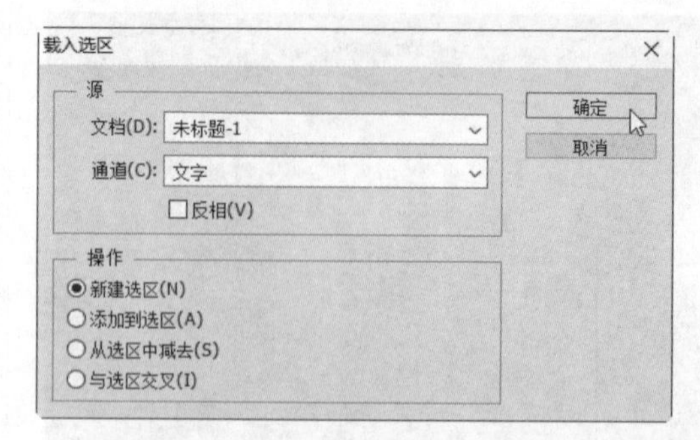

STEP 23：**填充选区**。单击“编辑”→“填充”命令，填充黑色，混合模式为“正常”。

STEP 24：**最终效果**。单击“确定”按钮，最终效果如下图所示。

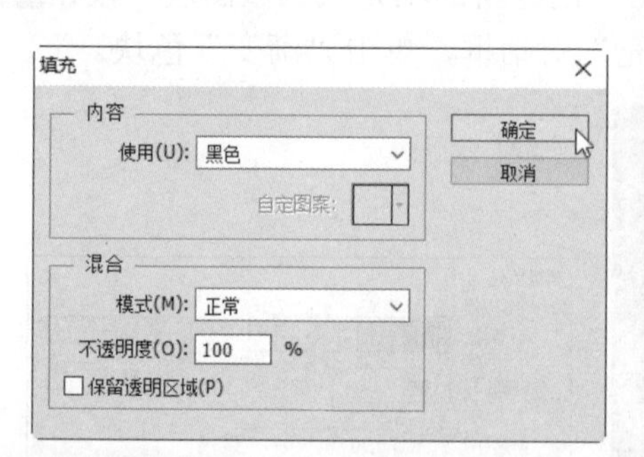

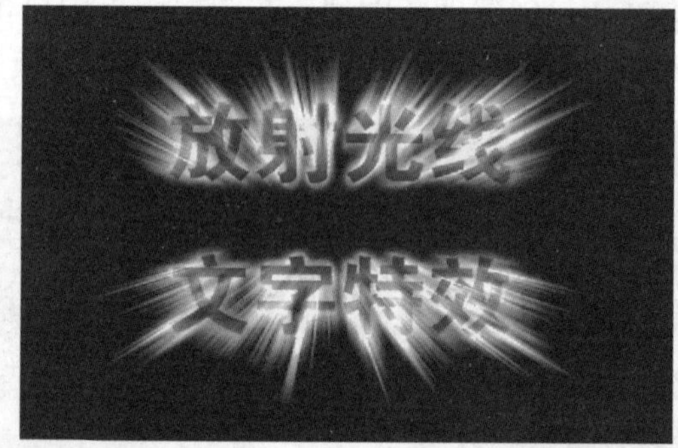

14.7　制作钻石文字

➡ 案例效果

	原始素材文件：光盘\素材文件\无
	最终结果文件：光盘\结果文件\第 14 章\钻石文字.psd
	同步教学文件：光盘\多媒体教学文件\第 14 章\

制作分析

本例难易度：★★★★☆

制作关键：

首先用蒙版文字工具输入文字，新建图层并填充文字选区，然后新建图层，使用“玻璃”滤镜制作钻石效果，设置图层样式制作钻石的金属镶边，最后使用画笔工具绘制钻石上的闪光。

技能与知识要点：

- 横排文字蒙版工具
- “复制图层”命令
- “玻璃”滤镜
- 设置图层样式
- 画笔工具

具体步骤

STEP 01：**新建文档**。单击“文件”→“新建”命令，新建一个名为“钻石文字”，大小为 500×300 像素、分辨率为 300 像素/英寸的 RGB 图像。

STEP 02：**填充背景**。设置前景色为“#1f2b65”，按下“Alt+Delete”组合键进行填充。

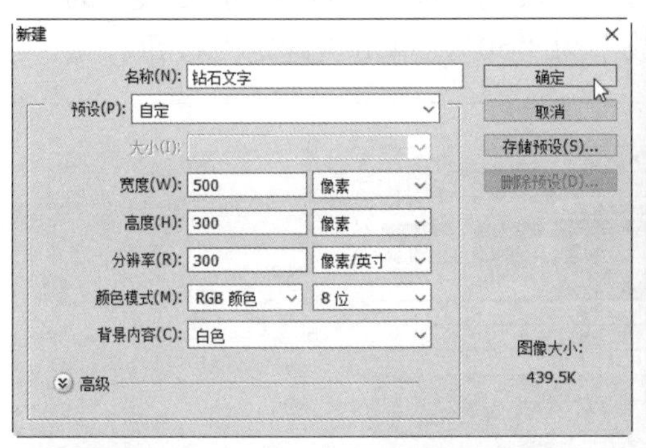

STEP 03：**输入文字**。在工具箱中单击“横排文字蒙版工具”按钮，在对应的属性栏中设置字体为“经典粗宋简”，字号为“80 点”，然后在图像窗口中输入“钻石文字”。

STEP 04：**新建与填充图层**。新建图层，得到图层 1，然后设置前景色为白色，并按下“Alt+Delete”组合键，对创建的文字选区进行填充。

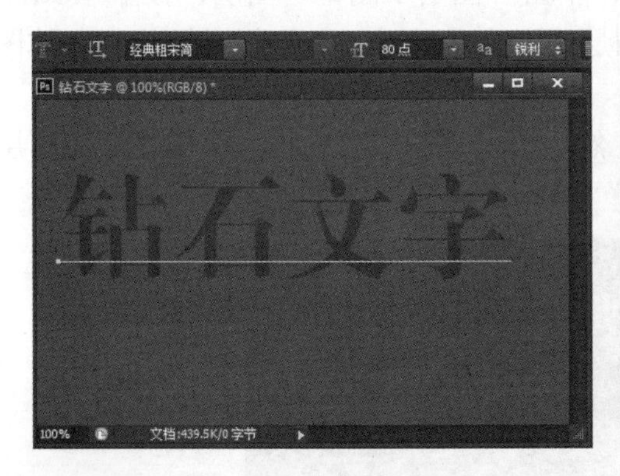

STEP 05：**执行复制图层命令**。在“图层”面板中按住“Shift”键的同时选择“背景”和“图层 1”，然后单击鼠标右键，在弹出的右键菜单中单击“复制图层”命令。

STEP 06：**复制图层**。在弹出的“复制图层”对话框中，单击“确定”按钮，这时图层面板中将显示复制的图层。

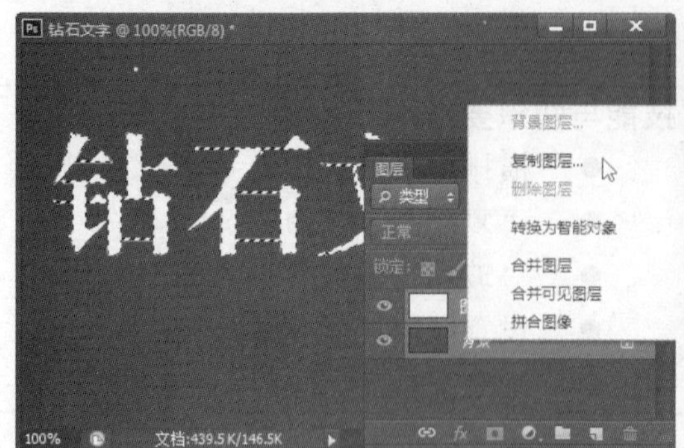

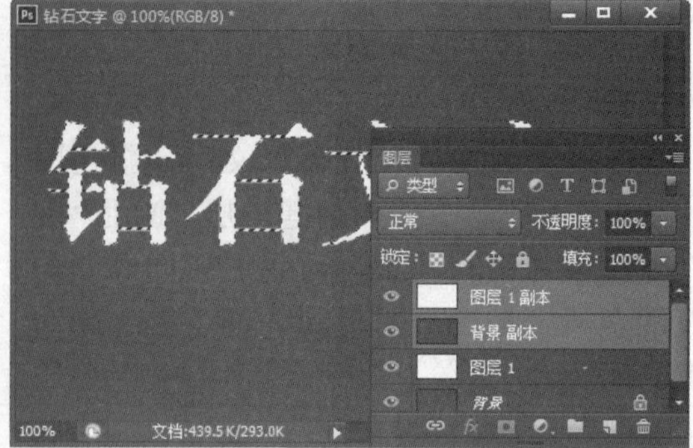

STEP 07：**合并图层**。按下“Ctrl+E”组合键，将复制的图层进行合并；在按住“Ctrl”键的同时单击图层面板中的“图层 1”缩略图，为文字创建选区。

STEP 08：**使用“玻璃”滤镜**。选中“图层 1 副本”图层；单击菜单栏中的“滤镜”→“滤镜库”命令，在弹出的对话框中单击“扭曲”→“玻璃”选项，设置“扭曲度”为“20”，“平滑度”为“1”，“纹理”为“小镜头”，“缩放”为“50”，单击“确定”按钮。

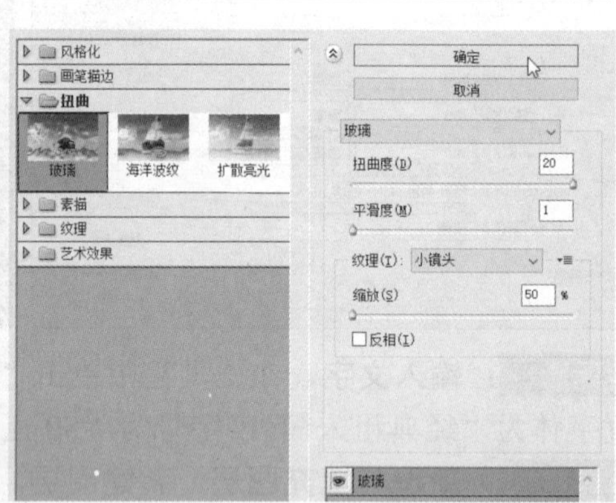

STEP 09：**新建图层复制图像**。新建图层 2，单击“图层 1 副本”图层，按下“Ctrl+C”组合键将选区内的图形进行复制，然后选择“图层 2”，按下“Ctrl+V”组合键将复制的图像进行粘贴。

STEP 10：**添加图层样式**。选择“图层 2”，然后单击“图层”面板底部的“添加图层样式”按钮 fx，在弹出的下拉菜单中单击“描边”命令。

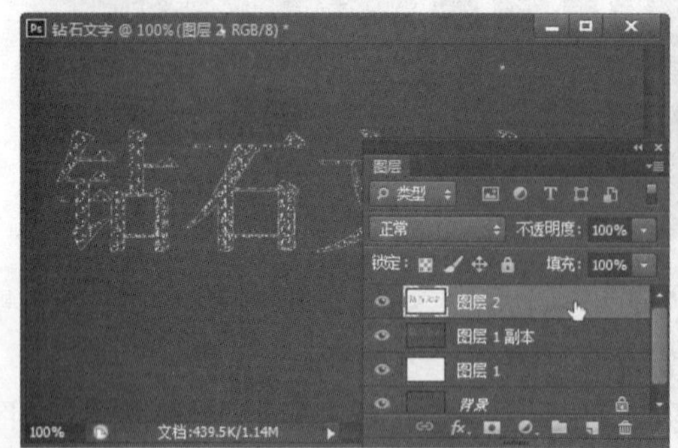

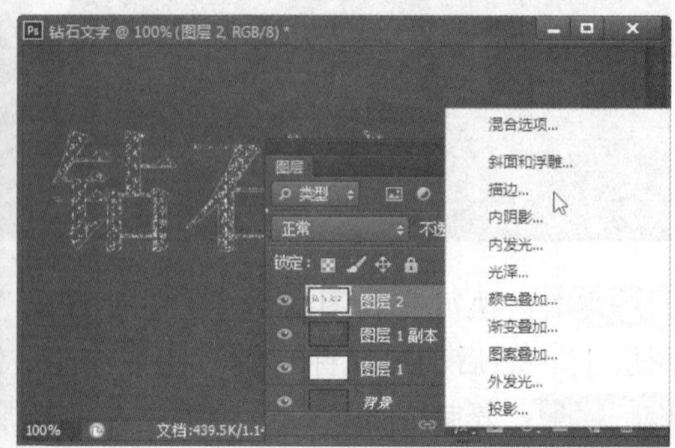

STEP 11：**设置“描边”**。在弹出的“图层样式”对话框中，设置描边的“大小”为“5”，“填充类型”为“渐变”，然后单击渐变色块。

STEP 12：**设置渐变**。在弹出的“渐变编辑器”对话框中选择“铜色渐变”选项，然后单击“确定”按钮。

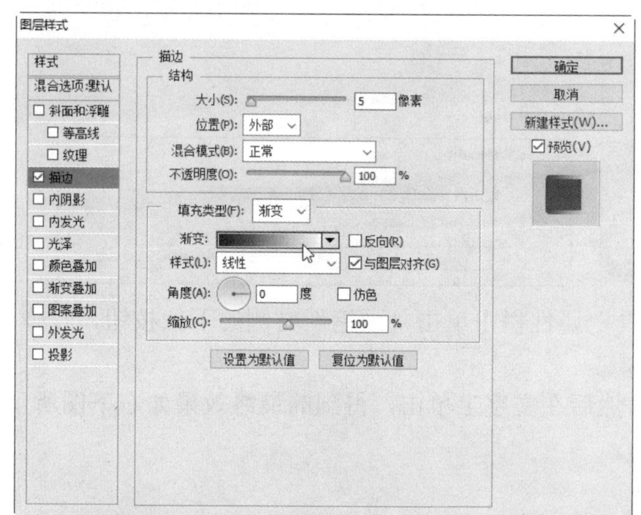

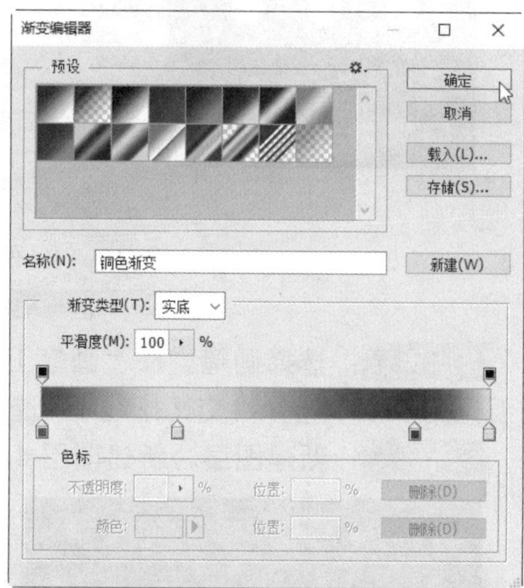

STEP 13：**设置“斜面与浮雕”**。勾选“斜面与浮雕”复选框，在参数面板中设置样式为“描边浮雕”，深度为“1000%”，大小为“9”，然后单击“确定”按钮。

STEP 14：**新建图层**。新建图层 3，设置前景色为“#ffb500”，按下“Alt+Delete”组合键进行填充，然后设置图层混合模式为“柔光”，不透明度为“75%”。

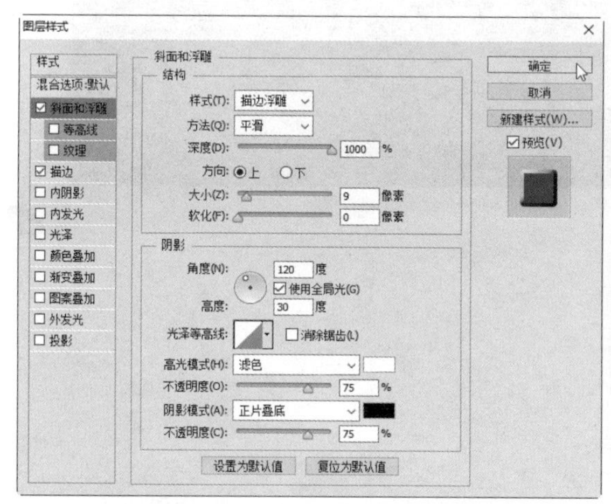

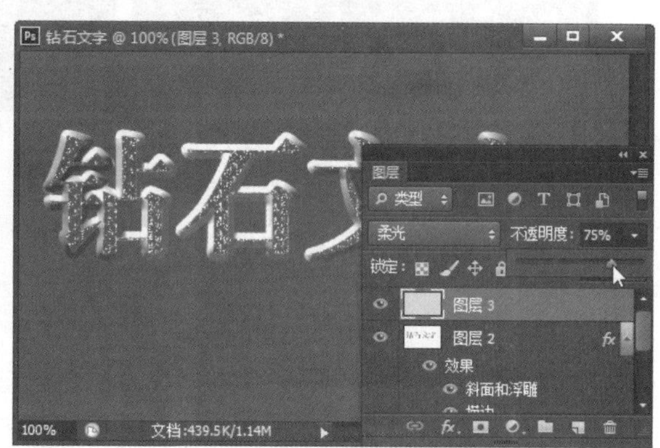

STEP 15：**使用画笔工具**。设置前景色为白色，单击工具箱中的“画笔工具”按钮，在对应的属性栏中单击“画笔”右侧的下拉按钮，在弹出的下拉菜单中单击按钮，然后在弹出的下拉列表框中选择“混合画笔”选项。

STEP 16：**追加画笔样式**。在弹出的提示对话框中单击“追加”按钮，将画笔样式添加到列表框中。

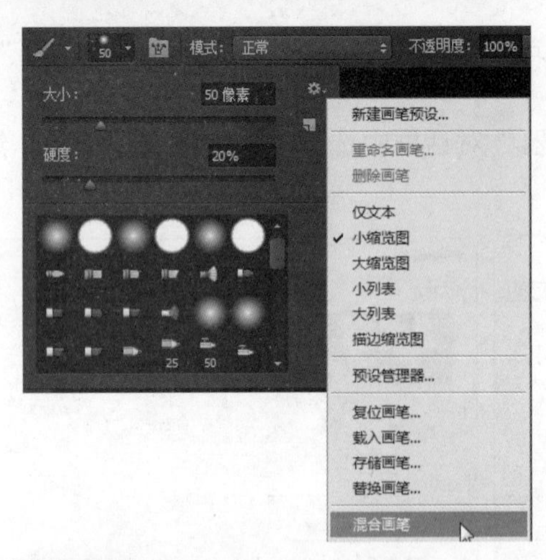

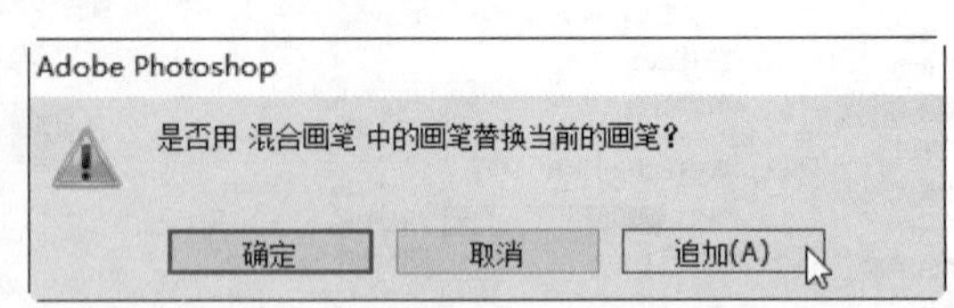

STEP 17：**选择画笔**。在“画笔工具”属性栏中单击“画笔”右侧的下拉按钮，在弹出的下拉列表框中选择“交叉排线 1”选项。

STEP 18：**新建图层**。新建图层 4，然后在文字上单击，得到的最终效果如右下图所示。

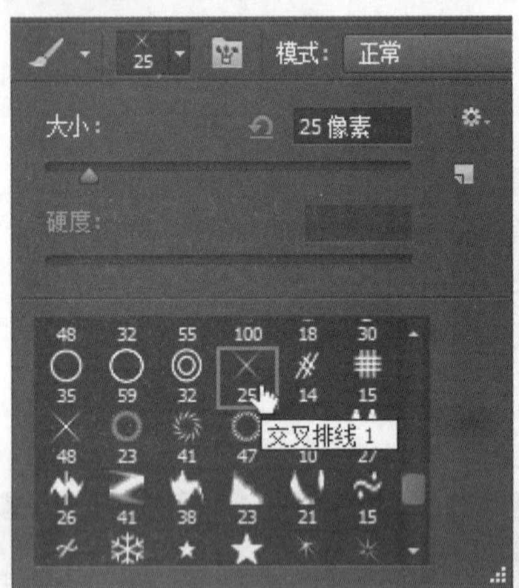

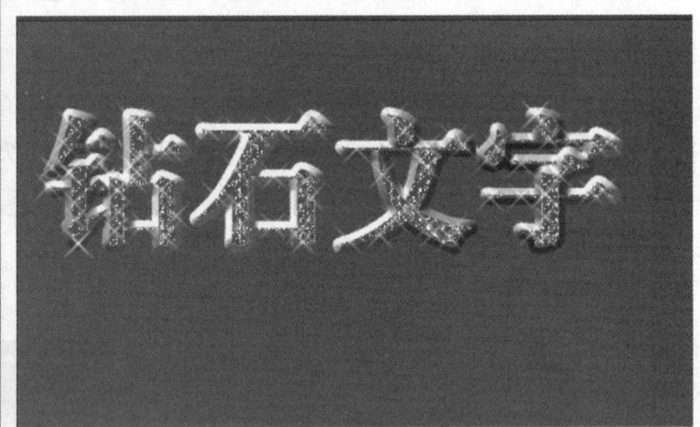

第 15 章

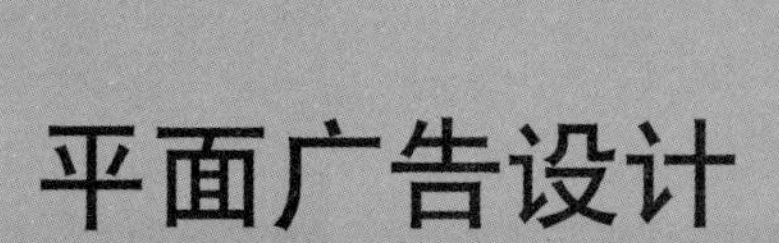

平面广告设计

本章导读

平面广告是产品广告的重要形式之一，平面广告包括户外广告牌、灯箱广告、张贴式广告、传单和宣传册等，一张漂亮的广告可以快速吸引消费者的关注，从而体现广告的价值。本章将介绍一些平面广告的设计案例，供读者参考。

知识要点

- ◆ 数码产品广告设计
- ◆ 制作房地产宣传广告

案例展示

15.1　数码产品广告设计

案例效果

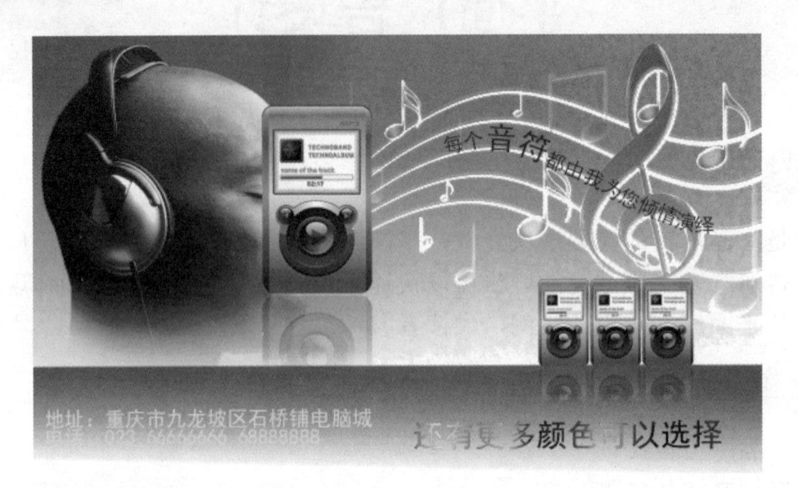

	原始素材文件：光盘\素材文件\第 15 章\听音乐的人.jpg、背景.jpg、MP3.png
	最终结果文件：光盘\结果文件\第 15 章\数码产品广告.psd
	同步教学文件：光盘\多媒体教学文件\第 15 章\

制作分析

本例难易度：★★★★☆

制作关键：

新建图像，使用渐变工具填充背景，导入人物和音符素材，使用图层蒙版并更改图层混合模式，使其和背景融合。导入数码产品素材，通过复制并调整大小和颜色得到产品展示图，并制作倒影效果。最后使用文字工具输入产品广告词及相关信息即可。

技能与知识要点：

- 渐变工具
- 移动图像
- 图层蒙版
- “色相/饱和度”命令
- 钢笔工具
- 横排文字工具
- “垂直翻转”命令

具体步骤

STEP 01：**新建图像文档**。单击“文件”→“新建”命令，新建一个“宽度”为“10 厘米”，“高度”为“6 厘米”，“分辨率”为“300 像素/英寸”的图像文档。

STEP 02：**设置渐变**。选择渐变工具，在属性栏中单击“点按可编辑渐变”色块，弹出“渐变编辑器”对话框。在对话框中双击左侧的色标，在弹出的“拾色器”对话框中，设置颜色为“R：102、G：102、B：153”，接着双击右侧的色标，在弹出的“拾色器”对话框中设置颜色为“R：255、G：255、B：225”，返回“渐变编辑器”对话框，单击“确定”按钮。

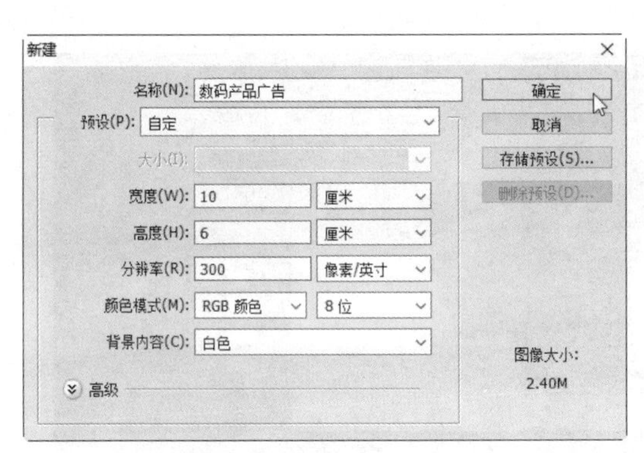

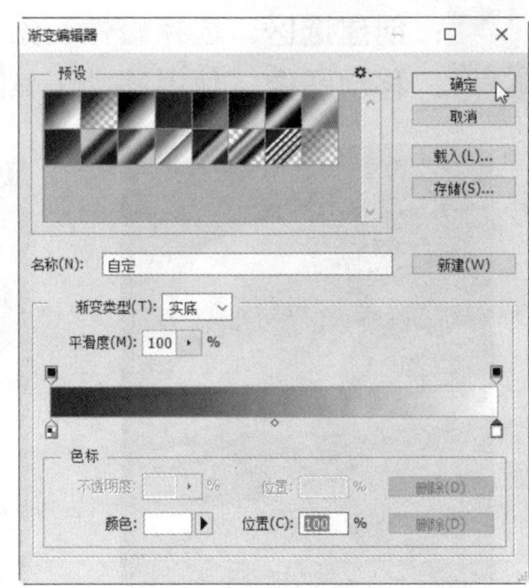

STEP 03：**绘制渐变**。单击“图层”面板中的“创建新图层”按钮，新建“图层 1”。然后单击渐变工具属性栏中的“线性渐变”按钮，在图像窗口中按住鼠标左键进行拖动，对图层 1 进行渐变填充。

STEP 04：**绘制选区**。选择矩形选框工具，在图像窗口的底部绘制矩形选框。

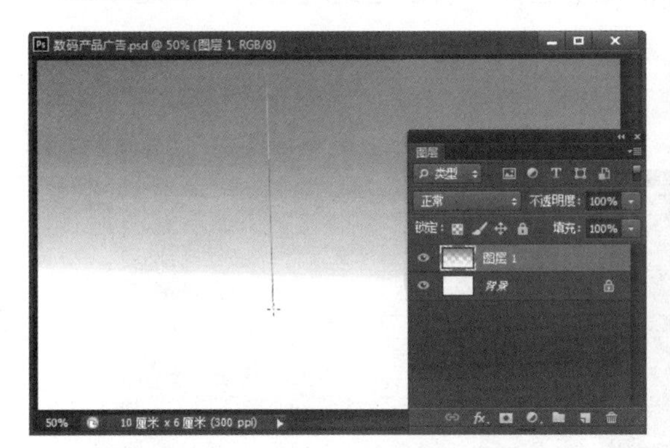

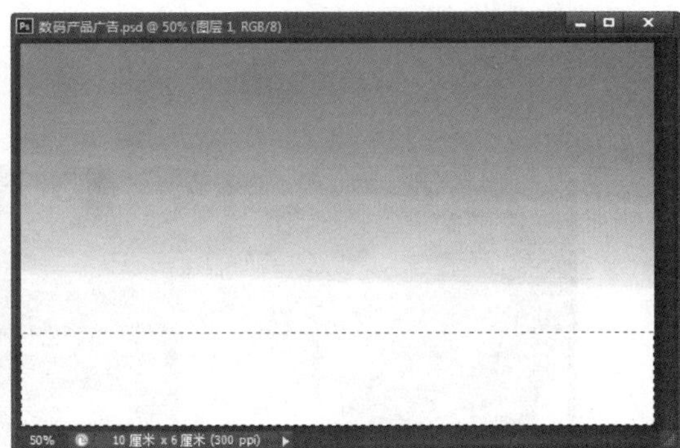

STEP 05：**绘制渐变**。新建“图层 2”，然后单击“渐变工具”按钮，保持上一次设置不变，对选区进行渐变填充。

STEP 06：**打开素材文件**。单击“文件”→“打开”命令，打开“听音乐的人.jpg”素材文件。

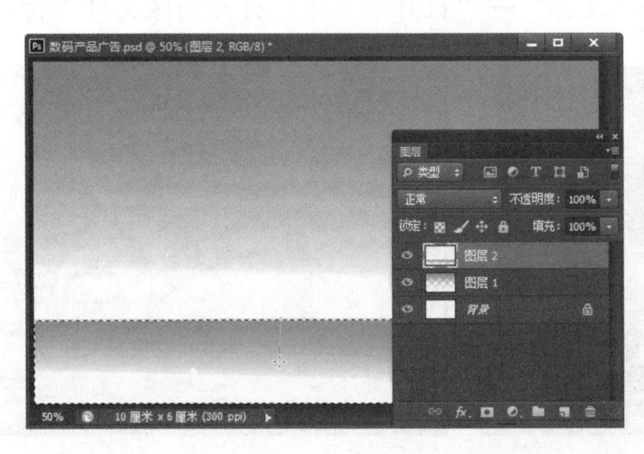

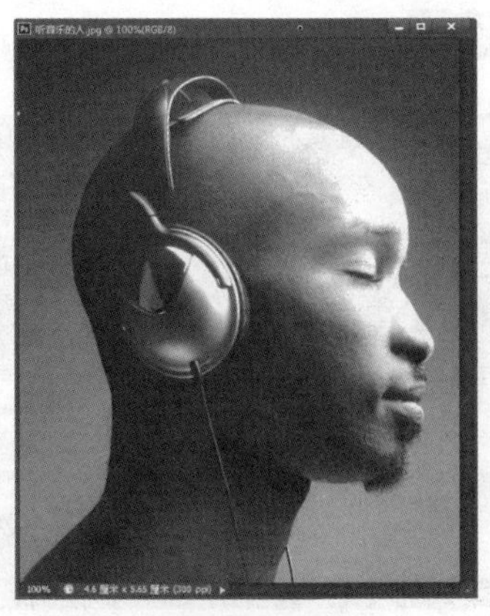

STEP 05：**创建选区**。选择磁性套索工具，为图像中的人物创建选区。

STEP 06：**移动图像**。使用移动工具将人物头像移动到图像窗口中。

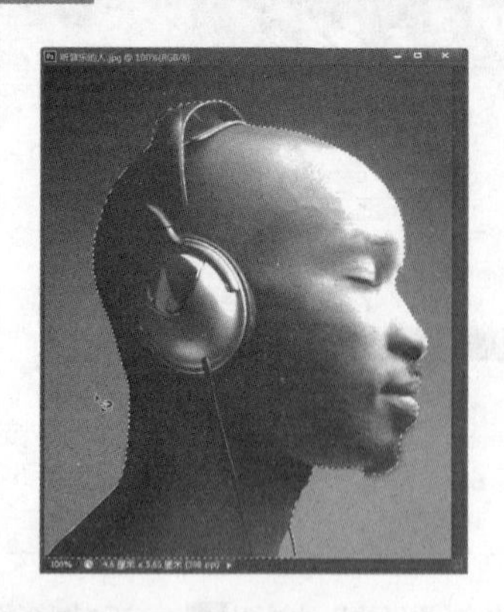

STEP 07：**添加图层蒙版**。单击“图层”面板中的“添加图层蒙版”按钮，为图层添加蒙版。

STEP 08：**设置渐变**。单击工具箱中的“渐变工具”按钮，在属性栏中单击“点按可编辑渐变”色块，在弹出的“渐变编辑器”对话框中选择“前景色到透明渐变”选项，然后单击“确定”按钮。

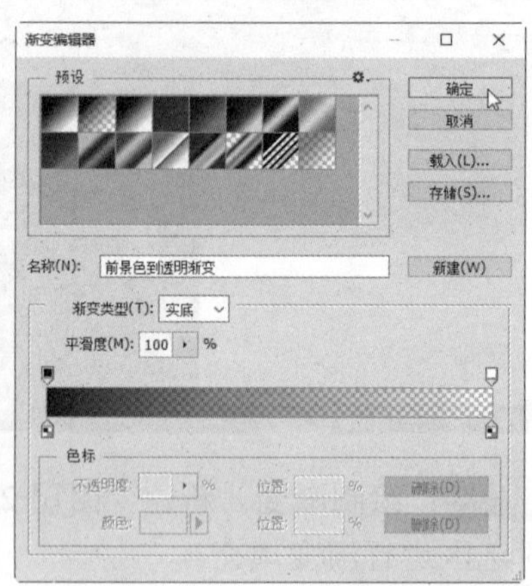

STEP 09：**编辑蒙版**。在图像窗口中，按住鼠标左键进行拖动，使用蒙版将不需要的部分图像隐藏起来，效果如下图所示。

STEP 10：**打开素材文件**。单击“文件”→“打开”命令，打开图像文件“背景.jpg”。

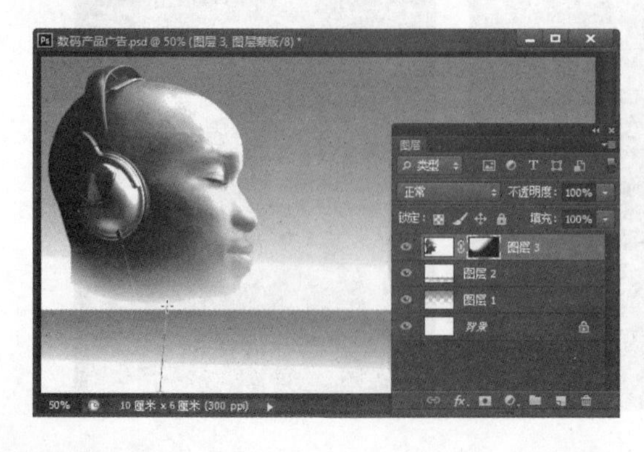

STEP 11：**移动图像**。使用移动工具将图像文件移动到数码产品广告图像窗口中。

STEP 12：**变换图像**。按下“Ctrl+T”组合键，拖动图像周围的调整框，对图像进行缩放，并将其放置到合适的位置。

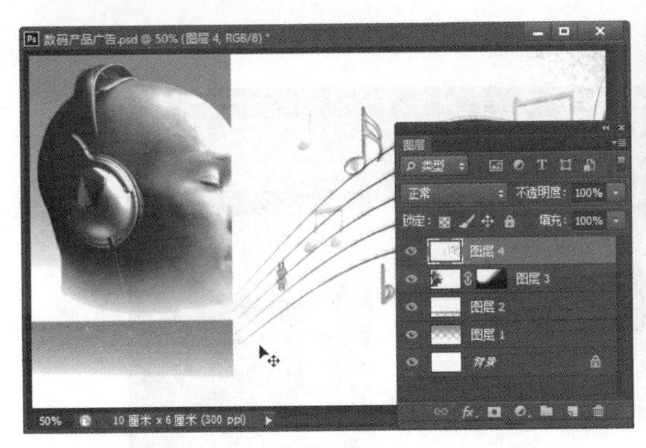

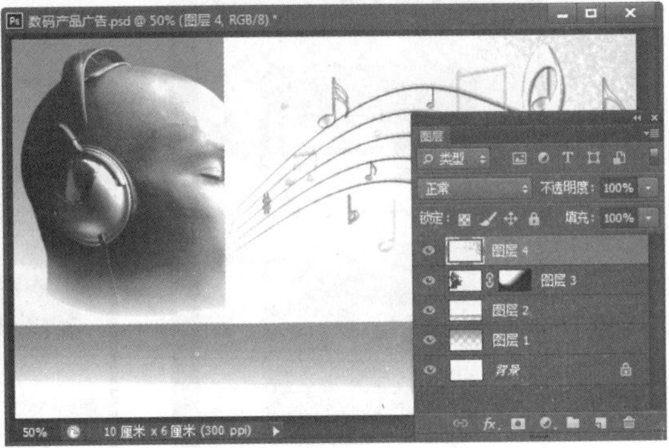

STEP 13：**调整图层顺序**。在图层面板中拖动图层 4，使其位于图层 2 的下方，并设置其图层混合模式为“划分”，设置后的图像效果如下图所示。

STEP 14：**添加图层蒙版**。单击“图层”面板中的“添加图层蒙版”按钮为图层 4 添加蒙版。

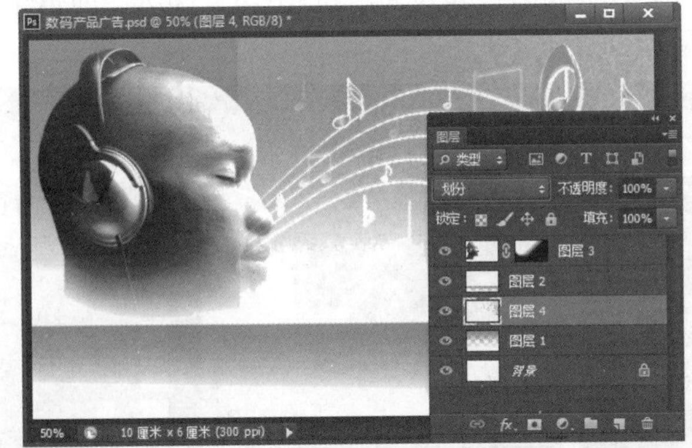

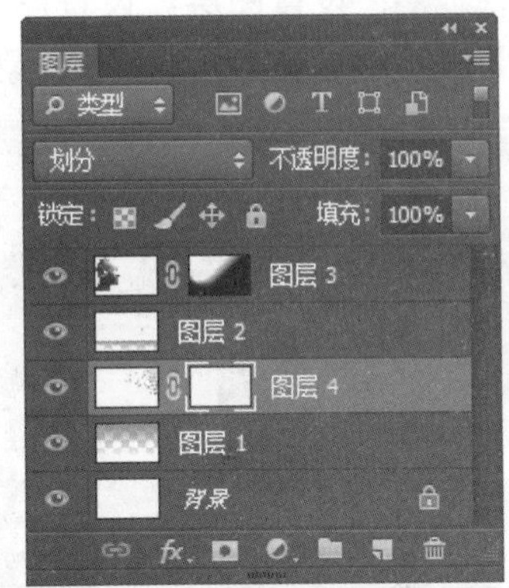

STEP 15：**设置渐变**。选择渐变工具，在属性栏中单击“点按可编辑渐变”色块，在弹出的“渐变编辑器”对话框中选择“前景色到透明渐变”选项，然后单击“确定”按钮。

STEP 16：**编辑蒙版**。在图像窗口中，按住鼠标左键进行拖动，使用蒙版将不需要的部分图像隐藏起来，效果如下图所示。

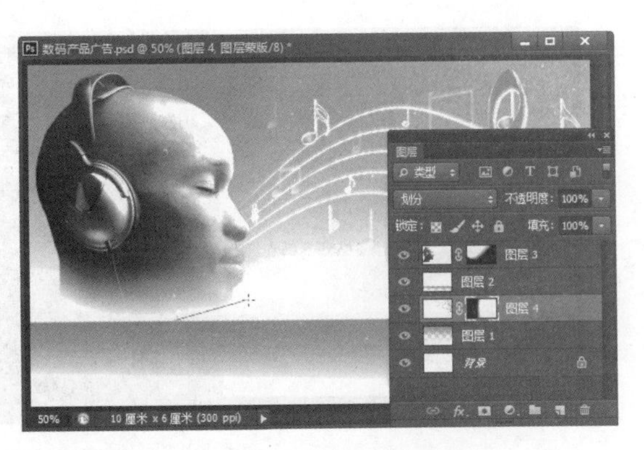

STEP 17：**打开素材文件**。单击“文件”→“打开”命令，打开“MP3.psd”素材文件。

STEP 18：**移动图像**。单击工具箱中的“移动工具”按钮，将图像文件移动到数码产品广告图像窗口中，得到“图层 5”。

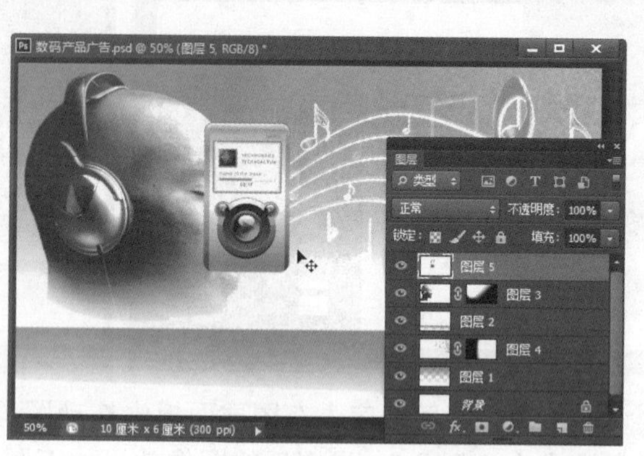

STEP 19：**复制图层**。复制“图层 5”，然后单击“编辑”→“变换”→“垂直翻转”命令，将图像副本进行垂直放置，并将其移动到合适的位置。

STEP 20：**设置图层**。设置图层的不透明度为“35%”，然后单击“图层”面板中的“添加图层蒙版”按钮为图像添加蒙版。

STEP 21：**编辑蒙版**。选择渐变工具，在属性栏中选择“前景色到透明渐变”选项。在图像窗口中，按住鼠标左键拖动进行绘制，利用蒙版将不需要的部分图像隐藏起来。

STEP 22：**合并图层**。同时选择“图层 5”和“图层 5 副本”，然后按下“Ctrl+E”组合键对图层进行合并。

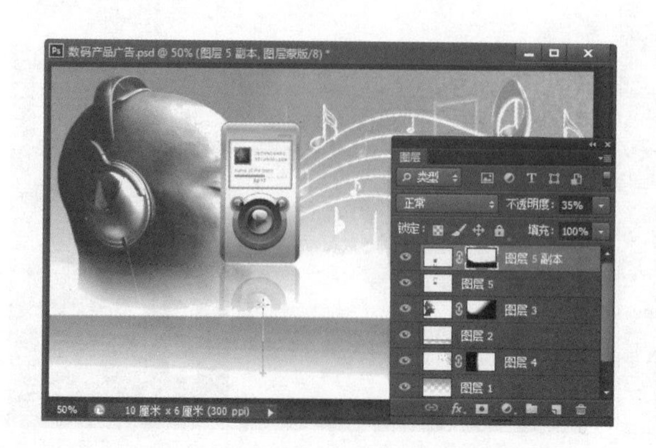

STEP 23：**变换图像**。对合并后的图层进行复制，然后按下“Ctrl+T”组合键对其进行缩放，效果如下图所示。

STEP 24：**调整图像颜色**。单击“图像”→“调整”→“色相/饱和度”命令，在弹出的对话框中对图像的色相进行调整，然后单击“确定”按钮。

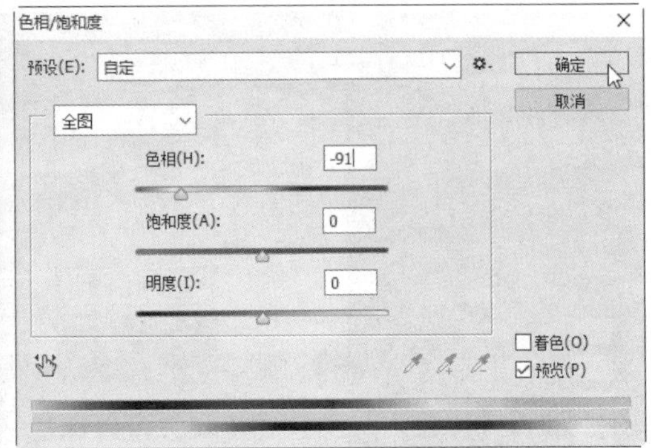

STEP 25：**复制图像**。复制多个图层，并改变图像的色相，完成后的效果如下图所示。

STEP 26：**绘制路径**。单击工具箱中的“钢笔工具”按钮，然后在图像窗口中绘制曲线路径。

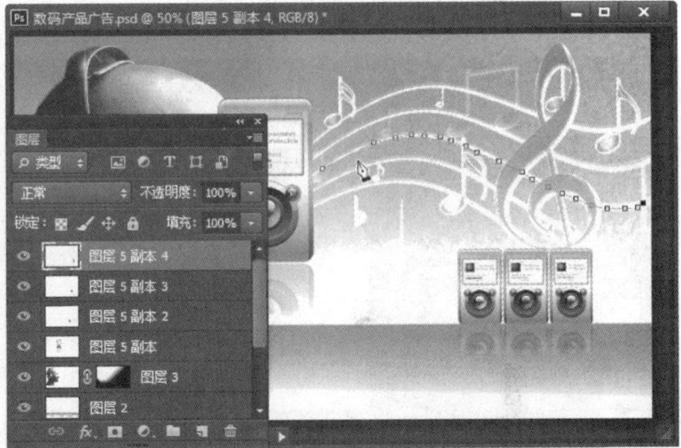

STEP 27：**输入文字**。选择横排文字工具，设置字体为“方正卡通体”，字号为“4 点”，然后在路径上单击并输入文字“每个音符都由我为您倾情演绎”。

STEP 28：**设置文字格式**。选中文字“音符”，设置“字号”为“6 点”。

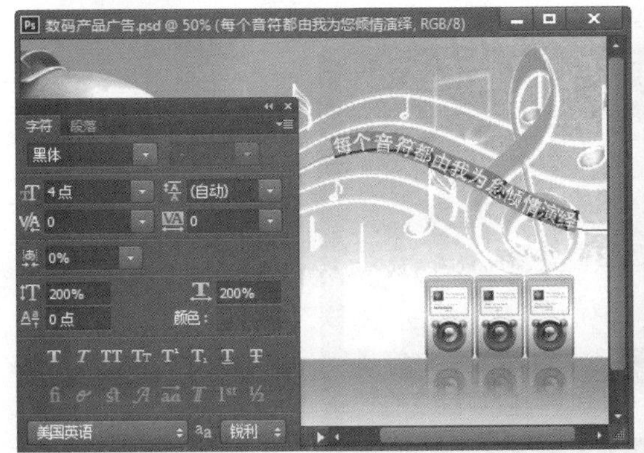

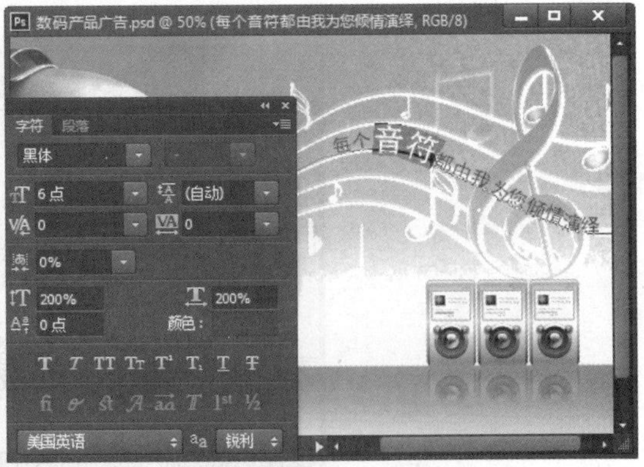

STEP 29：**输入文字**。选择横排文字工具T，在图像窗口的右下侧输入文本“还有更多颜色可以选择”。

STEP30：**栅格化文本**。单击“图层”→“栅格化”→“文字”命令，将文字图层栅格化。

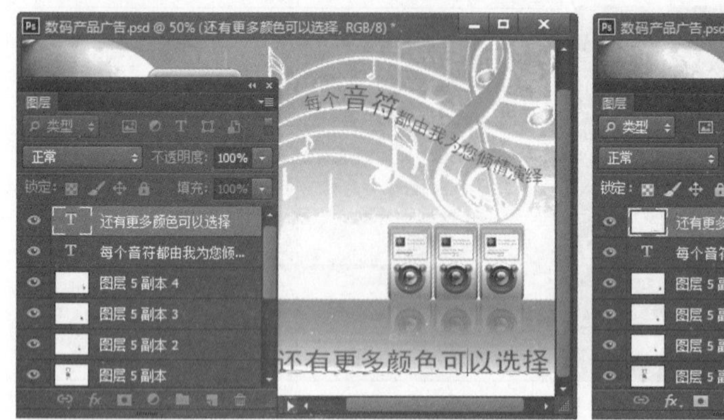

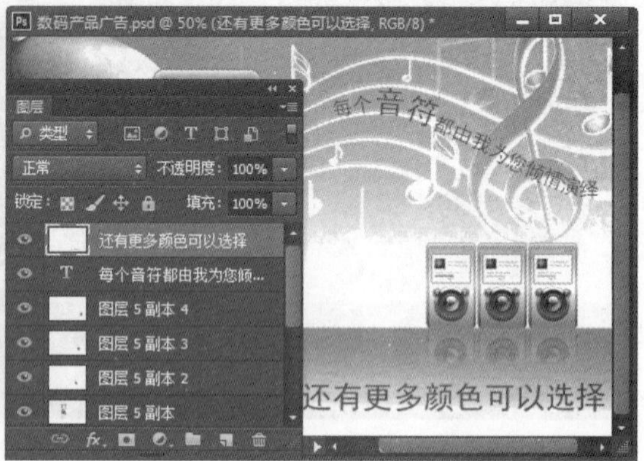

STEP 31：**载入选区**。按住“Ctrl”键的同时单击栅格化后的文字图层，将文字载入选区。

STEP 32：**填充渐变**。选择渐变工具，在属性栏中选择“透明彩虹渐变”选项，然后在图像窗口中按住鼠标左键进行拖动，对文字选区进行渐变填充。

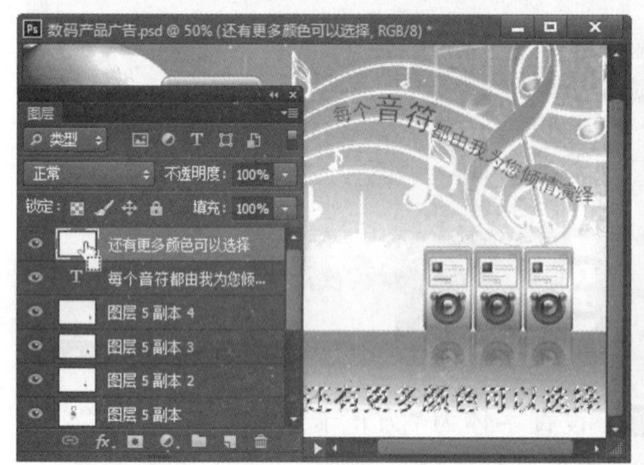

STEP 33：**最终效果**。取消选区，然后在图像中输入其他相关文字资料，完成后的最终效果如下图所示。

15.2 制作房地产宣传广告

案例效果

	原始素材文件：光盘\素材文件\第 15 章\天空.jpg、楼盘.jpg、路线图.jpg
	最终结果文件：光盘\结果文件\第 15 章\房地产广告.psd
	同步教学文件：光盘\多媒体教学文件\第 15 章\

制作分析

本例难易度：★★★★★

制作关键：

新建图像，使用渐变工具填充背景。使用钢笔工具绘制画布，并使用图层样式实现卷边效果，导入素材文件，使其与画布融合。使用文字工具和路径工具制作 Logo 文字，最后导入路线图素材，并输入产品广告和相关信息文字即可。

技能与知识要点：

- 钢笔工具
- “图层样式”对话框
- 选区与路径的转换
- 自由变换图像
- 更改图层混合模式
- 画笔工具

具体步骤

STEP 01：**新建图像文档**。单击“文件”→“新建”命令，新建一个宽度为“15 厘米”，高度为“10 厘米”，分辨率为“300 像素/英寸”的图像文档。

STEP 02：**填充渐变**。在“图层”面板中新建“图层 1”，设置前景色为“R：156、G：214、B：56”，背景色为“R：62、G：124、B：1”，然后选择渐变工具，在其属性栏中单击“径向渐变”按钮，在图像窗口中渐变填充。

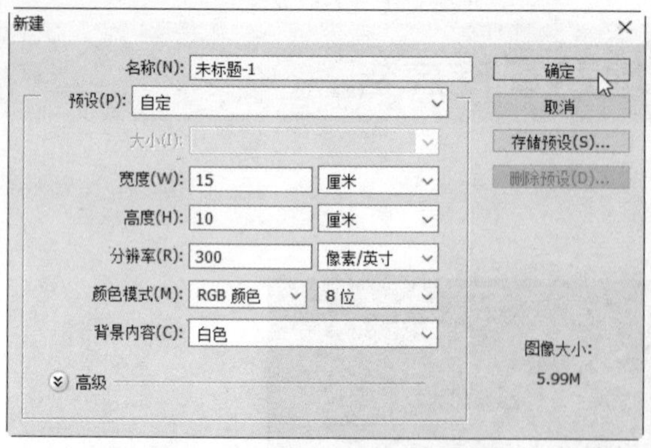

STEP 03：**绘制路径**。选择钢笔工具，在图像窗口中绘制路径。

STEP 04：**填充渐变**。设置前景色为白色，在“路径”面板中单击底部的“将路径作为选区载入”按钮，载入选区，然后在“图层”面板中新建“图层 2”，按下“Alt+Delete”组合键填充前景色。

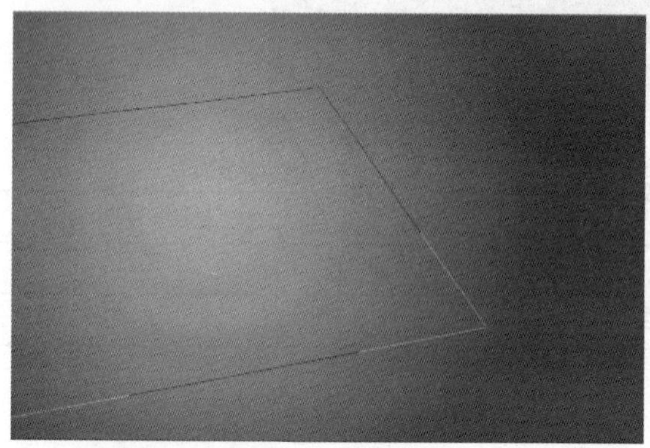

STEP 05：**设置图层样式**。按下“Ctrl+D”组合键取消选区，在“图层”面板中双击“图层 2”缩略图，在弹出的“图层样式”对话框中选择“投影”选项，具体参数设置如下图所示，完成后单击“确定”按钮。

STEP 06：**新建图层**。利用同样的方法绘制路径，载入选区，然后在“图层”面板中新建“图层 3”，填充并添加图层样式。

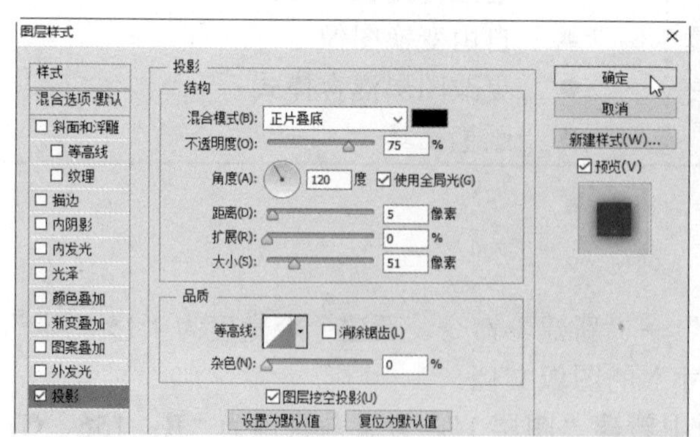

STEP 07：**创建选区**。选择椭圆选框工具，在图像窗口中绘制选区，单击鼠标右键，在弹出的下拉列表中选择“变换选区”命令，对选区进行变换操作。

STEP 08：**填充选区**。设置前景色为白色，在“图层”面板中新建“图层 4”，然后按下“Alt+Delete”组合键填充前景色，按下“Ctrl+D”组合键取消选区。

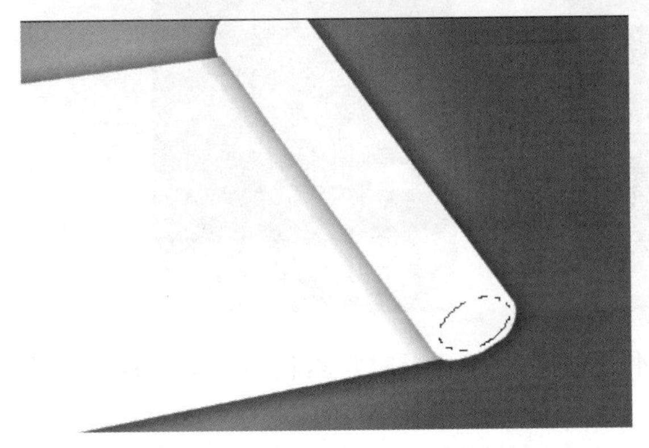

STEP 09：**新建图层**。在“图层”面板中双击“图层 4”缩略图，在弹出的“图层样式”对话框中选择“内阴影”选项，具体参数设置如下图所示。

STEP 10：**新建图层**。在“图层”面板中新建“图层 5”，选择矩形工具，在其属性栏中选择“像素”选项，然后在图像窗口中绘制矩形。

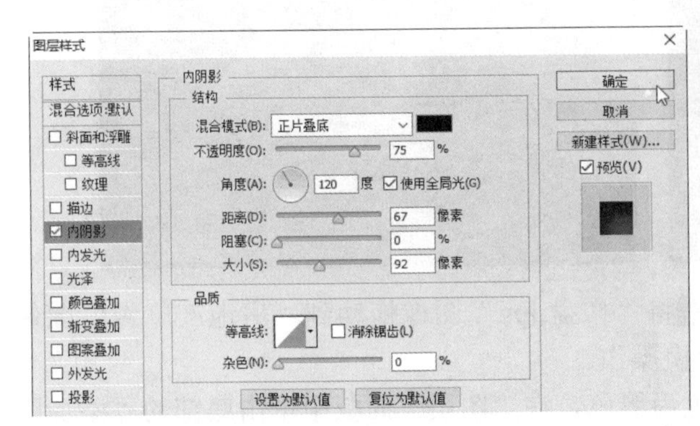

STEP 11：**新建图层**。单击“文件”→“打开”命令，打开“天空.jpg”、“楼盘.jpg”和“路线图.jpg”素材文件。

STEP 12：**移动图像**。使用移动工具将“天空.jpg”图像拖动到“房地产广告”图像窗口中，然后按下“Ctrl+T”组合键调整位置和方向。

STEP 13：**移动图层**。在“图层”面板中将“天空”素材所在的图层移动到“图层 4”的下方，复制该图层，然后将复制的图层移动到“图层 3”的下方。

STEP 14：**创建剪贴蒙版**。按下“Alt”键不放，然后在“天空”素材所在的图层和“图层 3”之间单击，创建剪贴蒙版。

STEP 15：**创建剪贴蒙版**。用同样的方法，在复制的素材图片和“图层 2”之间创建剪贴蒙版。

STEP 16：**移动图像**。使用移动工具将“楼盘.jpg”图像拖动到“房地产广告”图像窗口中，然后按下“Ctrl+T”组合键进行变换操作。

STEP 17：**添加图层蒙版**。设置背景色为黑色，在“图层”面板中单击底部的“添加图层蒙版”按钮，然后对素材图片中不需要的区域进行擦除。

STEP 18：**移动图像**。使用移动工具将“路线图.jpg”素材拖动到“房地产广告”图像窗口中，然后按下“Ctrl+T”组合键进行变换操作并设置其图层混合模式为“正片叠底”。

STEP 19：**设置画笔**。在“图层”面板中新建图层，选择画笔工具，在其属性栏中单击“画笔预设”下拉按钮，在弹出的面板中单击按钮，然后在弹出的下拉列表中选择“混合画笔”命令，追加画笔样式。

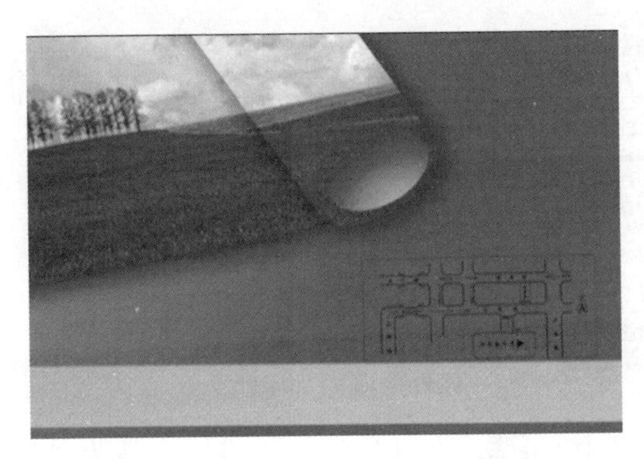

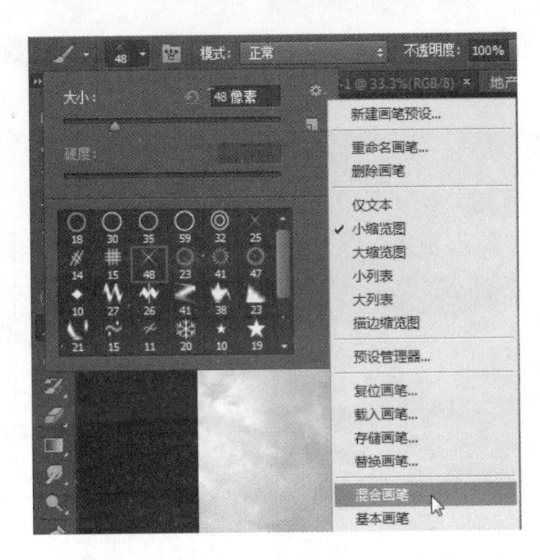

STEP 20：**绘制图像**。选择“交叉排线”画笔样式，然后在图像窗口中绘制出闪光点。

STEP 21：**输入文字**。选择横排文字蒙版工具”按钮，在其属性栏中设置字体为“华文行楷”，字号为“36 点”，然后输入文字“江南”，确认后得到文字选区。

STEP 22：**将选区转换为路径**。按下“Enter”键确认后得到文字选区，然后在“路径”面板中单击“从选区生成工作路径”按钮，将选区转换为路径。

STEP 23：**移动路径**。选择“路径选择工具”按钮，框选“南”字路径，然后向下拖动。

STEP 24：**新建图层**。在“路径”面板中单击“将路径作为选区载入”按钮载入选区，新建图层，设置前景色为“白色”，然后按下“Alt+Delete”组合键填充前景色，取消选区后使用移动工具拖动到适当的位置。

STEP 25：**设置图层样式**。在“图层”面板中双击文字图层缩略图，在弹出的“图层样式”对话框中选择“投影”选项，具体参数设置如下图所示。

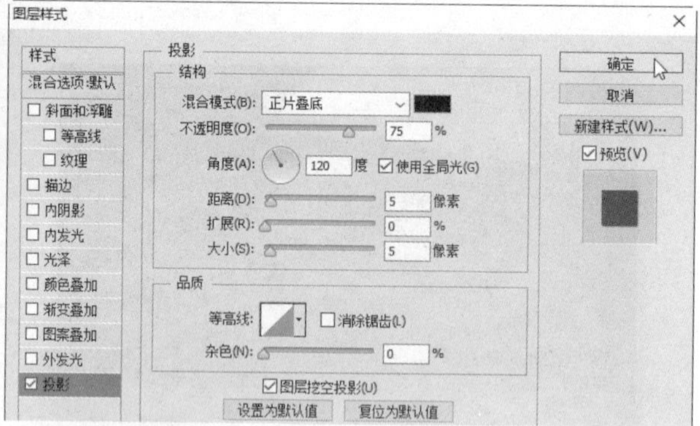

STEP 26：**输入文字**。选择直排文字工具”按钮，在其属性栏中设置字体为“华文行楷”，字号为“18 点”，颜色为白色，然后输入相关文字。

STEP 27：**设置图层样式**。在“图层”面板中双击该文字图层缩略图，在弹出的“图层样式”对话框中选择“投影”选项，具体参数设置如下图所示。

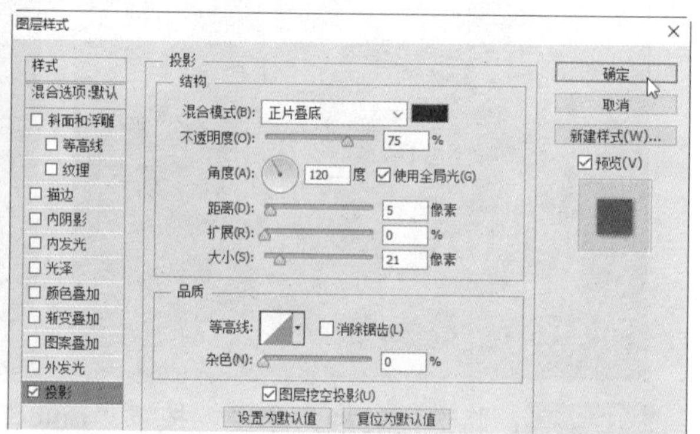

STEP 28：**输入文字**。选择直排文字工具，在其属性栏中设置字体为“华文行楷”，字号为“6 点”，颜色为白色，然后输入文字后按下“Enter”键确认输入操作。

STEP 29：**最终效果**。单击工具箱中的“直排文字工具”按钮，在其属性栏中设置字体为“宋体”，字号为“18 点”，颜色为黑色，然后输入广告文字，得到的最终效果如下图所示。

第 16 章

图像合成与创意

本章导读

在平面设计中，创意是一件作品的灵魂，不管是制作图像特效，还是绘制一件逼真的实物，甚至是一些点缀性的文字，只要更给人带来美感，便是创意。本章将列举一些图像制作和合成的案例，供读者参考。在制作这些案例的过程中，可以使读者对软件的操作更加熟练，同时具备一些平面设计的思考能力。

知识要点

- 制作方块画布效果
- 绘制浓情巧克力
- 绘制通透的美玉手镯
- 制作水珠按钮
- 合成人物素描效果
- 绘制宝石项链

案例展示

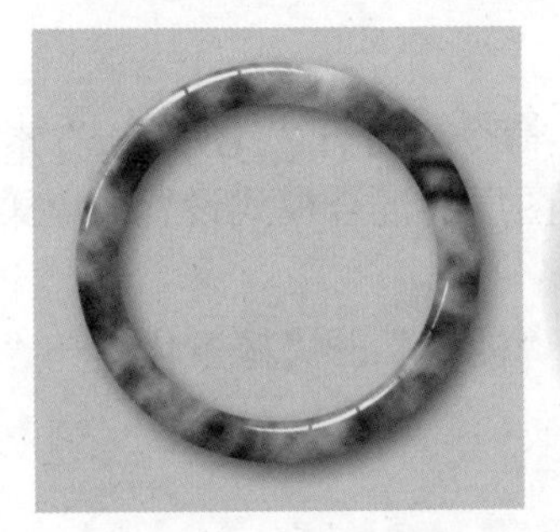

16.1 制作方块画布效果

案例效果

	原始素材文件：光盘\素材文件\第 16 章\七月.jpg
	最终结果文件：光盘\结果文件\第 16 章\七月.psd
	同步教学文件：光盘\多媒体教学文件\第 16 章\

制作分析

本例难易度：★★☆☆☆

制作关键：	技能与知识要点：
首先将背景图层复制一份，设置混合模式为“柔光”，然后使用“马赛克”滤镜实现方块效果，接着对图像进行锐化处理，使用“炭精笔”滤镜实现画布效果，最后添加一些修饰性文字即可。	● 设置图层混合模式 ● “马赛克”滤镜 ● “锐化”滤镜 ● “炭精笔”滤镜 ● 文字输入工具

具体步骤

STEP 01：**打开素材文件**。单击“文件”→“打开”命令，打开“七月.jpg”素材文件。

STEP 02：**复制图层**。将背景图层复制一份，并将新图层的混合模式设置为“柔光”，不透明度为 80%。

STEP 03：**使用“马赛克”滤镜**。选中新图层，单击“滤镜”→“像素化”→“马赛克”命令，弹出“马赛克”对话框，设置单元格大小为 160。

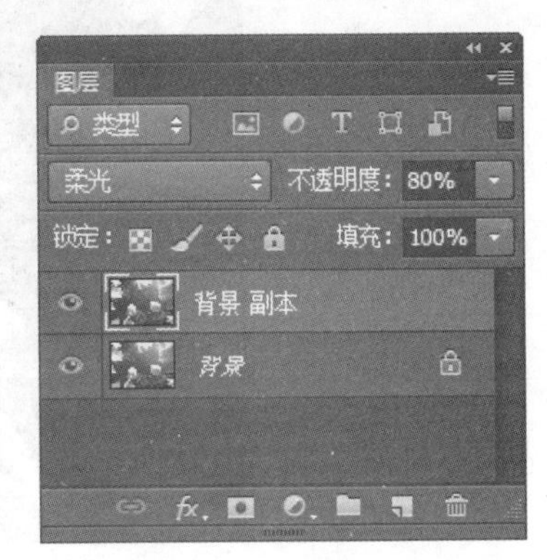

STEP 04：**锐化图像**。单击“滤镜”→“锐化”→“锐化”命令锐化图像，使方块边缘更加明显。

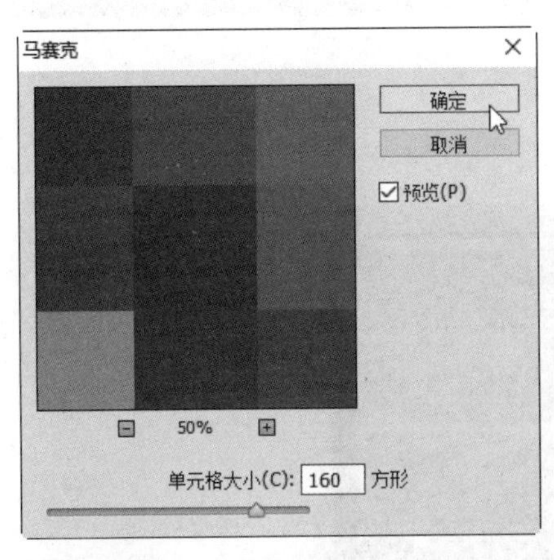

STEP 05：**使用滤镜库**。单击“滤镜”→“滤镜库”命令，打开“滤镜库”对话框，选择“素描”滤镜组下的“炭精笔”滤镜，参数设置如下图所示。

STEP 06：**完成效果**。设置完成后单击“确定”按钮，效果如下图所示。

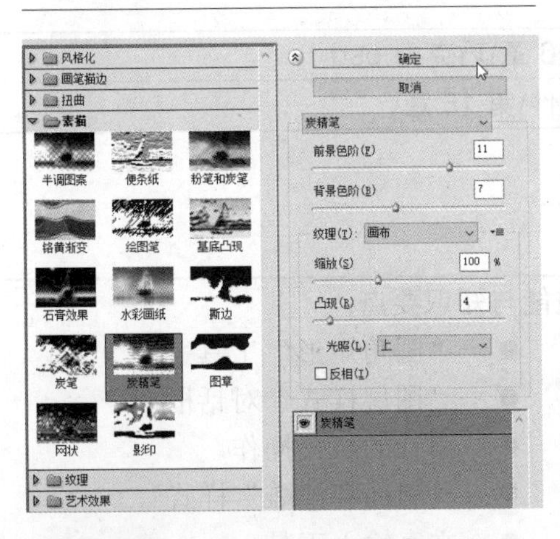

STEP 07：**添加修饰文字**。图像制作完成后可以根据需要添加一些修饰性文字，最终效果如下图所示。

16.2　绘制浓情巧克力

案例效果

原始素材文件：光盘\素材文件\无
最终结果文件：光盘\结果文件\第 16 章\巧克力.psd
同步教学文件：光盘\多媒体教学文件\第 16 章\

制作分析

本例难易度：★★★★☆

制作关键：

新建图层，绘制一个圆角矩形并填充为巧克力颜色，为巧克力图层设置“斜面和浮雕”、“内发光”、“内阴影”和“投影”等图层样式，打造出巧克力整体效果。接下来为巧克力绘制交叉凹槽和立体文字等修饰效果即可。

技能与知识要点：

- “圆角矩形”工具
- “图层样式”对话框
- 路径的相关操作
- “斜面和浮雕”样式
- 文字输入工具

➡ 具体步骤

STEP 01：新建文档。单击“文件”→“新建”命令，新建一个“600×450”像素，分辨率为 96 像素/英寸的图像。

STEP 02：绘制圆角矩形。新建一个图层，选择圆角矩形工具，绘制一个圆角矩形路径。

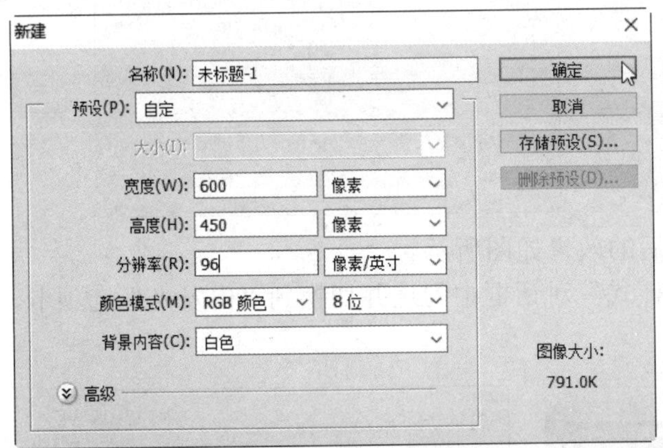

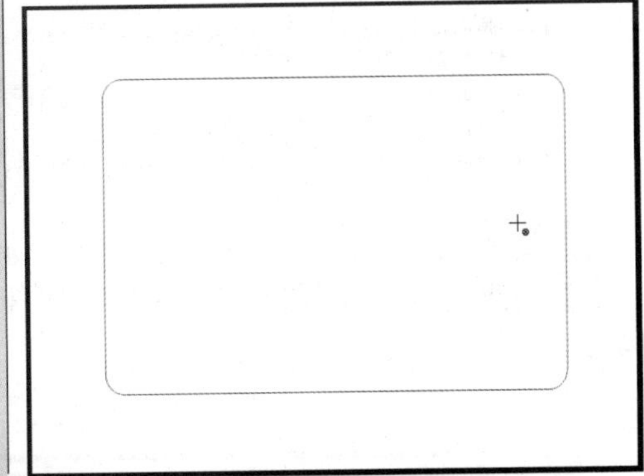

STEP 03：填充颜色。单击路径面板中的“将路径作为选区载入”按钮，将路径变换为选区。设置前景色为棕色，按下“Alt+Delete”组合键填充前景色。

STEP 04：添加图层样式。在图层面板中双击矩形图层缩略图，打开“图层样式”对话框，勾选“斜面和浮雕”复选框并切换到该页面，参数设置如图所示。

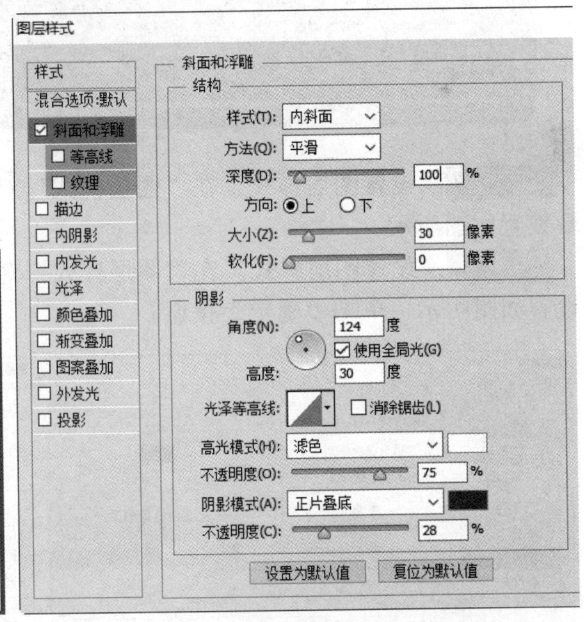

STEP 05：设置等高线。勾选“等高线”复选框并切换到该页面，单击“等高线”图标。

STEP 06：自定义等高线。弹出“等高线编辑器”对话框，将映射曲线绘制为如下图所示的形状，完成后单击“确定”按钮。

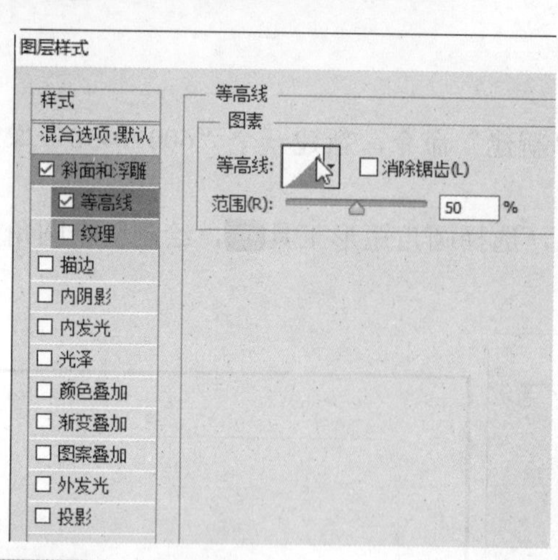

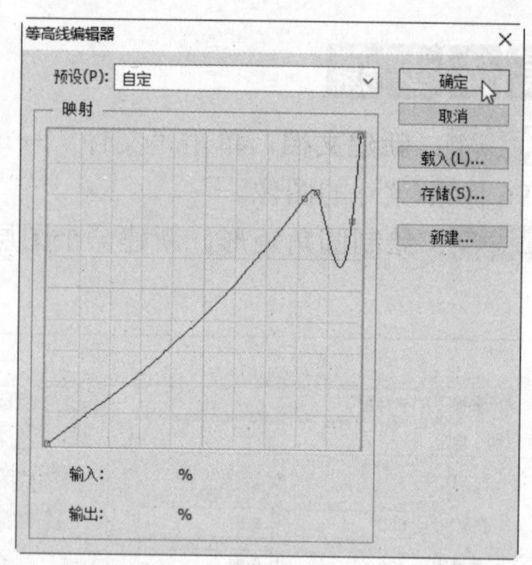

STEP 07：**完成效果**。以上步骤完成后的效果如图所示。

STEP 08：**设置图层样式**。在“图层样式”对话框中勾选并切换到“内发光”选项卡，参数设置如图所示。

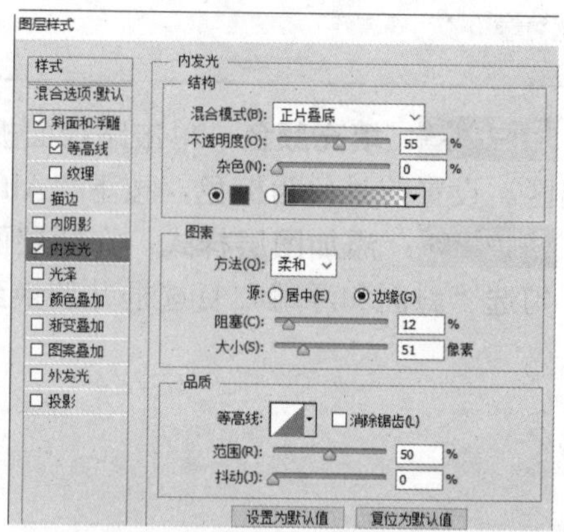

STEP 09：**设置图层样式**。在“图层样式”对话框中勾选并切换到“内阴影”选项卡，参数设置如图所示。

STEP 10：**设置图层样式**。在“图层样式”对话框中勾选并切换到“投影”选项卡，参数设置如图所示，单击“确定”按钮。

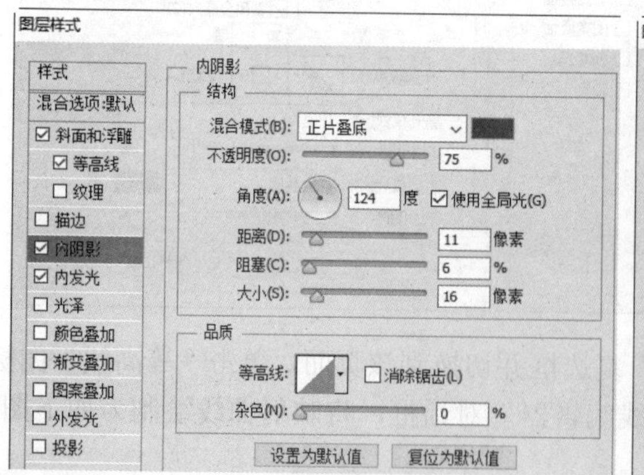

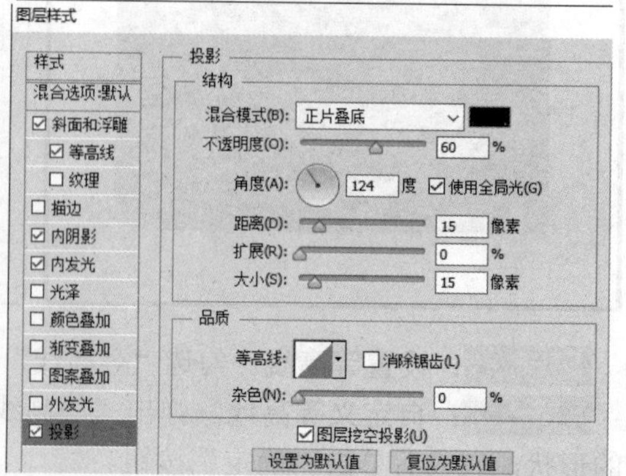

STEP 11：**绘制线条**。新建一个图层，使用钢笔工具在巧克力上画上一些线条。

STEP 12：**路径描边**。设置前景色为巧克力的颜色，设置画笔工具的大小为 2 像素，然后在路径面板中单击“用画笔工具描边路径”按钮。

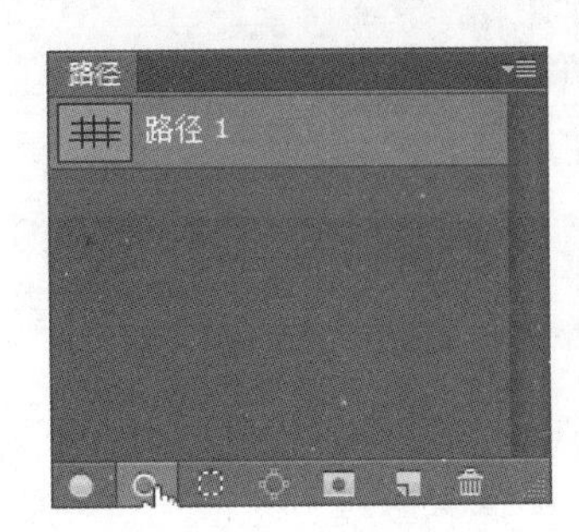

STEP 13：**设置图层样式**。选中线条图层，打开“图层样式”对话框，设置“斜面和浮雕”参数如图所示，单击“确定”按钮。

STEP 14：**线条效果**。设置完成后的效果如图所示。

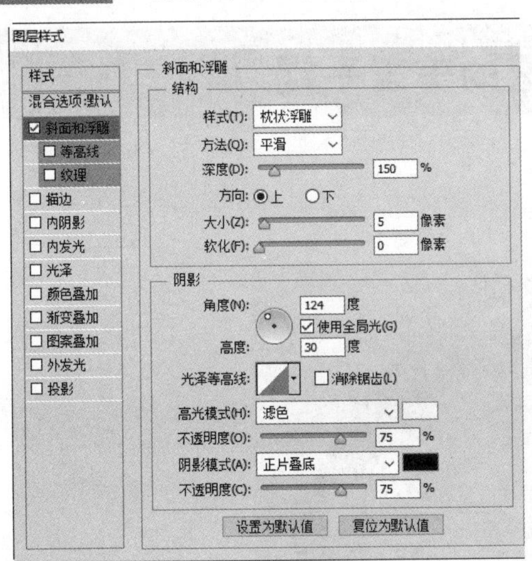

STEP 15：**输入文字**。选择文字工具，设置文字颜色为巧克力颜色，在巧克力上输入修饰文字（为便于显示，这里暂将文字颜色设置为白色）。

STEP 16：**合并图层**。栅格化并合并所有文字图层。

STEP 17：**设置图层样式**。选择文字工具，打开“图层样式”对话框，设置“斜面与浮雕”效果的参数如图所示，然后单击“确定”按钮。

STEP 18：**最终效果**。完成后的最终效果如下图所示。

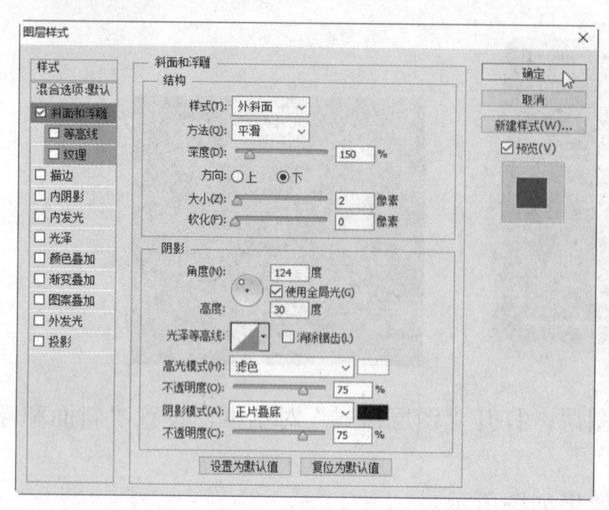

16.3 绘制通透的美玉手镯

案例效果

<table>
<tr><td rowspan="3"></td><td>原始素材文件：光盘\素材文件\无</td></tr>
<tr><td>最终结果文件：光盘\结果文件\第 16 章\美玉手镯.psd</td></tr>
<tr><td>同步教学文件：光盘\多媒体教学文件\第 16 章\</td></tr>
</table>

制作分析

本例难易度：★★★★★

制作关键：

新建图层，绘制一个圆角矩形并填充为巧克力颜色，为巧克力图层设置“斜面和浮雕”、“内发光”、“内阴影”和“投影”等图层样式，打造出巧克力整体效果。接下来为巧克力绘制交叉凹槽和立体文字等修饰效果即可。

技能与知识要点：

- “圆角矩形”工具
- “图层样式”对话框
- 路径的相关操作
- “斜面和浮雕”样式
- 文字输入工具

具体步骤

STEP 01：**新建文档**。单击“文件”→“新建”命令，新建一个 20 厘米×20 厘米，分辨率为 150 像素/英寸的图像。

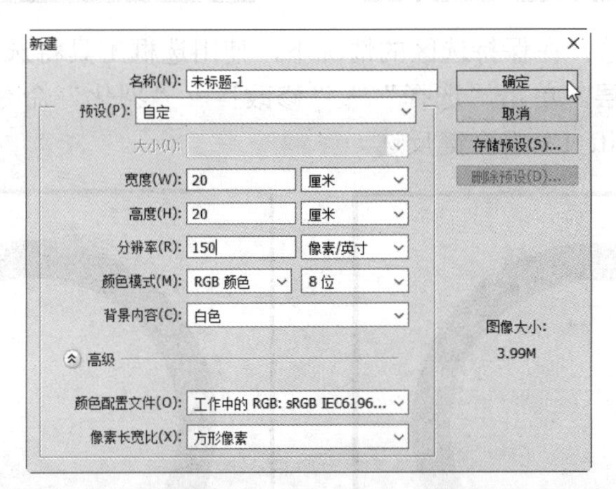

STEP 02：**绘制参考线**。按下“Ctrl+R”组合键显示标尺，拖出两条参考线，交叉于画布中央。

STEP 03：**绘制选区**。选择椭圆工具，将鼠标指针放置于参考线交叉处，按下“Shift+Alt”组合键拖动鼠标，绘制一个圆形选区，然后单击属性栏上的“从选区减去”按钮，再绘制

一个圆形选区，得到一个圆环选区（在绘制第二个圆形时应先拖动鼠标再按下“Shift+Alt”组合键）。

STEP 04：**新建图层**。新建图层，填充选区为灰色。

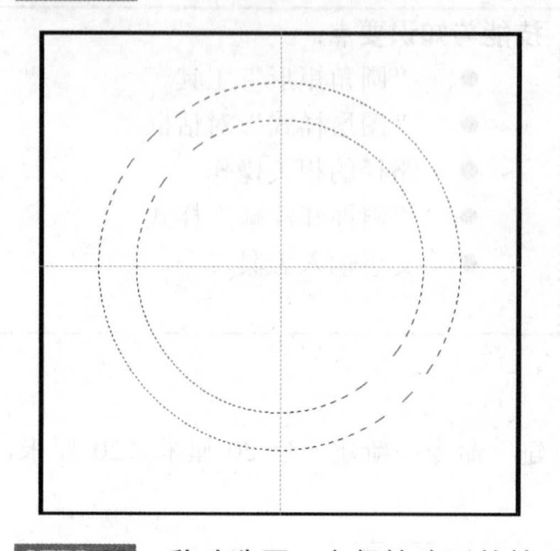

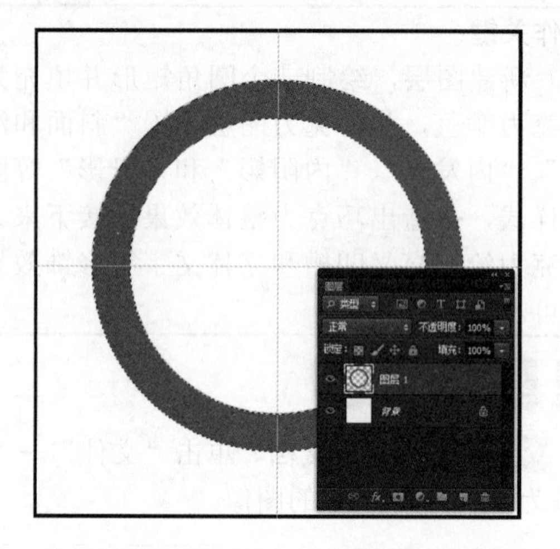

STEP 05：**移动选区**。在保持选区的情况下，使用选框工具将选区移动到圆环左上方。

STEP 06：**新建图层**。单击“选择”→“修改”→“羽化”命令，设置羽化半径为 30 像素，再按下“Ctrl+Shift+I”组合键反选。

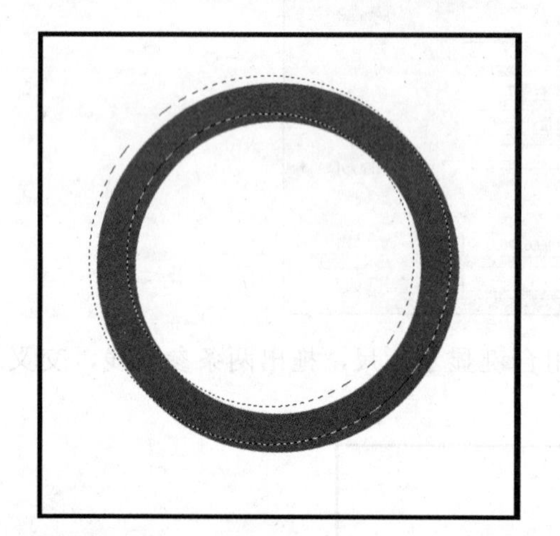

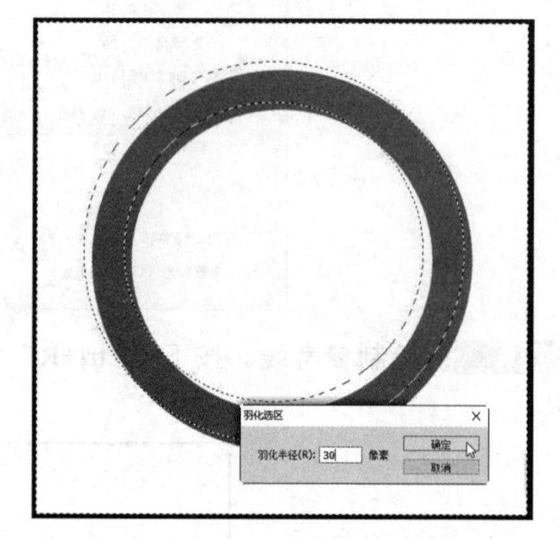

STEP 07：**调整亮度**。单击“图像”→“调整”→“亮度/对比度”命令，设置亮度值为“-100”。

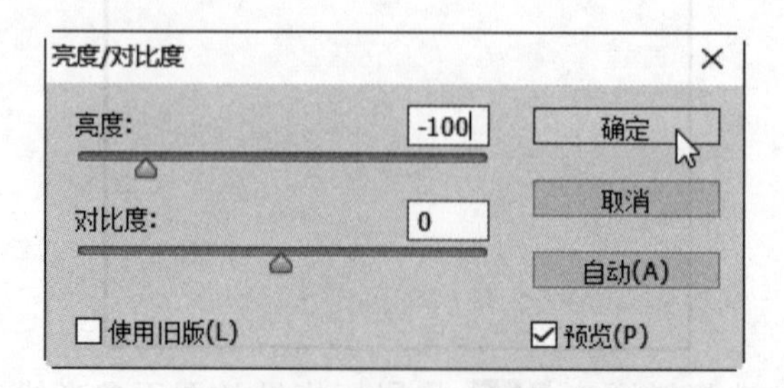

STEP 08：**移动选区**。在保持选区的情况下，使用选框工具将选区移动到圆环右下方。

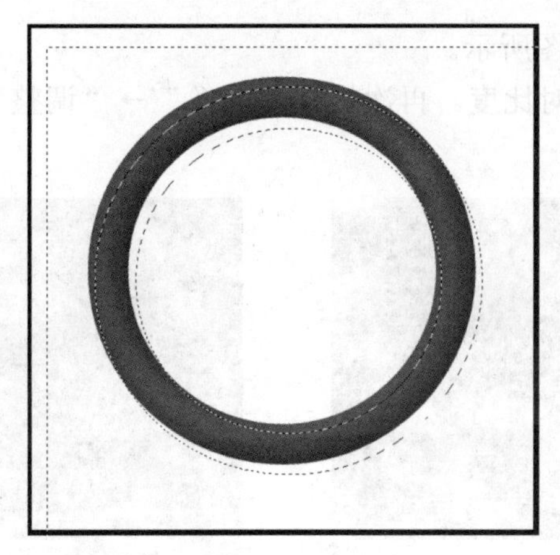

STEP 09：**调整亮度**。单击“图像”→“调整”→“亮度/对比度”命令，设置亮度值为“100”。

STEP 10：**调整亮度和对比度**。取消选区，再次执行“图像”→“调整”→“亮度/对比度”命令，参数设置如下图所示。

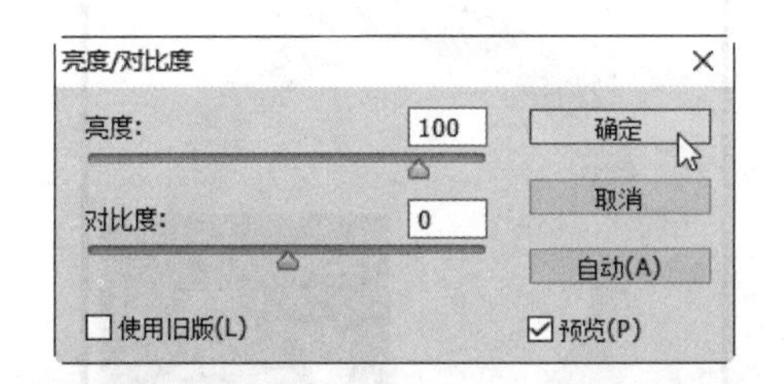

STEP 11：**新建图层**。新建图层，设置默认的前景色和背景色，单击“滤镜”→“渲染”→“云彩”命令。

STEP 12：**使用滤镜**。执行两次“滤镜”→“渲染”→“分层云彩”命令。

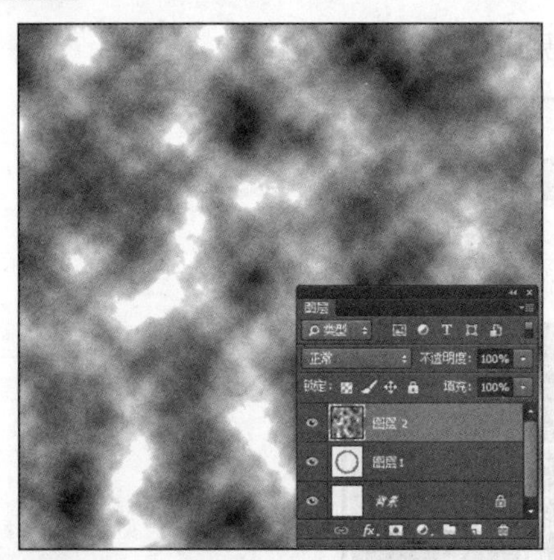

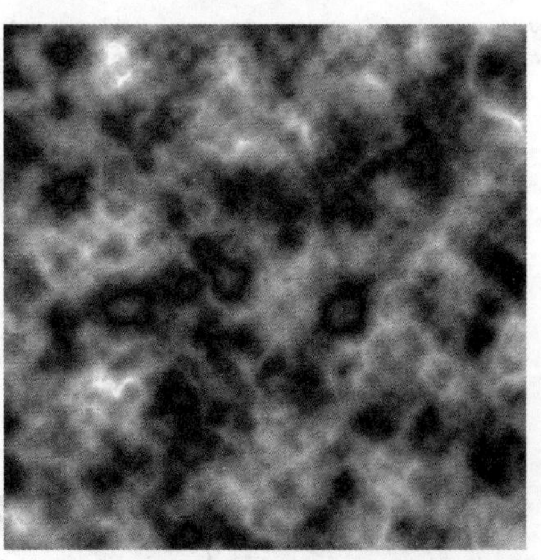

STEP 13：**调整亮度和对比度**。单击“图像”→“调整”→“亮度/对比度”命令，提高

花纹的清晰度，参数设置如图所示。

STEP 14：**调整亮度和对比度**。再次执行“图像”→“调整”→“亮度/对比度”命令，参数设置如图所示。

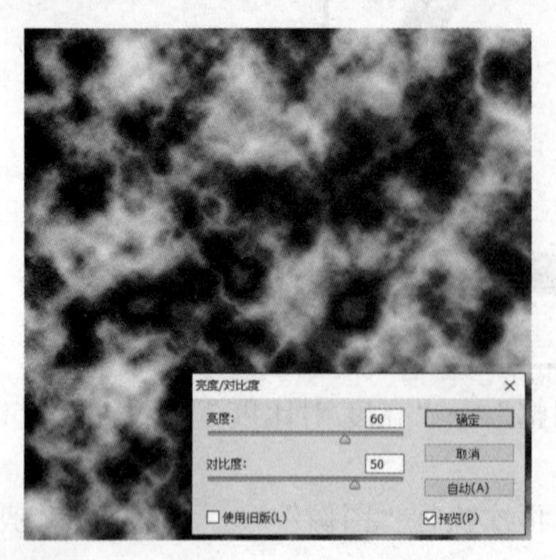

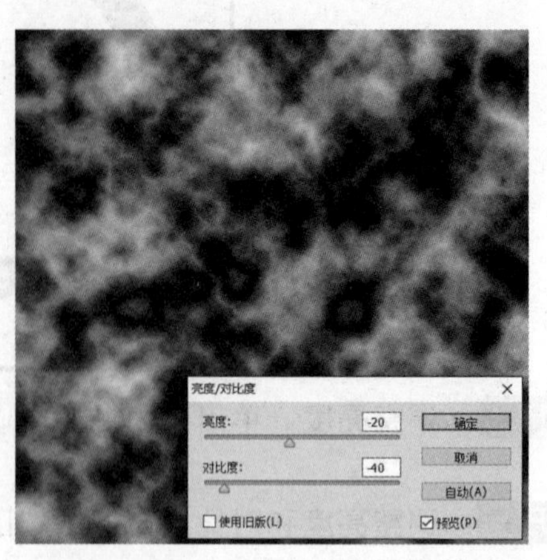

STEP 15：**合成图像**。按住“Ctrl”键在图层面板中单击圆环图层缩略图载入选区，按下“Ctrl+Shift+I”组合键反选，按“Delete”键删除，将图层 2 的混合模式改为“叠加”，不透明度为 80%

STEP 16：**新建图层**。新建图层，载入圆环图层的选区，填充浅绿色。

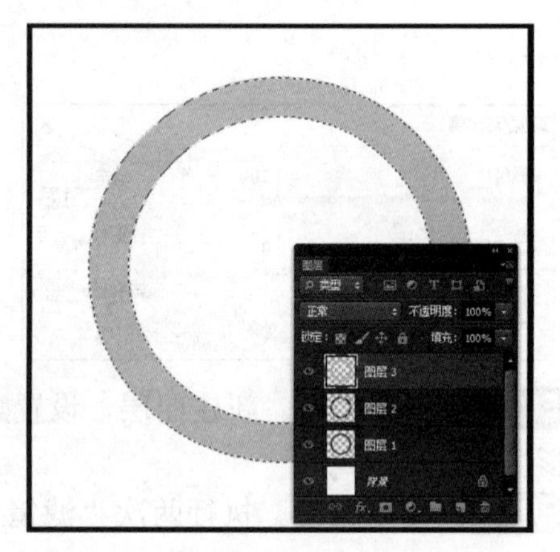

STEP 17：**更改图层模式**。将图层 3 的混合模式更改为“颜色”。

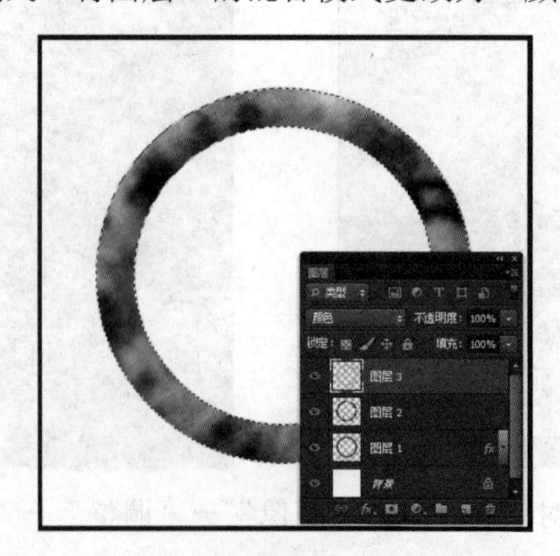

STEP 18：**设置图层样式**。在图层面板中双击“图层 1”缩略图，打开“图层样式”对话框，勾选“投影”复选框并切换到该页面，参数设置如下图所示。

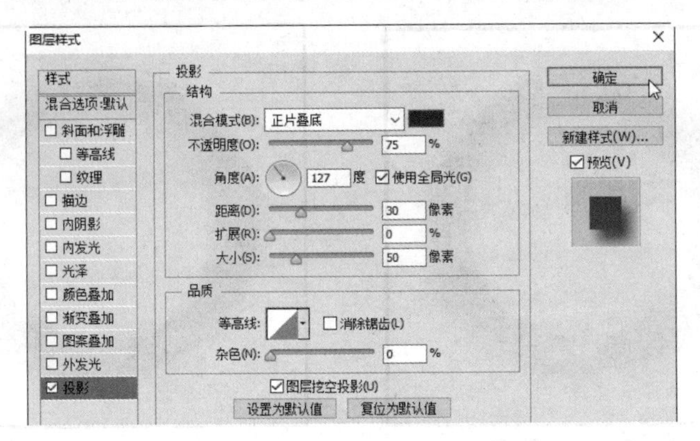

STEP 19：**绘制选区**。新建图层，使用椭圆选框工具绘制一个圆形选区并填充为白色。

STEP 20：**绘制图形**。取消选区，选择橡皮擦工具，设置大小为 30 像素，将圆形图案擦除为下图所示的形状。

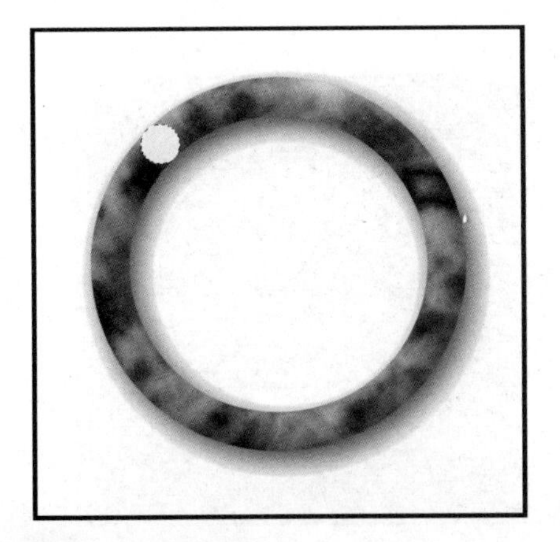

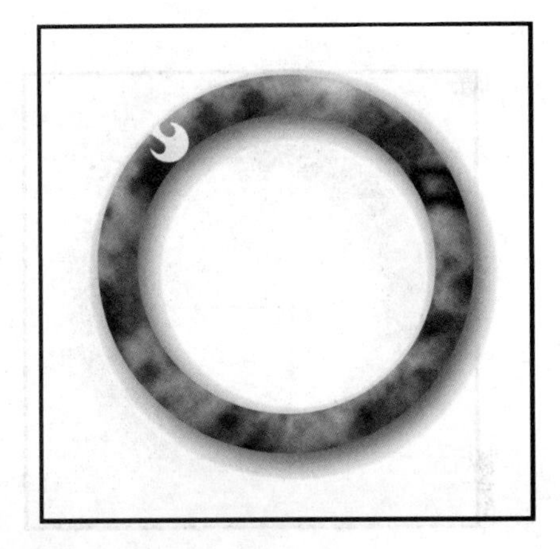

STEP 21：**扭曲图像**。单击“滤镜”→“扭曲”→“旋转扭曲”命令，设置角度为 999 度。

STEP 22：**完成结果**。单击“确定”按钮，得到下图所示的效果。

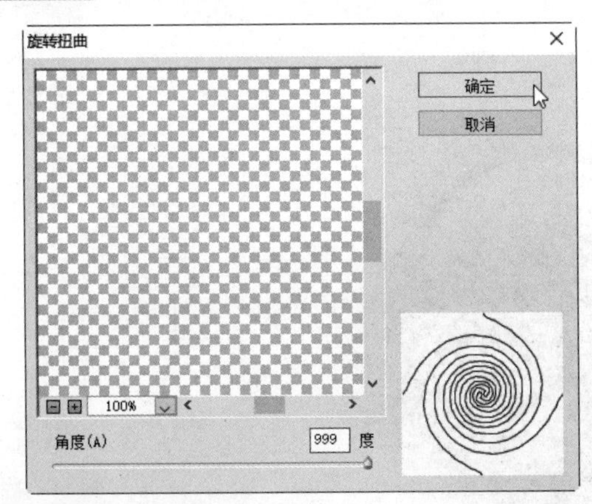

STEP 23：**变换图像**。按下“Ctrl+T”组合键，旋转并移动图像到手镯左上角，使其成

为高光。

STEP 24：**细化图像**。选择橡皮擦工具，设置大小为 8 像素，擦出高光的细节部分。

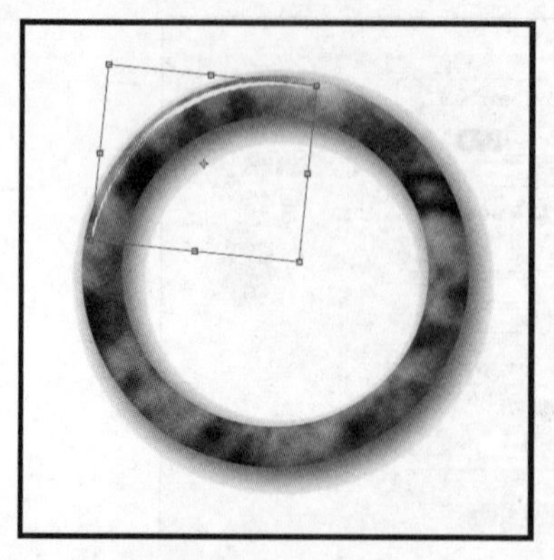

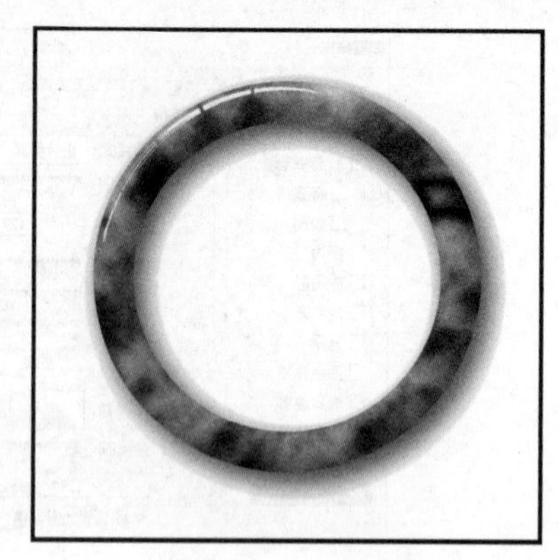

STEP 25：**复制图像**。将高光图层复制一份，按下“Ctrl+T”组合键，旋转并移动图像到手镯右下角，成为对应的高光。

STEP 26：**最终效果**。选中背景图层，填充一个好看的颜色，或插入背景画布，即可得到最终效果。

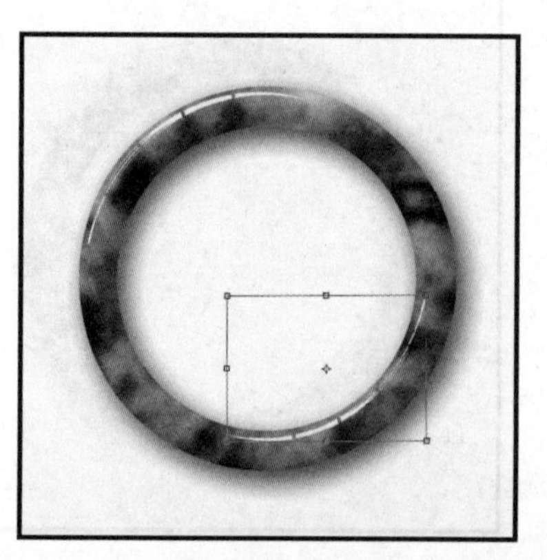

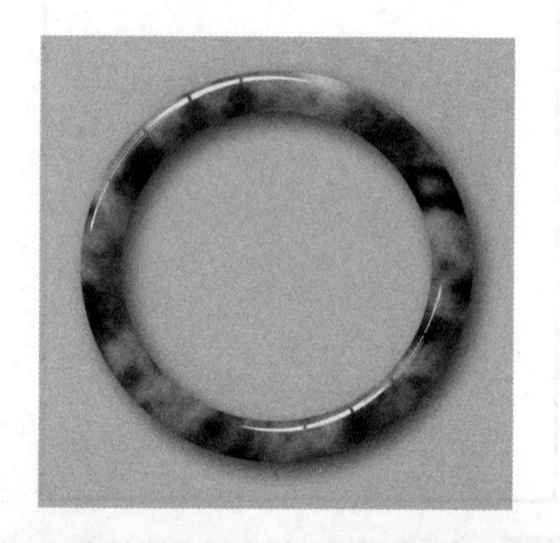

16.4 制作水珠按钮

案例效果

原始素材文件：光盘\素材文件\第 16 章\枫叶.jpg	
最终结果文件：光盘\结果文件\第 16 章\水珠按钮.psd	
同步教学文件：光盘\多媒体教学文件\第 16 章\	

制作分析

本例难易度：★★★★☆

制作关键：

新建图层，绘制一个圆角矩形并填充为巧克力颜色，为巧克力图层设置“斜面和浮雕”、“内发光”、“内阴影”和“投影”等图层样式，打造出巧克力整体效果。接下来为巧克力绘制交叉凹槽和立体文字等修饰效果即可。

技能与知识要点：

- “圆角矩形”工具
- “图层样式”对话框
- 路径的相关操作
- “斜面和浮雕”样式
- 文字输入工具

具体步骤

STEP 01：**新建文档**。单击“文件”→“新建”命令，新建一个宽度为“200 像素”，高度为“200 像素”，分辨率为“300 像素/英寸”的图像文档。

STEP 02：**绘制选区**。选择椭圆选框工具，按住“Shift+Alt”组合键不放，绘制一个圆形选区。

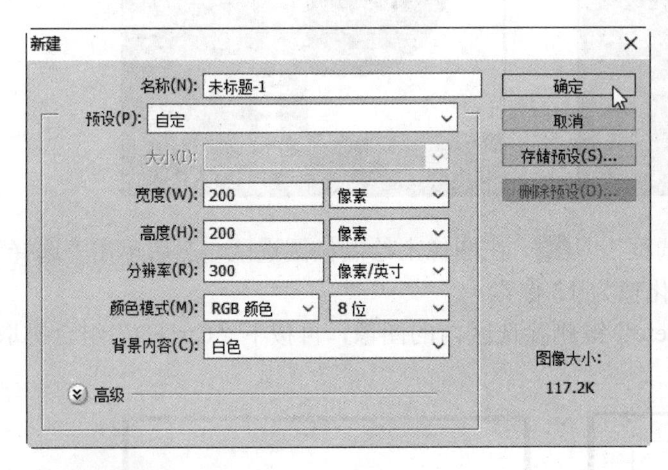

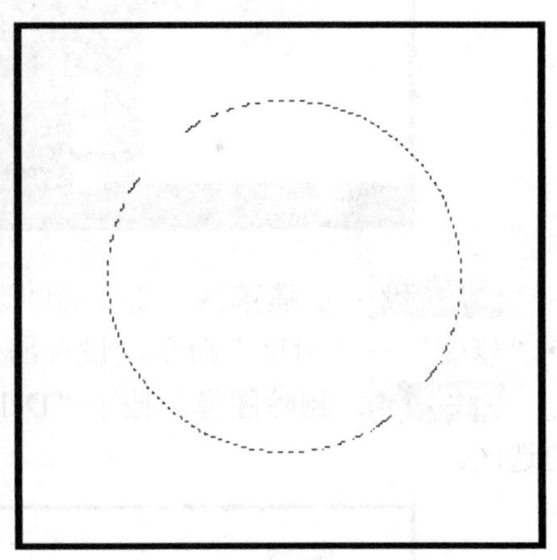

STEP 03：**新建图层**。新建图层，设置背景色为白色，按下“Ctrl+Delete”组合键将选区填充为白色。

STEP 04：**绘制参考线**。在“图层”面板中新建“图层 2”，在工具箱中设置“前景色”为“R：0、G：30、B：255”。选择渐变工具，在其属性栏中单击“颜色条”图标，在弹出的面板中选择“前景色到透明渐变”样式。

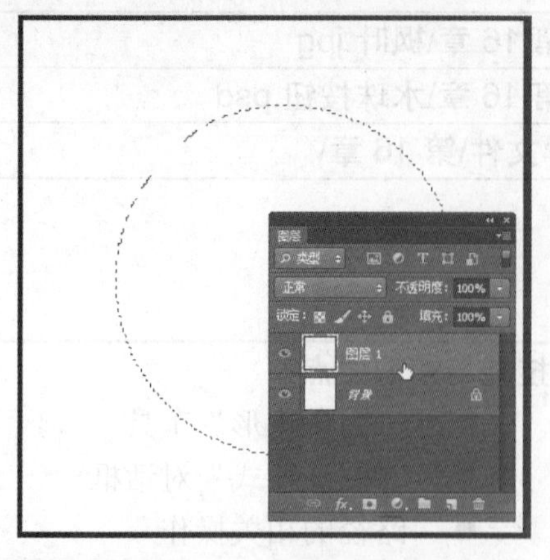

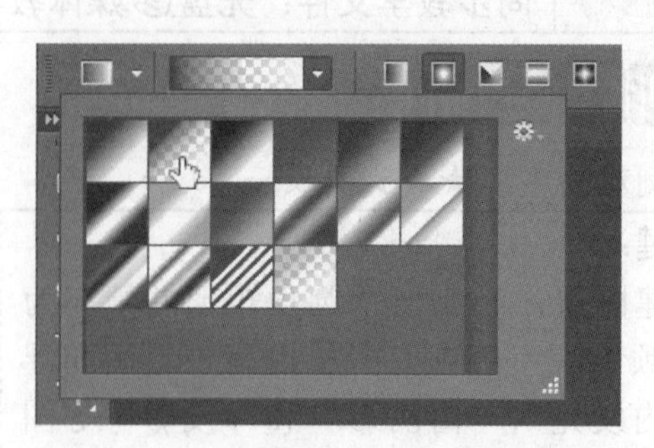

STEP 05：**绘制渐变**。在属性栏中单击“线性渐变”按钮，在选区内从上向下拖动为图层 2 填充渐变色。

STEP 06：**绘制参考线**。在“图层”面板中新建“图层 3”，按下“Alt+Delete”组合键填充前景色，然后按下“Ctrl+D”组合键取消选区。

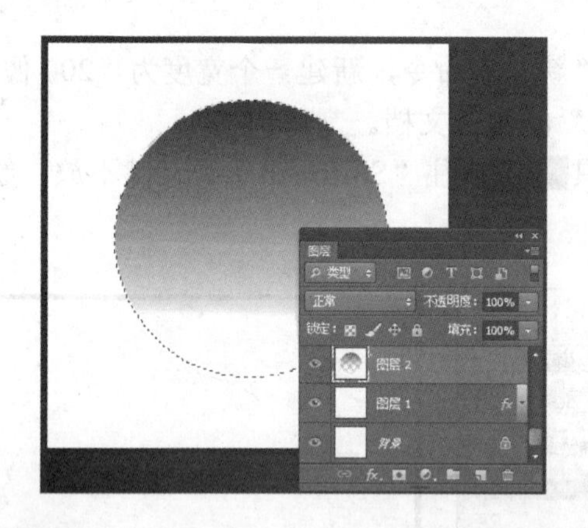

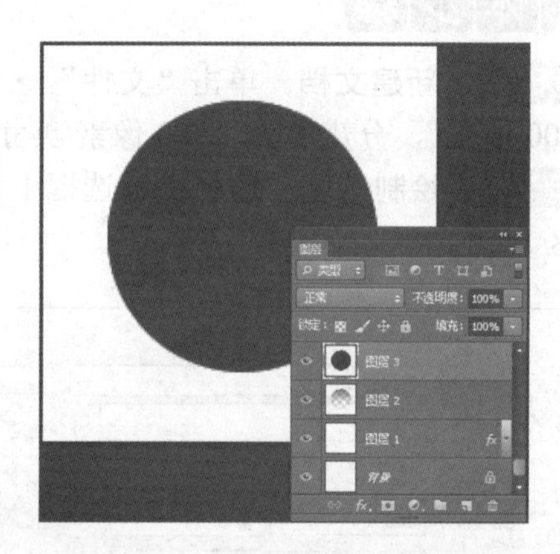

STEP 07：**创建选区**。选择椭圆选框工具，在图像上绘制椭圆选区，然后单击“选择”→“修改”→“羽化”命令，设置羽化值为 12 像素。

STEP 08：**删除图像**。按下“Delete”键删除选区内的图像，再按下“Ctrl+D”组合键取消选区。

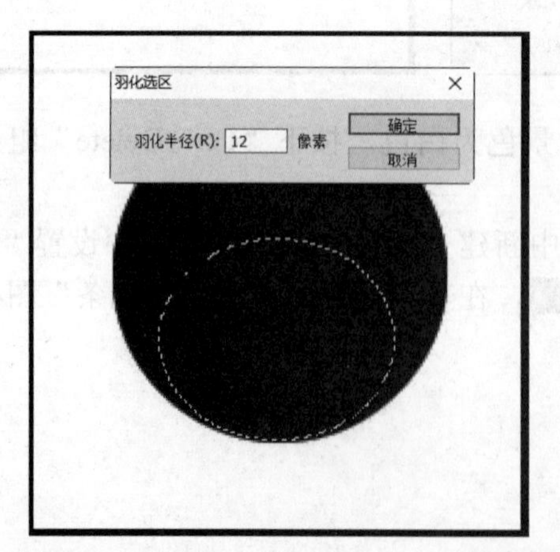

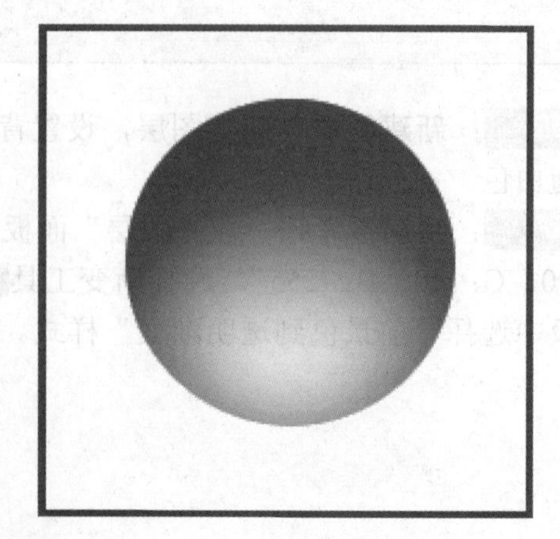

STEP 09：**创建选区**。在“图层”面板中新建“图层 4”，然后在图像窗口中绘制椭圆选区。

STEP 10：**绘制渐变**。设置前景色为“白色”，然后选择渐变工具，在其属性栏中单击“颜色条”图标，在弹出的面板中选择“前景色到透明渐变”样式，由上向下拖动为选区填充渐变色。

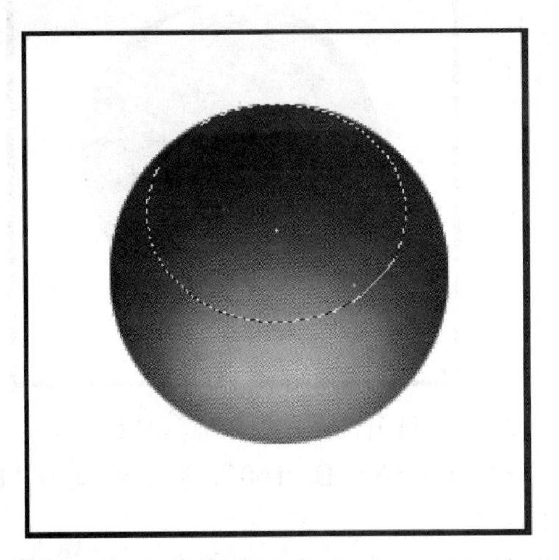
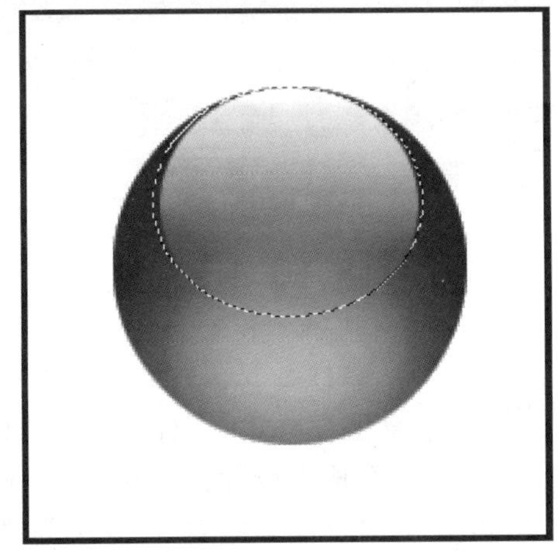

STEP 11：**打开素材文件**。按下“Ctrl+D”组合键取消选区，然后打开“枫叶.jpg”素材文件，并载入枫叶选区。

STEP 12：**移动图像**。使用移动工具将枫叶图像移动到按钮图像中成为图层 5，使用“Ctrl+T”组合键调节好图像大小，并在图层面板中将该图层的混合模式设置为“差值”。

STEP 13：**设置图层样式**。选择“图层 1”，单击“图层”→“图层样式”→“投影”命令，在弹出的对话框中选中“投影”复选框，在其参数面板中设置距离为“8 像素”，大小为“24 像素”，然后单击“确定”按钮。

STEP 14：**新建图层**。在“图层”面板中新建“图层 6”，选择椭圆选框工具，在图像窗口中绘制一个较小的正圆并填充为白色。

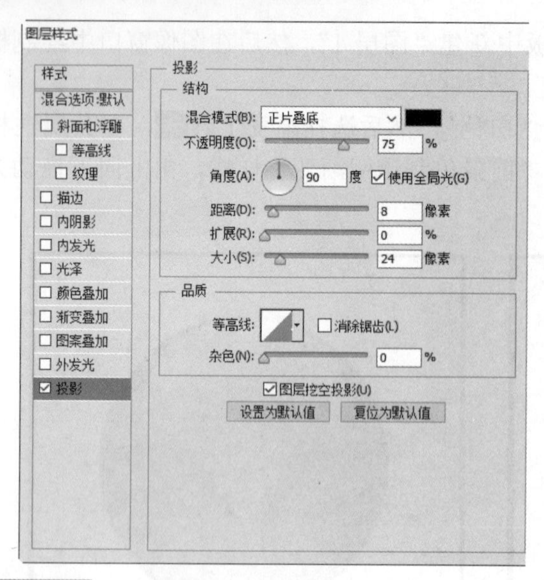

STEP 15：**设置图层样式**。双击“图层 6”缩略图打开“图层样式”对话框，选择“投影”选项，在其参数面板中设置投影颜色为“R：160、G：160、B：160”，不透明度为“100%”，角度为“90 度”，距离为“1 像素”，大小为“1 像素”。

STEP 16：**设置图层样式**。在“图层样式”对话框中选择“内阴影”选项，在其参数面板中设置混合模式为“颜色加深”，阴影颜色为“白色”，角度为“90 度”，距离为“5 像素”，大小为“10 像素”。

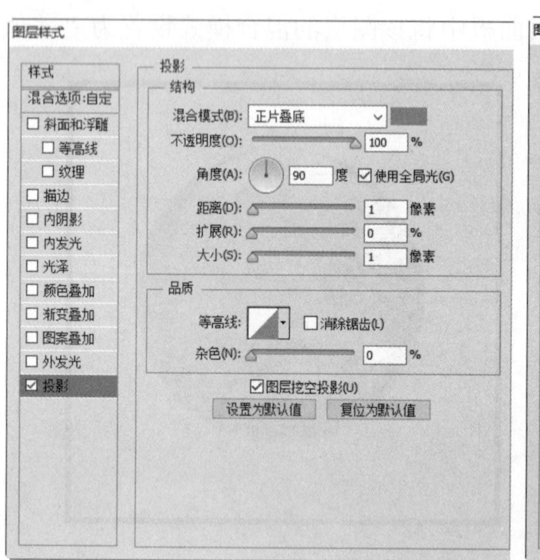

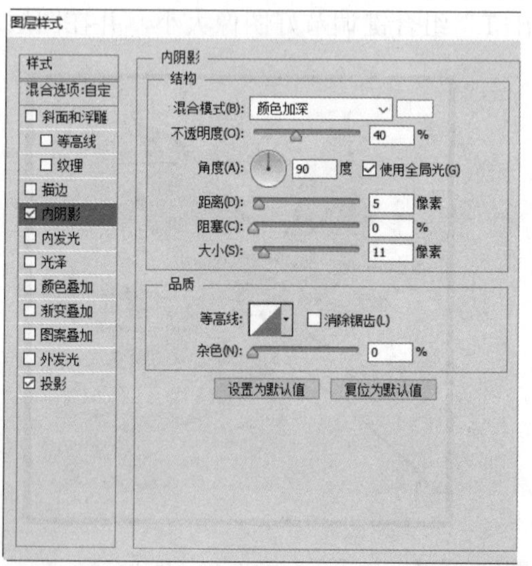

STEP 17：**设置图层样式**。在“图层样式”对话框中选择“内发光”选项，在其参数面板中设置混合模式为“叠加”，不透明度为“30%”，发光颜色为“白色”。

STEP 18：**设置图层样式**。在“图层样式”对话框中选择“斜面和浮雕”选项，在其参数面板中设置样式为“内斜面”，方法为“雕刻清晰”，深度为“250%”，大小为“14 像素”，软化为“10 像素”，“高光模式”下的不透明度为“100%”，“阴影模式”下的不透明度为“36%”，颜色为“白色”，然后单击“确定”按钮。

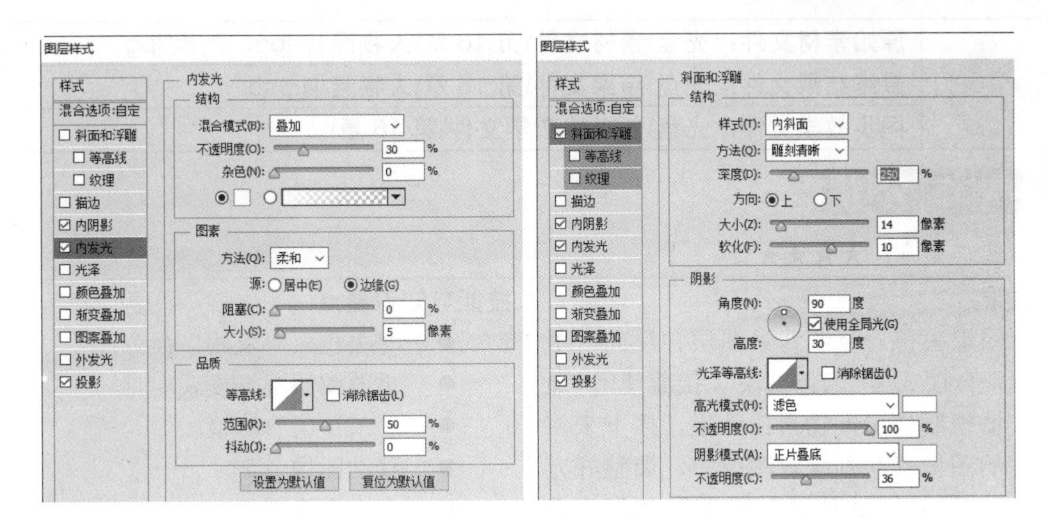

STEP 19：**设置不透明度**。设置完成后单击“确定”按钮，在图层面板中将“图层 6”的“填充”不透明度设置为“1%”，得到的效果如下图所示。

STEP 20：**复制图像**。选择移动工具，按住“Alt”键的同时拖动鼠标复制水珠图层，重复这样的操作，并将部分图像进行自由变换操作得到不同大小的水珠，完成后的最终效果如下图所示。

16.5　合成人物素描效果

案例效果

	原始素材文件：光盘\素材文件\第 16 章\人物照片.jpg、画板.jpg
	最终结果文件：光盘\结果文件\第 16 章\人物素描.psd
	同步教学文件：光盘\多媒体教学文件\第 16 章\

制作分析

本例难易度：★★★★☆

制作关键：

将图像去色，复制背景图层并反向，更改图层混合模式为"颜色减淡"，接着使用"最小值"滤镜制作出人物素描效果。接下来将制作好的图像移动到画板图像中，调整好方向和大小后设置图层混合模式为"正片叠底"，最后擦除多余部分即可。

技能与知识要点：

- "去色"、"反相"命令
- 更改图层混合模式
- "最小值"滤镜
- 移动图像
- 自由变换图像
- "曲线"对话框

具体步骤

STEP 01：**打开素材文件**。单击"文件"→"打开"命令，打开"人物照片.jpg"素材文件。

STEP 02：**图像去色**。单击"图像"→"调整"→"去色"命令，去掉照片的颜色。

STEP 03：**复制图层**。选择"背景"图层，然后按下"Ctrl+J"组合键复制图层，单击"图像"→"调整"→"反相"命令，将"图层 1"的颜色反相。

STEP 04：**设置图层混合模式**。选择"图层 1"，设置图层混合模式为"颜色减淡"，此时图像为一片空白。

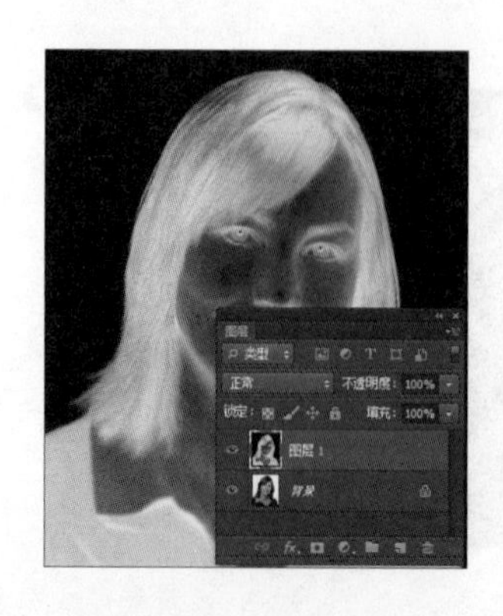

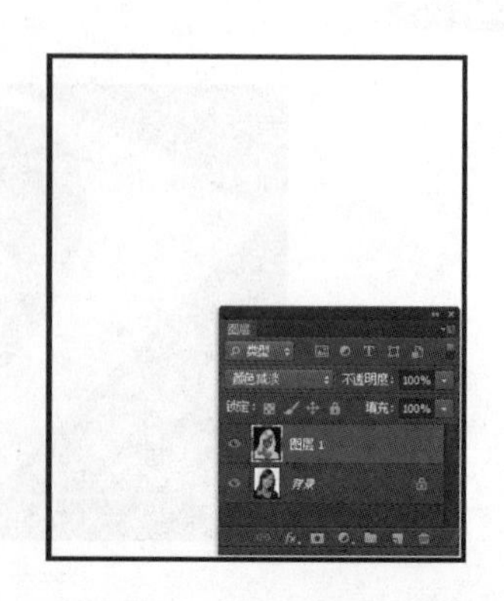

STEP 05：**使用"最小值"滤镜**。单击"滤镜"→"其他"→"最小值"命令，弹出"最小值"对话框，设置"半径"为"2"像素，然后单击"确定"按钮。

STEP 06：**盖印图层**。按下"Ctrl+Alt+Shift+E"组合键，盖印图层，得到"图层 2"。

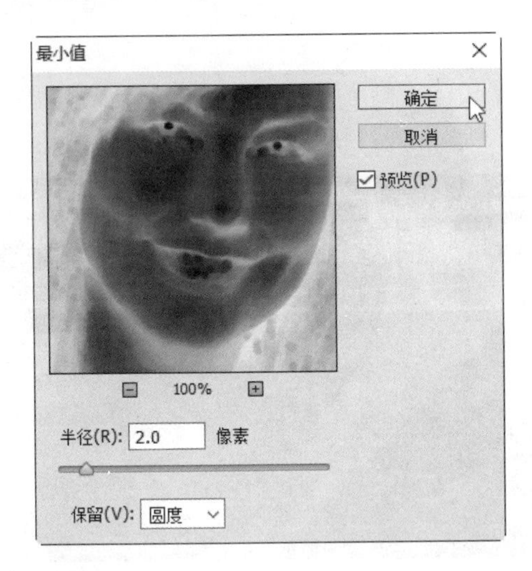

STEP 07：**打开素材文件**。单击"文件"→"打开"命令，打开"画板.jpg"素材文件。

STEP 08：**移动图像**。使用移动工具将制作完成的照片图像移动到"画板.jpg"图像文件中，然后按下"Ctrl+T"组合键对图像的大小和方向进行调整。

STEP 09：**设置图层混合模式**。选择"图层 1"，设置图层的混合模式为"正片叠底"，此时素描画中白色的部分被隐藏。

STEP 10：**擦除图像**。使用橡皮擦工具，将人像中多余的部分进行擦除，效果如下图所示。

STEP 11：**调整曲线**。按下“Ctrl+M”组合键，在弹出的“曲线”对话框中调整曲线参数，加深照片中的线条，完成后单击“确定”按钮。

STEP 12：**最终效果**。合成人物素描照片的最终效果如下图所示。

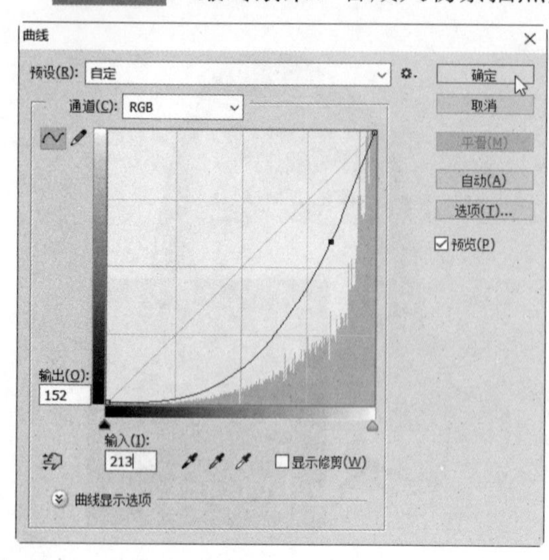

16.6 绘制宝石项链

案例效果

	原始素材文件：光盘\素材文件\无
	最终结果文件：光盘\结果文件\第 16 章\宝石项链.psd
	同步教学文件：光盘\多媒体教学文件\第 16 章\

制作分析

本例难易度：★★★★★

制作关键：	技能与知识要点：
首先使用路径工具绘制宝石外形，然后应用样式和图层样式制作宝石效果，接着通过变换路径形成宝石外框并设置图层样式，最后绘制项链路径，设置好画笔工具后进行画笔描边即可。	● 椭圆工具 ● 删除锚点工具 ● “将路径作为选区载入”命令 ● “用画笔描边路径”命令 ● 应用图层样式

具体步骤

STEP 01：**新建文档**。单击“文件”→“新建”命令，在弹出的“新建”对话框中设置图像宽度为“600 像素”，高度为“600 像素”，分辨率为“72 像素/英寸”，然后单击“确定”按钮。

STEP 02：**填充前景色**。设置前景色为黑色，然后按下“Alt+Delete”组合键填充前景色。

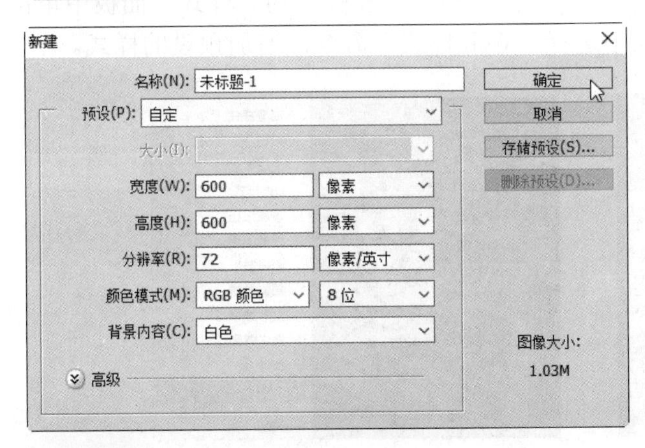

STEP 03：**绘制路径**。选择椭圆工具，在其属性栏中选择路径选项，然后在图像窗口中绘制椭圆路径并在“路径”面板中双击“工作路径”，将路径存储为“路径 1”。

STEP 04：**填充前景色**。选择删除锚点工具，将椭圆低端的锚点进行删除，然后再单击“转换点工具”按钮，将椭圆顶端的平滑节点转换为拐角节点。

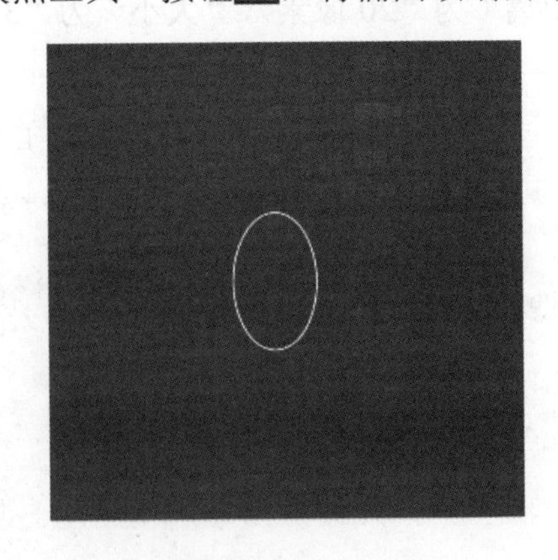

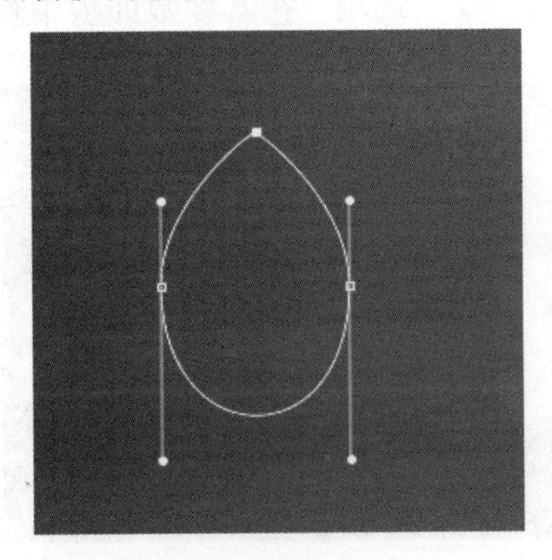

STEP 05：**调整路径**。选择直接选择工具，将底部的路径线向上移动，两侧的锚点向内移动。

STEP 06：**载入路径选区**。在“路径”面板中单击底部的“将路径作为选区载入”按钮，载入选区。

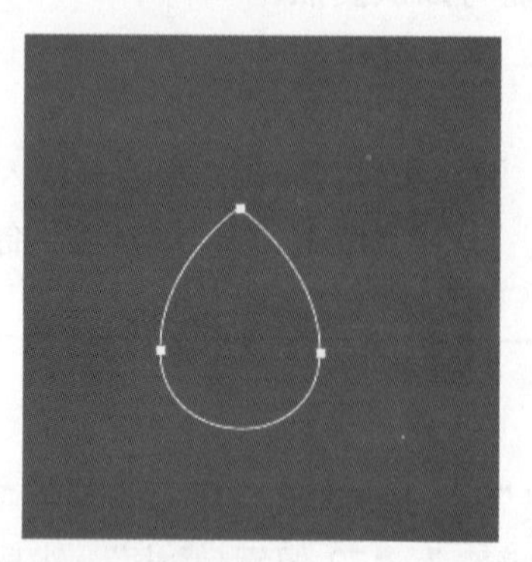

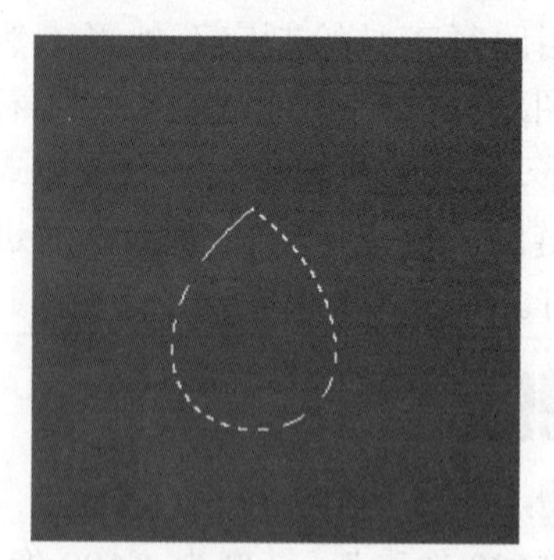

STEP 07：**创建新图层**。按下“Ctrl+J”组合键将选区创建为新图层，并用白色填充，完成后按下“Ctrl+D”组合键取消选区。

STEP 08：**添加样式**。单击“窗口”→“样式”命令，在弹出的“样式”面板中单击右上角的扩展按钮，在弹出的下拉列表中选择“Web 样式”命令，追加预设的样式。

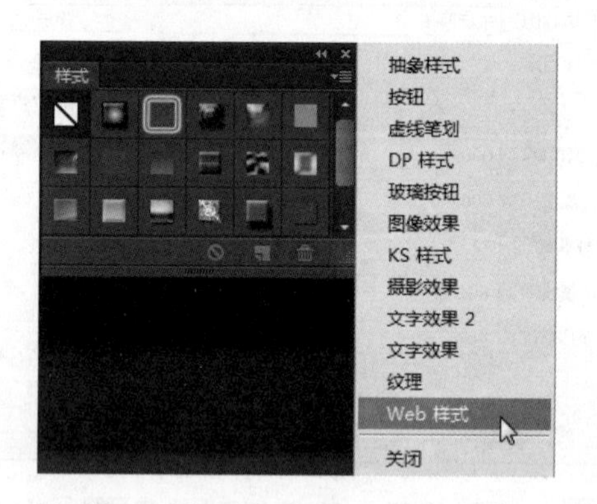

STEP 09：**应用样式**。在“图层”面板中选择“图层 1”，然后单击“样式”面板中的“带投影的蓝色凝胶”样式。

STEP 10：**添加图层样式**。双击“图层 1”中的效果栏，在弹出的“图层样式”对话框中选择“内阴影”选项，在其参数面板中设置“距离”为“20 像素”，“大小”为“31 像素”。

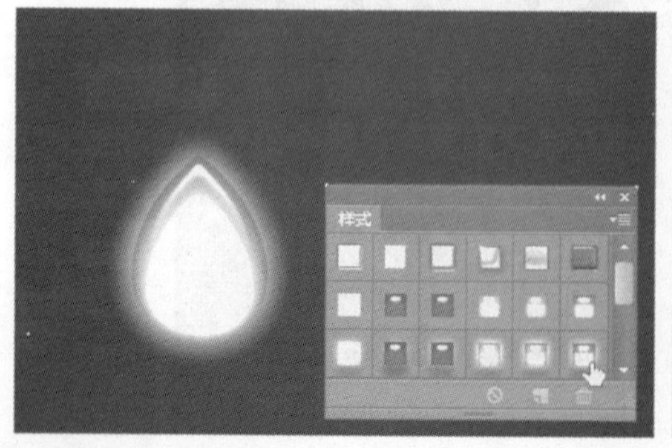

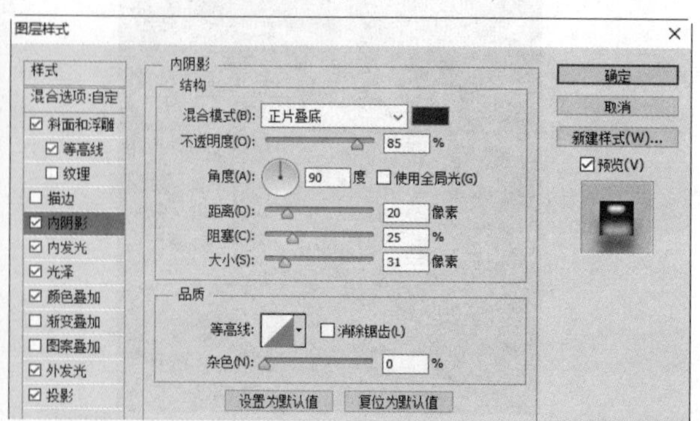

STEP 11：添加图层样式。选择“外发光”选项，在其参数面板中设置“不透明度”为“30%”，“大小”为“10 像素”。

STEP 12：添加图层样式。选择“斜面与浮雕”选项，在其参数面板中设置“大小”为“29 像素”，“软化”为“5 像素”，然后单击“确定”按钮。

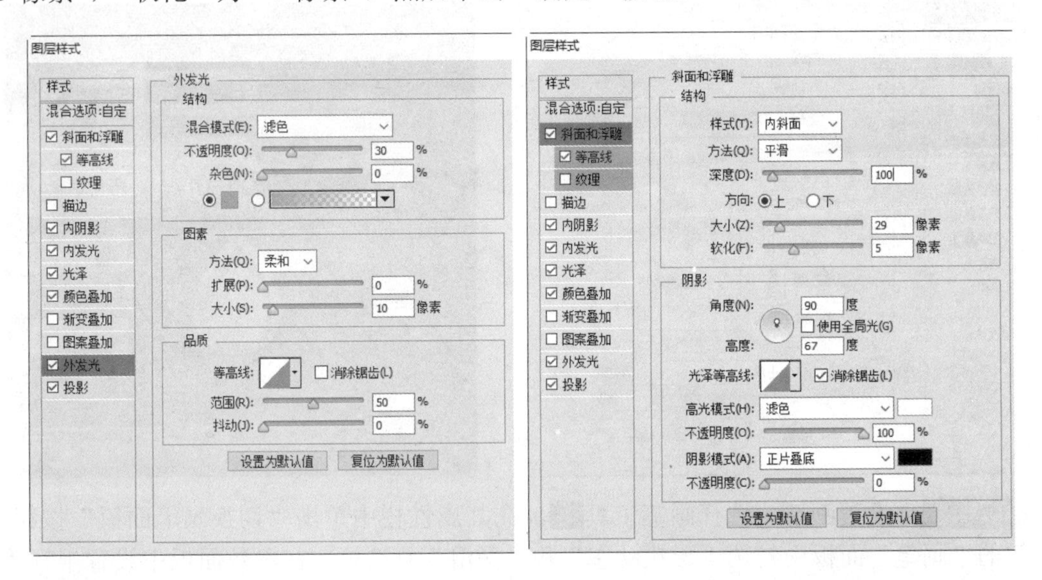

STEP 13：变换路径。在“路径”面板中选择之前绘制的路径，然后按下“Ctrl+T”组合键打开自由变换控制框，按下“Shift+Alt”组合键并拖动控制点，将路径放大。

STEP 14：载入路径选区。设置前景色为“白色”，在“路径”面板中单击底部的“将路径作为选区载入”按钮，然后在图层面板中新建“图层 2”，按下“Alt+Delete”组合键填充前景色。

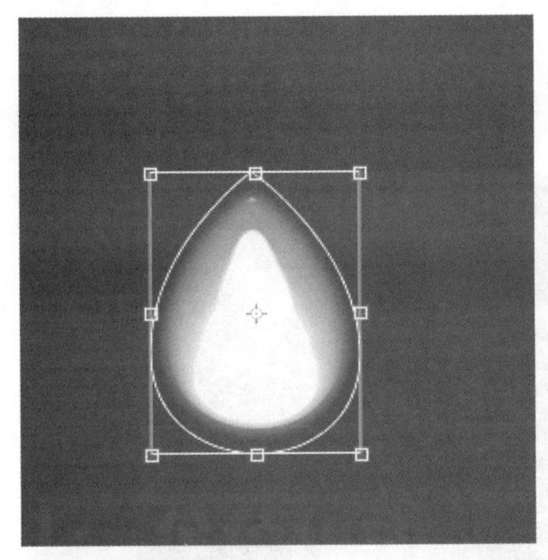

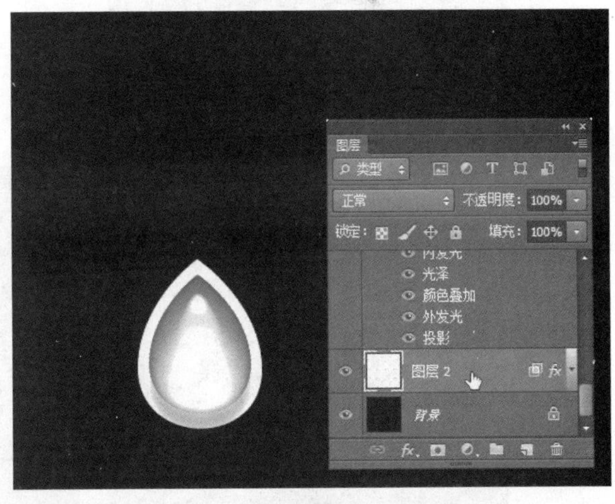

STEP 15：应用样式。单击“样式”面板中的“水银”样式，然后双击“图层 2”中的效果栏，在弹出的“图层样式”对话框中选择“斜面与浮雕”选项，在其参数面板中设置“阴影模式”后的颜色为 R：130、G：130、B：130，单击“确定”按钮后按下“Ctrl+D”组合键取消选区。

STEP 16：绘制路径。在“图层”面板中新建“图层 3”，然后选择椭圆工具，在其属性栏中选择路径选项，然后在图像窗口中绘制椭圆路径。

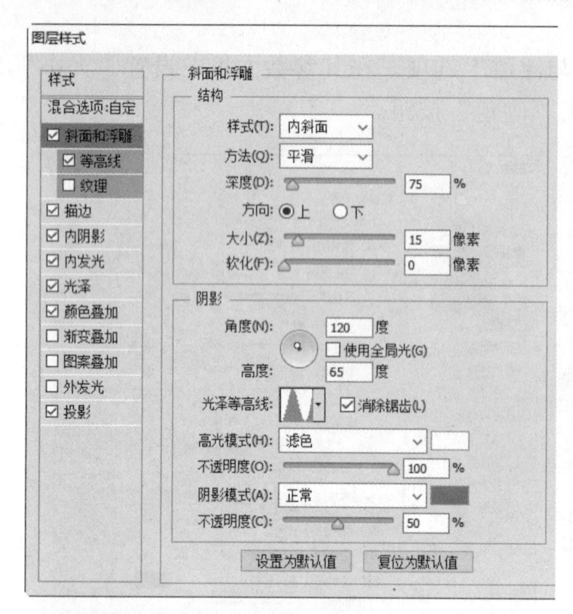

STEP 17：**设置画笔**。选择画笔工具，在其属性栏中单击“切换画笔面板”按钮，在弹出的“画笔”面板中勾选“形状动态”和“平滑”复选框，在参数面板中设置半径为“4像素”，角度为“0度”，圆度为“100%”，硬度为“100%”，距离为“116%”。

STEP 18：**描边路径**。在“路径”面板中选择刚绘制的路径，然后单击面板底部的“用画笔描边路径”按钮，描边路径。

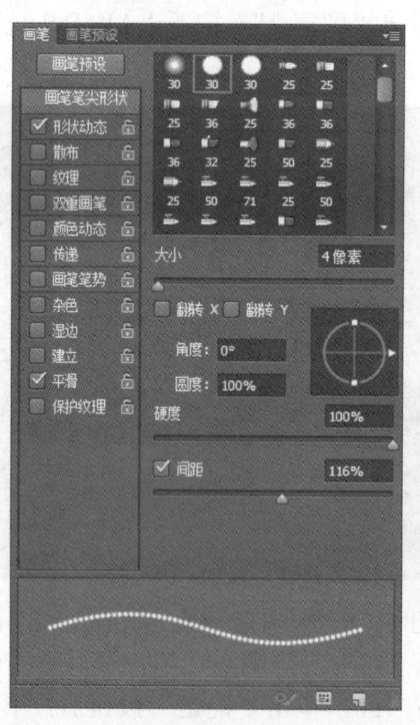

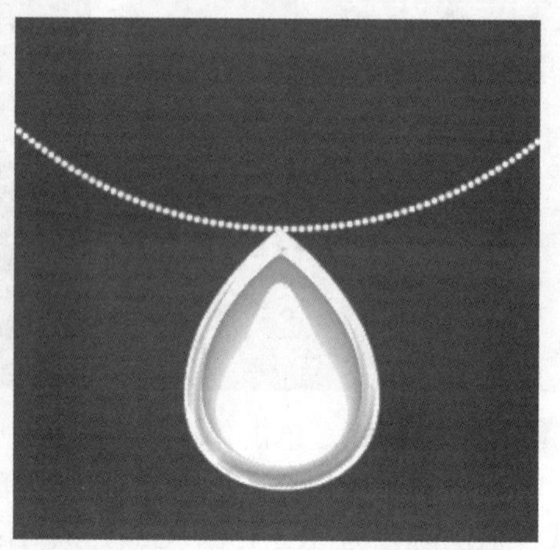

STEP 19：**设置图层样式**。在图层面板中双击“图层3”空白处，在弹出的“图层样式”对话框中选择“外发光”选项，然后在参数面板中设置“不透明度”为“70%”，颜色为“白色”。

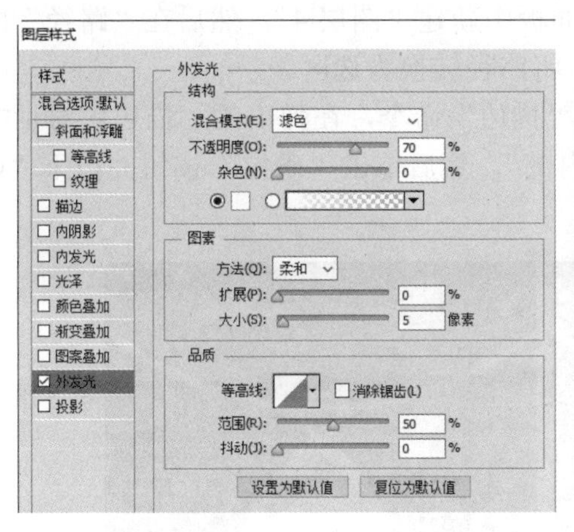

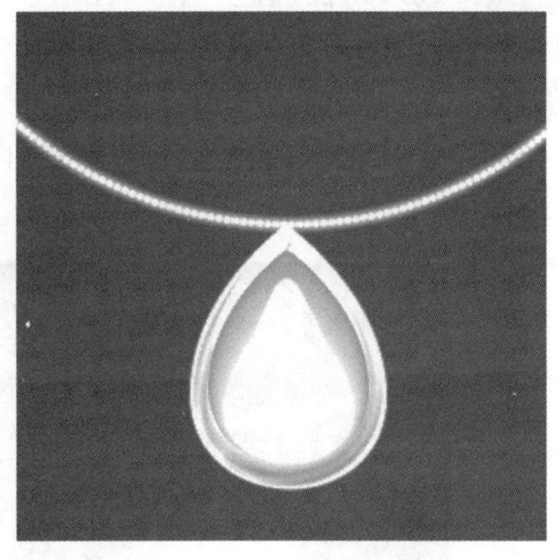

STEP 20：**设置图层样式**。选择“斜面与浮雕”选项，在其参数面板中设置样式为“浮雕效果”，深度为“90%”，角度为“135 度”，高度为“69 度”，然后单击“确定”按钮。

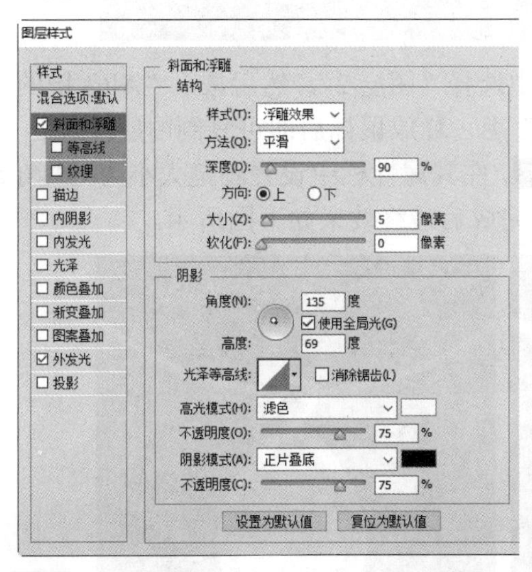

STEP 21：**移动图层**。使用移动工具将绘制好的曲线向上移动。

STEP 22：**调整路径**。在路径面板中选择“路径 1”，按下“Ctrl+T”组合键打开自由变换控制框，调整其路径的大小和垂直翻转，然后选择直接选择工具，将顶部的路径线向下移动。

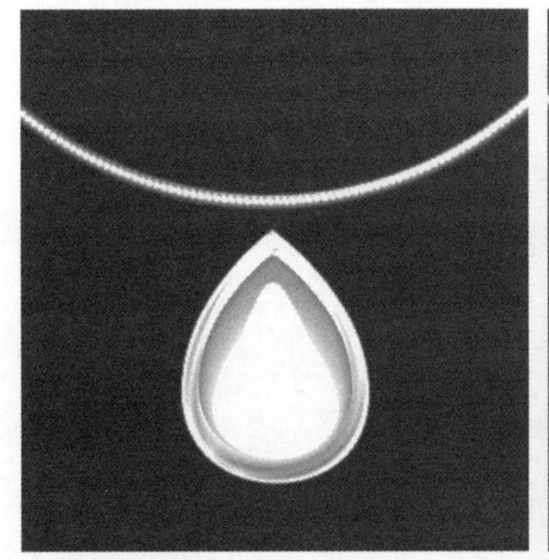

STEP 23：载入路径选区。在“图层”面板中新建“图层 4”，然后在“路径”面板中单击底部的“将路径作为选区载入”按钮，将路径转换为选区。

STEP 24：图像描边。单击“编辑”→“描边”命令，在弹出的“描边”对话框中设置宽度为“4px”，颜色为“白色”，位置为“内部”，然后单击“确定”按钮并按下“Ctrl+D”组合键取消选区。

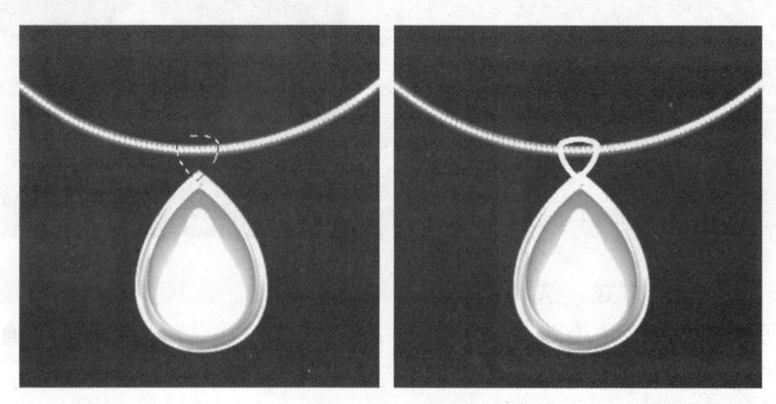

STEP 25：复制图层样式。在图层面板中选择“图层 2”，然后按下“Alt”键的同时单击“图层样式”图标，将其拖动到“图层 4”上，释放鼠标后即可复制图层样式。

STEP 26：擦出图像。选择橡皮擦工具，在其属性栏中设置画笔大小为“柔角 5 像素”，然后在图像窗口中将圆环擦除出一个缺口，完成后最终效果如下图所示。

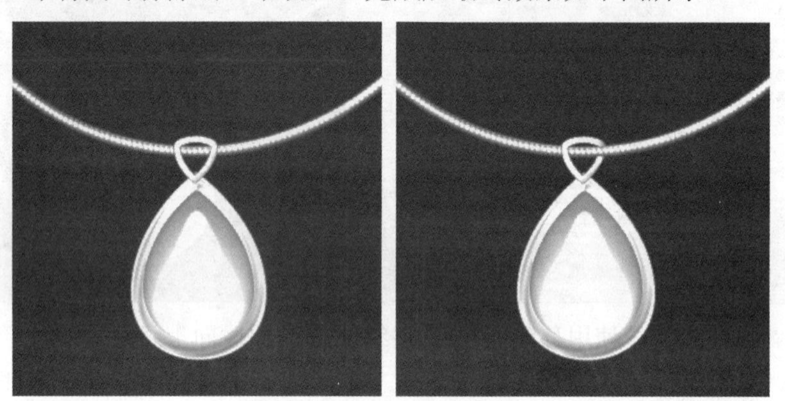

第 17 章 VI 设计

本章导读

VI 全称 Visual Identity，即企业视觉识别，是指企业识别的视觉化。通过 VI 设计，对内可以征得员工的认同感，加强企业凝聚力；对外可以树立企业的整体形象，通过视觉符码，强化受众的意识，从而获得认同。本章将列举一些 VI 设计的案例，供读者参考。在制作这些案例的过程中，可以使读者对软件的操作更加熟练，同时具备一些 VI 设计的基本思路。

知识要点

- 制作企业标识
- 设计员工制服
- 员工工作证设计
- 雨伞设计
- 设计名片
- 设计公司信纸
- 公司汽车外观设计

案例展示

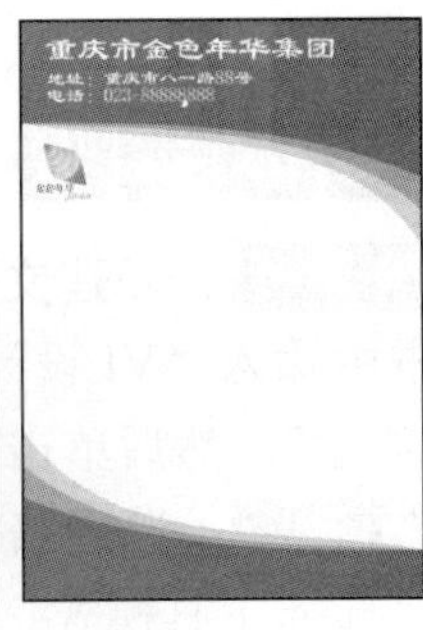

17.1 制作企业标识

案例效果

	原始素材文件：光盘\素材文件\第 17 章\无
	最终结果文件：光盘\结果文件\第 17 章\VI 设计-标识.psd
	同步教学文件：光盘\多媒体教学文件\第 17 章\

制作分析

本例难易度：★★☆☆☆

制作关键：

首先在新建图层中绘制路径，然后将路径作为选区载入，接着使用渐变填充选区，接下来复制图层，调整图层副本的大小和位置，然后设置图层样式，将设置的图层样式复制粘贴到需要的图层副本中，最后输入文字即可。

技能与知识要点：

- 自定义形状工具
- “将路径作为选区载入”按钮
- 渐变工具
- “Ctrl+T”组合键
- “图层样式”对话框
- “拷贝图层样式”命令
- “粘贴图层样式”命令
- 文字输入工具

具体步骤

STEP 01：**新建文档。**单击“文件”→“新建”命令，弹出“新建”对话框，在“名称”对话框中输入“VI 设计-标识”，设置“宽度”和“高度”为“500 像素”，“分辨率”为“300 像素/英寸”，然后单击“确定”按钮。

STEP 02：**选择路径工具。**单击工具箱中的“自定义形状工具”按钮，在其对应属性栏的“选择工具模式”下拉列表框中选择“路径”选项，然后在“形状”下拉列表框中选择

“雨滴”选项。

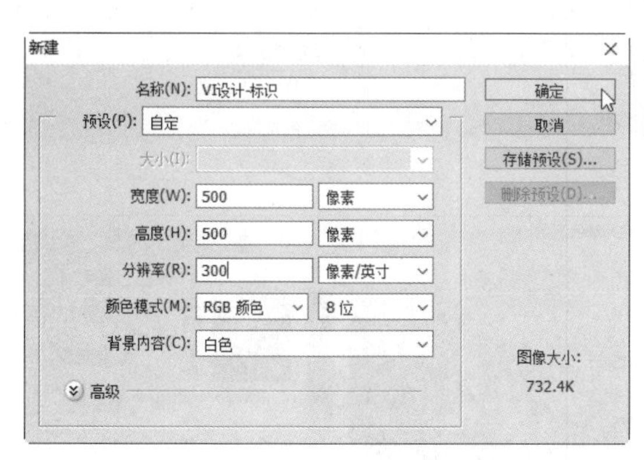

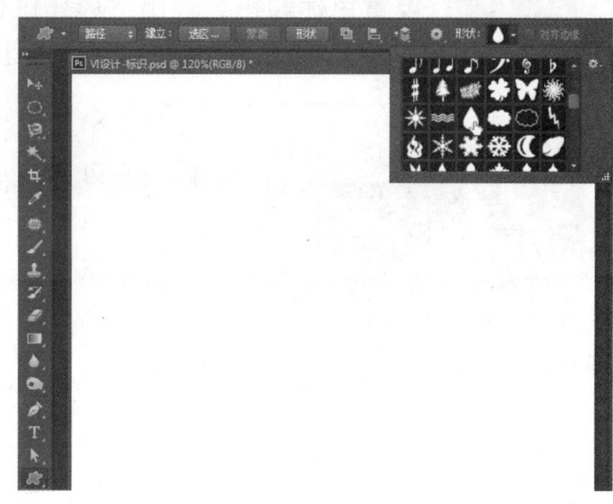

STEP 03：**新建图层**。单击“图层”面板中的“新建图层”按钮，新建图层，得到“图层 1”。

STEP 04：**绘制路径**。在图像窗口中按住鼠标左键进行拖动，绘制雨滴路径。

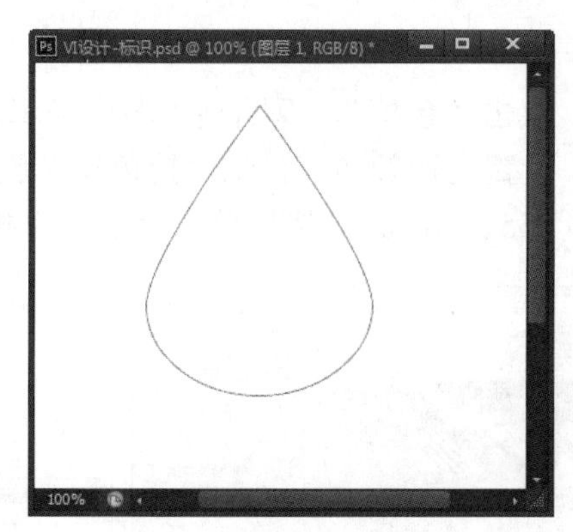

STEP 05：**载入选区**。单击“路径”面板中的“将路径作为选区载入”按钮，将路径作为选区载入。

STEP 06：**选择渐变工具**。单击工具箱中的“渐变工具”按钮，然后单击属性栏中的“点按可编辑渐变”色块。

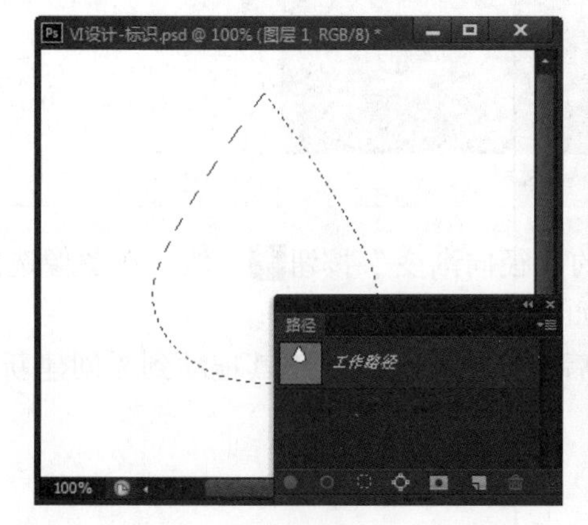

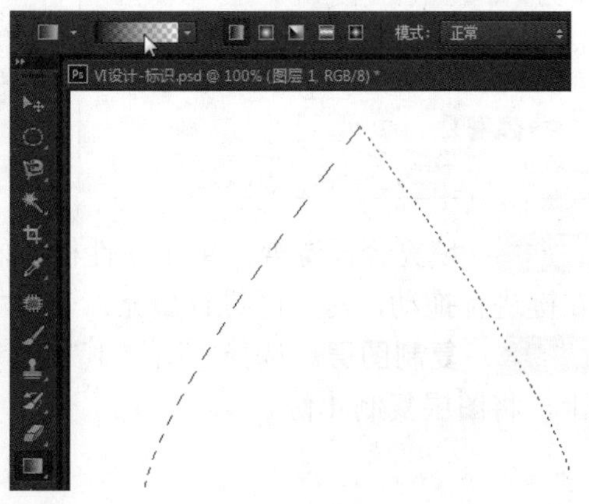

STEP 07：**双击“色标”**。在弹出的“渐变编辑器”对话框中，双击左侧的“色标”按钮。

STEP 08：**设置色标颜色**。弹出“选择色标颜色”对话框，在对话框中设置颜色为“R：255、G：109、B：0”，然后单击“确定”按钮。

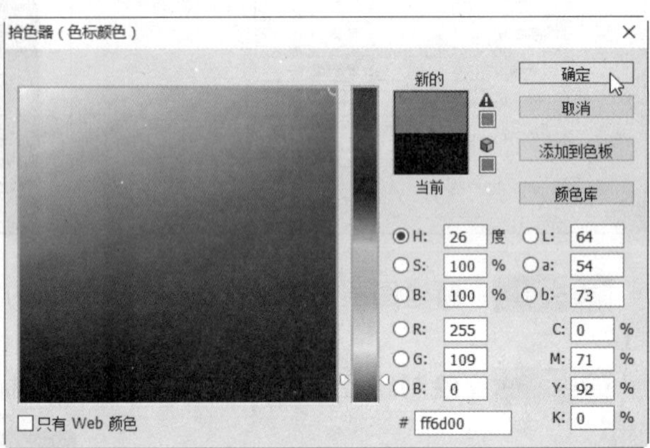

STEP 09：**双击“色标”**。返回到“渐变编辑器”对话框，双击右侧的“色标”按钮。

STEP 10：**设置色标颜色**。弹出“拾色器（色标颜色）”对话框，在对话框中设置颜色为“R：255、G：255、B：0”，然后单击“确定”按钮。

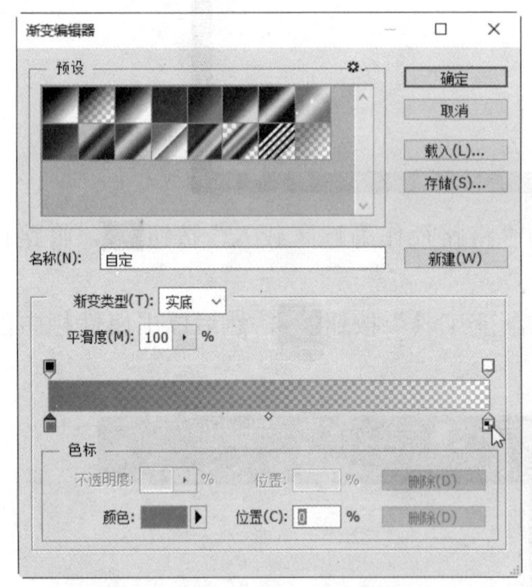

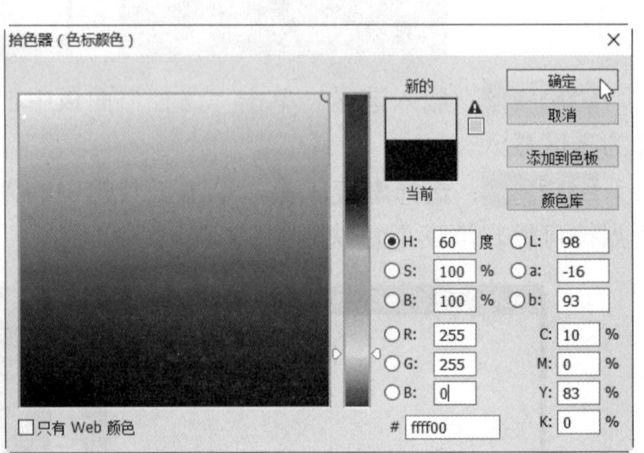

STEP 11：**填充径向渐变**。单击属性栏中的“径向渐变”按钮，然后在图像选区中按住鼠标左键进行拖动，对选区进行填充，效果如图所示。

STEP 12：**复制图层**。选择“图层 1”，然后按住鼠标左键，将其拖动到“创建新图层”按钮上，将图层复制 4 份。

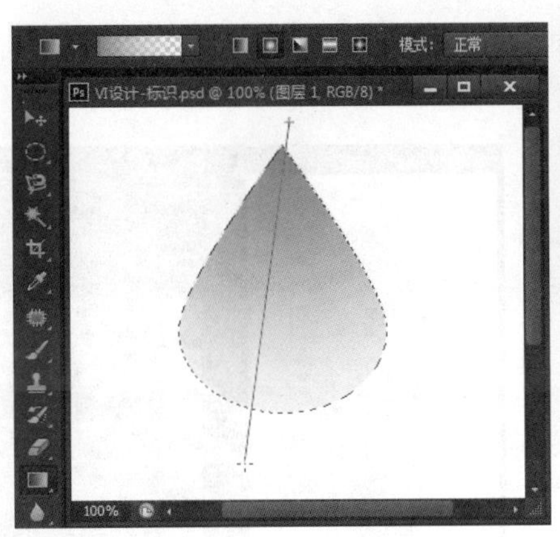

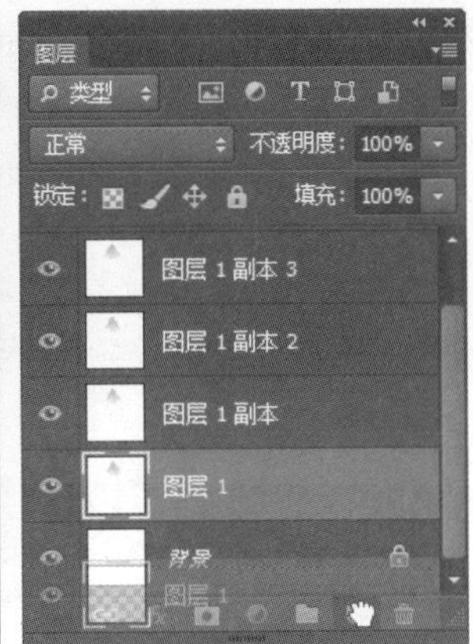

STEP 13：**翻转图层副本**。选择“图层 1 副本”，单击菜单栏中的“编辑”→“变换”→“垂直翻转”命令，将图层中的图像文件进行垂直翻转。

STEP 14：**调整图层位置**。单击工具箱中的“移动工具”按钮，将垂直翻转后的图像移到合适的位置。

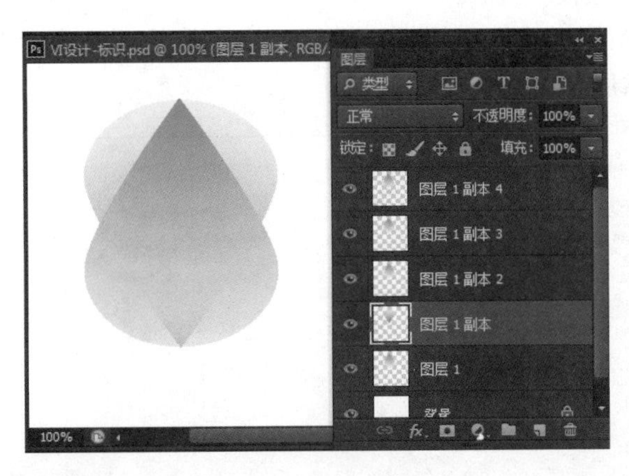

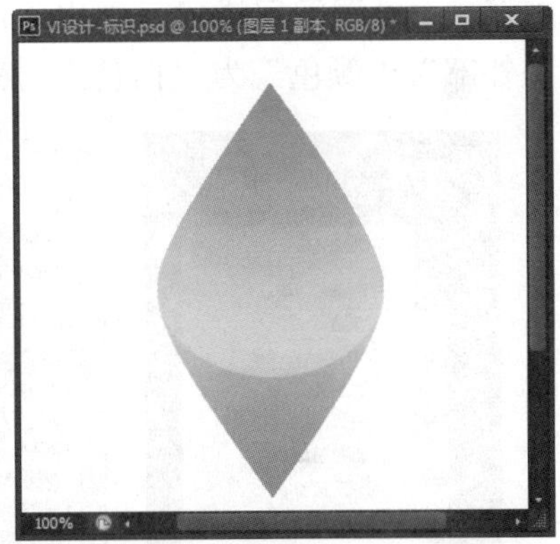

STEP 15：**调整图层次序**。选择“图层 1 副本”，然后将其拖动到“图层 1”的下方。

STEP 16：**调整图层**。选择“图层 1 副本 2”，然后按下“Ctrl+T”组合键对其进行调整，效果如图所示。

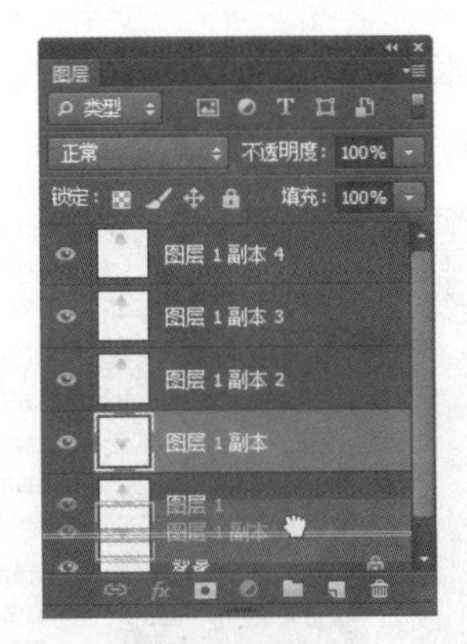

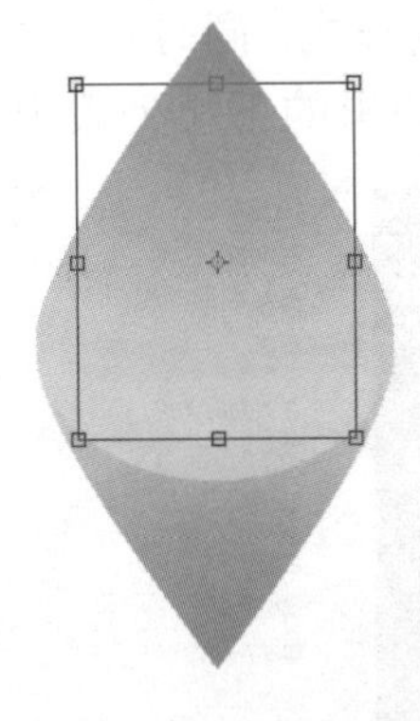

STEP 17：**调整图层**。使用同样的方法，对“图层 1 副本 3”、“图层 1 副本 4”图层进行调整，效果如下图所示。

STEP 18：**对齐图层**。选择除“背景”和“图层 1 副本”外的所有图层，然后单击“图层”→“对齐”→“顶边”命令。

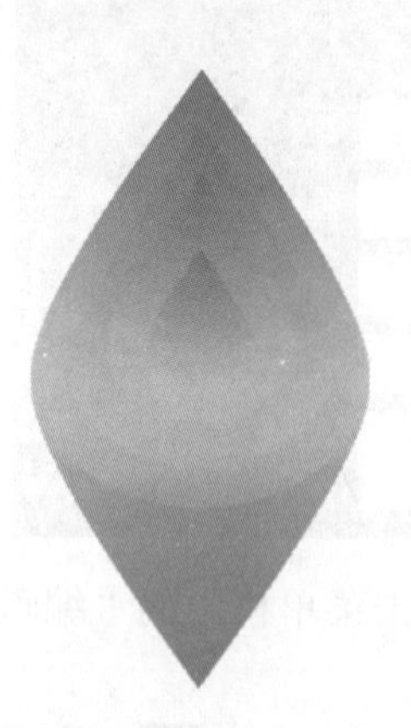

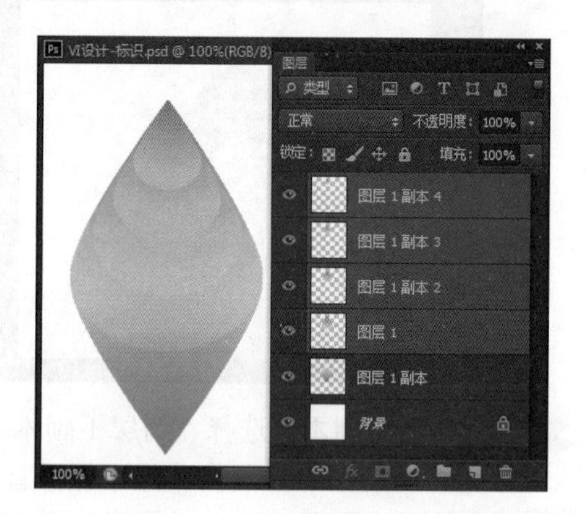

STEP 19：**添加图层样式**。选择“图层 1”，然后单击“图层”面板底部的“添加图层样式”按钮fx，在弹出的下拉菜单中单击“描边”命令。

STEP 20：**设置图层样式**。弹出“图层样式”对话框，设置“大小”为“3 像素”，“位置”为“外部”，“颜色”为“白色”，然后单击“确定”按钮。

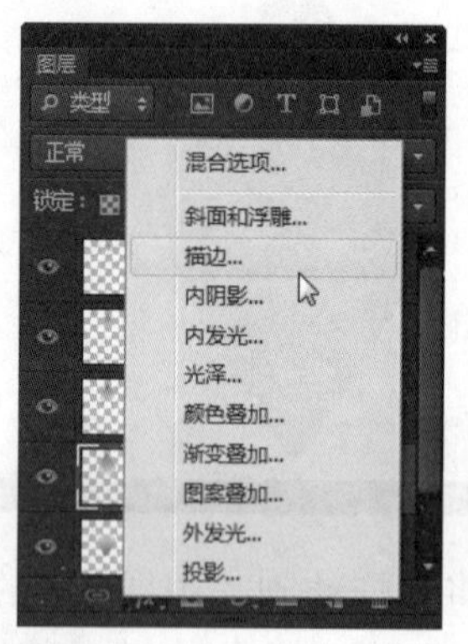

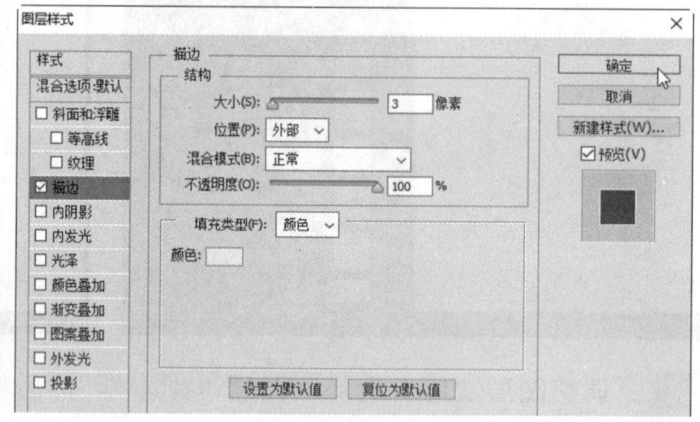

STEP 21：**拷贝图层样式**。在“图层 1”上单击鼠标右键，在弹出的快捷菜单中单击“拷贝图层样式”命令。

STEP 22：**粘贴图层样式**。同时选择“图层 1 副本 2”、“图层 1 副本 3”、“图层 1 副本 4”，然后单击鼠标右键，在弹出的下拉列表中选择“粘贴图层样式”命令。

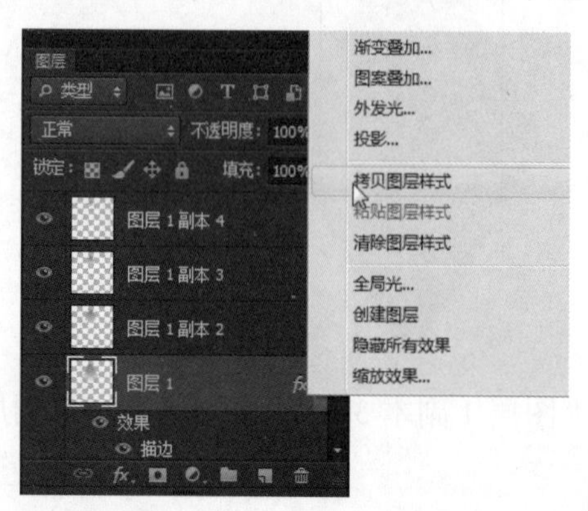

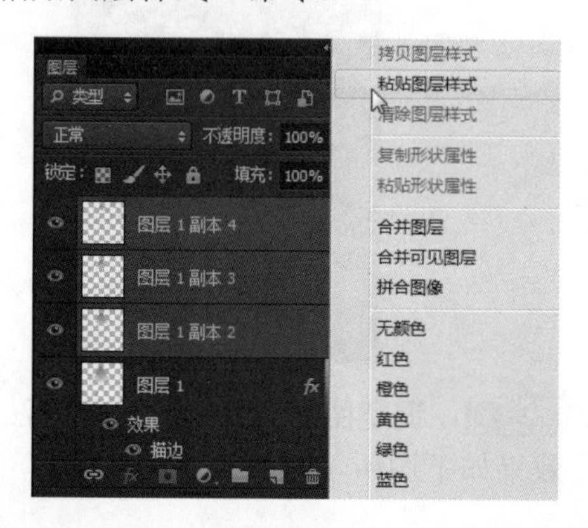

STEP 23：**描边效果**。为图像描边后的效果如图所示。

STEP 24：**旋转图像**。选择除“背景”图层外的所有图层，然后按下“Ctrl+T”组合键，对图像进行旋转，效果如图所示。

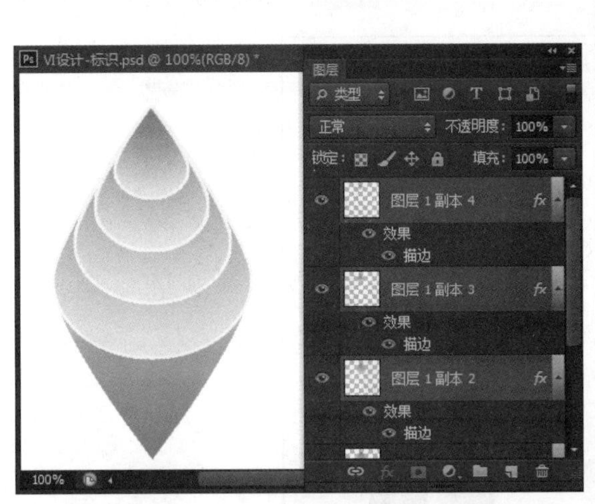

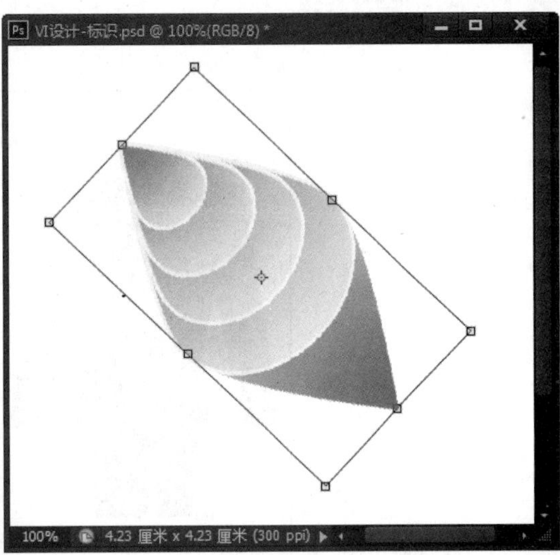

STEP 25：**输入文字**。单击工具箱中的“横排文字工具”按钮T，在对应的属性栏中设置“字体”为“方正粗倩简体”，“字号”为“6 点”，颜色为“#ff9301”，然后在合适的位置输入文字“金色年华”。

STEP 26：**输入文字**。设置“字体”为“English111 Vivace BT”，“字号”为“4 点”，颜色为“#ff9301”，然后在文字“金色年华”的下方输入“JSNH”，完成后最终效果如图所示。

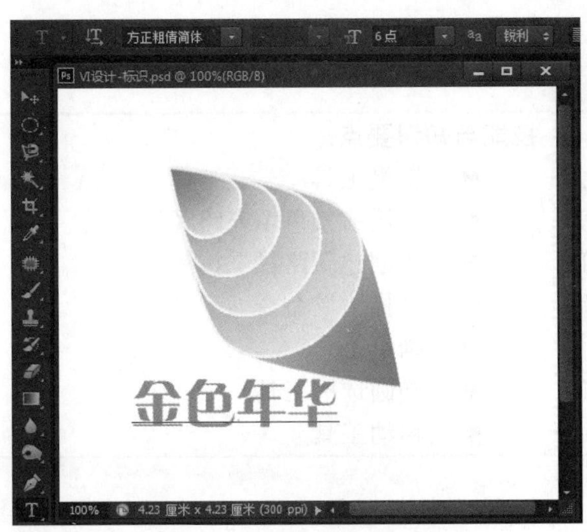

17.2 设计员工制服

案例效果

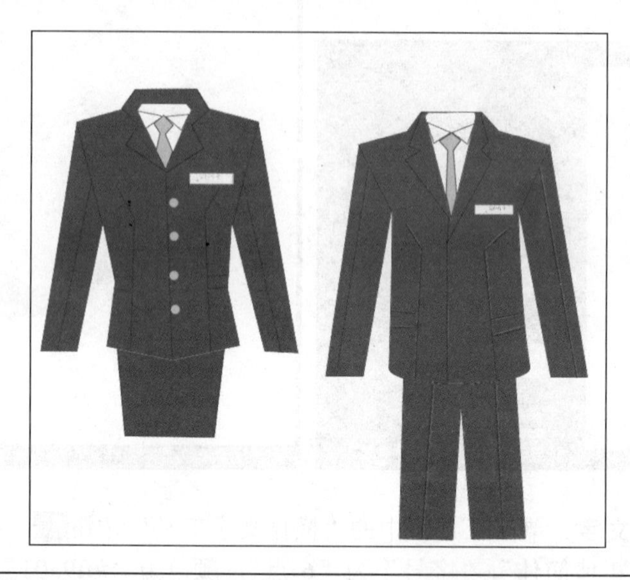

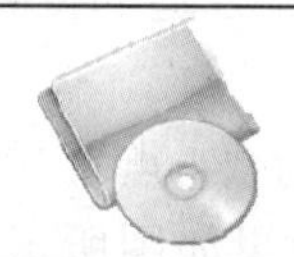	原始素材文件：光盘\素材文件\VI 设计-标识.psd
	最终结果文件：光盘\结果文件\第 17 章\工作牌.psd、员工制服.psd
	同步教学文件：光盘\多媒体教学文件\第 17 章\

制作分析

本例难易度：★★★★☆

制作关键：

首先新建图层，新建路径并填充，来绘制出员工制服主体，然后描边图层，接着使用画笔工具绘制制服纹理，使用椭圆选框工具创建选区并填充，来绘制纽扣，接下来新建文档，利用制作好的企业标识素材文件，通过移动和变换图像，制作工作牌，并将工作牌移动到员工制服上即可。

技能与知识要点：

- 钢笔工具
- “用前景色填充路径”按钮
- “创建新路径”按钮
- “描边”命令
- 画笔工具
- 椭圆选框工具
- 移动工具

具体步骤

STEP 01：**新建文档**。单击“文件”→“新建”命令，弹出“新建”对话框。在“名称”文本框中输入“员工制服”，“宽度”为“18 厘米”，“高度”为“16 厘米”，“分辨率”为“200 像素/英寸”，然后单击“确定”按钮。

STEP 02：**绘制路径**。单击工具箱中的“钢笔工具”按钮，然后在图像窗口中绘制出制服的路径。

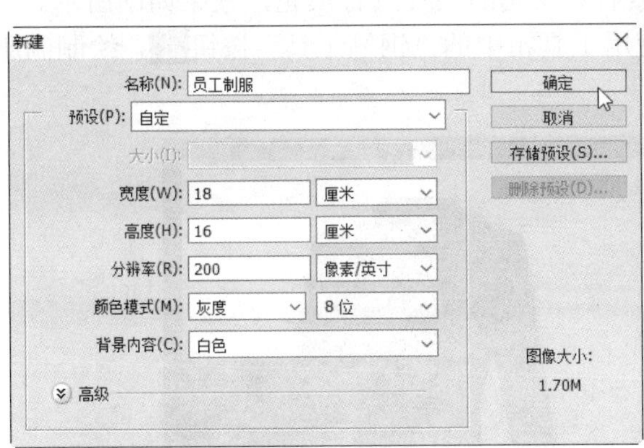

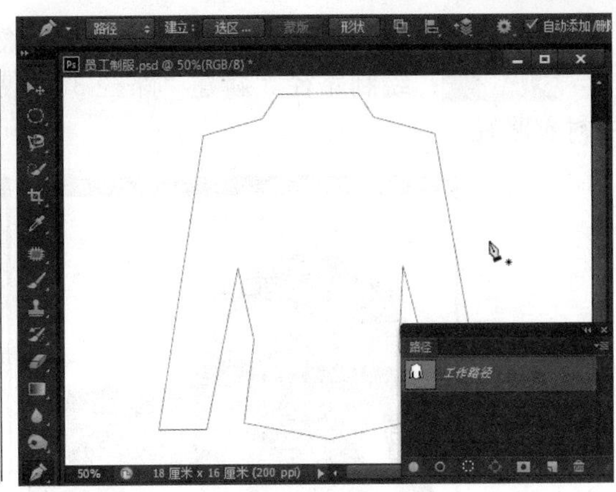

STEP 03：**填充路径**。新建“图层 1”，设置前景色为“R：55、G：19、B：209”，然后单击“路径”面板中的“用前景色填充路径”按钮，对路径进行填充。

STEP 04：**绘制路径**。单击“路径”面板中的“创建新路径”按钮新建“路径 1”，然后单击工具箱中的“钢笔工具”按钮，绘制裙子的路径。

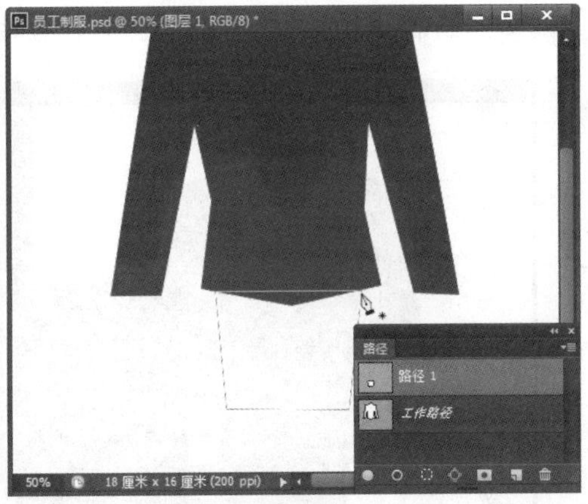

STEP 05：**填充路径**。新建“图层 2”，然后单击“路径”面板中的“用前景色填充路径”按钮，对路径进行填充。

STEP 06：**绘制路径**。新建“路径 2”，使用工具箱中的“钢笔工具”按钮，绘制制服领子的路径。

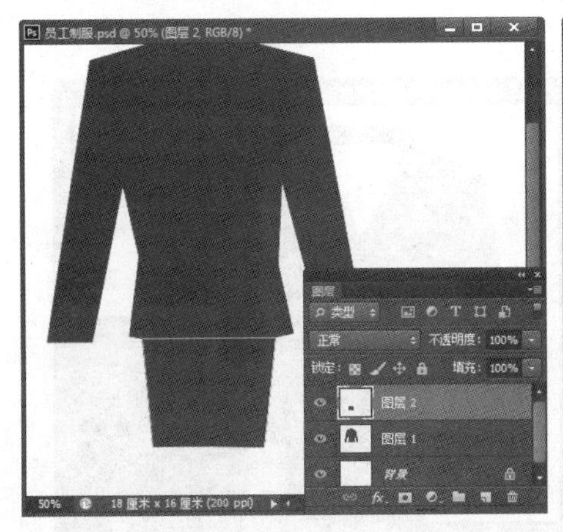

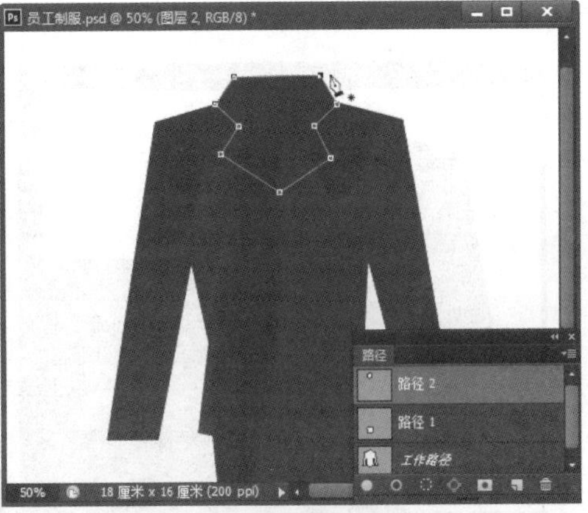

STEP 07：**填充路径**。新建“图层 3”，然后对绘制的路径进行填充，效果如图所示。

STEP 08：**绘制路径**。新建“路径 3”，使用工具箱中的“钢笔工具”按钮，绘制制服中衬衣路径。

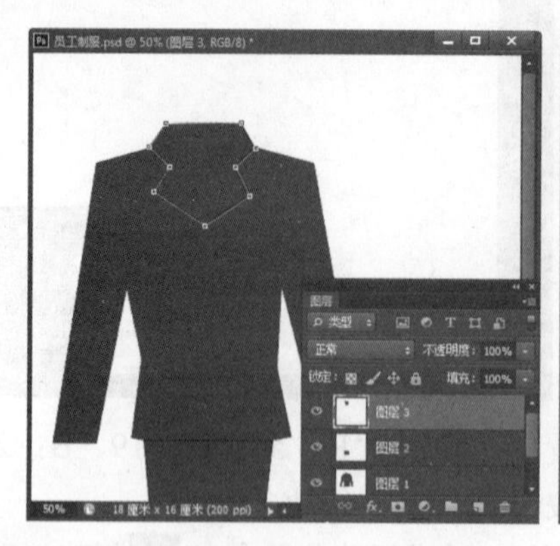

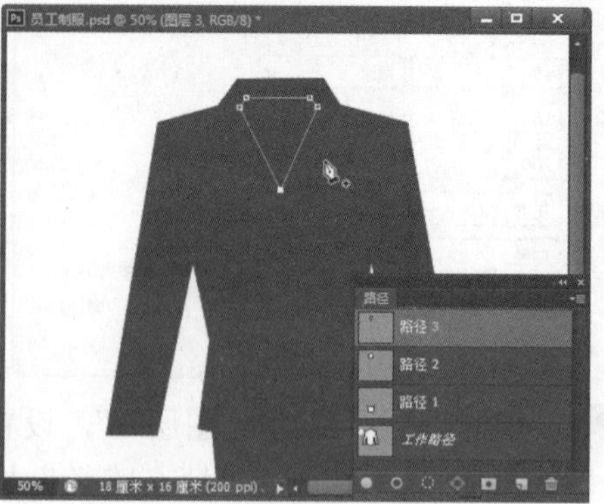

STEP 09：**填充路径**。新建“图层 4”，设置前景色为白色，然后单击“路径”面板中的“用前景色填充路径”按钮，对路径进行填充。

STEP 10：**绘制路径**。新建“路径 4”，使用“钢笔工具”，绘制衬衣衣领的路径。

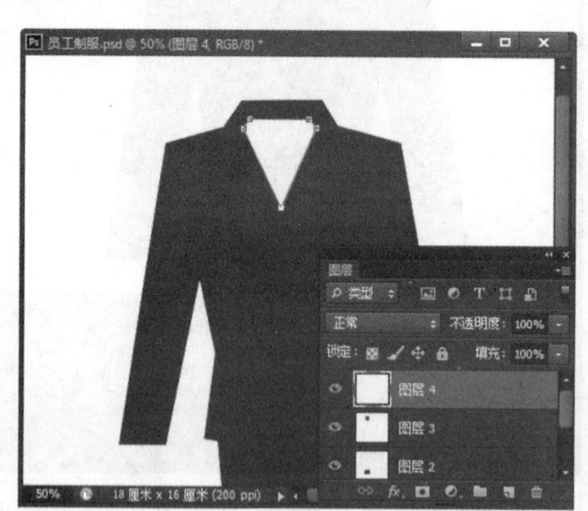

STEP 11：**填充路径**。新建“图层 5”，设置前景色为白色，然后单击“路径”面板中的“用前景色填充路径”按钮，对路径进行填充。

STEP 12：**绘制路径**。新建“路径 5”，使用“钢笔工具”，绘制领带的路径，效果如图所示。

STEP 13：**填充路径**。新建“图层 6”，设置前景色为“R：255、G：136、B：0”，然后单击“路径”面板中的“用前景色填充路径”按钮，对路径进行填充。

STEP 14：**描边图层**。选择任意一个图层，并单击“编辑”→“描边”命令，在弹出的“描边”对话框中设置“宽度”为“2 像素”，选择“内部”单选项，单击“确定”按钮。

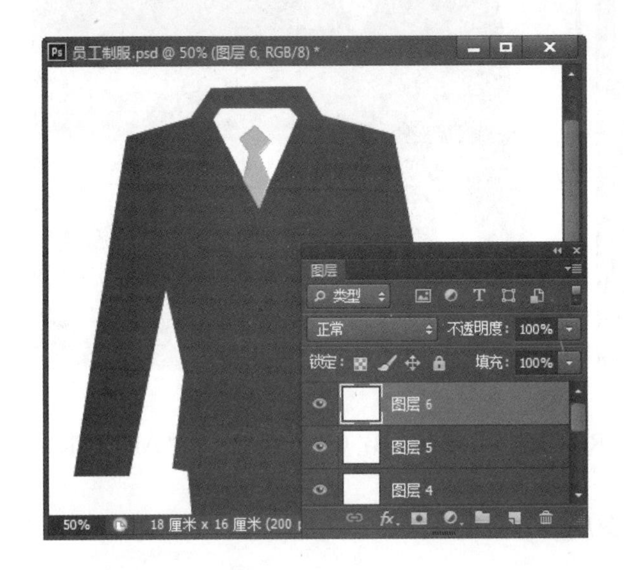

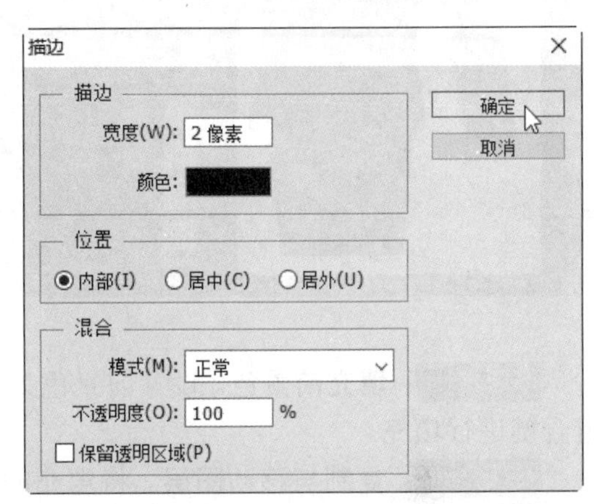

STEP 15：**描边图层**。使用同样的方法，对除背景图层外的所有图层进行描边操作。

STEP 16：**调整图层次序**。在“图层”面板中，选择“图层 2”，并按住鼠标左键进行拖动，将其拖动到“图层 1”下方。

STEP 17：**绘制纹理**。新建“图层 7”，然后单击工具箱中的“画笔工具”按钮，在绘制的制服上添加纹理，效果如图所示。

STEP 18：**绘制正圆选区**。新建“图层 8”，并单击工具箱中的“椭圆选框工具”按钮，然后按住“Shift”绘制正圆选区。

STEP 19：**填充前景色**。设置前景色为“R：255、G：136、B：0”，然后按下“Alt+Delete”组合键进行填充。

STEP 20：**复制与移动图层**。将填充的图层进行复制，然后单击工具箱中的“移动工具”按钮，将其移动到合适的位置。

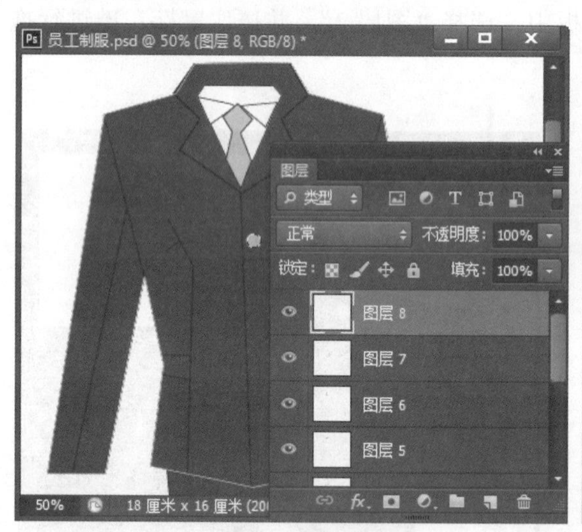

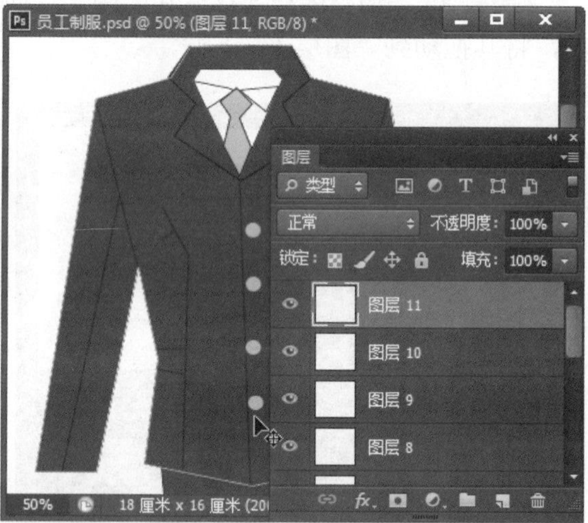

STEP 21：**新建文档**。单击“文件”→“新建”命令，弹出“新建”对话框。在“名称”文本框中输入“工作牌”，“宽度”为“4 厘米”，“高度”为“1 厘米”，“分辨率”为“200 像素/英寸”，然后单击“确定”按钮。

STEP 22：**绘制选区**。单击工具箱中的“矩形选框工具”按钮，在图像窗口中绘制矩形选区。

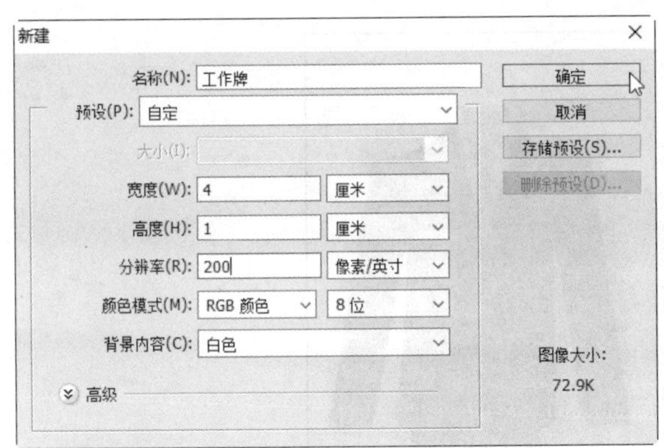

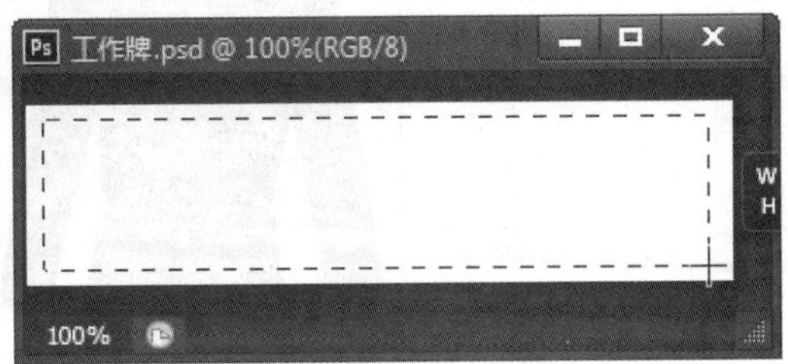

STEP 23：**反向与填充**。单击“选择”→“反相”命令，反相选择选区，然后设置前景色为“R：255、G：136、B：0”，并按下“Alt+Delete”组合键进行填充。

STEP 24：**移动图像**。打开“VI 设计-标识.psd”图像文件；单击工具箱中的“移动工具”按钮，将制作好的标志移动到工作牌图像窗口中，按下“Ctrl+T”组合键进行调整。

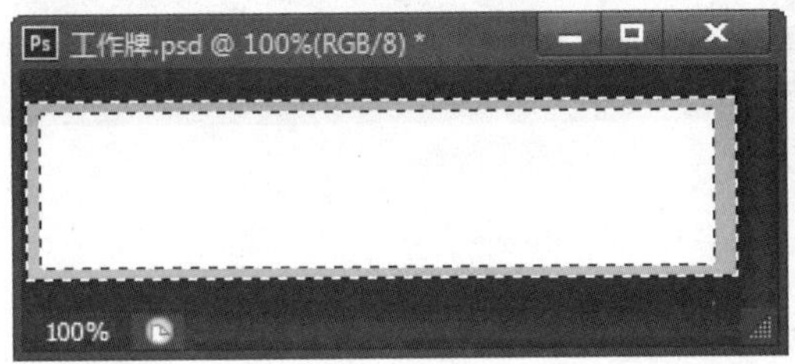

STEP 25：**移动文字**。再次使用“移动工具”按钮，将制作好的标志文字移动到工作牌图像窗口中。

STEP 26：**移动图像**。单击工具箱中的“移动工具”按钮，将制作号的工作牌移动到绘制的制服图像窗口中，并对其进行缩放，然后将其放置到合适的位置。

STEP 27：**擦出图像**。使用同样的方法，绘制男员工的制服，制服绘制完成后的效果如下图所示。

17.3 员工工作证设计

案例效果

原始素材文件:光盘\素材文件\ VI 设计-标识.psd
最终结果文件:光盘\结果文件\第 17 章\工作证.psd
同步教学文件:光盘\多媒体教学文件\第 17 章\

制作分析

本例难易度：★★★★★

制作关键：	技能与知识要点：
新建图层，绘制路径并转换为选区，使用渐变填充，在图像中绘制形状，接着绘制并填充路径制作工作证带子，水平翻转图像，然后将制作好的企业标识移动到工作证图像中，接下来绘制并描边选区，最后输入文字即可。	● 圆角矩形工具 ● 路径的相关操作 ● 钢笔工具 ● “水平翻转”命令 ● “描边”命令 ● 文字输入工具

具体步骤

STEP 01：**新建文档**。单击“文件”→“新建”命令，弹出“新建”对话框。在“名称”文本框中输入“工作证”，“宽度”为“10 厘米”，“高度”为“15 厘米”，“分辨率”为“200 像素/英寸”，然后单击“确定”按钮。

STEP 02：**绘制路径**。单击工具箱中的“圆角矩形工具”按钮，并在对应的属性栏中设置“半径”为“20 像素”，然后单击“选择工具模式”下拉列表框右侧的按钮，选择“路径”选项，最后在图像窗口中绘制圆角矩形路径。

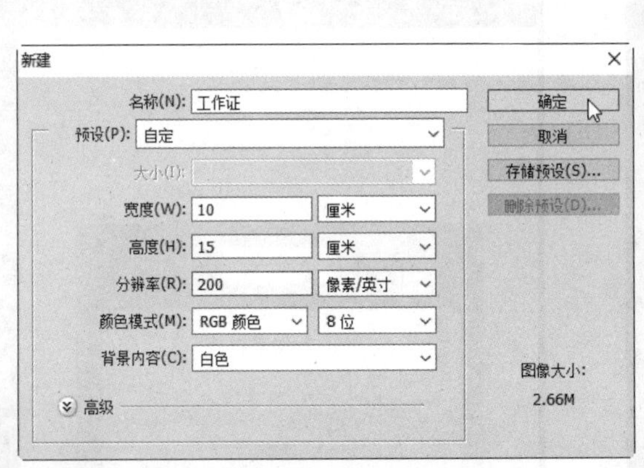

STEP 03：**载入与填充选区**。新建“图层 1”，单击“路径”面板中的“将路径作为选区载入”按钮，将路径转换为选区，然后使用渐变工具对其进行填充。

STEP 04：**绘制形状**。单击工具箱中的“圆角矩形工具”按钮，在属性栏中单击“选择工具模式”下拉列表框右侧的按钮，选择“形状”选项，设置填充色为白色，然后在图像窗口中绘制圆角矩形形状。

STEP 05：**绘制形状**。单击工具箱中的“圆角矩形工具”按钮，然后在图像窗口中绘制形状。

STEP 06：**绘制路径**。新建“图层 2”，然后单击工具箱中的“钢笔工具”按钮，在图像窗口中绘制工作证的带子。

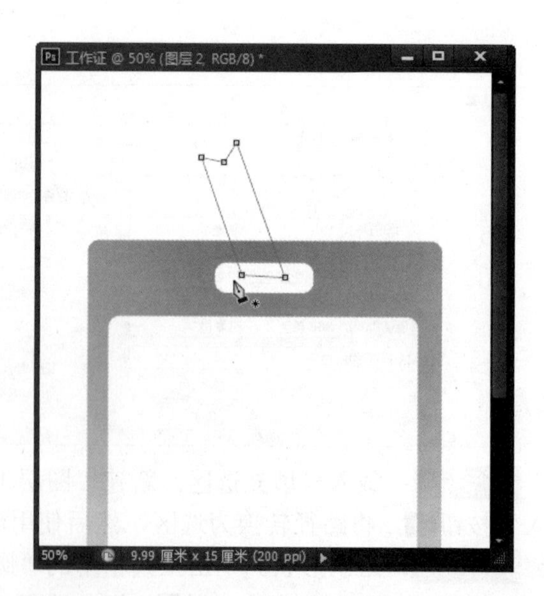

STEP 07：**填充路径**。选择“图层 2”，设置前景色为“R：255、G：25、B：0”，然后单击“路径”面板中的“用前景色填充路径”按钮，对路径进行填充。

STEP 08：**翻转图层**。复制“图层 2”得到“图层 2 副本”，选择复制得到的图层，然后单击“编辑”→“变换”→“水平翻转”命令，将图像进行水平翻转。

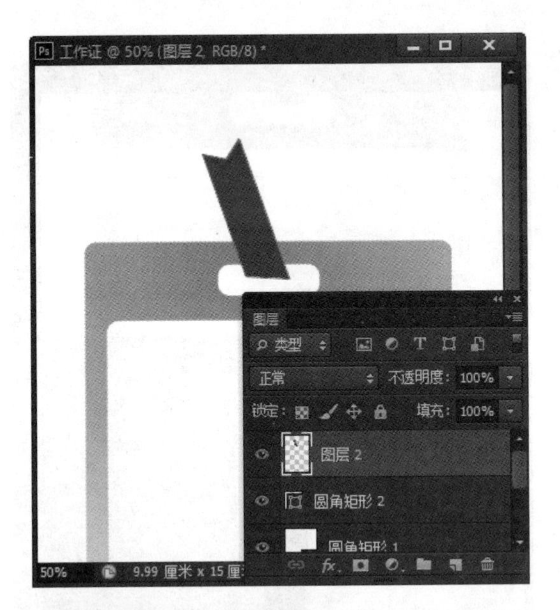

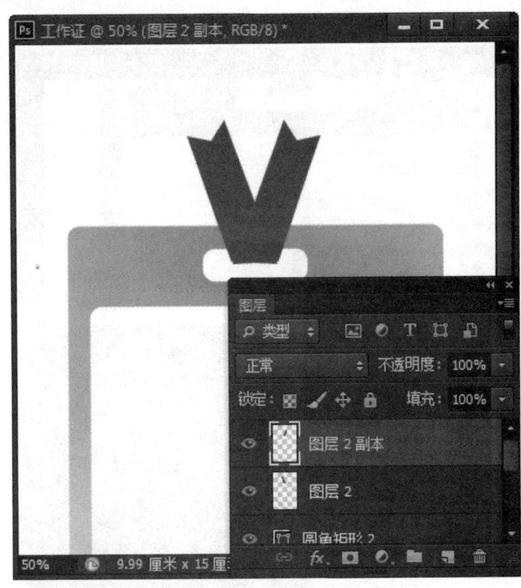

STEP 09：**调整图层次序**。在“图层”面板中选择翻转后的图层，将其拖动到“图层 1”的下方。

STEP 10：**移动与调整图像**。打开“VI 设计-标识.psd”图像文件；单击工具箱中的“移动工具”按钮，将制作好的标志移动到工作证图像窗口中。

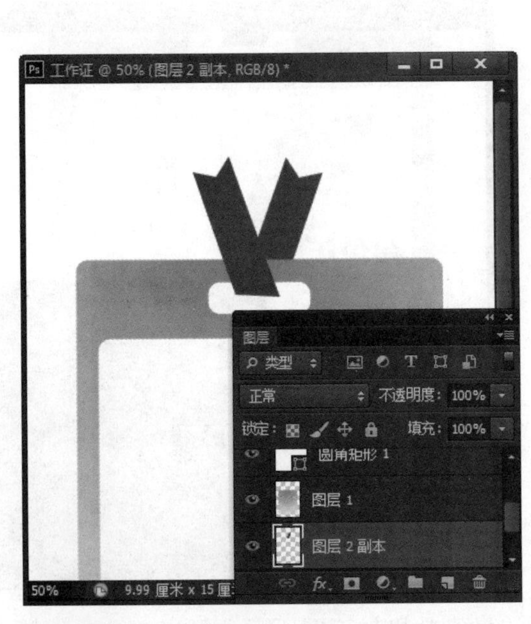

STEP 11：**创建选区**。新建“图层 3”，使用“矩形选框工具”按钮绘制一个矩形选区。

STEP 12：**描边选区**。单击“编辑”→“描边”命令，在弹出的“描边”对话框中设置

“宽度”为“2 像素”，然后选择“内部”单选项，单击“确定”按钮，描边后的效果如下图所示。

STEP 13：**输入文字**。单击工具箱中的“横排文字工具”按钮T，在属性栏中设置“字体”为“黑体”，“字号”为“9 点”，颜色为“R：255、G：25、B：0”，然后在图像窗口中输入文字“姓名：”和“编号：”。

STEP 14：**输入文字**。选择“直排文字工具”IT，设置“字体”为“黑体”，“字号”为“12 点”，颜色为“R：255、G：25、B：0”，然后在绘制的矩形框中输入文字“照片”。

STEP 15：**最终效果**。工作证制作完成后的最终效果如下图所示。

17.4　雨伞设计

案例效果

	原始素材文件：光盘\素材文件\第 17 章\ VI 设计-标识.psd
	最终结果文件：光盘\结果文件\第 17 章\雨伞设计.psd
	同步教学文件：光盘\多媒体教学文件\第 17 章\

制作分析

本例难易度：★★★★☆

制作关键：

新建图层，通过绘制选区、变换选区、填充和描边来完成雨伞设计的主体部分，然后通过绘制路径、将路径转变为选区、填充选区、设置图层不透明度来制作雨伞细节，接下来将制作好的企业标识移动到工作证图像中即可。

技能与知识要点：

- 选框工具的相关操作
- 变换选区和图像
- “描边”命令
- 钢笔工具
- 路径的相关操作
- 渐变工具
- 移动工具
- 设置图层不透明度

具体步骤

STEP 01：**新建文档**。单击“文件”→“新建”命令，弹出“新建”对话框。在“名称”文本框中输入“雨伞设计”，“宽度”为“14 厘米”，“高度”为“15 厘米”，“分辨率”为“200 像素/英寸”，然后单击“确定”按钮。

STEP 02：**绘制选区**。单击工具箱中的“椭圆选框工具”按钮，然后按住鼠标左键进行拖动，绘制椭圆选区。

STEP 03：**修改选区**。单击工具箱中的“矩形选框工具”按钮，然后在对应的属性栏中单击“与选区交叉”按钮，最后在图像窗口中绘制矩形选区。

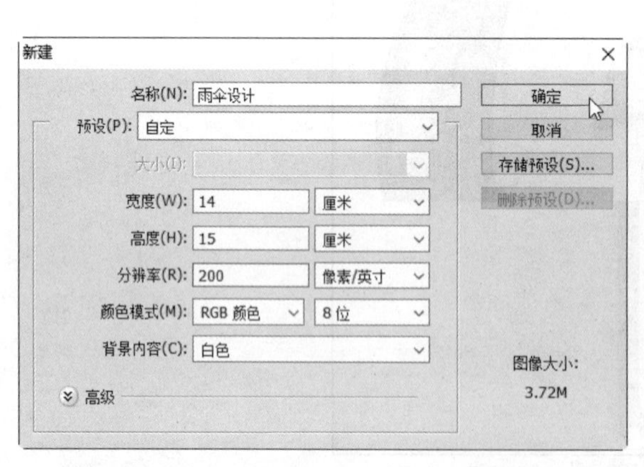

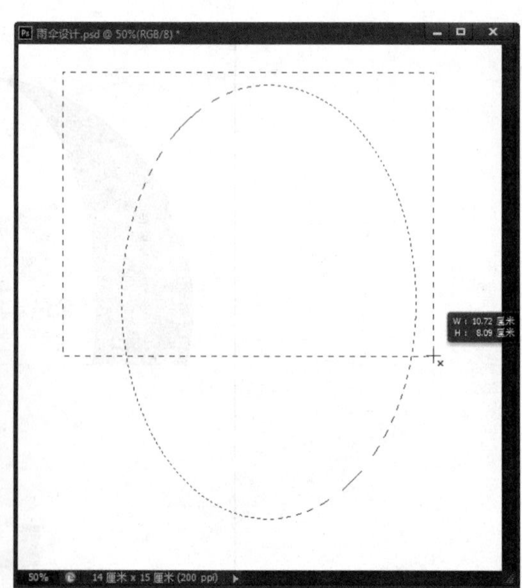

STEP 04：**选区创建效果**。椭圆选区与矩形选区交叉后的结果如图所示。

STEP 05：**填充选区**。新建“图层 1”，设置前景色为白色，然后按下“Alt+Delete”组合键对选区进行填充。

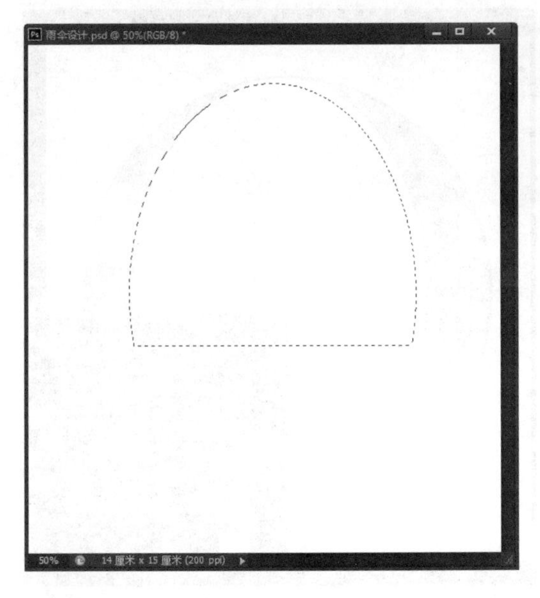

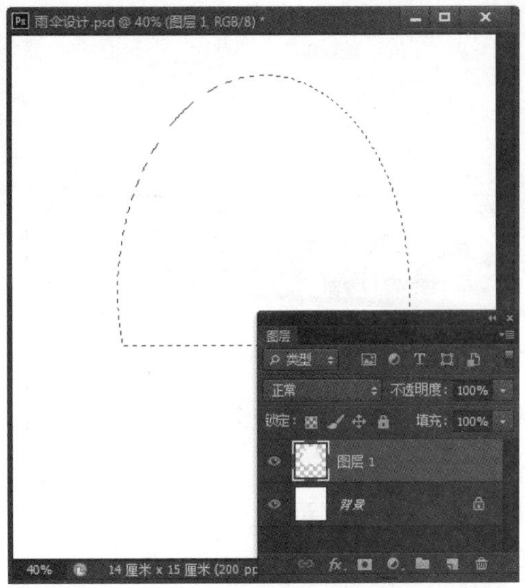

STEP 06：**变换选区**。单击“选择”→“变换选区”命令，选区周围将出现控制框，拖动控制框，改变选区的宽度。

STEP 07：**填充选区**。新建“图层 2”；设置前景色为“R：255、G：114、B：0”；在“图层”面板中，将“图层 2”拖动到“图层 1”之下，按下“Alt+Delete”组合键对选区进行填充；然后按下“Ctrl+D”组合键取消选区。

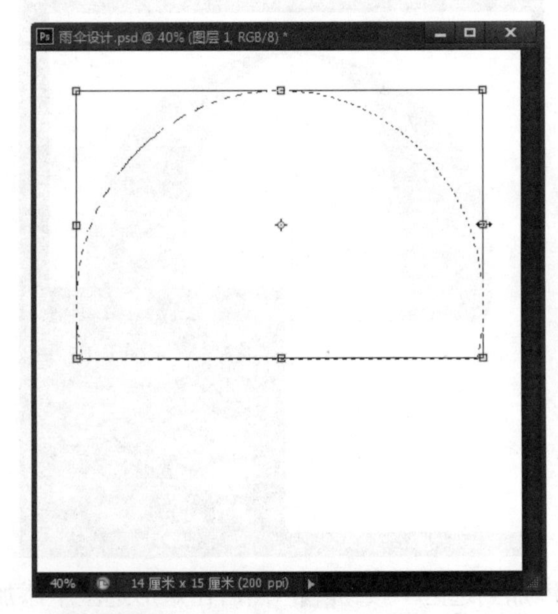

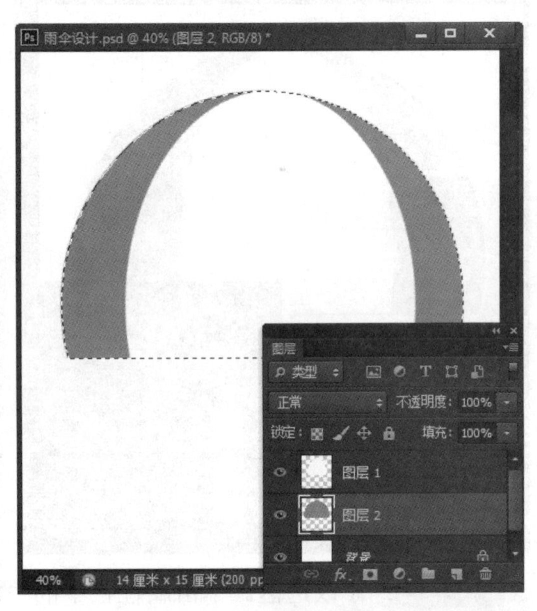

STEP 08：**描边图层**。选择“图层 1”，然后单击“编辑”→“描边”命令，在弹出的“描边”对话框中设置“宽度”为“2 像素”，“颜色”为黑色，选择“居中”单选项，然后单击“确定”按钮。

STEP 09：**描边图层**。使用同样的方法，对图层 2 进行描边，描边后的效果如图所示。

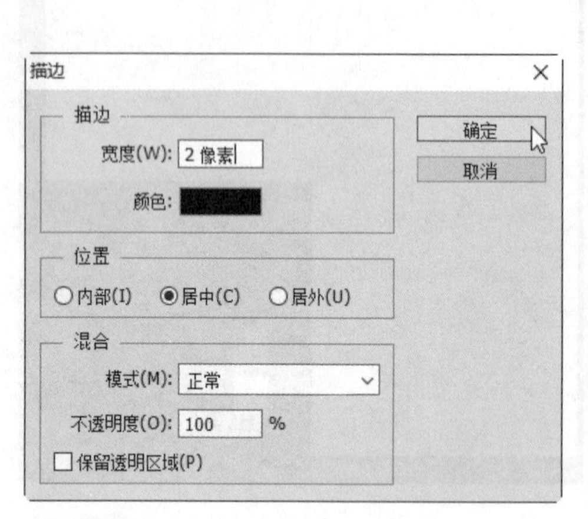

STEP 10：**缩放图像**。单击“图层 1”，然后按下“Ctrl+T”组合键对图层中的图像进行缩放。

STEP 11：**绘制选区**。新建“图层 3”，然后单击“矩形选框工具”按钮，在图像窗口中绘制矩形选区。

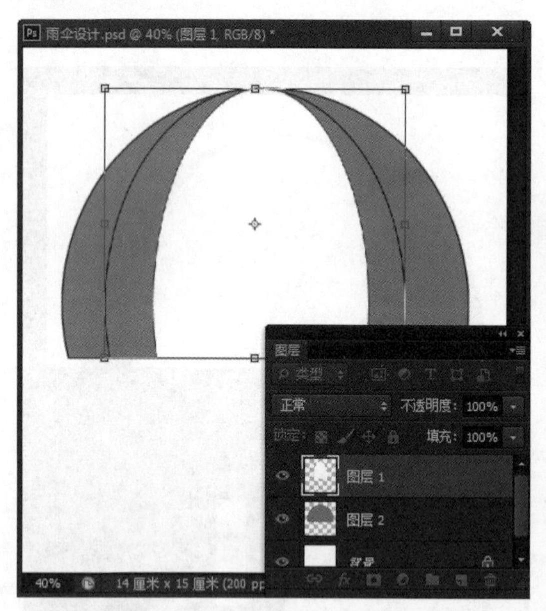

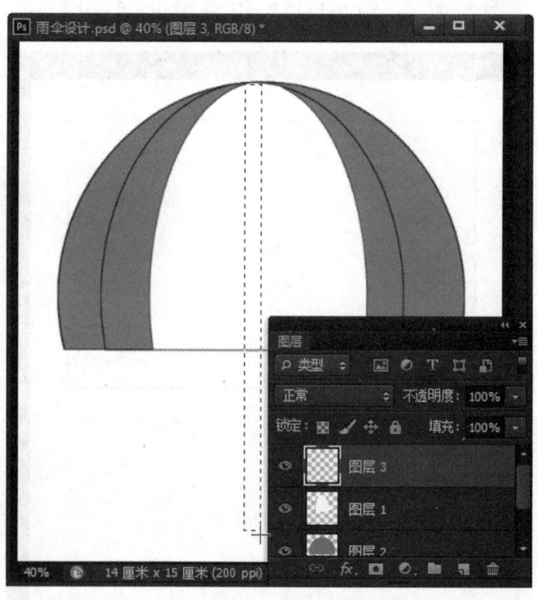

STEP 12：**修改选区**。单击属性栏中的“添加到选区”按钮，然后在矩形选区中添加矩形选区，效果如下图所示。

STEP 13：**设置渐变**。单击工具箱中的“渐变工具”按钮，在属性栏中单击“点按可编辑渐变”色块，弹出“渐变编辑器”对话框，然后在“预设”栏中选择“黑色、白色”选项，单击“确定”按钮。

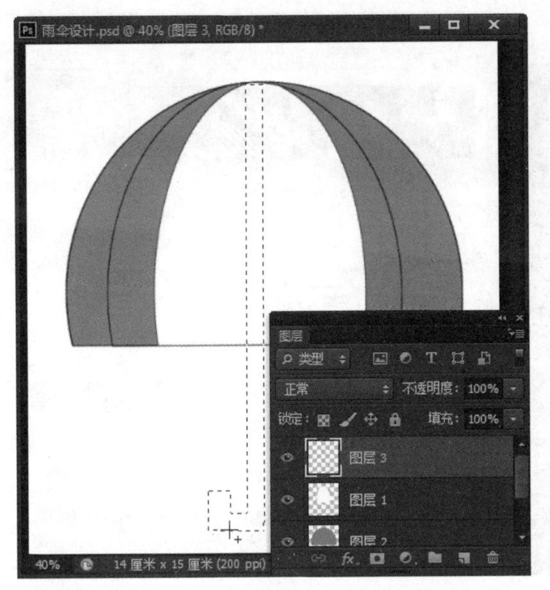

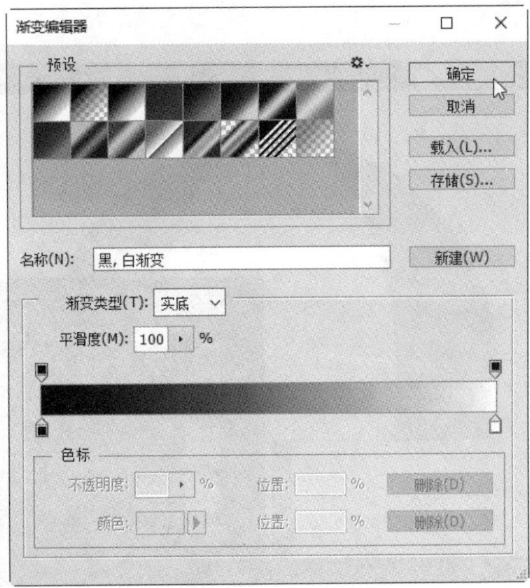

STEP 14：**渐变填充**。在图像窗口中，按住鼠标左键进行拖动，对选区进行填充。

STEP 15：**调整图层次序**。选择“图层 3”，然后按住鼠标左键进行拖动，将其拖动到“背景”图层上方。

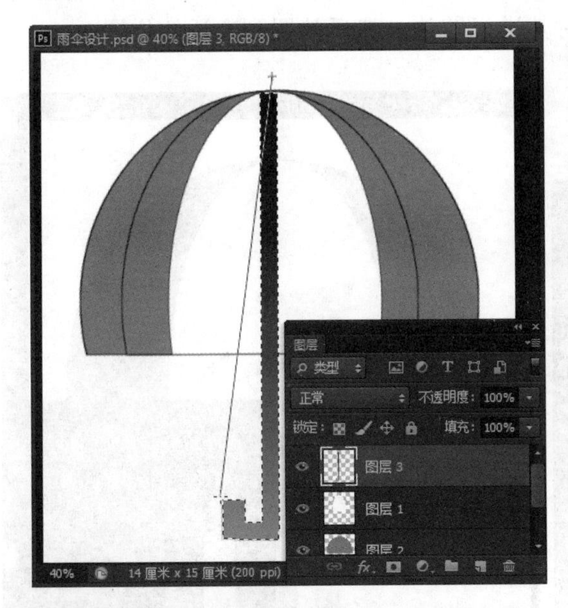

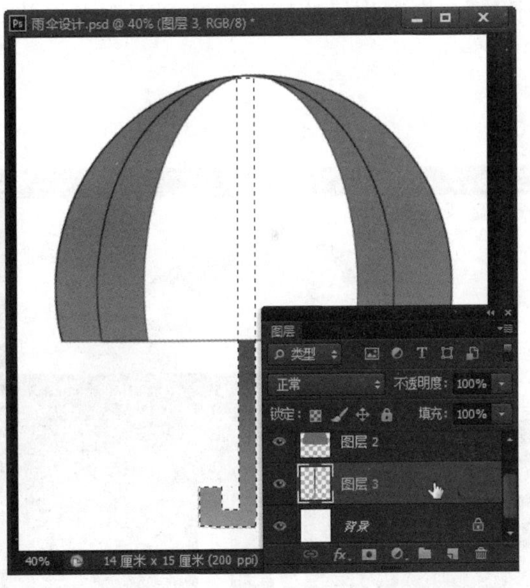

STEP 16：**绘制路径**。新建“图层 4”，单击工具箱中的“钢笔工具”按钮，然后在雨伞的顶部绘制路径，效果如图所示。

STEP 17：**设置渐变**。单击工具箱中的“渐变工具”按钮，在属性栏中单击“点按可编辑渐变”色块，弹出“渐变编辑器”对话框；在对话框中设置由“R：255、G：253、B：0”到“R：255、G：114、B：0”的渐变，然后单击“确定”按钮。

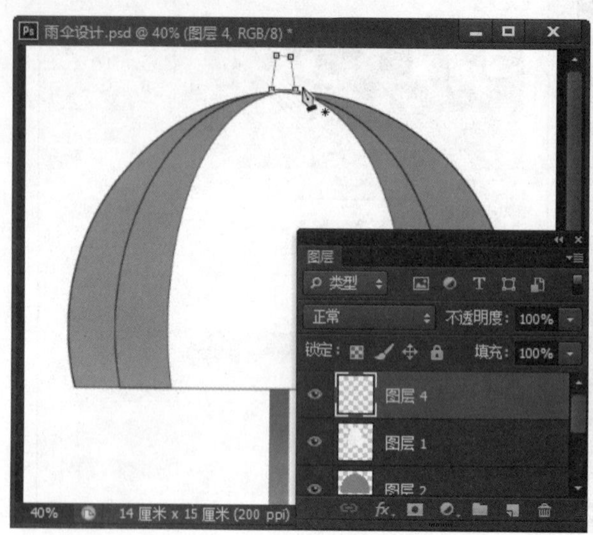

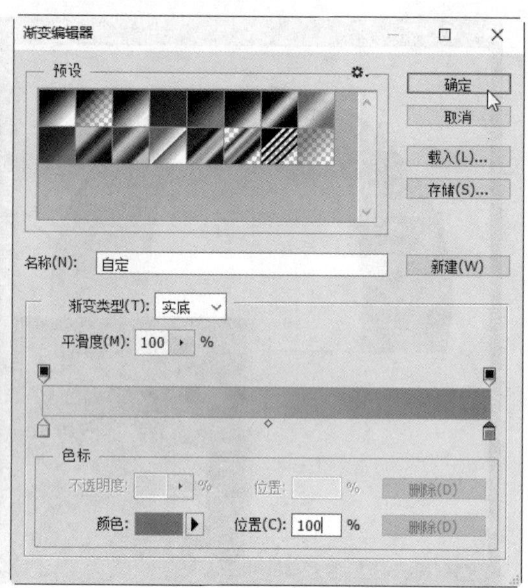

STEP 18：**载入与填充选区**。单击“路径”面板底部“将路径作为选区载入”按钮，然后在图像窗口中，按住鼠标左键进行拖动，对选区进行填充。

STEP 19：**移动图像**。打开“VI 设计-标识.psd”图像文件；单击工具箱中的“移动工具”按钮，将制作好的标识移动到雨伞上，并对其进行缩放，然后放置到合适的位置。

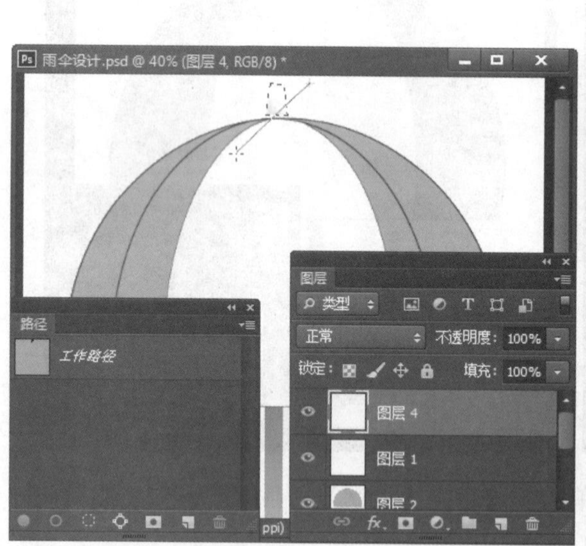

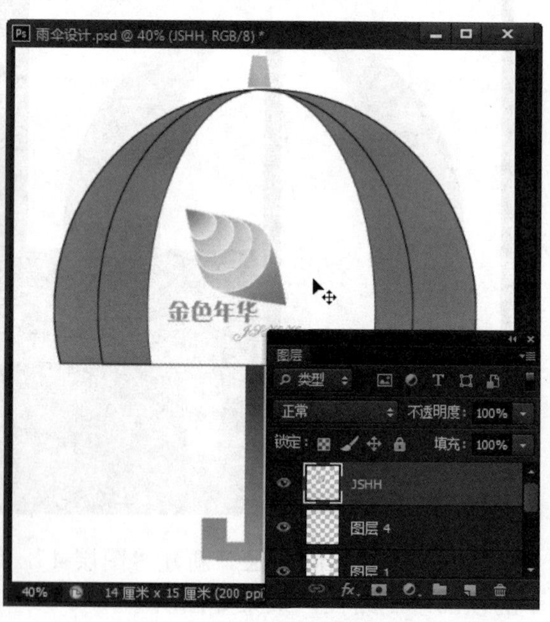

STEP 20：**绘制路径**。新建“图层 5”，单击工具箱中的“钢笔工具”按钮，然后在雨伞上绘制高光部分的路径，效果如下图所示。

STEP 21：**载入与填充选区**。单击“路径”面板底部的“将路径作为选区载入”按钮，将路径转换为选区，并将其填充为白色。

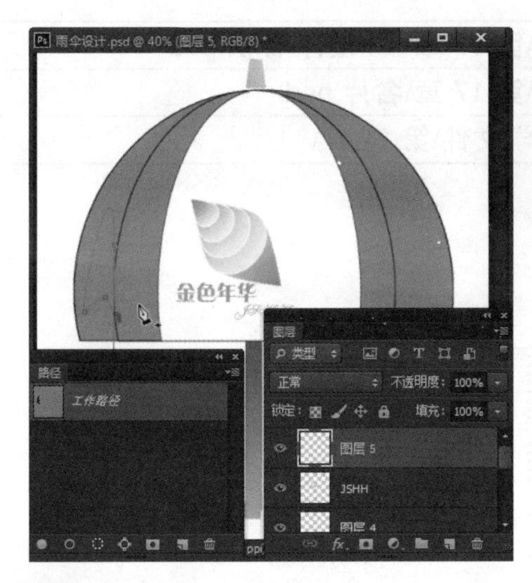

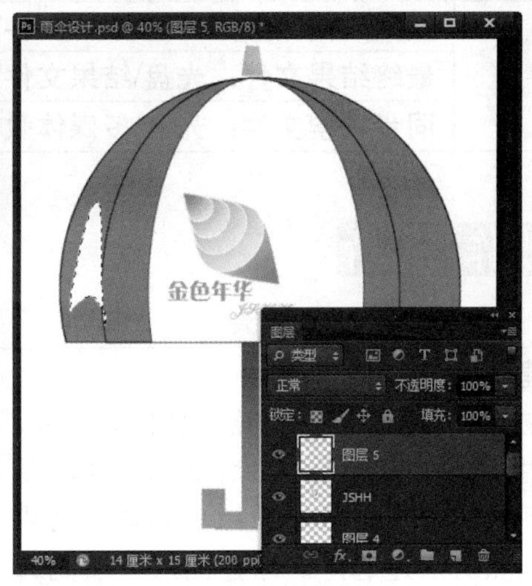

STEP 22：**设置图层不透明度**。在“图层”面板中，设置图层的不透明度为“50%”。

STEP 23：**最终效果**。使用同样的方法绘制剩余的高光效果，绘制完成后的最终效果如图所示。

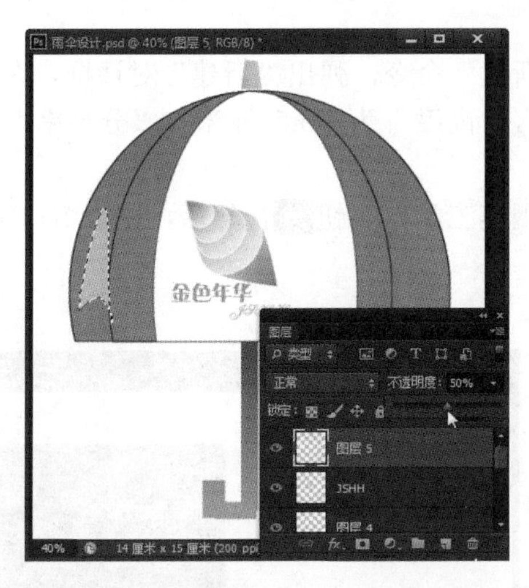

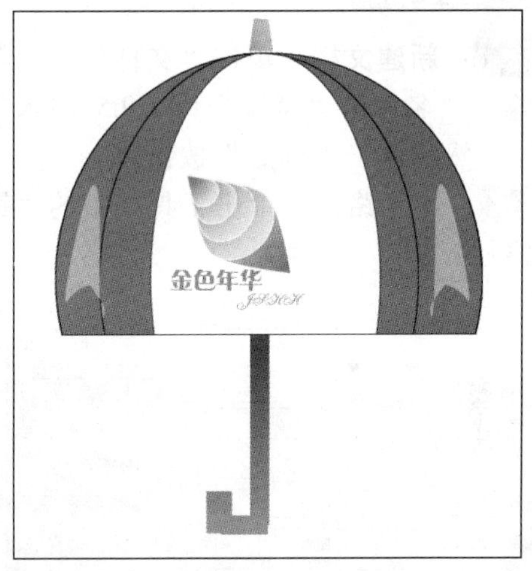

17.5 设计名片

案例效果

	原始素材文件：光盘\素材文件\第 17 章\ VI 设计-标识.psd
	最终结果文件：光盘\结果文件\第 17 章\名片.psd
	同步教学文件：光盘\多媒体教学文件\第 17 章\

制作分析

本例难易度：★★★★☆

制作关键：

首先绘制路径，然后将路径转换为选区，接着使用渐变填充选区，然后复制并翻转图像，接下来将制作好的企业标识移动到名片图像中，然后创建选区，新建图层并填充选区，最后使用文字工具输入文字即可。

技能与知识要点：

- 路径的相关操作
- 渐变工具
- “水平翻转”命令
- 移动图像
- 文字工具

具体步骤

STEP 01：**新建文档**。单击“文件”→“新建”命令，弹出“新建”对话框，在“名称”文本框中输入“名片”，“宽度”为“9.5 厘米”，“高度”为“5.5 厘米”，“分辨率”为“200 像素/英寸”，然后单击“确定”按钮。

STEP 02：**绘制路径**。单击工具箱中的“钢笔工具”按钮，然后，图像窗口中绘制如图所示的路径。

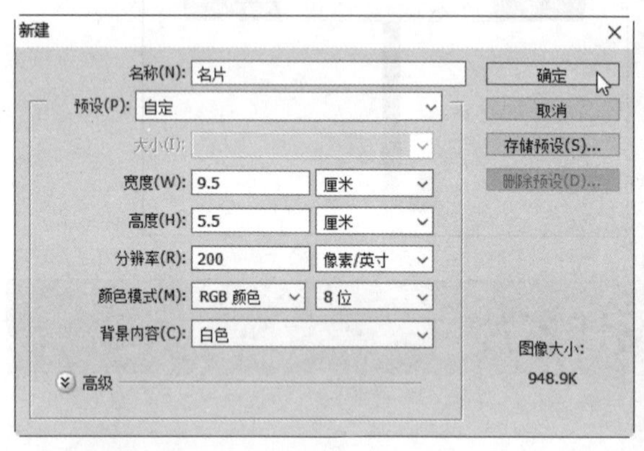

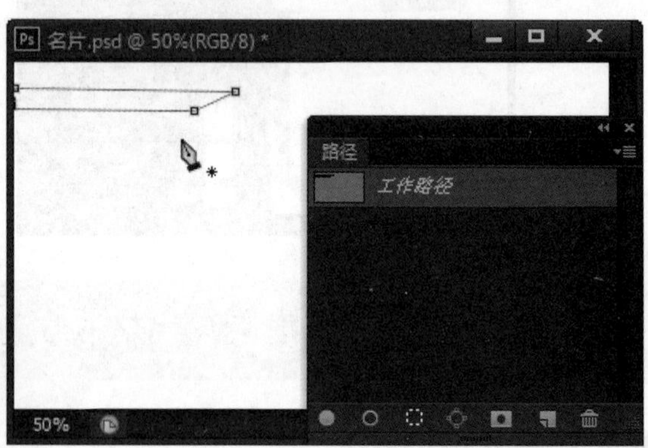

STEP 03：**转换为选区**。单击“路径”面板中的“将路径作为选区载入”按钮，将路径转换为选区。

STEP 04：**设置渐变工具**。单击工具箱中的“渐变工具”按钮，在属性栏中单击“点按可编辑渐变”色块，弹出“渐变编辑器”对话框。在对话框中设置由“R：255、G：253、B：0”到“R：255、G：114、B：0”的渐变，然后单击“确定”按钮。

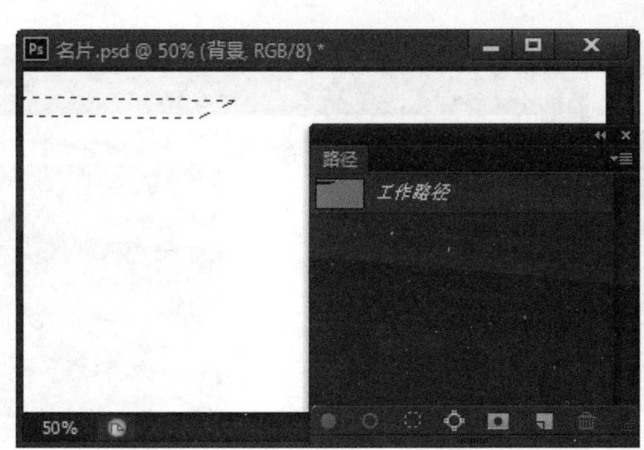

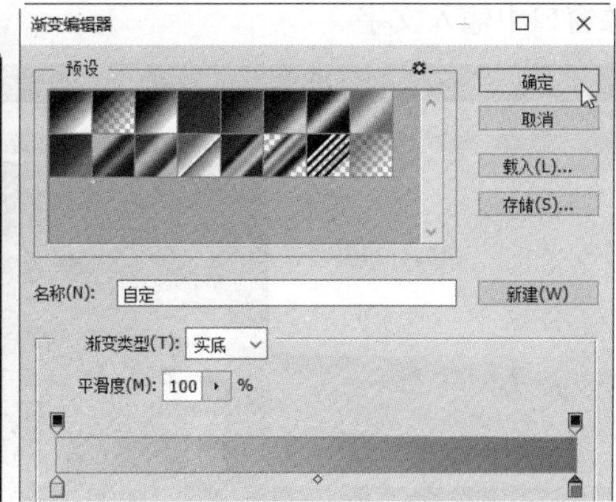

STEP 05：**渐变填充**。新建“图层 1”，然后在图像窗口中按住鼠标左键进行拖动，对选区进行渐变填充。

STEP 06：**翻转图像**。复制“图层 1”得到“图层 1 副本”，然后单击“编辑”→“变换”→“水平翻转”命令，对图像文件进行水平翻转，并将其移动到合适的位置。

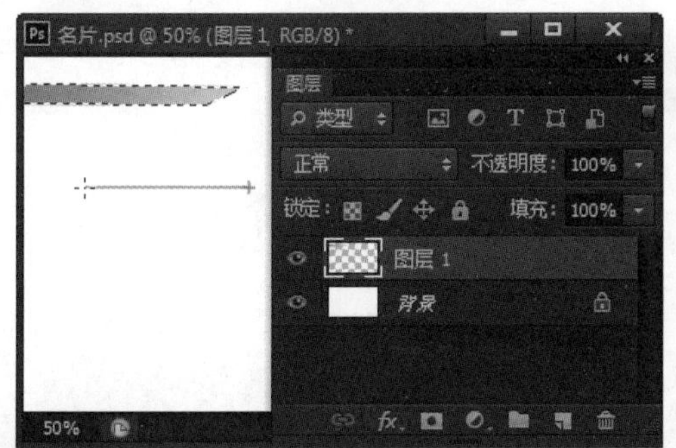

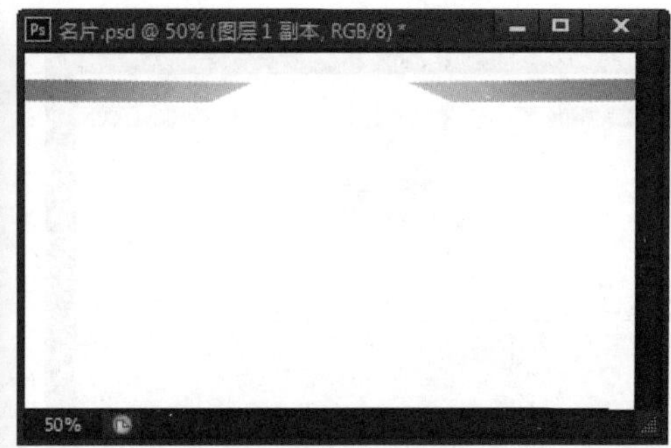

STEP 07：**移动图像**。打开“VI 设计-标识.psd”图像文件；单击工具箱中的“移动工具”按钮，将制作好的标志移动到名片图像窗口中。

STEP 08：**绘制选区**。单击工具箱中的“矩形选框工具”按钮，在图像窗口中绘制矩形选区。

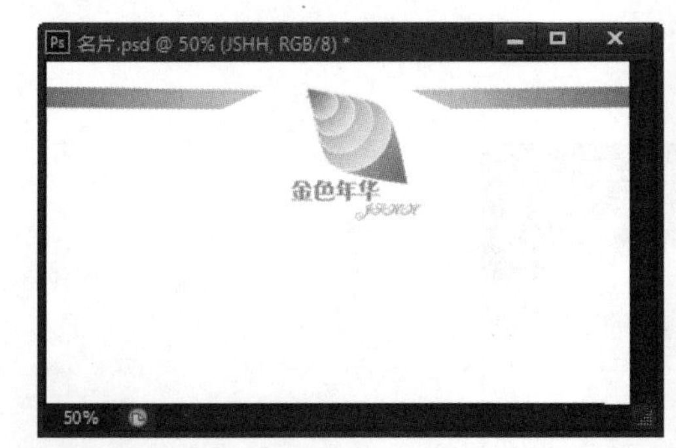

STEP 09：**填充选区**。新建“图层 2”，设置前景色为“R：255、G：190、B：0”，然后按下“Alt+Delete”组合键对选区进行填充。

STEP 10：**输入文字**。单击工具箱中的“横向文字工具”按钮，并在对应的属性栏中设置“字体”为“隶书”，“字号”为“12 点”，颜色为“R：123、G：80、B：157”，然后在图像窗口中输入文字。

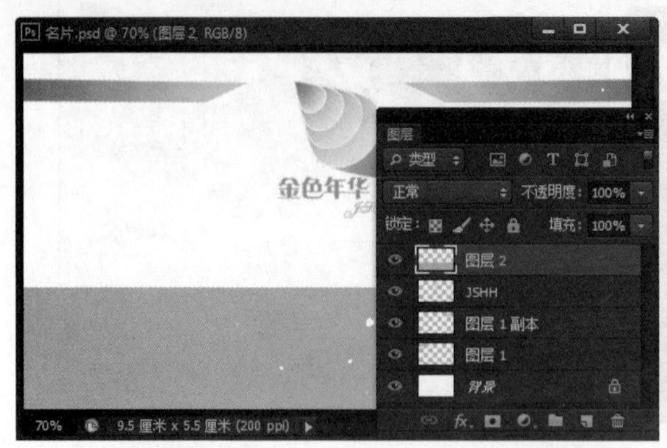

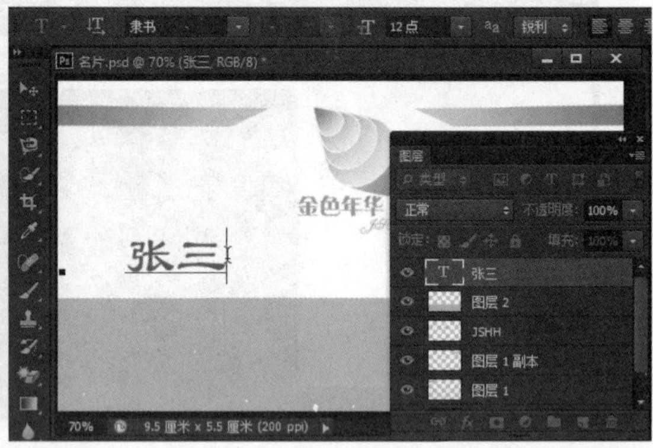

STEP 11：**输入文字**。使用同样的方法，在图像窗口中输入职位以及联系电话，效果如图所示。

STEP 12：**输入文字**。单击工具箱中的“横向文字工具”按钮T，并在对应的属性栏中设置文字颜色为白色，然后在图像窗口中输入公司的相关信息，最终效果如图所示。

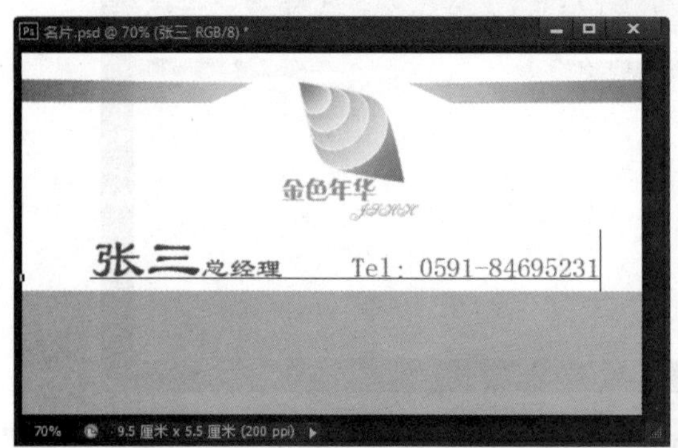

17.6 设计公司信纸

案例效果

原始素材文件：光盘\素材文件\ VI 设计-标识.psd
最终结果文件：光盘\结果文件\第 17 章\信纸.psd
同步教学文件：光盘\多媒体教学文件\第 17 章\

制作分析

本例难易度：★★★★★

制作关键：

首先创建选区，填充与变形选区，接着复制图层，对图层副本进行变换和填充，根据需要调整图层位置和次序，然后将制作好的企业标识移动到信纸图像中，最后使用文字工具在信纸中输入文字信息即可。

技能与知识要点：

- 矩形选框工具
- 前景色填充
- 变换图像
- 移动工具
- 文字工具

具体步骤

STEP 01：**新建文档**。单击“文件”→“新建”命令，弹出“新建”对话框。在“名称”文本框中输入“信纸”，“宽度”为“21 厘米”，“高度”为“29.7 厘米”，“分辨率”为“200 像素/英寸”，然后单击“确定”按钮。

STEP 02：**绘制选区**。新建“图层 1”，然后单击工具箱中的“矩形选框工具”按钮，在图像窗口中绘制矩形选区。

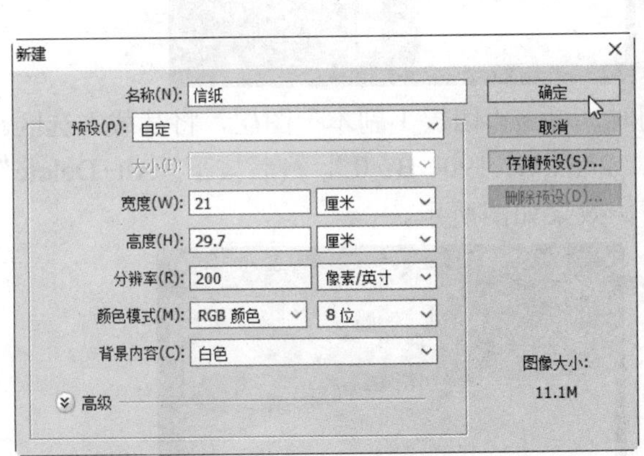

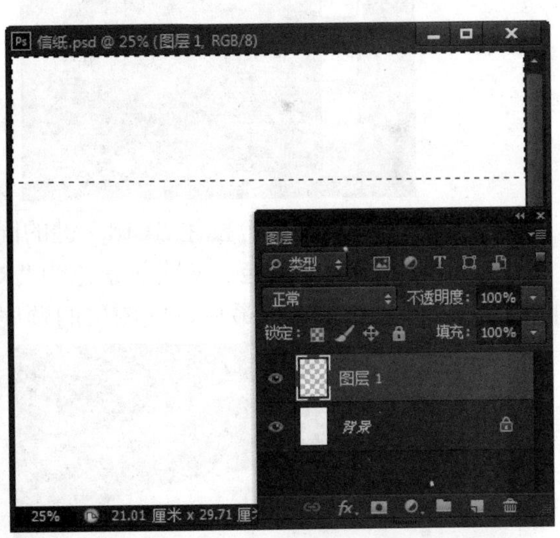

STEP 03：**填充前景色**。设置前景色为“R：255、G：114、B：0”，然后按下“Alt+Delete”组合键对选区进行填充。

STEP 04：**变换选区**。单击“编辑”→“变换”→“变形”命令，图像周围将出现网格，然后拖动图像窗口中的网格对图像进行调整，完成后按下“Enter”键确认。

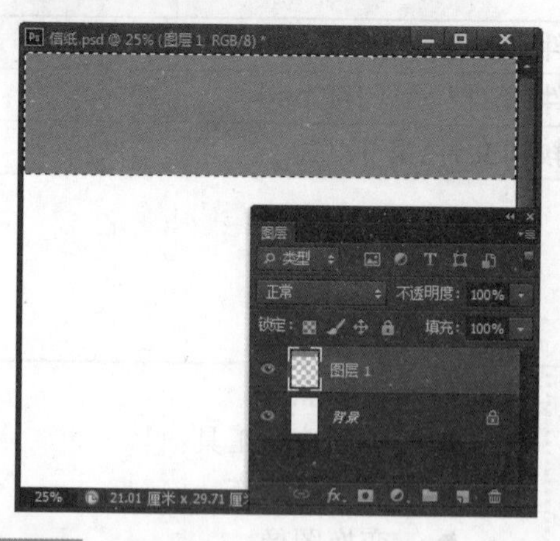

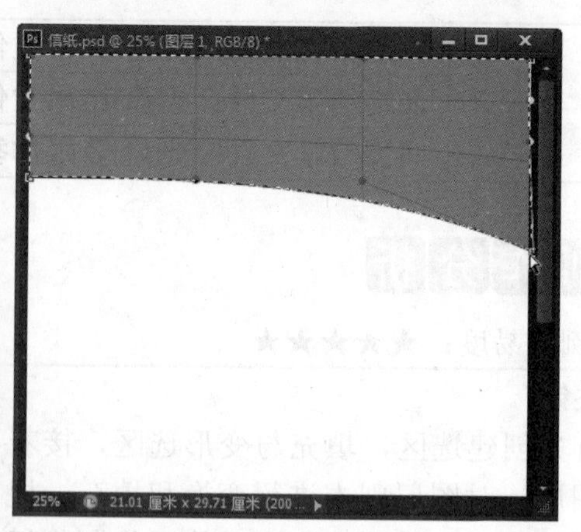

STEP 05：**复制图层**。选择“图层 1”，然后将其拖动到“创建新图层”按钮上，对图层进行复制。

STEP 06：**变换图像**。选择复制得到的图层，然后单击“编辑”→“变换”→“变形”命令，对图像进行调整，调整完成后按下“Enter”键确认，效果如图所示。

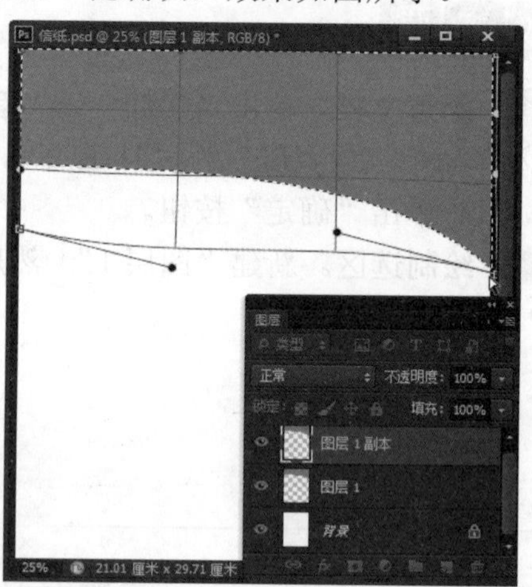

STEP 07：**载入选区**。按住“Ctrl”键的同时，单击“图层 1 副本”图层，将其载入选区。

STEP 08：**填充前景色**。设置前景色为“R：255、G：190、B：0”，然后按下“Alt+Delete”组合键对选区进行填充，最后调整图层的顺序，效果如图所示。

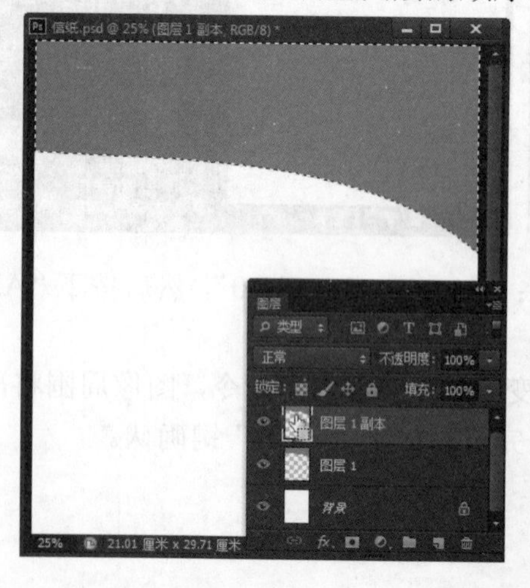

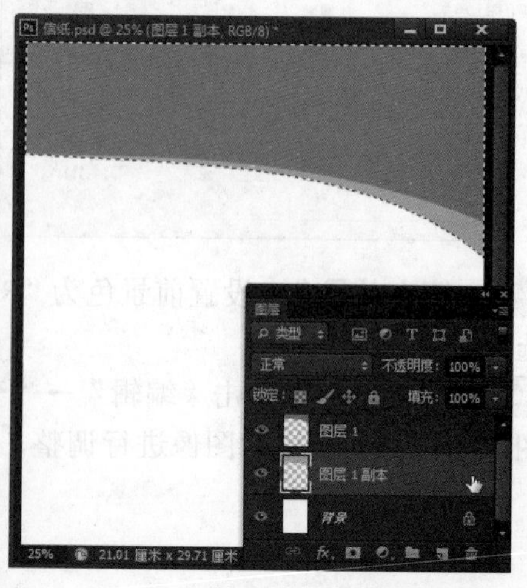

STEP 09：**复制与调整图层**。使用同样的方法复制并调整图层，并使用颜色“R：255、G：253、B：0”对图像进行填充。

STEP 10：**移动图像**。打开“VI 设计-标识.psd”图像文件；单击工具箱中的“移动工具”按钮，将制作好的标志移动到信纸图像文件中。

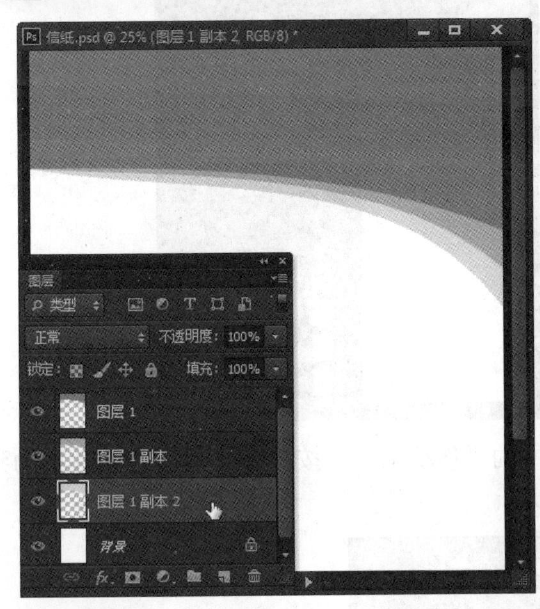

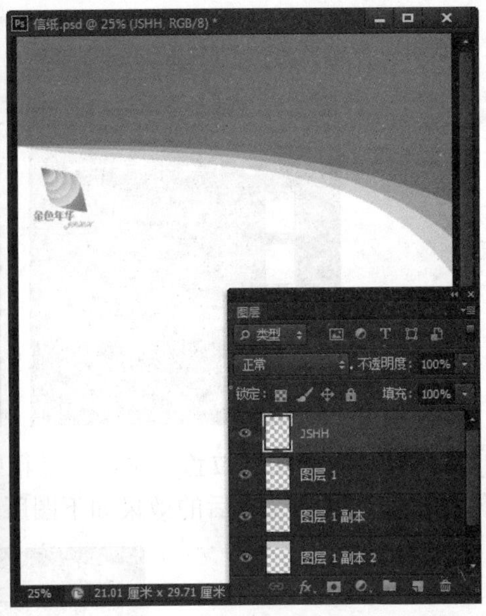

STEP 11：**输入文字**。单击工具箱中的“横排文字工具”按钮，在对应的属性栏中设置“字体”为“隶书”，“字号”为“24 点”，然后在图像文件的顶部输入文字。

STEP 12：**输入文字**。再次使用“横排文字工具”，在图像文件中输入剩余的文字信息。

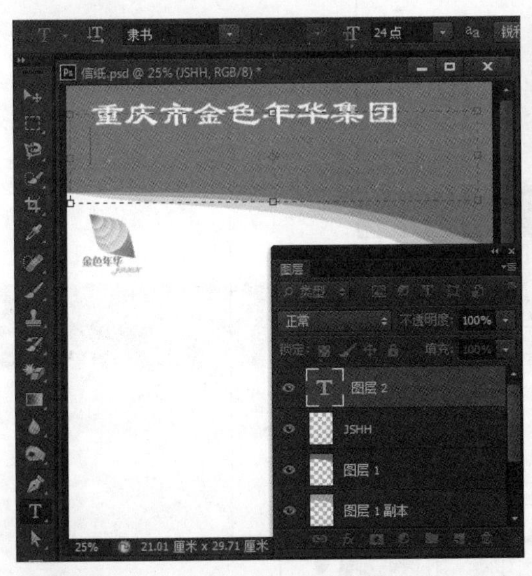

STEP 13：**复制图层**。选择“图层 1”、“图层 1 副本”以及“图层 1 副本 2”，然后将其拖动到“创建新图层”按钮上，对图层进行复制，得到“图层 1 副本 3”、“图层 1 副本 4”和“图层 1 副本 5”。

STEP 14：**翻转图层**。选择复制得到的图层，单击“编辑”→“变换”→“水平翻转”命令，然后单击“编辑”→“变换”→“垂直翻转”命令，对图像进行调整。

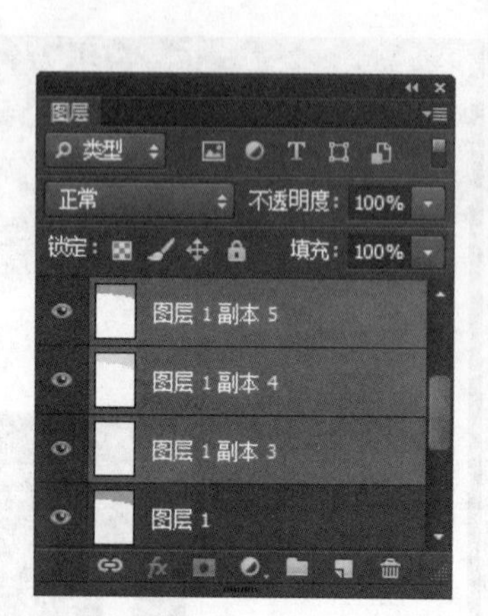

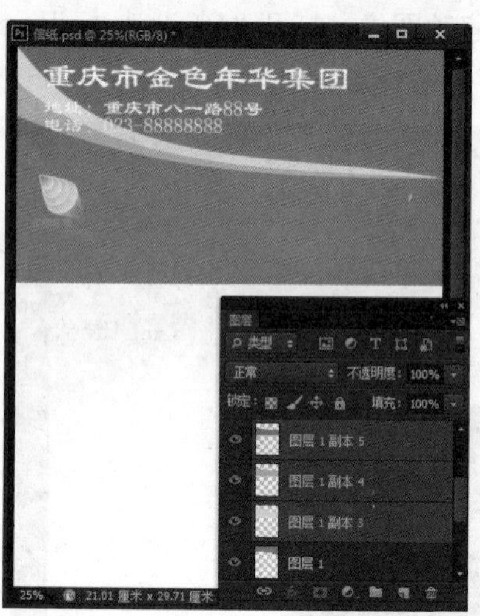

STEP 15：**调整图层位置**。单击工具箱中的“移动工具”按钮，将图像文件移动到合适的位置。信纸设计完成后的效果如下图所示。

17.7 公司汽车外观设计

案例效果

原始素材文件：光盘\素材文件\VI 设计-标识.psd
最终结果文件：光盘\结果文件\第 17 章\汽车设计.psd
同步教学文件：光盘\多媒体教学文件\第 17 章\

制作分析

本例难易度：★★★★★

制作关键：

新建图层，通过填充路径和选区绘制图像，使用形状工具绘制形状，使用“描边”对话框为图像描边，接着根据需要复制和调整图像，然后将制作好的企业标识移动到汽车图像中，最后使用文字工具输入文字即可。

技能与知识要点：

- 路径的相关操作
- 锚点工具
- “描边”命令
- 形状工具
- 文字工具

具体步骤

STEP 01：**新建文档**。单击“文件”→“新建”命令，弹出“新建”对话框。在“名称”文本框中输入“汽车设计”，“宽度”为“40 厘米”，“高度”为“23 厘米”，“分辨率”为“200 像素/英寸”，然后单击“确定”按钮。

STEP 02：**绘制形状**。设置前景色为“R：255、G：114、B：0”，在“图层”面板中新建“图层 1”；然后单击工具箱中的“圆角矩形工具”按钮，在其属性栏中单击“填充”按钮，设置填充颜色为前景色，无描边，“半径”为“20 像素”，在图像窗口中绘制形状。

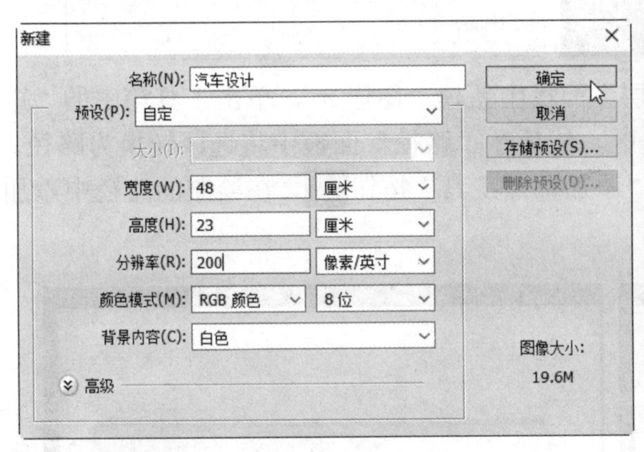

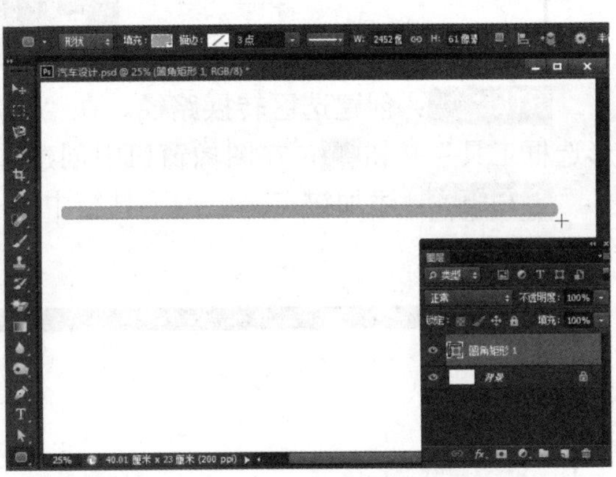

STEP 03：**创建选区**。在“图层”面板中新建“图层 2”，单击工具箱中的“矩形选框工具”按钮，在图像窗口中创建选区。

STEP 04：**生成与调整路径**。单击“路径”面板底部的“从选区生成工作路径”按钮，将选区转换为路径，然后单击工具箱中的“直接选择工具”按钮，移动锚点。

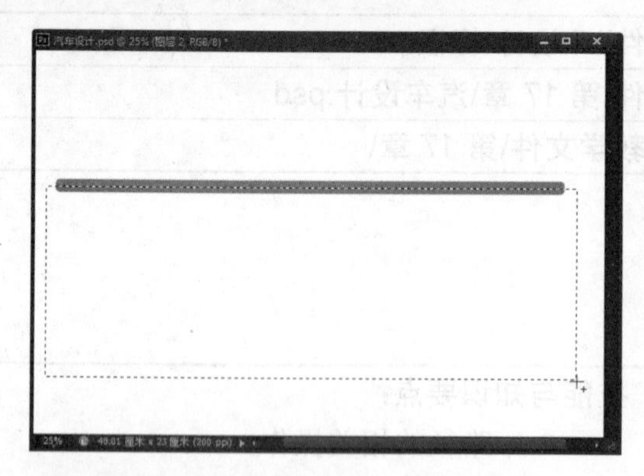

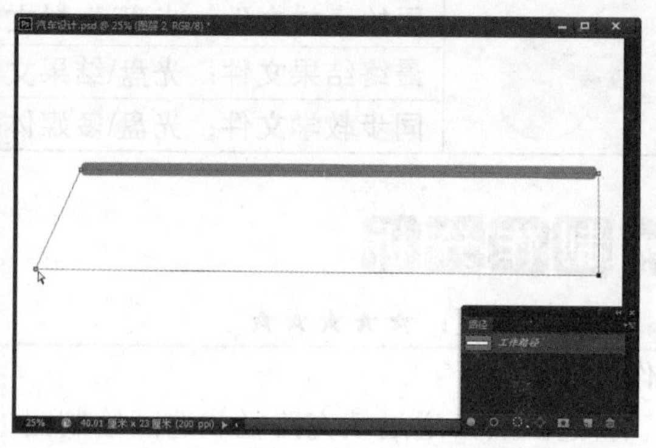

STEP 05：**填充路径**。设置前景色为“R：224、G：224、B：224”，然后在“路径”面板中单击底部的“用前景色填充路径”按钮，填充路径。

STEP 06：**载入选区并描边**。在“图层”面板中按住“Ctrl”键的同时单击“图层 2”将其载入选区，然后在菜单栏单击“编辑”→“描边”命令，在弹出的“描边”对话框中设置宽度为“2 像素”，位置为“内部”，颜色为“黑色”，设置完成后单击“确定”按钮。

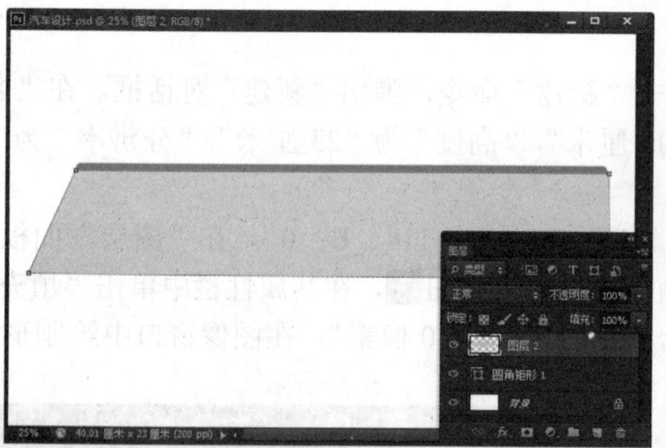

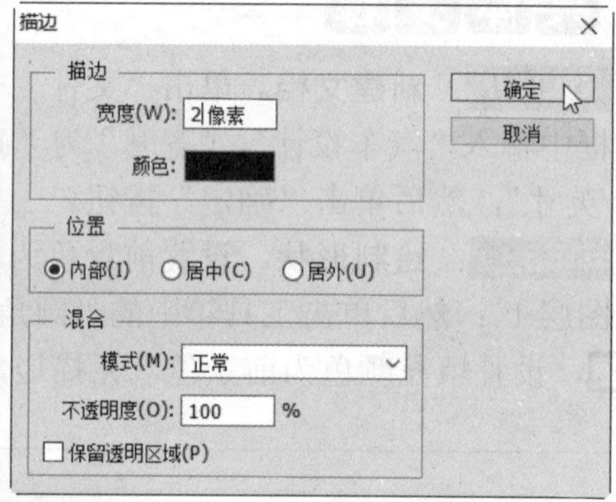

STEP 07：**创建选区转换路径**。在“图层”面板中新建“图层 3”，单击工具箱中的“矩形选框工具”按钮，在图像窗口中创建选区，然后在“路径”面板中将选区转换为路径。

STEP 08：**添加锚点**。单击工具箱中的“添加锚点工具”按钮，在绘制的路径中添加锚点。

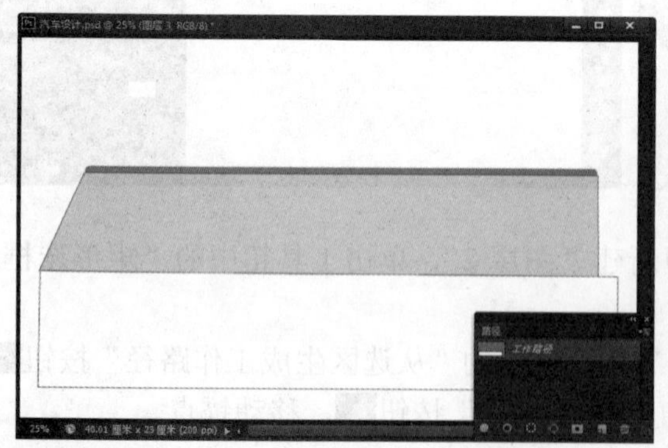

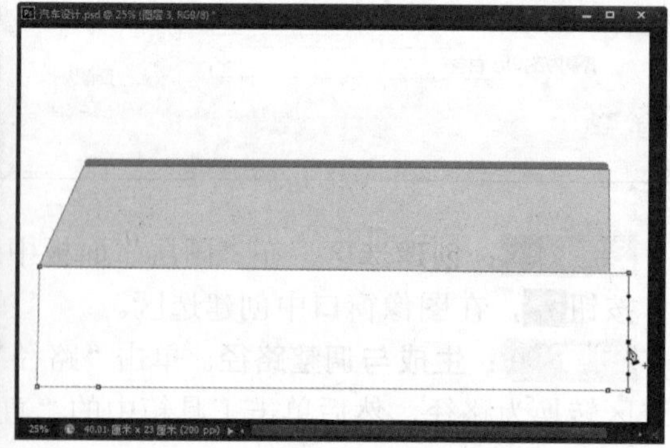

STEP 09：**更改锚点**。单击工具箱中的“转换点工具”按钮，对路径下部的锚点进行更改。

STEP 10：**填充路径**。设置前景色为“R：255、G：114、B：0”，然后在“路径”面板中单击底部的“用前景色填充路径”按钮，填充路径。

STEP 11：**绘制路径**。在“图层”面板中新建“图层 4”，然后单击工具箱中的“钢笔工具”按钮，在图像窗口中绘制路径。

STEP 12：**填充路径**。设置前景色为“R：120、G：150、B：150”，在“路径”面板中单击底部的“用前景色填充路径”按钮，填充路径。

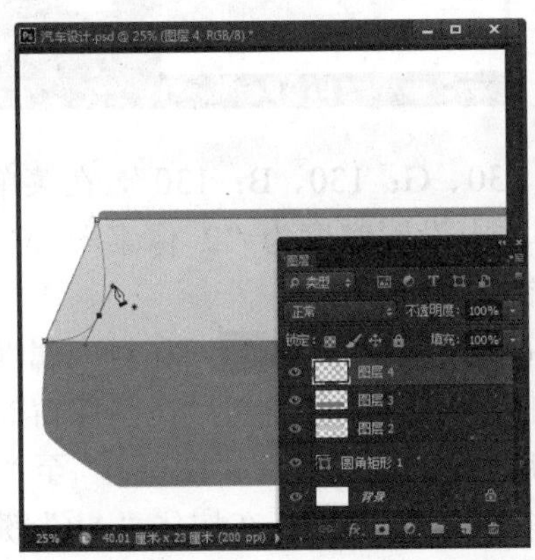

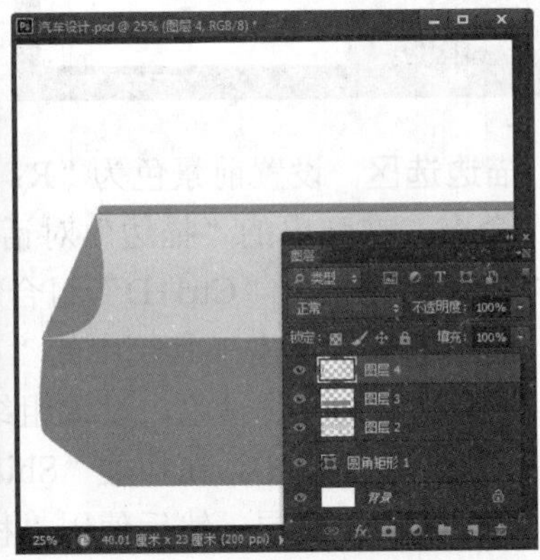

STEP 13：**描边选区**。在“图层”面板中按住“Ctrl”键的同时单击“图层 4”的缩略图，载入选区，然后在菜单栏单击“编辑”→“描边”命令，在弹出的“描边”对话框中设置宽度为“5 像素”，位置为“内部”，颜色为“黑色”，设置完成后单击“确定”按钮。

STEP 14：**绘制车前窗**。在“图层”面板中新建“图层 5”，然后重复上述步骤，绘制图像，效果如下图所示。

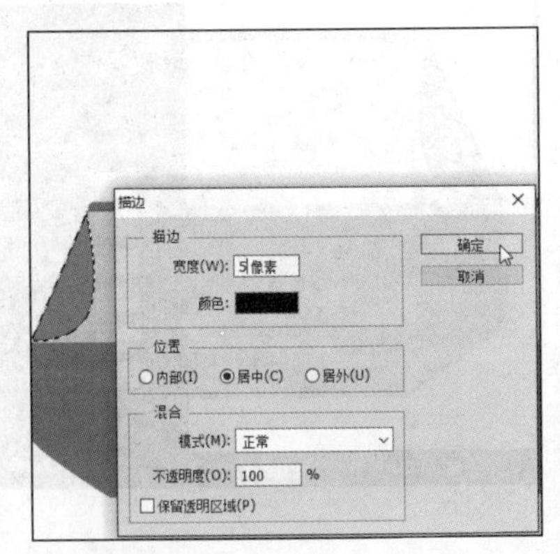

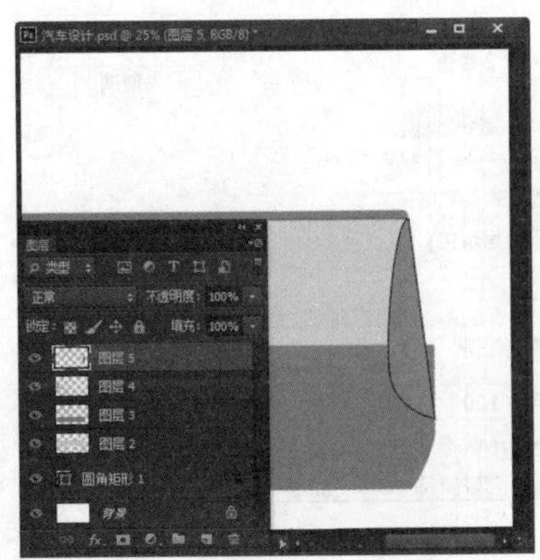

STEP 15：**擦除多余**。在“图层”面板中选择“图层 3”，单击工具箱中的“橡皮擦工具”按钮，在对应属性栏中设置画笔大小为“5 像素”，在图像窗口中擦除不需要的部分。

STEP 16：**绘制选区**。在“图层”面板中新建“图层 6”，单击工具箱中的“矩形选框工具”按钮，在图像窗口中绘制选区。

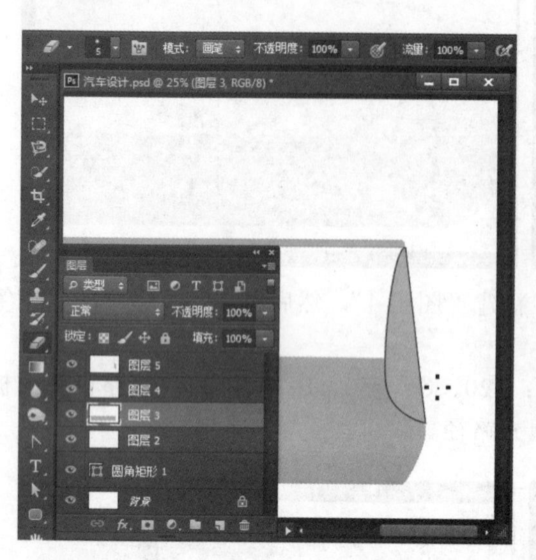

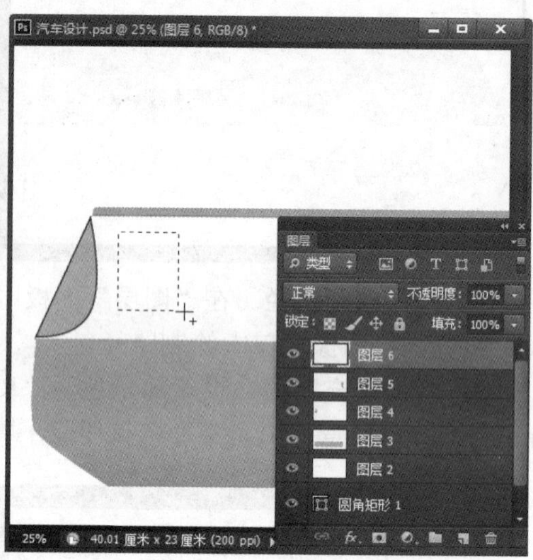

STEP 17：**描边选区**。设置前景色为“R：130、G：130、B：130”，在菜单栏中单击“编辑”→“描边”命令，在弹出的“描边”对话框中设置宽度为“2 像素”，位置为“内部”，单击“确定”按钮，然后按下“Ctrl+D”组合键取消选区。

STEP 18：**描绘细节**。单击工具箱中的“直线工具”按钮，在对应属性栏中单击“填充”按钮，设置填充色为前景色，设置粗细为“2 像素”，然后在图像窗口中绘制直线。绘制完成后，在“图层”面板中，在按住“Shift”键的同时选中“图层 6”至“形状 6”图层，按下“Ctrl+E”组合键合并图层。然后使用“移动工具”，在按住“Alt”键的同时，将图像移动至合适的位置，得到“形状 6 副本”，如图所示。

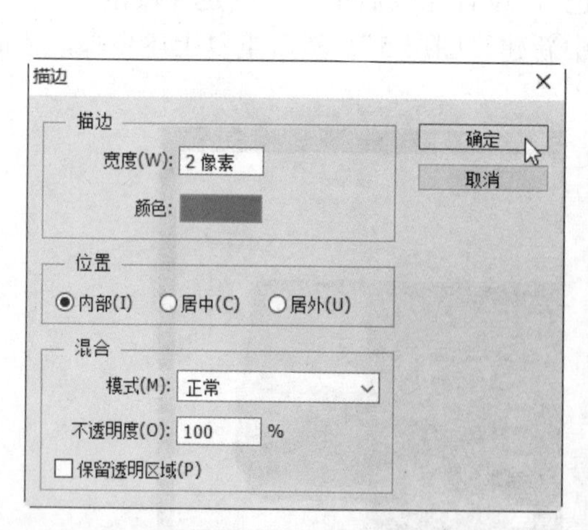

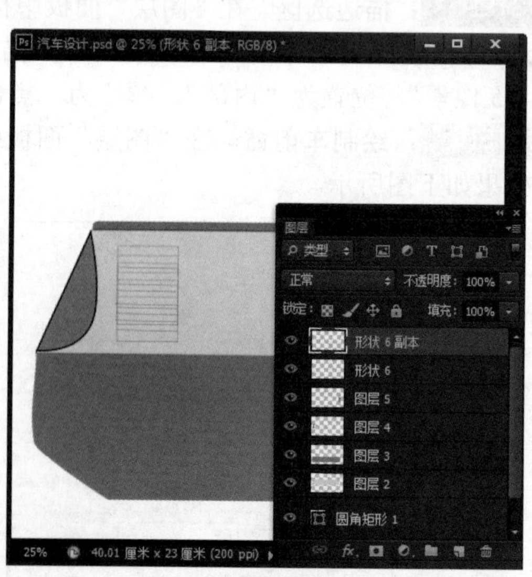

STEP 19：**绘制形状**。在“图层”面板中新建“车窗”图层，单击工具箱中的“圆角矩形工具”按钮▢，在其属性栏中单击“填充”按钮▱，设置填充颜色为前景色，无描边，“半径”为“20 像素”，在图像窗口中绘制形状。

STEP 20：**渐变填充车窗**。右键单击“车窗”图层，在弹出的快捷菜单中单击“栅格化图层”命令。设置前景色为白色，背景色为“R：183、G：183、B：183”。然后按住“Ctrl”键的同时单击“车窗”图层将其载入选区，单击工具箱中的“渐变工具”按钮▣，在其属性栏中选择“前景色到背景色”选项，在选区内进行拖动，对选区进行填充。

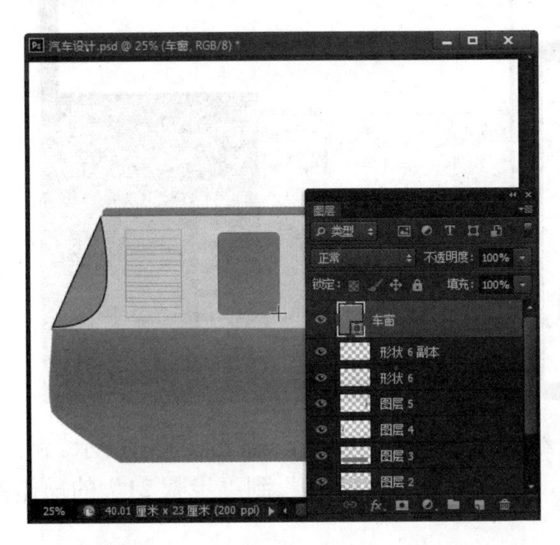

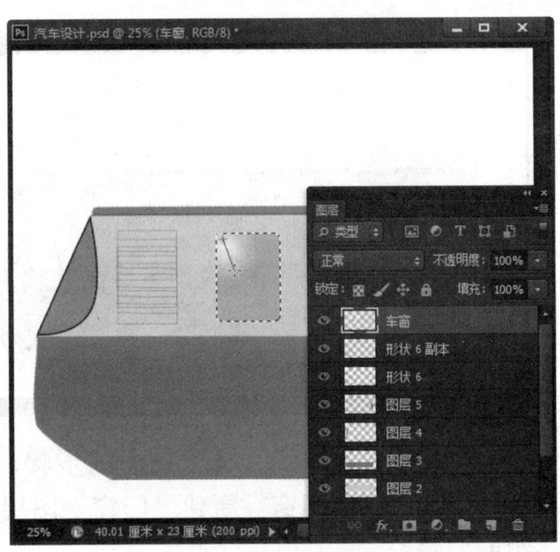

STEP 21：**描边选区**。单击“编辑”→“描边”命令，在弹出的“描边”对话框中设置宽度为“5 像素”，位置为“内部”，颜色为“黑色”，单击“确定”按钮后按下“Ctrl+D”组合键取消选区。

STEP 22：**绘制车窗**。在“图层”面板中新建“车窗 1”图层，然后使用同样的方法绘制车窗，效果图所示。

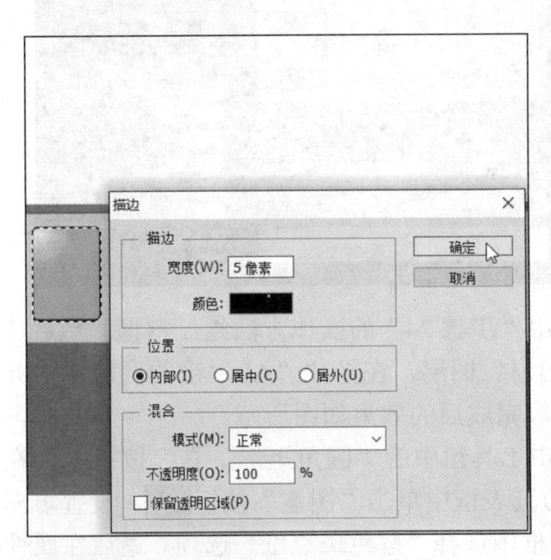

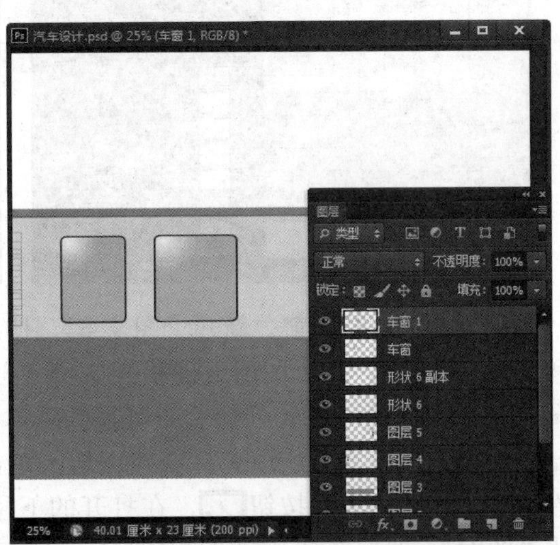

STEP 23：**复制车窗**。单击工具箱中的“移动工具”▸，然后在“图层”面板中选择“车窗”和“车窗 1”图层，在按住“Alt”键的同时单击并拖动图像至适当的位置，释放鼠标后

即可复制图像，完成后的效果如图所示。

STEP 24：**描边选区**。设置前景色为黑色，新建“车门”图层，单击工具箱中的“矩形选框工具”按钮，在图像窗口中创建选区，然后单击“编辑”→“描边”命令，在弹出的“描边”对话框中设置宽度为“2 像素”，位置为“内部”，颜色为“黑色”，单击“确定”按钮后按下“Ctrl+D”组合键取消选区。

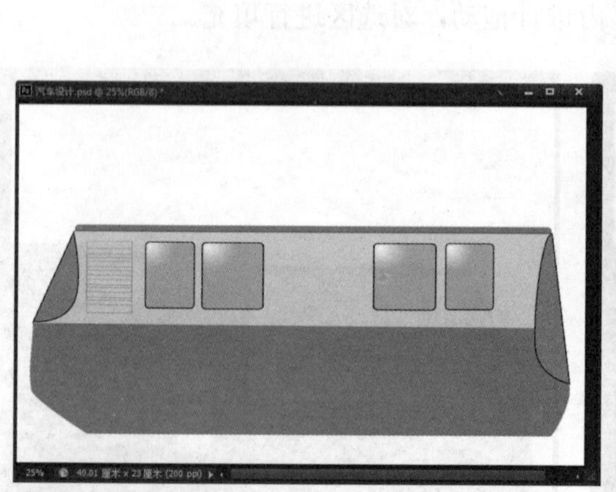

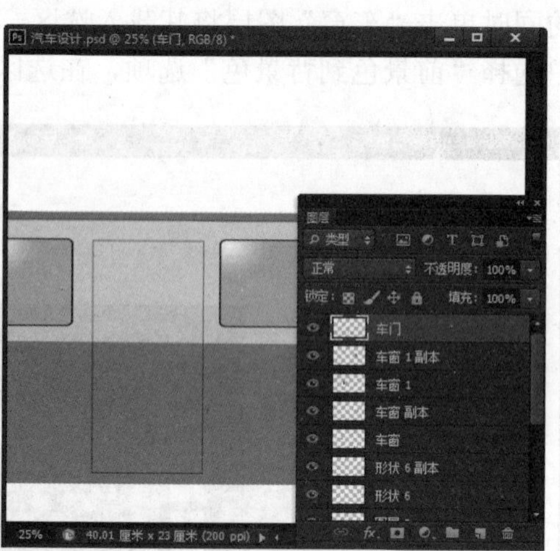

STEP 25：**绘制车门**。重复前面的步骤，绘制车门剩余的部分，效果如下图所示。

STEP 26：**绘制门窗**。新建“门窗”图层，然后使用“步骤 19”到“步骤 21”的操作方法，绘制门窗。

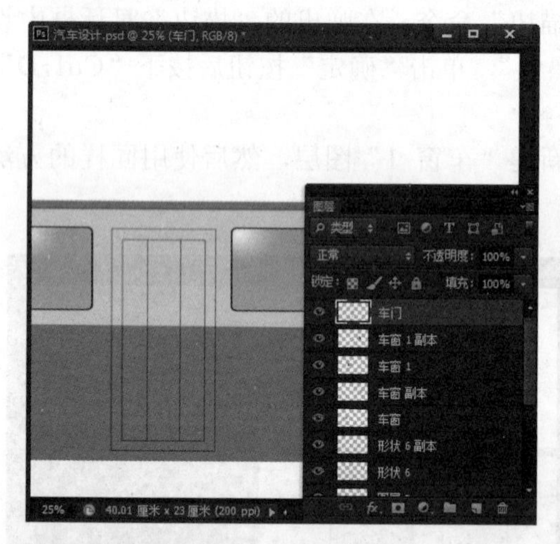

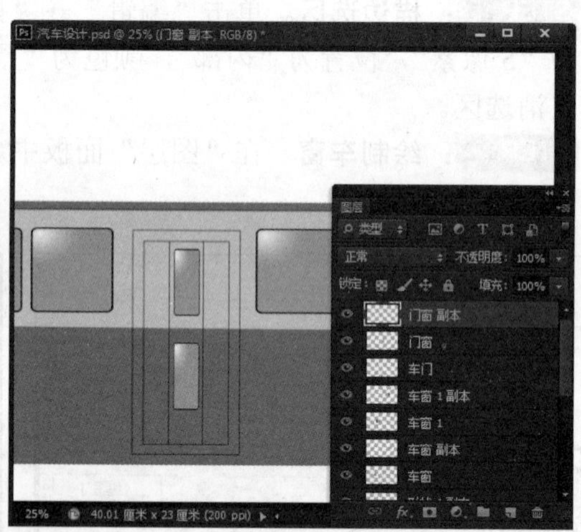

STEP 27：**复制门窗**。新建“图层 6”，使用“步骤 24”的操作方法绘制窗框。然后选择“移动工具”，在“图层”面板中选择“门窗”图层，在按住“Alt”键的同时单击并拖动图像至适当位置，释放鼠标后即可得到副本，完成后的效果如图所示。

STEP 28：**设置形状填充**。新建图层，单击工具箱中的“圆角矩形工具”按钮，在其属性栏中单击“填充”按钮，在打开的下拉列表框中单击“图案”按钮，设置填充样式为“图案”，然后在打开的“图案”下拉列表框中选择“蓝色斑点纸”选项。最后在属性栏中设置无描边，“半径”为“20 像素”。

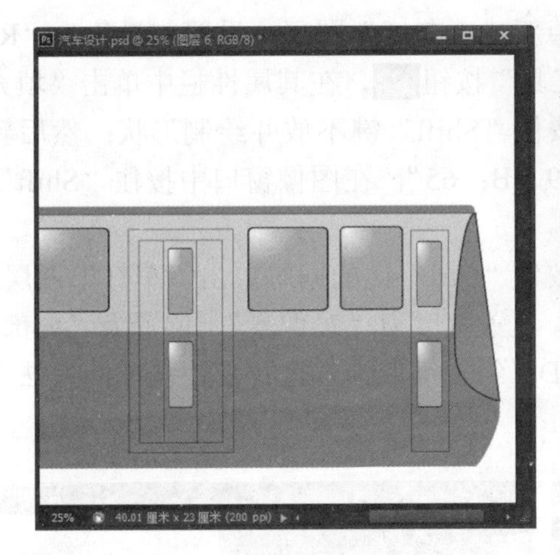

STEP 29：**绘制形状**。完成上述设置后，在图像窗口中绘制形状，效果如图所示。

STEP 30：**擦出图像**。新建图层，设置前景色为“白色”，然后单击工具箱中的“椭圆工具”按钮，在其属性栏中单击“填充”按钮，设置填充色为前景色，在图像窗口中按住“Shift”键不放并绘制形状。

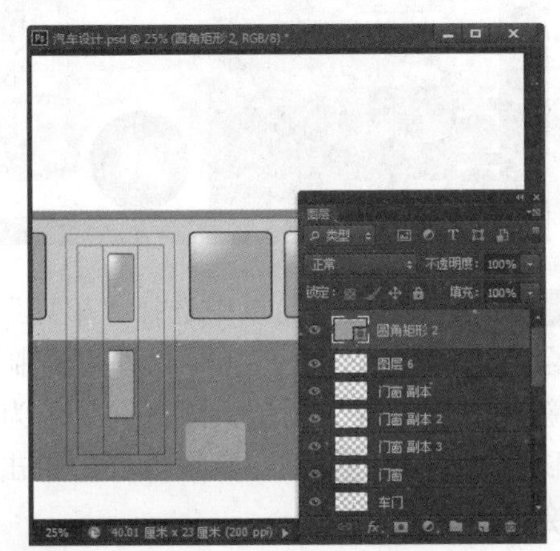
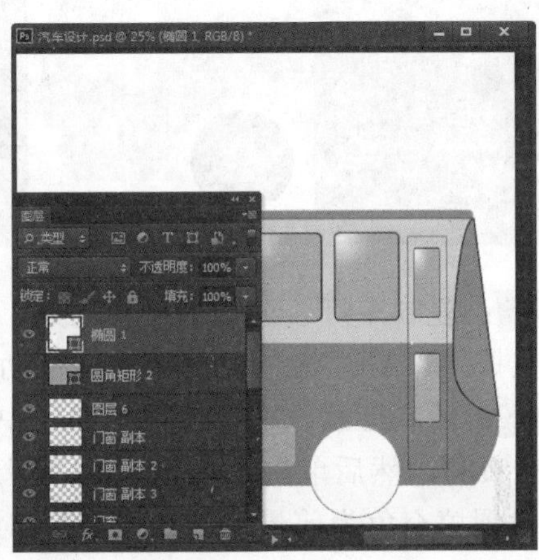

STEP 31：**绘制形状**。使用同样的方法，分别设置前景色为黑色，“R：51、G：51、B：51”，“R：102、G：102、B：102”，“R：153、G：153、B：153”，然后在图像窗口中绘制圆形，效果如图所示。

STEP 32：**复制图像**。选择“移动工具”，在“图层”面板中选择“轮胎”所在的所有图层，在按住“Alt”键的同时单击并拖动至适当的位置，释放鼠标后即可复制图像。

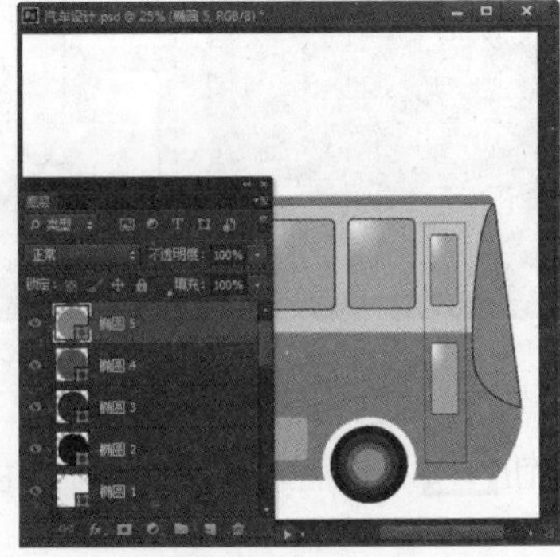
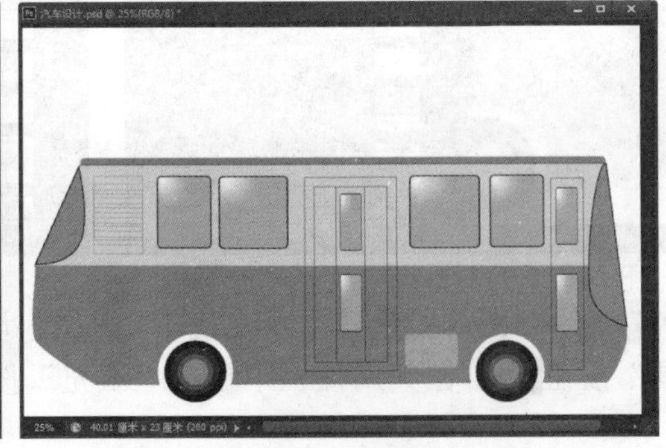

STEP 33：**绘制形状**。在“图层”面板中新建“车灯”图层，设置前景色为“R：150、G：150、B：150”，单击工具箱中的“椭圆工具”按钮，在其属性栏中单击“填充”按钮，设置填充色为前景色，在图像窗口中按住“Shift”键不放并绘制形状；然后新建“车灯 2”图层，设置前景色为“R：225、G：59、B：65”，在图像窗口中按住“Shift”键不放并绘制形状。

STEP 34：**描边车灯**。栅格化图层；在按住“Ctrl”键的同时单击“车灯”图层缩略图，将图像载入选区，然后打开“描边”对话框，设置宽度为“2 像素”，位置为“内部”，颜色为“黑色”，单击“确定”按钮后按下“Ctrl+D”组合键取消选区；使用同样的方法为“车灯 2”图层描边。

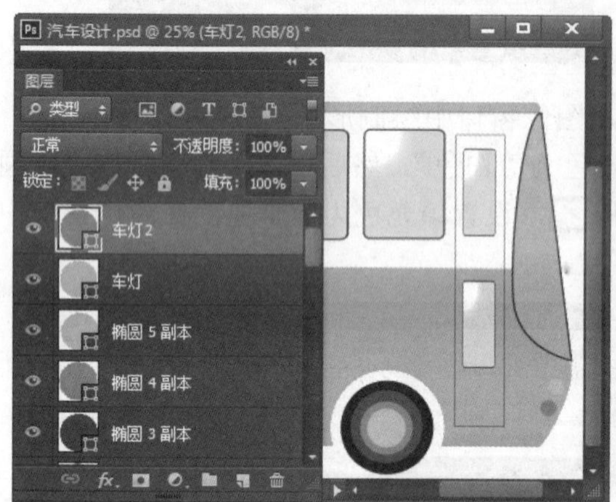

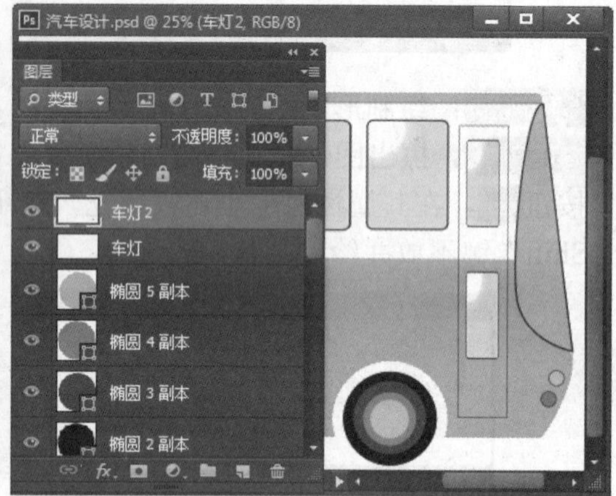

STEP 35：**复制车灯**。选择“移动工具”，在“图层”面板中选择“车灯”和“车灯 2”图层，在按住“Alt”键的同时单击并拖动至适当的位置，释放鼠标后即可复制图像。

STEP 36：**绘制形状**。在“图层”面板中新建“反光镜”图层，设置前景色为 R：183、G：183、B：183，然后单击工具箱中的“矩形工具”按钮，在其属性栏中单击“填充”按钮，设置填充色为前景色，在图像窗口绘制矩形。

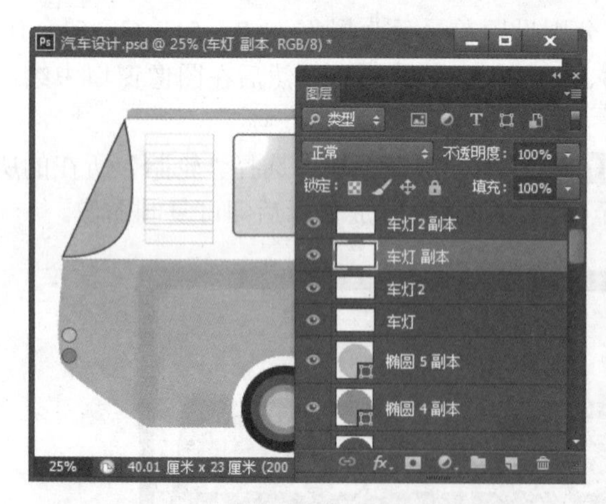

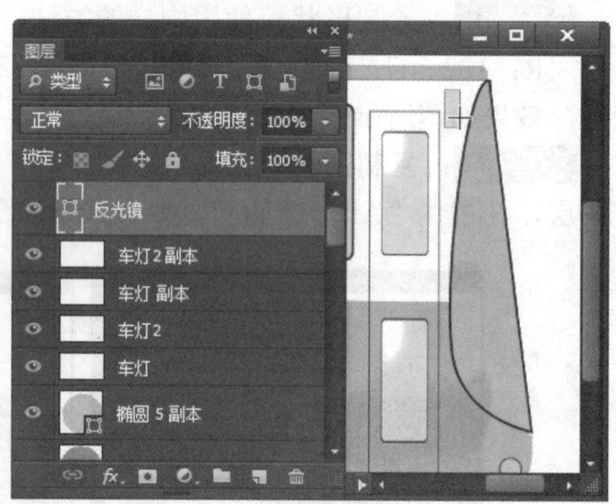

STEP 37：**绘制图像**。新建“反光镜 1”图层，设置前景色为“白色”，单击工具箱中的“矩形工具”按钮，在其属性栏中单击“填充”按钮，设置填充色为前景色，在图像

窗口绘制矩形形状；右键单击该图层，在弹出的快捷菜单中单击“栅格化图层”命令；在按住“Ctrl”键的同时单击图层缩略图，将图像载入选区；然后在菜单栏中单击“编辑”→“描边”命令，在弹出的“描边”对话框中设置宽度为“2 像素”，位置为“内部”，颜色为“黑色”，单击“确定”按钮后按下“Ctrl+D”组合键取消选区。

STEP 38：**复制图像**。单击“移动工具”，在“图层”面板中选择“反光镜 1”图层，在按住“Alt”键的同时单击并拖动至适当的位置，释放鼠标后按住“Ctrl+T”组合键变换图像，完成后按下“Enter”键。

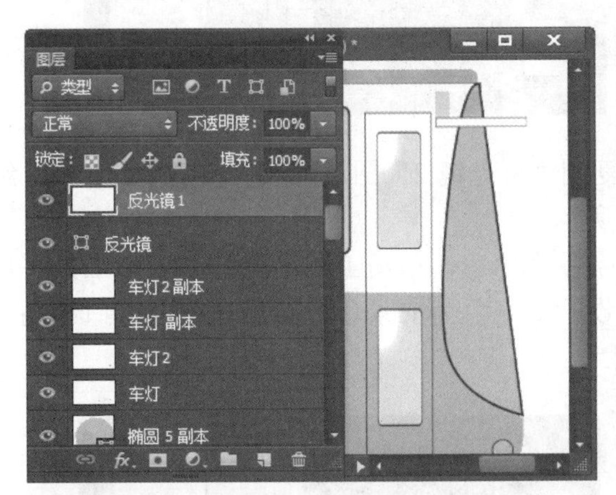

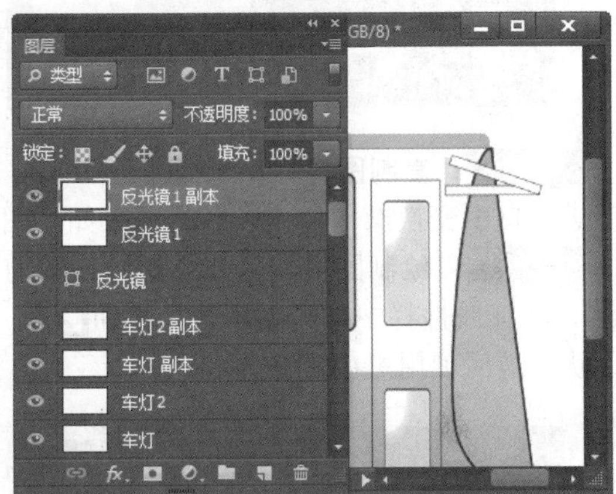

STEP 39：**创建选区**。在“图层”面板中新建“反光镜 2”图层，单击工具箱中的“椭圆选框工具”按钮，在图像窗口中绘制选区，然后单击鼠标右键，在弹出的下拉列表中选择“变换选区”命令，对选区进行旋转，完成后的效果如图所示。

STEP 40：**渐变填充**。设置前景色为白色，背景色“为 R：153、G：153、B：153”，单击工具箱中的“渐变工具”按钮，在其属性栏中单击“前景色到背景色”选项，然后在选区内单击并从上向下拖动，渐变填充选区。

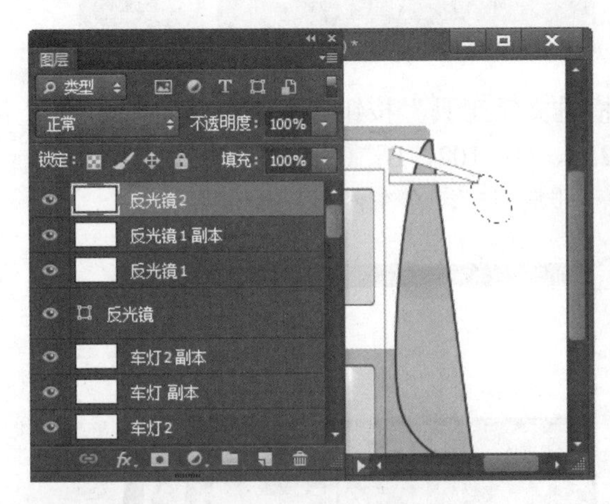

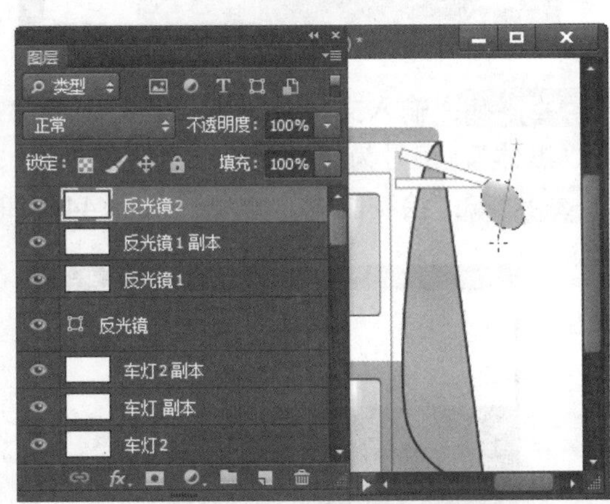

STEP 41：**描边选区**。在“图层”面板中按住“Ctrl”键的同时单击“反光镜 2”的缩略图，载入选区；然后打开“描边”对话框，设置宽度为“2 像素”，位置为“内部”，颜色为“黑色”，单击“确定”按钮后按下“Ctrl+D”组合键取消选区。

STEP 42：**绘制图像**。新建“反光镜 3”图层，利用前面相同的方法，设置前景色为白色，绘制圆角矩形形状，进行黑色描边，然后将该图层移动到“反光镜 2”图层之下。

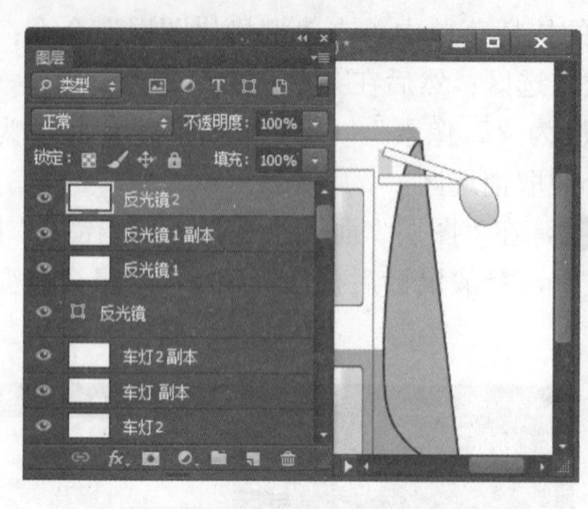

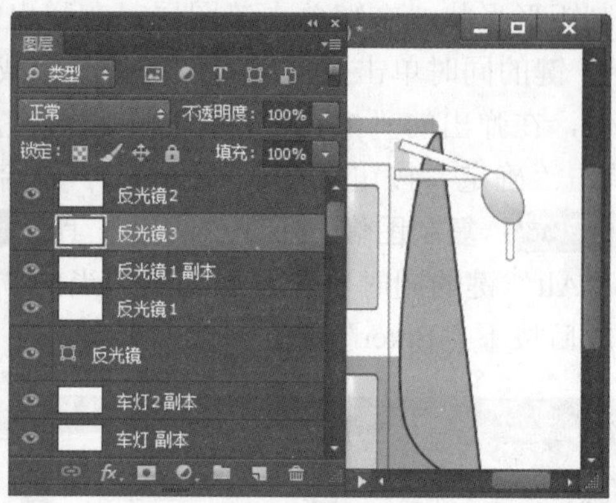

STEP 43：**复制图像**。在“图层”面板中复制“反光镜 2”图层，然后按下“Ctrl+T”组合键进行自由变换操作，完成后的效果如下图所示。

STEP 44：**绘制图像**。新建图层，设置前景色为白色，单击工具箱中的“矩形工具”按钮，在其属性栏中单击“填充”按钮，设置填充色为前景色，然后在图像窗口绘制矩形形状，最后使用黑色进行描边。

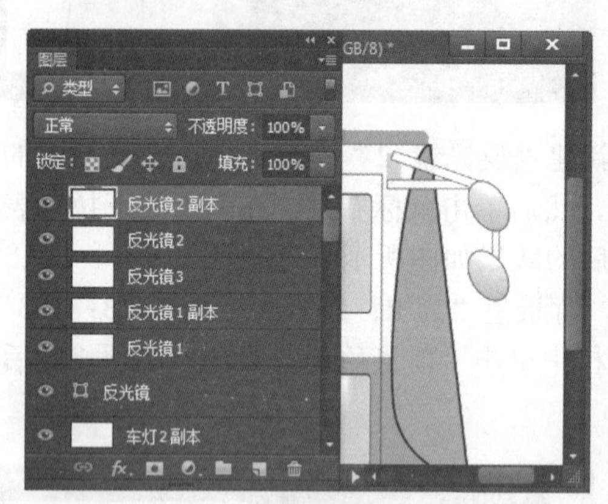

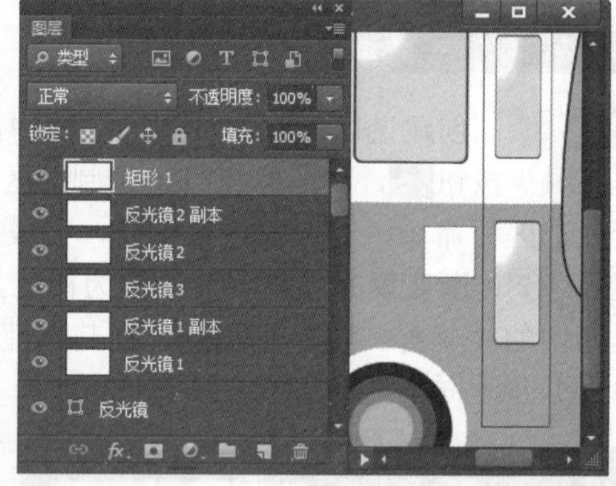

STEP 45：**输入文字**。单击工具箱中的“横排文字工具”按钮，在其属性栏中设置字体为“黑体”，字号为“14 点”，颜色为“R：255、G：102、B：0”，然后输入文字。

STEP 46：**绘制图像**。重复“步骤 44”和“步骤 45”，在车的后门绘制图像。

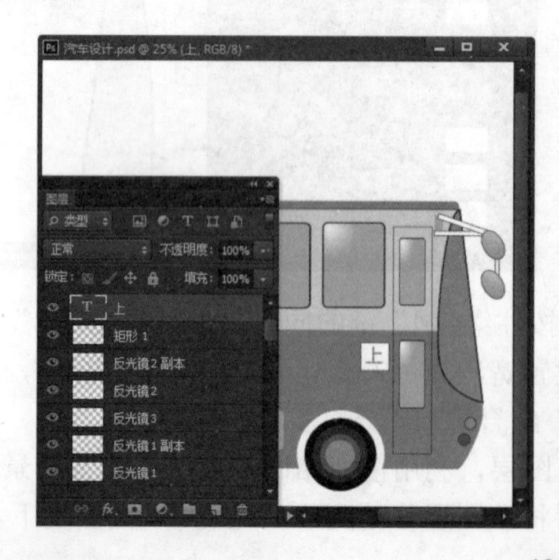

STEP 47：**移动图像**。打开图像文件“VI 设计-标识.psd”，将标志所在的所有图层移动到“汽车设计”图像窗口中，然后按下“Ctrl+T”组合键进行自由变换操作，在“图层”面板中设置混合模式为“明度”。

STEP 48：**复制图像**。单击工具箱中的“移动工具”按钮，按住“Alt”键的同时单击并拖动标志至适当的位置，释放鼠标后即可得到汽车设计的最终效果。

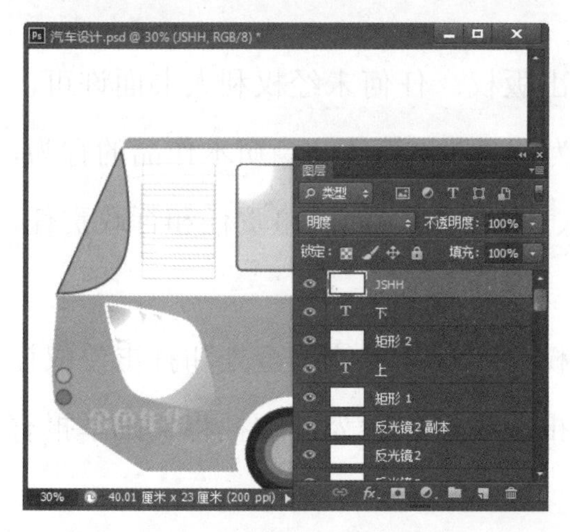